U0435963

输运问题的随机模拟
——蒙特卡罗方法及应用

邓 力 著

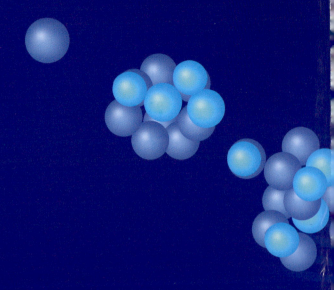

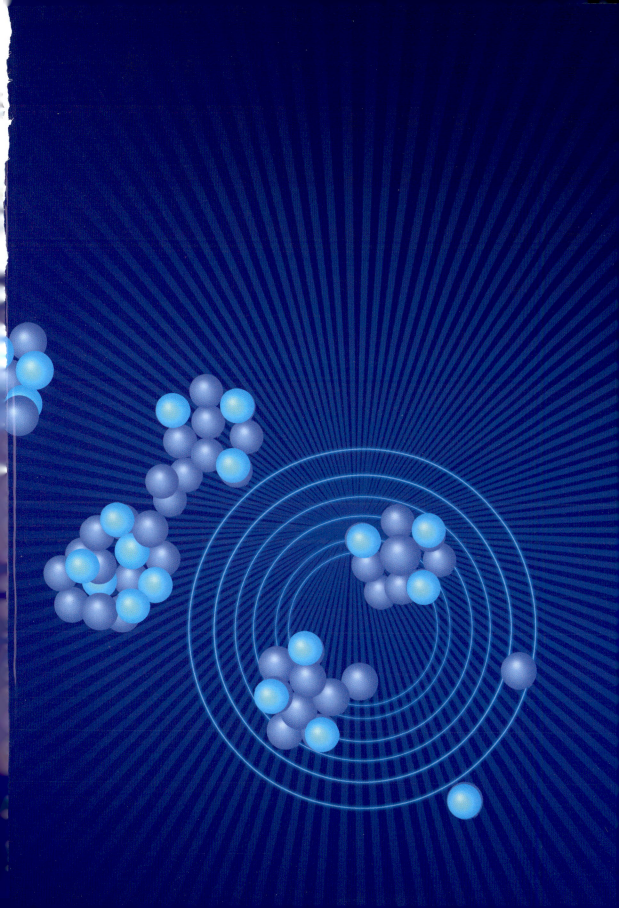

先进核科学技术出版工程

丛书主编 于俊崇

输运问题的随机模拟

——蒙特卡罗方法及应用

邓 力 著

西安交通大学出版社

内容简介

蒙特卡罗(Monte Carlo,MC)方法经过70多年的发展已日趋成熟。随着计算机技术的快速发展,其应用领域越来越宽广。丛书系统性地介绍了MC方法发展历程及其在核科学工程领域的应用。全书分上、下两篇,共20章,其中上篇理论部分11章,内容包括:绪论,MC方法基本原理,随机抽样方法,中子输运方程求解,中子光子核反应过程,带电粒子输运随机模拟,多群中子输运计算,多群伴随中子输运计算,降低方差技巧,几何粒子径迹计算及粒子输运并行计算。下篇应用部分共9章,内容包括:探测器响应函数计算,燃耗计算,核-热耦合计算,MCNP程序算法及功能,JMCT软件算法及功能,JMCT基准检验,MC方法在肿瘤剂量计算中的应用,MC方法在核探测中的应用,MC方法在放射性测井中的应用。

图书在版编目(CIP)数据

输运问题的随机模拟:蒙特卡罗方法及应用 / 邓力著. — 西安:西安交通大学出版社,2024.10
(先进核科学技术出版工程/于俊崇主编)
ISBN 978-7-5693-2349-8

Ⅰ.①输… Ⅱ.①邓… Ⅲ.①蒙特卡罗法-应用-核技术-研究 Ⅳ.①TL1

中国版本图书馆CIP数据核字(2021)第234959号

书　　名	输运问题的随机模拟——蒙特卡罗方法及应用 SHUYUN WENTI DE SUIJI MONI——MENGTEKALUO FANGFA JI YINGYONG
著　　者	邓　力
丛书策划	田　华　曹　昳
责任编辑	毛　帆　陈　昕
责任校对	刘雅洁
责任印制	张春荣　刘　攀
责任制图	马紫茵
版式设计	程文卫
装帧设计	伍　胜
出版发行	西安交通大学出版社 (西安市兴庆南路1号　邮政编码710048)
网　　址	http://www.xjtupress.com
电　　话	(029)82668357　82667874(市场营销中心) (029)82668315(总编办)
传　　真	(029)82668280
印　　刷	中煤地西安地图制印有限公司
开　　本	720 mm×1000 mm　1/16　印张31.75　彩页2　字数634千字
版次印次	2024年10月第1版　2024年10月第1次印刷
书　　号	ISBN 978-7-5693-2349-8
定　　价	398.00元

如发现印装质量问题,请与本社市场营销中心联系。
订购热线:(029)82665248　(029)82667874
投稿热线:(029)82669097
读者信箱:190293088@qq.com

版权所有　侵权必究

"先进核科学技术出版工程"编委会

丛书主编

| 于俊崇 | 中国核动力研究设计院 | 中国工程院院士 |

专家委员会

邱爱慈	西安交通大学	中国工程院院士
欧阳晓平	西北核技术研究所	中国工程院院士
江　松	北京应用物理与计算数学研究所	中国科学院院士
罗　琦	中国原子能科学研究院	中国工程院院士
吴宜灿	中国科学院核能安全技术研究所	中国科学院院士

编委会(按姓氏笔画排序)

王　侃	清华大学工程物理系核能所	所　长
王志光	中国科学院近代物理研究所	研究员
邓　力	北京应用物理与计算数学研究所	研究员
石伟群	中国科学院高能物理研究所	研究员
叶民友	中国科学技术大学核科学技术学院	讲席教授
田文喜	西安交通大学核科学与技术学院	院　长
苏光辉	西安交通大学能源与动力工程学院	院　长
李　庆	中国核动力研究设计院设计研究所	副所长
李斌康	西北核技术研究所	研究员
杨红义	中国原子能科学研究院	副院长(主持工作)
杨燕华	上海交通大学核科学与工程学院	教　授
余红星	核反应堆系统设计技术国家重点实验室	主　任
应阳君	北京应用物理与计算数学研究所	研究员
汪小琳	中国工程物理研究院	研究员
宋丹戎	中国核动力研究设计院设计研究所	总设计师
陆道纲	华北电力大学核科学与工程学院	教　授
陈　伟	西北核技术研究所	研究员
陈义学	国家电投集团数字科技有限公司	总经理
陈俊凌	中国科学院等离子体物理研究所	副所长
咸春宇	中国广核集团有限公司"华龙一号"	原总设计师
秋穗正	西安交通大学核科学与技术学院	教　授
段天英	中国原子能科学研究院	研究员
顾汉洋	上海交通大学核科学与工程学院	院　长
阎昌琪	哈尔滨工程大学核科学与技术学院	教　授
戴志敏	中国科学院上海应用物理研究所	所　长

作者简介

邓力，四川绵竹人，北京应用物理与计算数学研究所研究员，四川大学数学系本科毕业，西安交通大学反应堆物理专业博士毕业。1982—1984 年从事流体力学研究，1985 至今从事粒子输运理论方法研究。全国蒙特卡罗学术专业委员会主任，在蒙特卡罗理论方法及应用方面有深厚的积累。著有《粒子输运问题的蒙特卡罗模拟方法与应用》（科学出版社），与谢仲生教授合作著有《中子输运理论数值计算方法》（西北工业大学出版社），参与国际专著 *Diagnostic Techniques and Surgical Management of Brain Tumors*（INTECH 出版社）的编写，并负责其中"Chapter 9— The dosimetry calculation for boron neutron capture therapy"的撰写，发表论文 200 余篇，主持参加科技部、国家国防科技工业局、国家能源局及国家自然科学基金项目多项。获国家科技进步奖、军队科技进步奖、核能行业协会科技进步奖多项及国务院政府特殊津贴等。带领团队研制了高分辨率通用型辐射屏蔽及反应堆堆芯多物理耦合软件系统 JPTS，并将其广泛用于核科学工程领域。任《计算物理》《原子能科学技术》期刊编委，中国计算机学会高性能计算专业委员会委员，反应堆计算方法与粒子输运专业委员会委员，反应堆物理与核材料专业委员会委员，中国核学会计算物理学会理事。为 *Annals of Nuclear Energy*、*Nuclear Science Technology* 及《原子能科学技术》《核科学与工程》《核动力工程》《强激光与粒子束》《现代应用物理》《计算物理》等期刊审稿人。

前言 PREFACE

MC 方法(Monte Carlo method)又称为随机模拟法或统计实验法,它是随二战后数字电子计算机的出现及原子能科学事业的发展而成长起来的一门新兴近似计算方法。MC 方法具有复杂几何处理能力强,方法通用灵活,核数据完备,模拟忠实于物理过程等特点,成为中子学模拟的首选方法之一。在核能领域,MC 方法得益于计算机的快速发展,在辐射屏蔽、反应堆堆芯临界安全分析、乏燃料后处理、放射性废物处置、核设施退役、核事故应急、放射性石油测井、核医学等领域均有广泛应用。目前 MC 方法已渗透到机器学习(Machine Learning)、人工智能(AI)、神经网络(Neural Network)等前沿领域。

就粒子输运问题的求解范畴而言,MC 方法通过解 Boltzmann 方程,求出通量及各种通量响应量(如反应率、功率、探测器响应等)。求解问题包括:①固定源问题;②裂变源临界本征值问题;③伴随输运问题。以反应堆为例,MC 方法先后经历了单棒计算、单组件输运计算、组件均匀化全堆芯扩散计算和全堆芯精细 pin-by-pin 输运计算,并实现了中子输运与燃耗、热工水力、燃料的耦合计算。在辐射屏蔽方面,今天的 MC 方法和软件已实现全厂房中子、γ 剂量分布的精细模拟计算,为某些特定核装置屏蔽优化设计提供了定量的技术支持。在核探测方面,MC 方法已用于:①X 射线荧光分析;②在线中子俘获瞬发 γ 射线分析;③基于 γ 射线光谱的脉冲中子孔隙度测井;④隐藏爆炸物及毒品探测等。在核医学方面,MC 方法被用于硼中子俘获治疗(BNCT)临床及在线剂量计算。其他领域包括统计物理、生物医学、量子力学、分子动力学、航空航天、金融统计、人工智能等,MC 方法同样发挥了重要的作用。

近年来,MC 方法在数字核能、数值装置、数值反应堆等领域作用突出。借助超算平台,MC 模拟结果分辨率不断提高,已涵盖反应堆稳态/瞬态/事故等多种工况,初步具备仿真各种大型实验及事故预测的能力。当前 MC 方法面临的主要挑战是能够模拟的粒子数($\sim 10^{12}$)与实际的源强($\sim 10^{15\sim 16}$)尚有一定差距。因此,还需要发展一些特殊的偏倚技巧来弥补存在的差距。针对深穿透辐射屏蔽问题,还需要发展更先进的 MC-SN 耦合算法。核-热-力多物理耦合计算中,需要解决不同求解器之间的数据传递、动态负载平衡、跨节点大内存问题的区域分解和数据分解等难题。另外,软件及参数的敏感性和不确定性分析也是应用中最关心的问题之一。与之前出版的专著相比,本书理论部分增加了带电粒子输运等内容,应用部分增加了多物理耦合计算,辐射屏蔽、反应堆堆芯、核探测及核医学等,内容凝聚了作者近40年来从事MC方法理论研究、学术文章、软件研制和培养指导过的研究生取得的部分成果,以及自由研制的MC软件JMCT的数学物理方案。

丛书从实际应用出发,含理论、方法、算例和应用。注重解决实际问题,以易懂的形式表述,尽量避免艰深的数学理论和繁杂的公式推导,力求避繁就简,结合实际,使读者便于掌握方法的实质和应用。由于MC方法高度融合了数学、物理和计算机方面的专业知识,需要读者拓展知识面,加深专业知识的学习。鉴于作者本人专业知识有限,加之实际工程经验缺乏,书中难免存在某些不足,恳请广大读者及时批评指正。

本书属于"计算物理"范畴,是输运理论计算机模拟方面的专著,可供核科学与工程技术领域的学者、研究人员和工程技术人员参考,也可作为高等院校核科学与工程专业的研究生作为选修课教材。希望本书对从事核能理论应用研究的工作者有所裨意。阅读本书的读者需要具备一定的计算数学、原子核物理方面的知识。

丛书得到国家出版基金的资助,西安交通大学出版社的编辑对书的出版付出了辛勤劳动,借此向他们表示衷心的感谢。

作者

目 录 CONTENTS

上篇　理论部分

第1章　绪论 ………………………………………………………… 003
　1.1　MC方法发展史 …………………………………………… 004
　1.2　MC方法奠基人 …………………………………………… 006
　1.3　MC粒子输运程序现状 …………………………………… 006
　1.4　小结 ………………………………………………………… 007
　参考文献 ………………………………………………………… 008

第2章　MC方法基本原理 …………………………………………… 010
　2.1　基本思想 …………………………………………………… 010
　2.2　误差理论 …………………………………………………… 011
　2.3　方法特点 …………………………………………………… 014
　2.4　随机数与伪随机数 ………………………………………… 016
　2.5　小结 ………………………………………………………… 023
　参考文献 ………………………………………………………… 023

第3章　随机抽样方法 ……………………………………………… 025
　3.1　直接抽样方法 ……………………………………………… 025
　3.2　偏倚抽样方法 ……………………………………………… 033
　3.3　常用抽样方法 ……………………………………………… 035
　3.4　一类积分方程的随机模拟 ………………………………… 055
　3.5　小结 ………………………………………………………… 057
　参考文献 ………………………………………………………… 058

第4章　中子输运方程求解 ………………………………………… 059
　4.1　理论概述 …………………………………………………… 060
　4.2　输运方程基本形式 ………………………………………… 062
　4.3　发射密度方程的解 ………………………………………… 069

4.4	通量估计方法	076
4.5	点通量估计方法	081
4.6	估计方法的适用范围	086
4.7	固定源问题	087
4.8	临界问题	098
4.9	响应泛函计算	108
4.10	拉氏坐标下的中子输运方程	109
4.11	瞬态计算	112
4.12	小结	113
参考文献		114

第 5 章　中子光子核反应过程　115

5.1	截面	115
5.2	中子与物质相互作用	118
5.3	光子与物质相互作用	124
5.4	多普勒温度效应	133
5.5	热化截面温度效应	138
5.6	中子产生光子	139
5.7	基础核数据	140
5.8	小结	144
参考文献		144

第 6 章　带电粒子输运随机模拟　147

6.1	电子输运随机模拟	147
6.2	电子-光子耦合输运	165
6.3	质子输运随机模拟	166
6.4	小结	169
参考文献		169

第 7 章　多群中子输运计算　172

7.1	中子输运方程的多群形式	172
7.2	多群中子输运方程随机模拟	174
7.3	多群散射角分布处理	177
7.4	裂变谱	194

7.5	多群截面基本形式	197
7.6	多群 MC 程序 MCMG	199
7.7	小结	205

参考文献 205

第 8 章 多群伴随中子输运计算 207

8.1	基本理论	207
8.2	方程基本形式	208
8.3	伴随方程的积分形式	211
8.4	多群伴随方程求解	212
8.5	小结	214

参考文献 215

第 9 章 降低方差技巧 216

9.1	重要抽样	216
9.2	降低方差技巧	220
9.3	体探测器指向概率法	228
9.4	$MC-S_N$ 耦合计算	239
9.5	小结	241

参考文献 242

第 10 章 几何粒子径迹计算 245

10.1	基本几何体	245
10.2	碰撞点几何属性确定	247
10.3	穿过界面交点计算	248
10.4	体素网格几何描述	251
10.5	小结	259

参考文献 259

第 11 章 粒子输运并行计算 261

11.1	并行中间件	261
11.2	并行随机数发生器	263
11.3	粒子输运并行计算	265
11.4	小结	268

参考文献 269

下篇 应用部分

第12章 探测器响应计算 … 273
12.1 探测器工作原理 … 273
12.2 碘化钠探测器响应计算 … 274
12.3 小结 … 278
参考文献 … 279

第13章 燃耗计算 … 280
13.1 燃耗方程求解 … 280
13.2 燃耗计算方法 … 283
13.3 预估-校正耦合计算 … 285
13.4 燃耗数据库 … 288
13.5 小结 … 288
参考文献 … 289

第14章 核-热耦合计算 … 291
14.1 反应堆系统 … 291
14.2 方程组基本形式 … 294
14.3 数值反应堆内涵 … 300
14.4 数值反应堆基准模型 … 304
14.5 小结 … 306
参考文献 … 306

第15章 MCNP程序算法及功能 … 308
15.1 发展历史 … 308
15.2 主要功能 … 313
15.3 小结 … 323
参考文献 … 324

第16章 JMCT软件算法及功能 … 326
16.1 软件基本功能 … 326
16.2 可视前后处理 … 330
16.3 主要算法 … 334

16.4　JCOGIN 支撑框架 ⋯⋯⋯⋯⋯⋯⋯⋯⋯⋯⋯⋯⋯⋯⋯⋯⋯⋯⋯⋯⋯⋯⋯⋯⋯⋯⋯⋯　340

16.5　区域剖分及负载平衡 ⋯⋯⋯⋯⋯⋯⋯⋯⋯⋯⋯⋯⋯⋯⋯⋯⋯⋯⋯⋯⋯⋯⋯⋯　348

16.6　误差估计 ⋯⋯⋯⋯⋯⋯⋯⋯⋯⋯⋯⋯⋯⋯⋯⋯⋯⋯⋯⋯⋯⋯⋯⋯⋯⋯⋯⋯⋯　354

16.7　异步输运 ⋯⋯⋯⋯⋯⋯⋯⋯⋯⋯⋯⋯⋯⋯⋯⋯⋯⋯⋯⋯⋯⋯⋯⋯⋯⋯⋯⋯⋯　356

16.8　随机数衍生法 ⋯⋯⋯⋯⋯⋯⋯⋯⋯⋯⋯⋯⋯⋯⋯⋯⋯⋯⋯⋯⋯⋯⋯⋯⋯⋯⋯　361

16.9　多级并行计算 ⋯⋯⋯⋯⋯⋯⋯⋯⋯⋯⋯⋯⋯⋯⋯⋯⋯⋯⋯⋯⋯⋯⋯⋯⋯⋯⋯　365

16.10　小结 ⋯⋯⋯⋯⋯⋯⋯⋯⋯⋯⋯⋯⋯⋯⋯⋯⋯⋯⋯⋯⋯⋯⋯⋯⋯⋯⋯⋯⋯⋯　370

参考文献 ⋯⋯⋯⋯⋯⋯⋯⋯⋯⋯⋯⋯⋯⋯⋯⋯⋯⋯⋯⋯⋯⋯⋯⋯⋯⋯⋯⋯⋯⋯⋯⋯　370

第 17 章　JMCT 基准检验 ⋯⋯⋯⋯⋯⋯⋯⋯⋯⋯⋯⋯⋯⋯⋯⋯⋯⋯⋯⋯⋯⋯⋯⋯⋯　373

17.1　反应堆全堆建模 ⋯⋯⋯⋯⋯⋯⋯⋯⋯⋯⋯⋯⋯⋯⋯⋯⋯⋯⋯⋯⋯⋯⋯⋯⋯⋯　373

17.2　典型算例检验 ⋯⋯⋯⋯⋯⋯⋯⋯⋯⋯⋯⋯⋯⋯⋯⋯⋯⋯⋯⋯⋯⋯⋯⋯⋯⋯⋯　375

17.3　屏蔽基准计算 ⋯⋯⋯⋯⋯⋯⋯⋯⋯⋯⋯⋯⋯⋯⋯⋯⋯⋯⋯⋯⋯⋯⋯⋯⋯⋯⋯　384

17.4　H－M 基准计算 ⋯⋯⋯⋯⋯⋯⋯⋯⋯⋯⋯⋯⋯⋯⋯⋯⋯⋯⋯⋯⋯⋯⋯⋯⋯⋯　390

17.5　BEAVRS 基准计算 ⋯⋯⋯⋯⋯⋯⋯⋯⋯⋯⋯⋯⋯⋯⋯⋯⋯⋯⋯⋯⋯⋯⋯⋯⋯　393

17.6　VERA 基准计算 ⋯⋯⋯⋯⋯⋯⋯⋯⋯⋯⋯⋯⋯⋯⋯⋯⋯⋯⋯⋯⋯⋯⋯⋯⋯⋯　401

17.7　RPN 响应计算 ⋯⋯⋯⋯⋯⋯⋯⋯⋯⋯⋯⋯⋯⋯⋯⋯⋯⋯⋯⋯⋯⋯⋯⋯⋯⋯⋯　405

17.8　RPV 屏蔽计算 ⋯⋯⋯⋯⋯⋯⋯⋯⋯⋯⋯⋯⋯⋯⋯⋯⋯⋯⋯⋯⋯⋯⋯⋯⋯⋯⋯　410

17.9　小结 ⋯⋯⋯⋯⋯⋯⋯⋯⋯⋯⋯⋯⋯⋯⋯⋯⋯⋯⋯⋯⋯⋯⋯⋯⋯⋯⋯⋯⋯⋯⋯　422

参考文献 ⋯⋯⋯⋯⋯⋯⋯⋯⋯⋯⋯⋯⋯⋯⋯⋯⋯⋯⋯⋯⋯⋯⋯⋯⋯⋯⋯⋯⋯⋯⋯⋯　423

第 18 章　MC 方法在肿瘤剂量计算中的应用 ⋯⋯⋯⋯⋯⋯⋯⋯⋯⋯⋯⋯⋯⋯⋯⋯⋯　425

18.1　BNCT 发展历史 ⋯⋯⋯⋯⋯⋯⋯⋯⋯⋯⋯⋯⋯⋯⋯⋯⋯⋯⋯⋯⋯⋯⋯⋯⋯⋯　425

18.2　BNCT 国际现状 ⋯⋯⋯⋯⋯⋯⋯⋯⋯⋯⋯⋯⋯⋯⋯⋯⋯⋯⋯⋯⋯⋯⋯⋯⋯⋯　427

18.3　BNCT 基本原理 ⋯⋯⋯⋯⋯⋯⋯⋯⋯⋯⋯⋯⋯⋯⋯⋯⋯⋯⋯⋯⋯⋯⋯⋯⋯⋯　428

18.4　BNCT 治疗过程 ⋯⋯⋯⋯⋯⋯⋯⋯⋯⋯⋯⋯⋯⋯⋯⋯⋯⋯⋯⋯⋯⋯⋯⋯⋯⋯　433

18.5　算法验证 ⋯⋯⋯⋯⋯⋯⋯⋯⋯⋯⋯⋯⋯⋯⋯⋯⋯⋯⋯⋯⋯⋯⋯⋯⋯⋯⋯⋯⋯　436

18.6　算法测试 ⋯⋯⋯⋯⋯⋯⋯⋯⋯⋯⋯⋯⋯⋯⋯⋯⋯⋯⋯⋯⋯⋯⋯⋯⋯⋯⋯⋯⋯　444

18.7　小结 ⋯⋯⋯⋯⋯⋯⋯⋯⋯⋯⋯⋯⋯⋯⋯⋯⋯⋯⋯⋯⋯⋯⋯⋯⋯⋯⋯⋯⋯⋯⋯　448

参考文献 ⋯⋯⋯⋯⋯⋯⋯⋯⋯⋯⋯⋯⋯⋯⋯⋯⋯⋯⋯⋯⋯⋯⋯⋯⋯⋯⋯⋯⋯⋯⋯⋯　449

第 19 章　MC 方法在核探测中的应用 ⋯⋯⋯⋯⋯⋯⋯⋯⋯⋯⋯⋯⋯⋯⋯⋯⋯⋯⋯⋯　452

19.1　中子探测 ⋯⋯⋯⋯⋯⋯⋯⋯⋯⋯⋯⋯⋯⋯⋯⋯⋯⋯⋯⋯⋯⋯⋯⋯⋯⋯⋯⋯⋯　452

19.2　中子-γ 射线探测 ⋯⋯⋯⋯⋯⋯⋯⋯⋯⋯⋯⋯⋯⋯⋯⋯⋯⋯⋯⋯⋯⋯⋯⋯⋯⋯　454

19.3 时间门测量方法 ······ 457
19.4 爆炸物探测 ······ 462
19.5 小结 ······ 468
参考文献 ······ 468

第 20 章 MC 方法在放射性测井中的应用 ······ 470
20.1 核测井现状 ······ 470
20.2 碳氧比能谱测井 ······ 472
20.3 脉冲中子寿命测井 ······ 478
20.4 小结 ······ 483
参考文献 ······ 483

附录 ······ 485
附录 A 主要符号表及转换公式 ······ 485
附录 B Bethe-Heitler 理论公式 ······ 488

索引 ······ 491

上 篇
理论部分

>>> 第 1 章 绪论

  蒙特卡罗方法(Monte Carlo Method,简记为 MC 方法)又称随机模拟法(Random Simulation Method)或统计实验法(Statistical Test Method)。早在计算机问世前,经典的蒲氏投针求圆周率 π 和法国数学家 Buffon(1707—1788)投针求圆周率 π,其基本原理就是随机模拟法的应用。20 世纪 40 年代中期,随着科学技术的发展和电子计算机的问世,美国洛斯阿拉莫斯国家实验室(Los Alamos National Laboratory,LANL)的科学家 Fermi 首先用随机方法模拟中子扩散,后来又用这种方法计算反应堆临界性。著名数学家 Ulam 与 von Neumann 提出在计算机上模拟中子链式反应过程,通过对大量中子行为进行观察分析,用统计平均的方法,推测出估计量之解。由于使用了随机数、俄罗斯轮盘赌和随机抽样等过程,1944 年 von Neumann 等把他们研制的第一个随机模拟中子链式反应的程序,用摩纳哥著名赌城"Monte Carlo"(见图 1-1)命名,由此 Monte Carlo 方法正式成为随机模拟法的代名词。稍后,Fermi 又结合质点扩散问题,用同样的方法获得了某些偏微分方程的特征值。从此,MC 方法引起了人们的关注,成为核科学工程领域一门新兴的计算学科和计算数学的一个分支,并逐步发展壮大。

图 1-1　摩纳哥赌城 Monte Carlo 外景

随机抽样技巧(Random Sampling Technique)是 MC 方法求解数学期望类积分中引入的一些加速收敛措施,除了增大统计样本数之外,随机抽样技巧是降低统计误差的最行之有效的手段。由于微分和微分可以互相转换,因此,MC 方法可求解的问题种类很多,只要能够表示成为数学期望形式的积分,均可用 MC 方法进行求解。MC 方法的基本特点是利用各种概率密度函数或分布函数,通过随机抽样,计算得到估计量的近似值,用统计平均值作为估计量的解。MC 方法的理论来自概率论和数理统计,其中大数定律(Law of Large Numbers)和中心极限定理是 MC 方法的理论基础。与其他确定论方法相比,MC 方法获得的解存在一定的随机性和统计不确定性,近似解的精度是在一定概率置信度下保证的。由于随机性,MC 方法获得的解不唯一。这一点是 MC 方法与确定论方法的本质区别。

1.1　MC 方法发展史

20 世纪 40 年代,在美国的曼哈顿工程中,MC 方法用于模拟中子链式反应和核装置临界性。由于核武器的主要材料依赖反应堆制造。因此,MC 方法首要用于辐射屏蔽、各种研究堆及生产堆计算。根据文献记载,MC 方法在反应堆计算中大致经历了四个阶段:①60 年代的反应堆系统临界 k_{eff} 本征值计算;②70 年代精细组件功率计算;③80 年代精细二维全堆芯计算;④90 年代三维全堆芯计算。由于 MC 方法消耗的计算资源相对其他方法要大得多。早期受计算机速度、内存及费用的限制,方法主要用于确定论方法的补充和参考验证,计算某些确定论方法无法计算的复杂几何、强射线效应问题。

第 1 章 绪论

20 世纪 50 年代末至 60 年代末是 MC 方法蓬勃发展的鼎盛时期。1958 年，Goertzel 与 Kalos[1]从理论上肯定了用统计估计模拟跟踪粒子历史，为方法的应用奠定了理论基础。这一时期，由于引入了伪散射[2-4]和伴随估计量跟踪模拟计算，由此产生各种偏倚抽样技巧[5-6]。进入 70 年代，计算几何在机械工程中的成功应用，MC 几何处理借鉴机械工程中采用的法则，用组合几何布尔运算，实现了复杂几何描述和粒子径迹计算。针对 Boltzmann 方程求解，发展了多种通量估计方法。针对自然界中存在的某些重复几何体，如反应堆堆芯组件，发展了重复结构几何描述，从而大大降低了大型复杂装置建模的复杂度。在广泛实践基础上，各具特色的专著大量出现[7-9]，其中，最具代表的专著为 Carter 和 Cashwell 撰写的 *Particle transport simulation with the Monte Carlo Method*[10]，书中系统地介绍了 MC 方法应用于 Boltzmann 输运方程求解的理论基础及算法，介绍多种通量计算方法和若干降低方差技巧，成为 MC 方法学习最有价值的参考书之一。这些专著从不同角度对过去工作进行了总结，预示着方法的渐趋成熟。随着统计误差理论的提出[11-14]，MC 方法的理论研究工作有了新的突破，以方差为标准，合理选取提高估计量精度和效率的算法不断推出。

进入 21 世纪后，随着高性能并行计算机的推出和计算机运行成本的大幅下降，MC 方法模拟各种大型复杂装置辐射屏蔽及反应堆全堆芯精细 pin-by-pin 模型成为可能，除研究中子行为外，光子及各种带电粒子的模拟也成为可能。以 MCNP6 程序[15]为例，可模拟中子、光子、反中子、反光子、α 粒子、电子、质子、正负介子、轻离子、重离子等共 37 种。支撑 MC 方法模拟离不开精密的基础数据库，目前国际上采用较多的是美国布鲁克海文国家实验室(Brookhaven National Laboratory，BNL)研制的 ENDF (Evaluated Nuclear Data File)/B 系列基础数据库。随着基础核数据库的不断完善和精密化，MC 方法的模拟结果扮演了理论和实验之间的桥梁作用，过去长期依赖实验的某些工程项目，如今通过 MC 模拟计算，就可以获得与实验相当精度的结果。在客体信息反演中，采用中子探测或中子-γ 探测，通过解谱实现对客体内部信息的确定，这是工业 CT 的基本原理。其他应用，利用 MC 方法分类标识计算，可为探测仪灵敏度设计提供理论技术支持。MC 方法在辐射屏蔽和反应堆堆芯临界安全分析中的应用十分成功，在求解某些深穿透问题时，利用 MC 和 S_N 方法各自的优点，通过耦合计算，显著地提升了深穿透辐射屏蔽的计算精度和效率[16-19]。在核医学方面，MC 剂量计算成为肿瘤治疗的一部分，例如，硼中子俘获治疗(BNCT)，采用 MC 方法研制的治疗计划，能够精确算出器官内的剂量分布，为患者临床治疗提供确定的照射部位和照射时间，其治疗效果明显优于外科手术[20-21]。总之，当今 MC 方法已成为核科学工程领域不可或缺的模拟工具。其他 MC 方法应用领域还包括:金融工程、分子动力学、统计物理、流体力学、信息论、运筹学、生物医学、高分子化学、分子流、计算物理学等。

其实,MC 方法用来求解线性代数方程组、线性积分方程、线性齐次方程的本征值和微分方程组等也是有效的,但 MC 方法求解高维积分的优势最突出,已形成共识。其他方面 MC 方法优势不突出,比较之下,确定论方法更适用一些。

1.2　MC 方法奠基人

回顾 MC 方法的发展历史,四位国际公认的方法奠基人分别是 Ulam、Metropolis、von Neumann 和 Kolmogorov(见图 1-2)。他们对 MC 方法做出过开创性贡献,提出的理论和方法在 20 世纪产生了巨大而深远的影响,成为后来 MC 方法发展的理论基础。其中 Ulam(1909—1984)被认为是 MC 方法的首要创始人,他首次提出用统计抽样求解系列数学问题[22-23]。Metropolis(1915—1999)是最早把 MC 方法应用到统计物理领域的学者,他提出的算法至今影响深远,被誉为 20 世纪科学和工程计算领域十大算法之一。另一位美籍匈牙利数学家、计算机科学家、物理学家 von Neumann(1903—1957),他在计算数学方面影响巨大,MC 方法方面取得的成就仅是他一生研究取得的成就的一部分,他在爆轰流体力学和中子输运方法方面的成就同样影响深远。Kolmogorov(1903—1987)是苏联 20 世纪最杰出的数学家之一,他的研究遍及数学的所有领域,MC 方法是他开创性研究工作的一部分,他把轮盘赌方法上升到理论,成为 MC 方法的理论精髓。

Stanislaw Ulam

Nicholas Metropolis

John von Neumann

N. Kolmogorov

图 1-2　MC 方法的四位奠基人

MC 方法在美国曼哈顿计划(Manhattan Project)中发挥了核心关键作用。在 20 世纪 50 年代 LANL 的氢弹开发中同样发挥了重要作用。

1.3　MC 粒子输运程序现状

针对 Boltzmann 方程的求解,诞生了两类求解方法:①确定论方法;②MC 方法。确定论方法计算成本较小，但是需要对空间、能量、方向进行离散，对能量的离散处理，即截面的多群归并处理。MC 方法对空间、能量、方向采用精确描述和计算，计算精度高，但由于需要模拟的样本数要足够多，因此，计算成本较高。相比较确定论方法，MC 方法对求解复杂区域的几何适用性以及对求解系统的能谱适用性更强。随着计算机速度和存储的提高，MC 方法正成为中子学分析的主流方法。

基于 MC 方法，国内外多家单位投入研究，开发了各具特色的蒙特卡罗程序，其代表有 MCNP、KENO、MC21、Mercury、FLUKA、GEANT4、MONK、TRIPLI、PRIZMA、MVP、Serpent、OpenMC、McCARD、JMCT、RMC、SuperMC 等。下面仅对我们较熟悉的几个国外 MC 程序予以简介。

1. MCNP 程序[15]

MCNP 程序由美国洛斯阿拉莫斯国家实验室（LANL）研发，是目前国际上知名度最高、用户最多的 MC 程序，也是确定论程序和其他 MC 程序参考验证的工具。MCNP 程序最新版本为 MCNP6，可求解包括中子、光子、电子、质子等 37 种粒子的输运问题，具有在线多普勒温度展宽等多种功能，详见下篇第 15 章关于 MCNP 程序的详细介绍。

2. GEANT4 程序[24]

由欧洲核子研究组织（CERN）等多家研究机构联合开发，程序预留了很多工具箱接口，用户可根据需求，选择工具箱进行组装。工具箱包括中子、光子、电子、μ 子等粒子，可用于探测器响应计算。从用户反馈信息看，GEANT4 程序更擅长带电粒子输运的计算。

3. Serpent 程序[25]

由芬兰国家技术研究中心研发的三维中子-光子输运 MC 程序，主要针对裂变压水堆中子学计算，具有燃耗、考虑温度效应等功能，实现了与热工水力的耦合，可以进行全堆计算。

4. OpenMC 程序[26]

OpenMC 程序由美国麻省理工学院（MIT）开发，程序开发始于 2011 年，采用 ACE 格式的连续点截面和实体组合几何，可计算复杂几何的临界问题和固定源屏蔽问题。该程序可进行中子、光子及中子-光子耦合计算，其他功能还包括燃耗计算、在线多普勒温度展宽、MPI 和 OpenMP 并行计算等，可运行在 Linux、Mac OS 和 Windows 系统下。程序采用哈希表存储和搜索，计算速度优于 MCNP 程序。目前程序对外开源，借助全球用户，也帮助程序发现了多个 BUG。

1.4 小结

MC 方法自诞生之日起，就与同期世界上最先进的科学技术相融合，应用概率论与数理统计知识，借助计算机工具，帮助人们进一步认识世界和改造世界，解决物理问题。七十年来，作为计算数学中发展迅速的领域之一，MC方法在物理学的各个分支学科中均发挥了积极重要的作用，成为理论物理与实验物理之间的桥梁。方法不仅能够弥补简单解析理论模型难以完全描述的复杂物理现象的不足，而且在一定程度上克服了实验物理中遇到的困难。随着计算机技术的快速发展，MC方法已经渗透到物理学的各个领域，包括凝聚态物理、核物理、粒子物理、天体物理、大气物理、地球物理等众多学科。

MC方法主要用于三类问题：最优化，数值积分，依据概率分布生成图像。在物理相关问题中，MC方法可用于模拟具有多个耦合自由度的系统，如流体、无序材料、强耦合固体和细胞结构。其他例子包括：对输入中具有重大不确定性的现象进行建模，如商业中的风险计算，以及在数学中具有复杂边界条件的多维定积分计算。

参考文献

[1] GOERTZEL G, KALOS M H. Monte Carlo methods in transport problems [J]. Progress in nuclear energy, Series 1: Physics & Mathematics, 1958.

[2] COLEMAN W A. Mathematical verification of a Certain Monte Carlo sampling technique and applications of the technique to radiation transport problems [J]. Nuclear science and engineering, 1968, 32: 76.

[3] CRAMER S N. Next flight estimation for the fictitious scattering Monte Carlo method: ANS-18400[J]. Transactions of the American nuclear society, 1974.

[4] CRAMER S N. Application of the fictitious scattering radiation transport model for deep-penetration Monte Carlo calculations: ORNL/TM-4880[R]. US: Oak Ridge National Laboratory, 1977.

[5] COVEYOU R R, et al. Adjoint and importance in Monte Carlo application [J]. Nuclear science and engineering, 1967, 27: 219.

[6] NAKAMURA S. Computational methods in engineering and science [M]. Hoboken: Wiley-Interscience, 1977.

[7] BUSIENKO N P, GOLENKO D I, SHREIDER Y A, et al. The Monte Carlo method: the method of statistical trials[J]. Physics today, 1967, 20(1): 129.

[8] 裴鹿成，张孝泽. 蒙特卡罗方法及其在粒子输运问题中的应用[M]. 北京：科学出版社，1980.

[9] SPANIER J, GELBARD E M. Monte Carlo principle and neutron transport problems [M]. New York: Dover books on mathematics, 1969.

[10] CARTER L L, CASHWELL E D. Particle-transport simulation with the Monte Carlo

method: TID-26607[R]. US: Technical Information Center, Office of Public Affairs U. S. Energy Research and Development Administration, 1975.

[11] AMSTER H J, DJOMEHRI M J. Prediction of statistical error in Monte Carlo transport calculations[J]. Nuclear science and engineering, 1976, 60: 131.

[12] LUX L. Systematic study of some standard variance reduction techniques[J]. Nuclear science and engineering, 1978, 67: 317.

[13] LUX L. Variance versus efficiency in transport Monte Carlo[J]. Nuclear science and engineering, 1980, 73: 66.

[14] 许淑艳. 关于蒙特卡罗方法的效率预测[J]. 计算物理, 1984, 1(2): 245.

[15] GOORLEY J T, JAMES M R, BOOTH T E, et al. Initial MCNP6 release overview – MCNP6 Beta 3: LA-UR-12-26631[R]. New Mexico: Los Alamos National Laboratory, 2013.

[16] STRAKER E A, STEVENS P N, IRVING D C, et al. The MORSE code: a multigroup neutron and gamma-ray Monte Carlo transport code: ORNL-4585[R]. US: Oak Ridge National Laboratory, 1970.

[17] ROADES W A, MYNATT F R. The DOT Ⅲ two-dimensional discrete ordinates transport code: ORNL/TM-4280[R]. US: Oak Ridge National Laboratory, 1973.

[18] CAIN V R. Application of Sn adjoint flux calculations to Monte Carlo biasing[J]. Transactions of the American nuclear society, 1967, 10: 399.

[19] ZHENG Z, MEI Q L, Deng L. Study on variance reduction technique based on adjoint iscrete ordinate method[J]. Annals of nuclear energy, 2018, 112: 374-382.

[20] RORER A, WAMBERSIE G, WHITMOR E, et al. Current status of neutron capture therapy: IAEA-TECDOC-1223[M]. Vienna: IAEA, 2001.

[21] DENG L, YE T, CHEN C B, et al. The dosimetry calculation for boron neutron capture therapy[M] // ABUJAMRA A L. Diagnostic techniques and surgical management of brain tumors: chapter 9. Rijeka: INTECH, 2011.

[22] COOPER N G. From Cardinals to Chaos-reflections on the life and legacy of Stanislaw Ulam[M]. Cambridge: Cambridge University Press, 1989.

[23] METROPOLIS N, ULAM S. The Monte Carlo method[J]. American statistical association, 1949, 44: 335.

[24] AGOSTINELLI S, ALLISON J, AMAKO K, et al. GEANT4: a simulation toolkit[J]. Nuclear instruments and methods in physics research section A: accelerators, spectrometers, detectors and associated equipment, 2003, 506(3): 250-303.

[25] LEPPäNEN J, PUSA M, VIITANEN T, et al. The serpent Monte Carlo code: development and applications in 2013[J]. Annals of nuclear energy, 2015, 82: 142-150.

[26] ROMANO P K, FORGET B. The OpenMC Monte Carlo code for advanced reactor design and analysis[J]. Nuclear engineering and technology, 2012, 44(2): 161-176.

>>> 第 2 章　MC 方法基本原理

2.1　基本思想

随机模拟思想萌芽于 17 世纪,我国的蒲松投针法求圆周率 π,法国数学家 Buffon 投针求 π[1],都是 MC 方法诞生前这一思想的体现。下面以蒲松投针求 π 为例,说明随机模拟法的应用。

例 2-1　用随机方法求圆周率 π。

解　如图 2-1 所示,在单位正方形内,有一内切圆,将针均匀地投入正方形内,则针命中圆内的概率为

$$P = \frac{\text{内切圆面积}}{\text{单位正方形面积}} = \frac{\pi}{4} \sim \frac{M}{N} \tag{2-1}$$

其中,N 为投针总数,M 为命中圆内的针数,则

$$\pi \approx \frac{4M}{N} \tag{2-2}$$

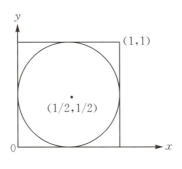

图 2-1　投针问题

显然 N 越大,π 计算得越精确。

上述过程的计算机实现:均匀地投针到单位正方形内,等价于在单位正方形内

均匀选点(x,y),亦即在x轴$(0,1)$区间和y轴$(0,1)$区间内均匀选点x和y。这相当于在计算机上用伪随机数发生器,在$(0,1)$上任意产生随机数ξ_1和ξ_2(后面介绍)。针是否命中圆内,即判断不等式

$$\left(\xi_1-\frac{1}{2}\right)^2+\left(\xi_2-\frac{1}{2}\right)^2\leqslant\frac{1}{4} \tag{2-3}$$

是否成立?若不等式成立,则$M+1\Rightarrow M$。误差$\hat{\varepsilon}=\sqrt{(N-M)/(NM)}$(后面介绍)。在计算机上模拟$\pi$的计算流程如图2-2所示。

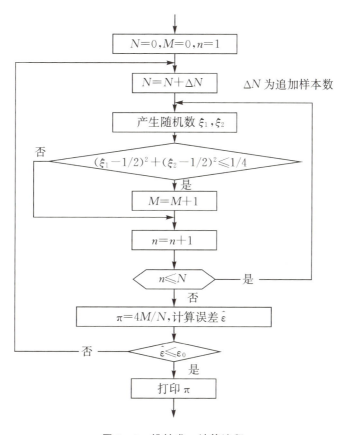

图2-2 投针求π计算流程

2.2 误差理论

2.2.1 大数定理

大数定理和中心极限定理是概率论中最重要的两个定理,也是MC方法误差理论的基础。下面回顾一下两个定理的内容。

大数定理 设$\{x_i\}(i=1,2,\cdots)$是一个相互独立,且服从同一分布的随机变

量序列,具有有限数学期望 $E[x_i]=a$,同时定义统计量

$$X_k = \frac{1}{N}\sum_{i=1}^{N} x_i^k, \quad k=1,2,\cdots \tag{2-4}$$

则对任意小数 $\varepsilon > 0$,有

$$\lim_{N\to\infty} P\{|X_1-a|<\varepsilon\}=1 \tag{2-5}$$

其中,N 为随机变量总数;P 为概率;X_1 为均值。

大数定理定性地给出近似解与精确解偏差小于 ε 的概率。下面对 ε 和 P 进行量化,引入中心极限定理。

2.2.2 中心极限定理

中心极限定理 假定相互独立的随机变量 $x_1,x_2,\cdots$ 服从同一分布,具有数学期望 $a<\infty$ 及方差 $0<\sigma^2<\infty$,那么有

$$\lim_{N\to\infty} P\left\{|X_1-a|<\frac{\lambda\sigma}{\sqrt{N}}\right\} = \frac{1}{\sqrt{2\pi}}\int_{-\lambda}^{\lambda} e^{-t^2/2}dt = \Phi(\lambda) \tag{2-6}$$

式(2-6)给出 X_1 与 a 的绝对误差小于 $\lambda\sigma/\sqrt{N}$ 的概率置信度 $\Phi(\lambda)$,式(2-6)还可以写为

$$\lim_{N\to\infty} P\left\{\left|\frac{X_1-a}{X_1}\right|<\frac{\lambda\sigma}{\sqrt{N}X_1}\right\} = \Phi(\lambda) \tag{2-7}$$

称 $1-\Phi(\lambda)$ 为置信水平。

中心极限定理定量地给出近似解与精确解之间的偏差及概率值。

2.2.3 误差估计

定义相对标准误差如下:

$$\varepsilon(\lambda) = \frac{\lambda\sigma}{\sqrt{N}X_1} = \frac{\lambda\sigma_{X_1}}{X_1} \tag{2-8}$$

这里 $\sigma_{X_1}^2 = \sigma^2/N$ 为均值 X_1 的方差。$\lambda=1$ 对应的误差 $\varepsilon(1)$ 为实际误差(同确定论方法的误差),$\lambda=2$ 对应的误差 $\varepsilon(2)$ 为 95% 置信度误差。MC 输运计算中多地采用 $\varepsilon(1)$,而在临界 k_{eff} 计算中,会同时给出 $\varepsilon(1)$、$\varepsilon(2)$ 和 $\varepsilon(3)$($\lambda=3$)三种误差。

利用式(2-8),式(2-7)可以写为

$$\lim_{N\to\infty} P\left\{\left|\frac{X_1-a}{X_1}\right|<\varepsilon(\lambda)\right\} = \Phi(\lambda) \tag{2-9}$$

表 2-1 给出了 λ、$\Phi(\lambda)$ 之间满足的关系,可以看出 $\varepsilon(2)$ 就是常说的 95% 标准或 2σ 原则。

虽然 $\lambda=1$,$\Phi(1)=0.6827$ 置信度较低,但由于对应的误差为实际误差 $\varepsilon(1)$ 与确定论方法的误差相同,所以多数情况下,MC 程序会选它作为误差收敛标准,

目的是便于 MC 方法和其他数值方法进行误差比较。由于 MC 估计量是随机的，所以其误差又称为概率误差。

表 2-1 λ、$\Phi(\lambda)$ 的关系

λ	$\Phi(\lambda)$
1	0.6827
2	0.9545
3	0.9973
4	0.9999

在误差式(2-8)中，由于 σ、X_1 仍然是未知的，所以模拟计算中为了反映样本数与误差之间的关系，统计量用对应样本数 N 下的估计量代替，定义估计量 S 如下：

$$S^2 = X_2 - (X_1)^2 = \frac{1}{N}\sum_{i=1}^{N} x_i^2 - \left(\frac{1}{N}\sum_{i=1}^{N} x_i\right)^2 \quad (2-10)$$

因为

$$E[S^2] = \frac{1}{N}\sum_{i=1}^{N} E(x_i^2) - E\left(\frac{1}{N}\sum_{i=1}^{N} x_i\right)^2 = \frac{1}{N}\sum_{i=1}^{N} E(x_i - X_1)^2$$

$$= \frac{1}{N}\sum_{i=1}^{N} E[(x_i - a) - (X_1 - a)]^2 = \frac{1}{N}\sum_{i=1}^{N}\left[E(x_i - a)^2 - N \cdot E(X_1 - a)^2\right]$$

$$= \frac{1}{N}(N\sigma^2 - \sigma^2) = \frac{N-1}{N}\sigma^2 \quad (2-11)$$

而 $\frac{N-1}{N}\sigma^2 \neq \sigma^2$，因此，严格地讲，用式(2-10)作为 σ^2 的估计量是有偏的。但考虑到样本数 N 充分大时，有 $\frac{N}{N-1} \approx 1$。因此，认为用 S^2 作为 σ^2 的估计量 $\hat{\sigma}^2$ 是可以接受的。由此，得到与样本数 N 相关的误差估计式

$$\hat{\varepsilon} = \frac{\hat{\sigma}}{\sqrt{N} X_1} = \left[\sum_{i=1}^{N} x_i^2 \Big/ \left(\sum_{i=1}^{N} x_i\right)^2 - \frac{1}{N}\right]^{1/2} \quad (2-12)$$

计算中用 $\hat{\varepsilon}$ 代替 ε，可以实时计算给出对应样本数 N 的标准误差的估计值。中心极限定理定量地给出近似解与精确解的偏差。

下面利用式(2-12)，计算 π 的误差。为此，定义随机变量

$$\eta_i = \begin{cases} 1, & \text{第 } i \text{ 针落在圆内} \\ 0, & \text{第 } i \text{ 针落在圆外} \end{cases} \quad (2-13)$$

显然有 $\sum_{i=1}^{N} \eta_i = M$，$\sum_{i=1}^{N} \eta_i^2 = M$，于是有

$$\hat{\varepsilon} = \sqrt{\sum_{i=1}^{N} \eta_i^2 / \left(\sum_{i=1}^{N} \eta_i\right)^2 - \frac{1}{N}} = \sqrt{\frac{N-M}{NM}} \qquad (2-14)$$

这就是 π 对应的误差估计值。

对任意随机变量 η,定义标准化随机变量

$$\zeta = \frac{\eta - E(\eta)}{\sqrt{D(\eta)}} \qquad (2-15)$$

显然它服从标准正态分布 $N(0,1)$。

现实中,经常需要计算多个统计量的组合,涉及组合量误差的计算,这里给出几种组合量统计误差计算公式。

(1) 已知 x、y、z 独立,求 $t = x + y + z$ 的误差,其相对标准误差为

$$\varepsilon_t = \frac{\sigma_t}{t} = \frac{\sqrt{(x\varepsilon_x)^2 + (y\varepsilon_y)^2 + (z\varepsilon_z)^2}}{x + y + z} = \frac{\sqrt{\sigma_x^2 + \sigma_y^2 + \sigma_z^2}}{x + y + z} \qquad (2-16)$$

其中,ε_x、ε_y、ε_z 分别为 x、y、z 的误差。

(2) 设 x、y 独立,求 $z = x \pm y$ 的误差,其相对标准误差为

$$\begin{cases} \sigma_z = \sqrt{\sigma_x^2 + \sigma_y^2} \\ \varepsilon_z = \dfrac{\sqrt{\sigma_x^2 + \sigma_y^2}}{x + y} \end{cases} \qquad (2-17)$$

(3) 设 x、y 独立,求 $z = kxy$ 的误差,其相对标准误差为

$$\begin{cases} \sigma_z = k\sqrt{y^2\sigma_x^2 + x^2\sigma_y^2} \\ \varepsilon_z = \dfrac{\sqrt{y^2\sigma_x^2 + x^2\sigma_y^2}}{xy} \end{cases} \qquad (2-18)$$

(4) 设 x、y 独立,求 $z = kx/y$ 的误差,其相对标准误差为

$$\begin{cases} \sigma_z = \dfrac{k}{y}\sqrt{\sigma_x^2 + \dfrac{x^2}{y^2}\sigma_y^2} \\ \varepsilon_z = \dfrac{1}{x}\sqrt{\sigma_x^2 + \dfrac{x^2}{y^2}\sigma_y^2} \end{cases} \qquad (2-19)$$

更多的内容可参考《数学手册》[2]。

2.3 方法特点

从误差公式(2-8)或它的近似表达式(2-12)可以看出,MC 方法归纳起来有如下六大特点。

1. 收敛速度与问题的维数无关

在前面误差公式的推导中,可以看到 MC 方法的误差在置信水平一定的情况

下,除了与方差 σ^2 有关,还取决于子样的容量 N,而与子样中的元素所在集合空间的几何形状、空间维数和被积函数的性质均无关。问题的维数变化,除了引起抽样时间和计算估计量的时间增加,不影响问题解的误差。或者说 MC 方法的收敛速度与问题的维数无关。但是一般数值方法,例如,在计算多重积分时,要达到同样的误差,点数与维数的幂次成正比。经验表明,当积分重数超过 3 时,MC 方法求积分的优势就会超过其他数值方法。

2. 方法受几何条件限制少

对对称、非对称问题,一维、二维、三维复杂几何问题,MC 方法不会遇到任何困难,这是其他方法所不具备的。因此,MC 方法特别适宜于维数高、几何形状复杂、被积函数光滑性差的问题的计算。

3. 能够同时考虑多个方案和计算多个未知量的计算

MC 方法可以一次算出多个未知量,以输运计算为例,它可以在计算出通量的同时,算出经通量响应得到的各种物理量,典型的是各种反应率、能谱、时间谱、角度谱及其联合谱。通过 MC 分类标识计算,还可以得到问题的各个微观量,如非弹 γ 和俘获 γ 等,而这是其他数值方法不具备的。

4. 特别适合并行计算

MC 方法的解是由若干样本计算结果的统计平均给出的,每个样本的模拟过程都是独立的,样本与样本之间没有关联,因此,MC 特别适合并行计算,且并行可扩展性好,加速比近乎线性增长,而这也是其他数值方法难以做到的。

5. 收敛慢和误差的概率性

从中心极限定理可以看出,MC 方法的一大不足是误差的概率性,其误差是在一定概率保证下的误差,这与确定论方法的误差有本质的区别。此外,从误差公式可以看出,由于 $\bar{x}$ 与 $\hat{\sigma}$ 为常数,所以 $\varepsilon \propto 1/\sqrt{N}$。由此可以看出,MC 方法的误差若要下降一个数量级,则样本数需要增加平方数量级,收敛慢是 MC 方法的主要薄弱环节之一。

6. MC 深穿透问题模拟存在不足

辐射屏蔽问题多为深穿透问题,平均自由程是一个重要指标。经验表明在 10 个平均自由程以内的问题,MC 模拟结果置信度较高。而超过 10 个平均自由程以上的深穿透问题,MC 计算统计结果相对实验结果波动较大,个别情况会出现计算结果低于实验结果。这方面 MC 方法相对确定论方法存在明显不足。

7. 提高 MC 计算精度的主要措施

提高 MC 估计量计算精度和效率的措施主要手段有:①增大模拟样本数 N,通过大规模并行计算来实现;②降低方差 σ,通过发展多种降低方差偏倚技巧,尽可能地增加计数量的统计信息。这是从事 MC 方法研究人员的命题。

从事 MC 方法研究的前辈们，总结了一条衡量某种算法优劣的标准，不仅要关注方差大小变化，还要考虑相应的计算成本。这就是 FOM(Figure of Merit)品质因子，其定义为

$$\text{FOM} = \frac{1}{\sigma^2 t} \tag{2-20}$$

FOM 值越大，说明算法的方差 σ 小，用时 t 也少。当 FOM 值趋于常数时，此意味着 MC 估计量的解已经收敛，计算可以终止。MC 是一种带经验性的算法，对同样的问题，不同人、采用不同的手段，最终都会获得近似相同的结果，但 FOM 值会出现明显不同。因此，对某些问题的模拟，需要从多种计算方案中，选择最佳优化方案。可以在少量且相同的计算时间下，选择 FOM 值最大的那种方案，作为问题模拟方案进行全程问题的模拟。

2.4 随机数与伪随机数

随机数是 MC 抽样必不可少的环节，在估计量的求解中，是通过大量统计量求平均值得到的，而统计量是从分布函数抽样获取的，其中便涉及随机数。因此，随机数的产生是 MC 算法的理论基础，本节就此进行专门讨论。

2.4.1 随机数定义

定义 把定义在[0,1]上的均匀分布的随机变量的抽样值称为随机数。

在[0,1]上均匀分布的随机变量的分布函数为

$$F(x) = \begin{cases} 0, x < 0 \\ x, 0 \leqslant x \leqslant 1 \\ 1, x > 1 \end{cases} \tag{2-21}$$

相应的概率密度函数(以下简记为 p.d.f)为

$$f(x) = F'(x) = \begin{cases} 1, & 0 \leqslant x \leqslant 1 \\ 0, & \text{其他} \end{cases} \tag{2-22}$$

定理 设 $\eta_1, \eta_2, \cdots, \eta_n, \cdots$ 是一列等概率取值 0 或 1 的相互独立的随机变量，则随机变量

$$\xi = \frac{1}{2}\eta_1 + \frac{1}{2^2}\eta_2 + \cdots + \frac{1}{2^n}\eta_n + \cdots \tag{2-23}$$

是在(0,1)上均匀分布的随机变量(证明略)。

2.4.2 伪随机数

上述定理从另一角度给出随机数的级数展开表达式，也是计算机产生随机数的

依据。受计算机字长的限制，ξ只能取有限项，若按计算机字长m作截断处理，则有

$$\tilde{\xi} = \frac{1}{2}\eta_1 + \frac{1}{2^2}\eta_2 + \cdots + \frac{1}{2^m}\eta_m \tag{2-24}$$

显然由计算机产生的随机数是有限的，不能覆盖[0,1]全区间，与真实的随机数品质有一些差距。由于这一特点，把计算机产生的随机数称为"伪随机数"（Pseudo-random Number）。在以后的讨论中，凡提到的随机数均指"伪随机数"，用ξ或ξ_i表示。

为保证计算机产生的随机数序列具有良好的品质，希望计算机产生的随机数能尽可能保持原随机数的性质，即需要满足独立性、均匀性、无连贯性、长周期性，同时便于对算法进行验证，要求具有可重复性。

在实际计算中，通常是在计算机上应用数学方法来产生随机数。一般情况下，是在给定初值$\xi_1,\xi_2,\cdots,\xi_k$下，通过递推公式

$$\xi_{n+k} = T(\xi_n,\cdots,\xi_{n+k-1}), \quad n=1,2,\cdots \tag{2-25}$$

确定ξ_{n+k}，通常取$k=1$，这时计算公式变为

$$\xi_{n+1} = T(\xi_n), \quad n=1,2,\cdots \tag{2-26}$$

其中，T为递推函数。这样给定初值ξ_1后，便可逐个产生随机数序列$\xi_2,\xi_3,\cdots,\xi_n,\cdots$。

用数学方法产生随机数序列是由递推公式和给定的初始值确定的，或者说随机数序列中除前k个随机数是给定的，其他的任一个随机数都被前面的随机数唯一确定。严格地说，它不满足随机数的相互独立的要求。然而，数学家证明了只要递推公式选得好，随机数的相互独立性是可以近似满足的。另外，计算机上表示的[0,1]区间上的数是有限的，因此，由递推公式产生的随机数序列就不可能不出现重复，而是形成一定的周期循环。

伪随机数从数学意义上讲并不符合随机数的性质，但是只要计算方法选择得当，它们可以近似地认为是相互独立和均匀分布的，并能通过相应的统计检验，它们是随机的，在模拟中使用不会引起太大的系统误差。同时用数学方法产生的伪随机数非常容易在计算机上实现，可以复算。因此，虽然存在一些缺陷，但计算中仍广泛地使用。研究各种随机数发生器的工作一直在进行，相关文献也很多，这里不一一列出。

历史上随机数产生的方法很多，有平方取中法、乘同余法、混合同余法、Fibonecci法、小数平方法、小数开方法、混沌法、取余法等。在产生随机数的各种不同方法中，选择计算速度快、可复算和具有较好统计性的随机数发生器是非常重要的。这里介绍产生随机数的常用方法。最早采用随机数表，这种处理在计算机诞生前使用。计算机诞生后发现它不适于在计算机上使用，因为它需要庞大的存

储量。随机数可以利用某些物理现象的随机性来获得，如放射性物质的放射性和计算机噪声等。用物理方法产生随机数有运算速度快的优点，但产生的随机数序列无法重复实现，这给计算结果的验证带来很大的不确定性，加之所需要的特殊设备费用昂贵，也不适用。

2.4.3 伪随机数产生方法

下面给出几种计算机产生随机数的方法[3]。

1. 平方取中法

1951 年 von Neumann 提出平方取中法，基本思想为：任意产生 $2N$ 个二进数的任意数构造初值 $\alpha_0 = x_1 x_2 \cdots x_{2N}$ ($x_i = 0$ 或 1)，求 $\alpha_0^2 = y_1 y_2 \cdots y_{4N}$，取中间的 $2N$ 个数构造 $\alpha_1 = y_{N+1} y_{N+2} \cdots y_{3N}$，依此类推产生系列随机数 $\alpha_0, \alpha_1, \cdots, \alpha_n, \cdots$，然后归一化后得到伪随机数列 $\xi_0, \xi_1, \cdots, \xi_n, \cdots$，用递归公式表示为

$$\begin{cases} \alpha_0 = x_1 x_2 \cdots x_{2N} \\ \alpha_{n+1} \equiv \text{int}[\alpha_n^2 / 2^N] \bmod 2^{2N} \\ \xi_{n+1} = 2^{-2N} \alpha_{n+1}, \quad n = 0, 1, \cdots \end{cases} \quad (2-27)$$

2. 截断法

该法由 Lehmer 提出，方法思想类似 von Neumann 方法。选择有 $2N$ 位二进位初始数 α_0，求平方 α_0^2，取其最后 $2N$ 位数字，得到一个新数 $\alpha_0^{(1)}$，把 $\alpha_0^{(1)}$ 乘上一个常数 c，取其前面 $2N$ 位数字，定为 $\alpha_0^{(2)}$；再选 $\alpha_0^{(2)}$ 的前 $2N$ 位数，定义为 $\alpha_0^{(3)}$，$\alpha_0^{(3)}$ 乘上一个常数 c，取其后面 $2N$ 位数字，定义为 $\alpha_0^{(4)}$；数 $\alpha_0^{(2)}$ 和 $\alpha_0^{(4)}$ 按位相加得到下一个 α_1，如此下去得到数列 $\alpha_0, \alpha_1, \cdots, \alpha_n, \cdots$，归一化后得到伪随机数列 $\xi_0, \xi_1, \cdots, \xi_n, \cdots$，用递归公式表示为

$$\begin{cases} \alpha_0 = x_1 x_2 \cdots x_{2N} \\ \alpha_n^{(1)} \equiv \alpha_n^2 \bmod 2^{2N} \\ \alpha_n^{(2)} = \text{int}\left[\dfrac{c \alpha_n^{(1)}}{2^{2N}}\right] \\ \alpha_n^{(3)} = \text{int}\left[\dfrac{\alpha_n^2}{2^{2N}}\right] \\ \alpha_n^{(4)} \equiv c \alpha_n^{(3)} \bmod 2^{2N} \\ \alpha_{n+1} = \alpha_n^{(2)} + \alpha_n^{(4)} \\ \xi_{n+1} = 2^{-2N} \alpha_n \end{cases} \quad (2-28)$$

上述两法均可给出一列周期不超过 2^{2N} 周期的伪随机数列。

3. 混合法

这是移位和按位相加相结合的一种方法：选择任一具有一定位数的初始数

α_0,向左右各移几位,舍去超出数位的数,然后按位相加,并取绝对值作为 α_1,对 α_1 重复上述过程,产生一列数 $\alpha_0,\alpha_1,\cdots,\alpha_n,\cdots$,归一化后得到伪随机数列 $\xi_0,\xi_1,\cdots,$ $\xi_n,\cdots$,用递归公式表示为

$$\begin{cases} \alpha_0 = x_1 x_2 \cdots x_{2N} \\ \alpha_n^{(1)} = \text{int}\left[\dfrac{\alpha_n}{2^P}\right] \\ \alpha_n^{(2)} \equiv 2^P \alpha_n \bmod 2^N \\ \alpha_{n+1} = |\alpha_n^{(1)} \oplus \alpha_n^{(2)}| \\ \xi_{n+1} = 2^{-N}\alpha_{n+1} \end{cases} \quad (2-29)$$

式中,P 表示移位数。

4. 乘同余法

乘加同余法是 Rotenberg 于 1960 年提出来的,由于该方法有很多优点,已成为仅次于乘同余法产生伪随机数的主要方法[4-7]。

数论工作者经过研究总结,认为齐次线性乘同余法是相对简单、运算高效的随机数发生器,多数 MC 程序均采用齐次($c=0$)、线性乘同余法随机数发生器,其递归关系如下:

$$\begin{cases} x_{n+1} \equiv (\lambda x_n + c) \bmod M \\ \xi_{n+1} = x_{n+1}/M \end{cases} \quad (n=0,1,\cdots) \quad (2-30)$$

其中,λ 为乘子;M 为模;c 为增量;$0 \leqslant x_{n+1} < M, 0 < \xi_{n+1} < 1$ 为随机数。

数论证明,当模和乘子取素数时,产生的随机数品质好,具有周期长,统计性好,不会出现负相关。随机数周期与计算机字长密切相关,对 32 位单精度整数,模 M 取为 $2^{31}-1$,而对 64 位长整型整数,模 M 取为 $2^{64}-1$。表 2-2 给出几种随机数发生器的乘子、模、增量的相关参数选取及周期。

表 2-2 几种随机数发生器对应的参数选择

发生器	m	λ	c	周期
ANSIC[rand()]	2^{31}	1103515245	12345	2^{31}
Park-Miller NR ran0()	$2^{31}-1$	16807	0	$2^{31}-2$
drand48()	2^{48}	25214903917	11	2^{48}
Hayes 64-bit	2^{64}	6364136223846793005	1	2^{64}

随机数分单、双精度两种。单精度随机数发生器运算简单、效率高,但周期较短。双精度随机数发生器产生的随机数周期长,但产生随机数的运算量较大,计算时间多于单精度随机数发生器。著名的 MCNP 程序[8]采用双精度随机数发生器,

MORSE-CG 程序采用单精度随机数发生器[9]，二者各有特点，对随机数周期无特殊要求的问题，采用单精度随机数发生器效果好。这里给出 MORSE-CG 程序的随机数产生外部函数，为线性齐次发生器，供大家参考。

取 $\xi=\mathrm{rang}()$ 即在 $(0,1)$ 上的随机数。该随机数的周期较短（$\sim 2^{31}$），但产生单个随机数的效率高。

```
function rang()
save iy, nrn
data iy/1/, nrn/0/          ! iy=1 为初始随机数；nrn 为随机数计数器
iy=iy*65539                 ! λ=65539 为乘子
if(iy) 5,6,6
5 iy=iy+2147483647          ! M=2³¹−1=2147483647 为模
6 rang=iy*0.4656613e−9      ! 1/M=(2³¹−1)⁻¹=0.4656613e−9
nrn=nrn+1
return
end
```

2.4.4 组合伪随机数产生

为了加长随机数的周期，常用的办法就是采取组合随机数序列，就好比 $(0,1)$ 是一维随机数线，组合后变为 $(0,1)\times(0,1)$ 二维随机数面，当然面比线更稠密，因而，组合随机数的周期更长。根据组合随机数理论，经组合得到的发生器要比参与组合的其中任意一个发生器产生的随机数序列更接近 $[0,1]$ 均匀分布，而且组合后的周期（在宽松的条件下）是被组合的随机数周期的最小公倍数，它从理论上保证了组合随机数的长周期。

根据乘同发生器的线性组合理论，这种组合所得的发生器等于另一个"关联"的乘同余发生器，后者的模是被组合的每一个模的乘积，乘子也可由公式算出，从而可以通过参数的优选，保证组合发生器的高维结构更为稠密。

组合随机数发生器的一般形式为[10]

$$\begin{cases} Y_i = \left(\sum_{j=1}^{m} c^{(j)} X_i^{(j)} \right) \bmod M \\ \xi_i = Y_i / M \end{cases} \qquad (2-31)$$

其中

$$\begin{cases} X_{i+1}^{(j)} = a^{(j)} X_i^{(j)} \bmod M^{(j)}, \\ M = \max_j M^{(j)}, \quad j = 1, \cdots, m \end{cases} \qquad (2-32)$$

ξ_i 为 $[0,1]$ 上均匀分布的随机数。

根据几个独立且近似均匀的随机变量的线性组合也是一个近似均匀的随机变量的理论，其分布比组成它的任意一个变量更接近$U[0,1]$。这意味着组合发生器的被组合对象可以是不同类型的发生器，而构造优良组合发生器系数是问题的关键。通常组合数m越高，随机数的周期越长。但当$m>1$时，由于参与运算的初始随机数为m个，且乘同余法的运算量较$m=1$多。所以，选择随机数周期并非越长越好，可根据模拟问题特点，选择周期和效率都能兼顾的随机数发生器，才是经济的。

2.4.5 伪随机数统计检验

随机数的统计品质决定了随机抽样方法的计算精度，通过统计检验，可以了解它是否具有$[0,1]$区间上的均匀分布的随机数应有的统计特性。随机数特性检验内容非常丰富，主要有均匀性、随机性和独立性检验。但所有的检验方法都是必要而不充分的。随机数的周期往往只能给出理论估计，无法核实。这里给出常用的几种随机数检验方法。

1. 矩检验

随机数序列的 1~4 阶矩统计检验，其估计值分别如下：

均值

$$\bar{\xi} = \sum_{i=1}^{N} \xi_i \tag{2-33}$$

方差

$$s^2 = \frac{1}{N} \sum_{i=1}^{N} (\xi_i - 0.5)^2 \tag{2-34}$$

偏度系数

$$g_1 = \frac{1}{N} \sum_{i=1}^{N} [\sqrt{12}(\xi_i - 0.5)]^3 \tag{2-35}$$

峰度系数

$$g_2 = \frac{1}{N} \sum_{i=1}^{N} [\sqrt{12}(\xi_i - 0.5)]^4 - 3 \tag{2-36}$$

上述 4 个估计值的期望值和方差分别为

$$E(\bar{\xi}) = 0.5, \quad D(\bar{\xi}) = \frac{1}{12N}$$

$$E(s^2) = \frac{1}{12}, \quad D(s^2) = \frac{1}{180N}$$

$$E(g_1) = 0, \quad D(g_1) = \frac{1}{0.509175^2 N}$$

$$E(g_2) = 0, \quad D(g_2) = \frac{1}{0.416667^2 N}$$

由中心极限定理得到统计量为

$$\begin{cases} u_1 = \dfrac{\bar{\xi} - E(\bar{\xi})}{\sqrt{D(\bar{\xi})}} \\[6pt] u_2 = \dfrac{s^2 - E(s^2)}{\sqrt{D(s^2)}} \\[6pt] u_3 = \dfrac{g_1 - E(g_1)}{\sqrt{D(g_1)}} \\[6pt] u_4 = \dfrac{g_2 - E(g_2)}{\sqrt{D(g_2)}} \end{cases} \qquad (2-37)$$

$u_i (i=1\sim 4)$ 渐近服从 $N(0,1)$ 正态分布。

2. 相关性检验

把随机数 $\xi_1, \xi_2, \cdots, \xi_N$ 视为一平稳时间序列，于是时滞 $1\sim 7$ 的自相关函数的估计值为

$$\rho_j = \dfrac{\dfrac{1}{N-j}\sum_{i=1}^{N-j}(\xi_i - \bar{\xi})(\xi_{i+j} - \bar{\xi})}{s^2}, \quad j = 1, 2, \cdots, 7 \qquad (2-38)$$

其中

$$\bar{\xi} = \dfrac{1}{N}\sum_{i=1}^{N}\xi_i, \quad s^2 = \dfrac{1}{N}\sum_{i=1}^{N}(\xi_i - \bar{\xi})^2 \qquad (2-39)$$

则统计量

$$u_j = \rho_j \sqrt{N-j}, \quad j = 1, 2, \cdots, 7 \qquad (2-40)$$

渐近服从 $N(0,1)$ 标准正态分布。

3. 均匀性检验

(1) 一维均匀性检验。把 $[0,1]$ 区间分为 $k = \text{int}[1.87 \times (N-1)^{2/5}]$ 个等长度区间，并把 ξ_i 视为 $[0,1]$ 上的随机点，它落入各小区间的观测频率数和理论频数分别为 n_i 和 $m_i = N/k$，于是统计量

$$\chi^2 = \sum_{i=1}^{k} \dfrac{(n_i - m_i)^2}{m_i} \qquad (2-41)$$

渐近服从 $\chi^2(k-1)$ 分布。

(2) 二维均匀性检验。在 X-Y 平面上，把单位正方形分为 $k \times k$ 个相等的小正方形，从而构成 $k \times k$ 列联表，用于二维独立性、均匀性检验。把随机数对 (ξ_i, ξ_j) 看作单位正方形内的一点，记落入小正方形 (i,j) 内的观测频率数为 $n_{ij}(i,j = 1, 2, \cdots, k)$，令

$$n_i = \sum_{j=1}^{k} n_{ij}, \quad n_j = \sum_{i=1}^{k} n_{ij} \qquad (2-42)$$

则统计量

$$\chi^2 = N\Big(\sum_{i,j=1}^{k} \frac{n_{ij}^2}{n_i n_j} - 1\Big) \quad (2-43)$$

渐近服从 $\chi^2[(k-1)^2]$ 分布。

关于随机数的检验内容很多，实际应用时，把产生的 N 个随机数 ξ_i（N 充分大）求和取平均，若 $\eta = \frac{1}{N}\sum_{i=1}^{N}\xi_i \approx 0.5$，则认为使用的随机数序列是均匀的。

2.5 小结

概率论与数理统计是 MC 方法的理论基础，其中大数定理和中心极限定理是 MC 方法误差估计的基础。只要能够把求解问题转化为数学期望的积分，便可以使用 MC 方法进行求解。MC 方法用大量随机抽样获得的统计平均解，作为数学期望的近似解。当样本数足够多，MC 方法的近似解可以充分逼近解析解。由于抽样的原因，MC 方法得到的解与解析解之间的偏差是用概率置信度来保证的，其解不唯一，这一点与其他数学方法不同。人们在求解各类数学问题时，MC 方法可以作为一种选项具体视性价比决定。

理论上，MC 方法可以用来解决任何具有概率解释的问题，根据大数定律，用某个随机变量的期望值描述的积分可以用该变量独立样本的经验均值来近似。在极限情况下，马尔科夫链 MC 方法生成的样本将成为期望分布的样本和近似解。

参考文献

[1] BADGER L. Lazzarini's lucky approximation of π[J]. Mathematics magazine，1994，67(2)：83 - 91.

[2] 《数学手册》编写组. 数学手册[M]. 北京：人民教育出版社，1979.

[3] 缪铨生. Monte Carlo 方法及其在粒子输运理论中的应用[M]. 北京：北京九所，1978.

[4] ROTENBERY A. A new pseudo - random number generator [J]. Journal of the ACM，1960，7(1)：75 - 77.

[5] HULL T E，DOBELL A R. Random number generators[J]. SIAM review，1962，4(3)：230 - 254.

[6] BROWN F B，NAGAYA Y. The MCNP5 random number generator[J]. Transactions of the American nuclear society，2002，87：230 - 232.

[7] GENTLE J E. Random number generation and Monte Carlo methods[M]. New York：Springer，2003.

[8] BRIESMEISTER J F. MCNP：a general Monte Carlo code for N - particle transport code：

LA‑12625‑M[R]. New Mexico: Los Alamos National Laboratory,1997.

[9] STRAKER E A,STEVENS P N,IRVING D C,et al. The MORSE code:A multigroup neutron and Gamma‑ray Monte Carlo transport code:ORNL‑4585[R]. US:Oak Ridge National Laboratory,1970.

[10] 杨自强,魏公毅. 综述:产生伪随机数的若干新方法[J]. 数值计算与计算机应用,2001,22(3):201‑216.

>>> 第 3 章　随机抽样方法

任意分布的随机变量的抽样,均可用一个或几个随机数的某种关系来表示,本章讨论离散型和连续型分布抽样值的产生过程。在下面的讨论中,用 ξ 表示 $[0,1]$ 区间上的随机数,用 x_f 表示随机变量 x 的抽样值。

3.1　直接抽样方法

3.1.1　离散型分布抽样

设 x 是离散型随机变量,分别以概率 p_i 取值 x_i,满足归一条件 $\sum_{i=1}^{N} p_i = 1$,可用以下方法获得随机变量 x 的抽样值 x_f。

抽随机数 ξ,求出满足不等式

$$\sum_{i=1}^{j-1} p_i \leqslant \xi < \sum_{i=1}^{j} p_i \tag{3-1}$$

的 j($j \leqslant N$,约定 $p_0 = 0$),则 $x_f = x_j$。

由于

$$P(x = x_j) = P\left(\sum_{i=1}^{j-1} p_i \leqslant \xi < \sum_{i=1}^{j} p_i\right) = \sum_{i=1}^{j} p_i - \sum_{i=1}^{j-1} p_i = p_j$$

故 x_j 即为随机变量 x 的抽样值 x_f。

例 3 - 1　设某个有限齐次马尔可夫链(Markov Chain) $\{w_1, w_2, \cdots, w_n\}$,其初始分布是 $\{p_1, p_2, \cdots, p_n\}$,转移概率矩阵为

$$\begin{bmatrix} p_{11} & p_{12} & \cdots & p_{1n} \\ p_{21} & p_{22} & \cdots & p_{2n} \\ \vdots & \vdots & & \vdots \\ p_{n1} & p_{n2} & \cdots & p_{nn} \end{bmatrix} \tag{3-2}$$

试确定该马尔可夫链的瞬时状态。

解 (1) 首先根据初始分布决定初始状态,选随机数 ξ_1,定出满足不等式

$$\sum_{k=1}^{i-1} p_k \leqslant \xi_1 < \sum_{k=1}^{i} p_k, \quad j \leqslant n \tag{3-3}$$

的 i,对应 i 的 w_i 就是初态。

(2) 根据初态 w_i 和转移概率矩阵确定转移态,选随机数 ξ_2,确定满足不等式

$$\sum_{k=1}^{j-1} p_{ik} \leqslant \xi_2 < \sum_{k=1}^{j} p_{ik} \tag{3-4}$$

的 j(约定 $p_{i0}=0, i=1,2,\cdots,n$),对应 j 的 w_j 就是转移态。

例 3-2 能量为 E 的中子与 ^{235}U 核发生碰撞,假定碰撞后可能发生的核反应有弹性散射(el)、非弹性散射(in)、俘获反应(c)、裂变反应(f)。它们的反应概率分别为:$p_{el}^{(1)}=\Sigma_{el}/\Sigma_t$;$p_{in}^{(2)}=\Sigma_{in}/\Sigma_t$;$p_c^{(3)}=\Sigma_c/\Sigma_t$;$p_f^{(4)}=\Sigma_f/\Sigma_t$,满足归一条件 $p_{el}^{(1)}+p_{in}^{(2)}+p_c^{(3)}+p_f^{(4)}=1$($\Sigma_t=\Sigma_{el}+\Sigma_{in}+\Sigma_c+\Sigma_f$),试定出碰撞后发生的反应类型。

解 抽样过程框图如图 3-1 所示。

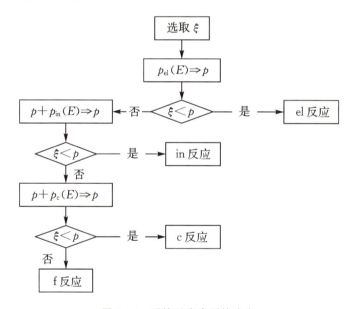

图 3-1 碰撞反应类型的确定

等概率抽样 若有 n 个事件 $E_1, E_2, \cdots, E_n$,每个事件发生的概率相等,$p_i = 1/n$。采用直接抽样法决定事件 E_j 的发生,j 满足下列不等式

$$\sum_{i=1}^{j-1} p_i \leqslant \xi < \sum_{i=1}^{j} p_i$$

即有

$$j-1 \leqslant n \cdot \xi < j$$

求得
$$j = \text{int}[n \cdot \xi] + 1$$
这说明等概率事件可以采用比解不等式简单的公式计算。

3.1.2 连续型分布抽样

函数变换法是连续型随机变量产生的基本方法,其基本原理如下。

函数变换法 设 $F(x)$ 为连续型随机变量 x 的分布函数,$x \in (a,b)$,$f(x) = F'(x)$ 为 x 的概率密度函数(以下简记为 p.d.f),若 $F(x)$ 的反函数 $F^{-1}(x)$ 存在,可得随机变量 x 的抽样值为

$$x_f = F^{-1}(\xi) \tag{3-5}$$

其中,ξ 为 $[0,1]$ 上均匀分布的随机数。

或利用 $f(x)$,从方程

$$\xi = \int_a^{x_f} f(x) \mathrm{d}x \tag{3-6}$$

反解出 x_f。

由于
$$P(x_f < x) = P[F^{-1}(\xi) < x] = P[\xi < F(x)] = F(x)$$
故 x_f 就是随机变量 x 的抽样值。

例 3-3 确定各向同性角度 **Ω** 的方向余弦 (u,v,w) 的抽样值。

解 各向同性是指每个方向都是等概率的,相当于在单位球面上均匀取一点的坐标。若采用球坐标,令 $\mu = \cos\theta$ 与 φ 分别表示极角余弦与方位角,则该点的坐标可表示为

$$\begin{cases} u = \sqrt{1-\mu^2}\cos\varphi \\ v = \sqrt{1-\mu^2}\sin\varphi \quad (-1 \leqslant \mu \leqslant 1, 0 \leqslant \varphi \leqslant 2\pi) \\ w = \mu \end{cases} \tag{3-7}$$

(μ,φ) 的联合 p.d.f 为

$$f(\mu,\varphi) = \frac{1}{4\pi} = f_1(\mu) f_2(\varphi) \tag{3-8}$$

其中,$f_1(\mu) = 1/2$,$\mu \in [-1,1]$ 为极角余弦分布(注意:对 μ 为均匀分布,但对 θ 为非均匀分布),$f_2(\varphi) = 1/(2\pi)$,$\varphi \in [0,2\pi]$ 为方位角分布,两者均服从均匀分布,用函数变换法抽样得

$$\begin{cases} \mu_f = 2\xi_1 - 1 \\ \varphi_f = 2\pi\xi_2 \end{cases} \tag{3-9}$$

将式(3-9)代入式(3-7)得到方向余弦抽样值。

例 3-4 已知中子的碰撞距离 l 服从负指数分布

$$f(l) = \Sigma(l)\exp\left[-\int_0^l \Sigma(l')\mathrm{d}l', \quad 0 < l < \infty\right] \tag{3-10}$$

求 l 的抽样值。

解 分以下两种情况考虑。

(1) 当 $\Sigma(l) = \Sigma$ 为一常数时（即单层介质）。

抽随机数 ξ，由 $\xi = \int_0^{l_f} \Sigma \mathrm{e}^{-\Sigma l'} \mathrm{d}l'$ 得 l 的抽样值为

$$l_f = -\frac{\ln(1-\xi)}{\Sigma}$$

因 $1-\xi$ 仍然是 $[0,1]$ 上均匀分布的随机数，可用 ξ 代之而简化为

$$l_f = -\frac{\ln\xi}{\Sigma} \tag{3-11}$$

(2) 假定截面由多层介质组成（见图 3-2）。

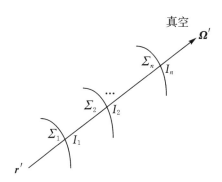

图 3-2 中子飞行穿过各界面示意图

每层介质的截面为一常数，$\Sigma(l)$ 可表为

$$\Sigma(l) = \begin{cases} \Sigma_1, 0 \leqslant l < l_1 \\ \Sigma_2, l_1 \leqslant l < l_2 \\ \cdots\cdots \\ \Sigma_n, l_{n-1} \leqslant l \leqslant l_n \\ 0, l > l_n \end{cases} \tag{3-12}$$

作变量变换，令 $\tilde{l} = \int_0^l \Sigma(l')\mathrm{d}l'$，则 $\tilde{l}$ 服从负指数分布

$$g(\tilde{l}) = \mathrm{e}^{-\tilde{l}} (0 \leqslant \tilde{l} < \infty)$$

由 $\xi = \int_0^{\tilde{l}_f} \mathrm{e}^{-l'}\mathrm{d}l'$ 解出 $\tilde{l}$，由此得到距离 $\tilde{l}$ 的抽样值

$$\tilde{l}_f = -\ln\xi = \int_0^l \Sigma(l')\mathrm{d}l'$$

若 $\tilde{l}_f > \int_0^{l_n} \Sigma(l')\mathrm{d}l'$,则中子穿出系统进入真空,按粒子泄漏处理;反之,则必存在 $j \leqslant n$,使不等式

$$\int_0^{l_{j-1}} \Sigma(l')\mathrm{d}l' \leqslant -\ln\xi < \int_0^{l_j} \Sigma(l')\mathrm{d}l'$$

成立。上式展开有

$$\int_0^{l_f} \Sigma(l')\mathrm{d}l' = -\ln\xi = \left[\int_0^{l_{j-1}} \Sigma(l')\mathrm{d}l' + \int_{l_{j-1}}^{l_f} \Sigma(l')\mathrm{d}l'\right]$$
$$= \sum_{i=1}^{j-1}(l_i - l_{i-1})\Sigma_i + (l_f - l_{j-1})\Sigma_j$$

解得

$$l_f = l_{j-1} - \frac{1}{\Sigma_j}\left[\ln\xi + \sum_{i=1}^{j-1}(l_i - l_{i-1})\Sigma_i\right] \quad (3-13)$$

这里约定 $l_0 = 0$,则 $\tilde{l}_f = l_f$ 即为多层介质碰撞距离的抽样值。

连续分布随机变量直接抽样涉及反函数求解,多数函数存在反函数,但也有函数不存在反函数,或求反函数的过程复杂。因此,函数变换法存在一定的局限性。此时需要考虑其他替代抽样方法。偏倚抽样是获得随机变量抽样值的另一种方法。

例 3-5 求随机变量 $\xi = \max\{\xi_1, \xi_2, \cdots, \xi_n\}$ 和 $\eta = \min\{\xi_1, \xi_2, \cdots, \xi_n\}$ 的分布函数,其中 $\xi_i (i=1,2,\cdots,n)$ 为随机数。

解 (1)求随机变量 ξ 的分布函数

$$F(x) = P\{\xi < x\} = P\{\max\{\xi_1, \xi_2, \cdots, \xi_n\} < x\}$$
$$= P\{\xi_1 < x\}P\{\xi_2 < x\}\cdots P\{\xi_n < x\} = x^n, 0 \leqslant x \leqslant 1$$
$$(3-14)$$

(2)求随机变量 η 的分布函数

$$G(y) = P\{\eta < y\} = P\{\min\{\xi_1, \xi_2, \cdots, \xi_n\} < y\}$$
$$= 1 - P\{\min\{\xi_1, \xi_2, \cdots, \xi_n\} \geqslant y\}$$
$$= 1 - P\{\xi_1 \geqslant y\}P\{\xi_2 \geqslant y\}\cdots P\{\xi_n \geqslant y\}$$
$$= 1 - (1-y)^n \quad (3-15)$$

通过以上计算可知,具有分布函数 $F(x) = x^n$ 的随机变量 X 的抽样值为

$$\xi_f = \max\{\xi_1, \xi_2, \cdots, \xi_n\} \quad (3-16)$$

具有分布函数 $G(y) = 1 - (1-y)^n$ 的随机变量 Y 的抽样值为

$$\eta_f = \min\{\xi_1, \xi_2, \cdots, \xi_n\} \quad (3-17)$$

例 3-6 已知随机变量 $\{x_i\}$ 相互独立,具有相同分布 e^{-x},证明随机变量 $x = \sum_{i=1}^{n} x_i$ 的 p.d.f 为 $f(x) = \dfrac{x^{n-1}}{(n-1)!} e^{-x}$,并求随机变量 x 的抽样值。

解 (1) 采用数学归纳法证明 x 的 p.d.f 形式成立。

当 $n = 2$ 时,由分布函数的性质,有

$$f(x) = f_{x_1+x_2}(x) = \int_0^x f_{x_1}(y) f_{x_2}(x-y) \mathrm{d}y$$

$$= \int_0^x e^{-y} e^{-(x-y)} \mathrm{d}y = x e^{-x} = \left. \frac{x^{n-1}}{(n-1)!} e^{-x} \right|_{n=2}$$

即 $n=2$ 成立。

假定 $k = n-1$ 成立,即随机变量 $y = \sum_{i=1}^{n-1} x_i$ 服从分布

$$f(x) = f_y(x) = \frac{x^{n-2}}{(n-2)!} e^{-x}$$

当 $k = n$ 时,有

$$f(x) = f_{y+x_n}(x) = \int_0^x f_y(y) f_{x_n}(x-y) \mathrm{d}y$$

$$= \int_0^x \frac{y^{n-2}}{(n-2)!} e^{-y} e^{-(x-y)} \mathrm{d}y$$

$$= \frac{1}{(n-2)!} \int_0^x y^{n-2} e^{-x} \mathrm{d}y$$

$$= \frac{x^{n-1}}{(n-1)!} e^{-x}$$

证毕。

(2) 求随机变量 x 的抽样值。

已知随机变量 x_i 服从负指数分布 e^{-x},则其抽样值为 $x_{i,\mathrm{f}} = -\ln \xi_i$,于是随机变量 $x = \sum_{i=1}^{n} x_i$ 的抽样值为

$$x_\mathrm{f} = \sum_{i=1}^{n} x_{i,\mathrm{f}} = -\ln(\xi_1 \xi_2 \cdots \xi_n) \tag{3-18}$$

例 3-7 设随机变量 ζ 服从截尾指数分布

$$f(x) = \frac{e^{-x}}{1 - e^{-a}}, \quad 0 < x < a \tag{3-19}$$

求 ξ 的抽样值。

解 若采用直接法,则 ζ 的抽样值为

$$\zeta_\mathrm{f} = -\ln[1 - \xi(1 - e^{-a})] \tag{3-20}$$

由于指数运算在计算机计算中很费时,所以考虑替代办法。定义随机变量 η

及其分布函数 $e^{-y}(0 \leqslant y < \infty)$，同时定义随机变量
$$\zeta = \eta \bmod a \tag{3-21}$$
现证明 ζ 服从截尾指数分布式(3-19)。

对任意实数 $y \in [0, \infty)$，必存在 $n \geqslant 0$，使
$$y = na + x, \quad 0 \leqslant x < a \tag{3-22}$$
于是有
$$\begin{aligned}
F(x) &= P(\zeta < x) = \sum_{n=0}^{\infty} P(na \leqslant y < na + x) \\
&= \sum_{n=0}^{\infty} [P(y < na + x) - P(y < na)] \\
&= \sum_{n=0}^{\infty} \{[1 - e^{-(na+x)}] - (1 - e^{-na})\} \\
&= (1 - e^{-x}) \sum_{n=0}^{\infty} e^{-na} = \frac{1 - e^{-x}}{1 - e^{-a}}
\end{aligned}$$
求导得到随机变量 ζ 的 p.d.f
$$f(x) = F'(x) = \frac{e^{-x}}{1 - e^{-a}}$$
即随机变量 ζ 服从截尾指数分布式(3-19)。

由 η 的抽样值 $\eta_f = -\ln \xi$，易得 ζ 的抽样值
$$\zeta_f = -\ln \xi \bmod a \tag{3-23}$$
式(3-23)避开了指数运算。

后面介绍的强迫碰撞采用的就是截尾指数分布，对于光学薄区域的计数，采取强迫碰撞来提高统计计数是十分必要的。

例 3-8 试求均匀分布在球壳 $R_0 \leqslant r \leqslant R_1$ 内的半径 r 的抽样值。

解 根据体积均匀的假设，构造半径随机变量 r 的分布函数及 p.d.f
$$\begin{cases} F(r) = \dfrac{V(r) - V(R_0)}{V(R_1) - V(R_0)} = \dfrac{\frac{4}{3}\pi r^3 - \frac{4}{3}\pi R_0^3}{\frac{4}{3}\pi R_1^3 - \frac{4}{3}\pi R_0^3} = \dfrac{r^3 - R_0^3}{R_1^3 - R_0^3} \\ f(r) = F'(r) = \dfrac{3r^2}{R_1^3 - R_0^3} \end{cases} \tag{3-24}$$

由函数变换法 $\xi = \int_0^r dF(r) = F(r)$，求得 r 的抽样值为
$$r_f = F^{-1}(\xi) = [R_0^3 + \xi(R_1^3 - R_0^3)]^{1/3} \tag{3-25}$$
为了回避开方运算，作变量变换
$$r = R_0 + x(R_1 - R_0) \tag{3-26}$$

则有
$$dr = (R_1 - R_0)dx, \quad 0 \leqslant x \leqslant 1$$

由雅可比变换,有
$$f(x) = f(r)\frac{dr}{dx} = \frac{3[R_0 + x(R_1 - R_0)]^2}{R_1^3 - R_0^3}(R_1 - R_0)$$
$$= \frac{3[R_0 + x(R_1 - R_0)]^2}{R_0^2 + R_0 R_1 + R_1^2} \tag{3-27}$$

对其作变量变换,令
$$\lambda = R_0^2 + R_0 R_1 + R_1^2 \tag{3-28}$$

则式(3-27)变为
$$f(x) = \frac{(R_1 - R_0)^2}{\lambda} \cdot 3x^2 + \frac{3R_0(R_1 - R_0)}{\lambda} \cdot 2x + \frac{3R_0^2}{\lambda}$$
$$= \sum_{i=1}^{3} p_i f_i(x) \tag{3-29}$$

其中,$p_1 = (R_1 - R_0)^2/\lambda$,$p_2 = 3R_0(R_1 - R_0)/\lambda$,$p_3 = 3R_0^2/\lambda$,$f_1(x) = 3x^2$,$f_2(x) = 2x$,$f_3(x) = 1$。

用复合抽样容易得到随机变量 r 的抽样值(后面介绍)。

3.1.3 随机向量抽样

设二维随机向量 (ζ, η) 的联合 p.d.f 为 $f(x,y)(-\infty < x, y < \infty)$,现求它的抽样值。把 $f(x,y)$ 写成
$$f(x,y) = f_\zeta(x) f_\eta(y|x) \tag{3-30}$$

式中,$f_\zeta(x)$ 是随机变量 ζ 的 p.d.f,$f_\eta(y|x)$ 是 $\zeta = x$ 条件下 η 的条件 p.d.f,它们分别等于
$$f_\zeta(x) = \int_{-\infty}^{\infty} f(x,y) dy \tag{3-31}$$

$$f_\eta(y|x) = \frac{f(x,y)}{\int_{-\infty}^{\infty} f(x,y) dy} \tag{3-32}$$

从 $f_\zeta(x)$ 定出抽样值 x_f,再从 $f_\eta(y|x_f)$ 求出 y 的抽样值 y_f,由此,产生了二维随机向量 (ζ, η) 的抽样值 (x_f, y_f)。

类似地,可产生多维随机向量 $(\zeta_1, \zeta_2, \cdots, \zeta_n)$ 的抽样值。假定它的联合 p.d.f 为 $f(x_1, x_2, \cdots, x_n)$ $(-\infty < x_1, x_2, \cdots, x_n < \infty)$,$f$ 可以进一步写为
$$f(x_1, x_2, \cdots, x_n) = f_{\zeta_1}(x_1) f_{\zeta_2}(x_2|x_1) \cdots f_{\zeta_n}(x_n|x_1, x_2, \cdots, x_{n-1})$$
$$\tag{3-33}$$

其中

$$\begin{cases} f_{\zeta_1}(x_1) = \int_{-\infty}^{\infty} \cdots \int_{-\infty}^{\infty} f(x_1, x_2, \cdots, x_n) \mathrm{d}x_2 \cdots \mathrm{d}x_n \\ f_{\zeta_2}(x_2 \mid x_1) = \dfrac{\int_{-\infty}^{\infty} \cdots \int_{-\infty}^{\infty} f(x_1, x_2, \cdots, x_n) \mathrm{d}x_3 \cdots \mathrm{d}x_n}{f_{\zeta_1}(x_1)} \\ \cdots \cdots \\ f_{\zeta_n}(x_n \mid x_1, x_2, \cdots, x_{n-1}) = \dfrac{f(x_1, x_2, \cdots, x_n)}{f_{\zeta_1}(x_1) f_{\zeta_2}(x_2 \mid x_1) \cdots f_{\zeta_{n-1}}(x_{n-1} \mid x_1, x_2, \cdots, x_{n-2})} \end{cases}$$

$$(3-34)$$

从 p. d. f $f_{\zeta_1}(x_1)$ 中产生抽样值 $x_{1\mathrm{f}}$,再根据 $x_{1\mathrm{f}}$,从条件 p. d. f $f_{\zeta_2}(x_2 \mid x_1)$ 中产生抽样值 $x_{2\mathrm{f}}$,以此类推,最后可以得到随机向量 $(\zeta_1, \zeta_2, \cdots, \zeta_n)$ 的抽样值 $(x_{1\mathrm{f}}, x_{2\mathrm{f}}, \cdots, x_{n\mathrm{f}})$。

例 3-9 试求二维 p. d. f。

$$f(x, y) = \frac{\mathrm{e}^{-xy}}{x} \quad (1 < x < \infty, 0 < y < \infty)$$

的抽样值。

解 把 $f(x, y)$ 写为

$$f(x, y) = f_\zeta(x) f_\eta(y \mid x)$$

其中

$$f_\zeta(x) = \frac{1}{x^2}, \quad f_\eta(y \mid x) = x \mathrm{e}^{-xy}$$

应用函数变换法求得 $f_\zeta(x)$ 的抽样值

$$x_\mathrm{f} = \frac{1}{\xi_1}$$

代入 $f_\eta(y \mid x)$,继续应用函数变换法求得 $f_\eta(y \mid x)$ 的抽样值

$$y_\mathrm{f} = -\xi_1 \ln \xi_2$$

式中,ξ_1、ξ_2 为随机数。

由此得到 $f(x, y)$ 关于 (x, y) 的抽样值 $(x_\mathrm{f}, y_\mathrm{f}) = \left(\dfrac{1}{\xi_1}, -\xi_1 \ln \xi_2\right)$。

3.2 偏倚抽样方法

降低方差技巧本质上就是偏倚抽样,即在相同样本数前提下,增加关心统计量的抽样数,减少对统计量贡献少的抽样数。偏倚计算结果是有偏的,需要通过无偏修正来确保计算结果的正确无偏性。经过多年发展,诞生了若干种针对不同问题的偏倚抽样算法,可谓是层出不穷。

3.2.1 连续型分布偏倚抽样

下面考虑区域 G 上的数学期望积分 I 的求解

$$I = E[g] = \int_G f(X)g(X)\mathrm{d}X \tag{3-35}$$

其中，X 可为多维变量，$f(X)$ 为定义在 G 上的 p.d.f.。

前面讨论了通过函数变换法，在 G 上产生 $f(X)$ 的抽样值，就可以得到积分 I 的近似值。但如果 $f(X)$ 或 $F(x)$ 的反函数不存在，或通过反函数求 X 的抽样效率很低，那么就需要在定义域 G 上引入偏倚 p.d.f. $\tilde{f}(X)$，将原来的泛函积分 I 改写为

$$\begin{aligned} I &= \int_G f(X)g(X)\mathrm{d}X = \int_G \tilde{f}(X)g(X)\frac{f(X)}{\tilde{f}(X)}\mathrm{d}X \\ &= \int_G \tilde{f}(X)g_1(X)\mathrm{d}X = E[g_1] \end{aligned} \tag{3-36}$$

其中

$$g_1(X) = g(X)\left[\frac{f(X)}{\tilde{f}(X)}\right] = g(X)w_{\mathrm{adj}}(X) \tag{3-37}$$

$$w_{\mathrm{adj}}(X) = \frac{f(X)}{\tilde{f}(X)} \tag{3-38}$$

称 $w_{\mathrm{adj}}(X)$ 为 $f(X)$ 的纠偏因子。

抽样过程 从 $\tilde{f}(X)$ 抽样产生 N 个抽样值 $X_1, X_2, \cdots, X_N$，用

$$I = E[g_1] \approx \frac{1}{N}\sum_{n=1}^{N} g_1(X_n) = \hat{I} \tag{3-39}$$

作为泛函积分 I 的估计值。

这种用偏倚函数 $\tilde{f}(X)$ 代替原函数 $f(X)$ 的抽样称为偏倚抽样，相应的估计函数 g_1 的方差为

$$\begin{aligned} \sigma_{g_1}^2 &= E\left[g_1(X) - I\right]^2 = \int_G \left[g_1(X) - I\right]^2 \tilde{f}(X)\mathrm{d}X \\ &= \int_G g_1^2(X)\tilde{f}(X)\mathrm{d}X - \left[\int_G g_1(X)\tilde{f}(X)\mathrm{d}X\right]^2 \\ &= \int_G \frac{f^2(X)g^2(X)}{\tilde{f}(X)}\mathrm{d}X - I^2 \end{aligned} \tag{3-40}$$

从式(3-40)可以看出，当取 $\tilde{f}(X) = f(X)g(X)/I$ 时，有 $\sigma_{g_1}^2 = 0$，但由于此时的 $\tilde{f}(X)$ 中含有待求量 I，显然"零"方差做不到，仅有理论意义。不过它会启发

人们去寻找接近"零"方差的偏倚函数 $\tilde{f}(X)$。

从式(3-40)可以看出,若选择的偏倚函数 $\tilde{f}(X)$ 在定义域 G 内的绝大部分区域满足

$$w_{\text{adj}}(X) = \frac{f(X)}{\tilde{f}(X)} < 1$$

则有

$$\sigma_g^2 - \sigma_{g_1}^2 = \int_G g^2(X)\left[1 - \frac{f(X)}{\tilde{f}(X)}\right] f(X) \mathrm{d}X > 0$$

即有

$$\sigma_{g_1}^2 < \sigma_g^2$$

从而达到降低方差之目的。

3.2.2 离散型分布偏倚抽样

如果已知离散概率分布为 $\{p_i\}$,满足归一条件 $\sum p_i = 1$。可能会有这种情况,某个事件的抽样概率很小,但贡献很大,即小概率大贡献事件。由于随机性原因,当抽样样本数不充分时,这种小概率事件往往会被漏掉。为了避免这种情况发生,可以通过偏倚抽样来避免,通过加大人们关心事件的抽样概率即可。可以重新定义一组偏倚抽样概率分布 $\{\tilde{p}_i\}$,满足归一条件 $\sum \tilde{p}_i = 1$,按偏倚概率分布 $\{\tilde{p}_i\}$ 进行抽样,对应每个 $\tilde{p}_i$ 的纠偏因子为 $p_i/\tilde{p}_i$。

无论是连续型还是离散型,其偏倚函数或分布都是不唯一的。凡使用偏倚抽样的,均需要对计算结果进行无偏修正。

3.3 常用抽样方法

由于MC方法求解问题的精度直接由方差决定,如何在相同的样本下,使统计量的方差变小,是各种抽样方法关心的问题。因此,MC方法发展到今天,诞生了若干种抽样方法。讨论方便起见,以一维数学期望积分

$$I = E[g] = \int_a^b g(x) f(x) \mathrm{d}x \tag{3-41}$$

的计算为例,这里 $f(x)$ 为 (a,b) 上的 p.d.f.。

估计量 I 的方差为

$$\sigma^2 = E[g(x) - I]^2 = \int_a^b [g(x) - I]^2 f(x) \mathrm{d}x \tag{3-42}$$

直接抽样 从 $f(x)$ 抽取 N 个样本点 $x_1, x_2, \cdots, x_N$,以

$$I_1 = \frac{1}{N}\sum_{i=1}^{N}g(x_i) \tag{3-43}$$

作为 I 的估计量，相应的方差为

$$\sigma_1^2 = E[I_1 - E(I_1)]^2 = E(I_1 - I)^2 = \frac{1}{N}\left\{\sum_{i=1}^{N}[g(x_i) - I]^2\right\} = \frac{\sigma^2}{N} \tag{3-44}$$

其中

$$\sigma^2 = E[g(x) - I]^2 = \int_a^b [g(x) - I]^2 f(x)\mathrm{d}x \tag{3-45}$$

3.3.1 替换抽样

对某些复杂随机变量，直接抽样困难或直接抽样的计算量较大，若其可以表示为多个简单随机变量 $\xi_1, \xi_2, \cdots, \xi_n$ 的函数，如

$$\eta = g(\xi_1, \xi_2, \cdots, \xi_n) \tag{3-46}$$

这样，只要获得 $\xi_1, \xi_2, \cdots, \xi_n$ 的抽样值，就可方便得到随机变量 η 的抽样值。

例 3-10 确定随机正弦 $\sin\varphi$、随机余弦 $\cos\varphi$ 的抽样值，其中 φ 均匀分布在 $(0, 2\pi)$ 上。

解 虽然用函数变换法可以求出 φ 的抽样值 $\varphi_f = 2\pi\xi$，代入 $\sin\varphi$、$\cos\varphi$ 便可以求出 $\sin\varphi$、$\cos\varphi$ 的抽样值，但在计算机上计算 $\sin\varphi$、$\cos\varphi$ 是通过级数展开方式计算的，其计算量比加减法大很多。于是考虑用投点法替换产生 $\sin\varphi$、$\cos\varphi$ 的抽样值。

如图 3-3 所示，作变换 $\varphi = 2\psi$，于是 $\psi \in [0, \pi]$，将 $\sin\varphi$、$\cos\varphi$ 展开为

$$\begin{cases} \sin\varphi = 2\sin\psi\cos\psi \\ \cos\varphi = \cos^2\psi - \sin^2\psi \end{cases} \tag{3-47}$$

在单位圆的上半圆内均匀投点，有

$$\begin{cases} x = \rho\cos\psi \\ y = \rho\sin\psi \end{cases} \quad (0 \leqslant \rho \leqslant 1, 0 \leqslant \psi \leqslant \pi) \tag{3-48}$$

x、y 服从分布

$$\begin{cases} f(x) = 1/2, & -1 \leqslant x \leqslant 1 \\ f(y) = 1, & 0 \leqslant y \leqslant 1 \end{cases} \tag{3-49}$$

抽样步骤如下：

(1) 抽随机数对 (ξ_1, ξ_2)，由式 (3-49) 得 x、y 的抽样值

$$\begin{cases} x_f = 2\xi_1 - 1 \\ y_f = \xi_2 \end{cases} \tag{3-50}$$

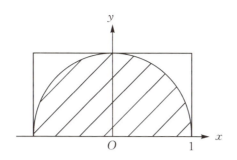

图 3-3 投点法示意图

(2) 通过不等式

$$(2\xi_1 - 1)^2 + \xi_2^2 \leqslant 1 \tag{3-51}$$

判断点 (ξ_1, ξ_2) 是否在图 3-3 所示的区域内,成立则转到(3),不成立则回到(1)重新抽样 (ξ_1, ξ_2),直到式(3-51)满足。

(3) 将式(3-50)代入式(3-48)求出 $\cos\psi$、$\sin\psi$,并代入式(3-47),求得 $\sin\varphi$、$\cos\varphi$ 的抽样值。

$$\begin{cases} (\sin\varphi)_f = \dfrac{2xy}{\rho^2} = \dfrac{2xy}{x^2 + y^2} = \dfrac{2(2\zeta_1 - 1)\zeta_2}{(2\zeta_1 - 1)^2 + \zeta_2^2} \\ (\cos\varphi)_f = \dfrac{x^2 - y^2}{\rho^2} = \dfrac{x^2 - y^2}{x^2 + y^2} = \dfrac{(2\zeta_1 - 1)^2 - \zeta_2^2}{(2\zeta_1 - 1)^2 + \zeta_2^2} \end{cases} \tag{3-52}$$

式(3-52)仅涉及加减乘除运算,比级数运算量下降。

例 3-11 设随机变量 ζ 服从正态分布

$$f_\zeta(x) = \frac{1}{\sqrt{2\pi}} \exp\left(-\frac{x^2}{2}\right) \quad (-\infty < x < \infty) \tag{3-53}$$

求其抽样值。

解 显然采用函数变换法无法求出随机变量 ζ 的抽样值,于是考虑使用替换抽样。引入一个与随机变量 ζ 独立同分布的随机变量 η,于是关于 (ζ, η) 的二元联合密度函数 $f_{\zeta\eta}(x, y)$ 有

$$f_{\zeta\eta}(x, y) = \frac{1}{2\pi} \exp\left[-\frac{(x^2 + y^2)}{2}\right] \quad (-\infty < x, y < \infty) \tag{3-54}$$

作随机变量 (ζ, η) 的变换

$$\begin{cases} x = \rho\cos\varphi \\ y = \rho\sin\varphi \end{cases} \quad (0 \leqslant \rho \leqslant \infty, 0 \leqslant \varphi \leqslant 2\pi) \tag{3-55}$$

得到 (ρ, φ) 的联合 p.d.f

$$f_{\rho\varphi}(\rho,\varphi) = f_{\zeta\eta}(x,y) \begin{vmatrix} \dfrac{dx}{d\rho} & \dfrac{dx}{d\varphi} \\ \dfrac{dy}{d\rho} & \dfrac{dy}{d\varphi} \end{vmatrix} = \dfrac{\rho}{2\pi}\exp\left(-\dfrac{\rho^2}{2}\right)$$

$$= f_\rho(\rho) f_\varphi(\varphi) \tag{3-56}$$

其中，$f_\rho(\rho) = \rho\exp\left(-\dfrac{\rho^2}{2}\right)$，$f_\varphi(\varphi) = \dfrac{1}{2\pi}$。

从 $f_\rho(\rho)$ 抽样得 $\rho = \sqrt{-2\ln\xi_1}$，从 $f_\varphi(\varphi)$ 抽样得 $\varphi = 2\pi\xi_2$，代入式(3-55)得随机变量 ζ 的抽样值

$$x_f = \sqrt{-2\ln\xi_1}\cos(2\pi\xi_2) \tag{3-57}$$

3.3.2 舍选抽样

1. 简单舍选抽样

如图 3-4 所示，设 $f(x)$ 为定义在区间 $(0,1)$ 上的随机变量 x 的 p.d.f，满足 $M = \max\limits_{x\in[0,1]} f(x) < \infty$，则舍选抽样过程如下：

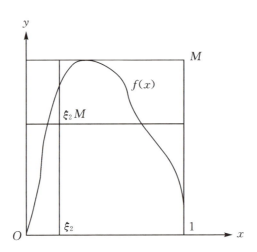

图 3-4 舍选抽样

① 选取随机数 ξ_1、ξ_2，判断

$$\xi_2 M \leqslant f(\xi_1) \tag{3-58}$$

是否成立，即判断点 $(\xi_1, \xi_2 M)$ 是否落在 $f(x)$ 的有效面积内。

② 如果式(3-58)成立，则取

$$x_f = \xi_1 \tag{3-59}$$

否则，回到①，重复上面的过程，直到条件满足。

容易推广到任意区间 (a,b) 上，对应式(3-58)的判断为

第3章 随机抽样方法

$$\xi_2 M \leqslant f(a+\xi_1(b-a)) \tag{3-60}$$

是否成立？如果成立，则取

$$x_f = a + \xi_1(b-a) \tag{3-61}$$

作为随机变量 x 的抽样值。

舍选抽样又名挑选法，它与直接抽样等价，证明详见文献[1]第29页。

抽样效率 用 E_f 表示，为所有抽样点中被选重点的概率，亦即抽样点 $(\zeta_1, \zeta_2 M)$ 落在 $f(x)$ 内的概率。设 $M = \max\limits_{x \in [a,b]} f(x) < \infty$，则 E_f 可表示为

$$E_f = \frac{\int_a^b f(x)\mathrm{d}x}{M(b-a)} = \frac{1}{M(b-a)} \tag{3-62}$$

对例 3-10，相应的抽样效率为

$$E_f = \frac{\pi}{4} \tag{3-63}$$

2. 舍选抽样的推广形式

若 $f(x)$ 可表示为一个 p.d.f 和一个有界函数之积

$$f(x) = h(x)f_1(x) \tag{3-64}$$

其中，$x \in (a,b)$，$f_1(x)$ 为 p.d.f；$h(x)$ 为有界函数，$\max\limits_{x \in [a,b]} h(x) = M$。则随机变量 x 的抽样过程如下：

① 从 $f_1(x)$ 中抽样得到 x_f；

② 若 $M\xi \leqslant h(x_f)$ 成立，则 x_f 作为随机变量 x 的抽样值有效；否则回到①重新抽样，重复以上过程，直到抽取的 x_f 满足条件②。抽样效率为

$$E_f = P\{M\xi \leqslant h(x_{f_1})\} = \frac{\int_a^b h(x)\mathrm{d}x}{M(b-a)} \tag{3-65}$$

从上面的讨论可以看出，舍选抽样的效率与被积函数在定义域内的面积百分比有关，百分比越大，抽样效率就越高。对于正态分布，其分布函数在定义域内的面积百分比很低，因此，直接抽样的效率就很低。但用舍选抽样的推广形式，其抽样效率就会显著提高。

下面以正态分布为例，介绍舍选抽样的推广形式。

由于 $f(x)(-\infty < x < \infty)$ 关于 $x=0$ 对称，所以考虑 $x \geqslant 0$ 的部分，对原来的 $f(x)$ 按 $[0, \infty)$ 重新归一，得到 $[0, \infty)$ 上的 p.d.f

$$f(x) = \sqrt{\frac{2}{\pi}} \, \mathrm{e}^{-\frac{x^2}{2}}$$

$$= \sqrt{\frac{2}{\pi}} \, \mathrm{e}^{\frac{1}{2}} \mathrm{e}^{-\frac{(x-1)^2}{2}} \mathrm{e}^{-x} = f_1(x)h(x), 0 < x < \infty \tag{3-66}$$

其中,$f_1(x) = e^{-x}$,$h(x) = \sqrt{2e/\pi}\, e^{-(x-1)^2/2}$。

容易求得 $M = \max\limits_{x} h(x) = \sqrt{2e/\pi}$,用推广形式的舍选抽样:

① 从 p.d.f $f_1(x)$ 产生随机变量 x 抽样值 $x_{f_1} = -\ln\xi_1$,同时抽取随机数 ξ_2;

② 判断

$$\xi_2 \leqslant \frac{h(x_{f_1})}{M} = \exp\left[-\frac{(x_{f_1}-1)^2}{2}\right] = \exp\left[-\frac{(\ln\xi_1+1)^2}{2}\right]$$

是否成立? 等价于判断

$$\ln\xi_2 \leqslant -\frac{(\ln\xi_1+1)^2}{2}$$

是否成立? 若成立,则取 $x_f = x_{f_1}$;否则重复①、②,直到不等式成立。

3.3.3 渐近抽样

渐近抽样又称极限法,利用随机变量序列的极限分布是某已知分布的性质,可以把序列中某个值取作已知分布的抽样值。

例 3-12 用渐近抽样求标准正态分布 $N(0,1)$ 的抽样值。

设 $x_1, x_2, \cdots, x_n$ 独立同分布,满足 $E(x_i) = a$, $D(x_i) = \sigma^2$,则标准化的随机变量

$$y_n = \frac{\bar{x} - a}{\sigma/\sqrt{n}} = \frac{\sum\limits_{i=1}^{n} x_i - na}{\sqrt{n}\,\sigma} \tag{3-67}$$

服从标准正态分布 $N(0,1)$,即有

$$\lim_{n\to\infty} P\{y_n < x\} = \frac{1}{2\pi} \int_{-\infty}^{x} e^{-\frac{t^2}{2}} dt$$

亦即当 n 允分大时,y_n 就可以近似看作分布 $N(0,1)$ 的随机变量。因此,只要定出 $x_1, x_2, \cdots, x_n$ 的抽样值,就可以得到 $N(0,1)$ 的抽样值。

取 $\{x_i\} = \{\xi_i\}$,则有

$$a = \int_0^1 x\,dx = \frac{1}{2}, \quad \sigma^2 = \int_0^1 (x-a)^2 dx = \frac{1}{12}, \quad y_n = \frac{\sum\limits_{i=1}^{n} \xi_i - n/2}{\sqrt{n/12}}$$

特别取 $n = 12$,有

$$y_{12} = \sum_{i=1}^{12} \xi_i - 6 \tag{3-68}$$

用 y_{12} 作为正态分布的近似抽样值,即取 $x_f = y_{12}$。

例 3-13 从麦克斯韦(Maxwell)分布抽中子能量

$$f(E) = C\sqrt{E}\, e^{-E/T}, \quad 0 \leqslant E < \infty \tag{3-69}$$

其中，C 为归一化系数，$T = T(E') > 0$ 为谱型系数，E' 为入射中子能量。

解 由 $\int_0^\infty f(E)\mathrm{d}E = 1$，求得 $C = 2/\sqrt{\pi T^3}$，令

$$f_1(E) = \frac{c_0}{T}\exp(-c_0 E/T) \tag{3-70}$$

取

$$h(E) = \frac{CT}{c_0}\sqrt{E}\exp\left[\frac{(c_0-1)}{T}E\right], \quad c_0 \neq 1 \tag{3-71}$$

则 $f(E) = f_1(E)h(E)$。由 $h'(E) = 0$，解得 $E = \dfrac{T}{2(1-c_0)}$。因为 $h(E) > h(0) = 0$，故在 E 处，$h(E)$ 取得极大值

$$M = \max_E h(E) = \frac{C}{c_0\sqrt{2(1-c_0)}}T^{3/2}\sqrt{\mathrm{e}} \tag{3-72}$$

取 $T = 2\bar{E}/3$，$\bar{E}$ 为平均中子能量，$c_0 = 2/3$，则

$$f_1(E) = \frac{1}{\bar{E}}\exp\left(-\frac{E}{\bar{E}}\right) \tag{3-73}$$

$$h(E) = CE\sqrt{E}\exp\left(-\frac{E}{2\bar{E}}\right) \tag{3-74}$$

$$M = C(\bar{E})^{3/2}/\sqrt{\mathrm{e}} \tag{3-75}$$

$$\frac{h(E)}{M} = \sqrt{\frac{\mathrm{e}E}{\bar{E}}}\exp\left(-\frac{E}{2\bar{E}}\right) \tag{3-76}$$

抽样方案如下：

① 从 $f_1(E)$ 中得到能量抽样值 $E_\mathrm{f} = -\bar{E}\ln\xi_1$；

② 抽随机数 ξ_2，判别

$$\xi_2 \leqslant \frac{h(E_\mathrm{f})}{M} = \sqrt{-\ln\xi_1}\,\mathrm{e}^{\frac{1-\ln\xi_1}{2}} \tag{3-77}$$

是否成立？若成立，则 E_f 即为 $f(E)$ 的抽样值；否则回到①，重复上述过程直到条件②满足。

3.3.4 复合抽样

如果 p.d.f $f(x)$ 可表示为复合分布

$$f(x) = \sum_{i=1}^{n} p_i f_i(x), \quad x \in (a,b) \tag{3-78}$$

其中，$p_i > 0$，满足归一条件 $\sum_{i=1}^{n} p_i = 1$，即 $f_i(x)$ 为 (a,b) 上的 p.d.f。

抽样方案如下：

① 抽随机数 ξ，求出满足不等式

$$\sum_{i=1}^{j-1} p_i \leqslant \xi < \sum_{i=1}^{j} p_i$$

的 j，$j \leqslant n$；

② 从 $f_j(x)$ 中产生抽样值 x_f，以此作为 $f(x)$ 的抽样值。

对于更一般的形式

$$f(x) = \sum_{i=1}^{n} \alpha_i g_i(x), \quad x \in (a,b) \tag{3-79}$$

其中，$\alpha_i > 0$，$\sum_{i=1}^{n} \alpha_i \neq 1$，即不满足归一条件；$g_i(x) \geqslant 0$ 为任一函数。

此时 $f(x)$ 可通过变换，使其满足复合抽样的条件，具体做法如下：

$$\begin{aligned} f(x) &= \sum_{i=1}^{n} \left[\alpha_i \int_a^b g_i(x') \mathrm{d}x' \frac{g_i(x)}{\int_a^b g_i(x') \mathrm{d}x'} \right] \\ &= \left[\sum_{j=1}^{n} \alpha_j \int_a^b g_j(x') \mathrm{d}x' \right] \sum_{i=1}^{n} \left[\frac{\alpha_i \int_a^b g_j(x') \mathrm{d}x'}{\sum_{j=1}^{n} \alpha_j \int_a^b g_j(x') \mathrm{d}x'} \frac{g_i(x)}{\int_a^b g_i(x') \mathrm{d}x'} \right] \\ &= c \sum_{i=1}^{n} p_i f_i(x) \end{aligned} \tag{3-80}$$

其中，$c = \sum_{j=1}^{n} \alpha_j \int_a^b g_j(x') \mathrm{d}x'$，$p_i = \dfrac{\alpha_i \int_a^b g_j(x') \mathrm{d}x'}{\sum_{j=1}^{n} \alpha_j \int_a^b g_j(x') \mathrm{d}x'} > 0$，满足归一条件 $\sum_{i=1}^{n} p_i = 1$，

$f_i(x) = \dfrac{g_i(x)}{\int_a^b g_i(x') \mathrm{d}x'}$ 为 (a,b) 上的 p.d.f.。

这样 $f(x)$ 满足复合抽样的条件。

3.3.5 加权抽样

选取 (a,b) 上另一 p.d.f $h(x)$，积分 I 可改写式为

$$I = \int_a^b g(x) f(x) \mathrm{d}x = \int_a^b h(x) \left[\frac{f(x)}{h(x)} g(x) \right] \mathrm{d}x = E\left[\frac{f(x)}{h(x)} g(x) \right] \tag{3-81}$$

式中，$f(x)/h(x)$ 可看着函数 $g(x)$ 的加权函数。

从分布 $h(x)$ 选取 N 个相互独立的样本 $x_1, x_2, \cdots, x_N$，以

$$I_2 = \frac{1}{N} \sum_{i=1}^{N} \frac{f(x_i)}{h(x_i)} g(x_i) \tag{3-82}$$

作为 I 的估计量，满足 $E(I_2) = I$。相应 I_2 的方差为

$$\sigma_2^2 = \frac{1}{N}\int_a^b \left[\frac{f(x)}{h(x)}g(x) - I\right]^2 h(x)\mathrm{d}x \tag{3-83}$$

适当地选取 $h(x)$，可望使 $\sigma_2^2 \leqslant \sigma_1^2$，达到降低方差的目的。

3.3.6 系统抽样

把区间 (a,b) 分为 n 分，其分点为 $a = x_1 < x_2 < \cdots < x_n = b$，积分 I 改写为

$$I = \int_a^b g(x)f(x)\mathrm{d}x = \sum_{i=1}^n \int_{x_{i-1}}^{x_i} f(x)g(x)\mathrm{d}x = \sum_{i=1}^n p_i \int_{x_{i-1}}^{x_i} \frac{f(x)}{p_i}g(x)\mathrm{d}x$$

式中，$p_i = \int_{x_{i-1}}^{x_i} f(x)\mathrm{d}x, i = 1, 2, \cdots, n$。

给定样本 N，在区间 (x_{i-1}, x_i) 中，按分布 $f(x)/p_i$ $(x_{i-1} < x < x_i)$ 选取 $n_i = p_i N$ 个相互独立的样本 $x_i^{(1)}, x_i^{(2)}, \cdots, x_i^{(n_i)}$ $(i = 1, 2, \cdots, n)$，以

$$I_3 = \sum_{i=1}^n \frac{p_i}{n_i} \sum_{j=1}^{n_i} g(x_i^{(j)}) = \frac{1}{N}\sum_{i=1}^n \sum_{j=1}^{n_i} g(x_i^{(j)}) \tag{3-84}$$

作为 I 的估计量，显然有 $E(I_3) = I$，相应 I_3 的方差为 σ_3^2。

现在来计算 σ_3^2，令

$$e_i = \int_{x_{i-1}}^{x_i} \frac{f(x)}{p_i}g(x)\mathrm{d}x$$

注意到

$$I = \sum_{i=1}^n p_i e_i = \sum_{i=1}^n \frac{n_i}{N}e_i$$

$$E(g(x_i^{(j)})) = e_i, \quad i = 1, \cdots, n; j = 1, \cdots, n_i$$

有

$$\sigma_3^2 = E(I_3 - I)^2 = E\left[\frac{1}{N}\sum_{i=1}^n \sum_{j=1}^{n_i} g(x_i^{(j)}) - \sum_{i=1}^n \frac{n_i}{N}e_i\right]^2$$

$$= E\left[\frac{1}{N}\sum_{i=1}^n \sum_{j=1}^{n_i} (g(x_i^{(j)}) - e_i)\right]^2 = \frac{1}{N^2}\sum_{i=1}^n n_i \zeta_i^2 = \frac{1}{N}\sum_{i=1}^n p_i \zeta_i^2$$

$$\tag{3-85}$$

式中

$$\zeta_i^2 = \int_{x_{i-1}}^{x_i} \frac{f(x)}{p_i}[g(x) - e_i]^2 \mathrm{d}x, \quad i = 1, 2, \cdots, n \tag{3-86}$$

要证明 $\sigma_3^2 \leqslant \sigma_1^2$，比较式(3-44)与式(3-85)，归结为证明

$$\sum_{i=1}^n p_i \zeta_i^2 \leqslant \sigma^2$$

通过简单计算，上式等价于证明

$$\left[\int_a^b f(x)g(x)\mathrm{d}x\right]^2 \leqslant \sum_{i=1}^n p_i e_i^2$$

根据施瓦茨(Schwarz)不等式,有

$$\left[\int_a^b f(x)g(x)\mathrm{d}x\right]^2 = \left[\sum_{i=1}^n \sqrt{p_i} \times \left(\frac{1}{\sqrt{p_i}}\int_{x_{i-1}}^{x_i} f(x)g(x)\mathrm{d}x\right)\right]^2$$

$$\leqslant \left[\sum_{i=1}^n p_i\right]\left[\sum_{i=1}^n \left(\frac{1}{\sqrt{p_i}}\int_{x_{i-1}}^{x_i} f(x)g(x)\mathrm{d}x\right)^2\right]$$

$$= \sum_{i=1}^n p_i e_i^2$$

证毕。

系统抽样的思想是把积分区域划分为若干个子区域,每个子区域的样本数,依据概率大小,按比例决定。

3.3.7 分层抽样

分层抽样属于广义的系统抽样。

分层抽样 把区间(a,b)分为n分,其分点为$a = x_1 < x_2 < \cdots < x_n = b$,积分$I$改写为

$$I = \int_a^b g(x)f(x)\mathrm{d}x = \sum_{i=1}^n \int_{x_{i-1}}^{x_i} f(x)g(x)\mathrm{d}x = \sum_{i=1}^n p_i \int_{x_{i-1}}^{x_i} \frac{f(x)}{p_i}g(x)\mathrm{d}x$$

式中,$p_i = \int_{x_{i-1}}^{x_i} f(x)\mathrm{d}x, i = 1, 2, \cdots, n$。

在区间(x_{i-1}, x_i)中按分布$f(x)/p_i$ $(x_{i-1} < x < x_i)$选取m_i个独立的样本$x_i^{(1)}, x_i^{(2)}, \cdots, x_i^{(m_i)}$ $(i=1,2,\cdots,n)$,以

$$I_4 = \sum_{i=1}^n \frac{1}{m_i} \sum_{j=1}^{m_i} p_i g(x_i^{(j)}) \tag{3-87}$$

作为I的估计量,显然有$E(I_4) = I$。现在来求I_4的方差σ_4^2,令

$$e_i = \int_{x_{i-1}}^{x_i} \frac{f(x)}{p_i}g(x)\mathrm{d}x \tag{3-88}$$

有

$$\sigma_4^2 = E(I_4 - I)^2 = E\left\{\sum_{i=1}^n \frac{1}{m_i}\sum_{j=1}^{m_i} p_i\left[g(x_i^{(j)}) - e_i\right]\right\}^2$$

$$= \sum_{i=1}^n \frac{p_i^2}{m_i}D_i \tag{3-89}$$

这里

$$D_i = E\left[g(x_i) - e_i\right]^2 = \int_{x_{i-1}}^{x_i} \frac{g^2(x)f(x)}{p_i} \mathrm{d}x - \left[\int_{x_{i-1}}^{x_i} g(x)\frac{f(x)}{p_i}\mathrm{d}x\right]^2 \tag{3-90}$$

令

$$N = m_1 + m_2 + \cdots + m_n \tag{3-91}$$

在总样本数 N 一定下，适当调整 $m_1, m_2, \cdots, m_n$，使 $\sigma_4^2 \leqslant \sigma_1^2$。特别当 m_i 正比于 $p_i\sqrt{D_i}$ 时，方差 σ_4^2 达到最小，此时

$$\sigma_4^2 = \frac{1}{N}\left(\sum_{i=1}^n p_i \sqrt{D_i}\right)^2 \tag{3-92}$$

事实上，根据式(3-91)，可取

$$m_i = c_i N \quad (i=1,2,\cdots,n) \tag{3-93}$$

式中，$c_i > 0 (i=1,2,\cdots,n)$，$\sum_{i=1}^n c_i = 1$。

按 Schwarz 不等式，由式(3-89)，有

$$\sigma_4^2 = \sum_{i=1}^n \frac{p_i^2}{m_i} D_i = \frac{1}{N}\sum_{i=1}^n \frac{p_i^2}{c_i} D_i = \frac{1}{N}\sum_{i=1}^n \left(p_i\sqrt{\frac{D_i}{c_i}}\right)^2 \times \sum_{i=1}^n \left(\sqrt{c_i}\right)^2$$

$$\geqslant \frac{1}{N}\left(\sum_{i=1}^n p_i \sqrt{D_i}\right)^2$$

当 $\frac{p_i}{c_i}\sqrt{D_i} = C$（$C$ 为常数，$i=1,2,\cdots,n$）时，等式成立，此时有 $m_i = \frac{p_i\sqrt{D_i}}{C}N$，$i=1,2,\cdots,n$。由此可知，当 m_i 正比于 $p_i\sqrt{D_i}$ 时，方差 σ_4^2 达到最小。但是 D_i 的值事先不知，所以，要达到方差最小值是不可能的。若取 $m_i = p_i N$，$i=1,2,\cdots,n$ 就回到前面讨论的系统抽样了。

不过分层抽样促进朝方差最小方向努力，如果 $m_1, m_2, \cdots, m_n$ 选择恰当，就能做到 $\sigma_4^2 \leqslant \sigma_1^2$。

3.3.8 控制变数法

如前，选取一个新的函数 $h(x)$，使 $h(x)$ 关于 $f(x)$ 的期望值已知，即 $\widetilde{I} = \int_a^b f(x)h(x)\mathrm{d}x$ 已知，且 $h(x)$ 与 $g(x)$ 有很强的正相关，这意味着 $h(x)$ 很接近 $g(x)$。以 $g(x) - h(x) + \widetilde{I}$ 作为 I 的新统计量。当 $h(x)$ 与 $g(x)$ 的正相关很大的话，新统计量的方差比 $g(x)$ 的方差小得多，称 $h(x)$ 为 $g(x)$ 的控制变数（更一般地以 $g(x) - \alpha h(x) + \alpha \widetilde{I}$ 作为 I 的新统计量，其中 $\alpha > 0$）。

控制变数法 从分布 $f(x)$ 中选取 N 个相互独立的样本 $x_1, x_2, \cdots, x_N$，以

$$I_5 = \frac{1}{N} \sum_{i=1}^{N} [g(x_i) - h(x_i) + \widetilde{I}] \tag{3-94}$$

作为 I 的估计量。显然有 $E(I_5) = I$,其方差为

$$\begin{aligned}\sigma_5^2 &= E\left\{\frac{1}{N}\sum_{i=1}^{N}[g(x_i) - h(x_i) + \widetilde{I}]\right\}^2 \\ &= \frac{1}{N}(\sigma^2 + \widetilde{\sigma}^2 - 2\rho\sigma\widetilde{\sigma})\end{aligned} \tag{3-95}$$

其中

$$\begin{cases} \sigma^2 = \int_a^b f(x)[g(x) - I]^2 \mathrm{d}x \\ \widetilde{\sigma}^2 = \int_a^b f(x)[h(x) - \widetilde{I}]^2 \mathrm{d}x \\ \rho = \dfrac{\int_a^b f(x)[g(x) - I][h(x) - \widetilde{I}] \mathrm{d}x}{\sigma\widetilde{\sigma}} \end{cases} \tag{3-96}$$

显然当 $\rho \geqslant \dfrac{\widetilde{\sigma}}{2\sigma}$ 时,有 $\sigma_5^2 \leqslant \sigma_1^2$。如果考虑到在相同样本数下,控制变数法的工作量是直接模拟法式(3-43)工作量的 2 倍,那么需要 $\rho \geqslant \dfrac{\sigma^2 + 2\widetilde{\sigma}^2}{4\sigma\widetilde{\sigma}}$,方法才有效。若 $\sigma \sim \widetilde{\sigma}$,那么 $\rho \geqslant 3/4$,即 $h(x)$ 与 $g(x)$ 有很强的正相关,方法才有效。在实际应用中,常选 $h(x)$ 接近于 $g(x)$,从

$$\sigma_5^2 = \frac{1}{N}\left\{\int_a^b f(x)[g(x) - h(x)]^2 \mathrm{d}x - (I - \widetilde{I})^2\right\} \tag{3-97}$$

可见当 $|h(x) - g(x)| \to 0$ 时,$\sigma_5^2 \to 0$,可以选取接近 $g(x)$ 的矩形函数或阶梯函数作为 $h(x)$。

3.3.9 对偶变数法

如前,积分 I 的基本统计量是 $g(x)$,选另一函数 $h(x)$,使它关于 $f(x)$ 的数学期望也是 I,亦即 $\int_a^b f(x)h(x)\mathrm{d}x = I$,以 $(g(x) + h(x))/2$ 作为 I 的新统计量。当 $h(x)$ 与 $g(x)$ 有很强的负相关时,新的方差比老的方差小。$h(x)$ 与 $g(x)$ 称为对偶变数。更一般的可以选取 $\alpha g(x) + (1-\alpha)h(x)$ 作为 I 的新估计量,其中,$0 < \alpha < 1$。具体过程如下。

对偶变数法 从分布 $f(x)$ 中选取 N 个相互独立的样本 $x_1, x_2, \cdots, x_N$,以

$$I_6 = \frac{1}{2N}\sum_{i=1}^{N}[g(x_i) + h(x_i)] \tag{3-98}$$

作为 I 的估计量。显然有 $E(I_6) = I$,其方差为

$$\sigma_6^2 = E\left\{\frac{1}{2N}\sum_{i=1}^{N}[g(x_i)+h(x_i)]-I\right\}^2$$

$$= \frac{\sigma^2+\tilde{\sigma}^2+2\rho\sigma\tilde{\sigma}}{4N} \tag{3-99}$$

式中

$$\begin{cases} \sigma^2 = \int_a^b f(x)[g(x)-I]^2 \mathrm{d}x \\ \tilde{\sigma}^2 = \int_a^b f(x)[h(x)-\tilde{I}]^2 \mathrm{d}x \\ \rho = \dfrac{\int_a^b f(x)[g(x)-I][h(x)-\tilde{I}]\mathrm{d}x}{\sigma\tilde{\sigma}} \end{cases} \tag{3-100}$$

显然,当 $\rho \leqslant \dfrac{3\sigma^2-\tilde{\sigma}^2}{2\sigma\tilde{\sigma}}$ 时,有 $\sigma_6^2 \leqslant \sigma_1^2$,如果考虑在相同样本数下,对偶变数法的工作量是直接模拟法式(3-82)的 2 倍,那么需要 $\rho \leqslant \dfrac{\sigma^2-\tilde{\sigma}^2}{2\sigma\tilde{\sigma}}$,对偶变数法才有效。若 $\sigma \sim \tilde{\sigma}$,则有 $\rho \leqslant 0$,即 $h(x)$ 与 $g(x)$ 是负相关时,对偶变数法有效。此法和控制变数法的主要不同点是一个是负相关,一个是正相关。

在实际应用中,按这样的原则来选取 $h(x)$。当 $g(x)$ 小时,$h(x)$ 变大;当 $g(x)$ 大时,$h(x)$ 变小;当 $g(x)$ 为单调函数时,可选 $g(x)$ 在区间 (a,b) 上的对称函数作为 $h(x)$。

下面介绍构造对偶变数的一种常用方法,记 $F(x)=\int_a^x f(y)\mathrm{d}y$,则有积分 I 可写为

$$I = \int_a^b g(x)\mathrm{d}F(x)$$

作变换 $F(x)=z$,有

$$I = \int_0^1 g[F^{-1}(z)]\mathrm{d}z$$

设 α 为 $(0,1)$ 上任意一点,改写上式为

$$I = \int_0^\alpha g[F^{-1}(z)]\mathrm{d}z + \int_\alpha^1 g[F^{-1}(z)]\mathrm{d}z$$

对第一部分作变换,令 $z=\alpha x$;对第二部分作变换 $z=1-(1-\alpha)x$,上式变为

$$I = \int_0^1 \{\alpha g[F^{-1}(\alpha x)]+(1-\alpha)g(F^{-1}[1-(1-\alpha)x])\}\mathrm{d}x$$

于是得到 I 的估计量

$$I_7 = \frac{1}{N}\sum_{i=1}^{N}\{\alpha g(F^{-1}(\alpha \xi_i))+(1-\alpha)g(F^{-1}[1-(1-\alpha)\xi_i])\} \tag{3-101}$$

其中，$\xi_i(i=1,2,\cdots,N)$ 为 N 个相互独立的随机数。

估计量 I_7 的方差为

$$\sigma_7^2 = \frac{1}{N}\left[\int_0^1 \{\alpha g[F^{-1}(\alpha x)] + (1-\alpha)g(F^{-1}[1-(1-\alpha)x])\}^2 dx - I^2\right]$$

(3-102)

应用 Schwarz 不等式，容易证明 $\sigma_7^2 \leqslant \sigma_1^2$，但考虑到在相同样本数下，式(3-102)的工作量是直接模拟式(3-45)的 2 倍，那么需要 $\sigma_7^2 \leqslant \frac{1}{2}\sigma_1^2$ 时，方法才有效，而这一点只要选择合适的 α 值就可以达到。特别当 α 满足 $\dfrac{d\sigma_7^2}{d\alpha} = 0$ 时，方差 σ_7^2 达到最小。当 $g(x)$ 为单调函数时，对任意的 $\alpha(0<\alpha<1)$，$g[F^{-1}(\alpha x)]$ 与 $g(F^{-1}[1-(1-\alpha)x])$ 均是负相关。因此，对偶变数法对被积函数为单调函数是特别适合的。

以上介绍的几种抽样技巧，对多维积分也适用。以二维积分为例，计算

$$J = \iint_G f(x,y)g(x,y)dxdy$$

(3-103)

式中，$f(x,y)$ 为区域 G 上的 p.d.f.。

积分 J 的抽样方案为：从 $f(x,y)$ 中抽取 N 个相互独立的样本 (x_1,y_1)，$(x_2,y_2),\cdots,(x_N,y_N)$，以

$$J_1 = \frac{1}{N}\sum_{i=1}^N g(x_i,y_i)$$

(3-104)

作为 J 的统计量，满足 $E(J_1) = J$，其方差为

$$\sigma_1^2 = \frac{\sigma^2}{N}$$

(3-105)

式中

$$\sigma^2 = \iint_G [g(x,y) - J]^2 f(x,y)dxdy$$
$$= \iint_G g^2(x,y)f(x,y)dxdy - J^2$$

抽样 (x_i,y_i) 时，分别从 $f(x,y)$ 关于 y 的边缘分布 $f_y(x)$ 抽取 x_i，从关于 x 的边缘分布 $f_x(y)$ 抽取 y_i，以此可推广到 $m(m>2)$ 维积分。

3.3.10 半解析法

记 $G(x)$ 为 G 关于 x 的截面，即 $G(x) = \{x | (x,y) \in G\}$，$f(x) = \int_{G(x)} f(x,y)dy$，即 $f(x)$ 为 $f(x,y)$ 关于 y 的边缘 p.d.f.。若积分 $\int_{G(x)} \dfrac{g(x,y)f(x,y)}{f(x)}dy$ 对 x 方便

求出,由于积分 J 可以写为

$$J = \int f(x)\mathrm{d}x \int_{G(x)} \frac{g(x,y)f(x,y)}{f(x)}\mathrm{d}y \qquad (3-106)$$

这样仅对 x 抽样计算积分 J。具体方案如下:

从边缘 p.d.f $f(x)$ 中抽样 N 个相互独立的样本 $x_1, x_2, \cdots, x_N$,记

$$\widetilde{J}(x_i) = \int_{G(x_i)} \frac{f(x_i,y)g(x_i,y)}{f(x_i)}\mathrm{d}y \qquad (3-107)$$

以

$$J_2 = \frac{1}{N} \sum_{i=1}^{N} \widetilde{J}(x_i) \qquad (3-108)$$

作为 J 的统计量,满足 $E(J_2) = J$。其方差为

$$\sigma_2^2 = \frac{1}{N} \left[\int f(x) \widetilde{J}^2(x) \mathrm{d}x - J^2 \right] \qquad (3-109)$$

应用 Schwarz 不等式,容易证明 $\sigma_2^2 \leqslant \sigma_1^2$。由于求解积分部分采用直接计算,部分采用 MC 抽样实现的,故称其为半解析法。

3.3.11 罐子法

针对离散分布的罐子抽样法亦称直接查找法[2],最适合状态概率为分数,且其公分母(记为 m^*)和状态数 m 都不是很大的情况。为明确起见,设离散分布为

状态 x_i: x_1 x_2 ... x_m

概率 p_i: Q_1/m^* Q_2/m^* ... Q_m/m^*

此处的 Q_i 为通分后的分子,满足 $Q_1 + Q_2 + \cdots + Q_m = m^*$。

现构造一个具有 m^* 个元素的数组 T,其前 Q_1 个元素的值均为 x_1,紧接的 Q_2 个元素的值均为 x_2,$\cdots$,Q_m 个元素的值均为 x_m。例如,$m=3$,概率分别为 $1/8$、$1/2$、$3/8$,则有

T_1	T_2	T_3	T_4	T_5	T_6	T_7	T_8
x_1	x_2	x_2	x_2	x_2	x_3	x_3	x_3

准备好数组 T 后,罐子抽样方法由如下两个步骤构成:

① 产生一个随机数 ξ,并令 $j = \mathrm{int}[m^* \cdot \xi] + 1$;
② 得 $x_f = T_j$。

由此完成了离散分布的罐子抽样,本质上与均匀抽样原理一致。

3.3.12 别名法

离散分布的直接抽样可用于任意离散分布的抽样,但是,直接抽样法通常需要通过多次比较数值的大小才能确定一个抽样。例如,当各个 p_i 值波动比较小时,其平均比较次数约为状态数目 m 的一半。因此,当 m 很大时,直接抽样法的效率很低。当然,当各个 p_i 值有一定的规律可循时,或许可以大大地减少比较的次数。

在一般情形下,虽然也可以通过改变比较技巧,特别是当各个 p_i 值差异较大时,通过把大的 p_i 排在前面的办法来减少比较的次数,但总的来说,当 m 很大时,直接抽样法的效率不高。

下面介绍别名法[2]。其为离散分布抽样方法之一,具有较高的抽样效率,可以成为任意离散分布自动抽样程序的方法核心。通过几个算例来说明别名法的基本概念,然后给出算法实现流程。

例如,对于

(1) 等概率情况:有 $p_i = 1/m$ ($i = 1, 2, \cdots, n$),使用离散均匀法抽样,其步骤为:

① 产生一个随机数 ξ,并令 $j = \text{int}[m \cdot \xi] + 1$;

② 取 $x_f = x_j$。

(2) 非等概率情况:即 $p_i \neq 1/m$,有

状态 x_i:	x_1	x_2	x_3	x_4
概率 p_i:	0.25	0.11	0.25	0.39

算法分析 若沿用上例的均匀法抽样,因为部分 $p_i \neq 1/m$,这必然导致部分 x_i 的抽样频数过多或不足,本例是 x_4 不足,x_2 过多,且多出的部分正好是不足的部分。因此,基本可沿用上例的均匀法抽样,但需要把部分原属于 x_2 的样本改为属于 x_4,更具体一点,因 $m \cdot p_2 = 4 \times 0.11 = 0.44$,从而要有 0.56 的 x_2 要改为 x_4,或者说有 56% 的 x_2 使用"别名"x_4。下面是这个特定例子的别名法抽样流程:

① 产生一个随机数 ξ,并令 $j = \text{int}[m \cdot \xi] + 1$;

② 若 $j \neq 2$,则 $x_f = x_j$;否则,若 $j - m\xi \leqslant 0.44$,则 $x_f = x_2$,否则 $x_f = x_4$(x_2 的别名)。

别名法的算法流程如下:

① 计算 m 倍概率:$q_i = m \times p_i, i = 1, 2, \cdots, m$;

② 形成别名表:$l_j - k$(指出 x_j 有别于 x_k)。

在抽样流程②的过程中,j 来自 $q_j < 1$ 的状态,k 来自 $q_k > 1$ 的状态。在形成每个别名时,状态的搜索总是从 1 到 m,且当找到一个别名后,当前的 q_k 做扣减运算:$q_k = q_k - (1 - q_j)$。由于采取一次扣全(或一次补足)策略,故每个 x_j 最多只有一个别名 x_k。上述 q_k 被扣减后,如果其值仍保持 $q_k > 1$ 的状态,则 x_k 还可以是另一个 x_j 的别名,即不同的 x_j 可有相同的别名 x_k。但是由于扣减运算,q_k 的值可能从大于 1 变为小于 1,于是该状态既是其他状态的别名,而它自身也同时有另一个别名。

再如,一般情形的别名确定过程示意如下:

状态 x_i:	x_1	x_2	x_3	x_4	x_5
概率 p_i:	0.15	0.17	0.20	0.22	0.26
m 倍概率 mp_i:	0.75	0.85	1.00	1.10	1.30

图 3-5 中的 s_1、s_2,用以表示各柱形顶部小矩形的面积。本例中,x_1 只有一个别名 x_4,而 x_2 和 x_4 都有相同的别名 x_5,值得注意的是,x_4 既是 x_1 的别名,而它自身又有别名 x_5。

递推产生流程如下:

①产生一个随机数 ξ,并令 $i = \text{int}[m \cdot x] + 1, u = i - m \cdot x$;

②若 $u \leqslant q_i$,则 $x_f = x_i$;否则 $x_f = x_{l_i}$(x_i 的别名)。

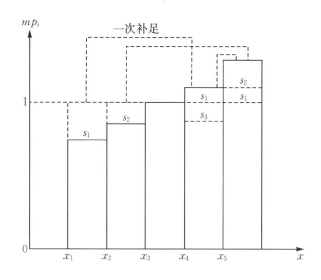

图 3-5 确定别名的过程示意

3.3.13 别名法复合使用

1.别名法与直接法复合使用

根据递推流程,别名法在一次抽样中只需一次比较运算,而直接法需要 $m/2$ 次。因此,别名法抽样具有较高的效率,但它仅适用于状态数目 m 有限的情形,甚至是只有中等大小的情形。因为形成别名的过程中需要几组长度为 m 的数组(p_i、q_i、l_j,及一组工作单元)。然而可以用复合抽样原理,把别名法与直接法复合使用。例如,把状态分为两组,第一组含有 m_a 个状态,其对应的概率之和为 p_a,其余状态划归至第二组。在复合抽样时,以概率 p_a 使用别名法产生第一组状态的抽样,以概率 $1 - p_a$ 使用直接法得到第二组的抽样。在实际应用中,应尽量把概率值 p_i 大的状态划归至第一组,并使之概率之和 p_a 尽可能大(接近1)。如果真能以很大的概率 p_a 使用效率很高的别名法抽样,那么即使直接法的效率低,也因它被用到的机会很小,故总的效率仍会很高。

2.别名法与罐子抽样法复合使用[2]

根据之前的介绍,罐子抽样法的使用环境受到一定的限制,但是它没有比较运算,从而比别名法抽样具有更高的效率。对于一般的离散分布,把别名法与罐子抽样法复合使用将有较好的效率。

下面对这样的复合方法作简单的描述。

设离散分布原有 m 个状态,今重新定义一个人为夸大的状态数 m^*,此外原有的 m 个概率也做调整,即从原有的 m 个概率中扣除大部分(被扣除的和应是 $(m^*-m)/m^*$,而剩余的概率和是 m/m^*)。经这样处理的目的是使在其后递推中的第 $m+1, m+2, \cdots, m^*$ 个状态可直接使用罐子抽样法,而前 m 个状态使用别名法处理。因此,这 m 个剩余概率应作归一化处理,即分别除以 m/m^*,并按别名法初始化流程得到 m 倍概率 $q_1, q_2, \cdots, q_m$ 和别名表 $l_1, l_2, \cdots, l_m$。例如,设有状态数 $m=3$ 的离散分布,且概率分别是 $1/16$、$1/2$、$7/16$。复合抽样时,令夸大的状态数 $m^*=8$,且从原有的 3 个概率中扣去大部分,其和为 $(m^*-m)/m^* = (8-3)/8 = 5/8$,余留的概率为 $(p_1', p_2', p_3') = (1/16, 2/16, 3/16)$,其和 $m/m^* = 3/8$,做归一化处理(即分别除以 3/8)后得 $(1/6, 2/6, 3/6)$。此外,罐子抽样法中的数组 T 这时为

T_1	T_2	T_3	T_4	T_5	T_6	T_7	T_8
t_1	t_2	t_3	x_2	x_2	x_2	x_3	x_3

其中,前 $m=3$ 元素存放别名法处理时的别名表。

3. 别名法与罐子抽样法复合抽样(简称别名-罐子法)

(1) 产生一个随机数 ξ,并令 $j = \text{int}[m^* \times \xi] + 1$;

(2) 若 $j > m$,则 $x_f = T_j$;否则,取 $u = j - \text{int}[m^* \cdot \xi]$,且若 $u \leq q_j$,则 $x_f = x_j$,否则 $x_f = T_j$。

3.3.14 连续分布的离散化

当 $f(x)$ ($a < x < b$) 比较复杂时,使用离散化方法来获得其抽样值,具体方法如下:

在 (a, b) 上构造近似于 $f(x)$ 的阶梯函数 $f^*(x)$,$f^*(x)$ 可以这样来构造:

(1) 在 (a, b) 内插入分点 $a = a_0 < a_1 < a_2 < \cdots < a_n = b$,分点的多少和位置视函数 $f(x)$ 的具体性质而定;

(2) $f^*(x)$ 在区间 (a_{i-1}, a_i) 内取常数 b_i

$$b_i = \frac{1}{a_i - a_{i-1}} \int_{a_{i-1}}^{a_i} f(x) \mathrm{d}x \quad (i = 1, 2, \cdots, n) \quad (3-110)$$

从 $f^*(x)$ 中产生的抽样值就可以近似为 $f(x)$ 的抽样值。现求 $f^*(x)$ 的抽样值。

令

$$p_i = \int_{a_0}^{a_i} f^*(x) \mathrm{d}x$$

$$= \sum_{j=1}^{i} b_j(a_j - a_{j-1}) \quad (j = 1, 2, \cdots, n) \quad (3-111)$$

解方程

$$\xi = \int_{a_0}^{x} f^*(y) dy$$

求出满足下列不等式 $p_{i-1} \leqslant \xi < p_i$ 的 i,由此可以判断 $x \in (a_{i-1}, a_i)$,于是由

$$\xi = \int_{a_0}^{x} f^*(y) dy = \int_{a_0}^{a_{i-1}} f^*(y) dy + \int_{a_{i-1}}^{x} f^*(y) dy$$
$$= p_{i-1} + (x - a_{i-1}) b_i$$

解得

$$x = a_{i-1} + \frac{\xi - p_{i-1}}{b_i} \quad (3-112)$$

由式(3-110),求得 $b_i = \dfrac{p_i - p_{i-1}}{a_i - a_{i-1}}$,代入式(3-112),最后得 x 的抽样值

$$x_f = a_{i-1} + (a_i - a_{i-1}) \frac{\xi - p_{i-1}}{p_i - p_{i-1}} \quad (3-113)$$

3.3.15 任意连续分布自动抽样

这是一个基于阶梯分布与补偿分布的复合抽样方法,其特点是抽样精度高,而且在 N 次抽样中,计算密度函数的平均次数少。

1. 阶梯分布[3]

如图 3-6 所示,假设连续分布的密度函数 $f(x)$ 定义在区间 $[a,b]$ 上,在此区间上插入 $m-1$ 个分点

$$a = x_1 < x_2 < \cdots < x_m < x_{m+1} = b$$

定义如下的阶梯函数:

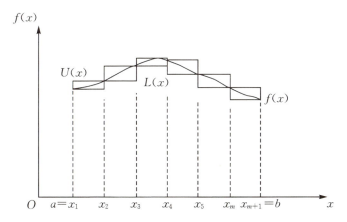

图 3-6 密度函数与阶梯函数

上阶梯函数　$U(x) = U_i, x_i < x \leqslant x_{i+1}, i = 1, 2, \cdots, m$。
下阶梯函数　$L(x) = L_i, x_i < x \leqslant x_{i+1}, i = 1, 2, \cdots, m$。

上阶梯函数和下阶梯函数满足：

$$L(x) \leqslant f(x) \leqslant U(x)$$

记

$$p_a = \sum_{i=1}^{m} L_i(x_{i+1} - x_i) \tag{3-114}$$

并定义下阶梯分布函数的密度 $f_a(x)$ 作为 $f(x)$ 的近似

$$f_a(x) = \frac{L(x)}{p_a} \tag{3-115}$$

在构造阶梯函数时，在区间 $[a, b]$ 上插入的 $m-1$ 个分点无论是否等距，在其后的计算中都同样方便。此外，若密度函数的定义区间为 $(-\infty, \infty)$，则可用计算机上的最大值或足够大的值代替 ∞，这时，从抽样效率考虑，通常可采用非等距分点。

2. 补偿分布[3]

如图 3-7 所示，在使用下阶梯分布函数的密度函数 $f_a(x)$ 近似 $f(x)$ 的前提下，其误差补偿的分布密度 $f_b(x)$ 为

$$f_b(x) = \frac{f(x) - L(x)}{1 - p_a} \tag{3-116}$$

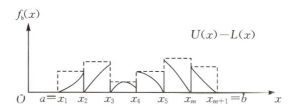

图 3-7　补偿分布

3. 基于阶梯分布与补偿分布的自动抽样原理[3]

对于任意连续分布 $f(x)$ 的抽样，可采用基于阶梯分布与补偿分布的复合方法得到

$$f(x) = p_a f_a(x) + (1 - p_a) f_b(x) \tag{3-117}$$

这时，以概率 p_a 从下阶梯分布函数的密度函数 $f_a(x)$ 抽样作为从 $f(x)$ 抽样的近似，并以概率 $1 - p_a$ 从补偿分布 $f_b(x)$ 抽样作为对误差的校正。

下面讨论从 $f_a(x)$ 和 $f_b(x)$ 抽样的具体方法。

4. 阶梯分布的抽样方法

阶梯分布本是连续分布，但这里却借助离散分布及别名-罐子法复合抽样的概

念构造阶梯分布的高效抽样方法。

(1) 与阶梯分布关联的离散分布。

把 m 个阶梯看作离散分布的 m 个状态,记为 $z_i(i=1,2,\cdots,m)$,其中,z_i 对应着以 L_i 为上边的矩形。这个矩形的(归一化)面积为

$$p_i = \frac{L_i(x_{i+1} - x_i)}{p_a} \tag{3-118}$$

把该面积看作离散分布中状态 z_i 的概率,便有如下的关联离散分布

状态 z_i: $\quad z_1 \quad z_2 \quad \cdots \quad z_m$

概率 p_i: $\quad p_1 \quad p_2 \quad \cdots \quad p_m$

(2) 阶梯分布的抽样步骤。

① 产生随机数 ξ_1,并借助别名-罐子法确认当前的抽样所属状态(假设是 z_j);

② 连续化处理:产生另一个随机数 ξ_2,用下式得到阶梯分布抽样值为

$$x_f = x_j + \xi_2(x_{j+1} - x_j) \tag{3-119}$$

5. 补偿分布的抽样方法

因 $U(x) - L(x)$ 也具有阶梯分布形式,故补偿分布可借助别名-罐子法与舍选法的结合进行抽样,步骤如下:

① 用别名法对阶梯分布 $U(x) - L(x)$ 进行抽样,得 $x' = x_j + \xi_2(x_{j+1} - x_j)$;

② 产生另一个随机数 ξ_3,并令 $y' = [U(x') - L(x')]\xi_3$;

③ 若 $y' \leqslant f(x') - L(x')$,则 $x_f = x'$。

6. 基于阶梯分布与补偿分布的复合抽样的优点

基于阶梯分布与补偿分布的复合抽样方法的特点是抽样精度高,而且在 N 次抽样中,计算密度函数 $f(x)$ 的平均次数很少。因为仅在补偿分布抽样中才需要计算密度函数,所以其平均计算次数仅为 $2(1-p_a)N$。容易理解,在构造阶梯分布时只要愿意就很容易使 p_a 大于 0.90,甚至大于 0.95 或 0.99。换句话说,计算的平均次数可由使用者指定,并容易做到不超过 $0.1N$ 次或更少。根据文献[4]的测试结果,这种自动抽样方法通常要比常规方法快数倍甚至 10 倍。

3.4 一类积分方程的随机模拟

考虑如下积分方程

$$\phi(x) = f(x) + \lambda \int_a^b K(x,y)\phi(y)\mathrm{d}y \tag{3-120}$$

若 $f(x)$ 在 (a,b) 上均匀连续,$K(x,y)$ 在 $(a,b) \times (a,b)$ 上均匀连续,且满足

$$\left| \lambda \int_a^b \int_a^b K(x,y) \mathrm{d}x \mathrm{d}y \right| < 1 \tag{3-121}$$

那么式(3-120)的积分方程具有 Neumann 级数解

$$\phi(x) = f(x) + \sum_{N=1}^{\infty} I_N(x) \qquad (3-122)$$

其中,

$$I_n(x) = \lambda^n \int_a^b \cdots \int_a^b K(x,y_1) K(y_1,y_2) \cdots K(y_{n-1},y_n) f(y_n) \mathrm{d}y_1 \mathrm{d}y_2 \cdots \mathrm{d}y_n \qquad (3-123)$$

下面建立质点随机游动来模拟式(3-122)表出的 $\phi(x)$。引入任意一组满足下面条件的二元函数 $P_0(x,y), P_1(x,y), \cdots, P_n(x,y), \cdots$,满足:

① $P_i(x,y) > 0, x, y \in (a,b), i = 0, 1, \cdots, n, \cdots$;

② $\int_a^b P_i(x,y) \mathrm{d}y < 1, i = 0, 1, \cdots, n, \cdots$。

令

$$\left. \begin{array}{l} p_i(x) = \int_a^b P_i(x,y) \mathrm{d}y \\ q_i(x) = 1 - p_i(x) \end{array} \right\} i = 0, 1, \cdots, n, \cdots \qquad (3-124)$$

质点游动规则如下:

①质点从 (a,b) 内的点 x 出发开始游动,以概率 $q_0(x)$ 停止游动,以概率 $p_0(x)$ 游动到下一点。下一点 y_1 从分布 $P_0(x,y)/p_0(x)$ 中选出,然后从 y_1 出发继续游动;

②假定进行了 $N-1$ 次游动到达点 y_{N-1},以概率 $q_{N-1}(y_{N-1})$ 停止游动,以概率 $p_{N-1}(y_{N-1})$ 继续游动到下一点。下一点 y_N 从分布 $P_{N-1}(y_{N-1},y)/p_{N-1}(y_{N-1})$ 中抽样选出;

③如此下去直到游动结束。

设游动经过的路线为:$r_n: x \to y_1 \to y_2 \to \cdots \to y_N$,$y_N$ 为终止游动结束点,称 r_n 为链长为 N 的游动路径。

对于在 x 处就终止的游动,记作 r_0。把一切链长 N 的路径全体记作 $\Gamma_N = \{r_N\}$,把一切可能的路径全体记作 $\Gamma = \bigcup_{N=0}^{\infty} \Gamma_N$。

在空间 Γ 上定义随机变量 $W(r/x)$ 如下:

①当 $r = r_0$ 时,

$$W(r/x) = W(r_0/x) = f(x)/q_0(x) \qquad (3-125)$$

②当 $r = r_N$ 时 $(N>0)$,

$$W(r/x) = W(r_N/x) = \frac{\lambda K(x,y_1)}{P_0(x,y_1)} \frac{\lambda K(y_1,y_2)}{P_1(y_1,y_2)} \cdots \frac{\lambda K(y_{N-1},y_N)}{P_{N-1}(y_{N-1},y_N)} \frac{f(y_N)}{q_N(y_N)}$$

$$(3-126)$$

按照质点游动规则,则在 Γ 上给出的概率分布 $\mathrm{d}P$ 为

① 对于空间 Γ_0,
$$\mathrm{d}P = q_0(x) \tag{3-127}$$

② 对于空间 Γ_N,
$$\mathrm{d}P = p_0(x)\frac{P_0(x,y_1)}{p_0(x)}p_1(y_1)\frac{P_1(y_1,y_2)}{p_1(y_1)}\cdots p_{N-1}(y_{N-1})\frac{P_{N-1}(y_{N-1},y_N)}{p_{N-1}(y_{N-1})}q_N(y_N)\mathrm{d}y_1\mathrm{d}y_2\cdots\mathrm{d}y_N$$
$$= P_0(x,y_1)P_1(y_1,y_2)\cdots P_{N-1}(y_{N-1},y_N)q_N(y_N)\mathrm{d}y_1\mathrm{d}y_2\cdots\mathrm{d}y_N \tag{3-128}$$

利用式(3-125)~式(3-128),容易证明随机变量 $W(r/x)$ 的期望值正好是积分方程式(3-122)的解,即有
$$E[W(r/x)] = \phi(x) \tag{3-129}$$

于是可以采用质点游动法来求 $\phi(x)$。

① 按上述游动规则,跟踪从 x 出发的 N 个质点,分别记下他们的试验值 $W(r^{(1)}/x), W(r^{(2)}/x), \cdots, W(r^{(N)}/x)$;

② 得到估计量
$$\phi(x) \approx \frac{1}{N}\sum_{i=1}^{N}W(r^{(i)}/x) \tag{3-130}$$

③ 按 1σ 原则给出误差
$$\varepsilon \approx \sqrt{\frac{\sum_{i=1}^{N}W(r^{(i)}/x)^2}{\left(\sum_{i=1}^{N}W(r^{(i)}/x)\right)^2} - \frac{1}{N}} \tag{3-131}$$

关于第二型 Fredholm 积分方程的 MC 求解,在第 4 章还会详细讨论。

3.5 小结

当前 MC 方法按收敛阶数 N 又可分为两类问题:①古典 MC 方法,其收敛阶数为 $O(N^{-1/2})$;②拟 MC 方法(quasi Monte Carlo,QMC),收敛阶数为 $O(\lg N)^{(d-1)/2}$,其中 d 表示维数,QMC 方法较古典 MC 方法收敛快,但仅适合均匀性好的数学类问题的求解,主要应用在金融和统计领域。

除了粒子输运领域使用 MC 方法求解外,近年在分子动力学领域也使用 MC 方法求解,如量子(quantum)MC 和团簇(cluster)MC 方法等。此外,在机器学习、人工智能、软件及数据库的验证和确认(V&V)和不确定性分析(UQ)中也使用到了 MC 抽样算法。

从本章的讨论可知,MC 方法适合求解线性积分方程类问题,具体问题包括:①马尔可夫(Markov)链问题;②数值积分与数值微分;③线性代数方程组等。通常对三重以上的积分问题,采用 MC 方法求解的优势明显。

参考文献

[1] 缪铨生. Monte Carlo 方法及其在粒子输运理论中的应用[M]. 北京:北京九所,1978.

[2] 魏公毅,杨自强. 关于局部随机数序列的统计检验方法[J]. 计算物理实验室年报,2001.

[3] PETERSON A V,KRONMAL R A. On mixture methods for the computer generation of random variables [J]. The American statistician,1982,36:184-191.

[4] 裴鹿成. 任意分布的自动抽样方法[J]. 安徽大学学报(自然科学版),2000,3A:1-6.

[5] 裴鹿成,张孝泽. 蒙特卡罗方法及其在粒子输运问题中的应用[M]. 北京:科学出版社,1980.

[6] 杜书华,张树法,冯庭桂,等. 输运问题的计算机模拟[M]. 长沙:湖南科学技术出版社,1989.

>>> 第 4 章 中子输运方程求解

早期粒子输运理论是与分子运动论紧密相关的。19 世纪中期，Clausius、Maxwell、Boltzmann 做了大量开创性的输运理论的工作，他们是公认的奠基人。其重要标志是 1872 年，奥地利人 Boltzmann 导出了反映微观粒子在介质中迁移守恒关系的粒子分布函数随时间和空间演变的微分-积分方程，该方程被命名为 Boltzmann 方程。1910 年，德国著名的数学家 Hilbert 论述了 Boltzmann 方程与第二类 Freedholm 积分方程的等价性，证明了解的存在唯一性，奠定了粒子输运理论的数学基础。1932 年，英国实验物理学家 Chadwick 发现了中子，由此开始了输运理论的系统性研究。本章讨论 Boltzmann 方程的随机模拟，其理论基础可参考文献 [1~3]。图 4-1 所示为以上五位粒子输运理论奠基人。

Rudolf Clausius
(1822—1888)

James C. Maxwell
(1831—1879)

Ludwig Boltzmann
(1844—1906)

David Hilbert
(1862—1943)

James Chadwick
(1891—1974)

图 4-1 粒子输运理论奠基人

4.1 理论概述

中子的发现在实验方面引发了中子核反应、核裂变等现象的研究和核能的利用。同时又从理论上解释了化学元素的"同位素"现象,推动了对核结构与核力的研究,由此逐渐建立与发展了中子物理学这一分支。此后,随着对核反应堆和核武器的开发研究,中子输运理论得到了迅速的发展。二战后由于电子计算机的问世,粒子输运方程的数值求解方法进入了数学家的研究领域。图4-2概括了输运理论发展的几个重要时间节点。

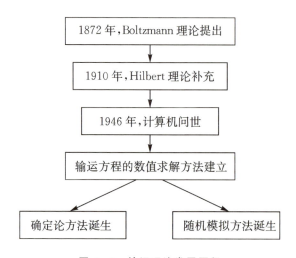

图4-2 输运理论发展历程

基于中子守恒建立起来的Boltzmann方程没有解析解,因此,输运方程求解便诞生了确定论方法和随机模拟方法两大类。经过半个多世纪的发展,确定论又诞生了多种近似求解方法,而随机模拟法比较固定,仅在能量处理上,诞生了多群和连续两种模式(见图4-3)。确定论方法随着不同时期的计算机速度和存储,衍生发展出了多种不同的近似计算方法。目前针对反应堆堆芯的计算正逐步聚焦到MOC方法和SPn方法,屏蔽聚焦到Sn方法。2008年,在PHYSOR 2008国际会议上,美国科学家根据穆尔定律,预测到2018年,那时的计算机模拟能力将支撑MC方法成为核科学工程数值模拟的终极方法。时至今日,不可否认,MC方法已成为核物理系统数值模拟的首选方法之一。

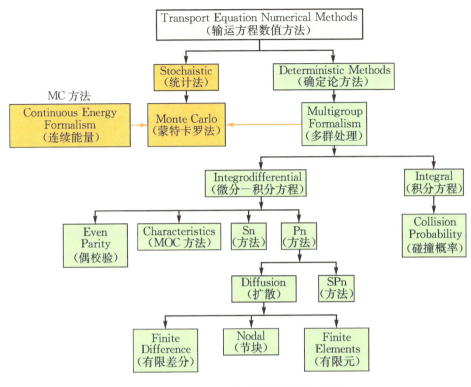

图 4-3 Boltzmann 输运方程数值求解方法

概括地讲，MC 方法用于粒子输运模拟，就是要建立单个粒子在给定几何结构中的真实运动历史，通过对大量粒子运动历史的跟踪，得到充足的随机试验值（或称抽样值），然后用统计方法作出随机变量某个数字特征的估计量，用该估计量作为问题的解。这些解可以是通量密度、剂量率、沉积能、功率或各种反应率等。所谓一个粒子的运动历史，是指该粒子从源发出，在介质中随机地经过各种核反应作用，直到粒子运动历史结束或称粒子"死亡"。所谓死亡，是指粒子被吸收、穿出系统、被热化或达到能量、权下限或时间上限。其中时间、能量的截断是无条件的，而权截断是有条件的，由俄罗斯轮盘赌决定。

当问题的几何形状、材料成分、初始源参数确定后，输运方程的解就唯一地确定了。通常产生一个粒子运动历史可以概括为图 4-4 所示的五个步骤，从②到⑤循环直到粒子参数满足预设结束条件。这些参数主要有边界条件、能量限、时间限和权截断限。这是一个粒子运动历史的循环过程，通过对大量粒子运动历史的跟踪，进而给出粒子行为的统计平均，以此作为问题的解。

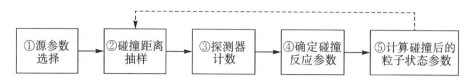

图 4-4 粒子输运随机模拟流程

在核反应过程中,所有粒子中研究成熟度最高的是中子,其他粒子,如光子、电子、质子、α粒子等的研究紧随其后,每种粒子的核反应过程(截面)不同,但求解的方程形式相同,均为 Boltzmann 方程,属于第二型 Fredholm 方程类。

4.2 输运方程基本形式

4.2.1 微分-积分形式

下面的讨论以中子为主。中子在介质中的输运过程,通常用中子角密度 N、中子角通量密度 ϕ、中子发射密度 Q 和中子碰撞密度 Ψ 分别表示。描述中子行为的主要变量有:

t—— 时间(s);

r—— 位置(cm),$r=(x,y,z)$;

E—— 能量(MeV);

$\boldsymbol{\Omega}$ —— 方向,$\boldsymbol{\Omega}=(u,v,w)$,$u^2+v^2+w^2=1$;

v—— 速度(cm/s);

Σ_x—— 宏观截面(cm^{-1}),$x=\text{t}$ 表示总截面,$x=\text{s}$ 表示散射截面,$x=\text{a}$ 表示吸收截面。

中子角密度 $N(\boldsymbol{r},E,\boldsymbol{\Omega},t)$ 的定义为:t 时刻,在空间 $\boldsymbol{r}$ 处单位体积内、能量为 E 的单位能量间隔内,运动方向为 $\boldsymbol{\Omega}$ 的单位立体角内的自由中子数目,中子数用 n 表示。

中子角通量密度 $\phi(\boldsymbol{r},E,\boldsymbol{\Omega},t)$ 的定义为:t 时刻,在空间 $\boldsymbol{r}$ 处单位体积内、能量为 E 的单位能量间隔内,运动方向为 $\boldsymbol{\Omega}$ 的单位立体角内的中子在单位时间内所走过的总径迹长度。

$$\phi(\boldsymbol{r},E,\boldsymbol{\Omega},t) = v \cdot N(\boldsymbol{r},E,\boldsymbol{\Omega},t) \quad (\text{n}\cdot\text{cm}^{-2}\cdot\text{s}^{-1})$$

中子输运方程建立在中子数守恒或中子平衡条件下,中子随时间的变化率等于产生率减去泄漏率和移出率,即

$$\frac{\partial N}{\partial t} = 产生率 - 泄漏率 - 移出率$$

中子输运方程有微分-积分形式和积分形式两种,它们互为等价。确定论方法

第 4 章 中子输运方程求解

通过对微分-积分方程进行离散求解,而 MC 方法则以积分方程为求解对象。含时非定常 Boltzmann 方程的微分-积分形式为

$$\frac{1}{v}\frac{\partial \phi(\boldsymbol{r},E,\boldsymbol{\Omega},t)}{\partial t} + \boldsymbol{\Omega} \cdot \nabla \phi(\boldsymbol{r},E,\boldsymbol{\Omega},t) + \Sigma_t(\boldsymbol{r},E)\phi(\boldsymbol{r},E,\boldsymbol{\Omega},t)$$
$$= S(\boldsymbol{r},E,\boldsymbol{\Omega},t) + \int_0^{E_{max}}\int_{4\pi} \Sigma_s(\boldsymbol{r},E',\boldsymbol{\Omega}' \to E,\boldsymbol{\Omega})\phi(\boldsymbol{r},E',\boldsymbol{\Omega}',t)\mathrm{d}E'\mathrm{d}\boldsymbol{\Omega}'$$

(4-1)

式中

$$\Sigma_s(\boldsymbol{r},E',\boldsymbol{\Omega}' \to E,\boldsymbol{\Omega}) = \Sigma_s(\boldsymbol{r},E')f_s(E',\boldsymbol{\Omega}' \to E,\boldsymbol{\Omega}) \quad (4-2)$$

为散射截面(cm^{-1});$f_s(E',\boldsymbol{\Omega}' \to E,\boldsymbol{\Omega})$ 为粒子碰撞后能量、方向转移 p.d.f,又称为角分布。

$$S(\boldsymbol{r},E,\boldsymbol{\Omega},t) = S_0(\boldsymbol{r},E,\boldsymbol{\Omega},t) + Q_f(\boldsymbol{r},E,\boldsymbol{\Omega}) \quad (4-3)$$

为总源项($cm^{-3} \cdot s^{-1}$)。其中,S_0 为外源,Q_f 为裂变源,裂变源基本形式如下:

$$Q_f(\boldsymbol{r},E,\boldsymbol{\Omega}) = \frac{\chi(\boldsymbol{r},E)}{4\pi}\int_0^{E_{max}}\int_{4\pi}\nu\Sigma_f(\boldsymbol{r},E')\phi(\boldsymbol{r},E',\boldsymbol{\Omega}')\mathrm{d}E'\mathrm{d}\boldsymbol{\Omega}' \quad (4-4)$$

其中,$\chi(r,E)$ 为裂变谱;$\nu = \nu(E)$ 为每次裂变释放出的中子数;$v = v(E)$ 为中子速度,满足动能守恒(后面给出表达式)。

式(4-1)是建立在中子守恒下的输运方程的微分-积分形式,等号左端为中子消失率,第一项为中子随时间的变化率;第二项为中子的泄漏率,即穿出系统的中子;第三项为在系统内消失的中子,即中子的吸收率。等号右端为中子产生率,第一项为中子源;第二项为散射中子产生率。式(4-1)涉及空间 $\boldsymbol{r}$、能量 E、方向 $\boldsymbol{\Omega}$、时间 t 共 7 个变量,由于梯度项(即泄漏项)无法解析处理,因此,输运方程解析解不存在,只能通过数值方法求解(如果泄漏项为零,则解析解存在)。

当 $\partial \phi / \partial t = 0$ 时,表示系统中子通量 ϕ 不随时间 t 变化,称为稳态系统或定常问题,即有 $\phi = \phi(\boldsymbol{r},E,\boldsymbol{\Omega})$;当 $\partial \phi / \partial t \neq 0$ 时,表示系统中子角通量 ϕ 随时间 t 变化,称为非定常问题或瞬态问题,特别当系统几何、材料、温度、密度均随时间 t 变化时,则称该系统为动态系统,如反应堆严重事故和核爆等。

一般的核电站反应堆正常工况下,系统的几何形状不随时间 t 变化,仅材料成分 n_i 随燃耗时间 t 变化,但燃耗步时间步长通常按天计,在每个燃耗步内,中子输运求解的是一个稳态问题。另外式(4-3)的源项中,只有反应堆启堆时,需要加入外源项 S_0,系统达到临界时($k_{eff}=1$),裂变源 Q_f 成为唯一的源项,系统依靠自身的链式反应来维持平衡。

下面从非定常中子输运方程的微分-积分形式(4-1)出发,推导等价的积分形式方程。把式(4-1)右端的中子产生项定义为中子发射密度,用 Q 表示有

$$Q(\boldsymbol{r},E,\boldsymbol{\Omega},t) = S(\boldsymbol{r},E,\boldsymbol{\Omega},t) + \int_0^{E_{\max}}\int_{4\pi}\Sigma_s(\boldsymbol{r},E',\boldsymbol{\Omega}'\to E,\boldsymbol{\Omega})\phi(\boldsymbol{r},E',\boldsymbol{\Omega}',t)\mathrm{d}E'\mathrm{d}\boldsymbol{\Omega}'$$

(4-5)

即发射密度由独立源和散射源两项组成。

4.2.2 积分形式

如图 4-5 所示,角通量 ϕ 沿特征线的全导数可以展开表示为如下形式:

$$\begin{aligned}\frac{\mathrm{d}}{\mathrm{d}l}\phi(\boldsymbol{r}',E,\boldsymbol{\Omega},t') &= \frac{\partial \phi}{\partial x}\frac{\mathrm{d}x}{\mathrm{d}l}+\frac{\partial \phi}{\partial y}\frac{\mathrm{d}y}{\mathrm{d}l}+\frac{\partial \phi}{\partial z}\frac{\mathrm{d}z}{\mathrm{d}l}+\frac{\partial \phi}{\partial t'}\frac{\mathrm{d}t'}{\mathrm{d}l}\\ &= -\Omega_x\frac{\partial \phi}{\partial x}-\Omega_y\frac{\partial \phi}{\partial y}-\Omega_z\frac{\partial \phi}{\partial z}-\frac{1}{v}\frac{\partial \phi}{\partial t'}\\ &= -\boldsymbol{\Omega}\cdot\nabla\phi(\boldsymbol{r}',E,\boldsymbol{\Omega},t')-\frac{1}{v}\frac{\partial}{\partial t'}\phi(\boldsymbol{r}',E,\boldsymbol{\Omega},t') \quad (4-6)\end{aligned}$$

其中,$v=\mathrm{d}l/\mathrm{d}t'$ 为中子速度。

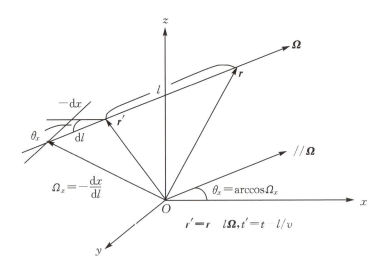

图 4-5 粒子飞行点示意图

把式(4-6)代入式(4-1)有

$$-\frac{\mathrm{d}}{\mathrm{d}l}\phi(\boldsymbol{r}',E,\boldsymbol{\Omega},t')+\Sigma_t(\boldsymbol{r}',E)\phi(\boldsymbol{r}',E,\boldsymbol{\Omega},t')=Q(\boldsymbol{r}',E,\boldsymbol{\Omega},t') \quad (4-7)$$

引入指数积分因子 $\exp\left[-\int_0^l\Sigma_t(\boldsymbol{r}-l'\boldsymbol{\Omega},E)\mathrm{d}l'\right]$,对式(4-7)进行变换有

$$-\frac{\mathrm{d}}{\mathrm{d}l}\left(\phi(\boldsymbol{r}',E,\boldsymbol{\Omega},t')\exp\left[-\int_0^l\Sigma_t(\boldsymbol{r}-l'\boldsymbol{\Omega},E)\mathrm{d}l'\right]\right)$$

$$=\exp\left[-\int_0^l\Sigma_t(\boldsymbol{r}-l'\boldsymbol{\Omega},E)\mathrm{d}l'\right]\left[-\frac{\mathrm{d}\phi}{\mathrm{d}l}+\Sigma_t(\boldsymbol{r}',E)\phi(\boldsymbol{r}',E,\boldsymbol{\Omega},t')\right]$$

$$= \exp\left[-\int_0^l \Sigma_t(\boldsymbol{r}-l'\boldsymbol{\Omega},E)\mathrm{d}l'\right]Q(\boldsymbol{r}-l\boldsymbol{\Omega},E,\boldsymbol{\Omega},t-l/v) \tag{4-8}$$

式(4-8)两端关于 l 从 $[0,\infty)$ 积分,并令 $\phi(\boldsymbol{r}-l\boldsymbol{\Omega},E,\boldsymbol{\Omega},t-l/v)|_{l=\infty}=0$,得

$$\phi(\boldsymbol{r},E,\boldsymbol{\Omega},t)=\int_0^\infty \exp\left[-\int_0^l \Sigma_t(\boldsymbol{r}-l'\boldsymbol{\Omega},E)\mathrm{d}l'\right]Q(\boldsymbol{r}-l\boldsymbol{\Omega},E,\boldsymbol{\Omega},t-l/v)\mathrm{d}l \tag{4-9}$$

这便是输运方程的积分形式,可以看出通量与发射密度之间的关系。

引入光学厚度或称平均自由程数 τ

$$\tau(\boldsymbol{r},E,\boldsymbol{\Omega})=\int_0^l \Sigma_t(\boldsymbol{r}-l'\boldsymbol{\Omega},E)\mathrm{d}l'=\int_0^l \Sigma_t(\boldsymbol{r}'+l'\boldsymbol{\Omega},E)\mathrm{d}l'^{\text{①}} \tag{4-10}$$

自由程定义为粒子在连续两次相互作用之间穿行的距离。中子速度 $v(E)$ 与能量 E 之间满足动能守恒方程,分以下两种情况:

(1)不考虑相对论效应。

依据牛顿动能守恒方程

$$E=\frac{1}{2}mv^2 \tag{4-11}$$

解得

$$v(E)=\sqrt{\frac{2E}{m}}\approx 0.01383\sqrt{E} \quad (\text{cm/s}) \tag{4-12}$$

(2)考虑相对论效应。

此时,利用爱因斯坦相对论导出的能量、质量守恒方程 $E=mc^2$,得到中子速度 v 和能量 E 之间的转换关系[4]

$$v(E)=\frac{c\sqrt{E(E+2m)}}{E+m} \tag{4-13}$$

其中, $c=299792.5 \text{ km/s}$ 为光子速度,简称光速。

把式(4-9)代入式(4-5)得到中子发射密度方程的积分形式

$$Q(\boldsymbol{r},E,\boldsymbol{\Omega},t)=S(\boldsymbol{r},E,\boldsymbol{\Omega},t)+\int_0^{E_{\max}}\int_{4\pi}\int_0^\infty \exp\left[-\int_0^l \Sigma_t(\boldsymbol{r}-l'\boldsymbol{\Omega}',E')\mathrm{d}l'\right]$$
$$\Sigma_s(\boldsymbol{r},E',\boldsymbol{\Omega}'\to E,\boldsymbol{\Omega})Q(\boldsymbol{r}-l\boldsymbol{\Omega}',E',\boldsymbol{\Omega}',t-l/v')\mathrm{d}E'\mathrm{d}\boldsymbol{\Omega}'\mathrm{d}l \tag{4-14}$$

---

① 由 $r=r'+l\boldsymbol{\Omega}$,有 $r-l'\boldsymbol{\Omega}=r'+(l-l')\boldsymbol{\Omega}$,令 $\eta=l-l'$,则有 $\mathrm{d}l'=-\mathrm{d}\eta$,于是有 $\int_0^l \Sigma_t(r-l'\boldsymbol{\Omega},E)\mathrm{d}l'=-\int_l^0 \Sigma_t(r'+\eta\boldsymbol{\Omega},E)\mathrm{d}\eta=\int_0^l \Sigma_t(r'+\eta\boldsymbol{\Omega},E)\mathrm{d}\eta=\int_0^l \Sigma_t(r'+l'\boldsymbol{\Omega},E)\mathrm{d}l'$。

其中
$$r' = r - l\Omega, \quad t' = t - \frac{l}{v} \tag{4-15}$$
为特征线方程，$l = |r - r'|$。

把式(4-15)代入式(4-9)得到积分形式的中子角通量密度方程

$$\phi(r,E,\Omega,t) = \int_0^\infty \exp\left[-\int_0^l \Sigma_t(r-l'\Omega,E)\mathrm{d}l'\right] S(r-l\Omega,E,\Omega,t-l/v)\mathrm{d}l +$$
$$\int_0^\infty \int_0^{E_{\max}} \int_{4\pi} \exp\left[-\int_0^l \Sigma_t(r-l'\Omega',E')\mathrm{d}l'\right] \Sigma_s(r-l\Omega',E',\Omega' \to E,\Omega)$$
$$\phi(r-l\Omega',E',\Omega',t-l/v')\mathrm{d}E'\mathrm{d}\Omega'\mathrm{d}l$$
$$\tag{4-16}$$

定义首次碰撞源为

$$S_c(r,E,\Omega,t) = \int_0^\infty \exp\left[-\int_0^l \Sigma_t(r-l'\Omega,E)\mathrm{d}l'\right] S(r-l\Omega,E,\Omega,t-l/v)\mathrm{d}l \tag{4-17}$$

它是自然源分布经过了一次空间输运的结果，则中子角通量密度方程改写为

$$\phi(r,E,\Omega,t) = S_c(r,E,\Omega,t) + \int_0^\infty \int_0^{E_{\max}} \int_{4\pi} \exp\left[-\int_0^l \Sigma_t(r-l'\Omega,E)\mathrm{d}l'\right]$$
$$\Sigma_s(r-l\Omega',E',\Omega' \to E,\Omega)\phi(r-l\Omega',E',\Omega',t-l/v')\mathrm{d}E'\mathrm{d}\Omega'\mathrm{d}l$$
$$\tag{4-18}$$

式中，第一项为源对中子对角通量的直穿贡献，第二项为中子对角通量的散射贡献。

定义中子碰撞密度为

$$\Psi(r,E,\Omega,t) = \Sigma_t(r,E)\phi(r,E,\Omega,t) \tag{4-19}$$

以 $\Sigma_t(r,E)$ 乘式(4-18)两端得到积分形式的中子碰撞密度方程为

$$\Psi(r,E,\Omega,t) = S_\Psi(r,E,\Omega,t) + \int_0^{E_{\max}} \int_\Omega \int_0^\infty \exp\left[-\int_0^l \Sigma_t(r-l'\Omega,E)\mathrm{d}l'\right]$$
$$\Sigma_s(r-l\Omega',E',\Omega' \to E,\Omega) \times \frac{\Sigma_t(r,E)}{\Sigma_t(r-l\Omega,E')}$$
$$\Psi(r-l\Omega',E',\Omega',t-l/v')\mathrm{d}E'\mathrm{d}\Omega'\mathrm{d}l \tag{4-20}$$

其中

$$S_\Psi(r,E,\Omega,t) = \Sigma_t(r,E)S_c(r,E,\Omega,t) \tag{4-21}$$

上述三类积分方程均属于第二型 *Fredholm* 型积分方程。

4.2.3　算子形式

定义输运核 T(或称迁移核)

$$T(r' \to r | E', \boldsymbol{\Omega}') = \Sigma_t(r,E)\exp\left[-\int_0^l \Sigma_t(r-l'\boldsymbol{\Omega}',E')\mathrm{d}l'\right] \quad (4-22)$$

和碰撞核 C

$$C(E',\boldsymbol{\Omega}' \to E,\boldsymbol{\Omega}|r) = \frac{\Sigma_s(r,E',\boldsymbol{\Omega}' \to E,\boldsymbol{\Omega})}{\Sigma_t(r,E')} \quad (4-23)$$

由于 E'、$\boldsymbol{\Omega}'$已知,因此,输运核 T 便是距离 l 的函数,即 $T=T(l)$;r 已知后,碰撞核 C 是 E、$\boldsymbol{\Omega}$ 的函数,即 $C=C(E,\boldsymbol{\Omega})$。于是,中子发射密度方程可写为

$$Q(r,E,\boldsymbol{\Omega},t) = S(r,E,\boldsymbol{\Omega},t) + \int_0^{E_{\max}}\int_{4\pi}\int_0^\infty T(r' \to r|E',\boldsymbol{\Omega}')C(E',\boldsymbol{\Omega}' \to E,\boldsymbol{\Omega}|r)$$
$$Q(r-l\boldsymbol{\Omega}',E',\boldsymbol{\Omega}',t-l/v')\mathrm{d}E'\mathrm{d}\boldsymbol{\Omega}'\mathrm{d}l \quad (4-24)$$

相应的中子角通量密度方程为

$$\phi(r,E,\boldsymbol{\Omega},t) = S_c(r,E,\boldsymbol{\Omega},t) + \int_0^{E_{\max}}\int_{4\pi}\int_0^\infty C(E',\boldsymbol{\Omega}' \to E,\boldsymbol{\Omega}|r') \times$$
$$T(r' \to r|E,\boldsymbol{\Omega})\frac{\Sigma_t(r-l\boldsymbol{\Omega}',E')}{\Sigma_t(r,E)}\phi(r-l\boldsymbol{\Omega}',E',\boldsymbol{\Omega}',t-l/v')\mathrm{d}E'\mathrm{d}\boldsymbol{\Omega}'\mathrm{d}l$$
$$(4-25)$$

中子碰撞密度方程为

$$\Psi(r,E,\boldsymbol{\Omega},t) = S_\psi(r,E,\boldsymbol{\Omega},t) + \int_0^{E_{\max}}\int_{4\pi}\int_0^\infty C(E',\boldsymbol{\Omega}' \to E,\boldsymbol{\Omega}|r') \times$$
$$T(r' \to r|E,\boldsymbol{\Omega})\Psi(r-l\boldsymbol{\Omega}',E',\boldsymbol{\Omega}',t-l/v')\mathrm{d}E'\mathrm{d}\boldsymbol{\Omega}'\mathrm{d}l$$
$$(4-26)$$

中子角通量密度和中子发射密度之间满足

$$\phi(r,E,\boldsymbol{\Omega},t) = \int_0^\infty \frac{T(r' \to r|E',\boldsymbol{\Omega}')}{\Sigma_t(r,E')}Q(r-l\boldsymbol{\Omega}',E,\boldsymbol{\Omega},t-l/v')\mathrm{d}l$$
$$(4-27)$$

以上方程均建立在式(4-15)所示特征线上,故称为特征线方程。

令 $\boldsymbol{P}=(r,E,\boldsymbol{\Omega},t)$,$\boldsymbol{P}'=(r',E',\boldsymbol{\Omega}',t')$,$\mathrm{d}\boldsymbol{P}'=\mathrm{d}E'\mathrm{d}\boldsymbol{\Omega}'\mathrm{d}l$,则式(4-24)~式(4-26)可分别写为如下算子形式:

$$Q(\boldsymbol{P}) = S(\boldsymbol{P}) + \int K(\boldsymbol{P}' \to \boldsymbol{P})Q(\boldsymbol{P}')\mathrm{d}\boldsymbol{P}' \quad (4-28)$$

$$\phi(\boldsymbol{P}) = S_c(\boldsymbol{P}) + \int K_\phi(\boldsymbol{P}' \to \boldsymbol{P})\phi(\boldsymbol{P}')\mathrm{d}\boldsymbol{P}' \quad (4-29)$$

$$\Psi(\boldsymbol{P}) = S_\Psi(\boldsymbol{P}) + \int K_\Psi(\boldsymbol{P}' \to \boldsymbol{P})\Psi(\boldsymbol{P}')\mathrm{d}\boldsymbol{P}' \quad (4-30)$$

其中

$$\begin{cases} K(\boldsymbol{P}' \to \boldsymbol{P}) = T(\boldsymbol{r}' \to \boldsymbol{r} \mid E', \boldsymbol{\Omega}')C(E', \boldsymbol{\Omega}' \to E, \boldsymbol{\Omega} \mid \boldsymbol{r}) \\ K_\phi(\boldsymbol{P}' \to \boldsymbol{P}) = \dfrac{\Sigma_t(\boldsymbol{r}', E')}{\Sigma_t(\boldsymbol{r}, E)} K_\Psi(\boldsymbol{P}' \to \boldsymbol{P}) \\ K_\Psi(\boldsymbol{P}' \to \boldsymbol{P}) = C(E', \boldsymbol{\Omega}' \to E, \boldsymbol{\Omega} \mid \boldsymbol{r}')T(\boldsymbol{r}' \to \boldsymbol{r} \mid E, \boldsymbol{\Omega}) \end{cases} \quad (4-31)$$

从式(4-31)可以看出,中子发射密度方程是先输运、后碰撞,而中子通量密度和中子碰撞密度则是先碰撞、后输运。中子发射密度采用的自然源分布,而中子通量密度和中子碰撞密度采用的是首次碰撞源分布,即自然源分布经过了一次输运。

关于方程中时间变量 t 的说明,对非定常问题,若源粒子的初始时间为 t_0,则时间变化顺序为 $t_1 = t_0 + l_1/v_1, t_2 = t_1 + l_2/v_2, \cdots$。

4.2.4 全空间形式

为了便于点通量计算,现将之前的沿特征线中子通量密度方程推广到全空间 $\boldsymbol{r}$ 上。

如图 4-6 所示,体积元 $\mathrm{d}\boldsymbol{r}$ 可分解为

$$\mathrm{d}\boldsymbol{r} = \mathrm{d}A\mathrm{d}l = l^2 \mathrm{d}\boldsymbol{\Omega}\mathrm{d}l \quad (4-32)$$

其中,$\mathrm{d}A$ 为 $\boldsymbol{r} - \boldsymbol{r}'$ 方向垂直的面积元;$\mathrm{d}l$ 为沿 $\boldsymbol{r} - \boldsymbol{r}'$ 方向的线元;$\mathrm{d}\boldsymbol{\Omega} = \mathrm{d}A/l^2$ 为立体角。相应有 $\mathrm{d}\boldsymbol{r}' = l^2 \mathrm{d}\boldsymbol{\Omega}' \mathrm{d}l$。

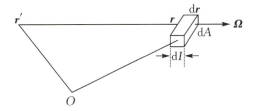

图 4-6 体积元 $\mathrm{d}\boldsymbol{r}$ 的分解

根据 δ-函数性质

$$f(\boldsymbol{\Omega}) = \int_{4\pi} f(\boldsymbol{\Omega}) \delta(\boldsymbol{\Omega}' \cdot \boldsymbol{\Omega} - 1) \mathrm{d}\boldsymbol{\Omega}' \quad (4-33)$$

利用式(4-33),式(4-16)变为

$$\phi(\boldsymbol{r}, E, \boldsymbol{\Omega}, t) = S_c(\boldsymbol{r}, E, \boldsymbol{\Omega}, t) + \iint \int_0^{E_{\max}} \dfrac{\exp\left[-\int_0^{|\boldsymbol{r}-\boldsymbol{r}'|} \Sigma_t(\boldsymbol{r} - l\boldsymbol{\Omega}, E)\mathrm{d}l\right]}{|\boldsymbol{r} - \boldsymbol{r}'|^2}$$

$$\delta\left(\boldsymbol{\Omega}' \cdot \dfrac{\boldsymbol{r} - \boldsymbol{r}'}{|\boldsymbol{r} - \boldsymbol{r}'|} - 1\right) \times$$

$$\delta\left[t' - \left(t - \dfrac{|\boldsymbol{r} - \boldsymbol{r}'|}{v}\right)\right] \Sigma_s(\boldsymbol{r}', E', \boldsymbol{\Omega}' \to E, \boldsymbol{\Omega}) \phi(\boldsymbol{r}', E', \boldsymbol{\Omega}', t') \mathrm{d}\boldsymbol{r}' \mathrm{d}E' \mathrm{d}t'$$

$$(4-34)$$

这就是中子角通量密度方程的全空间形式或称其为中子角通量密度的体积分形式。相应的中子角通量密度与中子发射密度的关系式(4-9)的体积分形式为

$$\phi(\boldsymbol{r},E,\boldsymbol{\Omega},t) = \iint \frac{\exp\left[-\int_0^{|\boldsymbol{r}-\boldsymbol{r}'|} \Sigma_t(\boldsymbol{r}-l\boldsymbol{\Omega},E)\mathrm{d}l\right]}{|\boldsymbol{r}-\boldsymbol{r}'|^2}\delta\left(\boldsymbol{\Omega}' \cdot \frac{\boldsymbol{r}-\boldsymbol{r}'}{|\boldsymbol{r}-\boldsymbol{r}'|} - 1\right)$$
$$\delta\left[t' - \left(t - \frac{|\boldsymbol{r}-\boldsymbol{r}'|}{v}\right)\right]Q(\boldsymbol{r}',E,\boldsymbol{\Omega},t')\mathrm{d}\boldsymbol{r}'\mathrm{d}t' \qquad (4-35)$$

引入全空间形式的输运算子 $\widetilde{T}$ 如下:

$$\widetilde{T}(\boldsymbol{r}',t' \to \boldsymbol{r},t \mid E,\boldsymbol{\Omega}) = \Sigma_t(\boldsymbol{r},E)\frac{\exp\left[-\int_0^{|\boldsymbol{r}-\boldsymbol{r}'|} \Sigma_t(\boldsymbol{r}-l\boldsymbol{\Omega},E)\mathrm{d}l\right]}{|\boldsymbol{r}-\boldsymbol{r}'|^2}$$
$$\delta\left(\boldsymbol{\Omega}' \cdot \frac{\boldsymbol{r}-\boldsymbol{r}'}{|\boldsymbol{r}-\boldsymbol{r}'|} - 1\right)\delta\left[t' - \left(t - \frac{|\boldsymbol{r}-\boldsymbol{r}'|}{v}\right)\right]$$
$$= \frac{T(\boldsymbol{r}' \to \boldsymbol{r} \mid E,\boldsymbol{\Omega})}{|\boldsymbol{r}-\boldsymbol{r}'|^2}\delta\left(\boldsymbol{\Omega}' \cdot \frac{\boldsymbol{r}-\boldsymbol{r}'}{|\boldsymbol{r}-\boldsymbol{r}'|} - 1\right)\delta\left[t' - \left(t - \frac{|\boldsymbol{r}-\boldsymbol{r}'|}{v}\right)\right]$$
$$(4-36)$$

则式(4-35)可写为

$$\phi(\boldsymbol{r},E,\boldsymbol{\Omega},t) = \int \frac{\widetilde{T}(\boldsymbol{r}',t' \to \boldsymbol{r},t \mid E',\boldsymbol{\Omega}')}{\Sigma_t(\boldsymbol{r},E')}Q(\boldsymbol{r}',E,\boldsymbol{\Omega},t')\mathrm{d}\boldsymbol{r}'\mathrm{d}t' \qquad (4-37)$$

$\widetilde{T}$ 与 T 满足关系

$$\widetilde{T}(\boldsymbol{r}',t' \to \boldsymbol{r},t \mid E',\boldsymbol{\Omega}')\mathrm{d}\boldsymbol{r}'\mathrm{d}t' = T(\boldsymbol{r}' \to \boldsymbol{r} \mid E',\boldsymbol{\Omega}')\mathrm{d}l \qquad (4-38)$$

也就是说,由 $\boldsymbol{r}'$ 发出的中子,只有沿着特征线 $\boldsymbol{\Omega}$ 方向,才有发生碰撞的可能,说明中子角通量密度的全空间形式和特征线形式是一致的。

4.3 发射密度方程的解

由于角通量密度 ϕ 和碰撞密度 Ψ 的源都经过了一次空间输运,而发射密度 Q 的源 S 为自然源分布。所以,MC 模拟选择发射密度 Q 进行模拟,而中子角通量密度 ϕ 和中子碰撞密度 Ψ 被视为中子发射密度 Q 的响应量。

下面讨论发射密度方程的 MC 求解。

4.3.1 发射密度的黎曼级数解

把发射密度方程式(4-24)简写为算符形式

$$Q = S + KQ \qquad (4-39)$$

由于方程两端含有待求量 Q,故采用源迭代求解,相应的迭代式为

$$Q^{(m+1)} = S + KQ^{(m)}, \quad m = 0,1,\cdots \qquad (4-40)$$

其中

$$Q^{(m)} = \sum_{l=0}^{m} K^l S \tag{4-41}$$

$$K^l S = \int d\boldsymbol{P}_l \cdots \int d\boldsymbol{P}_0 S(\boldsymbol{P}_0) \prod_{k=1}^{l} K(\boldsymbol{P}_{k-1} \to \boldsymbol{P}_l) \delta(\boldsymbol{P}_l - \boldsymbol{P}) \tag{4-42}$$

当 $m \to \infty$ 时，如果 $Q^{(m)}$ 收敛到方程(4-39)之解，那么此解即为中子角通量密度的黎曼(Neumann)级数解，形式为

$$\begin{aligned}Q(\boldsymbol{P}) &= \sum_{m=0}^{\infty} Q_m(\boldsymbol{P}) = \sum_{m=0}^{\infty} K^m S(\boldsymbol{P}) \\ &= \sum_{m=0}^{\infty} \int d\boldsymbol{P}_m \int d\boldsymbol{P}_{m-1} \cdots \int d\boldsymbol{P}_0 S(\boldsymbol{P}_0) \prod_{k=1}^{m} K(\boldsymbol{P}_{k-1} \to \boldsymbol{P}_m) \delta(\boldsymbol{P}_m - \boldsymbol{P})\end{aligned} \tag{4-43}$$

这里，$Q_m(\boldsymbol{P}) = K^m S(\boldsymbol{P})$，$\boldsymbol{P} \in \mathcal{R}$，$\mathcal{R}$ 为 $\boldsymbol{P}$ 的定义域。可以证明，如果 K 算子满足

$$0 < \sup_{\boldsymbol{P} \in \mathcal{R}} \int_{\mathcal{R}} K(\boldsymbol{P}' \to \boldsymbol{P}) d\boldsymbol{P}' < 1 \tag{4-44}$$

即谱半径小于 1，则式(4-43)给出的 Neumann 级数解收敛。

级数中每一项 $K^m S(\boldsymbol{P})$ 的物理意义是：从独立源 $S(\boldsymbol{P})$ 发出的中子，经过 m 次输运和碰撞对 $\boldsymbol{P}$ 点的贡献。所有这些对 $\boldsymbol{P}$ 点的贡献之和就构成了 $\boldsymbol{P}$ 点的中子发射密度 $Q(\boldsymbol{P})$。

由于实际问题往往限定在一个有限区域 G 内，即有 $G \subset \mathcal{R}$，中子离开区域 G 后便不再返回(真空边界)。因此，方程在区域 G 的 Neumann 级数解实际上只是级数中有限项之和，即存在有限正整数 $M < \infty$，使

$$Q(\boldsymbol{P}) = \sum_{m=0}^{M} Q_m(\boldsymbol{P}) = \sum_{m=0}^{M} K^m S(\boldsymbol{P}), \boldsymbol{P} \in G \tag{4-45}$$

另外，实际问题也不需要给出全空间 G 的解(k_{eff} 例外)，而是 G 中某个感兴趣的子区域 D，$D \subset G$，称 D 为计数区域或探测器，即有

$$Q_D = \int_D Q(\boldsymbol{P}) d\boldsymbol{P} = \sum_{m=0}^{M} \int_D Q_m(\boldsymbol{P}) d\boldsymbol{P} = \sum_{m=0}^{M} \int Q_m(P) \Delta(\boldsymbol{P} \in D) d\boldsymbol{P} = \sum_{m=0}^{M} Q_{D,m} \tag{4-46}$$

其中，$Q_{D,m} = \int_D Q_m(\boldsymbol{P}) d\boldsymbol{P} = \int Q_m(\boldsymbol{P}) \Delta(\boldsymbol{P} \in D) d\boldsymbol{P}$，$\Delta$ 为特征函数或示性函数，其定义为

$$\Delta(\cdot) = \begin{cases} 1, & \text{如果条件 "·" 满足} \\ 0, & \text{否则} \end{cases} \tag{4-47}$$

于是问题归结为每一项 $Q_{D,m}$ 的求解。

4.3.2 发射密度的 MC 解

从式(4-43)可以看出，发射密度的求解过程复杂，且计算量大。随机模拟中

要引入一个重要的概念——权或权重,用符号 w 表示。它的引入既有源特征描述,还有一个重要目的,就是用于偏倚抽样的纠偏,以保证估计量的无偏性。

初始权定义为

$$w_0 = \int_D S(\boldsymbol{P}) \mathrm{d}\boldsymbol{P} = 1 \qquad (4-48)$$

这里假定 $S(\boldsymbol{P}) = \widetilde{S}(\boldsymbol{P})/\int \widetilde{S}(\boldsymbol{P}) \mathrm{d}P = \widetilde{S}(\boldsymbol{P})/S_0$ 为归一化源分布,其为 $\boldsymbol{P}$ 的 p.d.f, $\widetilde{S}(\boldsymbol{P})$ 为实际源分布,$S_0 = \int \widetilde{S}(\boldsymbol{P}) \mathrm{d}\boldsymbol{P}$ 为实际源强。MC 模拟获得的计算结果,最后要乘以实际源强 S_0,才是求解问题的解,这一点需要留意。

MC 模拟过程中粒子权的变化反映的是发射密度强度的变化,而探测器计数权的变化平稳程度反映了估计量的方差。在一个非增殖系统,中子权重是单调减少的,对于增殖系统,虽然有新的中子产生,但权重 w 始终控制在 1 以内。下面讨论中子发射密度的 MC 求解。

首先构造一个随机模型,然后对其进行求解。

(1) 构造随机游动链。

定义 $\Gamma_m : \boldsymbol{P}_0 \to \boldsymbol{P}_1 \to \cdots \to \boldsymbol{P}_m (\boldsymbol{P}_m = \boldsymbol{P})$,即中子的状态转移过程。同时构造联合随机变矢量 $\boldsymbol{X}_m = (\boldsymbol{P}_0, \boldsymbol{P}_1, \cdots, \boldsymbol{P}_m)$ 及相应的 p.d.f

$$f(\boldsymbol{X}_m) = H(\boldsymbol{P}_0) H(\boldsymbol{P}_0 \to \boldsymbol{P}_1) \cdots H(\boldsymbol{P}_{m-1} \to \boldsymbol{P}_m) \qquad (4-49)$$

其中,$H(\boldsymbol{P}_0) = S(\boldsymbol{P}_0)$ 为初始源分布;$H(\boldsymbol{P}_{l-1} \to \boldsymbol{P}_l)$ 为已知状态 $\boldsymbol{P}_{l-1}$ 下的条件转移函数;$f(\boldsymbol{X}_m)$ 为一 p.d.f。

令 $\mathrm{d}\boldsymbol{X}_m = \mathrm{d}\boldsymbol{P}_0 \mathrm{d}\boldsymbol{P}_1 \cdots \mathrm{d}\boldsymbol{P}_m$,转到 (2)。

(2) 从 $f(\boldsymbol{X}_m)$ 抽样状态序列。

$\Gamma_m : \boldsymbol{P}_0 \to \boldsymbol{P}_1 \to \cdots \to \boldsymbol{P}_m$,抽样过程中同时计算粒子权

$$\begin{cases} w_0 = \dfrac{S(\boldsymbol{P}_0)}{H(\boldsymbol{P}_0)} = 1 \\ w_l = w_{l-1} \dfrac{K(\boldsymbol{P}_{l-1} \to \boldsymbol{P}_l)}{H(\boldsymbol{P}_{l-1} \to \boldsymbol{P}_l)}, \quad l = 1, \cdots, m \end{cases} \qquad (4-50)$$

(3) 在 Γ_m 上定义随机变量 $\boldsymbol{X}_m$ 的函数 $h(\boldsymbol{X}_m)$ 为

$$h(\boldsymbol{X}_m) = w_m \delta(\boldsymbol{P}_m - \boldsymbol{P}) \qquad (4-51)$$

现证明 $h(\boldsymbol{X}_m)$ 即为发射密度的 MC 解,即证明 $h(\boldsymbol{X}_m)$ 的数学期望满足 $E[h(\boldsymbol{X}_m)] = Q_m(\boldsymbol{P})$。

因为

$$E[h] = \int f(\boldsymbol{X}_m) h(\boldsymbol{X}_m) \mathrm{d}\boldsymbol{X}_m$$

$$= \int f(\boldsymbol{X}_m) \frac{S(\boldsymbol{P}_0)}{H(\boldsymbol{P}_0)} \frac{K(\boldsymbol{P}_0 \to \boldsymbol{P}_1)}{H(\boldsymbol{P}_0 \to \boldsymbol{P}_1)} \cdots \frac{K(\boldsymbol{P}_{m-1} \to \boldsymbol{P}_m)}{H(\boldsymbol{P}_{m-1} \to \boldsymbol{P}_m)} \delta(\boldsymbol{P}_m - \boldsymbol{P}) \mathrm{d}X_m$$

$$= \int S(\boldsymbol{P}_0) K(\boldsymbol{P}_0 \to P_1) \cdots K(\boldsymbol{P}_{m-1} \to \boldsymbol{P}_m) \delta(\boldsymbol{P}_m - \boldsymbol{P}) \mathrm{d}X_m$$

$$= K^m S(\boldsymbol{P})$$

$$= Q_m(\boldsymbol{P})$$

故式(4-51)给出的解为 $Q_m(\boldsymbol{P})$ 的一个无偏估计,即有

$$\hat{Q}_m(\boldsymbol{P}) = w_m \delta(\boldsymbol{P}_m - \boldsymbol{P}) \quad (4-52)$$

于是得到发射密度的近似解

$$\hat{Q}(\boldsymbol{P}) = \sum_{m=0}^{M} \hat{Q}_m(\boldsymbol{P}) = \sum_{m=0}^{M} w_m \delta(\boldsymbol{P}_m - \boldsymbol{P}) \quad (4-53)$$

$$\hat{Q}_D = \sum_{m=0}^{M} w_m \Delta(\boldsymbol{P}_m \in D) \quad (4-54)$$

称 w_m 为中子在第 m 次碰撞后的积存权,也为第 m 次碰撞对发射密度的贡献。式(4-53)给出了发射密度 $Q(\boldsymbol{P})$ 的全空间的近似解 $\hat{Q}(\boldsymbol{P})$,下面讨论 $\hat{Q}_D$ 的计算。

1. 吸收估计

定义转移函数

$$H(\boldsymbol{P}_{l-1} \to \boldsymbol{P}_l) = \frac{K(\boldsymbol{P}_{l-1} \to \boldsymbol{P}_l)}{\beta(\boldsymbol{P}_l)} \quad (4-55)$$

其中

$$\beta(\boldsymbol{P}') = \int K(\boldsymbol{P}' \to \boldsymbol{P}) \mathrm{d}\boldsymbol{P} = \Sigma_s(\boldsymbol{r}', E') / \Sigma_t(\boldsymbol{r}', E') \quad (4-56)$$

为在状态 $\boldsymbol{P}'$ 的质点继续游动的**散射概率**,相应得到粒子终止游动的**吸收概率**为

$$\alpha(\boldsymbol{P}') = 1 - \beta(\boldsymbol{P}') = \Sigma_a(\boldsymbol{r}', E') / \Sigma_t(\boldsymbol{r}', E') \quad (4-57)$$

$\alpha(\boldsymbol{P}') + \beta(\boldsymbol{P}') = 1$。

中子的吸收反应又称为中子俘获,关于俘获有两种处理方式。

(1) 直接俘获。

随机游动设计为:

① 由源分布 $S(\boldsymbol{P}_0)$ 抽取粒子的初始状态 $\boldsymbol{P}_0$,由此开始随机游动;

② 对任意状态 $i(i=1,2,\cdots)$,计算粒子到达 $\boldsymbol{P}_i$ 点是否终止游动,其由吸收概率 $\alpha(\boldsymbol{P}_i)$ 来决定;

③ 抽任一随机数 ξ,判断 $\xi < \alpha(\boldsymbol{P}_i)$ 是否成立? 成立,则在 $\boldsymbol{P}_i$ 点发生吸收反应,粒子游动终止;否则,粒子继续游动,从分布 $H(\boldsymbol{P}_{l-1} \to \boldsymbol{P}_l) = K(\boldsymbol{P}_i \to \boldsymbol{P})/\beta(\boldsymbol{P}_i)$ 抽

样确定粒子的下一个状态参量 P_{i+1}，重复②、③直到粒子被吸收，游动终止；

④如果情况②、③不发生，则粒子必然会穿出系统，按泄漏处理，该粒子历史结束。

通过上述抽样过程，得到一个随机游动链 $\Gamma_k : P_0 \to P_1 \to \cdots \to P_k$，其中 $P = P_k$ 为粒子终止游动的状态点，由于粒子被吸收前的状态为散射，故有

$$\beta(P_0) = \beta(P_1) = \cdots = \beta(P_{k-1}) = 1, \beta(P_k) = 0 \tag{4-58}$$

由式(4-50)，粒子权相应有

$$w_k = w_{k-1} = \cdots = w_0 = 1 \tag{4-59}$$

定义 Γ_k 上的估计量

$$\hat{Q}_D^{(a)} = w_k \frac{\Delta(P_k \in D)}{\alpha(P_k)} = \frac{\Sigma_t(r_k, E_k)}{\Sigma_a(r_k, E_k)} \Delta(P_k \in D) \tag{4-60}$$

现证明 $\hat{Q}_D^{(a)}$ 为 Q_D 的一个无偏估计，即证明 $E(\hat{Q}_D^{(a)}) = Q_D$。

事实上，中子从状态 P_0，经 $k-1$ 次空间输运和碰撞后，在 P_k 被吸收的 p.d.f 为

$$P(\Gamma_k) = \left[S(P_0)\beta(P_0)\right] \left[\frac{K(P_0 \to P_1)}{\beta(P_0)}\beta(P_1)\right] \cdots \left[\frac{K(P_{k-1} \to P_k)}{\beta(P_{k-1})}\alpha(P_k)\right]$$

$$= S(P_0) \prod_{l=1}^{k} K(P_{l-1} \to P_l) \alpha(P_k) \tag{4-61}$$

于是有

$$E(\hat{Q}_D^{(a)}) = \int w_k \frac{\Delta(P_k \in D)}{\alpha(P_k)} P(\Gamma_k) dX_k$$

$$= \int S(P_0) \prod_{l=1}^{k} K(P_{l-1} \to P_l) \Delta(P_k \in D) dX_k = Q_D \tag{4-62}$$

由此证明了式(4-60)为发射密度的**吸收估计解**，也称为**最后事件估计**。它描述的过程与实际物理过程一致，但这种估计方法只有吸收反应正好发生在计数区域 D 时，探测器才有计数 Σ_t/Σ_a，且由于计数值 $\Sigma_t/\Sigma_a > 1$，存在较大的统计涨落，方差自然就大。

采用直接俘获的吸收估计，不仅计数率低，而且方差大，除非计数区域 D 相对问题空间较大，否则直接俘获的吸收估计很少使用，系统 k_{eff} 计算和计算粒子穿过某个面的穿透率例外。

(2)隐俘获。

隐俘获又名隐吸收或加权法，与直接俘获相比，隐俘获本身没有物理意义，完全是一种数学处理。将式(4-55)、式(4-56)代入式(4-50)得

$$w_l = w_{l-1} \frac{\Sigma_s(\boldsymbol{r}_l, E_{l-1})}{\Sigma_t(\boldsymbol{r}_l, E_{l-1})}$$

$$= w_{l-1} \left[1 - \frac{\Sigma_a(\boldsymbol{r}_l, E_{l-1})}{\Sigma_t(\boldsymbol{r}_l, E_{l-1})} \right]$$

$$= w_{l-1} - w_{a,l-1}, \quad l = 1, 2, \cdots, m \quad (4-63)$$

其中,称 $w_{a,l-1} = \frac{w_{l-1}\Sigma_a(\boldsymbol{r}_l, E_{l-1})}{\Sigma_t(\boldsymbol{r}_l, E_{l-1})}$ 为吸收权,$w_{s,l-1} = \frac{w_{l-1}\Sigma_s(\boldsymbol{r}_l, E_{l-1})}{\Sigma_t(\boldsymbol{r}_l, E_{l-1})}$ 为散射权。

当粒子与核发生碰撞后,不通过抽样决定是发生散射反应,还是吸收反应,通过扣除吸收权 $w_{a,l-1}$,之后粒子以散射权 $w_{s,l-1}$ 继续游动。同样,只有当碰撞正好发生在计数区域 D 时,探测器有计数

$$\hat{Q}_{D,m}^{(ia)} = w_m \Delta(\boldsymbol{P}_m \in D) \quad (4-64)$$

相比直接俘获,隐俘获处理的优点有两点:①粒子游动链延长,有利于探测器计数;②从式(4-64)可以看出,隐俘获计数权变化比较平稳,统计涨落小,有利于降方差。为了证明这一点,以穿透率计算为例。

例 4-1 一束中子水平入射到 $x=0$ 的平板上,试求中子穿过平板 $x=l$ 的概率(见图 4-7)。

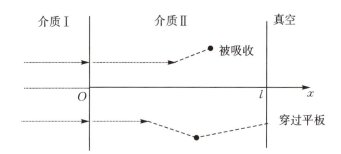

图 4-7 中子穿透平板示意图

解 (1)直接俘获。

引进随机变量 η,令第 i 个中子对穿透率的贡献为

$$\eta_i = \begin{cases} 1, & X_M \geq l \\ 0, & \text{其他} \end{cases} \quad (4-65)$$

其中,下标 M 为该中子历史的最终状态。

假定共跟踪 N 个中子,则穿透率 p 的无偏估计为

$$\hat{p}_N = \frac{1}{N} \sum_{i=1}^{N} \eta_i \quad (4-66)$$

显然 η 服从二项式分布,有

$$E\eta = 1 \cdot p + 0 \cdot (1-p) = p \approx \hat{p}_N \tag{4-67}$$

$$\sigma^2(\eta) = E\eta^2 - (E\eta)^2 = E\eta - (E\eta)^2 \approx \hat{p}_N(1-\hat{p}_N) = \hat{\sigma}_N^2(\eta) \tag{4-68}$$

(2) 隐俘获。

引进随机变量 ζ，设第 i 个中子对穿透率的贡献为

$$\zeta_i = \begin{cases} w_{M-1}, & x_M \geqslant l \\ 0, & \text{其他} \end{cases} \tag{4-69}$$

其中，w_{M-1} 满足递推公式 $w_m = w_{m-1}(1-\Sigma_{a,m}/\Sigma_{t,m})$，$m=1,2,\cdots,M-1$，则穿透率的无偏估计为

$$\hat{p}_N = \frac{1}{N}\sum_{i=1}^{N} \zeta_i \tag{4-70}$$

其方差为

$$\hat{\sigma}_N^2(\zeta) = \frac{1}{N}\sum_{i=1}^{N} \zeta_i^2 - (\hat{p}_N)^2 \tag{4-71}$$

(3) 方差比较。

因为

$$\hat{\sigma}_N^2(\eta) - \hat{\sigma}_N^2(\zeta) = \hat{p}_N - \frac{1}{N}\sum_{i=1}^{N}\zeta_i^2 = \frac{1}{N}\sum_{i=1}^{N}\zeta_i(1-\zeta_i) > 0 \tag{4-72}$$

即有 $\hat{\sigma}_N^2(\eta) > \hat{\sigma}_N^2(\zeta)$，说明的确隐俘获的方差小于直接俘获。

隐俘获虽然延长了粒子游动链长，有利于探测器计数，但计算时间较直接俘获长。因此，什么情况适合隐俘获处理、什么情况适合直接俘获处理要视具体情况而定。例如，对低能热中子散射，由于碰撞以弹性散射为主，而弹性散射不损失能量，采用隐俘获，则碰撞次数和计算时间增加，对探测器计数贡献甚微，采用直接俘获会很快结束这些粒子历史。很多 MC 粒子输运程序都设定了使用隐俘获和直接俘获的能量限 E_{cap}，当中子能量 $E > E_{cap}$ 时，采用隐俘获；当 $E \leqslant E_{cap}$ 时，采用直接俘获。

2. 碰撞估计

假定中子在 $\boldsymbol{P}_k$ 点被吸收，$\alpha(\boldsymbol{P}_k)=1$，之前的每个碰撞点 $\beta(\boldsymbol{P}_0)=\beta(\boldsymbol{P}_1)=\cdots=\beta(\boldsymbol{P}_{k-1})=1$，$\alpha(\boldsymbol{P}_0)=\alpha(\boldsymbol{P}_1)=\cdots=\alpha(\boldsymbol{P}_{k-1})=0$。按式 (4-60)，在每个碰撞点 $\boldsymbol{P}_m$ 应记录

$$\left[w_m \frac{\Delta(\boldsymbol{P}_m \in D)}{\alpha(\boldsymbol{P}_m)}\right]\alpha(\boldsymbol{P}_m) = w_m\Delta(\boldsymbol{P}_m \in D) = w_0\Delta(\boldsymbol{P}_m \in D) = \Delta(\boldsymbol{P}_m \in D), \quad m=0,1,\cdots,k$$

于是有

$$\hat{Q}_D^{(c)} = \sum_{m=0}^{k} \Delta(\boldsymbol{P}_m \in D) \tag{4-73}$$

因为

$$\begin{aligned}
E[\hat{Q}_D^{(c)}] &= \sum_{m=0}^{k} \int \Delta(\boldsymbol{P}_m \in D) P(\Gamma_m) \mathrm{d}\boldsymbol{X}_m \\
&= \sum_{m=0}^{k} \int_D S(\boldsymbol{P}_0) \prod_{l=1}^{m} K(\boldsymbol{P}_{l-1} \to \boldsymbol{P}_l) \alpha(\boldsymbol{P}_m) \mathrm{d}\boldsymbol{X}_m \\
&= \sum_{m=0}^{k} \int_D S(\boldsymbol{P}_0) \prod_{l=1}^{m} K(\boldsymbol{P}_{l-1} \to \boldsymbol{P}_l) [1-\beta(\boldsymbol{P}_m)] \mathrm{d}\boldsymbol{X}_m \\
&= \int_D S(\boldsymbol{P}_0) \prod_{l=1}^{k} K(\boldsymbol{P}_{l-1} \to \boldsymbol{P}_l) \mathrm{d}\boldsymbol{X}_k = Q_D
\end{aligned}$$

故 $\hat{Q}_D^{(c)}$ 为 Q_D 的一个无偏估计,称其为发射密度的碰撞估计或逐次事件估计解。

相比吸收估计,碰撞估计更充分地利用了随机游动链信息,计数率高于吸收估计。同样由于只有碰撞发生在探测器内才有计数,碰撞估计的计数率也不高。除用于系统 k_eff 计算外,其他探测器估计也很少使用。

4.4 通量估计方法

根据式(4-9)及发射密度的黎曼级数解式(4-52),有

$$\hat{\phi}(\boldsymbol{r},E,\boldsymbol{\Omega},t) = \sum_{m=0}^{M} w_m \int_0^{\infty} \exp\left[-\int_0^{l} \Sigma_\mathrm{t}(\boldsymbol{r}_m - l'\boldsymbol{\Omega}_m, E_m)\mathrm{d}l'\right]\mathrm{d}l \tag{4-74a}$$

$$= \sum_{m=0}^{M} w_m \int_0^{\infty} T(\boldsymbol{r}_m \to \boldsymbol{r}_m + l\boldsymbol{\Omega}_m \mid E_m, \boldsymbol{\Omega}_m) \frac{1}{\Sigma_\mathrm{t}(\boldsymbol{r}_m + l\boldsymbol{\Omega}_m, E_m)} \mathrm{d}l \tag{4-74b}$$

$$= \sum_{m=0}^{M} w_m \int_0^{\infty} T(\boldsymbol{r}_m \to \boldsymbol{r}_m + l\boldsymbol{\Omega}_m \mid E_m, \boldsymbol{\Omega}_m) \frac{\Sigma_\mathrm{a}(\boldsymbol{r}_m + l\boldsymbol{\Omega}_m, E_m)}{\Sigma_\mathrm{t}(\boldsymbol{r}_m + l\boldsymbol{\Omega}_m, E_m)} \frac{1}{\Sigma_\mathrm{a}(\boldsymbol{r}_m + l\boldsymbol{\Omega}_m, E_m)} \mathrm{d}l \tag{4-74c}$$

后面的讨论可知,式(4-74a)对应通量密度的径迹长度估计;式(4-74b)对应通量密度的碰撞估计;式(4-74c)对应通量密度的吸收估计。

1. 体通量密度

给定区域 D 上的体通量密度为

$$\phi(D) = \int \phi(\boldsymbol{r},E,\boldsymbol{\Omega},t) \Delta(\boldsymbol{r} \in D) \mathrm{d}\boldsymbol{r} \mathrm{d}E \mathrm{d}\boldsymbol{\Omega} \mathrm{d}t \tag{4-75}$$

2. 面通量密度

给定曲面 A 上的面通量密度为

$$\phi(A) = \int \phi(\boldsymbol{r}, E, \boldsymbol{\Omega}, t) \Delta(\boldsymbol{r} \in A) \mathrm{d}\boldsymbol{r} \mathrm{d}E \mathrm{d}\boldsymbol{\Omega} \mathrm{d}t \qquad (4-76)$$

3. 点通量密度

给定点 $\boldsymbol{r}'$ 处的点通量密度为

$$\phi(\boldsymbol{r}') = \int \phi(\boldsymbol{r}, E, \boldsymbol{\Omega}, t) \delta(\boldsymbol{r} - \boldsymbol{r}') \mathrm{d}\boldsymbol{r} \mathrm{d}E \mathrm{d}\boldsymbol{\Omega} \mathrm{d}t \qquad (4-77)$$

由于输运问题的各种求解量均可写为如下统一形式的泛函

$$I = \langle \phi, g \rangle = \int \phi(\boldsymbol{P}) g(\boldsymbol{P}) \mathrm{d}\boldsymbol{P}$$

$$= \sum_{m=0}^{M} \int \phi_m(\boldsymbol{P}) g(\boldsymbol{P}) \mathrm{d}\boldsymbol{P} = \sum_{m=0}^{M} I_m \qquad (4-78)$$

其中，$\phi(\boldsymbol{P}) = \sum_{m=0}^{M} \phi_m(\boldsymbol{P})$，$I_m = \int \phi_m(\boldsymbol{P}) g(\boldsymbol{P}) \mathrm{d}\boldsymbol{P}$，$g(\boldsymbol{P})$ 为关于状态 P 的响应函数。把 $m = 0$ 对应的解 $\phi_0(\boldsymbol{P})$ 称为独立源中子对 $\boldsymbol{P}$ 点通量的直穿贡献；把 $m > 0$ 对应的解 $\phi_m(\boldsymbol{P})$ 称为独立源中子对 $\boldsymbol{P}$ 点通量的第 m 次散射贡献。

当 g 取 $\Delta(\boldsymbol{r} \in D)$、$\Delta(\boldsymbol{r} \in A)$ 与 $\delta(\boldsymbol{r} - \boldsymbol{r}')$ 时，I 分别表示体通量、面通量和点通量。于是泛函 I 的求解归结为式(4-78)中每个分项 I_m 的计算，当碰撞点 r_{m+1} 的发射密度 Q_m 已知时，利用角通量密度和发射密度之间的关系式(4-9)和发射密度的估计式式(4-52)，可以得到 I_m 的估计值表达式

$$\hat{I}_m = w_m \int_0^\infty T(\boldsymbol{r}_m \to \boldsymbol{r}_m + l\boldsymbol{\Omega}_m | E_m, \boldsymbol{\Omega}_m) \frac{g(\boldsymbol{r}_m + l\boldsymbol{\Omega}_m, E_m, \boldsymbol{\Omega}_m, t_m + l/v_m)}{\Sigma_\mathrm{t}(\boldsymbol{r}_m + l\boldsymbol{\Omega}_m, E_m)} \mathrm{d}l$$

$$(4-79)$$

下面围绕式(4-74a)中涉及的指数积分，讨论通量密度的几种估计方法。

4.4.1 吸收估计

式(4-79)或式(4-74c)可写为

$$\hat{I}_m = w_m \int_0^\infty T(\boldsymbol{r}_m \to \boldsymbol{r}_m + l\boldsymbol{\Omega}_m | E_m, \boldsymbol{\Omega}_m) \frac{\Sigma_\mathrm{a}(\boldsymbol{r}_m + l\boldsymbol{\Omega}_m, E_m)}{\Sigma_\mathrm{t}(\boldsymbol{r}_m + l\boldsymbol{\Omega}_m, E_m)}$$

$$\frac{g(\boldsymbol{r}_m + l\boldsymbol{\Omega}_m, E_m, \boldsymbol{\Omega}_m, t_m + l/v_m)}{\Sigma_\mathrm{a}(\boldsymbol{r}_m + l\boldsymbol{\Omega}_m, E_m)} \mathrm{d}l \qquad (4-80)$$

设中子的随机游动链为 $\Gamma_k: \boldsymbol{P}_0 \to \boldsymbol{P}_1 \to \cdots \to \boldsymbol{P}_k$，$\boldsymbol{P}_k = (\boldsymbol{r}_k, E_k, \boldsymbol{\Omega}_k, t_k)$，在 r_{k+1} 处，抽随机数 ξ，若 $\xi < \dfrac{\Sigma_\mathrm{a}(\boldsymbol{r}_{k+1}, E_k)}{\Sigma_\mathrm{t}(\boldsymbol{r}_{k+1}, E_k)}$ 成立，则中子在 r_{k+1} 处被吸收停止游动，此时记录估计量为

$$\hat{I}^{(\mathrm{a})} = w_k \frac{g(\boldsymbol{r}_{k+1}, E_k, \boldsymbol{\Omega}_k, t_{k+1})}{\Sigma_\mathrm{a}(\boldsymbol{r}_{k+1}, E_k)} \qquad (4-81)$$

它是泛函 I 的一个无偏估计量。特别地,对体通量密度有

$$\hat{\phi}^{(a)}(D) = \frac{\Delta(\boldsymbol{r}_{k+1} \in D)}{\Sigma_a(\boldsymbol{r}_{k+1}, E_k)} \quad (4-82)$$

目前通量吸收估计主要用于临界 k_{eff} 计算。

4.4.2 碰撞估计

若中子离开第 m 次碰撞时的状态为 $\boldsymbol{P}_m = (\boldsymbol{r}_m, E_m, \boldsymbol{\Omega}_m, t_m)$,权重为 w_m,由通量和发射密度之间的关系式,以及发射密度的解有

$$\hat{I}_m^{(c)} = w_m \int_0^\infty T(\boldsymbol{r}_m \to \boldsymbol{r}_m + l\boldsymbol{\Omega}_m \mid E_m, \boldsymbol{\Omega}_m) \frac{g(\boldsymbol{r}_m + l\boldsymbol{\Omega}_m, E_m, \boldsymbol{\Omega}_m, t_m + l/v_m)}{\Sigma_t(\boldsymbol{r}_m + l\boldsymbol{\Omega}_m, E_m)} \mathrm{d}l$$

$$= w_m E\left[\frac{g(\boldsymbol{r}_{m+1}, E_m, \boldsymbol{\Omega}_m, t_{m+1})}{\Sigma_t(\boldsymbol{r}_{m+1}, E_m)}\right]$$

$$(4-83)$$

对式(4-83)的数学期望,考虑到总模拟的粒子数足够多,故这里数学期望估计仅取一次近似值作为统计量的计数值,即从 $T(\boldsymbol{r}_m \to \boldsymbol{r}_m + l\boldsymbol{\Omega}_m \mid E_m, \boldsymbol{\Omega}_m)$ 抽出 l,得到位置点 $\boldsymbol{r}_{m+1} = \boldsymbol{r}_m + l\boldsymbol{\Omega}_m$ 及到达时间 $t_{m+1} = t_m + l/v_m$,由此得

$$E\left[\frac{g(\boldsymbol{r}_{m+1}, E_m, \boldsymbol{\Omega}_m, t_{m+1})}{\Sigma_t(\boldsymbol{r}_{m+1}, E_m)}\right] \approx \frac{g(\boldsymbol{r}_{m+1}, E_m, \boldsymbol{\Omega}_m, t_{m+1})}{\Sigma_t(\boldsymbol{r}_{m+1}, E_m)}$$

进而得

$$\hat{I}_m^{(c)} = w_m \frac{g(\boldsymbol{r}_{m+1}, E_m, \boldsymbol{\Omega}_m, t_{m+1})}{\Sigma_t(\boldsymbol{r}_{m+1}, E_m)} \quad (4-84)$$

最后得到泛函 I 的无偏估计量

$$\hat{I}^{(c)} = \sum_{m=0}^{M} \hat{I}_m^{(c)} = \sum_{m=0}^{M} w_m \frac{g(\boldsymbol{r}_{m+1}, E_m, \boldsymbol{\Omega}_m, t_{m+1})}{\Sigma_t(\boldsymbol{r}_{m+1}, E_m)} \quad (4-85)$$

特别对体通量密度有

$$\hat{\phi}^{(c)}(D) = \sum_{m=0}^{M} \hat{\phi}_m^{(c)} = \sum_{m=0}^{M} w_m \frac{\Delta(\boldsymbol{r}_{m+1} \in D)}{\Sigma_t(\boldsymbol{r}_{m+1}, E_m)} \quad (4-86)$$

由此可见,只有当碰撞点落在计数区域内时,才对所要计算的通量有贡献,且这种估计对面通量密度的计算无效。因此,碰撞估计的实用性也有限,仅用于临界 k_{eff} 计算。

4.4.3 期望估计

如图 4-8 所示,设中子从碰撞点 r_m 沿 $\boldsymbol{\Omega}_m$ 方向飞行与计数区域 D 相交,穿入的距离为 l_{n-1},穿出的距离为 l_n。由通量和发射密度之间的关系式(4-9),以及发射密度的解式(4-52),可以得到中子第 m 次碰撞后的体通量估计

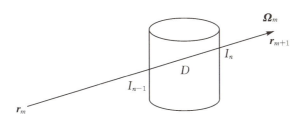

图 4-8 从 r_m 出发沿 Ω_m 方向射线穿过区域 D 示意图

$$\hat{\phi}_m^{(E)}(D) = w_m \int_{l_{n-1}}^{l_n} \exp\left[-\int_0^l \Sigma_t(r_m - l'\Omega_m, E_m)\mathrm{d}l'\right]\mathrm{d}l \qquad (4-87)$$

在进入 D 之前,中子穿过了 $n-1$ 层介质,在每层介质 (l_{i-1}, l_i) 上,当能量 $E = E_m$ 确定时,截面为一常数 Σ_i,此时式(4-87)变为

$$\begin{aligned}\hat{\phi}_m^{(E)}(D) &= w_m \frac{\exp\left[-\int_0^{l_{n-1}}\Sigma_t(r_m-l'\Omega_m,E_m)\mathrm{d}l'\right]-\exp\left[-\int_0^{l_n}\Sigma_t(r_m-l'\Omega_m,E_m)\mathrm{d}l'\right]}{\Sigma_n}\\ &= w_m \frac{\exp\left[-\sum_{i=1}^{n-1}\Sigma_i\Delta l_i\right]-\exp\left[-\sum_{i=1}^{n}\Sigma_i\Delta l_i\right]}{\Sigma_n}\end{aligned} \qquad (4-88)$$

这里假定 $l_0 = 0$, $\Delta l_i = l_i - l_{i-1}$,当 $r_m \in D$ 时,$n=1$。此即为体通量密度的期望估计。

对式(4-87)的积分还可以采用抽样处理,在 $[l_{n-1}, l_n]$ 上均匀抽取一个值 $l_n^* = l_{n-1} + \xi \Delta l_n$,由此得到 $r_n^* = r_m + l_n^* \Omega_m$,进而得到 $\phi_m(D)$ 的另一个无偏估计量为

$$\begin{aligned}\hat{\phi}_m^E(D) &\approx w_m \exp\left[-\int_0^{l_n^*}\Sigma_t(r_m-l'\Omega_m,E_m)\mathrm{d}l'\right]\Delta l_n\\ &= w_m \exp\left[-\sum_{i=1}^{n-1}\Sigma_i\Delta l_i\right] + \Sigma_n(l_n^* - l_{n-1})\Delta l_n\end{aligned} \qquad (4-89)$$

与式(4-88)相比,式(4-89)少算一个指数函数。

4.4.4 径迹长度估计

式(4-88)和式(4-89)给出的体通量期望估计均涉及指数的计算,较费时间,下面考虑一种更简化的处理。如图 4-8 所示,定义随机变量 $\zeta(l)$ 如下:

$$\zeta(l) = \begin{cases} 0, l \leqslant l_{n-1}, \text{或} r_{m+1} \text{沿} \Omega_m \text{不穿过} D \\ l - l_{n-1}, l_{n-1} < l < l_n, r_{m+1} \in D \\ l_n - l_{n-1}, l \geqslant l_n, r_{m+1} \text{沿} \Omega_m \text{穿过} D \end{cases} \qquad (4-90)$$

现证明第 m 次散射对体通量的贡献为

$$\hat{\phi}_m^{(T)}(D) = w_m \zeta \qquad (4-91)$$

即证明

$$E\zeta = \int_{l_{n-1}}^{l_n} \exp\left[-\int_0^l \Sigma_t(\boldsymbol{r}_m - l'\boldsymbol{\Omega}_m, E_m)\mathrm{d}l'\right]\mathrm{d}l \qquad (4-92)$$

事实上，由式(4-90)和式(4-91)，有

$$E\zeta = \int_0^\infty \zeta(l) \cdot \Sigma_t(\boldsymbol{r}_m - l\boldsymbol{\Omega}_m, E_m)\exp\left[-\int_0^l \Sigma_t(\boldsymbol{r}_m - l'\boldsymbol{\Omega}_m, E_m)\mathrm{d}l'\right]\mathrm{d}l$$

$$= \left\{\int_0^{l_{n-1}} + \int_{l_{n-1}}^{l_n} + \int_{l_n}^\infty\right\}\zeta(l) \cdot \Sigma_t(\boldsymbol{r}_m - l\boldsymbol{\Omega}_m, E_m)\exp\left[-\int_0^l \Sigma_t(\boldsymbol{r}_m - l'\boldsymbol{\Omega}_m, E_m)\mathrm{d}l'\right]\mathrm{d}l$$

$$= \int_{l_{n-1}}^{l_n} (l - l_{n-1})\Sigma_t(\boldsymbol{r}_m - l\boldsymbol{\Omega}_m, E_m)\exp\left[-\int_0^l \Sigma_t(\boldsymbol{r}_m - l'\boldsymbol{\Omega}_m, E_m)\mathrm{d}l'\right]\mathrm{d}l +$$

$$(l_n - l_{n-1})\int_{l_n}^\infty \Sigma_t(\boldsymbol{r}_m - l\boldsymbol{\Omega}_m, E_m)\exp\left[-\int_0^l \Sigma_t(\boldsymbol{r}_m - l'\boldsymbol{\Omega}_m, E_m)\mathrm{d}l'\right]\mathrm{d}l$$

$$= -(l_n - l_{n-1})\exp\left[-\int_0^{l_n} \Sigma_t(\boldsymbol{r}_m - l'\boldsymbol{\Omega}_m, E_m)\mathrm{d}l'\right] +$$

$$\int_{l_{n-1}}^{l_n} \exp\left[-\int_0^l \Sigma_t(\boldsymbol{r}_m - l'\boldsymbol{\Omega}_m, E_m)\mathrm{d}l'\right]\mathrm{d}l +$$

$$(l_n - l_{n-1})\left\{\exp\left[-\int_0^{l_n} \Sigma_t(\boldsymbol{r}_m - l'\boldsymbol{\Omega}_m, E_m)\mathrm{d}l'\right] - \exp\left[-\int_0^\infty \Sigma_t(\boldsymbol{r}_m - l'\boldsymbol{\Omega}_m, E_m)\mathrm{d}l'\right]\right\}$$

$$= \int_{l_{n-1}}^{l_n} \exp\left[-\int_0^l \Sigma_t(\boldsymbol{r}_m - l'\boldsymbol{\Omega}_m, E_m)\mathrm{d}l'\right]\mathrm{d}l$$

这里假定 $\exp\left[-\int_0^\infty \Sigma_t(\boldsymbol{r}_m - l'\boldsymbol{\Omega}_m, E_m)\mathrm{d}l'\right] = 0$，证毕。

对径迹长度估计，当粒子穿过计数区域 D 时便有计数，它比碰撞估计和吸收估计的计数率高，目前多数 MC 粒子输运程序多采用径迹长度估计计算体通量密度。但对计数区域 D 相对求解问题几何系统较小时，径迹长度估计的计数率也不高。有效方法是点估计，下节讨论。

4.4.5 面通量计算

如图 4-9 所示，虽然面通量密度的计算不能直接采用径迹长度估计，但可被视为体通量密度的一种特殊情况。假定 $V \approx A\delta$，其中 A 为块的近似表面积，δ 为块的近似厚度，则径

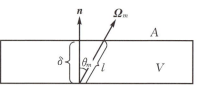

图 4-9 体积元 V 分解图

迹长度为 $l = \dfrac{\delta}{|\mu_m|}$，其中 $\mu_m = \boldsymbol{\Omega}_m \cdot \boldsymbol{n} = \cos\theta_m$，$\boldsymbol{n}$ 为 A 表面单位外法向矢量。

$$\phi_m(A) = \frac{1}{A}\int \phi_m(\boldsymbol{r}, E, \boldsymbol{\Omega}, t)\Delta(\boldsymbol{r} \in A)\mathrm{d}\boldsymbol{r}\mathrm{d}E\mathrm{d}\boldsymbol{\Omega}\mathrm{d}t$$

$$\approx \lim_{\delta \to 0}\hat{\phi}_m^T(A\delta)/V = \lim_{\delta \to 0}(w_m\delta/|\mu_m|)/(A\delta) = w_m/(A|\mu_m|)$$

$$(4-93)$$

4.5 点通量估计方法

在输运计算中,当探测区域相对整个问题区域很小可近似为一点时,前面介绍的估计方法就很难给出计数值了。此时,发展点通量密度的指向概率方法就十分必要了。点通量密度的指向概率法又称为下次事件估计(Next Event Estimator, NEE)[6],下面介绍该方法。

4.5.1 指向概率法

为方便讨论起见,略去时间变量 t,点通量问题可表为

$$\phi(\boldsymbol{r}^*, E, \boldsymbol{\Omega}) = \int \phi(\boldsymbol{r}, E, \boldsymbol{\Omega}) \delta(\boldsymbol{r} - \boldsymbol{r}^*) \mathrm{d}\boldsymbol{r} = E[\phi(\boldsymbol{r}^*, E, \boldsymbol{\Omega}) | \boldsymbol{r} = \boldsymbol{r}^*]$$

(4-94)

这是一个强条件数学期望问题,进一步对能量 E、方向 $\boldsymbol{\Omega}$ 积分,得到仅为位置 $\boldsymbol{r}^*$ 的通量表达式

$$\phi(\boldsymbol{r}^*) = \int \phi(\boldsymbol{r}^*, E, \boldsymbol{\Omega}) \mathrm{d}E \mathrm{d}\boldsymbol{\Omega}$$

(4-95)

采用式(4-35)给出的全空间形式的通量表达式,把点通量密度 $\phi(\boldsymbol{r}^*)$ 分解为两部分

$$\phi(\boldsymbol{r}^*) = \phi_0(\boldsymbol{r}^*) + \phi_s(\boldsymbol{r}^*)$$

(4-96)

其中,$\phi_0(\boldsymbol{r}^*)$ 表示直穿贡献(对应 $m=0$),$\phi_s(\boldsymbol{r}^*)$ 表示散射贡献(对应 $m>0$)。

由式(4-37)及式(4-24),$\phi_0(\boldsymbol{r}^*)$ 可表示为

$$\phi_0(\boldsymbol{r}^*) = \int \widetilde{T}(\boldsymbol{r}' \to \boldsymbol{r}^* | E, \boldsymbol{\Omega}) \frac{S(\boldsymbol{r}', E, \boldsymbol{\Omega})}{\Sigma_t(\boldsymbol{r}^*, E)} \mathrm{d}\boldsymbol{r}' \mathrm{d}E \mathrm{d}\boldsymbol{\Omega}$$

(4-97)

$\phi_s(\boldsymbol{r}^*)$ 可表示为

$$\phi_s(\boldsymbol{r}^*) = \int \frac{\widetilde{T}(\boldsymbol{r}' \to \boldsymbol{r}^* | E, \boldsymbol{\Omega})}{\Sigma_t(\boldsymbol{r}^*, E)} \left[\int \widetilde{T}(\boldsymbol{r}'' \to \boldsymbol{r}' | E, \boldsymbol{\Omega}) C(E', \boldsymbol{\Omega}' \to E, \boldsymbol{\Omega} | \boldsymbol{r}') \times \right.$$
$$\left. Q(\boldsymbol{r}'', E', \boldsymbol{\Omega}') \mathrm{d}\boldsymbol{r}'' \mathrm{d}E' \right] \mathrm{d}\boldsymbol{r}' \mathrm{d}E \mathrm{d}\boldsymbol{\Omega}$$

(4-98a)

从式(4-98)可以看出,$\phi_s(\boldsymbol{r}^*)$ 涉及三个位置变量 $\boldsymbol{r}''$、$\boldsymbol{r}'$ 及 $\boldsymbol{r}^*$ 之间的转移关系,为了保持和之前粒子转移状态的一致性,把 $\boldsymbol{r}''$ 还原到 $\boldsymbol{r}'$,把 $\boldsymbol{r}'$ 还原到 $\boldsymbol{r}$。有

$$\phi_s(\boldsymbol{r}^*) = \int \frac{\widetilde{T}(\boldsymbol{r} \to \boldsymbol{r}^* | E, \boldsymbol{\Omega})}{\Sigma_t(\boldsymbol{r}^*, E)} \left[\int \widetilde{T}(\boldsymbol{r}' \to \boldsymbol{r} | E, \boldsymbol{\Omega}) C(E', \boldsymbol{\Omega}' \to E, \boldsymbol{\Omega} | \boldsymbol{r}) \times \right.$$
$$\left. Q(\boldsymbol{r}', E', \boldsymbol{\Omega}') \mathrm{d}\boldsymbol{r}' \mathrm{d}E' \right] \mathrm{d}\boldsymbol{r} \mathrm{d}E \mathrm{d}\boldsymbol{\Omega}$$

(4-98b)

进一步写为

$$\phi_s(\boldsymbol{r}^*) = \sum_{m=1}^{M} \phi_m(\boldsymbol{r}^*)$$

(4-99)

其中,$\phi_m(\boldsymbol{r}^*)$ 表示第 m 次散射对通量 $\phi_s(\boldsymbol{r}^*)$ 的贡献。

下面讨论直穿项 $\phi_m(r^*)$ ($m=0$) 和散射项 $\phi_m(r^*)$ ($m\geqslant 1$) 的计算。

1. 直穿项的计算

将源分布 $S(r,E,\boldsymbol{\Omega})$ 表示为

$$S(r,E,\boldsymbol{\Omega}) = S_1(r)S_2(E|r)S_3(\boldsymbol{\Omega}|r,E) \tag{4-100}$$

其中

$$\begin{cases} S_1(r) = \iint S(r,E,\boldsymbol{\Omega})\mathrm{d}E\mathrm{d}\boldsymbol{\Omega} \\ S_2(E|r) = \int S(r,E,\boldsymbol{\Omega})\mathrm{d}\boldsymbol{\Omega}/S_1(r) \\ S_3(\boldsymbol{\Omega}|r,E) = \dfrac{S(r,E,\boldsymbol{\Omega})}{S_1(r)S_2(E|r)} \end{cases} \tag{4-101}$$

(1) 从位置分布 $S_1(r)$ 抽取位置 r_0；
(2) 从能量分布 $S_2(E|r)$ 抽取能量 E_0；
(3) 方向采用 $\boldsymbol{\Omega}_0^* = (r^* - r_0)/|r^* - r_0|$；
(4) 初始权 $w_0 = \int S(r,E,\boldsymbol{\Omega})\mathrm{d}r\mathrm{d}E\mathrm{d}\boldsymbol{\Omega} = 1$。

根据式(4-36)和式(4-97)，便得到 $\phi_m(r^*)$ 的无偏估计式

$$\hat{\phi}_0(r^*) = \frac{S_3(\boldsymbol{\Omega}_0^*|r_0,E_0)}{|r^* - r_0|^2}\exp\left[-\int_0^{|r^*-r_0|}\Sigma_t(r^* - l'\boldsymbol{\Omega}_0^*, E_0)\mathrm{d}l'\right] \tag{4-102}$$

2. 散射项的计算

设中子进入第 m 次碰撞的状态为 $(r_m, E_{m-1}, \boldsymbol{\Omega}_{m-1}, w_{m-1})$，离开第 m 次碰撞的状态为 $(r_m, E_m, \boldsymbol{\Omega}_m, w_m)$，则由式(4-98b)，$\phi_m(r^*)$ 可表示为

$$\phi_m(r^*) = \int \frac{\widetilde{T}(r_m \to r^* | E_m, \boldsymbol{\Omega})}{\Sigma_t(r^*, E_m)}\left[\int \widetilde{T}(r_{m-1} \to r_m | E_m, \boldsymbol{\Omega})C(E_{m-1}, \boldsymbol{\Omega}_{m-1} \to E, \boldsymbol{\Omega}|r_m)\cdot\right.$$
$$\left. Q(r_{m-1}, E_{m-1}, \boldsymbol{\Omega}_{m-1})\mathrm{d}r_{m-1}\mathrm{d}E_{m-1}\right]\mathrm{d}r_m\mathrm{d}E\mathrm{d}\boldsymbol{\Omega} \tag{4-103}$$

其中

$$Q(r_{m-1}, E_{m-1}, \boldsymbol{\Omega}_{m-1}) = w_{m-1}\delta(r - r_{m-1})\delta(E - E_{m-1})\delta(\boldsymbol{\Omega} - \boldsymbol{\Omega}_{m-1}) \tag{4-104}$$

代式(4-104)入式(4-103)，得 $\hat{\phi}_m(r^*)$ 的无偏估计式为

$$\hat{\phi}_m(r^*) = w_{m-1}\int \frac{\widetilde{T}(r_m \to r^* | E, \boldsymbol{\Omega}_m^*)}{\Sigma_t(r^*, E_m)}C(E_{m-1}, \boldsymbol{\Omega}_{m-1} \to E, \boldsymbol{\Omega}_m^*|r_m)\mathrm{d}E$$
$$= \frac{w_{m-1}}{|r^* - r_m|^2}\int \exp\left[-\int_0^{|r^*-r_m|}\Sigma_t(r_m - l'\boldsymbol{\Omega}_m^*, E)\mathrm{d}l'\right]$$
$$C(E_{m-1}, \boldsymbol{\Omega}_{m-1} \to E, \boldsymbol{\Omega}_m^*|r_m)\mathrm{d}E \tag{4-105}$$

对式(4-105)中的积分进行变换,有

$$\int \exp\left[-\int_0^{|r^*-r_m|} \Sigma_t(r_m - l'\boldsymbol{\Omega}_m^*, E) \mathrm{d}l'\right] \frac{C(E_{m-1}, \boldsymbol{\Omega}_{m-1} \to E, \boldsymbol{\Omega}_m^* | r_m)}{\int C(E_{m-1}, \boldsymbol{\Omega}_{m-1} \to E, \boldsymbol{\Omega}_m^* | r_m) \mathrm{d}E} \mathrm{d}E$$

$$\int C(E_{m-1}, \boldsymbol{\Omega}_{m-1} \to E, \boldsymbol{\Omega}_m^* | r_m) \mathrm{d}E \tag{4-106}$$

从分布 $C(E_{m-1}, \boldsymbol{\Omega}_{m-1} \to E, \boldsymbol{\Omega}_m^* | r_m) / \int C(E_{m-1}, \boldsymbol{\Omega}_{m-1} \to E, \boldsymbol{\Omega}_m^* | r_m) \mathrm{d}E$ 抽样得到能量 E_m^*,由此得

$$\hat{\phi}_m(r^*) = \frac{w_{m-1}}{|r^*-r_m|^2} \exp\left[-\int_0^{|r^*-r_m|} \Sigma_t(r_m - l'\boldsymbol{\Omega}_m^*, E_m^*) \mathrm{d}l'\right]$$

$$\int C(E_{m-1}, \boldsymbol{\Omega}_{m-1} \to E, \boldsymbol{\Omega}_m^* | r_m) \mathrm{d}E \tag{4-107}$$

对式(4-107)中的 E 积分,有

$$\int C(E_{m-1}, \boldsymbol{\Omega}_{m-1} \to E, \boldsymbol{\Omega}_m^* | r_m) \mathrm{d}E = \int \frac{\Sigma_s(r_m, E_{m-1}, \boldsymbol{\Omega}_{m-1} \to E, \boldsymbol{\Omega}_m^*)}{\Sigma_t(r_m, E_{m-1})} \mathrm{d}E$$

$$= \frac{\Sigma_s(r_m, E_{m-1})}{\Sigma_t(r_m, E_{m-1})} \int f(E_{m-1}, \boldsymbol{\Omega}_{m-1} \to E, \boldsymbol{\Omega}_m^*) \mathrm{d}E$$

$$\tag{4-108}$$

其中,$\mu_m^* = \boldsymbol{\Omega}_{m-1} \cdot \boldsymbol{\Omega}_m^*$; $\boldsymbol{\Omega}_m^* = (r^* - r_m)/|r^* - r_m|$。

$$\int f(E_{m-1}, \boldsymbol{\Omega}_{m-1} \to E, \boldsymbol{\Omega}_m^*) \mathrm{d}E = \frac{f(\mu_m^*)}{2\pi} \tag{4-109}$$

$f(\mu)$ 为关于 μ 的角分布($-1 \leqslant \mu \leqslant 1$)。

采用隐俘获处理,即有

$$w_m = w_{m-1} \frac{\Sigma_s(r_m, E_{m-1})}{\Sigma_t(r_m, E_{m-1})} = w_{m-1}\left[1 - \frac{\Sigma_a(r_m, E_{m-1})}{\Sigma_t(r_m, E_{m-1})}\right] \tag{4-110}$$

代式(4-110)及式(4-109)入式(4-107),求得

$$\hat{\phi}_m(r^*) = \frac{w_m f(\mu_m^*)}{2\pi |r^*-r_m|^2} \exp\left[-\int_0^{|r^*-r_m|} \Sigma_t(r_m - l'\boldsymbol{\Omega}_m^*, E_m^*) \mathrm{d}l'\right] \tag{4-111}$$

式(4-111)即为点通量密度的指向概率法估计式,其物理意义是:r_m 处粒子对 r^* 点通量密度的贡献,等于粒子在 $\boldsymbol{\Omega}_m^*$ 方向单位立体角中的发射概率 $f(\mu_m^*)/(2\pi)$ 乘以从 r_m 不碰撞到达 r^* 的概率 $\exp\left[-\int_0^{|r^*-r_m|} \Sigma_t(r_m - l'\boldsymbol{\Omega}_m^*, E_m^*) \mathrm{d}l'\right]$,再乘以 r^* 处垂直于 $\boldsymbol{\Omega}_m^*$ 方向的单位面积对 r_m 点所张的立体角 $1/|r^*-r_m|^2$。

从式(4-111)可以看出,点通量估计式分母含有二阶奇异项 $1/|r^*-r_m|^2$,

当碰撞点 r_m 接近计数点探测器 r^* 时,$|r_m - r^*| \to 0$,进而导致估计量 $\hat{\phi}_m(r^*)$ 及方差无界。这是点探测器估计存在的主要不足。当遇到这种情况时,需要有相应的替代计数措施,这里给出两种措施。

4.5.2 改进措施

1. MCNP 程序的处理[4]

对出现在以探测点为中心、R_0 为半径的小球内的碰撞,用计算平均贡献的方法代替下次事件估计处理。假设在探测点的这个球形邻域内,散射通量密度是均匀各向同性的,从而可以用均匀分布在小球内的平均通量密度近似碰撞点对计数点的通量密度贡献。当 $R = |r^* - r_m| < R_0$ 且 $\Sigma_t \neq 0$ 时,R_0 内的点探测器估计可用均匀分布在小球内的平均通量密度代替,取 $f(\mu_m) = 1/2$,即在小球内方向按各项同性近似。

$$\hat{\phi}_m(r^*) \approx \frac{\int \hat{\phi}_m dV}{\int dV} \approx w_m \cdot f(\mu_m) \frac{\int_0^{R_0} \frac{e^{-\Sigma_t r}}{2\pi r^2} 4\pi r^2 dr}{4\pi R_0^3/3}$$

$$= \frac{3w_m(1 - e^{-\Sigma_t R_0})}{4\pi R_0^3 \Sigma_t}, \quad \Sigma_t \neq 0, \quad R < R_0 \quad (4-112)$$

如果 $\Sigma_t = 0$,点探测器不在散射介质区,因而没有碰撞发生

$$\hat{\phi}_m(r^*) = \frac{w_m f(\mu_m) R_0}{2\pi R_0^3/3} = \frac{3w_m}{4\pi R_0^2}, \quad \Sigma_t = 0, \quad R < R_0 \quad (4-113)$$

如果虚拟球半径用平均自由程数 $\tau_0 = \Sigma_t R_0$ 表示,则式(4-112)变为

$$\hat{\phi}_m(r^*) \approx \frac{3w_m(1 - e^{-\tau_0})\Sigma_t^2}{4\pi \tau_0^3}, \quad \tau < \tau_0, \quad \Sigma_t \neq 0 \quad (4-114)$$

R_0 的选取主要基于经验,以一个平均自由程为妥。

2. MORSE-CGA 程序的处理[6]

给定权窗上限 w_{upper},以探测点 r^* 为中心,ε 为半径构造一小球,当碰撞发生在小球外时,按正常点估计计数,此时若 $\hat{\phi}_m(r^*) > w_{upper}$,则取 $\hat{\phi}_m(r^*) = w_{upper}$;当碰撞发生在球内时,则取 $\hat{\phi}_m(r^*) = w_{upper}$。

4.5.3 环探测器估计

相对点探测器估计,环探测器只有 $1/R$ 奇异性,方差有界,而且理论上已证明,在柱对称系统中,环上任一点的通量密度均为一常数[7],因此,可以用环上任一点的通量代替之前讨论的某一固定点 r^* 处的通量,这样可以回避 r^* 与碰撞点 r_m 过近导致计数和方差同时无界。设碰撞点坐标为 $r_m = (x_m, y_m, z_m)$,其离探测点 $r = (x, y, z)$(环上任一点)的距离为 $R = |r - r_m|$,环探测器可以选择 x、y、z 轴

之一为对称轴构造。

如图 4-10 所示,不妨选 y 轴为对称轴,r 为环半径,点 (x,y,z) 用极坐标表示为

$$\begin{cases} x = r\cos\varphi \\ y = y \qquad -\pi \leqslant \varphi \leqslant \pi \\ z = r\sin\varphi \end{cases} \qquad (4-115)$$

其中,y 为固定值,点 (x,y,z) 可以从环上通过抽样产生。

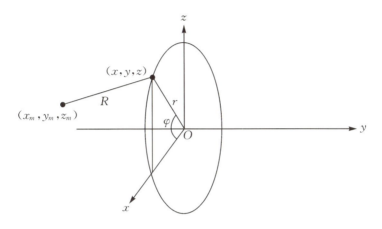

图 4-10 所示环探测器示意图

用 $\dfrac{1}{R^2}$ 偏倚方位角 φ 的分布 $\dfrac{1}{2\pi}$,从下面的概率密度函数中抽样产生 φ。

$$p(\varphi) = \frac{C}{2\pi R^2} \qquad (4-116)$$

其中,C 为归一化因子。

抽随机数 ξ,由

$$\begin{aligned}
\xi &= \frac{C}{2\pi}\int_{-\pi}^{\varphi} \frac{1}{R^2}\mathrm{d}\varphi' = \frac{C}{2\pi}\int_{-\pi}^{\varphi} \frac{1}{(x_m - r\cos\varphi')^2 + (y_m - y)^2 + (z_m - r\sin\varphi')^2}\mathrm{d}\varphi' \\
&= \frac{C}{2\pi}\int_{-\pi}^{\varphi} \frac{1}{a + b\cos\varphi' + c\sin\varphi'}\mathrm{d}\varphi' \\
&= \frac{1}{\pi}\arctan\left\{\frac{1}{C}\left[(a-b)\tan\frac{\varphi}{2}\right] + c\right\} + \frac{1}{2}
\end{aligned}$$

解得

$$\tan\frac{\varphi}{2} = \frac{1}{a-b}\left\{C\tan\left[\pi\left(\xi - \frac{1}{2}\right)\right] - c\right\} \qquad (4-117)$$

其中

$$\begin{cases} a = r^2 + x_m^2 + (y - y_m)^2 + z_m^2 \\ b = -2rx_m \\ c = -2rz_m \\ C = \sqrt{a^2 - b^2 - c^2} \end{cases} \quad (4-118)$$

上述方法只有满足 $a^2 - b^2 - c^2 > 0$，即碰撞点 r_m 不在环上时成立。令

$$t = \tan\left(\frac{\varphi}{2}\right) \quad (4-119)$$

解得

$$\begin{cases} \sin\varphi = \dfrac{2t}{1+t^2} \\ \cos\varphi = \dfrac{1-t^2}{1+t^2} \end{cases} \quad (4-120)$$

将上式代入式(4-115)得

$$\begin{cases} x = r\dfrac{1-t^2}{1+t^2} \\ y = y \\ z = 2r\dfrac{t}{1+t^2} \end{cases} \quad (4-121)$$

关于点探测器、环探测器估计方法，可参考 MCNP 程序手册[4]。

4.6 估计方法的适用范围

从前面的讨论可知，点通量仅有一种估计，称为下次事件估计。体通量密度有四种估计，分别是：①吸收估计（或称最后事件估计）；②碰撞估计（或称逐次事件估计）；③期望估计；④径迹长度估计。吸收估计只有当粒子正好在探测器内发生吸收反应时，才做计数 $\Sigma_D(r,E)/\Sigma_t(r,E)$，其中 $\Sigma_D(r,E)$ 为探测器的宏观反应截面，通常计数率不高。碰撞估计只有当碰撞发生在探测器内时，才有计数 $\Sigma_D(r,E)/\Sigma_a(r,E)$，通常计数率也不高。吸收估计和碰撞估计主要用于系统量 k_{eff} 计算。期望估计不如径迹长度估计，很少用。相比之下，径迹长度估计，当粒子飞行线穿过探测器 D 时，便有计数，计数率明显优于吸收估计和碰撞估计。但对深穿透问题，径迹长度估计计数率也不高。点估计指向概率法，当粒子在探测器外任一点发生碰撞，对探测器均有计数贡献，计数率较高，适合深穿透问题，但当碰撞点靠近探测点时，计数存在一定涨落。

与吸收估计相比，碰撞估计更充分地利用了每次碰撞的信息，方差小于吸收估计。径迹长度估计，多数情况下比吸收估计和碰撞估计的计数率高。图 4-11 给

出了碰撞估计和径迹长度估计误差 ε 随自由程数 τ 的变化。可以看出,对于光学薄的区域(τ≤1.25),径迹长度有较好的统计性质;对于光学厚的区域(τ>1.25),碰撞估计优于径迹长度估计[9]。径迹长度估计是 MC 粒子输运计算栅元体通量普遍采用的一种估计方法,这种方法简单实用,物理意义清楚,对非深穿透问题效果良好。对深穿透问题,采用点估计指向概率法效果更佳一些。MC 方法发展到今天,诞生了多种估计方法,每种估计方法都存在一定局限性,应针对不同问题特点,选择一种或多种估计方法组合,这是 MC 模拟的主流模式。

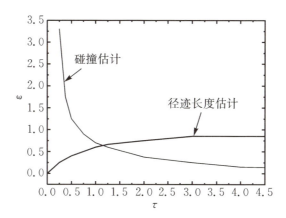

图 4-11 误差 ε(%)随平板自由程数 τ 的变化

4.7 固定源问题

固定源问题又称为外源问题。下面以自然源分布的发射密度方程为对象,讨论 MC 模拟实现。

4.7.1 源分布抽样

中子的状态由 $P=(r,E,\Omega,t)$ 共 7 个自变量来描述,对初始中子源分布进行归一处理,使其为一 p.d.f,假定源分布可以进行变量分离,即有

$$S(r,E,\Omega,t) = S_1(r)S_2(E)S_3(\Omega)S_4(t) \tag{4-122}$$

则每个独立变量对应的分布函数亦为 p.d.f,分别从每个变量对应的分布函数中抽出变量,由此确定源中子的初始状态参量 (r_0,E_0,Ω_0,t_0),初始权 $w_0=\int S(P)\mathrm{d}P=1$。

图 4-12 给出求解中子-光子耦合输运问题,一个中子从"出生"到"死亡"全过程示意图。中子从源区Ⅰ发出进入裂变材料Ⅱ区,运动到达位置①后发生散射,并产生 1 个次级光子存库;中子改变能量和方向,继续运动到达位置②后发生裂变反应,当前中子历史结束,同时放出 2 个中子和 1 个次级光子(注:每次裂变实际放出

ν(2<ν<3)个中子,MC 采用取整处理,这里假定 int[ν+ξ]=2)。次级光子存库,2 个裂变中子的一个先存入中子库;跟踪另一个裂变中子,运动到达位置③后发生吸收反应,该中子历史结束;接着从中子库里取出另一个裂变产生的中子,运动到达位置④后,确定进入真空,按泄漏处理,该中子历史结束;由此,中子历史跟踪完毕。从库里取出次级光子进行跟踪,按后进先出方式从栈里取出库存光子进行跟踪,先取出位置②产生的光子进行跟踪,运动到达位置⑤后发生散射,改变能量和方向后,运动到达位置⑥确认进入真空,按泄漏处理,该光子历史结束;再从次级光子库里取出位置①处产生的光子,运动到达位置⑦后发生吸收反应,该光子历史结束。至此,一个源中子历史结束。通过跟踪大量源中子历史,用统计平均给出估计量的解。

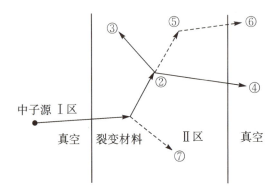

图 4-12　中子与物质作用引起的反应

下面给出 $(r,E,\boldsymbol{\Omega},t)$ 状态变量的抽样过程,为方便起见,略去之前确定的抽样值下标"f"。

1. 位置状态变量 r 的抽样

通过下面两个简单实例,给出位置变量 $r=(x,y,z)$ 的确定,位置通常采用极坐标(球坐标或柱坐标)表示。

(1)柱壳均匀分布源抽样。

采用柱坐标表示位置 $r=(x,y,z)$

$$\begin{cases} x = \rho\cos\varphi \\ y = \rho\sin\varphi \\ z = z \end{cases} \quad (4-123)$$

其中,ρ 为柱半径,z 为柱高。

源中子位置 p.d.f 为 $f(\rho,\varphi,z)$

$$f(\rho,\varphi,z) = \frac{2\rho}{R_2^2 - R_1^2} \cdot \frac{1}{2\pi} \cdot \frac{1}{H} \quad (4-124)$$

其中，$R_1 \leqslant \rho \leqslant R_2$，$0 \leqslant \varphi \leqslant 2\pi$，$0 \leqslant z \leqslant H$；$R_1$、$R_2$ 分别为圆柱壳的内、外半径；H 为高。

直接抽样得到 ρ、φ 及 z 的抽样值分别为

$$\begin{cases} \rho = \sqrt{R_1^2 + \xi_1(R_2^2 - R_1^2)} \\ \varphi = 2\pi\xi_2 \\ z = \xi_3 H \end{cases} \quad (4-125)$$

代式(4-125)入式(4-123)便求得位置 $\boldsymbol{r} = (x,y,z)$ 的抽样值。

(2) 球壳内均匀分布源抽样。

采用球坐标表示位置 $\boldsymbol{r} = (x,y,z)$，

$$\begin{cases} x = \rho\sqrt{1-\mu^2}\cos\varphi \\ y = \rho\sqrt{1-\mu^2}\sin\varphi, R_0 \leqslant \rho \leqslant R_1, 0 \leqslant \varphi \leqslant 2\pi, -1 \leqslant \mu \leqslant 1 \\ z = \rho\mu \end{cases}$$

$$(4-126)$$

其中，R_0、R_1 分别为球内、外半径。

源中子位置的 p.d.f 为

$$f(\rho,\varphi,\mu) = \frac{3\rho^2}{R_1^3 - R_0^3} \cdot \frac{1}{2\pi} \cdot \frac{1}{2} \quad (4-127)$$

采用直接抽样得

$$\begin{cases} \rho = [R_0^3 + \xi_1(R_1^3 - R_0^3)]^{\frac{1}{3}} \\ \varphi = 2\pi\xi_2 \\ \mu = 2\xi_3 - 1 \end{cases} \quad (4-128)$$

把式(4-128)代入式(4-126)得到源位置 $\boldsymbol{r} = (x,y,z)$ 的抽样值。

2. 能量 E 的抽样

(1) 单能源。

能量服从 δ 分布

$$S_2(E) = \delta(E - E^*) \quad (4-129)$$

直接抽样得 $E = E^*$。当 $E^* = 14.1\text{MeV}$，则对应于氘氚聚变中子分布。

(2) 离散能量分布。

$$S_2(E) = \sum_i p_i \delta(E - E_i) \quad (4-130)$$

其中，系数 p_i 满足归一条件 $\sum_i p_i = 1$（类似于多群分布）。

① 求出满足不等式

$$\sum_{i=1}^{j-1} p_i \leqslant \xi < \sum_{i=1}^{j} p_i$$

的 j；

②从对应 j 的 δ-分布 $\delta(E-E_i)$ 抽样得 $E=E_j$。

(3) 连续能量分布。

麦克斯韦（Maxwell）分布为

$$f(E) = C\sqrt{E}\,\mathrm{e}^{-\frac{E}{T}}, \quad 0 \leqslant E < \infty \tag{4-131}$$

其中，C 为归一化系数，$T=T(E')>0$ 为谱型系数，E' 为入射中子能量。

抽样过程详见例 3-13。

3. 方向变量 $\boldsymbol{\Omega}$ 的确定

(1) 各向同性。

$$S_3(\boldsymbol{\Omega}) = f(\varphi,\mu) = \frac{1}{4\pi}, \quad 0 \leqslant \varphi \leqslant 2\pi;\ -1 \leqslant \mu \leqslant 1 \tag{4-132}$$

直接抽样得

$$\begin{cases} \mu = 2\xi_1 - 1 \\ \varphi = 2\pi\xi_2 \end{cases} \tag{4-133}$$

其中，ξ_1、ξ_2 为任意随机数。由此得到方向 $\boldsymbol{\Omega}=(u,v,w)$ 的抽样值为

$$\begin{cases} u = \sqrt{1-\mu^2}\cos\varphi \\ v = \sqrt{1-\mu^2}\sin\varphi \\ w = \mu \end{cases} \tag{4-134}$$

(2) 余弦分布。

μ 的 p.d.f 定义为

$$f(\mu) = 2\mu, \quad 0 \leqslant \mu \leqslant 1 \tag{4-135}$$

这里 μ 以 z 轴为参考方向，即 $\mu = \boldsymbol{\Omega}\cdot\boldsymbol{z}$，则 μ 的抽样值为 $\mu=\sqrt{\xi_1}$ 或取 $\mu=\max(\xi_1,\xi_2)$，$\varphi=2\pi\xi_3$，由此求出方向 $\boldsymbol{\Omega}=(u,v,w)$，$(u,v,w)$ 满足式 (4-134)。

4. 时间变量 t 的确定

以阶梯函数分布为例

$$T(t) = \begin{cases} a_1, & t_0 \leqslant t < t_1 \\ a_2, & t_1 \leqslant t < t_2 \\ \cdots\cdots \\ a_n, & t_{n-1} \leqslant t < t_n \\ 0, & \text{其他} \end{cases} \tag{4-136}$$

其中，$a_i \geqslant 0, i=1,2,\cdots,n$，满足 $\sum_{i=1}^{n} a_i(t_i - t_{i-1}) = 1$。其抽样过程如图 4-13 所示。

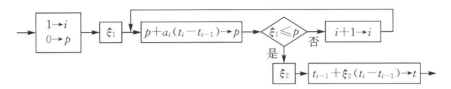

图 4-13 离散时间分布抽样过程

4.7.2 碰撞距离抽样

1. 到达碰撞点距离的确定

粒子从 $\boldsymbol{r}'$ 出发沿 $\boldsymbol{\Omega}'$ 方向飞行，到达下个碰撞点的位置为 $\boldsymbol{r} = \boldsymbol{r}' + l\boldsymbol{\Omega}'$，其中碰撞距离 l 服从指数分布

$$f(l) = \Sigma_t(\boldsymbol{r}' + l\boldsymbol{\Omega}', E') \exp\left[-\int_0^l \Sigma_t(\boldsymbol{r}' + l'\boldsymbol{\Omega}', E') dl'\right], \quad 0 \leqslant l < \infty \tag{4-137}$$

按光学距离（或平价自由程数目）τ 表示，则 τ 的 p.d.f 为

$$f(\tau) = e^{-\tau} \quad (\tau > 0) \tag{4-138}$$

直接抽样得

$$\tau = -\ln\xi \tag{4-139}$$

（1）对于单层介质。

从式 $\tau = \int_0^l \Sigma_t(\boldsymbol{r}' + l'\boldsymbol{\Omega}', E') dl'$，解得

$$l = \frac{-\ln\xi}{\Sigma_t(\boldsymbol{r}' + l'\boldsymbol{\Omega}', E')} \tag{4-140}$$

（2）对于多层介质系统。

依据例 3-4 给出的抽样，得到第 j 层发生碰撞的距离 l 的抽样值

$$l = l_{j-1} - \frac{1}{\Sigma_j}\left[\ln\xi + \sum_{i=1}^{j-1}(l_i - l_{i-1})\Sigma_i\right] \tag{4-141}$$

这里 j 满足

$$\int_0^{l_{j-1}} \Sigma(l') dl' \leqslant -\ln\xi < \int_0^{l_j} \Sigma(l') dl' \tag{4-142}$$

如果满足不等式（4-142）的 j 不存在，即有 $\rho \geqslant \sum_{i=1}^{n}(l_i - l_{i-1})\Sigma_i$（$n$ 为粒子沿 $\boldsymbol{\Omega}'$ 方向穿出的最后一层介质序号），则粒子无碰撞穿出系统，按泄漏处理。

2. 逐层推进碰撞距离抽样方法

根据指数分布的"无记忆"特点,抽样只考虑当前层介质即可。对当前层介质能量一定后,截面为一常数 Σ_l,此时,从分布 $f(l) = \Sigma_l \exp(-\Sigma_l l)$ 抽取碰撞距离 l,若 $l < l_i$,则碰撞发生在当前层,由此确定碰撞点位置:$\boldsymbol{r} = \boldsymbol{r}' + l\boldsymbol{\Omega}'$;若 $l > l_i$,则粒子在当前层不发生碰撞进入下一层。边界位置坐标调整为:$\boldsymbol{r}' + l_i\boldsymbol{\Omega}' \Rightarrow \boldsymbol{r}'$;进入下一层介质后,与之前处理相同,从对应介质分布函数:$f(l) = \Sigma_{i+1} \exp(-\Sigma_{i+1} l)$ 中抽取碰撞距离 l。若 $l < l_{i+1} - l_i$,则碰撞发生在新的当前层;以此类推,直到定出发生碰撞的介质区;如果粒子穿过全部介质区均没有发生碰撞,则认为该粒子穿出了问题的定义域,按泄漏处理,当前粒子历史结束。

3. 确定到达碰撞点的时间 t

$$t = t' + l/v' \tag{4-143}$$

中子速度 v' 与入射中子能量 E' 之间的转换关系可参见 4.2.2 的介绍。

4.7.3 碰撞核及反应类型抽样

粒子输运到达碰撞点后,将与介质中的某个核发生碰撞。碰撞核通常由碰撞所在介质内各个核素的截面决定。设碰撞介质为 n 种核组成的均匀混合物质或化合物,其宏观截面为 $\Sigma_x(\boldsymbol{r}, E)$($x$ = t, s, a, f,分别表示总截面、散射截面、吸收截面和裂变截面),宏观截面 Σ 与微观截面 σ 之间满足

$$\Sigma_x(\boldsymbol{r}, E) = \sum_i \Sigma_{x,i}(\boldsymbol{r}, E) = \rho \sum_i n_i \sigma_{x,i}(\boldsymbol{r}, E) = \sum_i N_i \sigma_{x,i}(\boldsymbol{r}, E) \tag{4-144}$$

其中,$\Sigma_{x,i}(\boldsymbol{r}, E)$ 为碰撞介质中第 i 种核对应 x 反应的宏观截面;$N_i = \rho n_i$ 为单位体积中第 i 种元素的原子核数目,ρ 为介质密度,n_i 为单位体积中第 i 种元素的核子数目,$\sigma_{x,i}$ 为 i 核对应 x 反应的微观反应截面。

对散射截面,有

$$\Sigma_s(\boldsymbol{r}, E', \boldsymbol{\Omega}' \to E, \boldsymbol{\Omega}) = \sum_{i,j} N_i \sigma_{j,i}(\boldsymbol{r}, E') \eta_{j,i} f^{(j,i)}(E', \boldsymbol{\Omega}' \to E, \boldsymbol{\Omega}) \tag{4-145}$$

其中,$\sigma_{j,i}(\boldsymbol{r}, E)$ 为中子与 i 核发生 j 类反应的微观截面;$f^{(j,i)}(E', \boldsymbol{\Omega}' \to E, \boldsymbol{\Omega})$ 为中子与 i 核发生 j 类反应后的能量、方向转移函数;$\eta_{j,i}$ 为中子与 i 核发生 j 类反应释放出的中子数。

中子的所有反应均可表示为 (n, xn),其中,$x = 0$ 对应吸收反应,如 (n, γ),(n, α)、(n, p) 等都属于吸收反应中的一种;$x = 1$ 对应散射,如 el, in;$x > 1$ 对应产中子反应,如 (n, 2n) 反应,$x = 2$;(n, 3n) 反应,$x = 3$;对于裂变反应 f,$x = \nu$。利用式 (4-145),按物理作用过程,把式 (4-23) 定义的碰撞核 C 进行拆分重写为

$$C(E', \boldsymbol{\Omega}' \to E, \boldsymbol{\Omega} | r) = \sum_i \left[\frac{\Sigma_{t,i}(r,E)}{\Sigma_t(r,E)} \right] \sum_j \left[\frac{\sigma_{j,i}(r,E)}{\sigma_{t,i}(r,E)} \right] \eta_{j,i} f^{(j,i)}(E', \boldsymbol{\Omega}' \to E, \boldsymbol{\Omega})$$

(4-146)

碰撞后的出射中子能量和方向将从式(4-146)确定。

下面讨论相关过程的抽样实现算法。

(1) 直接法。

① 从分布 $\Sigma_{t,i}(r,E)/\Sigma_t(r,E)$ 抽样确定碰撞核 i;

② 从分布 $\sigma_{j,i}(r,E)/\sigma_{t,i}(r,E)$ 确定反应类型 j;

③ 碰撞前、后中子权满足关系: $w = w' \eta_{j,i}$。其中,$\eta_{j,i}$ 为次级粒子数,对增殖系统 $\eta_{j,i} > 1$,对非增殖系统 $\eta_{j,i} = 1$;w' 为碰撞前的中子权重。

(2) 加权法。

加权法就是前面介绍的隐俘获,通过扣权来处理中子反应。将式(4-146)进一步改写为

$$C(E', \boldsymbol{\Omega}' \to E, \boldsymbol{\Omega} | r) = \sum_i \frac{\Sigma_{t,i}(r,E)}{\Sigma_t(r,E)} \frac{\sigma_{s,i}(r,E)}{\sigma_{t,i}(r,E)} \sum_{j \neq c} \frac{\sigma_{j,i}(r,E)}{\sigma_{s,i}(r,E)} \eta_{j,i} f^{(j,i)}(E', \boldsymbol{\Omega}' \to E, \boldsymbol{\Omega})$$

$$= \sum_i \frac{\Sigma_{t,i}(r,E)}{\Sigma_t(r,E)} \left[1 - \frac{\sigma_{a,i}(r,E)}{\sigma_{t,i}(r,E)} \right] \sum_{j \neq c} \left[\frac{\sigma_{j,i}(r,E)}{\sigma_{t,i}(r,E) - \sigma_{a,i}(r,E)} \right] \eta_{j,i} f^{(j,i)}(E', \boldsymbol{\Omega}' \to E, \boldsymbol{\Omega})$$

(4-147)

其中,c 表示俘获反应。

抽样过程如下:

① 从分布 $[\Sigma_{t,i}(r,E)/\Sigma_t(r,E)]$ 抽样定出碰撞核 i;

② 从分布 $\left[\dfrac{\sigma_{j,i}(r,E)}{\sigma_{t,i}(r,E) - \sigma_{a,i}(r,E)} \right]$ 抽样确定反应类型 j;

③ 散射后中子权取为

$$w = w' \left[1 - \frac{\sigma_{a,i}(r,E)}{\sigma_{t,i}(r,E)} \right] \eta_{j,i}$$

(4-148)

与前面的讨论一样,通过扣吸收权,让散射继续下去,一来可以延长中子游动链长,有利于探测器获取更多粒子信息,二来探测器计数权比较平缓,方差不会出现大的起伏。直接法和加权法在处理中子散射时各有利弊。例如对热中子散射,采用直接法更好一些,直接法可以杀死一些低能中子,达到节省计算时间的目的。而对高能中子,采用加权法更好一些。多数 MC 程序都为用户提供了一个俘获能量限 E_{cap},当 $E > E_{cap}$ 时,采用加权法;当 $E \leqslant E_{cap}$ 时,采用直接法。

4.7.4 散射后能量方向抽样

当中子与 i 核发生 j 类反应后,出射中子能量和方向将从对应 i 核、j 反应道的

能量方向转移 p.d.f $f^{(j,i)}(E', \boldsymbol{\Omega}' \to E, \boldsymbol{\Omega})$ 抽样确定。这部分内容较多，放在第 5 章和第 6 章详细讨论。有关中子与核发生碰撞后，新的出射能量 E 和 $\boldsymbol{\Omega}$ 方向的确定在 5.2 节讨论；光子与核发生作用后的能量、方向确定在 5.3 节讨论；电子与核发生作用后的能量、方向确定在第 6 章 6.1 节讨论。

4.7.5 次级粒子处理

核反应发生后，伴有次级粒子产生，产中子反应有 (n,xn) ($x>1$) 和 (n,f)，产光子的反应有 (n,γ)、(n,f)。对 (n,2n) 反应，将有 2 个次级中子产生，连同原来的中子，共有 3 个中子存在；对 (n,f) 反应，放出 ν ($2<\nu<3$) 个中子，当前中子历史结束。i 核 j 反应道产生的次级中子数目用 η_{ij} 表示。次级粒子的权重若采用乘以 η_{ij} 来处理，即有

$$w = \eta_{ij} w'$$

则 w 可能超过 1，探测器计数统计涨落增大将导致方差增大。为了避免这种情况发生，通常把 η_{ij} 个次级粒子分别存储，逐一跟踪。次级粒子（中子、光子）分别存入各自的驿站内，采用后进先出顺序跟踪次级粒子，次级粒子也是按先中子、后光子的顺序处理。

对 (n,f) 裂变反应，每次裂变要释放出 ν 个中子。由于 ν 不为整数，为此，MC 处理裂变中子数引入了非常巧妙的做法，即按 $\text{int}(\nu+\xi)$ 取整处理，其中 ξ 为任一随机数，不难证明

$$E[\text{int}(\nu+\xi)] = \nu \tag{4-149}$$

这里 E 表示数学期望。

4.7.6 粒子历史结束判据

模拟粒子历史是否结束，主要由粒子发生碰撞所在位置 r、到达碰撞点的时间 t、能量 E 及权 w 是否有效决定。模拟前会给定时间限 t_{cut}、能量限 E_{cut} 及截断权限 w_{cut}。

(1) 泄漏处理。

类似于确定论求解设定的边界条件，通常模拟问题被限制在某个几何系统内，采用真空边界处理，即当粒子穿出问题几何系统后，粒子不再返回，按泄漏处理。系统内外，可用重要性来识别，重要性设置为"0"表示系统外，若粒子进入"0"重要性几何块，则当前粒子历史结束。

(2) 时间截断。

当粒子游动时间 $t > t_{\text{cut}}$，则粒子历史结束。

(3) 能量截断。

当粒子能量 $E \leqslant E_{\text{cut}}$，则粒子历史结束。

(4) 权截断。

当粒子权 $w \leqslant w_{\text{cut}}$ 时,不能像能量或时间截断那样来终止粒子历史。为了保持计算结果无偏,需要通过俄罗斯轮盘赌来决定粒子历史是否结束。给定粒子存活权 w_{suv}(通常取 $w_{\text{suv}} = 2w_{\text{cut}}$)和存活概率 $p = w/w_{\text{suv}}$,抽随机数 ξ,若 $\xi < p$,则赌赢,粒子存活,粒子以存活权 $w = w_{\text{suv}}$,继续游动;反之,若 $\xi \geqslant p$,则赌输,粒子历史结束。

4.7.7 最大截面法

对于非均匀介质,要确定碰撞点距离是非常困难的。若把非均匀系统划分为多层均匀介质的近似系统,采用逐层推进碰撞距离抽样方法,确定碰撞点距离的计算时间是可观的。为了解决这一难题,设想在介质中充填以假想的原子,当游动粒子与之相互作用时,只保持能量和方向不变的散射,犹如没有发生碰撞一样,也称为 δ 散射。

适当调整所填充的假想原子数目,总可以使系统介质的总截面与空间位置无关,从而将非均匀介质问题转化为均匀介质问题。此时,总截面将不因穿过不同介质的界面而改变。因此,无须计算粒子飞行线与界面的交点,只需判断碰撞点所属介质区域就够了,从而在计算时间上获得相当多的节省,这就是"最大截面法"的核心。

以 Σ_{M} 表示填充假设原子后的介质总截面,其定义为

$$\Sigma_{\text{M}}(E) = \max_{\boldsymbol{r}} \Sigma_{\text{t}}(\boldsymbol{r}, E) \tag{4-150}$$

将稳态中子输运方程

$$\boldsymbol{\Omega} \cdot \nabla \phi(\boldsymbol{r}, E, \boldsymbol{\Omega}) + \Sigma_{\text{t}}(\boldsymbol{r}, E) \phi(\boldsymbol{r}, E, \boldsymbol{\Omega})$$
$$= S(\boldsymbol{r}, E, \boldsymbol{\Omega}) + \int_0^{E_{\text{max}}} \int_{4\pi} \Sigma_{\text{t}}(\boldsymbol{r}, E') C(E', \boldsymbol{\Omega}' \to E, \boldsymbol{\Omega} | \boldsymbol{r}) \phi(\boldsymbol{r}, E', \boldsymbol{\Omega}') \mathrm{d}E' \mathrm{d}\boldsymbol{\Omega}'$$
$$\tag{4-151}$$

与恒等式

$$[\Sigma_{\text{M}}(E) - \Sigma_{\text{t}}(\boldsymbol{r}, E)] \phi(\boldsymbol{r}, E, \boldsymbol{\Omega}, t)$$
$$= \int_0^{E_{\text{max}}} \int_{4\pi} [\Sigma_{\text{M}}(E') - \Sigma_{\text{t}}(\boldsymbol{r}, E')] \delta(E' - E) \delta(\boldsymbol{\Omega}' - \boldsymbol{\Omega}) \phi(\boldsymbol{r}, E', \boldsymbol{\Omega}') \mathrm{d}E' \mathrm{d}\boldsymbol{\Omega}'$$
$$\tag{4-152}$$

相加得

$$\boldsymbol{\Omega} \cdot \nabla \phi(\boldsymbol{r}, E, \boldsymbol{\Omega}) + \Sigma_{\text{M}}(E) \phi(\boldsymbol{r}, E, \boldsymbol{\Omega})$$
$$= S(\boldsymbol{r}, E, \boldsymbol{\Omega}) + \int_0^{E_{\text{max}}} \int_{4\pi} \Sigma_{\text{M}}(E') C^*(E', \boldsymbol{\Omega}' \to E, \boldsymbol{\Omega} | \boldsymbol{r}) \phi(\boldsymbol{r}, E', \boldsymbol{\Omega}') \mathrm{d}E' \mathrm{d}\boldsymbol{\Omega}'$$
$$\tag{4-153}$$

式中

$$C^*(E', \mathbf{\Omega}' \to E, \mathbf{\Omega} | \mathbf{r})$$
$$= \frac{\Sigma_t(\mathbf{r}, E')}{\Sigma_M(E')} C(E', \mathbf{\Omega}' \to E, \mathbf{\Omega} | \mathbf{r}) + \left[1 - \frac{\Sigma_t(\mathbf{r}, E')}{\Sigma_M(E')}\right] \delta(E' - E) \delta(\mathbf{\Omega}' - \mathbf{\Omega})$$

(4-154)

可见，从假想的自由程分布

$$f_1(x) = \Sigma_M e^{-\Sigma_M x} \quad (x > 0) \tag{4-155}$$

抽取飞行距离 x，那么在点 $\mathbf{r} = \mathbf{r}' + x\mathbf{\Omega}'$ 处发生物理上真实碰撞的概率为 Σ_t / Σ_M，发生假想散射的概率为 $1 - \Sigma_t / \Sigma_M$。根据 Σ_M 的定义可知其与能量 E 有关，具体函数关系的选择要立足于 Σ_M 易于求解，且运算量小。

最大截面法除了可以简化复杂几何系统内粒子的跟踪外，还有许多其他应用，例如改进某些估计量的计数效率，估计粒子由碰撞点沿飞行线方向的衰减因子等。对于截面变化不大的系统，采用假想散射模型是可取的，特别当系统用于截面不同而分成相当多的层数时更有效。当一个系统内存在具有很大截面的介质，但仅占很小的体积时，若采用全系统的截面最大值作为 Σ_M，则将导致其他区域会有很多的 δ 散射发生。此时，应选择适当的 $\Sigma_M < \max\Sigma_t$，以减少粒子在系统内的 δ 散射次数。

4.7.8 反射面设置

对某些对称问题，可以把对称面设置为反射边界面，粒子到达反射边界面时，按镜面反射原理处理粒子的飞行方向，折射回去的粒子，继续在系统内输运。确定论方法采用反射边界处理某些对称问题在反应堆堆芯计算中很常见。但对 MC 计算而言，使用反射边界计算得到的结果是对称的，而不采用反射边界的结果，可能存在包括样本数不够充分而导致计算结果不对称的情况出现。因此，MC 模拟即便是一个对称系统问题时，还是尽量不要使用反射边界，虽然这可以节省存储空间，但计算时间是基本相同的。

例如计算反应堆全堆芯功率随燃耗的变化，如果采用 1/4 堆芯加反射边界计算，堆芯功率分布随燃耗变化是对称的。然而，对同样问题及同样的样本数模拟全堆芯，但不使用反射边界，则获得的计算结果可能无法保证堆芯功率的对称性。即 MC 结果与模拟的粒子数密切相关，每个燃耗步的统计误差积累，会对最终计算结果产生影响。所以，MC 模拟还是尽量少使用反射边界的处理。

4.7.9 计算流程

图 4-14 给出外源问题模拟计算中子体通量的计算流程，计数采用径迹长度估计，设模拟总样本数为 N，收敛误差确定为 ε_0，如果全部样本数 N 模拟完成后的结果误差 $\varepsilon > \varepsilon_0$，则追加样本数 N_0，继续模拟。对某些问题，可能仅靠追加样本数，也很难达到预先设定的收敛标准，这时 MC 模拟可以在任何一个条件满足时结束。

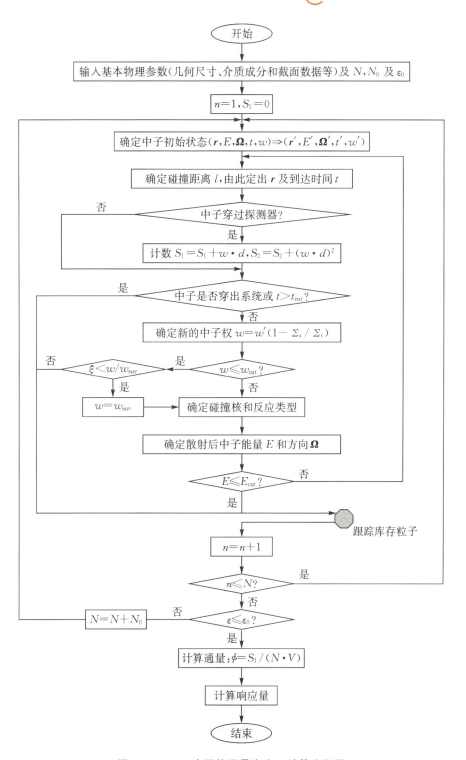

图 4-14 MC 中子体通量密度 ϕ 计算流程图

具体步骤如下：

① 初始化。从第一个粒子跟踪开始($n=1$)，计数器初始化($S_1=0$)。

② 确定粒子的初始状态。

粒子的初始状态 P 从归一化源分布 $S(P)$ 中抽样确定，初始权 $w_0=1$，$(r_0, E_0, \Omega_0, t_0, w_0) \to (r', E', \Omega', t', w')$，转到③。

③ 确定下一个碰撞点的位置 r 和到达碰撞点的时间 t。

从输运分布 $f(l)=T(r' \to r | E', \Omega')$ 抽出距离 l，由此确定粒子到达碰撞点的位置 $r=r'+l\Omega'$ 和到达时间 $t=t'+l/v'$，转到④。

④ 判断粒子是否穿过计数区。

若粒子输运中穿过计数区，则进行计数：$S_1=S_1+wd$（这里假定记录的是体通量，且采用径迹长度估计），转到⑤。

⑤ 判断粒子历史是否结束？即判断 $r \notin G$ 或 $t > t_{cut}$ 或 $E \leqslant E_{cut}$ 是否成立？若其中之一成立，则粒子历史结束，不成立则转到⑥。

⑥ 判断 $w \leqslant w_{cut}$ 是否成立？若成立，则进行赌，赌赢，则粒子存活，转到⑦；赌输，则粒子历史结束。

⑦ 确定碰撞核和反应类型。确定碰撞后的粒子能量 E 和方向 Ω，若 $E \leqslant E_{cut}$，则粒子历史结束，转到⑧，否则回到③。

⑧ 跟踪库存粒子。若有次级粒子，则跟踪库存粒子，次序为先中子、后光子，采用后进先出的法则。

⑨ 判断计算是否结束？当所有粒子跟踪完毕，计算统计误差 ε，并判断 $\varepsilon < \varepsilon_0$ 是否成立？成立，则计算结束，转到⑩，不成立，则追加样本 $N+N_0 \to N$，转到②。

⑩ 输出计算结果。给出通量 ϕ 的估计值

$$\hat{\phi} = \begin{cases} S_1/N, & \text{体通量} \\ S_1/(V \cdot N), & \text{体平均通量} \end{cases} \tag{4-156}$$

上述流程针对的是体通量的径迹长度估计，对临界计算（下节讨论），需要多一层关于代数（cycle）的循环，在每代中子的跟踪过程中，模拟同外源问题，计数量是 k_{eff}，它是通量的响应量，对 k_{eff} 计算，计数除了径迹长度估计外，还有吸收估计和碰撞估计，误差除了采用 1σ 的 68% 误差外，还有 2σ 的 95% 和 3σ 的 99% 误差。

4.8 临界问题

在任何时刻，系统内的中子数期望值为一常数，此时的系统称为临界系统，它存在着一个确定的包括空间、能量的中子场分布。临界问题是在没有外中子源情况下，依靠裂变材料自身的裂变反应维持中子链式反应。例如，反应堆的稳态运

行,要使系统实现自持链式反应,即核反应产生的中子数目和消失的中子数目(吸收和泄漏)达到平衡。

临界本征值属于中子输运方程求解中的另一类问题,它与固定源问题一起组成中子输运问题的闭环。

4.8.1 本征值及本征函数

以裂变源作为源的稳态中子输运方程,可以写为如下算符形式

$$(L+T-S)\phi = F\phi \tag{4-157}$$

其中,算符 L、T、S、F 分别定义为

$$\begin{cases} L\phi = \Omega \cdot \nabla \phi \\ T\phi = \Sigma_t \phi \\ S\phi = \int_0^{E_{max}} \int_{4\pi} \Sigma_s(r,E',\Omega' \to E,\Omega)\phi(r,E',\Omega',t)\mathrm{d}E'\mathrm{d}\Omega' \\ F\phi = \frac{\chi(r,E)}{4\pi} \int_0^{E_{max}} \int_{\Omega} \nu(r,E')\Sigma_f(r,E')\phi(r,E',\Omega')\mathrm{d}E'\mathrm{d}\Omega' \end{cases} \tag{4-158}$$

目前针对式(4-157)共演化出几种不同的本征值问题求解[10],这里列出常见的三种形式。

(1) k 本征值方程

$$(L+T-S)\phi = \frac{1}{k}F\phi \tag{4-159}$$

(2) c 本征值方程

$$(L+T)\phi = \frac{1}{c}(S+F)\phi \tag{4-160}$$

(3) δ 本征值方程

$$L\phi = \frac{1}{\delta}(S+F-T)\phi \tag{4-161}$$

下面重点讨论 k 本征值的计算。

4.8.2 k_{eff} 本征值计算

把式(4-159)改写为

$$M\phi = k\phi \tag{4-162}$$

其中,$M = (L+T-S)^{-1}F$。

式(4-162)两端均含有待求量 ϕ,故采用迭代法求解,构造迭代式

$$\phi^{(n+1)} = M\phi^{(n)} = k^{(n)}\phi^{(n)} \tag{4-163}$$

于是求得有效增殖因子 k_{eff}

$$k_{eff} = \lim_{n \to \infty} k^{(n)} = \lim_{n \to \infty} \frac{M\phi^{(n)}}{\phi^{(n)}} = \lim_{n \to \infty} \frac{\phi^{(n+1)}}{\phi^{(n)}} \tag{4-164}$$

它与 k_{eff} 的定义是一致的,即为相邻两代中子数之比。

当 $k_{\text{eff}} < 1$ 时,对应于次临界系统;当 $k_{\text{eff}} = 1$ 时,对应于临界系统;当 $k_{\text{eff}} > 1$ 时,对应于超临界系统。当系统的几何、材料一定后,中子输运方程的解就唯一确定了。之所以在裂变源项引入 k_{eff} 本征值,目的也是为了确保中子输运方程的解存在唯一,用 k_{eff} 来控制裂变源的大小,确保裂变源大小归一。

下面给出通过裂变源迭代求解 k_{eff} 的过程。基于一个臆测的 k_0 初值,开始迭代,算出系统的初始通量 $\phi^{(1)}$,接着算出一个更新的裂变源 $Q_{\text{f}}^{(1)}$,…,迭代式如下:

$$\begin{cases} (L+T-S)\phi^{(n)}(r,E,\boldsymbol{\Omega}) = \dfrac{\chi(r,E)}{4\pi} Q_{\text{f}}^{(n-1)}(r) = F\phi^{(n-1)} \\ Q_{\text{f}}^{(n)}(r) = \displaystyle\int_0^{E_{\max}}\int_{4\pi} \nu(r,E')\Sigma_{\text{f}}(r,E')\phi^{(n)}(r,E',\boldsymbol{\Omega}')\text{d}E'\text{d}\boldsymbol{\Omega}' \end{cases} \quad (4-165)$$

其中,$Q_{\text{f}}^{(n)}(r)$ 为裂变源的空间分布。

裂变源始终满足归一条件,即裂变源为一 p.d.f,初始中子位置 r_0 从裂变源空间分布中抽取,裂变中子能量统一从 ^{235}U 裂变谱 $\chi_{^{235}\text{U}}(E)$ 抽取 E_0,方向按各项同性处理,从 $1/(4\pi)$ 抽样出 (μ,ϕ),进而求出方向 $\boldsymbol{\Omega}_0$,初始中子权 $w=1$。这样就完成了裂变源初始中子状态参量 $(r_0,E_0,\boldsymbol{\Omega}_0,w)$ 的确定。由此求出 k_{eff}

$$\begin{aligned} k_{\text{eff}} &= \lim_{n\to\infty} \int_V Q_{\text{f}}^{(n)}(r)\text{d}r \Big/ \int_V Q_{\text{f}}^{(n-1)}(r)\text{d}r \\ &= \lim_{n\to\infty} \frac{\int_V \nu(r,E')\Sigma_{\text{f}}(r,E')\phi^{(n)}(r,E',\boldsymbol{\Omega}')\text{d}r\text{d}E'\text{d}\boldsymbol{\Omega}'}{\int_V \nu(r,E')\Sigma_{\text{f}}(r,E')\phi^{(n-1)}(r,E',\boldsymbol{\Omega}')\text{d}r\text{d}E'\text{d}\boldsymbol{\Omega}'} \end{aligned} \quad (4-166)$$

其中,V 为求解问题的几何定义域。

MC 计算 k_{eff} 并非采用相邻两代中子数之比,而是把迭代过程中每一活跃代的中子信息都用上,假定共迭代了 M 代,去掉前 n_1 非活跃代($n_1 < M$),然后用后 $M-n_1$ 代的统计平均作为 k_{eff} 的结果,即有

$$k_{\text{eff}} = \frac{1}{M-n_1} \sum_{n=n_1+1}^{M} k^{(n)} \quad (4-167)$$

这里,

$$k^{(n)} = \int_V \int_0^{E_{\max}} \int_{4\pi} \nu(r,E')\Sigma_{\text{f}}(r,E')\varphi^{(n)}(r,E',\boldsymbol{\Omega}')\text{d}r\text{d}E'\text{d}\boldsymbol{\Omega}' \quad (4-168)$$

依据通量的三种估计,得到 k_{eff} 的三种估计。

1. 碰撞估计

k_{eff} 的碰撞估计由各碰撞点的裂变中子期望数给出,即在每个碰撞点上给出 k_{eff} 的记录值

$$k_{\text{eff}}^{(c)} = \frac{1}{N}\sum_i w_i \left(\frac{\sum_k n_k \bar{\nu}_k \sigma_{f,k}}{\sum_k n_k \sigma_{t,k}} \right) \qquad (4-169)$$

这里,求和是针对发生碰撞几何块材料中的所有可裂变核 k;$\sigma_{x,k}(x=f,t)$ 为 k 核的微观截面;n_k 为 k 核的核子密度;$\bar{\nu}_k$ 是 k 核每次裂变释放出的平均中子数;w_i 为第 i 个中子发生碰撞时的中子权;N 是每次循环模拟跟踪的总中子数。

2. 吸收估计

(1)直接俘获。抽随机数 ξ,判断 $\xi < p_a$ 是否成立?成立意味着发生吸收反应,得到 k_{eff} 的吸收估计记录值为

$$k_{\text{eff}}^{(A)} = \frac{1}{N}\sum_i w_i \left(\frac{\bar{\nu}_k \sigma_{f,k}}{\sigma_{c,k}+\sigma_{f,k}} \right) \qquad (4-170)$$

这里,吸收概率 $p_a = \sigma_{a,k}/\sigma_{t,k} = (\sigma_{c,k}+\sigma_{f,k})/\sigma_{t,k}$;$\sigma_{a,k} = \sigma_{c,k}+\sigma_{f,k}$,$\sigma_{c,k}$ 为纯吸收截面。

(2)隐俘获。令 $w'_i = w_i [1-(\sigma_{c,k}+\sigma_{f,k})/\sigma_{t,k}]$,$k_{\text{eff}}$ 的吸收估计记录值为

$$k_{\text{eff}}^{(A)} = \frac{1}{N}\sum_i w'_i \left(\frac{\bar{\nu}_k \sigma_{f,k}}{\sigma_{c,k}+\sigma_{f,k}} \right) \qquad (4-171)$$

3. 径迹长度估计

依据通量的径迹长度估计,k_{eff} 的径迹长度估计则是相邻碰撞点之间给出的记录值

$$k_{\text{eff}}^{(TL)} = \frac{1}{N}\sum_i \rho_a w_i d \left(\sum_k n_k \bar{\nu}_k \sigma_{f,k} \right) = \frac{1}{N}\sum_i w_i d \left(\sum_k \bar{\nu}_k \Sigma_{f,k} \right) \qquad (4-172)$$

其中,ρ_a 为中子飞行穿过裂变区的原子密度;d 为中子穿过裂变区走过的径迹长度。

由于 k_{eff} 为系统量,空间尺度大,中子统计信息量大,因此,三种 MC 估计都易于收敛。所谓加速源迭代收敛算法,就是立足用较少的计算量,既能保证系统量 k_{eff} 算得准,同时又能算准系统中某些感兴趣的局部量。为此,近年发展了多种加速裂变源收敛的算法,比较之下,MCNP 程序推荐的算法是比较行之有效的[5],分两步计算实现。

(1)第一步:初始计算。

初始计算,迭代数足够多(推荐 $M=150$),每代中子数少取(推荐 $N=3000 \sim 5000$),目的是确保裂变源收敛,亦即 k_{eff} 收敛。

(2)第二步:续算。

在第一步基础上,追加一代临界计算,即共计算 $M+1$ 代,而这一代计算的中子数(即样本数)足够多(确保关心计数量收敛所需的粒子数)。

两步法被证明是加速裂变源收敛,且能保证系统内感兴趣局部统计量同步收

敛的最有效算法之一,可以取得事半功倍的效果。

4.8.3 裂变源归一处理

MC临界计算,需要迭代若干代(设为M),每代跟踪N个中子。由于裂变原因,到一代中子历史结束时,产生的裂变中子数为N',通常$N' \neq N$。需要把N'个中子按N个中子进行归一处理。由于源迭代时,从裂变源发出的中子,方向按各向同性处理,能量从Maxwell分布抽样产生,因此,裂变源仅存取中子的位置信息。

裂变源归一分以下两种情况处理。

1. 超临界情况

此时产生的中子数大于从源发出的中子数,即有$N' > N$,因此,只需保存前N个中子的位置$r_i (i=1,2,\cdots,N)$(其占用的存储空间最少),每个中子权按N统一归一为

$$w_j = w = \frac{1}{N} \sum_{i=1}^{N'} w'_i, \quad j=1,2,\cdots,N \tag{4-173}$$

2. 次临界情况

此时有$N' < N$,即产生的中子数少于从源发出的中子数,裂变源仅保存了N'个中子的位置$r_i (i=1,2,\cdots,N')$,需要补充$N-N'$个中子的位置信息。此时,可从原来N'个位置信息中,再补充前$N-N'$个中子的位置信息,这样就完成了N个中子位置信息的保存,需要说明的是在N个位置信息中,有$N-N'$个重复位置信息,即最后存储的中子位置信息为$r_i(i=1,2,\cdots,N',1,2,\cdots,N-N')$。源中子的初始权归一处理同超临界情况,即满足式(4-173)。

对于次临界情况,裂变源位置有重复信息,源属性变差,好在MC模拟时,初始位置虽然相同,但从源发出后,由于随机数不同,中子在系统中输运的轨迹也不同,这样就排除了相关性的因素。

4.8.4 中子迁移寿命计算

下面讨论非定常($d\phi/dt \neq 0$)输运方程中几个物理特征量的计算,考虑无外源情况($S(r,E,\boldsymbol{\Omega},t) = 0$),对中子输运方程两端关于空间$r$、能量$E'$、方向$\boldsymbol{\Omega}$、时间$t$积分,利用奥高公式$\boldsymbol{\Omega} \cdot \nabla \phi = \boldsymbol{\Omega} \cdot \boldsymbol{J}$,有

$$\int_V \int_0^{E_{\max}} \int_{4\pi} \int_0^\infty \nabla \cdot \boldsymbol{J} \, dr dE' d\boldsymbol{\Omega}' dt + \int_V \int_0^{E_{\max}} \int_{4\pi} \int_0^\infty \Sigma_t \phi \, dr dE' d\boldsymbol{\Omega}' dt$$
$$= \frac{1}{4\pi k_{\text{eff}}} \int_V \int_0^{E_{\max}} \int_{4\pi} \int_0^\infty \nu \Sigma_f \chi \phi \, dr dE' d\boldsymbol{\Omega}' dt + \int_V \int_0^{E_{\max}} \int_{4\pi} \int_0^\infty \Sigma_s \phi \, dr dE' d\boldsymbol{\Omega}' dt$$

$$(4-174)$$

将方程中的总截面和散射截面进一步展开为

$$\int_V \int_0^{E_{\max}} \int_{4\pi} \int_0^\infty \nabla \cdot J \mathrm{d}\boldsymbol{r} \mathrm{d}E' \mathrm{d}\boldsymbol{\Omega}' \mathrm{d}t + \int_V \int_0^{E_{\max}} \int_{4\pi} \int_0^\infty (\Sigma_c + \Sigma_f + \Sigma_{(n,2n)} + \Sigma_{(n,3n)} + \cdots) \phi \mathrm{d}\boldsymbol{r} \mathrm{d}E' \mathrm{d}\boldsymbol{\Omega}' \mathrm{d}t$$

$$= \frac{1}{4\pi k_{\mathrm{eff}}} \int_V \int_0^{E_{\max}} \int_{4\pi} \int_0^\infty \nu \Sigma_f \chi \phi \mathrm{d}\boldsymbol{r} \mathrm{d}E' \mathrm{d}\boldsymbol{\Omega}' \mathrm{d}t + \int_V \int_0^{E_{\max}} \int_{4\pi} \int_0^\infty (2\Sigma_{(n,2n)} + 3\Sigma_{(n,3n)} + \cdots) \phi \mathrm{d}\boldsymbol{r} \mathrm{d}E' \mathrm{d}\boldsymbol{\Omega}' \mathrm{d}t$$

$$(4-175)$$

其中，Σ_c 为纯吸收截面。

这是守恒形式的中子本征方程，方程左端为消失率，右端为产生率。定义瞬发中子寿命 τ 的计算公式如下：

$$\tau = \frac{\int_V \int_0^{E_{\max}} \int_{4\pi} \int_0^\infty N \mathrm{d}\boldsymbol{r} \mathrm{d}E' \mathrm{d}\boldsymbol{\Omega}' \mathrm{d}t}{\int_V \int_0^{E_{\max}} \int_{4\pi} \int_0^\infty \nabla \cdot J \mathrm{d}\boldsymbol{r} \mathrm{d}E' \mathrm{d}\boldsymbol{\Omega}' \mathrm{d}t + \int_V \int_0^{E_{\max}} \int_{4\pi} \int_0^\infty (\Sigma_c + \Sigma_f + \Sigma_{(n,2n)} + \Sigma_{(n,3n)} + \cdots) \phi \mathrm{d}\boldsymbol{r} \mathrm{d}E' \mathrm{d}\boldsymbol{\Omega}' \mathrm{d}t}$$

$$(4-176)$$

式中，N 为单位能量、单位立体角、单位体积下的中子数，满足关系

$$N(\boldsymbol{r}, E, \boldsymbol{\Omega}, t) = N_0(\boldsymbol{r}, E, \boldsymbol{\Omega}) \exp\left[\frac{(k_{\mathrm{eff}}-1)t}{\tau}\right] \quad (4-177)$$

其中，N_0 为初始中子数。

N 与中子角通量 ϕ 之间，满足 $N(\boldsymbol{r},E,\boldsymbol{\Omega},t)=\frac{1}{v}\phi(\boldsymbol{r},E,\boldsymbol{\Omega},t)$。把式（4-177）代入式（4-176）得到用通量 ϕ 表示的瞬发中子寿命为

$$\tau = \frac{\int_V \int_0^{E_{\max}} \int_{4\pi} \int_0^\infty \frac{\phi}{v} \mathrm{d}\boldsymbol{r} \mathrm{d}E' \mathrm{d}\boldsymbol{\Omega}' \mathrm{d}t}{\int_V \int_0^{E_{\max}} \int_{4\pi} \int_0^\infty \nabla \cdot J \mathrm{d}\boldsymbol{r} \mathrm{d}E' \mathrm{d}\boldsymbol{\Omega}' \mathrm{d}t + \int_V \int_0^{E_{\max}} \int_{4\pi} \int_0^\infty (\Sigma_c + \Sigma_f + \Sigma_{(n,2n)} + \Sigma_{(n,3n)} + \cdots) \phi \mathrm{d}\boldsymbol{r} \mathrm{d}E' \mathrm{d}\boldsymbol{\Omega}' \mathrm{d}t}$$

$$(4-178)$$

式（4-178）的分母即中子消失率。

中子迁移寿命定义为一个裂变中子从出生到死亡（包括被吸收、发生裂变或泄漏）的平均寿命，由中子通量的三种估计，得到中子迁移寿命 τ 的三种估计。

1. 碰撞估计

计数值为

$$\tau^{(C)} = \left[\frac{\sum_k n_k (\sigma_{c,k} + \sigma_{f,k})}{\sum_k n_k \sigma_{t,k}}\right] w \cdot t \quad (4-179)$$

其中，t 是中子到达碰撞点的时间。

2. 吸收估计

按直接俘获和隐俘获处理，分布给出相应的计数。

(1) 直接俘获

$$\tau^{(A)} = w \cdot t \tag{4-180}$$

其中，t 是中子到达碰撞点的时间。

(2) 隐俘获

$$\tau^{(A)} = \left(\frac{\sigma_{c,k} + \sigma_{f,k}}{\sigma_{t,k}}\right) w \cdot t \tag{4-181}$$

以上给出的中子迁移寿命估计公式的详细过程，可以参考 MCNP 程序手册及参考文献。

4.8.5 α 本征值计算

前面讨论了 k_{eff} 本征值计算，是建立在稳态系统下。如果系统随时间 t 变化，则考虑的本征值为 $\alpha(t)$，考虑有源非定常非齐次中子输运方程的求解。

将非定常中子输运方程写为如下算子形式：

$$\frac{1}{v}\frac{\partial \phi}{\partial t} = \widetilde{\boldsymbol{L}}\phi + \boldsymbol{F}\phi \tag{4-182}$$

其中，$\widetilde{\boldsymbol{L}} = \boldsymbol{L} - \boldsymbol{S}$ 为 Laplace 算子。

根据微分方程解的性质，式(4-182)的解由齐次方程

$$\frac{1}{v}\frac{\partial \phi}{\partial t} = \widetilde{\boldsymbol{L}}\phi \tag{4-183}$$

的通解和非齐次方程(4-182)的特解组成。

下面讨论式(4-183)的齐次方程的解。如果截面不随时间变化，按照常用的解线性齐次方程的分离变量法，中子角通量 ϕ 可以关于时间 t 作变量分离

$$\phi(\boldsymbol{r}, E, \boldsymbol{\Omega}, t) = \phi_\alpha(\boldsymbol{r}, E, \boldsymbol{\Omega}) T(t) \tag{4-184}$$

初始条件为 $T(t)|_{t=t_0} = T_0$。

将式(4-184)代入式(4-183)，得

$$\frac{\mathrm{d}T(t)}{\mathrm{d}t}\frac{1}{T(t)} = \frac{v\widetilde{\boldsymbol{L}}\phi_\alpha(\boldsymbol{r}, E, \boldsymbol{\Omega})}{\phi_\alpha(\boldsymbol{r}, E, \boldsymbol{\Omega})} \tag{4-185}$$

等式左端为时间 t 的函数，右端为状态 $(\boldsymbol{r}, E, \boldsymbol{\Omega})$ 的函数，与时间 t 无关，若两者相等，则必为常数，用 α 代表此常数。于是，式(4-185)变为两个独立方程

$$\frac{\mathrm{d}T(t)}{\mathrm{d}t} = \alpha T(t) \tag{4-186}$$

及

$$\widetilde{\boldsymbol{L}}\phi_\alpha = \frac{\alpha}{v}\varphi_\alpha \tag{4-187}$$

令

$$\varphi_\alpha \equiv \int_0^\infty e^{-\alpha t} \phi(\boldsymbol{r},E,\boldsymbol{\Omega},t) dt \tag{4-188}$$

取 $t=0$ 时的初始条件

$$\phi^0(\boldsymbol{r},E,\boldsymbol{\Omega}) = \phi(\boldsymbol{r},E,\boldsymbol{\Omega},0) \tag{4-189}$$

鉴于 φ_α 是复变数 α 的函数,在 α 的实部 $\text{Re }\alpha$ 足够大时,有

$$\int_0^\infty \frac{1}{v} \frac{\partial \phi}{\partial t} e^{-\alpha t} dt = -N^0(\boldsymbol{r},E,\boldsymbol{\Omega}) + \frac{\alpha}{v} \phi_\alpha \tag{4-190}$$

其中, $N^0(\boldsymbol{r},E,\boldsymbol{\Omega}) = \frac{1}{v} \phi^0(\boldsymbol{r},E,\boldsymbol{\Omega})$ 为初始中子密度。

于是,式(4-184)的 Laplace 变换结果如下:

$$N^0(\boldsymbol{r},E,\boldsymbol{\Omega}) = \left(\frac{\alpha}{v} - \widetilde{\boldsymbol{L}}\right) \phi_\alpha \tag{4-191}$$

或写为

$$\phi_\alpha = \left(\frac{\alpha}{v} - \widetilde{\boldsymbol{L}}\right)^{-1} N^0(\boldsymbol{r},E,\boldsymbol{\Omega}) \tag{4-192}$$

应用 Laplace 逆变换,式(4-184)的解为

$$\phi(\boldsymbol{r},E,\boldsymbol{\Omega},t) = \frac{1}{2\pi i} \int_{b-i\infty}^{b+i\infty} \left(\frac{\alpha}{v} - \widetilde{\boldsymbol{L}}\right)^{-1} N^0 e^{\alpha t} d\alpha \tag{4-193}$$

式中,b 是在复变数 α 平面上位于被积函数所有奇点右边的任一实常数,换言之,b 大于被积函数中任一奇点处 α 的实部。

在完成逆变换式(4-193)中的积分时,逆算符 $(\alpha/v - \widetilde{\boldsymbol{L}})^{-1}$ 的奇点是非常重要的,这些奇点将最终决定复变数的积分结果。可以预计方程(4-193)有如下形式解[1]:

$$\phi(\boldsymbol{r},E,\boldsymbol{\Omega},t) \propto \sum_{j=0} e^{\alpha_j t} \phi_{\alpha,j}(\boldsymbol{r},E,\boldsymbol{\Omega}) \tag{4-194}$$

式中,α_j 是相应于本征函数 $\phi_{\alpha,j}$ 的本征值,它们满足本征方程

$$\widetilde{\boldsymbol{L}} \phi_{\alpha,j} = \frac{\alpha_j}{v} \phi_{\alpha,j} \tag{4-195}$$

通常本征值 α_j 称为输运算符 $\widetilde{\boldsymbol{L}}$ 的谱,它们按实数部分的大小顺序排列,有 $\alpha_0 > \alpha_1 > \cdots > \alpha_n$,$\alpha_0$ 是输运算符 $\widetilde{\boldsymbol{L}}$ 的占优本征值,其中 α_1/α_0 称为占优比。如果研究的系统是有限大小的,那么,本征值 α_j 形成一个不连续集合。在贝尔-格拉斯敦的专著中指出[1],对于十分小的系统,没有分离本征值,不过,小到没有分离本征值的系统显然是次临界系统。早期很多学者从谱分析角度研究了 $\widetilde{\boldsymbol{L}}$ 的本征值和本征函数的存在性,最后得到方程(4-184)的通解表达式

$$\phi(\boldsymbol{r},E,\boldsymbol{\Omega},t) = \sum_{j=0}^n c_j \phi_{\alpha,j}(\boldsymbol{r},E,\boldsymbol{\Omega}) e^{\alpha_j t} \tag{4-196}$$

其中，c_j 为常数，α_j 满足 $\alpha_0 > \alpha_1 > \cdots > \alpha_n$。

当 t 充分大时，式(4-196)右端第一项之后的各项比起第一项要小得多，即有 $\alpha_0 \gg \alpha_1$，这时，式(4-196)可取主本征值一项近似方程的解，即有

$$\phi(\boldsymbol{r},E,\boldsymbol{\Omega},t) \approx c_0 \phi_{\alpha,0}(\boldsymbol{r},E,\boldsymbol{\Omega}) \mathrm{e}^{\alpha_0 t} \qquad (4-197)$$

此解可作为式(4-183)方程的近似解，它是无源齐次方程的近似解。

4.8.6 δ 吸收的应用

至于非齐次方程(4-183)的解，需要确定，当 $\partial \phi/\partial t = 0$ 时，下面方程是否存在否唯一解。

$$\widetilde{\boldsymbol{L}}\phi + \boldsymbol{F}\phi = 0 \qquad (4-198)$$

当然，$\partial \phi/\partial t = 0$ 意味着 ϕ 与时间 t 无关，即稳态系统。对于一个超临界系统，不可能有 $\partial \phi/\partial t \neq 0$ 的物理解，因为任何确定下来的通量都将按 $\mathrm{e}^{\alpha_0 t}$ 增长，其中 $\alpha_0 > 0$。对于任何给定源 $\boldsymbol{F}\phi$，在非增殖介质中可望获得一个与时间无关的解。计算实践证明，对于无源的临界系统，或者对于具有稳定源的次临界系统，中子输运方程均有与时间无关的唯一解[9]。

1. 本征值 $\{\alpha_i\}$ 及本征函数 $\{\phi_i\}$ 的计算

式(4-187)经过变换，得

$$\left[\boldsymbol{\Omega} \cdot \nabla + \left(\Sigma_t + \frac{\alpha}{v}\right)\right]\phi(\boldsymbol{r},E,\boldsymbol{\Omega}) = \int_0^{E_{\max}}\!\!\int_{4\pi} \Sigma_s(\boldsymbol{r},E',\boldsymbol{\Omega}' \to E,\boldsymbol{\Omega})v\phi(\boldsymbol{r},E',\boldsymbol{\Omega}')\mathrm{d}E'\mathrm{d}\boldsymbol{\Omega}' +$$
$$\frac{1}{4\pi}\int_0^{E_{\max}}\!\!\int_{4\pi} \nu(\boldsymbol{r},E')\Sigma_f(\boldsymbol{r},E')\chi(\boldsymbol{r},E' \to E)\phi(\boldsymbol{r},E',\boldsymbol{\Omega}')\mathrm{d}E'\mathrm{d}\boldsymbol{\Omega}'$$

$$(4-199)$$

称式(4-199)为中子输运方程的 α 本征值方程，系统 α 本征值用来描述系统中子场随时间的变化行为，当 $\alpha > 0$ 时，系统处于超临界状态；当 $\alpha < 0$ 时，系统处于次临界状态；当 $\alpha = 0$ 时，系统处于临界状态。

式(4-199)中的 α/v 项可视为附加吸收截面，可以虚拟地增大系统的吸收，使其达到临界；反之，对次临界系统，则通过减少吸收截面来调整，使其达到临界。因此，α 本征值的大小反映了系统偏离临界状态的尺度。k 本征值则是通过改变裂变释放出的中子数 ν，使其达到临界。

在求解次临界 α 本征值对应的本征函数时会遇到这种情况：$\alpha < 0$，在低能区，这时的中子速度 v 很小，$|\alpha/v|$ 很大，会出现 $\Sigma_t(\boldsymbol{r},E) + \alpha/v < 0$。一旦出现这种情况，就意味着截面和概率出负，这对 MC 模拟来说是不能接受的。但在含氢深次临界实验中，这种现象又的确存在。很长时间以来，这是摆在研究人员面前的一道难题。在人们的研究中，曾经尝试用 δ 吸收来解决这一难题，在某些情况下，δ 吸收是可以缓解求解问题的难度，但仍有一定的局限性。

2. 引入时间吸收的处理

引入系数 η（$0<\eta<1$），把式(4-199)改写为

$$[\boldsymbol{\Omega}\cdot\nabla+(\Sigma_\mathrm{t}-\eta|\alpha|/v)]\phi(\boldsymbol{r},E,\boldsymbol{\Omega})$$
$$=\int_0^{E_{\max}}\int_{4\pi}[\Sigma_\mathrm{s}(\boldsymbol{r},E',\boldsymbol{\Omega}'\to E,\boldsymbol{\Omega})+(1-\eta)(|\alpha|/v)\delta(E-E')\delta(\boldsymbol{\Omega}-\boldsymbol{\Omega}')]\phi(\boldsymbol{r},E',\boldsymbol{\Omega}')\mathrm{d}E'\mathrm{d}\boldsymbol{\Omega}'+$$
$$\frac{1}{4\pi}\int_0^{E_{\max}}\int_{4\pi}\nu(\boldsymbol{r},E')\Sigma_\mathrm{f}(\boldsymbol{r},E')\chi(\boldsymbol{r},E'\to E)\phi(\boldsymbol{r},E',\boldsymbol{\Omega}')\mathrm{d}E'\mathrm{d}\boldsymbol{\Omega}',\alpha<0,0\leqslant\eta\leqslant 1$$

(4-200)

即把方程左端导致吸收出负的一部分移至到方程右端，选取的 η 以满足 $\Sigma_\mathrm{t}-\eta|\alpha|/v$ 非负即可。式(4-200)与式(4-199)是等价的，与式(4-199)比较，式(4-200)相当于在原方程散射基础上，增加了一项 δ 散射。因此，散射由实际散射和 δ 散射组成，发生实际散射的概率为

$$p_\mathrm{s}=\frac{\Sigma_\mathrm{s}}{\Sigma_\mathrm{s}+(1-\eta)(|\alpha|/v)} \quad (4-201)$$

发生 δ 散射概率为

$$p_\delta=\frac{(1-\eta)(|\alpha|/v)}{\Sigma_\mathrm{s}+(1-\eta)(|\alpha|/v)} \quad (4-202)$$

若引入时间吸收后，$p_\delta\gg p_\mathrm{s}$，则 δ 散射占支配作用，由于 δ-散射中子能量不损失，故式(4-200)仍然无解。只有当 p_δ 与 p_s 都有发生的可能时，式(4-200)的改进处理才起作用，原方程由无解变为有解[10]。

3. k-α 迭代算法

在式(4-199)的裂变源项引入 k 本征值后变为

$$\left[\boldsymbol{\Omega}\cdot\nabla+\left(\Sigma_\mathrm{t}+\frac{\alpha}{v}\right)\right]\phi(\boldsymbol{r},E,\boldsymbol{\Omega})$$
$$=\int_0^{E_{\max}}\int_{4\pi}\Sigma_\mathrm{s}(\boldsymbol{r},E',\boldsymbol{\Omega}'\to E,\boldsymbol{\Omega})v\phi(\boldsymbol{r},E',\boldsymbol{\Omega}')\mathrm{d}E'\mathrm{d}\boldsymbol{\Omega}'+$$
$$\frac{1}{4\pi k}\int_0^{E_{\max}}\int_{4\pi}\nu(\boldsymbol{r},E')\Sigma_\mathrm{f}(\boldsymbol{r},E')\chi(\boldsymbol{r},E'\to E)\phi(\boldsymbol{r},E',\boldsymbol{\Omega}')\mathrm{d}E'\mathrm{d}\boldsymbol{\Omega}'$$

(4-203)

该方程与之前求 k_eff 本征值的方程的形式基本一样，只是泄漏项的总截面多了 α/v 项，在散射源项多了速度中子 v。这样之前计算 k_eff 本征值的办法可以用来计算 α 本征值，当 k 收敛到 1 时，对应的 α 值即为所求的本征值。目前 MCNP 程序计算 α 本征值，采用的就是 k-α 内外迭代求解。

必须指出，存在这样的情况，由 α 本征值给出的通量谱更接近实际情形，例如需要瞬时估计超临界或次临界系统的谱时，它们随时间变化接近指数形式。又例

如,把一个超临界系统用均匀添加 $1/v$ 吸收剂的办法变成临界系统,就属于这种情况。为了确定这些系统的积分参量(例如少群截面或动力学参量),应用 α 本征值解通量谱,不仅能给出参量的正确权重函数,而且能够正确确定反应率和空间功率分布。一般来说,处理高超临界或深次临界问题时,α 本征值较其他本征值总是更符合实际[10]。

对于临界系统,$\alpha=0$ 和 $k=1$ 是等价的,它们对应的本征方程是一致的。其他情况,α 与 k 本征值之间没有转换关系。目前计算 α 本征值的算法仍然不够成熟,仅考虑主本征值及本征函数一项作为问题的解是否合理,以及是否应该考虑更多项本征值及本征函数组成的解等均值得研究[11]。

4.9 响应泛函计算

从前面的讨论可知,输运问题的各种物理量均可通过通量响应得到,用泛函 I 表示为

$$I = \langle \phi, g \rangle = \int_G \phi(\boldsymbol{P}) g(\boldsymbol{P}) \mathrm{d}\boldsymbol{P} \tag{4-204}$$

泛函 I 包括:各种反应率、剂量率、反照率、沉积能、功率、探测器响应脉冲高度谱等。

确定论方法计算泛函 I,需要独立经过两步:①解输运方程求出通量 $\phi(\boldsymbol{P})$;②计算卷积积分得到泛函 I。由于需要存储角通量 $\phi(\boldsymbol{P})$ 的信息,通常需要较大的存储空间。相比之下,MC 计算泛函 I 一步到位,即在计算通量 ϕ 的同时,泛函 I 也计算了。这是 MC 方法的一大特点,特别适合燃耗方程求解。

下面给出常用几种物理量的计算统计式。

4.9.1 反应率

输运计算中,计算各种反应率很普遍,例如输运-燃耗耦合计算,反应率可表示为

$$R_i = \int \Sigma_i(\boldsymbol{r}, E) \phi(\boldsymbol{r}, E, \boldsymbol{\Omega}, t) \mathrm{d}\boldsymbol{r} \mathrm{d}E \mathrm{d}\boldsymbol{\Omega} \mathrm{d}t \tag{4-205}$$

其中,i 对应中子反应类型(即截面),如 t、el、in、(n,2n)、(n,3n)、(n,xf)、(n,f)、(n,n'f)、(n,2nf)、(n,n'p)、(n,n'd)、(n,n't)、(n,3nf)、(n,α)、(n,n')、(n,γ)、(n,p)、(n,d)、(n,t)、(n,^{3}He)等。其中燃耗计算的反应率均来自中子的吸收反应。

4.9.2 界面流

记录穿过某个界面 A 的粒子数份额,称为粒子流,用 J 表示。

$$J(\boldsymbol{r}) = \int_A \int_E \int_\Omega \int_t J(\boldsymbol{r},E,\boldsymbol{\Omega},t) \mathrm{d}\boldsymbol{r}\mathrm{d}E\mathrm{d}\boldsymbol{\Omega}\mathrm{d}t$$
$$= \int_A \int_E \int_\mu \int_t |\mu| \phi(\boldsymbol{r},E,\mu,t) A \mathrm{d}\boldsymbol{r}\mathrm{d}E\mathrm{d}\mu\mathrm{d}t$$

(4-206)

其中，
$$J(\boldsymbol{r},E,\boldsymbol{\Omega},t) = |\mu|\phi(\boldsymbol{r},E,t)A \quad (4-207)$$

为粒子穿过界面 A 的流，$\mu = \boldsymbol{\Omega} \cdot \boldsymbol{n}$，$\boldsymbol{n}$ 为 A 表面 $\boldsymbol{r}$ 点处的外法向单位矢量。

J 分流进(用 J^- 表示)和流出(用 J^+ 表示)，$\mu < 0$ 表示流进，$\mu > 0$ 表示流出。

4.9.3 沉积能

沉积能计算公式如下：
$$E = \frac{1}{V}\frac{\rho_a}{\rho_g}\int_V \int_E \int_\Omega \int_t H(E)\phi(\boldsymbol{r},E,\boldsymbol{\Omega},t)\mathrm{d}V\mathrm{d}E\mathrm{d}\boldsymbol{\Omega}\mathrm{d}t \quad (4-208)$$

其中，ρ_a 为原子密度(单位：10^{24} 个原子/cm^3)；ρ_g 为重量密度(单位：$\mathrm{g/cm}^3$)；$H(E)$ 为每次碰撞的平均放热量，对中子 $H(E) = 1.242 \times 10^{-3}$ MeV/g，对光子 $H(E) = 1.338 \times 10^{-3}$ MeV/g。

4.9.4 探测器响应

探测器响应-脉冲高度谱计算公式如下：
$$N(h) = \int_D \int_0^{E_{\max}} \int_\Omega \int_t R(E,h)\phi(\boldsymbol{r},E,\boldsymbol{\Omega},t)\mathrm{d}\boldsymbol{r}\mathrm{d}E\mathrm{d}\boldsymbol{\Omega}\mathrm{d}t \quad (4-209)$$

其中，h 为脉冲计数道(采用能量 MeV 单位)，$R(E,h)$ 为探测器响应函数。

关于探测器响应函数的计算，涉及光子-电子耦合输运计算，详见第 12 章介绍。除了上面提到的计数量外，泛函 I 还可以为 MC 计数关心的多种标识计数量。例如，探测器信号来源、粒子属性、反应道和反应类型等。标识信息其实是对实验测量信息的补充，通过解谱，获取一些微观信息，对改进仪器灵敏度设计，具有重要指导作用。

4.10 拉氏坐标下的中子输运方程

4.10.1 拉氏与欧氏坐标对应关系

考虑瞬态问题时，需要考虑问题系统随时间 t 的变化。对某些变化剧烈的场景，仅靠 Euler 坐标进行状态刻画，会存在某些不足。而采用 Language 运动坐标系刻画质点状态变化更容易，于是需要建立拉氏坐标下的中子输运方程，进而求解之。

Euler 坐标是取实验室的空间坐标 R 及时间 t 作为自变量，每一时刻、每一地点的流体规律由当时、当地的状态确定,而不问这个质点的原始状态。Lagrange 坐标,则以质点的初始位置 r 及时间 t 作自变量。目前,大多数问题采用欧氏坐标描述就够了,但模拟某些瞬态大变形问题时,人们发现采用 Euler 坐标描述质点运动,其为曲线,而采用 Lagrange 坐标描述质点运动,则为直线(如表 4-1 中的流线图)。如果粒子两次碰撞点之间的运动方向为曲线,则无论从哪个方面,都会增加模拟处理的难度。相反,在 Lagrange 坐标下,粒子两次碰撞之间方向为直线,则模拟就与之前讨论的静态模拟相同。表 4-1 给出 Euler 与 Lagrange 空间、时间对应关系。需要建立 Lagrange 坐标系下的中子输运方程。

表 4-1 Euler 与 Lagrange 空间、时间对应关系

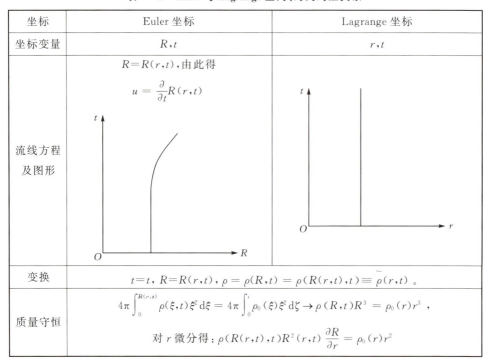

坐标	Euler 坐标	Lagrange 坐标
坐标变量	R, t	r, t
流线方程及图形	$R = R(r,t)$,由此得 $u = \dfrac{\partial}{\partial t} R(r,t)$	
变换	$t=t, R=R(r,t), \rho = \rho(R,t) = \rho(R(r,t),t) \equiv \tilde{\rho}(r,t)$ 。	
质量守恒	$4\pi \int_0^{R(r,t)} \rho(\xi,t) \xi^2 \mathrm{d}\xi = 4\pi \int_0^r \rho_0(\xi) \xi^2 \mathrm{d}\zeta \to \rho(R,t) R^3 = \rho_0(r) r^3$, 对 r 微分得:$\rho(R(r,t),t) R^2(r,t) \dfrac{\partial R}{\partial r} = \rho_0(r) r^2$	

4.10.2 拉氏坐标之中子输运方程

由表 4-1 得到质量守恒方程

$$\frac{\rho(R(r,t),t)}{\rho_0(r)} \frac{R^2(r,t)}{r^2} \frac{\partial R}{\partial r} = 1 \qquad (4-210)$$

其中,ρ 为 Euler 坐标下的中子密度,ρ_0 为 Lagrange 坐标下的中子密度。

质量守恒方程是连接 Euler 和 Lagrange 坐标系下中子输运方程的纽带。下面推导 Lagrange 坐标系下的一维球几何中子输运方程。

已知 Euler 坐标下的一维中子输运方程为

$$\frac{\partial N(R,E,\mu,t)}{\partial t} + \frac{\mu}{R^2}\frac{\partial(R^2 Nv)}{\partial R} + \frac{1}{R}\frac{\partial[(1-\mu^2)Nv]}{\partial\mu} = Q(R,E,\mu,t) - A(R,E,\mu,t)$$

(4-211)

其中，Q 为总源项，A 为吸收项。记

$$N(R,E,\mu,t) = N(R(r,t),E,\mu,t) \equiv \tilde{N}(r,E,\mu,t) \quad (4-212)$$

$N(R,E,\mu,t)$ 对时间 t 求全微商，有

$$\frac{\mathrm{D}N(R,E,\mu,t)}{\mathrm{D}t} = \frac{\mathrm{D}N(R(r,t),E,\mu,t)}{\mathrm{D}t} = \frac{\partial\tilde{N}(r,E,\mu,t)}{\partial t}$$

$$= \frac{\partial N(R,E,\mu,t)}{\partial t} + \frac{\partial R}{\partial t}\frac{\partial N(R,E,\mu,t)}{\partial R}$$

$$= \frac{\partial N(R,E,\mu,t)}{\partial t} + u\frac{\partial N(R,E,\mu,t)}{\partial R}$$

进而有

$$\frac{\partial N(R,E,\mu,t)}{\partial t} = \frac{\mathrm{D}N(R,E,\mu,t)}{\mathrm{D}t} - u\frac{\partial N(R,E,\mu,t)}{\partial R}$$

利用式(4-210)的质量守关系，有

$$\frac{1}{R^2}\frac{\partial}{\partial R}(R^2 u) = \rho\frac{\partial}{\partial t}\left(\frac{1}{\rho}\right) + \frac{\partial u}{\partial R} - u \quad (4-213)$$

由此得到

$$\frac{1}{R^2}\frac{\partial}{\partial R}(R^2\tilde{N}u) = u\frac{\partial\tilde{N}}{\partial R} + \frac{\tilde{N}}{R^2}\frac{\partial}{\partial R}(R^2 u) = u\frac{\partial\tilde{N}}{\partial R} + \tilde{N}\rho\frac{\partial}{\partial t}\left(\frac{1}{\rho}\right) + \left(\frac{\partial u}{\partial R} - u\right)\tilde{N}$$

进而有

$$u\frac{\partial\tilde{N}}{\partial R} = \frac{1}{R^2}\frac{\partial}{\partial R}(R^2\tilde{N}u) - \tilde{N}\rho\frac{\partial}{\partial t}\left(\frac{1}{\rho}\right) - \left(\frac{\partial u}{\partial R} - u\right)\tilde{N}$$

于是式(4-211)左边可以写成

$$\frac{\partial N}{\partial t} + \frac{\mu}{R^2}\frac{\partial(R^2 Nv)}{\partial R} + \frac{1}{R}\frac{\partial[(1-\mu^2)Nv]}{\partial\mu}$$

$$= \frac{\mathrm{D}N}{\mathrm{D}t} - u\frac{\partial N}{\partial R} + \frac{\mu}{R^2}\frac{\partial(R^2 Nv)}{\partial R} + \frac{1}{R}\frac{\partial[(1-\mu^2)Nv]}{\partial\mu}$$

$$= \frac{\mathrm{D}N}{\mathrm{D}t} + N\rho\frac{\partial}{\partial t}\left(\frac{1}{\rho}\right) - \frac{1}{R^2}\frac{\partial(R^2 Nu)}{\partial R} + \left(\frac{\partial u}{\partial R} - u\right)N + \frac{\mu}{R^2}\frac{\partial(R^2 Nv)}{\partial R} +$$

$$\frac{1}{R}\frac{\partial[(1-\mu^2)Nv]}{\partial\mu}$$

$$= \rho\frac{\mathrm{D}}{\mathrm{D}t}\left(\frac{N}{\rho}\right) + \frac{1}{R^2}\frac{\partial}{\partial R}[R^2 N(v\mu - u)] + \frac{1}{R}\frac{\partial[(1-\mu^2)Nv]}{\partial\mu} + \left(\frac{\partial u}{\partial R} - u\right)N$$

因此，中子输运方程可以写成

$$\rho \frac{D}{Dt}\left(\frac{N}{\rho}\right) + \frac{1}{R^2}\frac{\partial}{\partial R}[R^2 N(v\mu - u)] + \frac{1}{R}\frac{\partial[(1-\mu^2)Nv]}{\partial \mu} + \left(\frac{\partial u}{\partial R} - u\right)N$$
$$= Q(R, E, \mu, t) - A(R, E, \mu, t)$$

(4 - 214)

或

$$\rho \frac{\partial}{\partial t}\left(\frac{\widetilde{N}}{\widetilde{\rho}}\right) + \frac{1}{R^2}\frac{\partial}{\partial R}[R^2 \widetilde{N}(v\mu - u)] + \frac{1}{R}\frac{\partial[(1-\mu^2)\widetilde{N}v]}{\partial \mu} + \left(\frac{\partial u}{\partial R} - u\right)\widetilde{N}$$
$$= \widetilde{Q}(r, E, \mu, t) - \widetilde{A}(r, E, \mu, t)$$

(4 - 215)

式(4-214)、(4-215)均为 Lagrange 坐标下的中子输运方程。把式(4-215)写成通量形式，有

$$\frac{\rho}{v}\frac{\partial}{\partial t}\left(\frac{\widetilde{\phi}}{\widetilde{\rho}}\right) + \frac{1}{R^2}\frac{\partial}{\partial r}\left[R^2 \widetilde{\phi}\left(\mu - \frac{u}{v}\right)\right] + \frac{1}{R}\frac{\partial[(1-\mu^2)\widetilde{\phi}]}{\partial \mu} + \left(\frac{\partial u}{\partial R} - u\right)\frac{\widetilde{\phi}}{v}$$
$$= \widetilde{Q}(r, E, \mu, t) - \widetilde{A}(r, E, \mu, t)$$

(4 - 216)

研究表明，对某些特定大变形问题，采用 Lagrange 运动坐标刻画粒子在介质中的运动，比用 Euler 坐标描述更直观容易一些。因此，了解 Lagrange 坐标系下的中子输运方程求解，对加深中子输运理论的更深入认识是有益的。目前，发展 Euler 与 Lagrange 耦合的 ALE 算法正成为流体力学方程组与中子输运耦合计算的热门研究课题。

4.11 瞬态计算

核武器和反应堆事故工况下会涉及瞬态计算，即系统状态随时间 t 变化。反映在输运问题求解上，即 $\frac{\partial \phi}{\partial t} \neq 0$，此时，分两种情况：

(1) r 不随时间 t 变化。

如果 r 不随时间 t 变化，则问题仅属于非定常范畴，中子的时间行为主要来自源，即源随时间 t 变化，典型即为脉冲源发射。反应堆在正常工况下，时间行为主要来自燃耗引起的核子密度 n_i 的变化和热工水力引起的温度 T 变化，但正常工况下，每个燃耗步长的时间以天计算，因此，本质上可按稳态考虑。

(2) r 随时间 t 变化。

即 $r = r(t)$，这属于典型的瞬态中子输运计算范畴，这种情况通常发生在核武器动作过程和反应堆事故状态。

瞬态中子输运问题求解，通常也是对时间变量 t 进行离散，把时间区间离散成 n 个子区间 $[t_{i-1}, t_i]$, $i=1,\cdots,n$，在每个时间子区间 $[t_{i-1}, t_i]$ 上，中子按稳态（定常）处理，时间子区间间隔可以不等分，视物理变化平稳、剧烈程度而定。图 4-15 给出一个示意图。

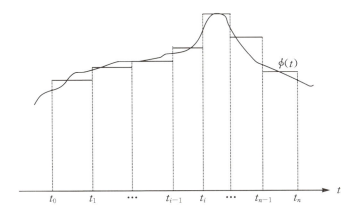

图 4-15　瞬态问题的时间 t 离散

对于反应堆极端事故工况的模拟，中子输运方程需要与燃耗-燃料-热工水力方程组耦合求解，燃料肿胀会有几何 r、材料 n_i 随时间 t 的变化。核爆过程情况更加复杂，除了考虑中子 v 的运动外，还需要考虑流体 u 的运动。

4.12　小结

粒子在相空间中的运动遵循马尔可夫过程，相应粒子的轨迹在相空间中的概率分布，完全被粒子在初始时刻的状态与转移概率所决定。而转移概率又由周围介质的特性，如介质成分、反应截面、散射规律等决定。因此，构造一个 N 条随机轨迹或游动链的马氏随机过程：$\Gamma_1, \Gamma_2, \cdots, \Gamma_N$，通过设法寻找定义在随机轨迹上的随机变量 η 的均值

$$\hat{I} = \frac{1}{N} \sum_{i=1}^{N} \eta(\Gamma_i)$$

以此作为泛函 I 的近似值，$\hat{I}$ 称为 I 的一个无偏估计量，即满足 $E(\hat{I}) = I$。

由于中子输运方程采用源迭代求解，每次迭代过程均需要计算关于空间 r、能量 E、方向 Ω 的积分，不管是确定论方法还是 MC 方法，其计算量都是可观的。特别对裂变-聚变增殖系统问题，中子链长的增加，给方程求解带来巨大的存储和计算压力。确定论求解诞生了若干求解 Boltzmann 方程的近似方法，其实都是在不同时期，受计算条件限制下发展的。

本章讨论了中子通量密度的多种估计方法,过程看似复杂,其实把问题进行分解,逐一理解就不难了。总结一下求解过程:①计算中子发射密度 Q,其解就是中子权重 w 衰减的叠加之和;②中子通量密度 ϕ,它是发射密度 Q 的响应量,中子通量随发射密度 Q 呈负指数 $e^{-\tau}$ 衰减,而 $e^{-\tau}$ 正好是径迹长度 ζ 的数学期望。

参考文献

[1] 贝尔 G I,格拉斯登 S. 核反应堆理论[M]. 北京:原子能出版社,1979.

[2] LUX I,KOBLINGER L. Monte Carlo particle transport methods:neutron and photon calculations[M]. Boca Raton:CRC Press,1991.

[3] CARTER L L,CASHWELL E D. Particle transport simulation with the Monte Carlo methods,ERDA critical review series:TID-26607[R]. New Mexico:Los Alamos National Laboratory,1975.

[4] KALLI H J,CASHWELL E D. Evaluation of three Monte Carlo estimation schemes for flux at a point:LA-6865-MS[R]. New Mexico:Los Alamos National Laboratory,1977.

[5] BRIESMEISTER J F. MCNP:a general Monte Carlo code for N-particle transport code:LA-12625-M[R]. New Mexico:Los Alamos National Laboratory,1997.

[6] EMMETT M B. MORSE-CGA:a Monte Carlo radiation transport code with array geometry capability:ORNL-6174[R]. US:Oak Ridge National Laboratory,1985.

[7] STEWART J E. A general point-on-a-ring detector[J]. Transactions of the American nuclear society,1978,28:643.

[8] SPANIER J,GELBARD E M. Monte Carlo principles and neutron transport problems[M]. Boston:Addison-Wesley,1969.

[9] 杜书华,张树发,冯庭桂,等. 输运问题的计算机模拟[M]. 长沙:湖南科学技术出版社,1989.

[10] BROWN F. Advanced Monte Carlo for reactor physics core analysis:LA-UR-13-20397[C]. Knoxville:PHYSOR2012-Monte Carlo workshop,2012.

>>> 第 5 章 中子光子核反应过程

对中子输运方程求解，其过程由输运和碰撞两部分组成，输运归类为数学过程，而碰撞则归类为物理过程。数学过程已在第 4 章讨论过了，物理过程为中子与核发生碰撞后引起的各种核反应过程，涉及截面，由截面确定中子/光子发生各种反应的概率。依据这些概率，抽样确定中子发生何种反应，进而确定碰撞后的出射中子的能量和方向。本章讨论此物理过程。

5.1 截 面

中子和各种物质相互作用的核反应涉及的微观截面和有关参数，统称为核数据，它是核科学过程技术研究设计必须的基本参数。为了提高核设计数值模拟的精度，除了计算方法具有较高置信度外，很重要的环节就是提高基础核数据库的置信度。一直以来，核科学领域都是在基础数据库和计算方法两个方向平行向前推进的。

5.1.1 宏观与微观截面

Boltzmann 输运方程中，涉及宏观总截面 Σ_t 和宏观散射截面 Σ_s，裂变源还涉及裂变截面 Σ_f。截面是输运问题求解中，一个重要的基本参量，求解中视为已知量，它的精度对数值模拟结果的精度影响甚大。因此，截面参数库制作与检验，历来是国际上重点关注的领域。今天的核工程计算科学离不开精密的核数据。其中，中子是所有粒子中核反应过程最复杂，人们研究最多的一种粒子。因此，讨论重点放在中子输运方程求解中涉及的截面及核反应上。

输运方程求解中涉及的是宏观截面，而基础数据库提供的是微观截面，两者之间存在转换关系。通常用 Σ 表示宏观截面，用 σ 表示微观截面。微观截面 σ 的量纲采用面积单位，用 barn 度量，1 barn $= 10^{-24}$ cm^2。宏观截面 Σ 的量纲为 cm^{-1}，原子密度的量纲为 10^{24} 原子数 cm^{-3}。

宏观截面与微观截面之间满足关系

$$\Sigma_x(\boldsymbol{r},E) = \sum_i N_i \sigma_{x,i}(\boldsymbol{r},E) \tag{5-1}$$

其中，$\sigma_{x,i}$ 为第 i 种核(后面简称 i 核)的微观反应截面(对中子 x=t,a,s,f 分别表示总截面、吸收截面、散射截面和裂变截面，对光子 x=Com,pp,pe 分别表示 Compton(康普顿)散射、对产生和光电吸收)；N_i 为混合物物质中 i 核的核子数目或原子密度。

对不同物质，N_i 有不同的计算方法。对于混合物，设混合物的密度为 ρ(重量密度单位为 g/cm³ 或原子密度，第 i 种核在混合物中的重量百分比为 n_i，i 核的原子量为 A_i，则它在单位混合物体积中的核数为

$$N_i = \rho N_0 n_i / A_i \quad (原子数 /\text{cm}^3) \tag{5-2}$$

对于化合物，设化合物的分子量为 M，密度为 ρ，化合物分子中 i 核的原子数目为 n_i，则

$$N_i = \rho N_0 n_i / M \tag{5-3}$$

其中，N_0 为阿伏伽德罗常数，$N_0 = 0.6022045 \times 10^{24}$ 原子数/mol。

根据第 4 章平均自由程 τ 的定义

$$\begin{aligned} \tau = E(x) &= \int_0^\infty x p(x) \mathrm{d}x \\ &= \int_0^\infty x \mathrm{e}^{-\Sigma_t x} \mathrm{d}x = 1/\Sigma_t \end{aligned} \tag{5-4}$$

其中，$p(x) = \mathrm{e}^{-\Sigma_t x}$ 为粒子相互作用 p.d.f.。即宏观总截面 Σ_t 也是表征粒子在单位体积内、单位自由程中发生相互作用的概率大小的一种度量。

5.1.2 中子微观截面

中子微观总截面 $\sigma_t(E)$ 可表示为各分截面之和，即有

$$\sigma_t(E) = \sigma_a(E) + \sigma_s(E) \tag{5-5}$$

其中，σ_a 为吸收截面；σ_s 为散射截面。

相应吸收截面 σ_a 可表为

$$\sigma_a(E) = \sigma_c(E) + \sigma_f(E) \tag{5-6}$$

其中，σ_c 为俘获截面；σ_f 为裂变截面(仅对可裂变核 $\sigma_f \neq 0$，对非裂变核 $\sigma_f = 0$)。

式(5-6)解释了所谓的裂变当吸收处理之含义。进一步，微观散射截面 σ_s 按反应律可展开为

$$\sigma_s(E) = \sigma_{el}(E) + \sigma_{in}(E) + \sigma_{2n}(E) + \sigma_{3n}(E) \tag{5-7}$$

其中，el 为弹性散射；in 为非弹性散射；2n,3n 为产中子反应。

通常非弹(n,n)、(n,xn)(x=2,3)反应发生在高能区，(n,n′)弹性散射发生在

低能区。

吸收截面 $\sigma_a(E)$ 还可进一步展开为各分截面之和

$$\sigma_a = \sigma_{(n,\gamma)} + \sigma_{(n,f)} + \sigma_{(n,p)} + \sigma_{(n,\alpha)} + \sigma_{(n,d)} + \sigma_{(n,t)} + \sigma_{(n,^3He)} + \cdots \quad (5-8)$$

其中,(n,f) 反应发生后,当前中子被吸收,但同时放出 $\nu(E)$ 个中子和 $\bar{\nu}$ 个光子($\bar{\nu} \approx 7$)。

$$\sigma_c = \sigma_{(n,\gamma)} + \sigma_{(n,p)} + \sigma_{(n,\alpha)} + \sigma_{(n,d)} + \sigma_{(n,t)} + \sigma_{(n,^3He)} + \cdots \quad (5-9)$$

其中,(n,γ) 反应放出一个俘获光子;(n,p)、(n,α) 为负荷粒子产生反应道,其他反应道主要用于响应计算。

在输运方程求解中,仅 σ_c、σ_f、σ_{el}、σ_{in}、σ_{2n}、σ_{3n} 反应参与输运计算,其他反应截面用于响应计算。

5.1.3　光子微观截面

与中子微观截面相对应,光子截面定义为

$$\sigma_a(E) = \sigma_{pe}(E) \quad (5-10)$$

$$\sigma_s(E) = \sigma_{Com}(E) + \sigma_{Tom}(E) + \sigma_{pp}(E) \quad (5-11)$$

其中,pe 为光电吸收反应;Com 为 Compton(康普顿)散射反应;Tom 为 Thomson(汤普森)散射反应;pp 为对产生反应。

光子输运分简单物理处理和详细物理处理,对简单物理处理,考虑 pe、pp、Com 三种反应就够了;对详细物理处理,需要考虑 pe、pp、Com、Tom 四种反应。后面讨论光子碰撞反应道时会详细介绍。

截面的内容很丰富,上面仅给出了中子、光子截面组成,本章后几节还会讨论电子的各种截面及反应,截面随能量 E(严格讲还有温度 T)的变化特征。

5.1.4　连续点截面格式

连续能量点截面简称点截面,数据格式一般是把整个入射粒子的能量范围分成 N 个能量点,每个对应能量点都有相应的截面值。

$$\begin{cases} 能量:E_1, E_2, \cdots, E_N \\ 截面:\sigma_1, \sigma_2, \cdots, \sigma_N \end{cases} \quad (5-12)$$

当粒子能量 E 等于某个能量点 E_k 时,就直接使用对应的截面值 $\sigma_k, k=1, 2, \cdots, N$;而当粒子能量 E 落入某个能量区间 $[E_k, E_{k+1}]$ 时,则截面值需要通过 $[\sigma_k, \sigma_{k+1}]$ 插值得到,插值方式有 4 种:①线性-线性插值;②对数-对数插值;③线性-对数插值;④对数-线性插值等。通过上述方式,可以计算出处于反应能量范围内的实际能量对应的截面值。因此,点截面又称为连续能量截面。

点截面实际上就是对真实能谱的分段拟合。当 N 很大时,拟合程度非常高,特别是共振区,可以非常精确地计算出能谱来,如 ^{238}U 核素的总截面,10^{-5} eV～

20 MeV整个能量范围共有219443个能量分点,对真实截面曲线逼近的程度非常高。

截面数据(包括整个共振区在内),都是点截面形式,使用的截面考虑了特定评价库中所有反应的处理,中子能量范围为 10^{-5} eV～20 MeV(当中子能量≥20 MeV时,将按 20 MeV 的截面处理;当中子能量≤10^{-5} eV 时,按 10^{-5} eV 的截面处理);光子能量范围为 1 eV～100 GeV;电子能量范围为 10 eV～1 GeV。

5.2 中子与物质相互作用

5.2.1 中子基本特征

各种不同的中子相互作用,可以按照三种不同机理中的一种或几种发生,这三种不同的机理分别为:①复合核的形成;②势散射(或称形状散射);③直接相互作用。在复合核的形成过程中,入射中子被核吸收,形成一种叫做复合核的系统。如果靶核是 Z^A,形成的复合核是 Z^A+1。如果放出来的核子是一个中子,而剩余核 Z^A 重新回到基态,则称这个过程为复合弹性散射,有时也称为共振弹性散射;如果放出中子后,剩余核处于激发态,则称这个过程为复合核非弹性散射或称为共振非弹性散射。

当两个核粒子(如两个核或者一个核和一个核子)相互作用,产生两个或更多个核粒子或 γ 辐射时,就说发生了核反应。对 $a+b \to c+d$ 这样的核反应,按照 $E=mc^2$ 关系(这里 m 为中子的质量,c 为光速),其动能改变为

$$(E_c+E_d)-(E_a+E_b)=[(m_c+m_d)-(m_a+m_b)]c^2 \quad (5-13)$$

定义反应热 Q 为

$$Q=[(m_c+m_d)-(m_a+m_b)]c^2 \quad (5-14)$$

若 $Q>0$,则粒子的动能是净增的,称这种反应为放热反应;若 $Q<0$,则粒子的动能是净减的,称这种反应为吸热反应。

中子按能量可分为热中子($E<1$ eV)、超热中子($1 \text{ eV} \leqslant E<0.1 \text{ MeV}$)和快中子($E \geqslant 0.1$ MeV)。此外还有冷中子(它比热中子能量更低)、慢中子($E<1$ keV)和中能中子($1 \text{ keV} \leqslant E<0.5 \text{ MeV}$)。具有单一能量的中子称为单能中子或称单色中子,具有连续能量分布的中子称为连续谱中子,标准热中子速度为 2.2×10^5 cm/s。

中子源的半衰期:设同位素源出厂时的强度为 Q_0,经时间 t 后的强度减少为

$$Q=Q_0 \exp\left[-\frac{0.639}{(T_1/2)}t\right] \quad (5-15)$$

其中,$T_1/2$ 为半衰期。

同位素中子源是核探测中普遍使用的中子源,常用的有 $^{241}\text{Am}^9\text{Be}$ 中子源,具

有伴生γ强度低和半衰期长等优点,在放射性测井中使用。其他中子源还包括 ^{60}Co、^{252}Cf、散裂中子源等。中子源在材料性能测试中有重要作用,开展中子源制备及应用研究也是中子物理学研究的一个方向。

原子核按质量数 A 大小可分为轻核($A<30$)、中等核($30 \leqslant A \leqslant 90$)和重核($A>90$)。中子与原子核相互作用有散射和吸收两类。其中散射包括弹性散射(n,n)和非弹性散射(n,n')。吸收包括辐射俘获(n,γ)、裂变(n,f)、(n,α)、(n,p)、(n,d)等。表 5-1 给出中子与各种质量数核发生核反应的特性[1]。

表 5-1 中子与各种质量数核发生核反应的特性

原子序数	热中子(0~1 eV)	超热中子 (1 eV~0.1 MeV)	快中子 (0.1~10 MeV)
轻核($A<30$)	(n,n)	(n,n)、(n,p)	(n,n)、(n,p)、(n,α)
中等核($30 \leqslant A \leqslant 90$)	(n,n)、(n,γ)	(n,n)、(n,γ)*	(n,n)、(n,n')、(n,p)、(n,α)
重核($A>90$)	(n,n)*、(n,γ)	(n,n)、(n,γ)*	(n,n)、(n,n')、(n,p)、(n,γ)

注: * 号表示有共振。

5.2.2 热化处理

当中子能量 $E<4$ eV 时,按 $S(\alpha,\beta)$ 热化模式处理,需要考虑化学束缚和晶格效应。目前最新评价数据库中只提供了 20 个核素的热化截面,分别是金属铍、苯、氧化铍、正氕、仲氕、石墨、锆化氢中的氢核、正氘、重氘、重水中的氘核、液态甲烷的氢核、轻水中的氢核、聚乙烯中的氢核、固体甲烷中的氢核和锆化氢中的锆核。

当中子能量 $E \geqslant 4$ eV 时,按自由气体模式处理,需要考虑原子的热运动。此时,中子弹性散射截面要基于零温截面进行放大修正,其修正因子为

$$F = \left(1 + \frac{0.5}{a^2}\right)\mathrm{erf}(a) + \frac{\mathrm{e}^{-a^2}}{a\sqrt{\pi}} \tag{5-16}$$

其中,$a = \sqrt{\dfrac{aE}{kT}}$;$E$ 为中子能量;T 为温度。

当 $a \geqslant 2$ 时,F 可近似取 $F \approx 1 + 0.5/a^2$;当 $a<2$ 时,F 可通过线性插值得到。这种处理适合非裂变核,对裂变核,基于"零"温截面的多温截面在线 Doppler 展宽,需要更精细的拟合插值计算(后面 5.4 节介绍)。

5.2.3 弹性散射

若中子与核作用后,其同位素成分和内能都没有发生变化,称这个过程为弹性散射,用(n,n)表示。对于中子的弹性散射,出射中子的能量和方向都要发生变化。当入射中子能量小于 0.1 MeV 时,按各向同性处理,当能量高于 1 MeV 时,散射

显著呈现各向异性特征,特别是轻核,更是如此。在描述中子运动的过程中,引入了质心系的概念,为了有利于下面的讨论,简单地对质心系进行介绍。如果用相对于相互作用的粒子的质心是静止的坐标系来描述中子与靶核的相互作用,则中子相互作用的运动学的计算将大为简化,这种坐标系称为质心系,用 c 表示。有关质心系(c)与实验室系(L)之间的关系的描述可参考文献[2]。

散射中子的能量、方向分布,通常有几种不同形式,下面进行讨论。

(1)给定质心系 c 下的角分布

$$f_{el}(E',\boldsymbol{\Omega}' \to E,\boldsymbol{\Omega}) = \frac{1}{2\pi} f_c(\mu_c) \delta\left[E - E' \frac{1+A^2+2A\mu_c}{(A+1)^2}\right] \quad (5-17)$$

从 $f_c(\mu_c)$ 抽出质心系下散射角余弦 μ_c,如果在 c 系中散射是各向同性的,则

$$f_c(\mu_c) = \frac{\sigma_{el}(\mu_c|E')}{\sigma_{el}(E')} = \frac{1}{2}, \quad -1 \leqslant \mu_c \leqslant 1 \quad (5-18)$$

直接抽样得 $\mu_c = 2\xi_1 - 1$,ξ_1 为任一随机数。转换为实验室系下的散射角余弦为

$$\mu_L = \frac{1+A\mu_c}{\sqrt{1+A^2+2A\mu_c}} \quad (5-19)$$

方位角 φ 服从均匀分布 $f_\varphi(\varphi) = \frac{1}{2\pi}$,直接抽样得 $\varphi = 2\pi\xi_2$,ξ_2 为任一随机数。由此可以定出散射后中子出射方向 $\boldsymbol{\Omega} = (u,v,w)$,它与入射中子方向 $\boldsymbol{\Omega}' = (u', v', w')$ 之间满足如下关系。

(1)若 $|w'| \neq 1$,则

$$\begin{cases} u = \mu_L u' + \dfrac{\cos\varphi \sqrt{1-\mu_L^2}\, u'w' - \sin\varphi \sqrt{1-\mu_L^2}\, v'}{\sqrt{1-w'^2}} \\ v = \mu_L v' + \dfrac{\cos\varphi \sqrt{1-\mu_L^2}\, v'w' + \sin\varphi \sqrt{1-\mu_L^2}\, u'}{\sqrt{1-w'^2}} \\ w = \mu_L w' - \cos\varphi \sqrt{1-\mu_L^2} \cdot \sqrt{1-w'^2} \end{cases} \quad (5-20)$$

(2)若 $|w'| = 1$,则

$$\begin{cases} u = \sqrt{1-\mu_L^2}\cos\varphi \\ v = \sqrt{1-\mu_L^2}\sin\varphi \\ w = \mu_L \end{cases} \quad (5-21)$$

利用入射中子能量 E' 和质心系下散射角余弦 μ_c,可以得到散射后中子的能量为

$$E = E' \frac{1+A^2+2A\mu_c}{(A+1)^2} = E' \frac{(1+\alpha)+(1-\alpha)\mu_c}{2} \quad (5-22)$$

其中，$\alpha = \left(\dfrac{A-1}{A+1}\right)^2$。

可以看出，散射中子的角度和能量是可以互相转换的，其中求散射后中子出射方向用到的是实验室系下的散射极角余弦 μ_L，求出射中子能量使用的是质心系下的散射极角余弦 μ_c。

(2) 给定实验系 L 下的角分布

$$f_{el}(E', \boldsymbol{\Omega}' \to E, \boldsymbol{\Omega}) = \frac{1}{2\pi} f(\mu_L) \delta\left\{ E - E' \left[\frac{\sqrt{\mu_L^2 + A^2 + 1} + \mu_L}{(A+1)^2} \right]^2 \right\} \tag{5-23}$$

其中，

$$f(\mu_L) = \frac{\sigma_{el}(\mu_L | E')}{\sigma_{el}(E')}, \quad -1 \leqslant \mu_L \leqslant 1 \tag{5-24}$$

角分布 $f(\mu_L)$ 通常以勒让德（Legendre）多项式为基函数，按级数展开为

$$f(\mu_L) = \sum_{l=1}^{\infty} \frac{2l+1}{2} f_l P_l(\mu_L), \quad -1 \leqslant \mu \leqslant 1 \tag{5-25}$$

其中，$P_l(\mu_L)$ 为 l 阶勒让德多项式；f_l 为勒让德展开系数（有关 Legendre 多项式满足的递推关系及特点，见附录 2 介绍）。

5.2.4 非弹性散射

核与中子作用后，核的成分虽未改变，但却处于激发态，这个过程称为非弹性散射，用 (n, n') 表示。在非弹性散射中，中子被靶核吸收形成复合核，然后放出一个能量较低的中子，而靶核停留在激发态中，故中子动能的一部分转换成了靶核的内能。

(1) 离散能级情况。

假定能量为 E' 的入射中子，激发核可以处于 J 个能级之一，相应激发能为 $\varepsilon_j (j = 1, 2, \cdots, J)$，则其能量、方向转移分布为

$$f_{in}(E', \boldsymbol{\Omega}' \to E, \boldsymbol{\Omega} | r) = \sum_{j=1}^{J} \frac{\sigma_{in}^{(j)}(E')}{\sigma_{in}(E')} f_{in}^{(j)}(E', \boldsymbol{\Omega}' \to E, \boldsymbol{\Omega}) \tag{5-26}$$

其中，$\sigma_{in}(E') = \sum\limits_{j=1}^{J} \sigma_{in}^{(j)}(E')$，$\sigma_{in}^{(j)}(E')$ 表示第 j 个能级的非弹性散射微分截面，称 $\sigma_{in}^{(j)}(E') / \sigma_{in}(E')$ 为第 j 个能级的非弹性散射分支比，进一步有

$$f_{in}^{(j)}(E', \boldsymbol{\Omega}' \to E, \boldsymbol{\Omega}) = \frac{1}{2\pi} f_j(\mu_c) \delta\left[E - E' \frac{1 + A_j^2 + 2A_j \mu_c}{(A+1)^2} \right] \tag{5-27}$$

其中，

$$A_j = A \sqrt{1 - \frac{(A+1)\varepsilon_j}{AE'}} \tag{5-28}$$

根据式(5-26),抽样方案如下:

① 从 $\sigma_{\text{in}}^{(j)}(E')/\sigma_{\text{in}}(E')$ 抽样确定一个 $j(j\leqslant J)$,j 即为发生激发反应的核;

② 从对应 j 的角分布 $f_j(\mu_c)$ 抽出质心系下的方向余弦 μ_c;

③ 由 μ_c 的值得到出射中子能量 E 和实验室方向余弦 μ_L。

$$\begin{cases} E = E'\dfrac{1+A_j^2+2A_j\mu_c}{(A+1)^2} \\ \mu_L = \boldsymbol{\Omega}'\cdot\boldsymbol{\Omega} = \dfrac{1+A_j\mu_c}{\sqrt{1+A_j^2+2A_j\mu_c}} \end{cases} \tag{5-29}$$

④ 直接抽样得到方位角的抽样值 $\varphi = 2\pi\xi$,ξ 为任一随机数。

类似式(5-20)、式(5-21)的处理,易得散射后的中子方向 $\boldsymbol{\Omega}=(u,v,w)$。

(2) 连续能级情况。

此时有

$$f_{\text{in}}(E',\boldsymbol{\Omega}'\to E,\boldsymbol{\Omega}|r) = \frac{f_{\text{in}}(E'\to E)}{4\pi} \tag{5-30}$$

其中,

$$f_{\text{in}}(E'\to E) = K_{\text{in}}E\text{e}^{-\frac{E}{T}}, \quad 0 < E < E' \tag{5-31}$$

为能量分布;K_{in} 为归一化系数;T 为谱型系数,它与入射中子能量 E' 有关。方向服从各向同性分布。

非弹性散射过程比较复杂,涉及若干法则(law),这里仅列出了部分内容,有关 law 的分类,可参考 MCNP 程序手册介绍[3-4]。

5.2.5 裂变反应

当中子与某些重核发生碰撞时,核会分裂成两个大的碎片,同时释放出大量能量,称此过程为裂变过程,用(n, f)表示。输运处理中习惯把裂变反应归入吸收反应,即所谓的裂变当吸收处理。每次裂变发生后,当前中子被吸收,但要放出 $\nu(E')$ 个中子(一般快群 $\bar{\nu}=2.54$,热群 $\bar{\nu}=2.43$),当裂变核 i 确定后,裂变中子能量、方向服从下列分布

$$f_i(E',\boldsymbol{\Omega}'\to E,\boldsymbol{\Omega}) = \frac{\chi_i(E'\to E)}{4\pi} \tag{5-32}$$

其中,i 为发生碰撞的裂变核;$\chi_i(E'\to E)$ 为对应的裂变谱。

研究表明,不同裂变核的裂变谱差异很小,而 ^{235}U 裂变谱研究得最多,知道得最清楚。因此,模拟中习惯把 ^{235}U 裂变谱作为标准裂变谱,用于确定裂变中子的出射能量 E。^{235}U 裂变谱服从 Maxwell 分布

$$\chi(E'\to E) = 2\sqrt{\frac{E}{\pi T^3}}\text{e}^{-\frac{E}{T}} \tag{5-33}$$

其中，$T=T(E')$为谱形系数，依赖入射中子能量E'。

一般反应堆模拟中，取中子平均能量$\bar{E}=1.942\text{ MeV}$对应的谱型系数T，其形式为

$$T = \frac{2}{3}\bar{E} \tag{5-34}$$

相应的谱型系数为$T=1.295$，这样，裂变谱仅为能量E的函数，对多群处理，对应的裂变谱称为向量裂变谱；如果考虑入射中子对谱型系数的影响，则对应的多群裂变谱称为矩阵谱。第7章讨论MC多群输运计算时，会涉及向量裂变谱和矩阵裂变谱的讨论。

关裂变反应 在模拟某些裂变源问题时，由于源已考虑了裂变，当从裂变源发出的中子再次与裂变核发生作用时，裂变按吸收处理（MCNP程序中nonu≠0对应的处理）。例如堆外探测室响应RPN计算时，堆芯功率分布作为源，则从源发出的中子，当与堆芯裂变核再次发生裂变反应时，中子按吸收处理。

5.2.6 辐射俘获

辐射俘获是吸收反应中最重要的反应之一，其反应产物之一就是γ射线，用(n,γ)表示。即中子吸收反应中，产生次级光子的反应道主要有(n,f)和(n,γ)。用特征γ射线进行探测，在核科学工程计算中有重要的用途。下篇应用部分将介绍中子-γ检测分析系统原理，非弹γ和俘获γ的时间门测量及MC模拟。

5.2.7 产中子反应

(n,xn)反应属于产中子反应，通常发生在高能区，每次反应产生x（$x>1$为正整数）个中子，连同剩余核中子，共有$x+1$个中子。其能量服从分布

$$f_m(E_c) = K_m \sqrt{E_c}\left\{E' - Q - [(A+1)/A]^2 E_c\right\}^{(3m-8)/2} \tag{5-35}$$

其中，E_c为散射后中子在质心系下的能量；E'为入射中子能量；Q为反应阈能；K_m为归一化系数；A为碰撞核的原子量。

相空间能量分布是对直接作用反应下次级中子能量分布的近似。例如，(n,n'X)反应及轻核的(n,2n)反应的次级中子，均可以由这个分布近似抽样确定质心系下的动能E_c，并认为中子在质心系下按各向同性发射，次级中子在实验室系下的能量和散射角余弦可以像非弹性散射那样，按散射定律求出。

$$\begin{cases} E = E_c \dfrac{1+\tilde{A}^2+2\tilde{A}\mu_c}{\tilde{A}^2} \\ \mu_L = \dfrac{1+\tilde{A}\mu_c}{\sqrt{1+\tilde{A}^2+2\tilde{A}\mu_c}} \end{cases} \tag{5-36}$$

其中，
$$\tilde{A} = (A+1)\sqrt{\frac{E_c}{E'}} \tag{5-37}$$

5.2.8 缓发裂变

针对缓发裂变的处理，计算问题有固定源和临界两种，中子连续能量点截面物理模块分成多种情况处理。

考虑缓发的情况，不管是临界还是固定源问题，通常根据缓发裂变中子个数与总裂变中子个数的比值，确定缓发中子的抽样概率，抽样确定出射中子是瞬发裂变中子，还是缓发裂变中子，然后根据相应的中子能谱和角度谱抽取裂变中子的能量和出射角度。

不考虑缓发，则不管是临界还是固定源问题，从瞬发裂变中子个数中抽取裂变中子个数，从瞬发裂变中子能谱和角度谱中抽取裂变中子的能量和出射角度。

早期研究工作中，由于核数据的不完善，瞬发裂变和缓发裂变是按照 $\nu_{缓发} \approx 1.0025 \times \nu_{瞬发}$ 来近似处理的。如今 ENDF/B-Ⅶ、Ⅷ库已有完善的缓发裂变产中子数据。每次裂变反应发生后，当前中子被吸收，同时放出 $\nu(E)(2<\nu(E)<3)$ 个中子，在实验室下的裂变中子，方向服从各项同性分布，由于不同裂变核的能谱差异很小，因此，均采用 Maxwell 分布表示。

5.3 光子与物质相互作用

虽然 γ 射线、轫致辐射、湮没辐射和特征 X 射线等起源不一、能量大小不等，但它们都属于电磁辐射。电磁辐射与物质相互作用的机制，与这些电磁辐射的起源是无关的，只与它们的能量有关。所以这里讨论的光子与物质的相互作用规律，对其他来源产生的电磁辐射也适用。

光子与物质的相互作用与带电粒子与物质的相互作用有显著的不同：①光子不带电，它不像带电粒子那样直接与靶物质原子核外电子发生库仑碰撞，使之电离或激发，或者与靶原子核发生碰撞，导致弹性碰撞方向改变，或非弹性碰撞辐射损失能量，因而不能像带电粒子那样用能量损失率 dE/ds 来描述光子在物质中的行为；②带电粒子主要通过连续地与物质原子的核外电子多次碰撞，逐渐损失能量，每一次碰撞中所转移的能量很小(小能量转移碰撞)；③光子与物质原子相互作用时，发生一次相互作用就导致其损失大部分或全部能量(大能量转移)，光子不是完全消失就是大角度散射。

光子与物质的相互作用，可以有多种方式。当光子的能量在 30 MeV 以下时，在所有相互作用方式中，最主要的三种反应是光电效应、非相干散射(即康普顿散射)和电子对效应。除了上述三种主要相互作用方式,其他一些相互作用方式有相干散射(即汤姆孙散射)和光致核反应。

光子与物质发生上述五种相互作用都具有一定的概率,用截面 σ 表示作用概率的大小。对于大于一定能量的光子与物质原子核的作用,能发射出次级粒子,如 (γ,n) 反应。光子输运分简单物理处理和详细物理处理。简单物理处理不考虑相干散射和来自光电吸收产生的荧光光子,这主要针对高能光子问题或自由电子问题。详细物理处理则要考虑包括相干散射和光电吸收后产生的荧光光子。

下面分别介绍两种物理处理。

5.3.1 简单物理处理

简单物理处理主要针对高能光子,其对高原子序数(Z)或深穿透问题是不充分的。物理过程由光电效应、电子对效应、非相干(康普顿,Compton)散射和光致核反应组成。这里先介绍前三种,即光电效应、电对效应、非相干散射(光致核反应的概率较小,之后再介绍)。前三种反应的总截面为

$$\sigma_t = \sigma_{pe} + \sigma_{pp} + \sigma_{Com} \tag{5-38}$$

1. 光电效应

光子与靶物质原子的束缚电子作用时,光子把全部能量转移给某个束缚电子,使之发射出去,而光子本身消失掉,这种过程称为光电效应。光电效应中发射出来光子称为光电子。

原子吸收了光子的全部能量后,其中一部分消耗于光电子脱离原子核束缚所需的电离能,另一部分作为光电子的动能存在。所以,释放出来的光电子的能量就是入射光子能量和该束缚电子所处的电子壳层的结合能之差。因此,要发生光电效应,光子能量必须要大于电子的结合能。光电子可以从原子的各个电子壳层中发射出来,但是因为动量守恒的要求,在光电效应过程中,还必须要有原子核的参与。虽然碰撞后一部分能量被原子的反冲核所吸收,但这部分反冲能量与光子能量、光电子能量相比几乎可以忽略。由于原子核的参与,动量和能量满足守恒。电子在原子中束缚得越紧,就越容易使原子核参加上述过程,产生光电效应的概率也就越大。所以在 K 壳层上打出光电子的概率最大,L 壳层次之。如果入射光子的能量超过 K 层电子结合能,那么 80% 的光电吸收发生在 K 壳层电子上。

发生光电效应时,从原子内壳层上打出电子,在此壳层上就留下空位,并使原子处于激发状态,这种激发状态是不稳定的。退激发过程或发射特征 X 射线,或发射俄歇电子。因此,在光电效应的过程中,还伴随着原子发射特征 X 射线或俄歇电子的过程。

与中子吸收处理类同,光电效应通常采用隐俘获处理,出射光子权修正为

$$w = w'(1 - \sigma_{pe}/\sigma_t) \qquad (5-39)$$

2. 电子对效应

发生光电效应的概率为 $\sigma_{pp}/(\sigma_t - \sigma_{pe})$，当光子从原子核旁边经过时，在原子核库仑场作用下，光子转化为一个正电子和一个负电子，这种过程称为电子对效应。根据能量守恒定律，只有当入射光子能量 $h\nu$ 大于 $2m_ec^2$，即 $h\nu > 1.022$ MeV 时，才能发生电子对效应。入射光子的能量除一部分转变为正-负电子对的静止能量外，其余就作为它们的动能。

$$h\nu = E_{e^+} + E_{e^-} + 2m_ec^2 \qquad (5-40)$$

由式(5-40)可以看出，对于一定能量的入射光子，电子对效应产生的正电子和负电子的动能之和为常数。但就电子或正电子某一种粒子而言，它的动能从零到 $h\nu - 2m_ec^2$ 都是可能的。电子和正电子之间的能量分配是任意的。由于动量守恒关系，电子和正电子几乎都是沿着入射光子方向的前向角度发射的。入射光子能量越大，正-负电子的发射方向越是前倾。电子对过程中产生的快速正电子和负电子，在物质中通过碰撞能量损失和辐射能量损失消耗能量。正电子在吸收体中很快被慢化，将发生湮没，湮没光子在物质中会再发生相互作用。正、负电子的湮没，可以看作光子发生电子对效应的逆过程。

如果光子发生电子对(pp)返应，则产生两个 0.511 MeV 的正负光子(光子的能量用电子静止质量 $mc^2 = 0.511$ MeV 表示)，两个光子除方向，其他属性相同。当一个光子的方向确定后，另一个光子取相反方向。

3. 非相干散射

对简单物理处理，非相干散射即康普顿(Compton)散射是入射光子与原子的核外电子之间发生的非弹性碰撞的过程。这一过程中，入射光子的一部分能量转移给电子，使它脱离原子成为反冲电子，而光子的运动方向和能量将发生变化。

Compton 散射和光电效应的不同是光电效应中光子本身消失，能量完全转移给电子，并且光电效应发生在束缚得最紧的内壳层电子上。Compton 散射中光子只是损失一部分能量，并且 Compton 散射总是发生在束缚较松的外层电子上。

虽然光子与束缚电子之间的 Compton 散射，严格地讲是一种非弹性碰撞过程，但外层电子的结合能较小，一般是 eV 数量级，与入射光子的能量相比较，完全可以忽略，所以可以把外层电子看作"自由电子"。这样 Compton 散射就可以认为是光子与处于静止状态的自由电子之间的弹性碰撞。入射光子的能量和动量就由反冲电子和散射光子两部分进行分配。用相对论的能量和动量守恒定律，可以推导出弹性碰撞中散射光子和反冲电子的能量与散射角的关系。

光子的 Compton 散射截面形式为 $K(\alpha, \mu)$，其中

第 5 章 中子光子核反应过程

$$\alpha = \frac{E}{mc^2} \tag{5-41}$$

满足 Klein-Nishina(K - N)公式[5,6]

$$K(\alpha,\mu) = \pi r_0^2 \left(\frac{\alpha'}{\alpha}\right)^2 \left(\frac{\alpha'}{\alpha} + \frac{\alpha}{\alpha'} + \mu^2 - 1\right) \tag{5-42}$$

其中,m 为电子质量;c 为光速;$r_0 = 2.817938 \times 10^{-13}$ cm 为古典电子半径。

需要注意的是,光子与中子的入射、散射后能量表示相反,即 α 表示入射光子的能量,α' 表示出射光子的能量。出射光子能量 α' 与入射光子能量 α 之间满足如下转化关系:

$$\alpha' = \frac{\alpha}{1+\alpha(1-\mu)} \tag{5-43}$$

为了能量、角度抽样,对光子散射截面进行归一化处理,使其为 p.d.f.。其归一化因子 C 计算公式如下:

$$\begin{aligned}
C^{-1}(\alpha) &= \int_{-1}^{1} K(\alpha,\mu)\mathrm{d}\mu \\
&= \pi r_0^2 \int_{-1}^{1} \frac{1}{[1+\alpha(1-\mu)]^2}\left[\frac{1}{1+\alpha(1-\mu)} + \alpha(1-\mu) + \mu^2\right]\mathrm{d}\mu \\
&= \pi r_0^2 \left[\frac{4}{\alpha^2} + \frac{2(1+\alpha)}{(1+2\alpha)^2} + \frac{\alpha^2-2\alpha-2}{\alpha^3}\ln(1+2\alpha)\right]
\end{aligned} \tag{5-44}$$

令

$$x = \frac{\alpha'}{\alpha} \tag{5-45}$$

代式(5-45)入式(5-42)得到关于变量 x 的 Compton 散射 p.d.f

$$f(x) = C(\alpha)\left[\left(\frac{\alpha+1-x}{\alpha x}\right)^2 + \frac{1}{x} - \frac{1}{x^2} + \frac{1}{x^3}\right] \tag{5-46}$$

对式(5-46)作变换,引入两个 p.d.f

$$\begin{cases} f_1(x) = \dfrac{2\alpha+1}{2\alpha} \cdot \dfrac{1}{x^2} \\ f_2(x) = \dfrac{1}{2\alpha} \end{cases} \quad (1 \leqslant x \leqslant 2\alpha+1) \tag{5-47}$$

及两个有界函数

$$\begin{cases} h_1(x) = \dfrac{2\alpha C(\alpha)}{2\alpha+1}\left[\left(\dfrac{\alpha+1-x}{\alpha}\right)^2 + 1\right] \\ h_2(x) = C(\alpha)2\alpha\dfrac{(x-1)^2}{x^3} \end{cases} \tag{5-48}$$

则 $f(x)$ 可以表示为

$$f(x) = h_1(x)f_1(x) + h_2(x)f_2(x) \tag{5-49}$$

显然 $h_i(x) \geqslant 0, i=1,2$，可以求得 $h_1(x)$ 和 $h_2(x)$ 的极大值 $M_1 = \max_x h_1(x)$ $= \dfrac{4\alpha C(\alpha)}{2\alpha+1}$，$M_2 = \max_x h_2(x) = \dfrac{8\alpha}{27} C(\alpha)$，$f(x)$ 可进一步写为

$$f(x) = (M_1+M_2)\left[\frac{M_1}{M_1+M_2}\frac{h_1(x)}{M_1}f_1(x) + \frac{M_2}{M_1+M_2}\frac{h_2(x)}{M_2}f_2(x)\right]$$
(5-50)

采用复合与舍选抽样组合，求 x 的抽样值。抽随机数 ξ，判断 $\xi < M_1/(M_1+M_2)$ 是否成立？若成立，则从 $h_1(x)f_1(x)/M_1$ 中抽取 x；否则从 $h_2(x)f_2(x)/M_2$ 中抽取 x。求得 x 后，通过式(5-45)求出 α'，进而由式(5-41)求出散射后的光子能量 $E' = \alpha' mc^2$，最后利用式(5-43)得到 μ，进而得到散射后的光子方向 $\boldsymbol{\Omega}$。当光子能量 $E < 1.5$ MeV，推荐使用 Kahn 的方法[9]，当 $E \geqslant 1.5$ MeV 时，推荐使用 Koblinger 的方法[10]。

对点通量估计和 DXTRAN 球，指向概率计算公式中的角分布取为

$$p(\mu) = \frac{1}{\sigma_1^K(Z,\alpha)} K(\alpha,\mu) \quad (5-51)$$

其中，

$$\sigma_1^K(Z,\alpha) = \int_{-1}^{1}\int_{0}^{E_{\max}} K(\alpha,\mu) d\alpha d\mu \approx \pi r_0^2 \frac{c_1\eta^2 + c_2\eta + c_3}{\eta^3 + d_1\eta^2 + d_2\eta + d_3} \quad (5-52)$$

为归一化因子，式中 $\eta = 1.222037$，$c_1 = 1.651035$，$c_2 = 9.340220$，$c_3 = -8.325004$，$d_1 = 12.501332$，$d_2 = -14.200407$，$d_3 = 1.699075$。

于是得到

$$p(\mu) = \frac{\eta^3 + d_1\eta^2 + d_2\eta + d_3}{c_1\eta^2 + c_2\eta + c_3} \left(\frac{\alpha'}{\alpha}\right)^2 \left(\frac{\alpha'}{\alpha} + \frac{\alpha}{\alpha'} + \mu^2 - 1\right) \quad (5-53)$$

当 $E > 100$ MeV 时，式(5-53)无效。此时，$\sigma_1^K(Z,\alpha)$ 近似为

$$\sigma_1^K(Z,\alpha) = \sigma_1(Z,\alpha)/Z \quad (5-54)$$

相应有

$$p(\mu) = \frac{Z\pi r_0^2}{\sigma_1(Z,\alpha)} \left(\frac{\alpha'}{\alpha}\right)^2 \left(\frac{\alpha'}{\alpha} + \frac{\alpha}{\alpha'} + \mu^2 - 1\right) \quad (5-55)$$

4. 反冲电子的处理

如果碰撞后散射光子的能量为 $h\nu'$，根据能量守恒，得到反冲电子的能量

$$E_e = h\nu - h\nu' \quad (5-56)$$

再根据动量守恒定律，得到反冲电子的反冲角 ϕ。ϕ 和散射光子散射角 θ 的关系为

$$\cot\phi = \left(1 + \frac{h\nu}{m_e c^2}\right)\tan\frac{\theta}{2} \quad (5-57)$$

5. 特征 X 射线或俄歇电子的处理

发生非相干散射时，如果从原子内壳层上打出电子，在此壳层上就会留下空位，并使原子处于激发状态。因此，非相干散射过程中，还伴随着原子发射特征 X 射线或俄歇电子的过程。在 MCNP6 之前的计算中没有考虑由于非相干散射引起的荧光效应，在新的计算中考虑了荧光效应。

ENDF 评价核数据库中提供了：①考虑了原子支壳层（空穴所在壳层）的结合能；②非相干散射所致的原子壳层空穴的累计概率密度；③壳层退激发道数目；④每个退激发道的相关信息。根据累计概率密度抽样得到由于非相干散射所致的空穴的壳层。空穴产生后的退激发过程和单碰撞事例中电离过程后的退激发过程相同。

5.3.2 详细物理处理

相对简单处理，详细处理要考虑相干散射，它类似中子的弹性散射，不损失能量，仅改变粒子的运动方向，对高原子序数（Z）和深穿透问题，详细物理处理是必要的。由于相干散射中没有二次电子的产生，也没有电子能级的变化，所以，对于相干过程来说，不涉及光电耦合。除此之外，非相干散射和电子对效应在光子生电子的部分，详细物理处理和简单物理处理相同。对于光电效应，详细物理处理和简单物理处理有显著的不同，主要是在光电效应中考虑了光电子出射后，伴随产生的荧光效应。

详细物理处理光子总截面包括四种反应截面：①非相干散射；②相干散射；③电子对效应；④光电效应。涉及的反应截面相对前面提到的光子截面，均有相应变化和调整。

1. 光电效应

如果反应类型确定光电效应被抽中，那么入射光子消失，产生光电子，伴随发射特征 X 射线或俄歇电子（荧光效应）。

（1）入射光子消失的处理，即按吸收处理；

（2）光电子的处理，对于光电子，简单物理处理中，认为出射的光电子的能量近似等于入射光子的能量，详细物理处理中，认为出射光电子的能量等于入射光子的能量减去光电子所在壳层的结合能。在光电子出射方向计算中，详细物理处理和简单物理处理相同；

（3）特征 X 射线或俄歇电子的处理，简单处理中不考虑荧光效应，仅在详细物理处理中考虑，并提供了两种处理方式。

处理方式一：

发生光电效应时，原子内壳层上留下空位。为了填补这个空位，假设可能有 0 个、1 个或 2 个特征 X 射线（或俄歇电子）产生。

① 0 个特征 X 射线（或俄歇电子）产生。如果产生的特征 X 射线的能量大于 1 keV，那么不考虑产生的特征 X 射线（或俄歇电子）。当靶原子的原子序数 Z 小于 12 时，产生的特征 X 射线的能量都小于 1 keV，此时不考虑特征 X 射线（或俄歇电子）的产生。

另外，当入射光子能量小于靶原子考虑壳层中的倒数第二层（M）的结合能时，入射光子最多只能将最外层电子击出，此时没有特征 X 射线（或俄歇电子）产生。

当入射光子能量大于靶原子壳层的结合能时，则壳层的电子被击出，成为光电子。在壳层中光电效应电子被击出的累积概率表中插值，若插值后得到的概率大于外壳层填充该空穴的累积概率，则也没有特征 X 射线（或俄歇电子）产生。

出现上述任意一种情况，均没有特征 X 射线（或俄歇电子）产生。

② 1 个特征 X 射线（或俄歇电子）产生。如果①中的情况都没有发生，那么就会产生特征 X 射线或俄歇电子。其中产生俄歇电子的概率及相应的处理与电子碰撞电离后产生俄歇电子的处理相同。产生俄歇电子的概率为

$$P(\text{Auger}) = 1 - P(X)$$
$$= 1 - \frac{1}{1 + (-0.064 + 0.034Z - 1.03 \times 10^{-6} Z)^4} \quad (5-58)$$

若产生特征 X 射线，则在其所有产生特征 X 射线的通道中插值，便能得到填充这个空穴的通道，以及产生相应特征 X 射线的能量。如果产生的特征 X 射线的能量大于 1 keV，那么至少有一个特征 X 射线（或俄歇电子）产生。产生的特征 X 射线的能量 E' 为

$$E' = E - (E - e) - e' = e - e' \quad (5-59)$$

其中，E 为入射光子的能量；$E - e$ 为出射电子的动能；e 为出射电子所在壳层的结合能；e' 为填充空穴所在壳层的外壳层的结合能。产生特征 X 射线的能量存于 E_{old} 中。产生的特征 X 射线的方向是各向同性的。

外壳层电子跃迁填补空穴时，只考虑了下述过程产生的特征 X 射线。如果 $12 \leqslant Z \leqslant 31$（空穴产生后，外壳层填充新空穴时产生的特征 X 射线小于 1 keV），或者选中击出光电子（空穴）所在壳层在平均能量 $\overline{E}$ 或 $\overline{N}$ 壳层时，就只会产生一个特征 X 射线（或俄歇电子）。

③ 2 个特征 X 射线（或俄歇电子）产生。如果在情况②中外壳层电子跃迁填补

空穴时在 L 壳层产生空穴,且新产生的空穴壳层的结合能 $e' \geqslant 1$ keV,那么就会有 2 个特征 X 射线产生。一般情况下,靶原子序数 $Z \geqslant 31$ 时有可能出现这种情况。

新产生的空穴所在壳层确定后,产生第二个特征 X 射线的能量 E'' 为

$$E'' = e' - e'' \tag{5-60}$$

其中,e'' 为填充新空穴所在壳层的外壳层电子的结合能。产生的特征 X 射线的方向是各向同性的。

处理方式二:

根据累计概率密度抽样得到光电子能量,由于光电效应产生的光电子在壳层 i,进而得到光电子的能量 E' 为

$$E' = h\nu - BE(i) \tag{5-61}$$

光电子出射方向的处理和简单物理处理相同。空穴产生后的退激发过程和单碰撞事例中电离过程后的退激发过程相同。这里 $BE(i)$ 为 ENDF/B-Ⅵ.8 截面库制成的光子-电子数据库格式[4]。

2. 电子对效应

如果发生电子对效应,详细物理处理和简单物理处理相同。

3. 非相干散射

非相干散射在反冲电子处理及伴随发射的特征 X 射线或俄歇电子的处理,详细物理处理和简单物理处理相同。而散射光子的处理部分,则有很大的不同。

(1)散射光子的处理。

由于 K-N(Klein-Nishina)分布和非相干散射截面在全能区的偏差存在,因此,两者之间需要引入形状因子 I 进行转换。对 K-N 分布进行修正如下:

$$\sigma_1(Z,\alpha,\mu)\mathrm{d}\mu = I(Z,\nu)K(\alpha,\mu)\mathrm{d}\mu \tag{5-62}$$

其中,ν 为反转长度,$\nu = \sin(\theta/2)/\lambda = \kappa\alpha\sqrt{1-\mu}$,$\kappa = 10^{-8}mc/(\sqrt{2}\,h) = 29.1445$ cm^{-1},$\nu_{\max} = \sqrt{2}\,\kappa\alpha = 41.2166$(对应 $\mu = -1$)。

$I(Z,\nu)$ 的基本特征如图 5-1 所示,其本意就是用来减小 K-N 分布值的,主要出现在向前方向,特别针对低能高 Z。对任何 Z,$I(Z,\nu)$ 从 $I(Z,0) = 0$ 到 $I(Z,\infty) = Z$ 增加。在之前的数据库中,只存储了较小范围 ν 的形状因子,$\nu \leqslant 8$。从而导致只有当入射光子能量 $E_\gamma \leqslant 99$ keV 时,形状因子可以覆盖整个空间的散射角($-1 \leqslant \mu \leqslant 1$),而在其他能区的入射光子,在 ν 没有覆盖的区域,形状因子近似取为 1。

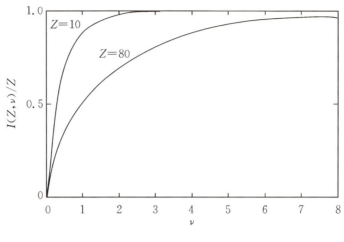

图 5-1 $I(Z,\nu)$ 基本特征图

显然,这种近似是不合理也是不正确的。因此,数据库中 ν 的最大值增加到了 10^9,这个值可以使任意能量的光子的形状因子覆盖整个空间的散射角[5]。对氢,确切的形状因子为[6]

$$I(Z,\nu) = 1 - \frac{1}{\left(1 + \frac{1}{2}f^2\nu^2\right)^4} \tag{5-63}$$

其中,f 为结果常数,$f = 137.0393$。

对点通量估计和 DXTRAN 球,指向概率计算公式中的角分布修改为

$$p(\mu) = \frac{1}{\sigma_1(Z,\alpha)}I(Z,\nu)K(\alpha,\mu) = \frac{\pi r_0^2}{\sigma_1(Z,\alpha)}I(Z,\nu)\left(\frac{\alpha'}{\alpha}\right)^2\left(\frac{\alpha'}{\alpha} + \frac{\alpha}{\alpha'} + \mu^2 - 1\right) \tag{5-64}$$

其中,$\pi r_0^2 = 2494351$,$\sigma_1(Z,\alpha)$ 和 $I(Z,\nu)$ 从数据库获取。

(2) 反冲电子的处理。

反冲电子的处理和简单物理处理相同。

(3) 特征 X 射线或俄歇电子的处理。

特征 X 射线或俄歇电子的处理和简单物理处理相同。

4. 相干散射

相干散射,又名瑞利散射,是入射光子与核外电子发生碰撞、但未将核外电子激发的物理过程。由于入射光子的能量未发生改变,其波长未发生变化,入射光子与出射光子能够相互干涉,因此称为相干散射。发生相干散射时,碰撞后的光子能量不变,仅方向改变,其微分散射截面为

$$\sigma_2(Z,\alpha,\mu)\mathrm{d}\mu = C^2(Z,\nu)T(\mu)\mathrm{d}\mu \tag{5-65}$$

其中,反转长度 ν 定义同前,$T(\mu)$ 为 Thomson 截面,其表达式为

$$T(\mu) = \pi r_0^2 (1+\mu^2) \tag{5-66}$$

$C(Z,\nu)$ 为修正 Thomson 截面而引进的形状因子,$C(Z,\nu)$ 的基本形状如图 5-2 所示。

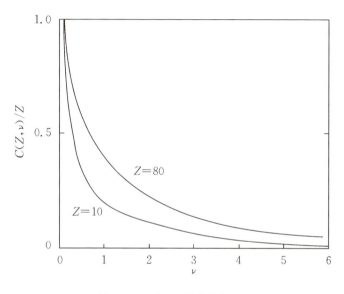

图 5-2 $C(Z,\nu)$ 基本特征图

和非相干散射类似,在之前的数据库中,只存储了较小范围 ν 的形状因子($\nu \leqslant 6$)。只有当入射光子能量 $E_\gamma \leqslant 74$ keV 时,形状因子可以覆盖整个空间的散射角($-1 \leqslant \mu \leqslant 1$)。而在其他能区的入射光子,在 ν 没有覆盖的角度上,形状因子近似取 0。MCNP6 采用 ENDF/B-Ⅶ.2 数据库[7],其中 ν 的最大值增加到了 10^9,这个值可以使任意能量的光子的形状因子覆盖到整个空间的散射角。

5.4 多普勒温度效应

在核反应堆多物理过程耦合计算中,需要细致考虑燃料的多普勒(Doppler)效应。核反应堆从零功率到满功率变化过程中,堆芯温度变化范围为 300~1300 K。温度的变化将引起核截面的改变,从而影响反应性。在核反应堆物理—热工耦合计算中,需要细致考虑燃料的多普勒效应。研究结果表明,^{238}UO$_2$ 燃料的多普勒系数为 -1.0×10^{-5}~-5.0×10^{-5}/K。图 5-3 给出 ^{238}U 不同温度下的中子总截面,从中可以看出随着温度的增高,多普勒峰下降,且变得平缓[11]。

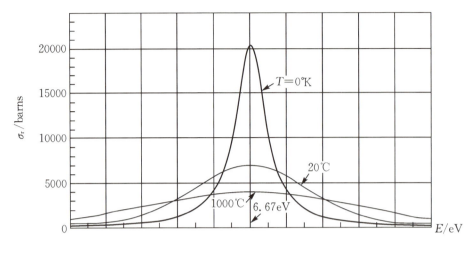

图 5-3 ^{238}U 总截面 σ_t 多普勒温度展宽图

近年来,随着计算机的计算速度和性能的不断提升,MC 方法用于核反应堆全堆芯模拟成为可能,反应堆全堆芯计算面临的一大挑战是如何考虑不同燃料区的多普勒展宽温度效应。MC 方法在输运计算之前需要给定模型材料对应温度的截面参数。在堆芯满功率运行过程中,不同燃料区的温度差异比较大,需要实时产生大量的截面数据才能进行真实的核反应全堆芯模拟。采用 NJOY 程序[12]实时加工制作多温截面,计算截面的时间长,工程应用很难承受。面对这一问题,不少学者开展了在线多普勒展宽算法研究。粗略归纳处理方法有三种:

① 针对一些特定核素,按一定温度间隔,事先制作不同温度点的截面,产生一个多温截面库,输运计算时,通过插值得到实际温度的截面数据。这种方法优点是计算效率较高,但由于温度点有限,插值本身要损失一定精度,且内存占用较大,实用性不强。

② 利用"零"温截面,通过多普勒展宽,实时计算多温截面。这种做法相当于用 NJOY 程序实时加工不同温度、不同能量的截面,计算很耗时[13]。

③ 通过拟合方法求出实际温度的截面[14]。这种方法比计算多普勒积分效率高,但事先需要计算不同温度节点对应能量点的截面拟合参数,形成一个用于插值的数据库。由于每个温度点需存 3~17 个拟合系数,该数据库占用内存相对较大,但拟合插值获取的截面与 NJOY 加工的截面精度相当,而计算时间是几种处理中最少的。因此,被多数 MC 输运程序采用。

5.4.1 理论方法

理论上已经证明,利用 300 K 温度截面来产生多温截面是最有效的方法。通

第 5 章 中子光子核反应过程

过多普勒展宽实时计算加工多温截面,其理论基础是 Kernel Broadening 给出的展宽公式。单原子气体模型近似下的反应截面的多普勒展宽公式为

$$\sigma(v,T) = \frac{1}{v^2}\sqrt{\frac{\beta}{\pi}} \int_0^\infty v_r \sigma(v_r,0) \{\exp[-\beta(v-v_r)^2] - \exp[-\beta(v+v_r)^2]\} v_r \mathrm{d}v_r$$

(5-67)

或者写成以中子能量为自变量的形式

$$\sigma(E,T) = \frac{1}{2\sqrt{E}}\sqrt{\frac{\alpha}{\pi E}} \int_0^\infty \sqrt{E_r} \sigma(\sqrt{E_r},0) \times$$

$$\{\exp[-\alpha(\sqrt{E}-\sqrt{E_r})^2] - \exp[-\alpha(\sqrt{E}+\sqrt{E_r})^2]\} \mathrm{d}E_r$$

(5-68)

其中,T 为介质的温度;V 为介质核运动的速度;v 为入射中子速率;v_r 为中子和核相对运动速率;E_r 为中子和核运动的相对能量。α 与 β 之间满足转换关系

$$\alpha = \frac{2\beta}{m} = \frac{A}{kT}$$

(5-69)

E_r 满足动量守恒

$$E_r = \frac{1}{2}mv_r^2$$

(5-70)

作变量变换,令 $y^2 = \alpha E = \beta v^2$,$x^2 = \alpha E_r = \beta v_r^2$,可以得到简化的多普勒公式为

$$\sigma(y,T) = \frac{1}{\sqrt{\pi} y^2} \int_0^\infty x^2 \sigma(x,0) [e^{-(x-y)^2} - e^{-(x+y)^2}] \mathrm{d}x$$

(5-71)

式(5-71)是实现从单温截面向多温截面过渡的常用计算转换式,关于上述积分的计算,有多种选择办法。下面介绍一种被众多 MC 程序采用的快速产生方法。把式(5-71)分成两项来进行求解。

$$\sigma(y,T)\sigma^*(y,T) - \sigma^*(-y,T)$$

(5-72)

其中,

$$\sigma^*(y,T) = \frac{1}{\sqrt{\pi} y^2} \int_0^\infty x^2 \sigma(x,0) e^{-(x-y)^2} \mathrm{d}x$$

(5-73)

$$\sigma^*(-y,T) = \frac{1}{\sqrt{\pi} y^2} \int_0^\infty x^2 \sigma(x,0) e^{-(x+y)^2} \mathrm{d}x$$

(5-74)

根据函数奇偶特性,只需要确定函数 $\sigma^*(y,T)$ 即可。

已知 0 K 温度下,通过线性插值方式得到 $\sigma(E_r,0)$ 截面值的计算公式为

$$\sigma(E_r,0) = \frac{E_r - E_k}{E_{k+1} - E_k}\sigma_{k+1} + \frac{E_{k+1} - E_r}{E_{k+1} - E_k}\sigma_k$$

$$= A_k + B_k E_r, \quad E_k \leqslant E \leqslant E_{k+1}$$

$$= A_k + C_k x^2, \quad x_k \leqslant x \leqslant x_{k+1}$$

(5-75)

将式(5-75)代入式(5-73),得到

$$\sigma^*(y,T) = \frac{1}{\sqrt{\pi}} \frac{1}{y^2} \sum_k \int_{x_k}^{x_{k+1}} x^2 (A_k + C_k x^2) e^{-(x-y)^2} dx \quad (5-76)$$

令 $z = x - y$,式(5-73)进一步转化为

$$\sigma^*(y,T) = \frac{1}{\sqrt{\pi}} \frac{1}{y^2} \sum_k \int_{x_k-y}^{x_{k+1}-y} [C_k z^4 + 4C_k y z^3 + (A_k + 6C_k y^2) z^2 + \\ (2A_k y + 4C_k y^3) z + (A_k y^2 + C_k y^4)] e^{-z^2} dz \quad (5-77)$$

在实际的多普勒展宽计算中,对式(5-73)和式(5-74)进行积分时 x 的积分范围不必从 0 到∞。只有入射粒子能量在特定的积分区域才对该积分有贡献,其余积分区域的积分值可以忽略不计。从式(5-71)可以看出,在精确多普勒展宽公式中,0 K 温度下截面 $\sigma(x,0)$ 不再含有各种复杂的物理量,而是化简为中子入射能量 x 的函数。基于此,对可分辨共振的处理分为两步:①完成 0 K 温度下的共振重造;②进行截面的多普勒展宽计算。

5.4.2 拟合在线展宽法

近年来,美国麻省理工学院(MIT)的 Yesilyurt 博士提出了一种新的在线多普勒展宽算法[15],该方法可以迅速加工出任意温度 T 下的多普勒展宽截面,且所需数据量较小。Yesilyurt 直接把 Adler-Adler 共振公式直接代入精确多普勒展宽公式中,经过一系列推导得到含多普勒温度效应的 Adler-Adler 共振公式,利用 NJOY 方法制作系列温度点的核参数,基于拟合公式,预先计算系列拟合系数。在 MC 输运计算中,就可以利用这些拟合系数快速加工出 T 温度下的共振截面值。此方法内存消耗虽然大一些,对一个能点,需要 3~17 个拟合参数,但该方法能快速计算任意温度下的等效截面值,且精度满足要求。

为了简化计算步骤,将 Adler-Adler 共振公式直接代入式(5-71),可得到含温 Adler-Adler 共振公式。经过一系列理论推导,最终得到任意温度下等效截面的逼近公式[16]为

$$\sigma_{t,cap,f}(E,T) \approx \sum_{i=1}^{k} \frac{a_i}{T^{i/2}} + \sum_{i=1}^{k} b_i T^{i/2} + c \quad (5-78)$$

当公式中的系数 c、a_i 和 b_i 确定后,通过式(5-71)便可计算出任意温度下的等效截面。式(5-78)中 k 的取值大小与等效截面随温度变化的幅度有关,截面变化幅度大 k 值就大些,反之较小。

1. 统一能量点构造

对于特定的核素(如 ^{238}U),首先需要构造适用于最低温度 T_{min} 到最高温度 T_{max} 范围的统一能量点。将[T_{min}, T_{max}]温度区间划分为以 ΔT 为间隔的温度区间。

ΔT 一般取值为 25 K,对于特定核素,为了达到更高的拟合精度,ΔT 还可以取得更小一些,最低温 $T_{\min}$ 和最高温 $T_{\max}$ 可根据用户需要任意指定。采用 ENDF/B-Ⅶ.0 评价库,使用 NJOY 程序加工得到的 0 K 温度下的 ACE 格式数据,其他温度点的多普勒展宽计算值以 0 K 温度下 ACE 数据为基础,采用 NJOY 程序的 BROADR 模块加工得到。特定核素的共振统一能量点以 0 K 温度下的初始能量点为基础进行构造,具体规则如下:

① 首先根据输入,读取程序初始化参数,接着读取 0 K 温度下的 ACE 格式数据,最后初始化统一能量点为 0 K 温度下的初始能量点,设定第一个能量点为 E_i,第二个能量点为 E_{i+1};

② 在全部温度点,分别计算 E_i、$(E_i+E_{i+1})/2$ 和 E_{i+1} 能量点的共振反应道等效截面(BROADR 模块);

③ 在全部温度点上,将②中得到的能量点 E_i 和 E_{i+1} 的等效截面,通过线性插值得到中间能量点 $(E_i+E_{i+1})/2$ 的截面;

④ 在全部温度点上,将③中能量点 $(E_i+E_{i+1})/2$ 的线性插值结果与②中的真实值做比较,判断是否满足用户给定的收敛准则($\leqslant 0.1\%$)。如果不收敛把该能量点 $(E_i+E_{i+1})/2$ 加入统一能量点中,更新 E_{i+1} 为 $(E_i+E_{i+1})/2$,接着跳回到②继续计算,直到满足收敛准则。更新能量点 E_i 为 E_{i+1},读取下一个能量点 E_{i+2} 作为 E_{i+1},接着跳回到②循环计算,达到该核素的最大可分辨共振能量 $E_{\max}$ 后循环结束,生成适用于 $[T_{\min}, T_{\max}]$ 温度区间的统一能量点。

对于特定核素的所有共振反应道均采用统一的能量点,最终的能量点数目会比初始能量点的数目多,数值试验表明,统一能量点数目大约是初始能量点数目的 1.1~1.2 倍。

2. 拟合系数计算

生成统一能量点之后,在每一个统一能量点上分别计算各个共振反应道截面(总截面,弹性散射、裂变和辐射俘获截面等)的拟合系数。由拟合式(5-78)得到的最小二乘矩阵为

$$\begin{bmatrix} 1 & T_0^{-0.5} & T_0^{0.5} & \cdots & T_0^{-k/2} & T_0^{k/2} \\ 1 & T_1^{-0.5} & T_1^{0.5} & \cdots & T_1^{-k/2} & T_1^{k/2} \\ \vdots & \vdots & \vdots & & \vdots & \vdots \\ 1 & T_n^{-0.5} & T_n^{0.5} & \cdots & T_n^{-k/2} & T_n^{k/2} \end{bmatrix} \begin{bmatrix} c \\ a_1 \\ \vdots \\ b_k \end{bmatrix} = \begin{bmatrix} \sigma_0 \\ \sigma_1 \\ \vdots \\ \sigma_n \end{bmatrix} \quad (5-79)$$

其中,$T_0, T_1, \cdots, T_n$ 为温度点;$c, a_1, \cdots, b_k$ 为系数;$\sigma_0, \sigma_1, \cdots, \sigma_n$ 为反应道截面值。

采用 SVD[17] 奇异值矩阵分解法求解最小二乘拟合系数。在实际计算中,对于同一个能量点上的不同反应道,式(5-78)中 k 的取值可大可小,具体数值由程序

给定收敛标准决定。该拟合系数计算的步骤如下：

①首先根据用户输入，读取程序初始化参数；接着读取 0 K 温度下的 ACE 格式数据，根据反应道预能确定需要进行在线多普勒展宽共振反应道。最后读取统一能量点，设定第一个能量点为 E_i。

②计算能量点 E_i 在温度点 $T_0,T_1,\cdots,T_n$ 的所有共振反应道等效截面，依次遍历所有的共振反应道。

③根据 k 的取值，计算得到拟合矩阵 A，采用 SVD 算法计算式（5 - 79）中拟合系数 x。判断该共振反应道拟合系数 x 是否达到收敛标准。如果其达到收敛标准或者 k 已经达到最大值，退出循环，进行下一个共振反应道计算，直至所有共振反应道遍历完。如果没有其达到收敛标准，更新 k 为 $k+1$，继续计算。

④能量点 E_i 所有共振反应道遍历完之后，更新能量点 E_i 为 E_{i+1}，接着跳回到②继续计算。循环计算，达到该核素的最大可分辨共振能量 E_{max} 后循环结束。最后按照一定规则把拟合系数写到多普勒展宽拟合数据文件中。

只要知道核素热运动温度 T，就可通过该多普勒展宽拟合数据文件计算得到对应温度的等效截面，实现在线多普勒展宽功能。目前该功能已在 JMCT 程序中实现[18]。

5.5 热化截面温度效应

5.5.1 $S(\alpha,\beta)$ 热化截面

当入射中子的速度远大于靶核速度时，从简化运动学分析的角度来说，假定靶核静止不动是一个很好的近似。而对于处于热中子能区的中子，研究其截面必须考虑热运动及靶原子核化学键结合能的影响，就是要考虑 $S(\alpha,\beta)$ 热化处理。

中子连续能量点截面物理模块也考虑了这一点。热化截面同样是 ACE 格式，由中子参数类读入，存储在核素结构体中。同一个核素可含有多个热化截面，因为该核素处于不同物质时可能需要考虑不同的热化截面，如 H_2O 的 H 元素和 ZrH 中的 H 元素。甚至不同温度的 H_2O，H 元素的热化截面也是不同的。

用户可通过输入文件的相应卡片指定某物质采用何种热化截面，默认不考虑热化处理。热化截面同样是 ACE 格式，由中子参数类读入，存储在核素结构体中。同一个核素可含有多个温度点的热化截面，如轻水 H_2O 在不同温度的下，H 核的热化截面也是不同的（轻水中的氧核还是符合自由气体模型的截面数据）。目前，MCNP 程序支持的热化截面共包括 15 个核（金属铍、苯、氧化铍、正氘、仲氘、石墨、锆化氢中的氢核、正氕、重氢、重水中的氘核、液态甲烷的氢核、轻水中的氢核、聚乙烯中的氢核、固体甲烷中的氢核和锆化氢中的锆核）。

5.5.2 热化截面温度修正

利用 $kT=0$ 情况下制作的 $S(\alpha,\beta)$ 热化截面,制作 $kT\neq0$ 情况下的热化截面,修正公式为

$$\bar{\sigma}_x(v) = \frac{1}{v}\int v_r \sigma_x(v_r, kT=0) M(w)\mathrm{d}w = \sigma_x(v, kT) \tag{5-80}$$

其中,$M(w) = (\rho/\pi)^{2/3}\exp(-\beta^2 w^2)$ 为 Maxwell 分布;$v_r = v - w$,v 为中子速度,w 为核运动速度,v_r 为相对速度。

ACE 格式截面角分布处理非常精确,其主要数据均由实验点经拟合得到,每个能量点对应 32 个等概率的余弦间隔,通过抽样定出散射极角余弦值

$$\mu = \mu_{n,i} + (32\xi - i)(\mu_{n,i+1} - \mu_{n,i}) \tag{5-81}$$

其中,ξ 为随机数;n 为入射能量 E 落在的能量区间的编号,即 $E \in [E_n, E_{n+1}]$;$i = \mathrm{int}[32\xi + 1]$。

5.6 中子产生光子

中子产生光子简称中子产光,由于包括同位素的核素众多,物理性质千差万别,入射中子的能量也各不相同,所以中子与核素发生碰撞时,产生的核反应复杂多样,据统计有数百种之多,称为反应道。其中一些核反应不仅产生中子,还产生光子、^{3}He 粒子、α 粒子(^{4}He)等,这些粒子统称为次级粒子。例如,(n,γ) 反应就是中子被核素吸收后产生瞬发光子。

对于纯中子输运模拟,次级光子无须模拟,也无须考虑中子产生光子反应,仅需要模拟次级中子。但是对于中子-光子耦合输运,次级光子和次级中子一样都需要模拟,需要考虑中子产生光子反应和相应的产光截面。

5.6.1 中子产光子反应

次级光子主要来自 (n,n')、(n,γ) 及 (n,f) 反应。中子-光子耦合输运计算时,连续截面分为总产光和反应道产光两条路线。总产光路线是指,当确定中子与物质的某个核素发生核反应时,先处理中子产光子,根据中子产光截面和总中子截面,确定次级光子权

$$w_p = w_n \frac{\sigma_\gamma}{\sigma_t} \tag{5-82}$$

接着进行俄罗斯轮盘赌,根据中子发生碰撞所在几何块 i 的重要性 I_i、权下限值 $w_i^{\min}$ 及中子源几何块的重要性 I_s 进行俄罗斯轮盘赌,若 $w_p > w_i^{\min} I_s / I_i$,则进行分裂,最多产生不超过 10 个光子,即

$$N_p = \min\left\{\mathrm{int}\left[\frac{w_p I_i}{5 w_i^{\min} I_s} + 1\right], 10\right\} \tag{5-83}$$

每个中子的权取为 w_p/N_p。若 $w_p < w_i^{\min} I_s/I_i$,则进行俄罗斯轮盘赌,光子存活概率为 $w_p I_i/(w_i^{\min} I_s)$;若赌赢,则光子权放大为 $w_p = w_i^{\min} I_s/I_i$。

对于多群处理,中子产生光子的数目为

$$N_p = \text{int}\left[\frac{\sigma_{\gamma,g}}{\sigma_{t,g}} + \xi\right] \qquad (5-84)$$

其中,$\sigma_{\gamma,g}$ 为碰撞点介质的中子产光截面;ξ 为随机数。

次级光子权为 w_p/N_p,同样用权窗来对过大或过小的权进行分裂和俄罗斯轮盘赌。总产光截面是指核素的所有产光反应道截面之和。根据产光截面抽取每个光子的能量和方向。然后回到中子的碰撞处理,确定中子核反应。

5.6.2 次级光子能量确定

中子与核发生碰撞将产生次级光子,次级光子可分为:①原级连续光子;②原级线光子。它们按能量分别定义为

$$E_\gamma(i,j) = \begin{cases} E_G^{(i)}, & \text{LP} \neq 2,\text{原级线光子} \\ E_G^{(i)} + \dfrac{A_i}{A_i+1}E_n, & \text{LP} = 2, E_n > E_{\text{line}},\text{原级连续光子} \end{cases}$$

$$(5-85)$$

其中,A_i 为碰撞核 i 的原子量;$E_G^{(i)}$ 为碰撞核的 $H(n,\gamma)$ 反应的反应热;E_γ 为次级 γ 射线的能量;E_n 为发生碰撞时的中子能量。对核探测类问题,根据经验,取 $E_{\text{line}} = 0.001$ MeV 作为原级线光子和原级连续光子的分界能量;LP 为 ENDF 数据库反应律(LW)编号。

LP≠2 对应的 γ 射线原级线光子,它不随入射中子能量变化。特征 γ 射线原级线光子不随入射中子能量变化的这一特征,是甄别常规/化学武器、隐藏爆炸物的关键。这也是中子-γ 探测较中子探测的优势所在。在众多核探测中,通过特征 γ 射线能谱分析,可以初步判断被探测物内的元素组成。

5.7 基础核数据

各种粒子(中子、光子、电子、质子、α 粒子等)与原子核发生核反应过程中,出现的各种现象的数据信息的汇总构成了基本的核数据,包括各种核反应发生的概率(其由核反应截面决定),以及发生核反应后出射粒子的能量-角度分布(其由双微分截面决定)。还有在中子照射下各核素之间的转换参数,以及各核素的衰变参数(如衰变常数、衰变模式以及衰变热等)。核数据是核反应堆核数值计算的依据和出发点。核数据主要来源于实验测量,但由于实验数据分散和不完备,常存在分

歧，还不能完全满足应用的需求。因此，各国核数据中心，一方面基于实验数据，另一方面利用核反应模型计算，经过修正、编纂(compilation)和评价(evaluation)、汇编等得到完备、唯一、可靠的评价数据库。

核数据是所有核科学与技术相关的科学研究与工程设计的重要基础。对于反应堆物理专业来说，为核能系统的设计提供重要的堆芯物理参数，为反应堆物理计算(即中子输运方程求解)提供必要的基础输入参数。

虽然核数据主要来源于实验测量，然而，对于同一截面数据，不同的实验室、采用不同的实验方法，可能给出不同的数值。因此，需要对这些数据进行分析、选择和评价。同时，由于中子输运计算还涉及大量同位素以及广阔能域内的核反应截面与能量的复杂关系，其数据量是相当庞大的，现有实验数据不可能完全覆盖，因此，实验加理论计算、插值、外推成为补充手段。可以说核数据库的建立，是一项非常艰巨的任务，需要投入大量的人力和财力。

近年随着计算机存储的大幅提升，核数据能量分点越来越密，特别是连续能量点截面数据的使用，为高保真数值模拟提供了初始数据保障。

5.7.1 数据库国际现状

目前，国际评价核数据库成熟度最高、使用最广泛的是由美国布鲁克海文国家实验室(Brookhowen National Laboratory，BNL)牵头20多个实验室共同建立的 ENDF(Evaluated Nuclear Data File)核数据库。ENDF 分为 A 和 B 两个库。其中，ENDF/A 库主要用于若干不同核素原始数据的储存，在编评核数据库工作中发挥着重要的作用，但对于反应堆物理设计等计算来说没有实际的用处；ENDF/B 库则广泛用于反应堆堆芯物理及屏蔽设计，B库中每个核素都包含一套完整的经过评价的截面。因此，评价核数据库 ENDF/B 在核数据的研究方面具有更重要的地位。ENDF/B 库按粒子反应类型，分为不同的子库，ENDF/B 库包含中子反应的子库、中子裂变产额和衰变数据子库等共14类。每个子库中的核数据进一步细分为三个层次，分别是材料 MAT(即靶核)、MF(如反应截面、共振参数、协方差数据等)和反应截面 MT(裂变反应、弹性散射等)。每种材料 MAT 包括各个类型的 MF，各个 MF 中又包含所有的反应截面 MT。

从1968年开始以来，ENDF/B 库已陆续更新了十几个版本，最新版本是2018年发布的 ENDF/B-Ⅷ.0。在已知的 ENDF/B-Ⅵ库中，包含319种核素[7]，内含有中子能量从 10^{-5} eV～20 MeV 范围内的所有重要中子反应的全套核数据，具体有：

(1) 中子对各种核素引起的反应微观截面,包括(n,f)、(n,γ)、(n,n)、(n,n')、(n,2n)、(n,p)、(n,2p)、(n,α)、(n,t)等;

(2) 弹性散射和非弹性散射中子角分布;

(3) 出射中子、γ射线和带电粒子的能谱、角分布及激发函数;

(4) 裂变(瞬发和缓发)中子产额和能谱;

(5) 裂变产物的产额、微观截面和衰变常数;

(6) 共振参数和统计分布;

(7) 慢化材料热中子散射律数据。

此外,数据库还包括用于剂量计算的科玛(Kinetic Energy Released in Material, KERMA)因子库等。近年更新发布的数据库中,增加了很多中子产光子截面数据。为满足实际应用的需要,从1960年代开始,以美国为首的一些国家着手建立独自的评价核数据库。经过多年的发展,逐渐形成世界五大评价核数据库,分别是美国ENDF/B[7],日本JENDL[19],欧盟JEF[20],俄罗斯RUSFOND(早期名为BROND[21])以及中国CENDL[22]。同时,ENDF又作为一种国际标准数据库存储格式,被各大评价核数据库统一采用。

除ENDF/B外,日本的JENDL和欧洲的JEF对ENDF库进行了补充完善,使核素的总数达到了450余种。

5.7.2 堆用核数据库

专为求解反应堆中子(光子)输运方程设计的核数据库,总体分为两大类:MC程序常用的连续能量点截面库(ACE格式),以及确定论程序使用的多群截面库(ANISN格式,如WIMS、HELIOS及BUGLE库等)。

堆用核数据库是对评价核数据库中的数据进行筛选、排列、计算和解析得到的事先定义好格式和规则的核数据库。堆用核数据库经过一定的处理后,与原有的评价核数据库相比,结构相对简洁明了,数据类型也相对简单。

目前国内外常用的核数据加工程序为美国LANL研制的NJOY程序[12]、美国ORNL研制的AMPX程序、国际原子能机构(IAEA)核数据服务中心研制的PREPRO程序。国内清华大学研制了RXSP程序[23]、西安交通大学研制了的ATLAS程序[24]、中国原子能科学研究院核数据中心研制了Ruler程序[25],这些程序主要用于群常数制作,部分程序也可把基础数据库连续点截面数据加工成应用数据库。此外,欧洲经济合作组织核能署研制的JANIS程序具有从评价核数据库提取核数据及图形化显示功能。堆用核数据的加工工序大致有:共振重造、多普勒展宽、热化处理、共振处理、格式转化等。

多群、连续能量核数据是核装置研制必须的重要基本物理参数,属于应用型核数据。通过描述微观粒子与原子核的散射、吸收和裂变等相互作用过程。核参数给出包括反应截面、放能、次级粒子产生及发射的能谱和角分布等数据,构成了定量描述粒子输运方程的数值模拟计算中必须的基础数据。中子截面面临最复杂的物理过程,特别是中低能区的中子共振处理,图 5-4 给出 ^{238}U 中子吸收截面和总截面图,可以看出中低能区共振峰特征显著。

从截面的特征可以看出,研究中子截面的复杂度主要集中在 1 MeV 以下的区域,超过 1 MeV 后中子截面随能量基本呈线性变化,用少群截面近似即可。由于反应堆中子释放能量主要来自低能,因此,堆用截面参数的制作和检验要复杂得多。相比之下,由于核武器中子释放能量主要来自高能,低能贡献可以忽略不计。因此,制作核武器数值模拟的中子截面相对反应堆而言要简单容易得多。

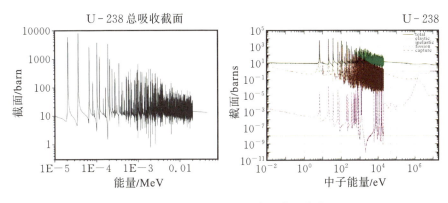

图 5-4 ^{238}U 连续能量中子截面能谱

由于核数据的庞大及存储内存的限制,上述的 ENDF/B 库也只保存着最精炼的核数据,比如只存储绝对零度下的核数据以及一些公式、模型的参数,反应堆物理计算可不能直接使用。这就需要对这些核数据进行处理,才能为堆物理计算程序使用。从基础库加工制作的微观截面库,进行输运计算前,需要对截面库进行一系列基准检验,内容包括微观检验和宏观检验两部分。图 5-5 给出国际上中子截面宏观检验的主要步骤,内容包括:①国际基准检验,从国际基准 SINBAD、ICSBEP、IRPhE 库进行 C/E 值比较;②敏感性和不确定性分析;③计算给出截面的协方差矩阵等。特别对用于反应堆堆芯计算的多群中子截面,低能截面的共振修正,与构型有关的权重谱选取,温度效应的考虑等,其复杂过程甚至超过输运计算方法本身。总之,截面参数的宏观检验是一个理论和实验结合的过程。

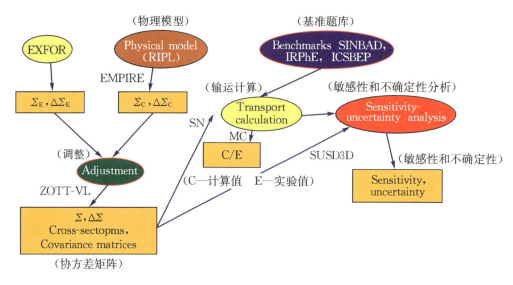

图 5-5 中子宏观截面检验过程

5.8 小结

中子与原子核相互作用及次级粒子的产生过程贯穿输运方程求解,确定中子碰撞类型及反应道,整个过程都是通过截面来描述的。截面来自评价核数据库,数据规模庞大,测量核数据与编评核数据库工作量巨大,是反应堆物理专业需要了解的知识范畴。不断改进核模型、提高核数据库的精度和不确定性分析是堆芯物理设计孜孜不倦的追求。随着人们认知的粒子种类不断增加,开展各种粒子输运求解是 MC 方法未来努力的方向。

参考文献

[1] 谢仲生. 核反应堆物理分析(上册)[M]. 北京:原子能出版社,1994.

[2] 杜书华,张树发,冯庭桂,等. 输运问题的计算机模拟[M]. 长沙:湖南科学技术出版社,1989.

[3] 黄正丰,王春明. MCNP 程序使用说明[A]. 北京:北京应用物理与计算数学研究所,1988.

[4] BRIESMEISTER J F. MCNP:a general Monte Carlo code for N-particle transport:LA-12625-M[R]. New Mexico:Los Alamos National Laboratory,1997.

[5] BLOMQUIST R N,GELBARD E M. An assessment of existing Klein-Nishina Monte Carlo sample methods [J]. Nuclear science and engineering,1983,83:380.

[6] KOBLINGER L. Direct sample from Klein－Nishina distribution for photon energies above 1.4 MeV [J]. Nuclear science and engineering，1975，56：218.

[7] KAHN H. Applications of Monte Carlo：AECU－3259[R]. US：The Rand Corporation，1956.

[8] BETHE H A, HEITLER W. On the stopping of fast particle and on the creation of positive electrons [J]. Proceedings of the Royal Society of London，1934，83(146)：187－218.

[9] HEMANM，TRKOV A. ENDF－6 formats manual，data formats and procedures for the evaluated nuclear data file ENDF/B－Ⅵ and ENDF－Ⅶ[R]. US：Brookhaven National Laboratory，2009.

[10] GOORLEY J T, JAMES M R, BOOTH T E, et al. Initial MCNP6release overview：MCNP6 Beta 3：LA－UR－13－26631[R]. New Mexico：Los Alamos National Laboratory，2013.

[11] CHADWICK M B, HERMAN M, DUNN M E, et al. ENDF/B－Ⅶ.1 Nuclear data for science and technology：cross sections，covariance，fission product yields and decay data [J]. Nuclear data sheets，2011，112：2887.

[12] YESILYURT G, MARIN W R, BROWN F B. On－the－fly Doppler broadening for Monte Carlo codes[J]. Nuclear science and engineering，2012，171(3)：239－257.

[13] LI S, WANG K, YU G. Research on Fast－Doppler－Broadening of neutron cross sections [C]. Knoxville：PHYSOR2012，2012.

[14] MACFARLANE R E. NJOY99.0 code system for producing pointwise and multigroup neutron and photon cross section from ENDF/B data[R]. New Mexico：Los Alamos National Laboratory，2000.

[15] MACFARLANE R E, KAHLER A C. Methods forprocessing ENDF/B－Ⅶ with NJOY [J]. Nuclear Data Sheets，2010，111：2739.

[16] CULLEN D E, WEISBIN C R. Exact Doppler broadening of tabulated cross sections [J]. Nuclear science and engineering，1976，60：199－229.

[17] GRODSTEIN G W. X－Ray attenuation coefficients from 10 keV to 100 MeV：No. 583 [S]. US：National Bureau of Standards Circular，1957.

[18] 刘雄国,邓力,胡泽华,等. JMCT 程序在线多普勒展宽研究[J]. 物理学报,2016,65(9)：092501－092505.

[19] CULLEN D E. POINT2018：ENDF/B－Ⅷ Final temperature dependent cross section library[M]. Vienna：IAEA，Nuclear Data Service.，2018.

[20] NAKAGAWA T, SHIBATA K, CHIBA S, et al. Japanese evaluated nuclear data library version 3 revision－2：JENDL－3.2[J]. Journal of nuclear science and technology，1995，32：1259.

[21] ROBERT J. Present status of JEF project:IAEA-NDS-7 Rev,12[M]. Vienna:IAEA,1997.

[22] IGNATYUK A. Report on 11th Meeting of the Working Party on International Nuclear Data Evaluation Cooperation[R]. USA:BNL,1999.

[23] LIU T J. Present status of CENDL project:IAEA-NDS-7[M]. Vienna:IAEA,1997.

[24] 刘萍,吴小飞,李松阳,等. 群常数制作软件 Ruler 研发[J]. 原子能科学技术,2018,52(7):1153-1159.

[25] 余建开,李松阳,王侃,等. 反应堆用核截面处理程序 RXSP 的研发与验证[J]. 核动力程,2013,34(S1):10-13.

[26] ZU T J, XU J, TANG Y, et al. NECP-Atlas:a new nuclear data processing code[J]. Annals of Nuclear Energy,2019,123:153-161.

>>> 第 6 章 带电粒子输运随机模拟

6.1 电子输运随机模拟

6.1.1 弹性碰撞

电子与靶原子核库仑场作用时,只改变运动方向,不改变能量,这种过程称为电子与靶原子核的弹性散射。在弹性碰撞过程中,为满足入射电子与原子核之间的能量及动量守恒要求,入射粒子损失一部分动能,能量转移给原子核,使之反冲。碰撞后,绝大部分动能仍由电子带走,运动方向被偏转。由于电子的质量小,偏转角度可以很大,而且会发生多次散射,最后偏离原来的运动方向。同时,入射电子能量越低及靶物质的原子序数越大,散射也就越厉害。一般情况下,只考虑电子与靶原子核弹性碰撞过程中的角度偏转,不考虑能量损失。

6.1.2 电离与激发

电子通过靶物质时,电子与靶原子的核外电子之间的库仑作用力,使得核外电子受到排斥,从而获得一部分能量。如果传递给核外电子的能量足以使电子脱离原子核的束缚,那么这个核外电子就脱离原子,成为自由电子。这时靶原子就分离成一个自由电子和一个正离子,这种过程称为电离。原子最外层的电子受原子核的束缚最弱,故这些电子最容易被击出。电离过程中发射出来的自由电子(δ-电子),有的具有足够的动能,可继续与其他靶原子发生相互作用,进一步产生电离。当原子的内壳层电子被电离后,在该壳层会留下空穴,外层电子就要向内层跃迁,同时伴随放出特征 X 射线或者发射俄歇电子。

如果电子传递给核外电子的能量较小,不足以使核外电子摆脱原子核的束缚成为自由电子,但可以使电子从低能级状态跃迁到高能级状态(使电子处于激发状态),这个过程就是激发。处于激发状态的原子是不稳定的,很快会退激至原子的基态,并通过发射 X 射线的形式释放能量。

电子穿过物质时,与靶原子核外电子发生非弹性碰撞,使核外电子电离或激发,而损失自身的能量,这种引起入射电子能量损失的方式就是碰撞能量损失,是电子穿过物质时损失能量的主要方式。

6.1.3 韧致辐射

电子穿过物质时,除了弹性散射、电离和激发,还有另外一种相互作用形式——韧致辐射。这是电子与靶原子核的非弹性碰撞。当带电粒子接近原子核时,受原子核库仑场的作用,入射电子受到吸引,进而使得电子的速度大小和方向发生变化。入射电子这种运动状态的改变,同时发射出光子(韧致光子),并使入射电子的能量极大地减弱。这种过程称为韧致辐射。在韧致辐射的过程中,入射电子以辐射光子的形式损失能量,这种入射电子损失能量的方式称为辐射能量损失。辐射能量损失与入射粒子的质量的平方成反比,由于电子的质量较小,与原子核碰撞后其运动状态改变很显著。因此,辐射能量损失也是电子能量损失的一种重要方式。

6.1.4 正电子与物质作用

正电子穿过物质时,也像负电子一样,要与核外电子和原子核相互作用,产生弹性散射、电离损失和辐射损失。尽管负电子和正电子与物质相互作用时,受到的力或为排斥力或为吸引力,但由于它们的质量相等,能量相等的正电子和负电子在物质中的能量损失和射程是大体相同的。负电子在物质中的慢化过程,对于正电子也同样适用。但正电子与负电子还是有明显的不同,正电子偶然与负电子结合,会以湮没辐射形式发射光子。这种湮没过程在理论上有如下三种模式:

①正电子与紧密束缚的原子电子湮没,光子动能被核吸收;

②正电子与电子形成类氢正电子的束缚态,或发射两个光子的基态湮没,或发射三个光子的三重基态湮没;

③自由正电子与自由电子湮没。

在上述三种过程中,有 80% 的概率发生第三种模式。在计算过程中,若这三种过程全部处理,则会有好多次级过程及级联过程。因此,一般情况下只考虑第三种模式。而且假设正电子在飞行中没有湮没,只有在正电子径迹末端,会与介质中的一个负电子结合发生湮没,放出 γ 光子(湮没光子)。

6.1.5 浓缩历史方法

电子在物质中的输运和中子、光子有明显的不同。中子、光子由于是中性粒子,在输运过程中由相对较少的独立碰撞组成。然而,电子在输运的过程中,受到物质中核外电子、原子核的库仑作用,发生电离、激发或韧致辐射而损失能量。由于电子在每一次碰撞中所损失的能量很小,从而电子运动轨迹会由大量的小能量转移碰撞组成。例如,光子只要经过 20~30 次非相干散射能量就会从几 MeV 降到 50 keV,中子在氢中经过 18 次碰撞能量就会由 2 MeV 降到热能(eV),而一个电子的能量由 0.5 MeV 减小到 0.25 MeV,在铝中大约需要碰撞 2.9×10^4 次,在金中大约需要碰撞 1.7×10^5 次。因此,一个电子的 MC 历史比中子或光子的计算量要大上千倍。为了减少计算量,使用浓缩历史方法是非常必要的。

浓缩历史方法的基本思想是把真实的物理上的随机游动划分为若干历史阶段,每一个历史阶段包括好多次游动。也就是说,把好多次随机碰撞合并为一次碰撞,作为一步游动处理。而这一步的能量损失和飞行方向的偏移由近似的多次散射理论给出。

应用浓缩历史方法来模拟电子输运能否得出理想的结果,主要取决于对粒子历史阶段的划分是否合理,也取决于在每个历史阶段中所采用的统计理论是否合适。如何正确地划分粒子的历史阶段和选择合适的统计理论是关键。目前使用的方法是能量对数分割法及多次散射理论。这个理论的局限性是每步要包含很多次碰撞,但是同时每步产生的能量损失相比电子的动能来说要小很多。一般情况下,浓缩历史方法在电子能区 1 keV$<E_e<$1 GeV 是合适的。

下面介绍浓缩历史方法的基本思想。

1. 能量步长

电子在物质中的输运过程,通常用电子的位置 $r(x,y,z)$,动能 E,方向 $u(\zeta,\varphi)$,径迹长度 s,时间 t,权 w 表示。这样电子在物质中的输运可以看成由一组一组的数据链组成:$(r_0,E_0,u_0,s_0,t_0,w_0) \rightarrow (r_1,E_1,u_1,s_1,t_1,w_1) \rightarrow \cdots \rightarrow (r_n,E_n,u_n,s_n,t_n,w_n) \rightarrow \cdots$。其中 n 表示第 n 时刻的电子状态。能量步长满足

$$E_{n-1} - E_n = -\int_{s_{n-1}}^{s_n} \frac{\mathrm{d}E}{\mathrm{d}s} \mathrm{d}s \tag{6-1}$$

其中,$-\mathrm{d}E/\mathrm{d}s$ 为单位长度的能量损失率,单位是 MeV/cm,它依赖运动电子的能量和材料。

在浓缩历史思想中,采用电子的能量来划分电子的历史,从而使得多次电子碰撞被浓缩成一次碰撞。粒子每走一步,能量按对数减少,即

$$\frac{E_n}{E_{n-1}} = k \tag{6-2}$$

其中,k 为一常数,大多数情况下,取 $k=(1/2)^{-1/M}$,M 为步数,即走 M 步能量降低 $1/2$。

因此,M 是量度粒子游动步长的一个重要参量。这种分法的优点是由一步到下一步多次散射偏转角度变化不大。这可以由 Blanchard-Fano 推导出的多次散射

偏转角余弦的平均值公式看出[1]

$$\langle\cos\zeta\rangle \sim \left(\frac{E_{n+1}}{E_n} \cdot \frac{E_n + 2m_e}{E_{n+1} + 2m_e}\right)^{0.3Z} \quad (6-3)$$

其中，Z 为介质的原子序数，m_e 为电子的静止能量。

当动能 E_n 和 E_{n+1} 比 $2m_e$ 小很多时，角度偏转只与 E_{n+1}/E_n 有关，与 E_n 和 E_{n+1} 的值无关。因此，能量按对数减小，偏转角度由当前步到下一步的变化不大。一般情况下，为了保证电子在一个浓缩历史步长下损失的能量适中，以及偏转角度变化不大，通常取 $M=8$，也就是平均每步能量损失约 8.3%。

假设电子沿轨迹的能量损失率 $-\mathrm{d}E/\mathrm{d}s$ 是连续变化的函数，那么电子从能量 E_{n-1} 变化到能量 E_n 过程中，所走的平均距离 $\Delta s = s_n - s_{n-1}$ 可以用式(6-4)求出

$$\Delta s = -\int_{E_{n-1}}^{E_n} \frac{1}{-\mathrm{d}E/\mathrm{d}s} \mathrm{d}E \quad (6-4)$$

这里，$-\mathrm{d}E/\mathrm{d}s$ 为电子的碰撞能量损失率与辐射能量损失率之和，表示电子在单位距离内由于碰撞和辐射所损失的平均能量。

按照上述分法，对电子在介质中的输运过程进行模拟。为了更准确地描述电子在介质中的轨迹以及角度偏转，可以把步长划分得更细一些，如图 6-1 所示。也就是在式(6-4)划分的大步长栅格中，再划分出多个小步栅格，小步栅格的轨迹间距取为

$$\Delta s' = \frac{s_n - s_{n-1}}{m} \quad (6-5)$$

其中，m 为在一个大步长栅格中划分的小步栅格数。$Z<6, m=2; Z>91, m=15$。

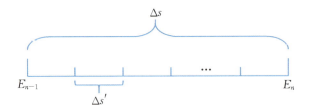

图 6-1 小步栅格示意图

电子的输运是按照小步栅格进行的，每个小步计算电子的能量损失、抽样电子的偏转方向、产生二次粒子(具体数据之后介绍)，更新电子的能量位置方向，接着再进行下一个小步的循环。小步栅格数 $m(Z)$ 可以取为：2，2，2，2，2，3，3，3，3，4，4，4，5，5，5，5，5，5，5，5，5，6，6，6，6，6，6，6，7，7，7，7，7，7，7，7，7，7，8，8，8，8，8，8，8，8，8，9，9，9，9，9，10，10，10，10，10，10，10，10，10，10，11，11，11，11，11，12，12，12，12，12，12，12，12，12，13，13，

13,13,13,13,14,14,14,14,14,14,14,15,15,15。

2. 能量损失率

当电子入射到靶物质时，与靶原子发生相互作用而损失能量。电子在单位路程上的能量损失，也就是在计算步长时引入的能量损失率$-\mathrm{d}E/\mathrm{d}s$，这个能量损失率表示电子在单位路程内损失的总能量，由两部分组成：①碰撞能量损失率；②辐射能量损失率，即有

$$\frac{\mathrm{d}E}{\mathrm{d}s} = \frac{\mathrm{d}E}{\mathrm{d}s}\bigg|_{\mathrm{col}} + \frac{\mathrm{d}E}{\mathrm{d}s}\bigg|_{\mathrm{rad}} \quad (6-6)$$

1）碰撞能量损失率

碰撞能量损失率是基于Berger[2]提出的公式计算的。1963年Berger推导出了限制碰撞能量损失率公式

$$-\left(\frac{\mathrm{d}E}{\mathrm{d}s}\bigg|_{\mathrm{col}}\right)_{\varepsilon_\mathrm{m}} = NZC\left[\ln\frac{E^2(\tau+2)}{2I^2} + f^-(\tau,\varepsilon_\mathrm{m}) - \delta\right] \quad (6-7)$$

其中，

$$f^-(\tau,\varepsilon_\mathrm{m}) = -1-\beta^2 + \left(\frac{\tau}{\tau+1}\right)^2\frac{\varepsilon_\mathrm{m}^2}{2} + \frac{2\tau+1}{(\tau+1)^2}\ln(1-\varepsilon_\mathrm{m}) + \ln[4\varepsilon_\mathrm{m}(1-\varepsilon_\mathrm{m})] + \frac{1}{1-\varepsilon_\mathrm{m}}$$

$$(6-8)$$

式中，N为介质的原子数密度（个/cm³）；Z为介质原子的平均原子序数；$C=2\pi e^4/(m_e v^2)$为耦合系数；I为原子的平均电离能；$\tau=E/m_e$为电子动能；$\beta=v/c$；m_e、e、v分别为碰撞电子的静止能量、电荷、速度；δ为密度修正因子，它是由于周围介质的极化对电子有效电场产生影响所致（介质极化是介质内部不均匀出现的电荷现象）；ε_m为能量转移分数的临界值（电子在介质中损失的能量/电子初始的动能）。

电子在一次碰撞中传递给原子的能量大于ε_m时，则被认为发生了电离反应。当在一次碰撞中能量传递小于ε_m时，被认为发生了激发过程。ε_m的大小根据具体靶原子情况确定。在实际计算中，不针对每个靶原子计算ε_m，而是认为所有情况下的ε_m都取为1/2。这是因为入射电子和介质原子碰撞之后，散射电子和产生的击出电子具有不可分辨性。假设具有较大能量的电子为散射电子，则入射电子在介质中的能量损失小于入射电子能量的1/2，也就是入射电子的能量转移分数总小于1/2，因此，取临界能量转移分数$\varepsilon_\mathrm{m}=1/2$，式(6-8)变为

$$f^-(\tau,\varepsilon_\mathrm{m}) = -\beta^2 + (1-\ln 2) + \left(\frac{1}{8}+\ln 2\right)\left(\frac{\tau}{\tau+2}\right)^2 \quad (6-9)$$

另外，在式(6-7)中，把电子的动能E和原子的平均电离能

$$w_m = w_{m-1}(1 - \Sigma_a/\Sigma_t), \quad m = 1, 2, \cdots, M-1$$

转换成电子静止能量的单位后，E 和 I 可以用 τ 代替，式(6-6)变为

$$-\frac{dE}{ds}\bigg|_{col} = NZ \frac{2\pi e^4}{m_e v^2} \left\{ \ln[\tau^2(\tau+2)] - C_2 + C_3 - \beta^2 + C_4 \left(\frac{\tau}{\tau+1}\right)^2 - \delta \right\}$$

(6-10)

其中，$C_2 = \ln(2I^2)$，$C_3 = 1 - \ln 2$，$C_4 = 1/8 + \ln 2$。

在实际计算中，相同的材料，密度可能会不同。实际用的能量损失率是用式(6-10)除以介质的密度，并且通过 1 barns=10^{-24} cm^2，将碰撞能量损失率的单位转换为 MeV·barns。那么式(6-10)转换为

$$-\frac{dE}{ds}\bigg|_{col} = \frac{10^{24} \alpha^2 h^2 c^2 Z}{2\pi m_e \beta^2} \left\{ \ln[\tau^2(\tau+2)] - C_2 + C_3 - \beta^2 + C_4 \left(\frac{\tau}{\tau+1}\right)^2 - \delta \right\}$$

(6-11)

其中，α 是精细结构常数(≈ 0.00729)，h 是普朗克常数。根据式(6-11)计算碰撞能量损失率。式中有两个重要的参数：①平均电离能 I(C_2中)；②密度效应修正因子 δ。Sternheimer、Berger 和 Seltzer[3] 计算了原子的平均电离能 I 和密度效应修正因子 $\delta(\beta)$。

$$\ln I = \sum_{i=1}^{n-1} f_i \ln\left[(h\nu_i \rho) + \frac{2}{3} f_i (h\nu_p)^2\right]^{1/2} + f_n \ln(h\nu_p f_n^{1/2}) \quad (6-12)$$

$$\delta(\beta) = \sum_{i=1}^{n} f_i \ln\left(\frac{l_i^2 + l^2}{l_i^2}\right) - l^2(1 - \beta^2) \quad (6-13)$$

其中，h 为普朗克常数；f_i 为第 i 壳层电子比例分数；ν_i 为第 i 壳层的结合能；n 为原子核外电子壳层数；ν_p 为介质的等离子体频率，$\nu_p = \left(\frac{n_e e^2}{\pi m_e}\right)^{1/2}$；$n_e$ 为介质中电子的数密度；ρ 为调整因子。

l_i 满足如下公式：

$$l_i^2 = \frac{2}{3} f_i + \left(\frac{\nu_i \rho}{\nu_p}\right)^2 \quad (6-14)$$

l 由式(6-15)中求出

$$\frac{1}{\beta^2} - 1 = \sum_{i=1}^{n} \frac{f_i}{l^2 + (\nu_i \rho / \nu_p)^2} \quad (6-15)$$

通过式(6-12)便可以得到材料的调整因子 ρ，再通过式(6-13)便得到密度效应修正因子 $\delta(\beta)$。

2) 辐射能量损失率

辐射能量损失的本质是电子在与原子核相互作用过程中，电子的运动速度大小和方向发生变化，同时发射出光子。因此，电子在韧致辐射过程中损失的能量就

是辐射出光子的能量。假设电子与单个原子核相互作用辐射能量为 k 的轫致光子的微分截面是 $d\sigma/dk$,则辐射能量损失率为

$$\left.\frac{dE}{ds}\right|_{rad} = \int_0^{E_0} Nk\left(\frac{d\sigma}{dk}\right)dk \qquad (6-16)$$

其中,N 为单位体积内的原子数;k 为轫致光子能量;E_0 为电子的初始动能,也是光子的最大能量。

式(6-16)可以写成下述形式

$$\left.\frac{dE}{ds}\right|_{rad} = NE_{tot}\Phi_{rad} \qquad (6-17)$$

其中,

$$\Phi_{rad} = \frac{1}{E_{tot}}\int_0^{E_0} k\left(\frac{d\sigma}{dk}\right)dk \qquad (6-18)$$

其中,E_{tot} 为初始电子的总能量($E_{tot} = E_0 + m_ec^2$);Φ_{rad} 为轫致辐射的能量吸收截面。

Berger 和 Seltzer 对式(6-17)进行了变形,得到辐射能量损失率为

$$-\left.\frac{dE}{ds}\right|_{rad} = 10^{24}Z(Z+\bar{\eta})(\alpha r_e^2)(E+m_e)\Phi'_{rad} \qquad (6-19)$$

其中,E 为电子动能;Φ'_{rad} 为轫致辐射的能量吸收截面的比例值[4,5];α 为精细结构常数;r_e 为经典电子半径;η 为由于电子与核外电子相互作用产生的轫致辐射对总的辐射能量损失率的修正因子,在 Seltzer 的文章中可以查到[6]。

6.1.6 能量歧离

根据上面的讨论,可知带电粒子是与靶物质原子中的电子和靶原子核发生多次碰撞而损失能量的。对任何一个特定的入射粒子来说,它沿着径迹所经历的碰撞次数、碰撞类型以及每次碰撞所转移的能量都是随机变化的,这使得相同能量的入射电子,在靶介质中穿过同一距离后,这些粒子的能量损失是不同的。由此可见,电子在一个步长内的能量损失率也是有统计起伏的。前面所说的能量损失率是对所有入射粒子求平均而得到的平均能量损失率,而每一个粒子的实际碰撞能量损失率是在这个平均值附近变化的。

在计算过程中,如果不考虑能量歧离,则电子的能量损失率就是上面计算的平均能量损失率;如果考虑能量歧离,对平均能量损失率为 $\overline{-dE/ds|_{col}} = \bar{\Delta}/s$ 的粒子(这里 $\bar{\Delta}$ 为粒子在路程 s 上产生的能量损失),在实际输运中会有一个概率分布 $f(s,\Delta)d\Delta$。Landan[7] 假设每步的平均能量损失和入射电子的能量相比非常小,电子在介质中的能量损失可以近似用卢瑟福(Rutherford)散射截面公式计算得到[8],从而能量损失的上限就会向上延伸至无穷大。基于以上假设,发现碰撞能量损失率可以用 Landan 分布表示为

$$f(s,\Delta)\mathrm{d}\Delta = \Phi(\lambda)\mathrm{d}\lambda \tag{6-20}$$

其中，$\Phi(\lambda) = \dfrac{1}{2\pi i}\int_{x-i\infty}^{x+i\infty} e^{\mu\ln\mu+\lambda\mu}\mathrm{d}\mu$，$x$ 是一个用于积分的任意正实数。

变量 λ 和 Δ 的关系为

$$\lambda = \dfrac{\Delta}{\zeta} - \ln\left[\dfrac{2\zeta\, m_e v^2}{(1-\beta^2)I^2}\right] + \delta + \beta^2 - 1 + \gamma \tag{6-21}$$

其中，v 是电子速度；γ 为欧拉常数（$\gamma = 0.5772157$）；δ 为密度效应修正系数；$\zeta = \dfrac{2\pi e^4 NZ}{m_e v^2} s$ 为能量歧离系数；$\beta = v/c$；I 是平均激发能。公式中其他参数和平均碰撞能量损失率与式(6-13)中的参数表示意义相同。

根据平均碰撞能量损失关系式(6-11)和式(6-21)，可以得到 λ 与 $\overline{-\mathrm{d}E/\mathrm{d}s|_{\mathrm{col}}} \cdot s = \bar{\Delta}$ 和 $-\mathrm{d}E/\mathrm{d}s|_{\mathrm{col}} \cdot s = \Delta$ 之间的关系：

$$\lambda = \dfrac{\Delta - \bar{\Delta}}{\zeta} + \bar{\lambda} \tag{6-22}$$

其中，

$$\bar{\lambda} = \ln\left(\dfrac{E}{\zeta}\right) - 0.80907 + \dfrac{\dfrac{\tau^2}{8} - (2\tau+1)\ln 2}{(\tau+1)^2} \tag{6-23}$$

综上所述，对于平均碰撞能量损失率为 $\overline{-\mathrm{d}E/\mathrm{d}s|_{\mathrm{col}}} = \bar{\Delta}/s$ 的电子，考虑能量歧离后，碰撞能量损失率的密度函数 $f(s,\Delta)$ 与 Landan 分布 $\Phi(\lambda)$ 相同，也就是对平均能量损失率为 $\overline{-\mathrm{d}E/\mathrm{d}s|_{\mathrm{col}}} = \bar{\Delta}/s$ 的电子抽样得到能量损失率为 $-\mathrm{d}E/\mathrm{d}s|_{\mathrm{col}} = \Delta/s$ 的概率和对 Landan 分布抽样得到 λ 的概率相同。因此，按 Landan 分布概率抽样得到 λ，根据 λ 和能量损失率的关系就可以得到抽样的碰撞能量损失率。

为了抽样 λ，就要计算 $\Phi(\lambda)$。在计算中，对于 $\lambda < -4$，$\Phi(\lambda)$ 的值是负的，因此，$\lambda < -4$ 区域是不可取的。对于 $-4 < \lambda < 100$，Borsch-Supan[9] 计算了 $\Phi(\lambda)$ 的值，$\Phi(\lambda)$ 有渐近形式

$$\Phi(\lambda) \approx \dfrac{1}{w^2 + \pi^2} \tag{6-24}$$

而 λ 和 w 之间满足

$$\lambda = w + \ln w + \gamma - \dfrac{3}{2} \tag{6-25}$$

随机抽样得到 w 的值，通过式(6-25)得到 λ 的值。考虑到近似分布 $\Phi(\lambda) \approx w^{-2}$ 比 $\Phi(\lambda) \approx (w^2+\pi^2)^{-1}$ 容易抽样，MCNP 程序是从近似分布抽样的，可以验证当 $\lambda > 100$，精度有保障。由于 Landan 分布的尾巴一直拖向正无穷，所以，如果在取样 λ 的时候没有限制最大值 λ_c，就会导致抽样得到的能量损失率也趋于无穷大，

这个现象是不符合实际的。因此，在抽取 λ 之前，需要提前计算 λ_c（与材料、能量有关）。抽样得到 λ 后，就是计算能量歧离系数 ζ、$\bar{\lambda}$。这些能量歧离系数的计算有两种办法：①大步栅格能量点法；②在线计算法。

第一种方法是简单的能量歧离计算方法，在计算的过程中使用的是大步能量栅格的步长和大步栅格的能量中点进行计算

$$E_{\text{mid}} = \frac{E_n - E_{n+1}}{2} \tag{6-26}$$

第二种方法是较复杂的能量歧离方法，在计算的过程中使用的能量是根据当前入射电子能量 E、当前实际径迹长度 s 计算的能量中点：

$$E_{\text{mid}} = \frac{E - \frac{1}{2} \times \left(-\frac{\mathrm{d}E}{\mathrm{d}s}\right)s}{2} \tag{6-27}$$

计算中，如果只使用浓缩历史方法，则默认使用第一种能量歧离系数计算方法；如果综合使用浓缩历史方法和下面介绍的单碰撞事例方法，则默认使用第二种能量歧离系数计算方法。

另外，需要强调的是，Landan 分布是对一次碰撞能量损失小于入射电子能量的情况下的统计结果，而且没有考虑轫致辐射能量损失。因此，Landan 分布不能反映出由于产生轫致光子造成能量损失的统计起伏。因此，在计算的过程中，在一个步长内入射电子的能量损失是

$$\Delta E = \left.\frac{\mathrm{d}E}{\mathrm{d}s}\right|_{\text{col}} \cdot \Delta s + E_r \tag{6-28}$$

其中，$\mathrm{d}E/\mathrm{d}s|_{\text{col}}$ 为考虑了能量歧离的碰撞能量损失率；Δs 为入射电子走过的实际路程；E_r 为由于轫致辐射造成的能量损失，也就是轫致光子的能量。

6.1.7 角度偏转

电子在介质中通过 Δs 的路程中，要与原子核及核外电子发生大量的碰撞，因此，方向不断改变。经过 Δs 路程末端产生的总的角度偏转，可以由多次散射理论得到。在实际计算中，使用的是 Goudsmit-Saunderson 理论[10]，作者推导出了精确的多次散射角分布密度函数，为勒让德(Legendre)多项式的展开式

$$f(\Delta s, \mu)\mathrm{d}\mu = \sum_{l=0}^{\infty} \left(\frac{2l+1}{2}\right) \exp(-\Delta s\, G_l) \mathrm{P}_l(\mu)\mathrm{d}\mu \tag{6-29}$$

其中，$\mu = \cos\zeta$ 为相对于原来方向所产生的偏转角度的余弦值；$\mathrm{P}_l(\mu)$ 为第 l 阶勒让德多项式，G_l 由式(6-30)给出：

$$G_l = 2\pi N \int_{-1}^{1} \frac{\mathrm{d}\sigma}{\mathrm{d}\Omega}[1 - \mathrm{P}_l(\mu)]\mathrm{d}\mu \tag{6-30}$$

其中，N 为单位体积的原子数；$\mathrm{d}\sigma/\mathrm{d}\Omega$ 为电子单次散射的角微分截面。

如果此时碰撞电子的能量 $E_n < 0.256$ MeV，角微分截面已由 Riley 等[11]计算出。如果 $E_n > 0.256$ MeV，角微分截面采用经过 Mott 截面[12]校正后的 Rutherford 截面[8]，即

$$\frac{d\sigma}{d\Omega} = \frac{Z^2 e^2}{p^2 v^2 (1 - \mu + 2\eta)^2} \left[\frac{(d\sigma/d\Omega)_{\text{Mott}}}{(d\sigma/d\Omega)_{\text{Rutherford}}} \right] \quad (6-31)$$

其中，e、p、v 分别为碰撞电子的电荷、动量及速度；η 为屏蔽修正因子。

$$\eta = \frac{1}{4} \left(\frac{\alpha m_e c}{0.885 p} \right)^2 Z^{2/3} \left[1.13 + 3.76 (\alpha Z/\beta)^2 \sqrt{\frac{\tau}{\tau+1}} \right] \quad (6-32)$$

其中，α 为精细结构常数（≈ 0.00729）；$\beta = v/c$；$\tau = E/m_e$。

对式(6-29)进行积分，就可以得到散射角余弦为 μ' 的累积密度函数为

$$F(\Delta s, \mu') = \int_{\mu'}^{1} f(\Delta s, \mu) d\mu = \int_{\mu'}^{1} \sum_{l=0}^{\infty} \left(\frac{2l+1}{2} \right) \exp(-\Delta s \, G_l) P_l(\mu) d\mu$$

$$= \sum_{l=0}^{\infty} \left(\frac{2l+1}{2} \right) \exp(-\Delta s \, G_l) \int_{\mu'}^{1} P_l(\mu) d\mu \quad (6-33)$$

由于式(6-33)一般至少需要计算 50～60 项，甚至多达 100 项，收敛较慢，但是在计算的过程中每次都要重复做指数部分的积分 G_l（式(6-30)），而且只能做数值计算，计算量相当大。为了减小计算量，Berger 根据多方面的分析，发现函数 G_l 能写成下列积分形式的线性组合

$$P(m, l) = \int_{-1}^{1} (1 - \mu + 2\eta)^m [1 - P_l(\mu)] d\mu$$

$$m = -2, -\frac{3}{2}, -1, \cdots (240 \text{ 项}), \quad l = 1, 2, 3, 4, \cdots \quad (6-34)$$

这些积分之间存在一个递推关系：

$$P(m+1, l) = (1 + 2\eta) P(m, l) + p(m, l) - \frac{l+1}{2l-1} P(m, l+1) - \frac{1}{2l+1} p(m, l-1)$$

$$(6-35)$$

和初值（$l \geq 1$）：

$$\begin{cases} P(-2, 1) = \lg_{10}\left(1 + \frac{1}{\eta}\right) - (1 + \eta)^{-1} \\ lP(-2, l+1) = (2l+1)(1 + 2\eta) P(-2, l) - (l+1) P(-2, l-1) - (2l+1)(1+\eta)^{-1} \\ P\left(-\frac{3}{2}, l\right) = 2(2\tilde{\eta})^{3/2} (1 + \tilde{\eta})^{-1} \\ P\left(-\frac{3}{2}, l+1\right) = \tilde{\eta} P\left(-\frac{3}{2}, l\right) + P\left(-\frac{3}{2}, l\right) \\ \tilde{\eta} = 1 - \eta(\sqrt{1 + 1/\eta} - 1) \end{cases}$$

$$(6-36)$$

在能量确定的情况下函数 G_l 就可以利用式(6-35)和式(6-36)递推求出。在实际计算中累加了 $m=240$ 项 $P(m,l)$ 来计算 G_l。当 $E_n<0.256\ \text{MeV}$ 时，式中 η 存于数组中。当 $E_n>0.256\ \text{MeV}$ 时，η 是屏蔽修正因子。

累积密度函数的系数确定后，接下来计算积分 $\int_{\mu'}^{1}P_l(\mu)\mathrm{d}\mu$。而上述积分有递推关系：

$$\begin{cases}l=0, \int_{\mu'}^{1}P_l(\mu)\mathrm{d}\mu = 1-\mu \\ l=1, \int_{\mu'}^{1}P_l(\mu)\mathrm{d}\mu = \dfrac{1-\mu^2}{2} \\ l\geq 2, (l+1)\int_{\mu'}^{1}P_l(\mu)\mathrm{d}\mu = (2l-1)\mu\int_{\mu'}^{1}P_{l-1}(\mu)\mathrm{d}\mu - (l-2)\int_{\mu'}^{1}P_{l-2}(\mu)\mathrm{d}\mu\end{cases}$$

(6-37)

当对 $\int_{\mu'}^{1}P_l(\mu)\mathrm{d}\mu$ 进行积分时，展开项之间可以递推求出，不必一一积分。系数和积分确定后，就可以按式(6-33)计算多次散射角分布的累积密度函数。在实际计算中考虑了 $l=240$ 项，对 $\left(\dfrac{2l+1}{2}\right)\exp(-\Delta sG_l)>10^{-6}\times(l-5)$ 的有效项进行累加，便得到多次散射角分布累积密度函数。

累积密度函数不是在线计算的，而是在输运前数据库制备过程中准备的，共计算了 34 个角度，对这 34 个角度求出累积密度值，并制成表。之后在每个小步的输运中，求电子散射时，入射电子的偏转角在表中插值即可得到。角度离散取了 34 个值：0，1，2，3，4，5，6，7，8，9，12，15，18，21，24，27，30，35，40，45，50，60，70，80，90，100，110，120，130，140，150，160，170，180。

6.1.8 电子引起次级过程

电子在与介质原子核、核外电子相互作用时，入射电子除了会损失能量，而且还会激发产生次级粒子。主要包括以下四种产生次级粒子过程：①原子电离产生击出电子；②特征 X 射线或俄歇电子的产生；③轫致辐射；④湮没辐射。这四种过程不一定同时存在，取决于碰撞中产生相应次级粒子的概率。下面对这四个过程进行介绍，重点介绍各个次级粒子产生的概率、位置、能量分布及角度分布。

1. 原子电离产生击出电子

入射电子在与核外电子相互作用过程中，会把核外电子敲出，成为自由电子，也就是产生了新的电子(δ 电子)。产生的新电子，如果具有足够的动能，可继续与其他靶原子发生相互作用。

Moller[13] 在处理击出电子的过程中，假设入射电子与核外电子的碰撞是自由电子–自由电子碰撞。在这种假设下，推导出了产生击出电子的微分截面公式

$$\frac{d\sigma}{d\varepsilon} = \frac{C}{E}\left[\frac{1}{\varepsilon^2} + \frac{1}{(1-\varepsilon)^2} + \left(\frac{\tau}{\tau+1}\right)^2 - \frac{2\tau+1}{(\tau+1)^2}\frac{1}{\varepsilon(1-\varepsilon)}\right] \quad (6-38)$$

其中，ε、τ、E 和 C 与碰撞能量损失率式(6-8)具有相同的意义。当计算碰撞能量损失率时，主要关心的 ε 的范围是(0,1/2)。但是，为了产生并跟踪击出电子，这里只关心击出电子能量大于能量截断的击出电子，也就是 ε 的范围是(ε_c,1/2)，其中 ε_c 表示能量截断值/入射电子初始动能。从而产生击出电子的总截面

$$\sigma(\varepsilon_c) = \int_{\varepsilon_c}^{1/2}\frac{d\sigma}{d\varepsilon}d\varepsilon = \frac{C}{E}\left[\frac{1}{\varepsilon_c} + \frac{1}{1-\varepsilon_c} + \left(\frac{\tau}{\tau+1}\right)^2\left(\frac{1}{2}-\varepsilon_c\right) - \frac{2\tau+1}{(\tau+1)^2}\ln\left(\frac{1-\varepsilon_c}{\varepsilon_c}\right)\right]$$
$$(6-39)$$

对于一个中子或光子来说，一个径迹元就是两次碰撞间的距离，次级粒子就在碰撞点产生；而对于电子则不然，电子一个小步长内要包括好多次的碰撞，沿着小步长轨迹任一点都有可能产生次级粒子。沿小步长产生次级粒子的概率等于单位长度内的产生概率乘以轨迹长度，且次级粒子的位置是沿步长随机定位的，则在 Δs 步长内产生击出电子的个数为：

$$P_e = \Delta s \cdot N \cdot \sigma(\varepsilon_c) \quad (6-40)$$

每个击出电子的动能占入射电子动能的比值 ε，可按下述分布抽样得到

$$f(\varepsilon,\varepsilon_c)d\varepsilon = \frac{\sigma(\varepsilon)}{\sigma(\varepsilon_c)} = \int_{\varepsilon_c}^{\varepsilon}\frac{d\sigma}{d\varepsilon}d\varepsilon \Big/ \int_{\varepsilon_c}^{1/2}\frac{d\sigma}{d\varepsilon}d\varepsilon \quad (6-41)$$

而击出电子的动能为

$$E' = \varepsilon \cdot E \quad (6-42)$$

击出电子产生的位置沿着 Δs 步长上任一点都有可能产生，则对于每个击出电子，其产生的位置为

$$dk = \xi \cdot \Delta s \quad (6-43)$$

其中，ξ 为任一随机数。

击出电子的动能确定后，通过能量守恒、动量守恒，得到击出电子的出射极角余弦为

$$\cos\zeta = \left[\frac{\varepsilon(\tau+2)}{\varepsilon\tau+2}\right]^{\frac{1}{2}} \quad (6-44)$$

综上所述，在电子输运计算过程中，使用 P_e 来决定是否产生击出电子以及产生几个击出电子，再使用式(6-41)来抽样入射电子的能量转移分数 ε，并根据式(6-42)得到击出电子的能量 E'，由式(6-44)得到击出电子的极角余弦。需要强调的是，在计算击出电子物理量的过程中，不考虑入射电子能量和方向的变化，因为入射电子的能量减少和方向偏转已经在式(6-1)~式(6-3)中考虑过了。

2. K 壳层特征 X 射线或俄歇电子的产生

当原子的内壳层电子被电离后，在该壳层会留下空穴，原子外层电子就要向内

层跃迁,此时就会产生新的次级粒子:特征 X 射线或者发射俄歇电子。外层电子的能量较高,在向内层跃迁填补空穴时,就会产生多余的能量。两个壳层的结合能之差,就是跃迁时释放出来的能量。如果多余的能量作为 X 射线发射出来,那么这个次级粒子就是特征 X 射线。根据量子力学,原子的能级是固定的,所以这种射线的能量也是固定的。因此,被称为特征 X 射线。如果多余的能量交给外壳层的其他电子,使它从原子中发射出来,成为自由电子,那么这个又被电离的外层电子就是俄歇电子。在填补 K 壳层空穴的过程中,有且仅有这两个过程,而且这两个过程属于竞争关系,也就是在一次填补空穴的过程中,只能发生其中一个过程。

产生 K 壳层特征 X 射线和俄歇电子的概率之和是 K 壳层电子被电离产生 K 壳层空穴的概率。Kolbenstvedt[14]计算了电子碰撞产生原子 K 壳层空穴的总截面。在计算的过程中,对于远程碰撞(碰撞参数 $b>$ 原子 K 壳层电子半径 a),电子经过原子时所产生的场,可以用光子经过原子时所产生的场等效,从而可以使用相应光子发生光电反应的截面,计算得到总截面

$$\sigma(b>a) = \frac{0.275}{I} \frac{(E+1)^2}{E(E+2)} \left\{ \ln\left[\frac{1.19E(E+2)}{I}\right] - \frac{E(E+2)}{(E+1)^2} \right\} \quad (6-45)$$

其中,E 为电子动能;I 为 K 壳层电离能。

对于近程碰撞(碰撞参数 $b<$ 原子 K 壳层电子半径 a),采用 Moller[13]计算电离微分截面的方法,也就是假设入射电子与 K 壳层电子的碰撞是自由电子-自由电子碰撞。计算得到的总截面为

$$\sigma(b<a) = 2\int_{\varepsilon=I/E}^{1/2} \frac{\mathrm{d}\sigma}{\mathrm{d}\varepsilon}\mathrm{d}\varepsilon = \frac{0.99}{I}\frac{(T+1)^2}{E(E+2)}\left\{1 - \frac{I}{E}\left[1 - \frac{E^2}{2(E+1)^2} + \frac{2E+1}{(E+1)^2}\ln\frac{E}{I}\right]\right\}$$

$$(6-46)$$

其中,系数 2 表示 K 壳层有两个电子,积分下限表示能量转移分数最小为 K 壳层电离能/初始电子动能。

远程碰撞和近程碰撞的总截面相加,就得到电子碰撞产生原子 K 壳层空穴的总截面

$$\sigma = \sigma(b>a) + \sigma(b<a) \quad (6-47)$$

则在 Δs 步长内产生 K 壳层空穴的个数为

$$P_{\mathrm{K}} = \Delta s N \sigma \quad (6-48)$$

对于一个 K 壳层空穴,产生特征 X 射线的概率通过实验拟合得到

$$P_{(\text{X-ray})} = \frac{1}{1 + \dfrac{1}{(-0.064 + 0.034Z - 1.03\times 10^{-6}Z)^4}} \quad (6-49)$$

发射俄歇电子的概率为

$$P(\text{Auger}) = 1 - P_{(\text{X-ray})} \quad (6-50)$$

在计算的过程中,近似认为发生的特征 X 射线的能量等于俄歇电子的能量。在数据库中,存储的能量是 $E_K - E_L - E_L$,即认为 L 壳层的电子填补了 K 壳层的空穴,并且产生的能量使 L 壳层的电子电离。为了简化计算,在计算的过程中,只考虑当前材料中原子序数最大 Z_{max} 的原子所产生的特征 X 射线或俄歇电子。如果材料中含有少量高 Z 杂质原子,这种处理方法可能会屏蔽材料中主要组分原子产生的特性 X 射线或俄歇电子,这个效应有待进一步研究。

产生 K 壳层特征 X 射线或俄歇电子的位置沿着 Δs 步长上任一点都有可能产生,则对于每个 K 壳层特征 X 射线和俄歇电子的产生的位置为

$$dk = \xi \cdot \Delta s \tag{6-51}$$

其中,ξ 为任意随机数。发射特征 X 射线或俄歇电子的方向是各向同性的。

综上所述,在电子输运计算的过程中,使用 P_K 来决定是否产生特征 X 射线或俄歇电子以及产生的总个数,针对每个特征 X 射线或俄歇电子,使用式(6-49)来抽样产生位置,再使用式(6-50)具体判断产生哪种粒子,即抽随机数 ξ,如果 $\xi > P(\text{Auger})$ 成立,则发射俄歇电子;反之,则发射特征 X 射线,进而得到次级粒子的能量,方向各向同性。

6.1.9 韧致辐射模拟

韧致辐射截面用实验校正后的 Bethe-Heitler[14] 理论公式计算。因为 Bethe-Heitler 公式是以 Born 近似为基础导出的,因此,在以下两种情况下是不适用的:①当电子能量低于 15 MeV 时;②当光子能量接近初始电子能量时。因此,要根据实验对 Bethe-Heitler 计算的公式进行校正(详见附录 B)。而且为了适用范围更广,通常采用 Koch 等[15] 推荐的组合形式。此外,对低能电子还要进行库仑校正,乘一个 Elwert 因子,有

$$f_E = \frac{\beta\left\{1 - \exp\left[-\left(\frac{2\pi Z}{137\beta}\right)\right]\right\}}{\beta_F\left\{1 - \exp\left[-\left(\frac{2\pi Z}{137\beta_F}\right)\right]\right\}} \tag{6-52}$$

其中,β 和 β_F 分别为电子初态、末态速度与光速之比。

韧致光子产生的能量微分截面公式为

$$\begin{cases} E < 4m_ec^2, & d\sigma = c_R f_E(3BN) \\ 4m_ec^2 < E < 30m_ec^2, & \begin{cases} d\sigma = c_R f_E(3BN), \gamma > 15 \\ d\sigma = c_R f_E(3BS), \gamma \leqslant 15 \end{cases} \\ 30m_ec^2 < E, & \begin{cases} d\sigma = 3BN, \gamma > 15 \\ d\sigma = 3CS, \gamma \leqslant 15 \end{cases} \end{cases} \tag{6-53}$$

其中,c_R 为实验校正系数;3 为对韧致光子能量的单微分截面;B 为截面,是根据 Born 近似推导出的;C 为使用的是 H. Olsen 在超相对论近似下并考虑库仑修正计

算的截面;N 为推导过程中没有考虑靶原子核外电子的屏蔽效应;S 为推导过程中考虑了靶原子核外电子的屏蔽效应;γ 为屏蔽参数因子,其表达式为

$$\gamma = \frac{100 Z^{-1/3} E_r}{E\, E_f} \tag{6-54}$$

当 $\gamma \leqslant 15$ 时需要考虑屏蔽效应。在计算轫致光子截面的过程中,对所有轫致光子的能量进行积分,便可计算得到产生轫致光子的总截面

$$\sigma = \int_0^{i_{\max} \cdot E} \frac{\mathrm{d}\sigma}{\mathrm{d}E_r} \mathrm{d}E_r = \sum_0^{i_{\max} \cdot E} \frac{\mathrm{d}\sigma}{\mathrm{d}E_r} \cdot \Delta E \tag{6-55}$$

其中,i 为轫致光子占入射电子能量的比例系数,$i = E_r/E$,在积分的过程中取最大值 $i_{\max} = 1$。为了计算积分,把每个轫致光子能量分成了 $i = 49$ 或 89 份,也就是 i 的值有 49 或 89 个,i 的值存于数组中。对这些 i 值情况下的轫致光子能量微分截面相加便得到产生轫致光子的总截面,则在 Δs 步长内产生轫致光子的个数为

$$P_r = \Delta s N \sigma \tag{6-56}$$

在数据库制备过程中,对每个电子大步栅格都事先制备好了产生轫致光子的总截面,之后根据入射电子的实际能量在表中进行插值即可。

轫致光子的能量则根据计算得到的各个轫致光子能量产生的累积概率密度表进行插值 $\{\sigma_i/\sigma\}$,其中

$$\sigma_i = \int_0^{i \cdot E} \frac{\mathrm{d}\sigma}{\mathrm{d}E_r} \mathrm{d}E_r = \sum_0^{i \cdot E} \frac{\mathrm{d}\sigma}{\mathrm{d}E_r} \cdot \Delta E \tag{6-57}$$

得到轫致光子占入射电子能量的比例系数 i,便可以计算出轫致光子的能量为

$$E_r = iE \tag{6-58}$$

产生轫致光子的位置沿着 Δs 步长上任一点都有可能产生,则对于每个轫致光子,其产生的位置为

$$\mathrm{d}k = \xi \cdot \Delta s \tag{6-59}$$

其中,ξ 为任一随机数。

每个轫致光子的出射极角余弦通过能量角度双微分截面确定。轫致光子产生的能量微分截面公式为

$$\begin{cases} E < 4 m_e c^2, & \mathrm{d}\sigma = c_R f_E (2BN) \\ 4 m_e c^2 < E < 30 m_e c^2, & \begin{cases} \mathrm{d}\sigma = c_R f_E (2BN), \gamma > 15 \\ \mathrm{d}\sigma = c_R f_E (2BS), \gamma \leqslant 15 \end{cases} \\ 30 m_e c^2 < E, & \begin{cases} \mathrm{d}\sigma = 2BN, \gamma > 15 \\ \mathrm{d}\sigma = 2CS, \gamma \leqslant 15 \end{cases} \end{cases} \tag{6-60}$$

其中,2 表示对轫致光子能量、角度的双微分截面。对于每个入射电子能量 E,数据库制备过程中计算其中产生某个能量 i、每个角度 x 轫致光子的双微分截面,便可

得到此入射电子能量的韧致光子能量i、这个角度x的概率。在计算的过程中,为了简化,针对每个电子大步栅格n(每四步算一个)、每个韧致光子能量占入射电子能量的比例系数i(89个,存于数组中)确定后,把韧致光子角度分成21份,并事先计算好每个角度x下产生韧致光子的累积概率密度:

$$\sigma_{x,i} = -\int_1^{x\cdot\cos\theta} \frac{d\sigma}{d\theta_r dE_r}\bigg|_{E_r=i\cdot E} d\theta_r$$

$$= -\sum_1^{x\cdot\cos\theta} \frac{d\sigma}{d\theta_r dE_r}\bigg|_{E_r=i\cdot E} \Delta\theta_r$$

(6-61)

之后,在电子输运计算中,根据入射电子能量,产生的韧致光子能量在$\{\sigma_{x_j}/\sigma_i\}$中进行插值即可。

综上所述,在电子输运计算的过程中,使用韧致辐射产生概率P_r,判断是否产生韧致光子。如果产生光子,则对每个光子通过式(6-53)和式(6-60)制备的表格抽样光子的能量及方向。需要强调,在计算韧致光子物理量的过程中,不考虑入射电子方向的变化,因为入射电子的方向偏转已经在式(6-7)中考虑过了。但是必须要考虑对入射电子能量的影响。这是因为在之前计算电子能量损失的过程中,只计算了入射电子的碰撞能量损失(考虑Landan歧离的需求),而没有考虑辐射能量损失。因此,在计算韧致光子的过程中,需要考虑发射韧致光子对入射电子能量的影响,也就是发射韧致光子后,入射电子的能量变为$E_f = E - T_r$。

韧致光子的角分布将采用较简单的经验公式抽样。出射的韧致光子的方向相对于入射电子方向的极角余弦$\mu = \cos\zeta$的概率与入射电子速度$\beta = v/c$的关系为

$$p(\mu)d\mu = \frac{1-\beta^2}{2(1-\beta\mu)}d\mu \quad (6-62)$$

根据式(6-62)便可抽样得到极角余弦的抽样值为

$$\mu = \frac{2\xi - 1 - \beta}{2\xi\beta - 1 - \beta} \quad (6-63)$$

其中,ξ为随机数;11个韧致光子角度(0°~90°)余弦值分别为0,0.1,0.2,0.3,0.4,0.5,0.6,0.7,0.8,0.9,1.0。

6.1.10 湮没辐射模拟

正电子在径迹末端,会与介质中的一个负电子结合发生湮没,放出湮没光子。假设在飞行中没有湮没,只有正电子能量达到能量截断值时才考虑湮没问题。

从能量守恒角度考虑,发生湮没时,正负电子的动能几乎为零,所以湮没光子的总能量等于正负电子的静止质量。从动量守恒角度考虑,由于湮没前正负电子的总动量等于零,所以大多数情况下,发出的湮没光子数为两个,且这两个湮没光子的总动量也为零。也就是

$$h\nu_1 + h\nu_2 = 2m_e c^2 \tag{6-64}$$

及

$$\frac{h\nu_1}{c} = \frac{h\nu_2}{c} \tag{6-65}$$

其中，$h\nu$ 为光子的能量；$m_e c^2$ 为电子的静止能量。由式(6-64)和式(6-65)可以看到，两个湮没光子的能量相同，都等于 $m_e c^2 = 0.511$ MeV，发射方向相反，并且是各向同性的。

对于电子输运，如果模拟的是光子-电子耦合输运问题，则电子会产生光子。光子的总产额和入射电子在介质中的慢化和散射过程有关，此时也可以根据浓缩历史方法，一步一步地计算入射电子韧致辐射过程产生的光子、退激发过程产生的特征 X 射线、次级粒子产生的光子。但是，此时的入射电子不是主要关心的能量区域，浓缩历史方法模拟这个过程非常复杂，因此，可以用近似的方法处理，采用的方法是厚靶韧致辐射模型。厚靶韧致辐射模型是简化的电子输运产生光子的模型，也就是认为电子可以近似的用韧致辐射过程模拟其产生光子的过程。

产生光子的概率根据式(6-56)计算得到，也就是根据入射电子的实际能量 E，对每个电子大步栅格的韧致光子产生的总概率进行插值，得到入射电子能量 E 所产生韧致光子的个数：

$$P_r(E) = (1-f)P_r(E_0) + fP_r(E_1) \tag{6-66}$$

其中，f 为入射电子能量的插值系数。韧致光子的能量则根据入射电子能量 E，在入射电子大步能量栅格中找到邻近入射电子能量 E_0、E_1。对 E_0、E_1 分别在其对应的韧致光子能量累积概率表中抽样插值得到韧致光子占入射电子能量的比例系数 i_{E_0}、i_{E_1}。

再根据入射能量线性插值，便得到入射电子能量 E 产生的韧致光子占入射电子能量的比例系数：

$$i_E = i_{E_0} + (i_{E_1} - i_{E_0}) \times \frac{E - E_0}{E_1 - E_0} \tag{6-67}$$

产生的韧致光子的能量为

$$E_r = i_E E \tag{6-68}$$

产生韧致光子的位置为小步步长 s 的一半位置处，即

$$dk = \frac{1}{2}s \tag{6-69}$$

出射的韧致光子的方向认为和入射电子方向相同。

在计算过程中，使用韧致辐射产生概率 $P_r(E)$ 来判断是否产生韧致光子。如果产生光子，则对每个光子通过式(6-67)抽样光子的能量 E。光子方向和入射电子方向相同[16]。

6.1.11 电子输运流程图

图 6-2 给出电子输运浓缩历史方法流程简图,其中,dtc 为时间截断距离;dls 为几何块截断距离;dcs 为碰撞截断距离。

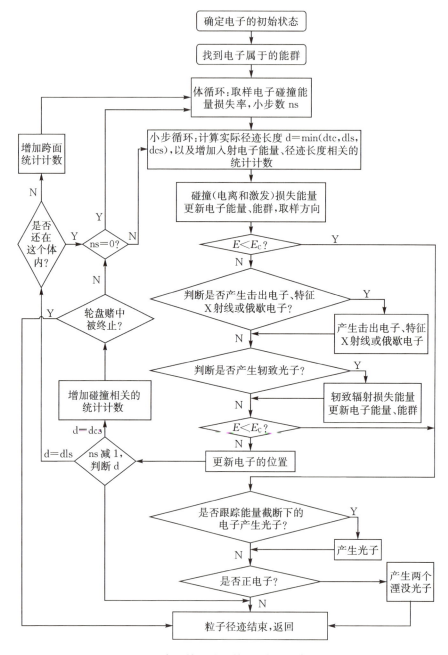

图 6-2 电子输运流程简图(浓缩历史方法)

6.2 电子-光子耦合输运

根据光子与物质的相互作用和电子与物质的相互作用,可以发现光子和电子之间存在相互产生及相互耦合的关系。因此,有必要弄清楚光子与电子之间的耦合方式。

6.2.1 光子产生电子

光子产生电子的方式包括:光电效应(还伴随着原子发射特征 X 射线或俄歇电子的过程)、康普顿散射和电子对效应(正电子湮没辐射)。对于光子产生电子的处理方式有三种(见表 6-1 所示)。这三种处理方式无论对于简单物理处理还是详细物理处理都是相同的。

表 6-1 光子产生电子处理方式

输运模式	光电效应	康普顿散射	电子对效应
光子-电子耦合,考虑光子产生电子	都要产生电子,产生的电子存入次级粒子库,之后再进行输运		
光子输运,考虑光子产生电子	使用厚靶轫致辐射模型		
光子输运,不考虑光子产生电子	(1)所有光子产生电子的方式都关闭,产生但不输运次级电子,电子的能量就地沉积; (2)电子对效应:无论是否跟踪输运电子,正电子径迹末端都会产生湮没辐射过程; (3)光电效应:在简单物理处理中,不考虑光电子出射伴随产生的荧光效应。 在详细物理处理中需要考虑荧光效应。		

(1)如果考虑电子输运,且考虑光子产生电子,那么光电效应、康普顿散射、电子对效应都会产生电子,产生的电子存入次级粒子库,之后再进行输运。

(2)如果电子输运被关闭,但是考虑光子产生电子方式,那么将使用厚靶轫致辐射模型处理光子产生的电子。这个模型中的光子会产生电子,但不考虑次级电子进行的复杂电子输运过程,而是假设电子就地慢化至静止,但要考虑二次电子慢化过程中的轫致辐射产生的光子,产生的光子将存入次级粒子库,之后对其进行跟踪。

(3)如果所有光子产生电子的方式都关闭,则产生但不输运次级电子,电子的能量就地沉积。

如果输运粒子类型不包括电子输运,则默认不适用厚靶轫致辐射模型。如果输运粒子类型为光子-电子耦合输运,但是电子能量截断大于光子能量截断,将不对能量截断下的电子进行输运,但是能量截断以下的电子仍然会产生光子。此时也将使用厚靶轫致辐射模型处理能量截断下电子产生的低能轫致光子。另外,需要注意的是,无论哪种处理方式,是否跟踪输运电子,正电子径迹末端都会产生湮没辐射过程。

6.2.2 电子产生光子

电子产生光子的方式为电离过程后原子退激发产生的特征 X 射线,轫致辐射过程,能量截断以下的电子产生光子,对于正电子还有湮没辐射过程。对电子产生光子的处理方式见表 6-2。

表 6-2 电子产生光子处理方式

物理模式	电离过程伴随产生的特征 X 射线	轫致辐射过程	能量截断以下的电子产生光子	正电子的湮没辐射过程
电子-光子耦合,考虑电子产生光子	都会产生光子,产生的光子存入次级粒子库,之后再进行输运			
电子输运,考虑电子产生光子电子输运,不考虑电子产生光子	产生俄歇电子,不考虑特征 X 射线的产生	产生轫致光子,不输运次级轫致光子,光子的能量假设就地沉积。	这个过程不模拟	没有正电子的产生,所有输运的粒子都是负电子

对电子产生光子的处理方式只有以下两种:

(1)如果光子输运被打开,而且电子产生光子的方式打开,那么上述过程都会产生光子,产生的光子存入次级粒子库,之后再进行输运。

(2)如果电子产生光子的方式被关闭,或光子输运被关闭,那么所有电子产生的次级光子都不输运,光子的能量假设就地沉积。

6.3 质子输运随机模拟

质子与物质相互作用过程与电子类似,能量损失方式主要是与原子碰撞,碰撞中可能使原子激发,也可能产生 δ 电子。因此,碰撞损失包括激发损失和电离损失。此外,在高能情况下,还可能产生 Cerenkov 辐射,发生核反应等过程。

对质子输运的模拟,可按电子输运模拟方式进行。可认为原子激发是连续减速过程,而产生次级粒子的过程是碰撞过程。这样可模仿电子进行输运模拟。下面给出模拟过程中使用的公式。

(1) 碰撞阻止本领（碰撞能量损失）[17]。

$$\left(-\frac{dE}{ds}\right)_{col} = Z^2 \frac{Z}{A} k(\beta) \left[f(\beta) - \ln I - \frac{c}{2} - \frac{\delta}{2}\right] \quad (\text{MeV} \cdot \text{g}^{-1} \cdot \text{cm}^2)$$

(6-70)

其中，$k(\beta) = 0.307/\beta^2$；

$f(\beta) = \ln[1.022 \times 10^6 \beta^2/(1-\beta^2)] - \beta^2$；

β —— 入射粒子的速度，v/c；

z —— 入射粒子电荷，对质子 $z = 1$；

Z —— 介质的原子序数；

A —— 介质的原子量；

I —— 平均电离能，eV；

c —— 壳层校正；

δ —— 密度效应修正，具体表达式如下：

$$\delta = \begin{cases} 0, & x < x_0 \\ 4.606x + c + a, \ (x_1 - x)m, & x_0 \leqslant x \leqslant x_1 \\ 4.606x + c, & x > x_1 \end{cases}$$

(6-71)

$$x = \lg(P/Mc) = \frac{1}{2}\lg[\beta^2/(1-\beta^2)]$$

(6-72)

其中，a、m、c、x_0 和 x_1 是由介质性质决定的参量，对常用的物质，这些参量已被 Fovno 算出[17,18]。

(2) 限制阻止本领（激发能量损失）。

$$-\frac{dE}{ds}\bigg|_{resir} = z^2 \frac{Z}{A} k(\beta) \left[\frac{1}{2} f(\beta) - \ln I + \frac{1}{2} \ln T_c - 0.489 \times 10^{-6}(1-\beta^2) T_c - \frac{c}{2} - \frac{\delta}{2} - \frac{\Delta c}{2}\right] \quad (\text{MeV} \cdot \text{g}^{-1} \cdot \text{cm}^2)$$

(6-73)

其中，Δc 是 Cerenkov 效应带走的能量能量分数；T_c 为截断能量，当入射粒子在一次碰撞中传递给原子电子的能量 $E < T_c$ 时，认为产生激发；当 $E > T_c$ 时，认为产生次级电子。与电子一样，采用式(6-73)计算质子能量沉积。

(3) 产生 δ 电子的截面。

在单能径迹长度内产生能量为 T 的电子数可表示为

$$d\prod_T = \frac{2\pi z^2 e^4}{mv^2} NZ \left(\frac{1}{T^2} - \frac{1-\beta^2}{2mc^2 T}\right) dT$$

(6-74)

其中,N 为单位体积的原子数。

(4) 多次散射角分布。

多次散射角分布采用 Moliere 分布,相应 Moliere 分布中的参量计算公式如下[19-20]：

$$x_c'^2 = 1.783 \times 10^{-7} \frac{Z^2}{A} \left[\frac{T+1}{T(T+2)}\right]^2 \quad (6-75)$$

$$x_a^2 = 2.017 \times 10^{-11} \frac{Z^{2/3}}{T(T+2)} \left[1.13 + 3.76\left(\frac{z}{137\beta}\right)^2\right] \quad (6-76)$$

$$x_c^2 = \int_T^{T_c} x_c'^2(T') \frac{dT'}{-\frac{1}{\rho}\frac{dE}{dx}(T')} \quad (6-77)$$

$$\ln \bar{x}_a^2 = \frac{1}{x_c^2} \int_T^{T_c} x_c'^2(T') \ln x_a^2(T') \frac{dT'}{-\frac{1}{\rho}\frac{dE}{dx}(T')} \quad (6-78)$$

$$B - \ln B = \ln \frac{x_c^2}{1.167\bar{x}_a^2} + F \quad (6-79)$$

$$F = \frac{1}{Z}\left\{\ln\left[11.30z^{-4/3} \frac{\beta^2}{1-\beta^2}\right] - C_F - \frac{\beta^2}{2}\right\} \quad (6-80)$$

Fano 曾对一些元素进行过计算,后来 Berger 用内插法得到一些元素的 C_F 值,如下表 6-3 所示。[19]

表 6-3 部分元素的 C_F 值

元素	H	Li	O_2	Pb	Al	Au
C_F	-3.6	-4.6	-5.0	-6.3	-5.2	-6.2

(5) 能量损失的统计起伏。

质子与电子一样,由于碰撞种类和数目的统计涨落,会引起在一定步长内能量损失的离散效应,即在相同条件下,穿过相同的径迹长度,质子损失的能量可能不同。它满足 Vavilov 统计分布[21]

$$f(\Delta E \cdot \Delta S)\Delta E = \frac{1}{\xi}\varphi_\nu(\lambda_\nu, \chi, \beta^2)d\lambda \quad (6-81)$$

其中

$$\varphi_\nu(\lambda_\nu, \chi, \beta^2) = \frac{1}{\pi}\exp[\chi(1+\beta^2\gamma)]\int_0^\infty \exp[\chi f_{1(y)}]\cos[y\lambda_\nu + xf_2(y)]dy \quad (6-82)$$

式(6-82)中的变量定义为

$$\lambda_\nu = \frac{\Delta E - \Delta \bar{E}}{\hat{\delta}_{\max}} - \chi(1 + \beta^2 - \gamma) \tag{6-83}$$

$$\gamma = 0.577216 \, (\text{Euler 常数}) \tag{6-84}$$

$$f_1(y) = \beta^2 [\ln y + \text{Ci}(y)] - \cos y - y\text{Si}(y) \tag{6-85}$$

$$f_2(y) = y[\ln y + \text{Ci}(y)] + \sin y + \beta^2 \text{Si}(y) \tag{6-86}$$

式(6-85)、式(6-86)中的变量定义为

$$\text{Si}(y) = \int_0^y \frac{\sin u}{u} \mathrm{d}u \tag{6-87}$$

$$\text{Ci}(y) = \int_0^y \frac{\cos u}{u} \mathrm{d}u \tag{6-88}$$

式(6-81)中，$f(\Delta E \cdot \Delta S)$ 表示质子在介质中通过一个径迹长度 ΔS 时，用于与原子电子多次连续碰撞能量损失为 ΔE 的概率。

$$\xi = 0.30058 \frac{mc^2}{\beta^2} \frac{Z}{A} \Delta S \tag{6-89}$$

$$\chi = \frac{\xi}{\hat{\delta}_{\max}} = 0.30058 \frac{mc^2}{\beta^2} \frac{Z}{A} \Delta S / \hat{\delta}_{\max} \tag{6-90}$$

$$\Delta \bar{E} = 0.30058 \frac{mc^2}{\beta^2} \frac{Z}{A} \Delta S \left[\ln \frac{2mc^2 \beta^2 \delta_{\max}}{I^2 (1-\beta^2)} - 2\beta^2 - 2\frac{c}{Z} - \delta \right] \tag{6-91}$$

$\Delta \bar{E}$ 是在 ΔS 路程内的平均能量损失。

$$\delta_{\max} = \frac{2mc^2 \beta^2}{1-\beta^2} \left[1 + \frac{2m}{M} \frac{1}{\sqrt{1-\beta^2}} + \left(\frac{m}{M}\right)^2 \right]^{-1} \tag{6-92}$$

式中，$\delta_{\max}$ 是一个质量为 M 的质子和一个自由电子碰撞时可能放出的最大能量传递；M 为质子质量；m 为电子质量；β=质子速度$/c$。

6.4 小结

电子、光子-电子及质子输运的随机模拟，是 MC 方法粒子输运求解领域的拓展，涉及复杂的反应公式。由于电子自由程短，为了减少电子碰撞的模拟时间，计算分浓缩历史和单步历史两种处理。对一般的电子输运问题，采用浓缩历史的处理是有效的，但对 DNA 这种细胞体的模拟，则采用单步历史处理。目前人们研究较多的是中子、光子，对带电粒子的研究相对要薄弱一些，希望有更多的学者加入带电粒子输运的研究之中[21]。

参考文献

[1] FANO U. Studies inpenetration of charged particles in matter[R]. Washington, D.C.: National Academy of Sciences - National Research Council, 1963.

[2] BERGER M J. Monte Carlo calculation of the penetration and diffusion of fast charged particles [M]. New York: Academic Press, 1962.

[3] STEPHEN M S. Cross sections for bremsstrahlung production and electron impact ionization [M]// JENKINS T M, NELSON W R, RINDI A, et al. Monte Carlo transport of electrons and photons. New York: Plenum Press, 1988.

[4] SELTZER S M, BERGER M J. Bremsstrahlung spectra from electron interactions with screened atomic nuclei and orbital electrons [J]. Nuclear instruments and methods, 1985, 12: 95.

[5] STERNHEIMER R M, SELTZER S M, BERGER M J. Density effect for the ionization loss of charged particles in various substances [J]. Physical review B, 1982, 26: 6067-6076.

[6] SELTZER S M, BERGER M J. Bremsstrahlung energy spectra from electron with kinetic energy 1 keV - 10 GeV incident on screened nuclei and orbital electrons of neutral atoms with Z = 1 to 100[J]. Atomic data and nuclear data tables, 1986, 35(3): 345-418.

[7] LANDAU L. On the energy loss of fast particles by ionization [J]. Journal of physics of the USSR 8, 1994, 201: 417-424.

[8] RUTHERFORD E. The scattering of α and β particles by matter and the structure of the atom [J]. Philosophical magazine, 1911, 21: 669.

[9] BORSCH - SUPAN W. On the evaluation of the function for real values of λ[J]. Journal of research of the national bureau of standards, 1961, 65B(4): 245.

[10] GOUDSMIT S, SAUNDERSON J L. Multiple scatter of electrons [J]. Physical review, 1940, 57: 24.

[11] RILEY M E, MACCALLUM C J, BIGGS F. Theoretical electron - atom elastic - atom elastic scattering cross sections: selected elements, 1 keV to 256 keV[J]. Atomic Data and Nuclear Data Tables, 1975, 15: 24.

[12] MOTT N F. The scattering of fast electrons by atomic nuclei [J]. Proceedings of the Royal Society of London, 1929, 124: 425.

[13] MøLLER V C. Zur theorie des Durchgang schneller elektronen durch materie [J]. Annalen der Physik, 1932, 14: 568.

[14] KOLBENSTVEDT H. Simple theory for K - ionization by relativistic electrons [J]. Journal of applied physics, 1967, 38: 4785.

[15] KOCH H W, MOTZ J W. Bremsstrahlung cross - section formulas and related data [J]. Reviews of modern physics, 1959, 31: 920.

[16] BERGER M J, SELTZER S M. Bremsstrahlung and photoneutrons from thick tungsten and tantalum target[J]. Physical review C, 1970, 2: 621.

[17] GRADY H H. Quick - start guide to low - energy photon/electron transport in MCNP6: LA - UR - 13 - 21068[R]. New Mexico: Los Alamos National Laboratory, 2011.

[18] BERGER M J. Methods in computational physics [M]. New York: Academic Press, 1963.

[19] BERGER M J, SELTZER S M. Studies in penetration of charged particles in matter [J]. Proceedings of the National Academy of Sciences of the United States of America, 1964, 1133: 103.

[20] SELTZER S, BERGER M J. Energy loss straggling of protons and mesons, tabulation of the vavilov distribution[J]. American family physician, 1964.

[21] 杜书华,张树发,冯庭桂,等. 输运问题的计算机模拟[M]. 长沙:湖南科学技术出版社,1989.

>>> 第 7 章 多群中子输运计算

7.1 中子输运方程的多群形式

在粒子输运方程的近似处理中,对能量 E 的离散,即所谓的多群处理。其基本思想是把粒子能量范围 $[0, E_{\max}]$ 划分成 G 个能量间隔,称为 G 群。其中 G 对应最低能群,1 对应最高能群。不同能群之间能量间隔为

$$\Delta E_g = E_{g-1} - E_g \quad (g = 1, 2, \cdots, G, E_0 = E_{\max}, E_G = E_{\min}) \tag{7-1}$$

假定在每一个能量间隔中子截面为一常数,相当于用阶梯函数分布去逼近连续能量分布,并将 $\int_0^\infty \mathrm{d}E'$ 表示为

$$\int_0^\infty \mathrm{d}E' = \sum_{g'=1}^G \int_{\Delta E_{g'}} \mathrm{d}E' \tag{7-2}$$

7.1.1 中子输运方程多群处理

对式(7-1)给出的中子输运方程两端关于能量在 $\Delta E_g = [E_g, E_{g-1}]$ 内积分,有

$$\frac{\partial}{\partial t} \int_{\Delta E_g} \frac{1}{v} \phi(\boldsymbol{r}, E, \boldsymbol{\Omega}, t) \mathrm{d}E + \boldsymbol{\Omega} \cdot \nabla \int_{\Delta E_g} \phi(\boldsymbol{r}, E, \boldsymbol{\Omega}, t) \mathrm{d}E + \int_{\Delta E_g} \Sigma_t(\boldsymbol{r}, E) \phi(\boldsymbol{r}, E, \boldsymbol{\Omega}, t) \mathrm{d}E$$

$$= \int_{\Delta E_g} S(\boldsymbol{r}, E, \boldsymbol{\Omega}, t) \mathrm{d}E + \sum_{g'=1}^G \int_{\Delta E_g} \int_{4\pi} \mathrm{d}E' \mathrm{d}\boldsymbol{\Omega}' \int_{\Delta E_{g'}} \Sigma_s(\boldsymbol{r}, E', \boldsymbol{\Omega}' \to E, \boldsymbol{\Omega}) \phi(\boldsymbol{r}, E', \boldsymbol{\Omega}', t) \mathrm{d}E$$

$$\tag{7-3}$$

将角通量 ϕ 关于能量 E 进行变量分离:

$$\phi(\boldsymbol{r}, E, \boldsymbol{\Omega}, t) = \tilde{\phi}(\boldsymbol{r}, \boldsymbol{\Omega}, t) \times \varphi(E) \tag{7-4}$$

定义多群中子角通量、宏观总截面、散射截面、速度及中子多群源分布如下:

$$\phi_g(\boldsymbol{r}, \boldsymbol{\Omega}, t) = \tilde{\phi}(\boldsymbol{r}, \boldsymbol{\Omega}, t) \int_{\Delta E_g} \varphi(E) \mathrm{d}E \tag{7-5}$$

$$\Sigma_{t,g}(\boldsymbol{r}) = \frac{\int_{\Delta E_g} \Sigma_t(\boldsymbol{r},E)\varphi(E)\mathrm{d}E}{\int_{\Delta E_g} \varphi(E)\mathrm{d}E} \quad (7-6)$$

$$\Sigma_s^{g'\to g}(\boldsymbol{r},\boldsymbol{\Omega}'\to\boldsymbol{\Omega}) = \frac{\int_{\Delta E_g}\int_{\Delta E_{g'}} \Sigma_s(\boldsymbol{r},E',\boldsymbol{\Omega}'\to E,\boldsymbol{\Omega})\varphi(E')\mathrm{d}E'}{\int_{\Delta E_g} \varphi(E)\mathrm{d}E} \quad (7-7)$$

$$v_g = \frac{\int_{\Delta E_g} \varphi(E)\mathrm{d}E}{\int_{\Delta E_g} \frac{1}{v}\varphi(E)\mathrm{d}E} \quad (7-8)$$

$$S_g(\boldsymbol{r},\boldsymbol{\Omega},t) = \int_{\Delta E_g} S(\boldsymbol{r},E,\boldsymbol{\Omega},t)\mathrm{d}E \quad (7-9)$$

代式(7-5)~(7-9)入式(7-3),得到中子输运方程的多群形式

$$\frac{1}{v_g}\frac{\partial \phi_g(\boldsymbol{r},\boldsymbol{\Omega},t)}{\partial t} + \boldsymbol{\Omega}\cdot\nabla\phi_g(\boldsymbol{r},\boldsymbol{\Omega},t) + \Sigma_{t,g}(\boldsymbol{r})\phi_g(\boldsymbol{r},\boldsymbol{\Omega},t)$$

$$= S_g(\boldsymbol{r},\boldsymbol{\Omega},t) + \sum_{g'=1}^{g}\int_{4\pi}\mathrm{d}\boldsymbol{\Omega}'\Sigma_s^{g'\to g}(\boldsymbol{r},\boldsymbol{\Omega}'\to\boldsymbol{\Omega})\phi_{g'}(\boldsymbol{r},\boldsymbol{\Omega}',t) \quad (7-10)$$

7.1.2 权重谱选取

从式(7-6)、式(7-7)定义的多群截面可以看出,截面均涉及 g 群中子角通量密度 ϕ_g,而它是未知的。因此,严格地讲式(7-10)给出的多群中子输运方程是非线性方程。直接求解会给问题的求解增加新的复杂性。为此,首先对非线性方程进行线性化处理。有效的近似处理是用中子通量密度近似值代替群常数中的多群角通量 ϕ_g。考虑到中子角通量 ϕ 在大部分能区内近似服从 $1/v$(或 $1/\sqrt{E}$)规律,于是可用权重谱来近似代替 ϕ_g。这样多群输运方程又回到最初的线性方程求解范畴。

权重谱根据能量范围,可分别取 Maxwell 热谱、$1/E$ 谱和裂变聚变谱三段进行组合,表 7-1 给出能量分段及每段能量对应的权重谱。

表 7-1 中子权重函数的选取

权重函数形式	能量间隔
1. Maxwell 热谱($kT = 0.054$ eV) $W_1(E) = C_1 E e^{-\frac{E}{kT}}$	$10^{-4} \sim 0.108$ MeV
2. "$1/E$"谱 $W_2(E) = a_2 E - C_2/E$	0.108 MeV ~ 2.1 MeV
3. 裂变加聚变谱($\theta = 1.4$ MeV) $W_3(E) = a_3 E - C_3 E^{1/2} e^{-E/\theta}$	$2.1 \sim 20.0$ MeV

注:$C_1 = 1.0$ eV^{-2},$a_2 = 1.578551$ eV^{-2},$C_2 = 3.0$,$a_3 = 2.32472$ eV^{-2},$C_3 = 12.0$ eV$^{-1.5}$。

7.1.3 积分输运方程的多群形式

定义多群形式的光学距离或自由程数目如下：

$$\tau_g(\boldsymbol{r},l,\boldsymbol{\Omega}) = \int_0^l \Sigma_{t,g}(\boldsymbol{r}-l'\boldsymbol{\Omega})\mathrm{d}l' = \int_0^l \Sigma_{t,g}(\boldsymbol{r}'+l'\boldsymbol{\Omega})\mathrm{d}l' \qquad (7-11)$$

与第 4 章的推导相同，可以得到方程(7-10)等价的积分方程

$$\phi_g(\boldsymbol{r},\boldsymbol{\Omega},t) = \int_0^\infty \exp[-\tau_g(\boldsymbol{r},l,\boldsymbol{\Omega})]\Big[S_g(\boldsymbol{r}',\boldsymbol{\Omega},t') + \sum_{g'=1}^G \int_{4\pi} \Sigma_s^{g'\to g}(\boldsymbol{r}',\boldsymbol{\Omega}'\to\boldsymbol{\Omega})\phi_{g'}(\boldsymbol{r}',\boldsymbol{\Omega}',t')\mathrm{d}\boldsymbol{\Omega}'\Big]\mathrm{d}l \qquad (7-12)$$

其中，$\boldsymbol{r}' = \boldsymbol{r}-l\boldsymbol{\Omega}$，$t' = t-l/v_g$ 为特征线方程。

7.2 多群中子输运方程随机模拟

7.2.1 多群中子输运方程的算子形式

定义输运积分算子

$$T_g(\boldsymbol{r}'\to\boldsymbol{r},\boldsymbol{\Omega}) = \int_0^\infty \Sigma_{t,g}(\boldsymbol{r}'+l\boldsymbol{\Omega})\exp[-\tau_g(\boldsymbol{r},l,\boldsymbol{\Omega})]\mathrm{d}l \qquad (7-13)$$

和碰撞积分算子

$$C_{g'\to g}(\boldsymbol{\Omega}'\to\boldsymbol{\Omega}|\boldsymbol{r}) = \sum_{g'=1}^g \int_{4\pi} \frac{\Sigma_s^{g'\to g}(\boldsymbol{r},\boldsymbol{\Omega}'\to\boldsymbol{\Omega})}{\Sigma_{t,g'}(\boldsymbol{r})}\mathrm{d}\boldsymbol{\Omega}' \qquad (7-14)$$

则角通量密度方程式(7-12)变为

$$\phi_g(\boldsymbol{r},\boldsymbol{\Omega},t) = S_c^g(\boldsymbol{r},\boldsymbol{\Omega},t) + C_{g'\to g}(\boldsymbol{\Omega}'\to\boldsymbol{\Omega}|\boldsymbol{r}')T_g(\boldsymbol{r}'\to\boldsymbol{r}|\boldsymbol{\Omega})\frac{\Sigma_{t,g'}(\boldsymbol{r}')}{\Sigma_{t,g}(\boldsymbol{r})}\phi_{g'}(\boldsymbol{r}',\boldsymbol{\Omega}',t')$$

$$(7-15)$$

其中，

$$S_c^g(\boldsymbol{r},\boldsymbol{\Omega},t) = \int_0^\infty \exp[-\tau_g(\boldsymbol{r},l,\boldsymbol{\Omega})]S_g(\boldsymbol{r},\boldsymbol{\Omega},t')\mathrm{d}l \qquad (7-16)$$

为首次碰撞源或称为源对角通量的直穿贡献。

相应得到：

(1) 多群发射密度(总源项)方程

$$Q_g(\boldsymbol{r},\boldsymbol{\Omega},t) = S_g(\boldsymbol{r},\boldsymbol{\Omega},t) + T_{g'}(\boldsymbol{r}'\to\boldsymbol{r}|\boldsymbol{\Omega}')C_{g'\to g}(\boldsymbol{\Omega}'\to\boldsymbol{\Omega}|\boldsymbol{r})Q_{g'}(\boldsymbol{r}',\boldsymbol{\Omega}',t')$$

$$(7-17)$$

(2) 多群碰撞密度方程

$$\Psi_g(\boldsymbol{r},\boldsymbol{\Omega},t) = S_c^g(\boldsymbol{r},\boldsymbol{\Omega},t) + C_{g'\to g}(\boldsymbol{\Omega}'\to\boldsymbol{\Omega}|\boldsymbol{r}')T_g(\boldsymbol{r}'\to\boldsymbol{r}|\boldsymbol{\Omega})\Psi_{g'}(\boldsymbol{r}',\boldsymbol{\Omega}',t')$$

$$(7-18)$$

第7章 多群中子输运计算

发射密度 Q_g 和角通量 ϕ_g 之间满足转换关系

$$\phi_g(\boldsymbol{r},\boldsymbol{\Omega},t) = \int_0^\infty Q_g(\boldsymbol{r}-l\boldsymbol{\Omega},\boldsymbol{\Omega},t-l/v_g)\exp[-\tau_g(\boldsymbol{r},l,\boldsymbol{\Omega})]\mathrm{d}l \quad (7-19)$$

为了确定碰撞后的中子出射能量和出射方向,把原来的碰撞积分算子进一步改写为能群和方向的分布函数

$$C_{g'\to g}(\boldsymbol{\Omega}'\to\boldsymbol{\Omega}|\boldsymbol{r}) = \sum_{g'=g}^1 \int_{4\pi} \left[\frac{\Sigma_s^{g'}(\boldsymbol{r})}{\Sigma_{t,g'}^{g'}(\boldsymbol{r})}\right]\left[\frac{\Sigma_s^{g'\to g}(\boldsymbol{r},\boldsymbol{\Omega}'\to\boldsymbol{\Omega})}{\Sigma_s^{g'}(\boldsymbol{r})}\right]\mathrm{d}\boldsymbol{\Omega}' \quad (7-20)$$

其中,

$$\Sigma_s^{g'}(\boldsymbol{r}) = \sum_{g=1}^{g'} \int_{4\pi} \Sigma_s^{g'\to g}(\boldsymbol{r},\boldsymbol{\Omega}'\to\boldsymbol{\Omega})\mathrm{d}\boldsymbol{\Omega} \quad (7-21)$$

对式(7-20)中的散射项,可以进一步写为

$$\frac{\Sigma_s^{g'\to g}(\boldsymbol{r},\boldsymbol{\Omega}'\to\boldsymbol{\Omega})}{\Sigma_s^{g'}(\boldsymbol{r})} = \frac{\Sigma_s^{g'\to g}(\boldsymbol{r})}{\Sigma_s^{g'}(\boldsymbol{r})}\frac{\Sigma_s^{g'\to g}(\boldsymbol{r},\boldsymbol{\Omega}'\to\boldsymbol{\Omega})}{\Sigma_s^{g'\to g}(\boldsymbol{r})} \quad (7-22)$$

其中,

$$\Sigma_s^{g'\to g}(\boldsymbol{r}) = \int_{4\pi} \Sigma_s^{g'\to g}(\boldsymbol{r},\boldsymbol{\Omega}'\to\boldsymbol{\Omega})\mathrm{d}\boldsymbol{\Omega} \quad (7-23)$$

$\Sigma_s^{g'\to g}(\boldsymbol{r})/\Sigma_t^{g'}(\boldsymbol{r})$ 为能群 g 的函数,用它来确定碰撞后出射中子的能群 g;而 $\Sigma_s^{g'\to g}(\boldsymbol{r},\boldsymbol{\Omega}'\to\boldsymbol{\Omega})/\Sigma_s^{g'\to g}(\boldsymbol{r})$ 是方向 $\boldsymbol{\Omega}$ 的函数,用它来确定碰撞后出射中子的方向 $\boldsymbol{\Omega}$。多群与连续截面除了能量和方向处理不同外,其他两者处理相同。

7.2.2 散射后能群确定

能群转移概率定义如下:

$$p_{g'\to g} = \frac{\Sigma_s^{g'\to g}(\boldsymbol{r})}{\Sigma_s^{g'}(\boldsymbol{r})} = \frac{\sigma_{s,0}^{g'\to g}(\boldsymbol{r})}{\sigma_{s,0}^{g'}(\boldsymbol{r})} > 0, g' = 1,2,\cdots,G; g = g',\ g'+1,\cdots,G$$

$$(7-24)$$

满足归一条件。

当无向上散射时,中子群转移概率为一严格上三角矩阵,其形式为

$$\begin{bmatrix} \sigma_s^{1\to 1} & \sigma_s^{1\to 2} & \sigma_s^{1\to 3} & \cdots & \sigma_s^{1\to G} \\ 0 & \sigma_s^{2\to 2} & \sigma_s^{2\to 3} & \cdots & \sigma_s^{2\to G} \\ 0 & 0 & \sigma_s^{3\to 3} & \cdots & \sigma_s^{3\to G} \\ \vdots & \vdots & \vdots & & \vdots \\ 0 & 0 & 0 & \cdots & \sigma_s^{G\to G} \end{bmatrix} \quad (7-25)$$

相应的转移概率矩阵为

$$\begin{bmatrix} p_{1\to1} & p_{1\to2} & p_{1\to3} & \cdots & p_{1\to G} \\ 0 & p_{2\to2} & p_{2\to3} & \cdots & p_{2\to G} \\ 0 & 0 & p_{3\to3} & \cdots & p_{3\to G} \\ \vdots & \vdots & \vdots & & \vdots \\ 0 & 0 & 0 & \cdots & p_{G\to G} \end{bmatrix} \tag{7-26}$$

已知中子入射能群 g' 后,从转移概率矩阵中对应入射能群的行转移概率 $p_{g'\to g'}$,$p_{g'\to g'+1}$,$\cdots$,$p_{g'\to G}$ 中,求出满足不等式

$$\sum_{j=g'}^{g-1} p_{g'\to j} \leqslant \xi < \sum_{j=g'}^{g} p_{g'\to j}, \quad g' \leqslant g < G \tag{7-27}$$

的 g,此即散射后的出射中子能群。

中子和轻核发生作用后,某些核(主要是氢)会发生上散射,出射中子能量会超过入射中子能量。考虑上散射反应时,中子散射转移矩阵不再是上三角矩阵,其形式为

$$\begin{bmatrix} \sigma_s^{1\to1} & \sigma_s^{1\to2} & \sigma_s^{1\to3} & \cdots & \sigma_s^{1\to G} \\ \sigma_s^{2\to1} & \sigma_s^{2\to2} & \sigma_s^{2\to3} & \cdots & \sigma_s^{2\to G} \\ \sigma_s^{3\to1} & \sigma_s^{3\to2} & \sigma_s^{3\to3} & \cdots & \sigma_s^{3\to G} \\ \vdots & \vdots & \vdots & & \vdots \\ 0 & \cdots & \sigma_s^{G\to G-m} & \cdots & \sigma_s^{G\to G} \end{bmatrix} \tag{7-28}$$

其中,m 为上散射群数。

相应的转移概率矩阵为

$$\begin{bmatrix} p_{1\to1} & p_{1\to2} & p_{1\to3} & \cdots & p_{1\to G} \\ p_{2\to1} & p_{2\to2} & p_{2\to3} & \cdots & p_{2\to G} \\ p_{3\to1} & p_{3\to2} & p_{3\to3} & \cdots & p_{3\to G} \\ \vdots & \vdots & \vdots & & \vdots \\ 0 & \cdots & p_{G\to G-m} & \cdots & p_{G\to G} \end{bmatrix} \tag{7-29}$$

从转移矩阵抽样确定出射中子能群,对 MC 计算而言,有无上散射,计算难度一样。对确定论方法,计算难度有所增加。

7.2.3 裂变中子数确定

多群吸收截面还可以写为

$$\sigma_{a,g'}(r) = \sigma_{c,g'}(r) + \sigma_{f,g'}(r) \tag{7-30}$$

其中 $\sigma_{c,g'}(r)$ 为纯吸收截面,$\sigma_{f,g'}(r)$ 为裂变吸收截面。

$\sigma_{c,g'}(r) = \sigma_{\gamma,g'}(r) - \sigma_{2n,g'}(r) - \sigma_{3n,g'}(r)$。当发生吸收反应后,抽随机数 ξ,如果

$\xi < \sigma_{c,g'}(r)$,则发生纯吸收反应,当前中子历史结束;否则,发生裂变吸收反应,当前中子历史结束,同时放出 ν 个中子。MC 处理裂变中子数的方式与次级中子相同,采用加随机数取整处理,每次裂变放出 $\mathrm{int}[\nu_{g'}(r)+\xi]$ 个中子,方向各向同性,能群服从裂变谱分布(反应堆计算通常选择 ^{235}U 裂变谱作为标准裂变谱),权为发生裂变反应时的中子权。

7.3 多群散射角分布处理

多群与连续截面处理的主要差异仅在于中子碰撞后的能量、方向确定。多群散射角分布处理比较复杂,本节专门讨论多群散射角分布的处理。

7.3.1 散射后方向确定

通常散射角分布 $f^{g'\to g}(r,\mu)$ 关于方向余弦 μ 作勒让德(Legendre)级数展开,有

$$f^{g'\to g}(r,\mu) = \frac{\Sigma_s^{g'\to g}(r,\boldsymbol{\Omega}'\to\boldsymbol{\Omega})}{\Sigma_s^{g'\to g}(r)} = \frac{\sum_{l=0}^{\infty}\sigma_{s,l}^{g'\to g}(r)\mathrm{P}_l(\mu)}{\sigma_{s,0}^{g'\to g}(r)}$$

$$= \sum_{l=0}^{\infty}\frac{2l+1}{2}f_l^{g'\to g}(r)\mathrm{P}_l(\mu) \qquad (7-31)$$

其中,

$$f_l^{g'\to g}(r) = \frac{\sigma_{s,l}^{g'\to g}(r)}{\sigma_{s,0}^{g'\to g}(r)} \qquad (7-32)$$

式中,$\sigma_{s,l}^{g'\to g}(l\geqslant 1)$ 为 g' 群到 g 群的 l 阶散射转移截面。需要注意的是对 ANISN 格式,系数 $(2l+1)/2$ 包含在 $f_l^{g'\to g}$ 中。

为书写方便起见,略去位置 r 和能群 g'、g,角分布仅为 μ 的函数 $f(\mu)$,式(7-31)重新写为

$$f(\mu) = \sum_{l=0}^{\infty}\frac{2l+1}{2}f_l\mathrm{P}_l(\mu) \qquad (7-33)$$

其中,$f(\mu) = f^{g'\to g}(r,\mu)$,$f_l = f_l^{g'\to g}(r)$。

实际角分布只能取有限项,例如 L 项截断,得到近似角分布 $f_L(\mu)$

$$f_L(\mu) = \sum_{l=0}^{L}\frac{2l+1}{2}f_l\mathrm{P}_l(\mu), \quad L = 1,3,5,\cdots \qquad (7-34)$$

近似角分布 $f_L(\mu)$ 存在的最大不足是当 L 不足够大时,$f_L(\mu)$ 在其定义域[−1,1]内会局部为负,特别对某些轻核。以氢($A=1$)为例,图 7-1(a)给出 $L=3$(P_3 近似)、图 7-1(b)给出 $L=9$(P_9 近似)情况下 $f(\mu)$ 与 $f_L(\mu)$ 的比较,可以看出 $f_L(\mu)$ 在[−1,1]内多处出负,P_9 时也不例外。由于氢是所有核素中质量最轻的,向前散

射明显,属于最极端的情况,其他核素的各向异性散射没有那么严重。

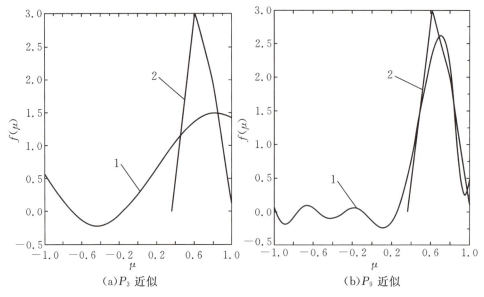

(a) P_3 近似　　　　　　　　　(b) P_9 近似

1— $f_L(\mu)$ 近似分布;2— $f(\mu)$ 实际分布。

图 7-1　氢 $g \to g+1$ 群 $f^*(\mu)$ 分布

确定论方法求解遇到这种情况,通常对散射源做置"零",相当于各向同性处理。勒让德展开截断出负一直是困扰确定论方法的难题,相比之下,MC 通过广义高斯求积,较好地解决了散射源出负问题。由于 δ-函数的勒让德级数展开式与 $f_L(\mu)$ 很接近,因此,所有的近似方法都与 δ-函数相关。下面讨论散射源的几种处理办法。

(1) 方法 1。

在文献[2]中提到了避免 P_L 近似角分布角出负的处理,其做法为,在 P_L 近似角分布的基础上,进一步通过组合 δ 函数分布 $f^*(\mu)$ 来逼近 $f_L(\mu)$。$f^*(\mu)$ 的基本形式为

$$f^*(\mu) = \sum_{k=0}^{L} a_k \delta(\mu - \mu_k) \quad (7-35)$$

其中,系数 a_k 取为

$$a_k = \frac{\sum_{l=0}^{L} \frac{2l+1}{2} f_l P_l(\mu_k)}{\sum_{l=0}^{L} \frac{2l+1}{2} [P_l(\mu_k)]^2} \quad (7-36)$$

其中,$\mu_k(k=0,1,\cdots,L)$ 为 $P_{L+1}(\mu)=0$ 的根,则式(7-35)是式(7-33)的一个近

似,这是因为

$$\delta(\mu-\mu_k) = \sum_{l=0}^{\infty} \frac{2l+1}{2} P_l(\mu_k) P_l(\mu) \quad (7-37)$$

当 $\mu=\mu_k(k=0,1,\cdots,L)$ 时,式(7-35)前 $L+1$ 项正好是式(7-36)的分母。所以 $\{\mu_k\}$ 是式(7-33)分布的总体的一个子样(容量为 $2L$)。因此,可用近似分布 $f^*(\mu)$ 代替 $f_L(\mu)$ 在总体中的抽样。式(7-36)的不足是 a_k 不能保证恒正,即当 L 不够大,同样会出现 $a_k<0$。此时,进一步构造偏倚 p.d.f 如下:

$$\tilde{f}^*(\mu) = \sum_{k=1}^{L} b_k \delta(\mu-\mu_k) \quad (7-38)$$

其中,

$$b_k = \frac{|a_k|}{\sum_{k=0}^{L}|a_k|} > 0 \quad (7-39)$$

根据 MC 偏倚抽样的性质,为了保证计算结果无偏,权乘以如下纠偏因子:

$$w_{\text{adj}}(\mu)\big|_{\mu=\mu_k} = \frac{f^*(\mu)}{\tilde{f}^*(\mu)}\bigg|_{\mu=\mu_k} = \frac{a_k}{|a_k|}\sum_{k=0}^{L}|a_k| = \frac{a_k}{b_k} \quad (7-40)$$

这种处理的主要不足是当 $a_k<0$ 时,$w_{\text{adj}}(\mu)<0$,这在 MC 无偏修正中是不能接受的。因此,方法 1 并不理想,实用性不强。

下面介绍广义高斯求积法,该方法可以避免方法 1、2 中的不足,已在多群 MC 程序 MORSE-CGA[3] 和 MCMG[4-6] 采用。

(2)方法 2——一般高斯求积。

利用高斯求积的思想,构造复合 δ-函数分布,其形式为

$$f^*(\mu) = \sum_{i=1}^{n} p_i \delta(\mu-\mu_i) \quad (7-41)$$

用 $f^*(\mu)$ 去逼近 $f_L(\mu)$,此时,$f_L(\mu)$ 的形式为

$$f_L(\mu) = \sum_{l=0}^{2n-1} \frac{2l+1}{2} f_l P_l(\mu), \quad L=1,3,5\cdots, \quad (7-42)$$

即 $L=2n-1$。

从形式上看,式(7-42)和方法 1 的形式相同,但求积点只有 n 个,精度是 $2n-1$。

(3)方法 3——广义高斯求积。

高斯求积和广义高斯求积过程比较复杂,后面节专门讨论。

7.3.2　一般高斯求积

众所周知,高斯求积取 n 个求积点,可以获得 $2n-1$ 阶精度,是目前数值积分中精度最高的求积公式。

定理 1 若 $[a,b]$ 区间可积函数 $f(x)$ 满足

$$f(x) \geqslant 0 \qquad (\text{I})$$

则存在唯一的最高次项系数为 1 的、关于 $f(x)$ 正交的多项式系 $\{Q_i(x)\}_{i=1\sim n}$，使对任何 $\leqslant 2n-1$ 次多项式 $g(x)$ 成立。

$$E[g] = \int_a^b g(x)f(x)\mathrm{d}x = \sum_{i=1}^n g(x_i)f_i \qquad (\text{II})$$

$\{Q_i(x)\}_{i=1\sim n}$ 满足正交关系

$$\int_a^b Q_i(x)Q_j(x)f(x)\mathrm{d}x = \delta_{ij}N_i$$

其中，δ_{ij} 为 Kronecker δ-函数，满足 $\delta_{ij} = \begin{cases} 0, i \neq j \\ 1, i = j \end{cases}$；$N_i = \int_a^b Q_i^2(x)f(x)\mathrm{d}x$ 为归一化系数；$\{x_i\}_{i=1\sim n}$ 为 $Q_n(x)$ 之根，即有 $Q_n(x_i) = 0$；$f_i = \left[\sum_{k=1}^{n-1} Q_k^2(x_i)/N_k\right]^{-1}$。

证明略，可参考一般的《计算方法》教科书，这里给出参考文献[6]。

因 $1, x, x^2, \cdots, x^{2n-1}$ 相互独立，由此构成 $2n-1$ 阶多项式空间的一组基，代入式（II）求得 $f(x)$ 的 $2n$ 个矩

$$M_k = \int_a^b x^k f(x)\mathrm{d}x = \sum_{i=1}^n x_i^k f_i, \quad k = 0, \cdots, 2n-1 \qquad (7-43)$$

构造复合 δ-函数 $f^*(x)$ 如下：

$$f^*(x) = \sum_{i=0}^n f_i \delta(x - x_i) \qquad (7-44)$$

因为

$$M_k^* = \int_a^b x^k f^*(x)\mathrm{d}x = \sum_{i=1}^n x_i^k f_i, \quad k = 0, \cdots, 2n-1$$

故 $f^*(x)$ 与 $f(x)$ 有相同的 $2n$ 个矩 $\{M_k\}_{k=0\sim 2n-1}$。由于 $f_L(x)$ 不满足高斯求积函数非负条件，下面寻求比 $f(x) \geqslant 0$ 弱的高斯求积条件，从"矩"入手，讨论矩和勒让德多项式系数之间的关系。根据前面的讨论，$f(\mu)$ 可展开为勒让德级数

$$f(\mu) = \sum_{l=0}^\infty \frac{2l+1}{2} f_l P_l(\mu)$$

其中，

$$f_l = \int_{-1}^1 f(\mu) P_l(\mu) \mathrm{d}\mu \quad (f_0 = 1) \qquad (7-45)$$

$$P_l(\mu) = \sum_{n=0}^l P_{l,n} \mu^n \qquad (7-46)$$

则 $f(\mu)$ 的 k 阶矩为

$$M_k = \int_{-1}^1 \mu^k f(\mu) \mathrm{d}\mu \qquad (7-47)$$

第7章 多群中子输运计算

下面寻求用矩条件来代替非负条件,使高斯求积成立。为此,首先证明矩和勒让德多项式系数等价。

定理 2 矩 M_k 和勒让德多项式系数 f_l 等价。

(1) 已知矩 M_k,求勒让德系数 f_l。

根据定义,有

$$f_l = \int_{-1}^{1} f(\mu) P_l(\mu) d\mu = \sum_{k=0}^{l} P_{l,k} \int_{-1}^{1} f(\mu) \mu^k d\mu = \sum_{k=0}^{l} P_{l,k} M_k \quad (7-48)$$

(2) 已知勒让德系数 f_l,求矩 M_k。

同样根据定义,有

$$M_k = \int_{-1}^{1} \mu^k f(\mu) d\mu = \sum_{l=0}^{\infty} \frac{2l+1}{2} f_l \int_{-1}^{1} \mu^k P_l(\mu) d\mu = \sum_{l=0}^{\infty} \frac{2l+1}{2} f_l P_{k,l}^{-1} \quad (7-49)$$

其中,$P_l(\mu) = \sum_{k=0}^{l} P_{k,l} \mu^k$, $P_{k,l}^{-1} = \int_{-1}^{1} \mu^k P_l(\mu) d\mu$ 为 μ^k 勒让德展开式的系数,即有

$$\mu^k = \sum_{l=0}^{k} \frac{2l+1}{2} P_{k,l}^{-1} P_l(\mu) \quad (7-50)$$

根据勒让德多项式系数定义及勒让德多项式加法定理(详见附录2),式(7-56)中的系数满足如下迭代关系:

$$\begin{aligned} P_{k,l}^{-1} &= \int_{-1}^{1} \mu^k P_l(\mu) d\mu \\ &= \frac{1}{2l+1} \int_{-1}^{1} \mu^{k-1} [(2l+1)\mu P_l(\mu)] d\mu \\ &= \frac{1}{2l+1} \int_{-1}^{1} \mu^{k-1} [(l+1) P_{l+1}(\mu) + l P_{l-1}(\mu)] d\mu \\ &= \frac{l+1}{2l+1} \int_{-1}^{1} \mu^{k-1} P_{l+1}(\mu) d\mu + \frac{l}{2l+1} \int_{-1}^{1} \mu^{k-1} P_{l-1}(\mu) d\mu \\ &= \frac{2(l+1)}{(2l+1)(2l+3)} P_{k-1,l+1}^{-1} + \frac{2l}{(2l-1)(2l+1)} P_{k-1,l-1}^{-1} \end{aligned}$$

$$(7-51)$$

其中,$P_{0,l}^{-1} = \delta_{0l}$,$P_{1,l}^{-1} = \delta_{1l}$ 已知,由此容易递推求出 $P_{k,l}^{-1}$,证毕。

1. 正交多项式产生

为了讨论方便,定义数学表达式

$$E[g(x)] = \int_a^b g(x) f(x) dx$$

这里 $E[\ ]$ 表示卷积积分,当 $f(x)$ 为 p.d.f 时,$E[\ ]$ 即为数学期望。

对 i 阶正交多项式 $Q_i(x)$,均可按基函数 $1, x, x^2, \cdots, x^i$ 展开为

$$Q_i(x) = \sum_{k=0}^{i} a_{i,k} x^k, \quad i = 0, 1, \cdots, n, a_{ii} = 1 \qquad (7-52)$$

满足正交关系

$$E[Q_i(x) Q_j(x)] = \delta_{ij} N_i \qquad (7-53)$$

其中,

$$N_i = E[Q_i^2(x)] = \int_a^b Q_i^2(x) f(x) \mathrm{d}x = \sum_{k=0}^{i} a_{ik} M_{k+i} > 0 \qquad (7-54)$$

由 $f(x) \geqslant 0$,有 $N_i > 0$。对任意 i 阶多项式 $S_i(x)$ 均可关于 $Q_k(x)$ 展开为

$$S_i(x) = \sum_{k=0}^{i} s_{ik} Q_k(x)$$

满足

$$E[S_i(x) Q_j(x)] = 0, \quad i < j$$

由 $Q_i(x)$ 最高次项系数为 1 的假定,有 $a_{ii} = 1$,于是 $Q_i(x)$ 可进一步写为

$$Q_{i+1}(x) = x^{i+1} + R_i(x) \qquad (7-55)$$

其中,

$$R_i(x) = \sum_{k=0}^{i} a_{i+1,k} x^k$$

由此得

$$\begin{aligned} Q_{i+1}(x) &= x \cdot x^i + R_i(x) \\ &= x [Q_i(x) - R_{i-1}(x)] + R_i(x) \\ &= x Q_i(x) + [R_i(x) - x R_{i-1}(x)] \end{aligned}$$

因为 $R_i(x) - x R_{i-1}(x)$ 是 i 阶多项式,故有

$$Q_{i+1}(x) = x Q_i(x) + \sum_{k=0}^{i} d_{i,k} Q_k(x) \qquad (7-56)$$

对 $j \leqslant i - 2$,利用正交关系有

$$\begin{aligned} 0 &= E[Q_{i+1}(x) Q_j(x)] \\ &= E[x Q_i(x) Q_j(x)] + \sum_{k=0}^{i} d_{i,k} E[Q_k(x) Q_j(x)] \\ &= E[Q_i(x) (x Q_j(x))] + d_{i,j} N_j \\ &= d_{i,j} N_j \end{aligned}$$

因为 $N_j > 0$,必有 $d_{i,j} = 0$。令

$$\beta_{i+1} = -d_{i,i}$$

及

$$\sigma_i^2 = -d_{i,i-1}$$

后面会看到 $d_{i,i-1} < 0$,式(7-56)可写为

$$Q_{i+1}(x) = (x - \beta_{i+1}) Q_i(x) - \sigma_i^2 Q_{i-1}(x) \qquad (7-57)$$

第 7 章 多群中子输运计算

此即为 $Q_i(x)$ 满足的递推关系。

再由正交关系,

$$\begin{aligned}
0 &= E[Q_{i+1}(x)Q_{i-1}(x)] \\
&= E[xQ_i(x)Q_{i-1}(x)] - \beta_{i+1}E[Q_i(x)Q_{i-1}(x)] - \sigma_i^2 E[Q_{i-1}^2(x)] \\
&= E[Q_i(x)(xQ_{i-1}(x))] - \sigma_i^2 N_{i-1} \\
&= E\left[Q_i(x)\left(Q_i(x) - \sum_{k=0}^{i-1} d_{i-1,k}Q_k(x)\right)\right] - \sigma_i^2 N_{i-1} \\
&= E[Q_i^2(x)] - \sigma_i^2 N_{i-1} \\
&= N_i - \sigma_i^2 N_{i-1}
\end{aligned}$$

求得

$$\sigma_i^2 = N_i/N_{i-1} \tag{7-58}$$

因 $\sigma_i^2 > 0$,所以有 $d_{i,i-1} < 0$。回到式(7-54),有

$$\begin{aligned}
N_i &= E[Q_i^2(x)] \\
&= \int_a^b Q_i^2(x)f(x)\mathrm{d}x \\
&= \sum_{k=0}^{i} a_{i,k}M_{k+i} > 0
\end{aligned} \tag{7-59}$$

定义

$$L_{i+1} = E[Q_i(x)x^{i+1}] = \sum_{k=0}^{i} a_{i,k}M_{k+i+1} \tag{7-60}$$

由

$$\begin{aligned}
0 &= E[Q_{i+1}(x)Q_i(x)] \\
&= E[Q_{i+1}(x)x^i] + E[Q_{i+1}(x)R_{i-1}(x)] \\
&= E[xQ_i(x)x^i] - \beta_{i+1}E[Q_i(x)x^i] - \sigma_i^2 E[Q_{i-1}(x)x^i] \\
&= L_{i+1} - \beta_{i+1}N_i - \sigma_i^2 L_i
\end{aligned}$$

求得

$$\beta_{i+1} = \frac{L_{i+1}}{N_i} - \sigma_i^2 \frac{L_i}{N_i} = \frac{L_{i+1}}{N_i} - \frac{L_i}{N_{i-1}} \tag{7-61}$$

比较式(7-57)的两端对应 x^k 项的系数,可以得到 $a_{i,k}$ 满足的递推关系

$$a_{i+1,k} = a_{i,k-1} - \beta_{i+1}a_{i,k} - \sigma_i^2 a_{i-1,k} \tag{7-62}$$

回顾一下上面求 $Q_{i+1}(x)$ 的过程,在已知 $Q_i(x)$、$Q_{i-1}(x)$ 的情况下为:

(1)由式(7-59)计算 N_i;

(2)由式(7-58)计算 σ_i^2;

(3)由式(7-60)计算 L_{i+1};

(4) 由式(7-61)计算 β_{i+1};

(5) 由式(7-62)计算 $Q_{i+1}(x)$ 的系数;

(6) 由式(7-57)计算得到 $Q_{i+1}(x)$。

以此递推,最后求出关于 $f(x)$ 正交的多项式系 $\{Q_i(x)\}_{i=0\sim n}$。图 7-2 给出正交多项式产生流程。

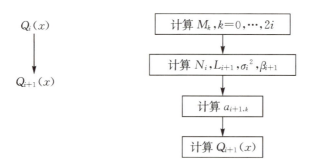

图 7-2 正交多项式产生流程

2. 正交多项式根的性质

引理 1 $Q_n(x)$ 有 n 个互异的实根且与 $Q_{n-1}(x)$ 之根交替,即在 $Q_{n-1}(x)$ 的任意两个相邻根之间有且只有一个 $Q_n(x)$ 之根。此外 $Q_n(x)$ 有一个大于 $Q_{n-1}(x)$ 全部根的根和一个小于 $Q_{n-1}(x)$ 全部根的根。同时,在 $Q_n(x)$ 的任意相邻根之间有且只有一个 $Q_{n-1}(x)$ 的根。

引理 2 $Q_n(x)$ 的 n 个根均位于 $[a,b]$ 内。

引理 1、引理 2 的证明可参考《计算方法》[6]。

7.3.3 广义高斯求积

一般高斯求积要求 $f(x) \geqslant 0, x \in [a,b]$,如果这个限制可以适当放松就好了,下面讨论有无这种可能性。Gram 行列式定义如下:

$$|C_i| = \begin{vmatrix} M_0 & M_1 & \cdots & M_i \\ M_1 & M_2 & \cdots & M_{i+1} \\ \vdots & \vdots & & \vdots \\ M_i & M_{i+1} & \cdots & M_{2i} \end{vmatrix}, \quad i = 1, 2, \cdots, n-1 \quad (7-63)$$

下面尝试用两个弱一点的限制(I_a)、(II_a)代替之前的限制(I),并说明满足(I_a)、(II_a)的函数,高斯求积公式成立。

这里给出(I)的替代限制(I_a):

(I_a) $|C_i| \geqslant 0, i = 1, 2, \cdots, n-1$;

(II_a) $Q_n(x)$ 的 n 个根 $x_i \in [a,b], i = 1, 2, \cdots, n$。

只要证明满足（Ⅰ）的函数一定满足（Ⅰ$_a$）即可。事实上，若（Ⅰ）成立，则有

$$N_i = \int_a^b Q_i^2(x) f(x) \mathrm{d}x = \sum_{k=0}^i a_{i,k} M_{k+i} \geqslant 0$$

根据 Gram 行列式性质，有 $|C_i| \geqslant 0, i = 1, 2, \cdots, n-1$，即（Ⅰ$_a$）成立，（Ⅱ$_a$）自然成立；反之则不然。

如果 $f(x)$ 的 $2n$ 个矩 $M_0, M_1, \cdots, M_{2n-1}$ 存在，满足条件（Ⅰ$_a$）、（Ⅱ$_a$），把满足此条件的函数类定义为 F，现证明对 F 类函数，高斯求积成立。由于矩和勒让德多项式系数等价，因此，$f_L(x) \in F$。

定理 3 若 $[a,b]$ 区间上的函数 $f(x)$ 的 $2n$ 个矩 $M_0, M_1, \cdots, M_{2n-1}$ 存在，满足条件 $|C_i| > 0, i = 1, \cdots, n$，则在 $[a,b]$ 上存在关于 $f(x)$ 正交的多项式系 $\{Q_i(x)\}_{i=1 \sim n}$，若规定 $Q_i(x)$ 最高项系数为 1，则这种正交系是唯一的，且满足递推关系

(1) $Q_0(x) = 1$；

(2) $Q_{i+1}(x) = (x - \beta_{i+1}) Q_i(x) - \sigma_i^2 Q_{i-1}(x), i = 0, 1, \cdots, n-1$（假定 $Q_{-1}(x) = 0$）。

这里

$$\sigma_i^2 = N_i / N_{i-1}$$

$$N_i = \sum_{k=0}^i a_{i,k} M_{k+i}$$

$$\beta_{i+1} = L_{i+1}/N_i - L_i/N_{i-1}$$

$$L_{i+1} = \sum_{k=0}^i a_{i,k} M_{k+i+1} \quad Q_{i+1}(x) = \sum_{k=0}^i a_{i,k} x^k$$

$$a_{i,k} = a_{i-1,k-1} - \beta_i a_{i-1,k} - \sigma_{i-1}^2 a_{i-1,k}$$

证明略（可参考文献[6]）。作为定理 1 的推广，得到如下定理。

定理 4 若 $[a,b]$ 区间上的函数 $f(x)$ 的 $2n$ 个矩 $M_0, M_1, \cdots, M_{2n-1}$ 存在，且满足

(1) $N_i > 0, i = 1, 2, \cdots, n$；

(2) $Q_n(x)$ 在 $[a,b]$ 上的 n 个实根 $\{x_i\}_{i=1 \sim n}$ 存在。

则存在 n 个权重系数为 $\{f_i\}_{i=1 \sim n}$，使对任意 $\leqslant 2n-1$ 阶多项式 $g(x)$，高斯求积公式（Ⅱ）成立，即有

$$\int_a^b g(x) f(x) \mathrm{d}x = \sum_{i=1}^n g(x_i) f_i$$

其中，$f_i = \left[\sum_{k=0}^{n-1} Q_k^2(x_i)/N_k \right]^{-1}$，$\{Q_i(x)\}_{i=1 \sim n}$ 为关于 $f(x)$ 正交的多项式系。

证明 根据多项式除法定理,对任意 $2n-1$ 次多项式 $g(x)$,有
$$g(x) = q_{n-1}(x)Q_n(x) + r_{n-1}(x)$$
其中,$q_{n-1}(x)$、$r_{n-1}(x)$ 为 $n-1$ 次多项式。
$$E[g(x)] = E[q_{n-1}(x)Q_n(x)] + E[r_{n-1}(x)] = E[r_{n-1}(x)] \quad (7-64)$$
由
$$\begin{aligned}E[g(x)] &= \sum_{i=1}^{n} g(x_i)f_i \\ &= \sum_{i=1}^{n} q_{n-1}(x_i)Q_n(x_i)f_i + \sum_{i=1}^{n} r_{n-1}(x_i)f_i \\ &= \sum_{i=1}^{n} q_{n-1}(x_i)Q_n(x_i)f_i + E[r_{n-1}(x)]\end{aligned}$$
$$(7-65)$$
比较式(7-64)与式(7-65),有
$$\sum_{i=1}^{n} q_{n-1}(x_i)Q_n(x_i)f_i = 0 \quad (7-66)$$

满足式(7-66)的充分必要条件是 $Q_n(x_i) = 0$,这就意味着 x_i 是 $Q_n(x)$ 之根 ($i=1,2,\cdots,n$)。另外,根据定理1,对任何 $\leqslant 2n-1$ 阶多项式,式(Ⅱ)成立,因而,对 $r_{n-1}(x)$ 及 $Q_k(x)$ ($k \leqslant n$) 有
$$E[r_{n-1}(x)] = \sum_{i=1}^{n} r_{n-1}(x_i)f_i \quad (7-67)$$
$$E[Q_k(x)] = \sum_{i=1}^{n} Q_k(x_i)f_i, \quad k = 0, \cdots, n-1 \quad (7-68)$$
另一方面,
$$E[Q_k(x)] = E[Q_k(x)Q_0(x)] = N_0\delta_{k0} \quad (7-69)$$
比较式(7-68)与式(7-69)得
$$\sum_{i=1}^{n} Q_k(x_i)f_i = N_0\delta_{k0}, \quad k = 0, 1, \cdots, n-1 \quad (7-70)$$
式(7-70)两端同乘以 $Q_k(x_j)/N_k$,并对 k 从 0 到 $n-1$ 求和
$$\text{式左} = \sum_{k=0}^{n-1} \frac{Q_k(x_j)}{N_k} \sum_{i=1}^{n} Q_k(x_i)f_i = \sum_{i=1}^{n} f_i \left\{ \sum_{k=0}^{N-1} \frac{Q_k(x_j)Q_k(x_i)}{N_k} \right\}$$
$$\text{式右} = \sum_{k=0}^{n-1} \frac{Q_k(x_j)}{N_k} N_0 \delta_{k0} = \frac{Q_0(x_j)}{N_0} N_0 = 1$$
即有

$$\sum_{i=1}^{n} f_i \left\{ \sum_{k=0}^{n-1} \frac{Q_k(x_j) Q_k(x_i)}{N_k} \right\} = 1 \qquad (7-71)$$

建立 Christoffel-Darbowx 等式,令

$$D_{n-1}(x,y) = \sum_{k=0}^{n-1} \frac{Q_k(x) Q_k(y)}{N_k} \qquad (7-72)$$

则式(7-71)变为

$$\sum_{i=1}^{n} D_{n-1}(x_j, x_i) f_i = 1 \qquad (7-73)$$

现求系数 f_i,根据 Q_n 满足的递推公式,有

$$\frac{Q_n(x) Q_{n-1}(y) - Q_{n-1}(x) Q_n(y)}{N_{n-1}(x-y)}$$

$$= \frac{[(x-\beta_n) Q_{n-1}(x) - \sigma_{n-1}^2 Q_{n-2}(x)] Q_{n-1}(x) - Q_{n-1}(x)[(y-\beta_n) Q_{n-1}(y) - \sigma_{n-1}^2 Q_{n-2}(y)]}{N_{n-1}(x-y)}$$

$$= \frac{(x-y) Q_{n-1}(x) Q_{n-1}(y) + \sigma_{n-1}^2 [Q_{n-1}(x) Q_{n-2}(y) - Q_{n-2}(x) Q_{n-1}(y)]}{N_{n-1}(x-y)}$$

$$= \frac{Q_{n-1}(x) Q_{n-1}(y)}{N_{n-1}} + \frac{Q_{n-1}(x) Q_{n-2}(y) - Q_{n-2}(x) Q_{n-1}(y)}{N_{n-2}(x-y)}$$

$$= \frac{Q_{n-1}(x) Q_{n-1}(y)}{N_{n-1}} + \frac{Q_{n-2}(x) Q_{n-2}(y)}{N_{n-2}} + \frac{Q_{n-2}(x) Q_{n-3}(y) - Q_{n-3}(x) Q_{n-2}(y)}{N_{n-3}(x-y)}$$

$$= \cdots$$

$$= \sum_{k=1}^{n-1} \frac{Q_k(x) Q_k(y)}{N_k} + \frac{(x-\beta_1) - (y-\beta_1)}{N_0(x-y)}$$

$$= \sum_{k=1}^{n-1} \frac{Q_k(x) Q_k(y)}{N_k} + \frac{1}{N_0}$$

$$= \sum_{k=1}^{n-1} \frac{Q_k(x) Q_k(y)}{N_k} + \frac{Q_0(x) Q_0(y)}{N_0}$$

$$= D_{n-1}(x,y) \qquad (7-74)$$

因此,

$$D_{n-1}(x_j, x_i) = \frac{Q_n(x_j) Q_{n-1}(x_i) - Q_{n-1}(x_j) Q_n(x_i)}{N_{n-1}(x_j - x_i)}$$

对 $j \neq i$,由 $Q_n(x_i) = Q_n(x_j) = 0$,有

$$D_{n-1}(x_j, x_i) = 0, \quad j \neq i \qquad (7-75)$$

把式(7-75)代入式(7-73),有

$$D_{n-1}(x_j, x_j) f_j = 1 \qquad (7-76)$$

由此求得

$$f_j = \frac{1}{D_{n-1}(x_j,x_j)} = \left[\sum_{k=0}^{n-1}\frac{Q_k^2(x_j)}{N_k}\right]^{-1} \quad (7-77)$$

综上,定理 4 证毕。

证明过程就是求解一个离散 δ 分布函数的过程,用 $f^*(\mu)$ 式代替 $f_L(\mu)$ 关于离散角余弦 μ 的抽样,这里

$$f^*(\mu) = \sum_{i=0}^{n} p_i \delta(\mu - \mu_i) \quad (7-78)$$

其中,$p_i = f_i$ 为 μ_i 被抽重的概率,p_i 满足归一条件 $\sum_{i=0}^{n} p_i = 1$,即 $f^*(\mu)$ 为一 p.d.f.。

根据 δ-函数的特点,有

$$\delta(\mu - \mu_k) = \sum_{l=0}^{\infty} \frac{2l+1}{2} P_l(\mu_k) P_l(\mu) \quad (7-79)$$

代式(7-79)入式(7-78)求和,$f^*(\mu)$ 的前 n 项之和正好是 $f_L(\mu)$。所以,用 $f^*(\mu)$ 逼近 $f_L(\mu)$ 是合理的。

广义高斯求积很好地解决了多群散射角分布出负的难题,目前 MORSE-CGA[3]、KENO[8]、MCMG[4-6]、JMCT[9] 多群角分布均采用这种处理方式。

7.3.4 P_N 中 N 的选取

在两种介质的分界面上,如果通量 ϕ_g 在分界面上连续,则在 P_N 近似下,这个条件用下面一组条件来代替

$$\int \mu \phi_g(\boldsymbol{r},\mu) P_n(\mu) d\mu, \quad n=1,2,\cdots,N \text{ 在分界面上连续} \quad (7-80)$$

将通量展开式

$$\phi_g(\boldsymbol{r},\mu) = \sum_{n=0}^{N} \frac{2n+1}{2} \phi_{g,n}(\boldsymbol{r}) P_n(\mu) \quad (7-81)$$

代入式(7-80)便可推得平面 $\boldsymbol{r}=z$ 情况下的边界条件为

$$\begin{cases} \text{当 } N \text{ 为奇数时}, \phi_{g,0}, \phi_{g,1}, \cdots, \phi_{g,N} \text{ 连续;} \\ \text{当 } N \text{ 为偶数时}, \phi_{g,1}, \phi_{g,0} + 2\phi_{g,2}, \cdots, (N-1)\phi_{g,N-1} + N\phi_{g,N} \text{ 连续} \end{cases} \quad (7-82)$$

由式(7-82)可以看出,当 N 为偶数近似时,中子通量密度 $\phi_{g,0}$ 在分界面上将不连续。因此,在实际求解中,N 采用奇数近似,例如 $P_1, P_3, P_5, \cdots$ 近似,而不采用偶数近似 $P_2, P_4, P_6, \cdots$[10]。

下面给出 P_3 和 P_5 近似下,采用广义高斯计算离散角余弦及概率的过程。

7.3.5 多群 P_3 近似

取 $L = 2n-1 = 3$,求得 $n = 2$,利用前面的公式推导,可以得到 P_3 近似下的

第 7 章 多群中子输运计算

离散角余弦及概率 $\mu_i, p_i (i=1,2)$。具体求解过程如下。

(1) 求勒让德多项式系数。

由式(7-32),求出勒让德多项式系数 $\{f_l\}_{l=0\sim 3}$。

(2) 求矩。

由式(7-49),求得矩 $\{M_l\}_{l=0\sim 3}$ 如下:

$$\begin{cases} M_0 = f_0 \\ M_1 = f_1 \\ M_2 = \dfrac{1}{3}f_0 + \dfrac{2}{3}f_2 \\ M_3 = \dfrac{3}{5}f_1 + \dfrac{2}{5}f_3 \end{cases} \quad (7-83)$$

判断 $|C_1|>0$ 是否成立?若成立,转到(3)。

(3) 求关于 $f(\mu)$ 正交的多项式系

由

$$Q_0(\mu) = 1, \quad Q_1(\mu) = \mu - \beta_1 \quad (7-84)$$

及

$$\begin{aligned} Q_2(\mu) &= (\mu-\beta_2)Q_1(\mu) - \sigma_1^2 Q_0(\mu) \\ &= (\mu-\beta_2)Q_1(\mu) - \sigma_1^2 \\ &= \mu^2 - (\beta_1+\beta_2)\mu + \beta_1\beta_2 - \sigma_1^2 \end{aligned} \quad (7-85)$$

有

$$\sigma_1^2 = N_1/N_0 = a_{10}M_1 + a_{11}M_2 = -\beta_1 M_1 + M_2 = N_1 \quad (7-86)$$

比较系数得 $a_{10} = -\beta_1, a_{11} = 1$。

再由 N_1 的定义

$$\begin{aligned} N_1 &= \int_{-1}^{1} Q_1^2(\mu) f(\mu) \mathrm{d}\mu \\ &= \int_{-1}^{1} (\mu-\beta_1)^2 f(\mu) \mathrm{d}\mu = M_2 - 2\beta_1 M_1 + \beta_1^2 \end{aligned} \quad (7-87)$$

比较式(7-86)和式(7-87),有

$$-\beta_1 M_1 + M_2 = M_2 - 2\beta_1 M_1 + \beta_1^2 \quad (7-88)$$

求得

$$\beta_1 = M_1 \quad (7-89)$$

代式(7-87)入式(7-86)得

$$\sigma_1^2 = M_2 - M_1^2 \quad (7-90)$$

$$N_1 = M_2 - M_1^2 \quad (7-91)$$

$$L_1 = a_{00}M_1 = M_1 \tag{7-92}$$

$$L_2 = a_{10}M_2 + a_{11}M_3 = -\beta_1 M_2 + M_3 = M_3 - M_1 M_2 \tag{7-93}$$

$$\beta_2 = L_2/N_1 - L_1/N_0 = \frac{M_3 - M_1 M_2}{M_2 - M_1^2} - M_1 \tag{7-94}$$

代式(7-89)入式(7-94)得

$$Q_1(\mu) = \mu - M_1 \tag{7-95}$$

代式(7-89)、式(7-90)、式(7-94)入式(7-95)得

$$Q_2(\mu) = \mu^2 - \frac{M_3 - M_1 M_2}{M_2 - M_1^2}\mu + \frac{M_1(M_3 - M_1 M_2)}{M_2 - M_1^2} - M_2 \tag{7-96}$$

解方程 $Q_2(x) = 0$,得

$$x_{1,2} = \frac{1}{2}\left\{\frac{M_3 - M_1 M_2}{M_2 - M_1^2} \pm \sqrt{\left(\frac{M_3 - M_1 M_2}{M_2 - M_1^2}\right)^2 - 4\left[\frac{M_1(M_3 - M_1 M_2)}{M_2 - M_1^2}M_2\right]}\right\}$$

$$\tag{7-97}$$

由此求得高斯求积系数

$$p_i = \left[\frac{Q_0^2(\mu_i)}{N_0} + \frac{Q_1^2(\mu_i)}{N_1}\right]^{-1} = \left[1 + \frac{(\mu_i - M_1)^2}{M_2 - M_1^2}\right]^{-1}, \quad i = 1, 2 \tag{7-98}$$

$\{p_i\}_{i=1,2}$ 做归一处理,以使 $f^*(\mu) = \sum_{i=1}^{2} p_i \delta(\mu - \mu_i)$ 为一 p.d.f.。

图 7-3 给出 P_3 散射角分布两个散射方向 $\boldsymbol{\Omega}_1$ 和 $\boldsymbol{\Omega}_2$ 和粒子入射方向 $\boldsymbol{\Omega}'$ 形成的锥示意图。多群计算中最复杂的处理就是离散角余弦及离散概率的计算。

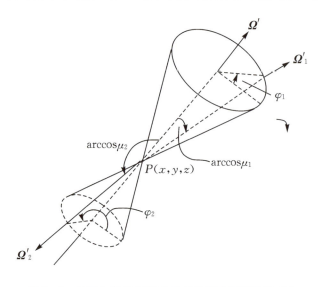

图 7-3 粒子入射方向和在 P 点的两个可能散射方向

7.3.6 多群 P_5 近似

由 $L=2n-1=5$,求得 $n=3$,利用前面 P_3 推导的公式,可以得到 P_5 近似下的离散角余弦 μ_i 和离散概率 p_i, $i=1,2,3$。

(1) 由式(7-32)求勒让德多项式系数 $\{f_l\}_{l=0\sim5}$。

(2) 由式(7-49)求矩 $\{M_l\}_{l=0\sim5}$。

$$\begin{cases} M_0 = f_0 \\ M_1 = f_1 \\ M_2 = \dfrac{1}{3}f_0 + \dfrac{2}{3}f_2 \\ M_3 = \dfrac{3}{5}f_1 + \dfrac{2}{5}f_3 \\ M_4 = \dfrac{8}{5}f_0 + \dfrac{4}{7}f_2 + \dfrac{8}{35}f_4 \\ M_5 = \dfrac{3}{7}f_1 + \dfrac{4}{9}f_3 + \dfrac{8}{63}f_5 \end{cases} \quad (7-99)$$

判断 $|C_i|>0$, $i=1,2$ 是否成立?若成立,转到(3)。

(3) 求关于 $f(\mu)$ 正交的多项式系 $\{Q_i(\mu)\}_{i=1\sim3}$。

根据正交多项式递推关系($Q_0(\mu)=0$),有

$$\begin{aligned} Q_3(\mu) &= (\mu-\beta_3)Q_2(\mu) - \sigma_2^2 Q_1(\mu) \\ &= (\mu-\beta_3)[(\mu-\beta_2)(\mu-\beta_1)-\sigma_1^2] - \sigma_2^2(\mu-\beta_1) \\ &= \mu^3 + b\mu^2 + c\mu + d \end{aligned} \quad (7-100)$$

其中,

$$\begin{cases} b = -(\beta_1+\beta_2+\beta_3) \\ c = \beta_1\beta_2 + \beta_1\beta_3 + \beta_2\beta_3 - \sigma_1^2 - \sigma_2^2 \\ d = \beta_3\sigma_1^2 + \beta_1\sigma_2^2 - \beta_1\beta_2\beta_3 \end{cases} \quad (7-101)$$

$$\beta_3 = \dfrac{L_3}{N_2} - \dfrac{L_2}{N_1}, \quad \sigma_2^2 = \dfrac{N_2}{N_1} \quad (7-102)$$

关于式(7-101)、式(7-102)中系数的求解,根据前面 P_3 的计算,有

$$N_1 = M_2 - M_1^2 \quad (7-103)$$

对应有

$$\begin{cases} a_{10} = -M_1 \\ a_{11} = 1 \\ L_2 = M_3 - M_1 M_2 \\ \beta_1 = M_1 \\ \beta_2 = \dfrac{M_3 - M_1 M_2}{M_2 - M_1^2} - M_1 \\ \sigma_1^2 = M_2 - M_1^2 \end{cases} \qquad (7-104)$$

根据递推关系

$$a_{i+1,k} = a_{i,k-1} - \beta_{i+1} a_{ik} - \sigma_i^2 a_{i-1,k}, \quad k \leqslant i \qquad (7-105)$$

得

$$\begin{cases} a_{20} = \beta_1 \beta_2 - \sigma_1^2 = \dfrac{M_1(M_3 - M_1 M_2)}{M_2 - M_1^2} - M_2 \\ a_{21} = -\beta_1 - \beta_2 - \sigma_1^2 = \dfrac{M_1 M_2 - M_3}{M_2 - M_1^2} - M_2 + M_1^2 \\ a_{22} = a_{11} = 1 \end{cases} \qquad (7-106)$$

再根据关系

$$N_i = \sum_{k=0}^{i} a_{ik} M_{k+i}, \quad L_{i+1} = \sum_{k=0}^{i} a_{ik} M_{k+i+1} \qquad (7-107)$$

求得

$$\begin{cases} N_2 = a_{20} M_2 + a_{21} M_3 + a_{22} M_4 \\ \quad = \dfrac{M_3 - M_1 M_2}{M_2 - M_1^2}(M_1 M_2 + M_3) - M_2(M_2 + M_3) + M_1^2 M_3 + M_4 \\ L_3 = a_{20} M_3 + a_{21} M_4 + a_{22} M_5 \\ \quad = \dfrac{M_3 - M_1 M_2}{M_2 - M_1^2}(M_1 M_3 + M_4) - M_2(M_3 + M_4) + M_1^2 M_4 + M_5 \end{cases}$$

$$(7-108)$$

把式(7-108)代入式(7-102)得到 β_3、σ_2^2，由此得到 $Q_3(\mu)$ 表达式中的系数 b、c 和 d。

关于方程(7-106)根的求解，根据《数学手册》[10]，其表达式为

$$\begin{cases}\mu_1=-\dfrac{b}{3}+\sqrt[3]{-\dfrac{q}{2}+\sqrt{\left(\dfrac{q}{2}\right)^2+\left(\dfrac{p}{3}\right)^3}}+\sqrt[3]{-\dfrac{q}{2}-\sqrt{\left(\dfrac{q}{2}\right)^2+\left(\dfrac{p}{3}\right)^3}}\\ \mu_2=-\dfrac{b}{3}+\omega\sqrt[3]{-\dfrac{q}{2}+\sqrt{\left(\dfrac{q}{2}\right)^2+\left(\dfrac{p}{3}\right)^3}}+\omega^2\sqrt[3]{-\dfrac{q}{2}-\sqrt{\left(\dfrac{q}{2}\right)^2+\left(\dfrac{p}{3}\right)^3}}\\ \mu_3=-\dfrac{b}{3}+\omega^2\sqrt[3]{-\dfrac{q}{2}+\sqrt{\left(\dfrac{q}{2}\right)^2+\left(\dfrac{p}{3}\right)^3}}+\omega\sqrt[3]{-\dfrac{q}{2}-\sqrt{\left(\dfrac{q}{2}\right)^2+\left(\dfrac{p}{3}\right)^3}}\end{cases}$$

(7-109)

其中，

$$\begin{cases}p=c-\dfrac{b^2}{3}\\ q=\dfrac{2}{27}b^3-\dfrac{bc}{3}+d\end{cases} \quad (7-110)$$

当 $\Delta=(q/2)^2+(p/3)^3\leqslant 0$ 时，有三个实根。当 $p<0$ 时，三个根的三角表达式为

$$\begin{cases}\mu_1=-b/3+2\sqrt[3]{r}\cos\theta\\ \mu_2=-b/3+2\sqrt[3]{r}\cos(\theta+120°)\\ \mu_3=-b/3+2\sqrt[3]{r}\cos(\theta+240°)\end{cases} \quad (7-111)$$

其中，

$$r=\sqrt{-\left(\dfrac{p}{3}\right)^3},\quad \theta=\dfrac{1}{3}\arccos\left(-\dfrac{q}{2r}\right) \quad (7-112)$$

此即 P_5 离散角余弦值，相应的离散角抽样概率为

$$p_i=\left[\dfrac{Q_0^2(\mu_i)}{N_0}+\dfrac{Q_1^2(\mu_i)}{N_1}+\dfrac{Q_2^2(\mu_i)}{N_2}\right]^{-1},\quad i=1,2,3 \quad (7-113)$$

例 7-1 二群 $CaCO_3$ 中子截面如表 7-2 所示，求 $1\to 1$ 群 P_1、P_3 散射角余弦及概率。

表 7-2　ANISN 格式 $CaCO_3$ 中子二群宏观截面

g	$\Sigma_{t,g}$	$\Sigma_{s,0}^{g\to g}$	$\Sigma_{s,0}^{g\to g+1}$	$\Sigma_{s,1}^{g\to g}$	$\Sigma_{s,1}^{g\to g+1}$
1	3.30263E−1	3.14419E−1	1.30742E−2	9.43373E−2	4.81387E−3
2	5.42416E−1	4.86617E−1		1.73574E−1	
g	$\Sigma_{s,2}^{g\to g}$	$\Sigma_{s,2}^{g\to g+1}$	$\Sigma_{s,3}^{g\to g}$	$\Sigma_{s,3}^{g\to g+1}$	$\Sigma_{a,g}$
1	4.74588E−2	1.4586E−3	8.20433E−3	−1.54277E−3	2.7698E−3
2	7.48850E−2		1.32127E−2		5.5799E−3

解 (1)P_1 近似。

离散角个数 $n=1$,由 $Q_1(\mu)=\mu-M_1=0$,得 $\mu_1=M_1=0.10001, P_1=1$。

(2)P_3 近似。

离散角个数 $n=2$,

① 求勒让德系数:$f_0=1, f_1=0.10001, f_2=0.03019, f_3=0.0037$;

② 求矩:$M_0=1, M_1=0.10001, M_2=0.35346, M_3=0.061498$;

判断 $|C_1|=0.34346>0$,转到③;

③ 求得离散角余弦 $\mu_1=-0.55125, \mu_2=0.62738$;

④ 相应的离散概率 $P_1=0.44745, P_2=0.55255$。

本节讨论了采用广义高斯求积处理散射角分布关于勒让德多项式展开截断引起出负的问题,通过引入复合 δ-函数分布,实现离散角余弦值的抽样。这种处理的优点是:

① 近似角分布 $f^*(\mu)$ 满足非负假定,且为 p.d.f,易于抽样,n 个求积点,具有 $2n-1$ 阶精度;

② 对同一问题,不同物质、不同能群的转移概率、离散角余弦值和离散概率是唯一的,只计算一次,之后 MC 跟踪的每一个粒子历史,这些信息均反复使用,相对连续截面,多群存储量、计算量要少很多。

多群计算的主要不足是:

① 因离散角较少,高能部分的前几次散射存在较强的射线效应;

② 点探测器估计(F5 计数)由于对角分布精度要求高,多群散射角分布无法满足精度要求,F5 计数失效。卡特(Carter)等给出了弥补这一不足的等概率阶梯函数法,这种方法在一定程度上消除了射线效应的影响,使 F5 计数成为可能[12]。

7.4 裂变谱

7.4.1 ^{235}U 裂变谱

裂变中子的出射能量通常从裂变谱中抽样得到,由于不同裂变核的裂变谱差异很小,谱型基本一致,故反应堆计算一般采用 ^{235}U 裂变谱。这主要基于对 ^{235}U 研究得最多,知道得最清楚,其裂变谱常用作比较其他各种裂变谱的参考标准。

^{235}U 裂变谱服从 Maxwell 分布,基本形式为

$$\chi(E' \to E) = 2\sqrt{\frac{E}{\pi T^3(E')}} \exp\left[-\frac{E}{T(E')}\right] \qquad (7-114)$$

其中,$T(E')$ 为谱形系数,依赖入射中子能量 E'。

也可取平均能量 $\bar{E}$ 对应的谱型系数近似

$$\bar{E} = \bar{E}_f + \frac{4}{3}\sqrt{\frac{(\nu+1)E_0}{2a}} \approx 0.74 + 0.65\sqrt{\nu+1} \qquad (7-115)$$

其中,$\bar{E}_f = 0.74 \pm 0.02$ MeV 是折合到每个核子的裂变碎片动能的平均值;$E_0 \approx 6.7$ MeV是每发射一个中子所引起碎片激发的能量;$a \approx 11$ MeV^{-1} 为表征碎片核能级密度的参量;0.65 是 ^{235}U 热裂变时对应能量 $\bar{E}$ 和裂变释放中子数 ν 的归一系数,理论上 a 值很难定,故采用近似值;ν 为每次裂变放出的中子总数的平均值[13]。

对于三个易裂变核素 ^{233}U、^{235}U 及 ^{239}Pu,ν 值随入射中子能量 E' 变化,在测量误差范围内可以用直线拟合,由于三者斜率 $d\nu/dE'$ 足够接近,所以,可用如下拟合公式表示:

$$\begin{cases} \nu = \nu_0 + (0.077 \pm 0.014)E', 0 \leqslant E' \leqslant 1 \text{ MeV} \\ \nu = \nu_0 - (0.073 \pm 0.011) + (0.147 \pm 0.003)E', E' > 1 \text{ MeV} \end{cases}$$

$$(7-116)$$

其中,ν_0 对应于 ^{233}U、^{235}U 及 ^{239}Pu 相应低能段拟合式中令 $E'=0$ 所得的"最佳热裂变 ν 值"。

表 7-3 给出上述三种常用裂变核对应的 ν_0 值(无量纲)。反应堆两群计算中,裂变中子数通常就按式(7-116)取 $\nu=\nu_0$ 近似[13]。

表 7-3 ^{233}U、^{235}U 及 ^{239}Pu 对应的 ν_0 值

裂变核	ν_0	入射能量范围
^{235}U	2.432±0.007	$0 \leqslant E' \leqslant 1$
	2.349±0.011	$E' > 1$
^{239}Pu	2.867±0.017	$0 \leqslant E' \leqslant 1$
	2.907±0.029	$E' > 1$
^{233}U	2.482±0.004	$0 \leqslant E' \leqslant 1$
	2.412±0.029	$E' > 1$

裂变谱形式为

$$\chi(E' \to E) = C(E')\sqrt{E}\exp\left[-\frac{E}{T(E')}\right] \qquad (7-117)$$

其中,$C(E')$ 为归一化系数。

MCNP 程序中,谱型系数 T 按能量分成四段近似,每段对应的谱型系数 T 取值如下:

$$T = \begin{cases} 1.2, C = 0.85839 \Rightarrow \bar{E} = 1.8, E' \leqslant 1.8 \text{ MeV} \\ 1.3, C = 0.76127 \Rightarrow \bar{E} = 1.95, 1.8 < E' \leqslant 2.1 \text{ MeV} \\ 1.4, C = 0.68118 \Rightarrow \bar{E} = 2.1, 2.1 < E' \leqslant 2.13 \text{ MeV} \\ 1.42, C = 0.66684 \Rightarrow \bar{E} = 2.13, E' > 2.13 \text{ MeV} \end{cases} \quad (7-118)$$

在多群输运计算中,把考虑入射能量变化的裂变谱称为矩阵裂变谱,取平均能量对应的裂变谱称为向量裂变谱,下面具体说明。

1. 矩阵裂变谱

考虑随入射能群对裂变谱的影响,则式(7-117)对应的多群裂变谱形式为

$$\chi_{g' \to g} = 2\sqrt{\frac{E_g}{\pi T^3(E_{g'})}} \exp[-E_g/T(E_{g'})]$$
$$g' = 1, 2, \cdots, G; \quad g = g', g'+1, \cdots, G \quad (7-119)$$

上式为 $G \times G$ 矩阵。

2. 向量裂变谱

取平均能量 $\bar{E}$,对 ^{235}U,$\bar{E} = 1.942$ MeV,$T = 2\bar{E}/3 = 1.295$,以此平均能量对应的裂变谱作为标准谱,则式(7-114)对应的多群裂变谱形式为

$$\chi_g = 2\sqrt{\frac{E_g}{\pi \bar{T}^3}} \exp(-E_g/\bar{T}), \quad g = 1, 2, \cdots, G \quad (7-120)$$

为 $G \times 1$ 向量。

在反应堆计算中,使用向量裂变谱与矩阵裂变谱,计算结果差异不大,但对瞬态问题,裂变谱的差异会随着时间的积累,偏差会显现出来。因此,对瞬态问题,最好使用矩阵裂变谱。数值实验结果表明,对以铀为主要燃料的轻水反应堆,采用 ^{235}U 平均能量对应的向量裂变谱计算结果是可靠的。但对加速器驱动的次临界系统(Accelerator Driving Subcriticality,ADS),计算表明矩阵裂变谱的计算结果与实验结果更靠近。考虑到多群截面本身与构型有关,所以,选择裂变谱形式时,也需要考虑构型因素。

7.4.2 Watt 裂变谱

在热能区,裂变中子的能量分布更接近 Watt 谱,Watt 谱的基本形式为

$$\chi(E' \to E) = c \exp\left[-\frac{E}{a(E')}\right] \text{sh} \sqrt{b(E')E}, \quad 0 \leqslant E \leqslant E_0 \quad (7-121)$$

其中,系数 a、b 依赖入射中子能量 E';c 为归一化系数。

由归一条件 $\int_0^{E_0} \chi(E' \to E) dE = 1$,求得

$$c^{-1} = \frac{1}{2}\sqrt{\frac{\pi a^3 b}{4}}\exp\left(\frac{ab}{4}\right)\left[\text{erf}\left(\sqrt{\frac{E'-E_0}{a}} - \sqrt{\frac{ab}{4}}\right) + \text{erf}\left(\sqrt{\frac{E'-E_0}{a}} + \sqrt{\frac{ab}{4}}\right)\right] -$$
$$a\exp\left(-\frac{E'-E_0}{a}\right)\text{sh}\sqrt{b(E'-E_0)} \tag{7-122}$$

采用排斥法,抽样得到出射中子能量 E 的抽样值

$$E = -ag\ln\xi \tag{7-123}$$

其中,

$$g = \sqrt{\left(1+\frac{ab}{8}\right)^2 - 1} + \left(1+\frac{ab}{8}\right) \tag{7-124}$$

如果

$$[(1-g)(1-\ln\xi_1) - \ln\xi_2]^2 > bE \tag{7-125}$$

那么 E 被排斥,重新抽样;反之,式(7-123)产生的能量抽样值有效。

7.5 多群截面基本形式

7.5.1 多群中子输运截面

多群中子总截面定义为:

$$\sigma_{t,g} = \sigma_{c,g} + \sigma_{f,g} + \sigma_{\text{inel}}^{g'\to g} + \sigma_{\text{el}}^{g'\to g} + \sigma_{2n,g} + \sigma_{3n,g} \tag{7-126}$$

其中: $\sigma_{c,g}$ 为辐射俘获截面, $\sigma_{f,g}$ 为裂变截面; $\sigma_{\text{inel}}^{g'\to g}$ 为非弹散射截面; $\sigma_{\text{el}}^{g'\to g}$ 为弹性散射截面; $\sigma_{2n,g}$ 为(n,2n)散射截面; $\sigma_{3n,g}$ 为(n,3n)散射截面。

在多群中子输运计算中,考虑(n,2n)、(n,3n)反应,多群截面进一步定义为

$$\sigma_{s,g} = \sigma_{\text{inel}}^{g'\to g} + \sigma_{\text{el}}^{g'\to g} + 2\sigma_{2n,g} + 3\sigma_{3n,g} \tag{7-127}$$

$$\sigma_{c',g} = \sigma_{c,g} - \sigma_{2n,g} - 2\sigma_{3n,g} \tag{7-128}$$

则有

$$\sigma_{t,g} = \sigma_{c',g} + \sigma_{s,g} \tag{7-129}$$

7.5.2 多群中子输运计算

标准 ANISN 格式,每个核输入的多群中子截面包括:总截面($\sigma_{t,g}$)、吸收截面($\sigma_{a,g}$)、裂变截面($\nu\sigma_{f,g}$)和散射转移截面($\sigma_s^{g'\to g}$)。如果 $\nu\sigma_{f,g}\neq 0$,还需要提供相应裂变核的裂变谱 χ_g。不过对一般的反应堆问题,裂变谱可以统一采用 ^{235}U 裂变谱。

采用靶消失截面处理方法,总截面为

$$\sigma_{t,g} = \sigma_{a,g} + \sigma_s^{g'\to g} \tag{7-130}$$

其中: $\sigma_{a,g} = \sigma_{c,g} + \sigma_{f,g}$ 为吸收截面; $\sigma_s^{g'\to g} = \sigma_{\text{inel}}^{g'\to g} + \sigma_{\text{el}}^{g'\to g}$ 为散射截面。

显然(7-130)式的总截面中并不包含产中子的(n,2n)、(n,3n)截面。为此,输入的散射截面中把(n,2n)、(n,3n)截面包含进去了,多群散射转移截面定义如下:

$$\sigma_s^{g'\to g} = \sigma_s^{g'\to g} + 2\sigma_{2n,g} + 3\sigma_{3n,g} \tag{7-131}$$

当中子发生散射时,根据

$$\frac{\sigma_s^{g'\to g}}{\sigma_{t,g} - \sigma_{a,g}} = \frac{\sigma_s^{g'\to g} + 2\sigma_{2n,g} + 3\sigma_{3n,g}}{\sigma_s^{g'\to g}} \tag{7-132}$$

判断是否有次级中子产生。如果 $\sigma_{xn,g} \neq 0$,则有次级中子产生。MC 采用如下取整处理:

$$m = \text{int}\left[\frac{\sigma_s^{g'\to g}}{\sigma_{t,g} - \sigma_{a,g}} + \xi\right] \tag{7-133}$$

这是多群中子输运计算,考虑次级中子反应的特殊处理。

7.5.3 中子产光子处理

对中子-光子耦合输运问题求解,当中子与核发生作用时,中子会产生次级光子。多群中子产光子截面定义为 $\sigma_{g',g}$,其中 g' 为入射中子能群,g 为出射能群。如果 $\sigma_{g',g}/\sigma_{t,g'} > 1$,则产生次级光子,次级光子数目采用取整处理,即

$$n = \text{int}\left[\frac{\sigma_{g',g}}{\sigma_{t,g'}} + \xi\right] \tag{7-134}$$

7.5.4 多群光子截面

多群光子截面仅考虑康普顿散射、对产生和光电吸收三种反应,截面定义为

$$\sigma_{t,g} = \sigma_s^{g'\to g} + \sigma_{pe,g} + \sigma_{p,g} \tag{7-135}$$

其中,$\sigma_s^{g'\to g}$ 为康普顿散射转移截面。

光子输运中,当发生电子对反应时,当前光子历史结束,同时产生两个 0.511 MeV 的次级光子,出射光子能群 g 为 0.511 MeV 所在的能群,方向按各向同性处理,当其中一个光子的方向确定后,另一个光子的方向取相反的方向。

7.5.5 群参数制作

中子权重函数选取对多群截面的精度至关重要,根据装置设计特点,通常选用 NJOY 程序[1] 的 GROUPR 模块,取 IWT=6 的权重函数制作。它包含上面提到的三种谱,细致的分群可以使谱形在产生群平均截面的计算中变得不重要。

光子的权重函数在 GAMINR 模块中取 IWT=3,即"1/E"谱,温度按 300 K 处理,共振自屏截面选无限大(10^{10} barns),即按无限稀释近似处理。另外,基于经验,在处理共振截面重构和截面线性化时,误差标准为 0.1%,也就是说,用其他方法产生的多温截面与 NJOY 产生的多温截面偏差在 0.1% 以内便可以接受。

如图 7-4 所示,目前国际上普遍采用 NJOY 程序处理 ENDF/B-系列库格式的数据,根据不同需要,有选择地使用 NJOY 程序的一个或多个模块来加工处理 B-系列库的中子反应、光子产生和光子反应数据。散射方向转移截面按 Legendre

多项式展开取 L 阶近似($L=1,3,5,\cdots$),最后形成群平均形式的参数。参数包括 Kerma 因子等 14 个响应函数和散射群转移截面,并以 ANISN 格式输出备用。

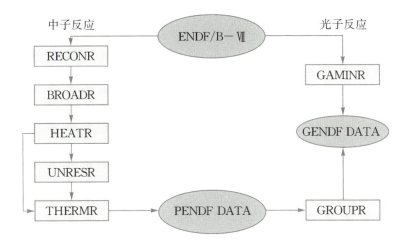

图 7-4　NJOY 程序从 ENDF/B-系列库制作群参数过程

7.6　多群 MC 程序 MCMG

MCMG 是作者早年就读博士期间的研究工作之一,针对反应堆临界和屏蔽计算,开发研制了一个三维多群 MC 程序 MCMG[4-6,14],用于求解中子、光子及伴随输运计算。前面几节介绍了多群 MC 算法已融入 MCMG 程序中,此外,MCMG 还发展了有一定独到特色的算法,下面予以介绍。

7.6.1　多群截面库

MCMG 程序配备了两个 ANISN 格式的多群截面库,分别为:

(1) 47 群中子(含 5 群上散射)、20 群光子 P_5 截面库,采用 BUGLE/96 群结构,主要用于屏蔽计算;

(2) 172 群中子(含 40 群上散射)、30 群光子 P_5 截面库,主要用于堆芯计算。

基础数据来自 ENDF/B-VII 库[15],用 NJOY 程序[1]制作加工而成。

多群截面中,除了标准 ANISN 格式提供 $\sigma_{t,g}$、$\nu\sigma_{f,g}$、$\sigma_{a,g}$、$\sigma_{s,g}$ 外,还增加了裂变截面 $\sigma_{f,g}$,这样每次裂变放出的中子数可以计算得到

$$\nu_g = \frac{\nu\sigma_{f,g}}{\sigma_{f,g}} \tag{7-136}$$

这与在热群取 $\nu_g = 2.43$;在快群取 $\nu_g = 2.54$ 的近似处理相比,显然要准确一些。

7.6.2 基于物质的碰撞机制

目前 MC 中子(光子)输运程序普遍采用针对核的碰撞反应机制,当中子(光子)与物质发生作用时,根据组成该物质的各核素所占份额及概率,通过抽样确定碰撞核及反应类型。在反应堆输运-燃耗耦合计算中,随着裂变产物的增加,核素数目往往多于物质数目,若采用针对核的碰撞反应机制,计算所有核素的转移矩阵、转移概率及离散角余弦的计算量和存储量大幅增加,降低了多群 MC 方法计算效率高的优势。由于反应堆计算主要关心的中子注量及其经过注量响应得到的功率等物理量,于是,研究想到了把核素合成为物质,在保留针对核的碰撞反应机制的同时,发展同样适合物质的碰撞反应机制。这就是作者早年博士论文中研究的一个创新。下面介绍相关算法。

设物质 k 由 m 种核素组成,每种核素的核子数为 $n_i(i=1,2,\cdots,m)$,根据组成物质 k 的各核素的比例,合成 k 物质的截面

$$\sigma_{x,g}(k) = \sum_{i=1}^{m} n_i \sigma_{x,g}^{(i)}, \quad x = \mathrm{t,a,f} \tag{7-137}$$

$$\sigma_s^{g'\to g}(k) \sum_{i=1}^{m} n_i \sigma_{s,i}^{g'\to g} \tag{7-138}$$

其中,t、a、f、s 分别表示总截面、吸收截面、裂变截面和散射截面。

如果 $\nu\sigma_{f,g} \neq 0$,则合成裂变物质的裂变谱计算公式为

$$\chi_g(k) = \frac{\sum_{i=1}^{m} n_i \nu \sigma_{f,g}^{(i)} \chi_g^{(i)}}{\sum_{i=1}^{m} n_i \nu \sigma_{f,g}^{(i)}} \tag{7-139}$$

每次裂变反应释放出的中子数由式(7-136)计算得到。

数值实验表明,在多数情况下,关于物质的碰撞机制,计算精度有保障,计算效率高,且占用内存少。

7.6.3 多群-连续能量耦合

众所周知,MC 连续截面输运计算具有精度高的优点,但存在计算耗时多、内存消耗大的不足。原因是粒子与核发生碰撞后,粒子的出射能量和方向需要重新计算,之前的粒子信息不能复用。相比之下,多群截面的存储量较连续能量截面的存储量少很多,加之针对每个核(或物质)的散射转移概率及离散角余弦组只需要计算一次,之后每个被跟踪的粒子均可使用。这是多群计算较连续能量截面计算快数倍的原因。多群计算结果与连续能量计算结果的主要差异出现在共振区。

与确定论方法一样,多群计算面临的主要难题是共振处理。于是,自然就会联想能不能找到能够发挥两种能量处理各自的优势的算法。在作者的早年研究工作

中,首次提出了一种能量耦合处理方法,基本思想其实很简单,对能量进行分段(通常分两段即可),给定一个连续截面与多群截面的分界能量 E_0,当中子能量 $E<E_0$ 时,采用连续截面计算;当中子能量 $E \geqslant E_0$ 时,采用多群截面计算。E_0 的选取就以共振区为界。

7.6.4 方法有效性验证

选择如图 7-5 所示的 ITER 简化模型,模型特点:①含氢;②深次临界。对截面参数十分敏感。模型几何、材料不变,模拟分临界和外源两种情况。以全程采用连续截面的 MCNP 结果为标准,比较了 MCNP 结果、全程多群计算结果和多群-连续耦合计算结果,多群计算采用 172 群 P_5 中子截面库。

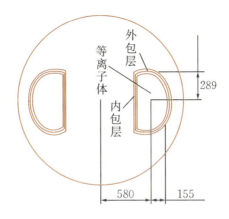

图 7-5 ITER 包层计算模型简化图(单位:cm)

1. 临界计算

临界计算共模拟 150 代,去掉前 30 代,统计后 120 代,每代跟踪 50000 中子历史。耦合计算分段能量取 $E_0=4$ eV。表 7-4 给出系统 k_{eff} 结果比较。表 7-5 给出燃料区和水区的通量结果比较及与 MCNP 标准结果的偏差;图 7-6 分别给出燃料区和水区的中子通量能谱比较。从系统 k_{eff} 来看,多群结果与 MCNP 结果偏差达 -0.7%,超过了 k_{eff} 对结果精度的要求;耦合计算 k_{eff} 偏差为 0.25%,满足 k_{eff} 对精度的要求。从能谱比较来看,多群与连续截面结果差异主要出现在 $0\sim4$ eV 的热能区,通过耦合计算,消除了存在的差异。

表 7-4 k_{eff} 计算结果比较

MCNP5	MCMG	偏差/%	MCMG_CO	偏差/%
0.49901	0.49199	-0.7	0.50151	0.25

注:CO 表示多群-连续能量耦合计算(下同)。

表 7-5 燃料区和水区通量比较

计数区	MCNP5	MCMG	偏差/%	MCMG_CO	偏差/%
燃料区	1.09217E−06	1.10578E−06	1.36	1.09940E−06	0.72
水区	1.08701E−06	1.10544E−06	1.84	1.09876E−06	1.18

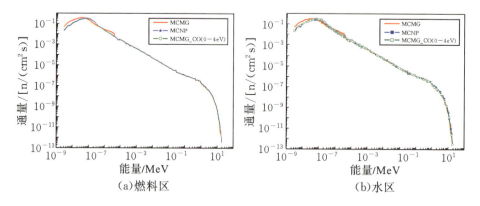

图 7-6 燃料区及水区通量能谱比较

2. 外源计算

采用相同的模型(见图 7-5),采用外源模式计算。源位于球心,采用 14.1 MeV 氘氚(D-T)中子点源,方向按各向同性发射。图 7-7 给出燃料区和水区通量能谱比较,表 7-6 给出不同程序燃料区和水区计算结果比较。可以看出,全程采用多群计算(MCMG)与 MCNP 结果在 4 eV 以上结果几乎完全一致,在 4 eV 以下存在明显差异,主要是因为多群共振及热散射截面存在的不足,这一部分连续截面处理。结果表明,耦合计算取得了与全程采用连续截面几乎一致的结果。

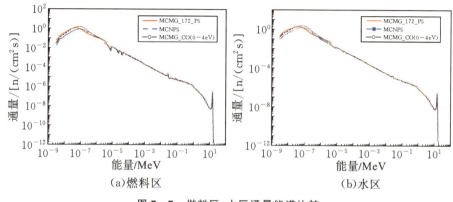

图 7-7 燃料区、水区通量能谱比较

表 7-6 燃料区和水区通量比较

计数区	MCNP5	MCMG	偏差*/%
燃料区	5.30369E−06	5.35832E−06	5.46
水区	5.16725E−06	5.23858E−06	7.13

3. 计算时间比较

表 7-7 给出两个模型的计算时间比较，比较显示，全程采用多群计算速度较 MCNP 提高 2 倍以上，耦合计算速度较 MCNP 提高接近 2 倍。说明多群计算在工程应用中优势明显，随着模型材料复杂度的提高和材料数的增加，多群计算及多群-连续耦合计算的效率较连续计算效率方面的优势会更加突出。目前对屏蔽问题，采用多群计算的效果是显著的[14]。

表 7-7 不同程序计算时间及加速比

程序 模型	MCNP5 /min	MCMG /min	MCMG_CO /min	加速比 MCMG_CO/MCNP	加速比 MCMG/MCNP
临界	20.07	8.07	9.63	2.08	2.49
外源	20.01	9.06	10.60	1.89	2.21

注：计算机为 ThinkPad T400。

4. 基准临界计算

表 7-8 给出来自 ICSBEP 的部分国际基准模型，MCMG 与 MCNP 计算结果的比较，偏差均在 6×10^{-4} 内。

表 7-8 临界基准 MCMG 与 MCNP 结果比较

模型	程序					
	MCMG					MCNP
	24 群	32 群	47-20 群	173-40 群	173-27-32 群	点截面
Godiva	0.992790 (0.0003)	0.994113 (0.0003)	1.001713 (0.0003)	1.001264 (0.0003)	1.001864 (0.0006)	0.994113 (0.0003)
Jezebel	0.999091 (0.0004)	0.999987 (0.0003)	1.004226 (0.0004)	1.003837 (0.0003)	0.974445 (0.0003)	0.999987 (0.0003)
M1bB5	0.994673 (0.0003)	0.997611 (0.0003)	1.004145 (0.0003)	1.002712 (0.0003)	1.003263 (0.0004)	0.997611 (0.0003)

续表

模型	程序					
	MCMG					MCNP
	24 群	32 群	47-20 群	173-40 群	173-27-32 群	点截面
m3b6	0.996231 (0.0003)	0.997509 (0.0003)	1.001033 (0.0003)	1.000898 (0.0003)	0.967808 (0.0003)	0.997509 (0.0003)
m5B7	0.993108 (0.0008)	1.000240 (0.0007)	1.001086 (0.0003)	1.003718 (0.0008)	0.979503 (0.0003)	1.004166 (0.0007)
m6B5	0.998205 (0.0004)	1.003804 (0.0003)	1.003143 (0.0003)	1.002360 (0.0003)	1.002844 (0.0003)	0.992395 (0.0004)
m7B6	0.993890 (0.0003)	1.002441 (0.0003)	1.001562 (0.0004)	1.002471 (0.0004)	1.001947 (0.0004)	1.000487 (0.0004)
HMF12	0.986482 (0.0003)	0.995403 (0.0003)	1.003434 (0.0003)	1.002832 (0.0003)	0.994458 (0.0003)	0.994195 (0.0003)

5. 20 cm 铁球模型

设计了简单一维球模型，14.1 MeV 中子点源，位于球心，采用相同的多群截面参数，模拟球内的中子和光子通量分布。分别利用 ANISN 和 MCMG 多群和连续截面 MCNP 程序进行计算结果比较，考查程序及多群截面参数的正确性。图 7-8 给出计算结果比较。

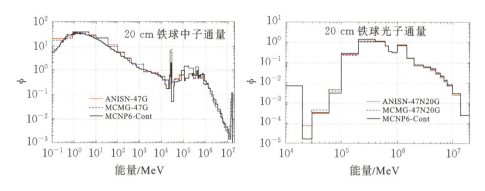

图 7-8　20cm 铁球内中子、光子通量结果比较

6. 20 cm 铝球模型

20 cm 铝球模型与 20 cm 铁球模型除球材料不同外，其他条件均相同。图 7-9 给出中子和光子通量计算结果。模拟分别采用一维 S_N 程序 ANISN[16]、MC 输运程序 MCNP[17] 和 MCMG 程序。比较显示，采用多群参数 ANISN 与 MCMG 计算

的 k_{eff}、中子和光子通量符合很好,总体上多群的计算结果与 MCNP 连续截面的结果也有较好的符合。

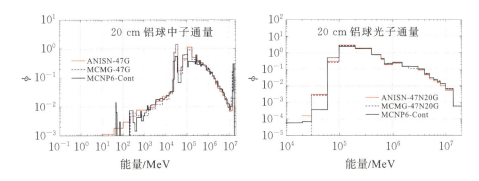

图 7-9 20 cm 铝球内中子、光子通量结果比较

7.7 小结

确定论方法求解输运方程基本采用多群计算,相比之下,MC 求解输运问题,既可以采用连续能量,也可以采用多群求解。与连续能量点截面处理相比,多群截面要简单得多,不仅占用内存少,而且多群碰撞机制简单灵活。由于模型确定后,关于每个核的离散角余弦值及转移概率只计算一次,对 MC 模拟来说,转移概率及离散角余弦的可复用,从而大大减少了碰撞后粒子出射能量、方向确定的计算时间,这是 MC 多群计算相对连续能量 MC 输运计算的一大优势。多群处理存在的主要不足或难点是低能共振处理,对热中子裂变压水堆,共振处理对计算结果影响显著,可以说共振处理是多群计算的核心。另外,多群截面与构型有关,普适性不如连续能量。多群散射角分布采用 P_N 近似,受 N 的限制,高能部分存在较强的射线效应。此外,MC 点探测器估计对角分布依赖性强,多群处理基本不适用。目前 MC 多群处理主要用于屏蔽类问题的计算。

参考文献

[1] MACFARLANE R E, MUIR D W. The NJOY nuclear data processing system - version 91: LA - 12740[R]. New Mexico: Los Alamos National Laboratory, 1994.

[2] 杜书华,张树发,冯庭桂,等. 输运问题的计算机模拟[M]. 长沙:湖南科学技术出版社,1989.

[3] EMMETT M B. MORSE - CGA. A Monte Carlo radiation transport code with array geometry capability: ORNL - 6174[R]. US: Oak Ridge National Laboratory, 1985.

[4] DENG L, XIE Z S, ZHANG J M. MCMG: a 3 - D multigroup Monte Carlo code and its

benchmarks [J]. Journal of Nuclear Science and Technology,2000,37(7):608-614.

[5] 邓力. 多群中子散射角分布 L 阶截断出负的改进[J]. 原子能科学技术,2003,37(5):405-410.

[6] 邓力,胡泽华,李刚,等. 三维中子-光子输运的蒙特卡罗程序 MCMG[J]. 强激光与粒子束,2013,25(1):163-168.

[7] 邓建中,刘之行. 计算方法[M]. 2 版. 西安:西安交通大学出版社,2001.

[8] PETRIE L M, LANDERS N F. KENO V. a:a improved Monte Carlo criticality program with supergrouping:NUREG/CR-0200[R]. US:Oak Ridge National Laboratory,1983,2.

[9] DENG L, YE T , LI G , et al. 3-D Monte Carlo neutron-photon transport code JMCT and its algorithms[R]. Kyoto:PHYSOR2014,2014.

[10] 谢仲生. 核反应堆物理分析(下册)[M]. 北京:原子能出版社,1996.

[11] 《数学手册》编写组. 数学手册[M]. 北京:高等教育出版社,1977.

[12] CASHWELL E D, EVERETT C J. Intersection of a ray with a surface of third or fourth degree:LA-4299[R]. New Mexico:Los Alamos National Laboratory,1969.

[13] 黄祖洽. 核反应堆动力学基础[M]. 北京:原子能出版社,1983.

[14] DENG L, HU Z H, LI R, et al. The coupled neutron transport calculation of Monte Carlo multi-group and continuous cross section [J]. Annals of Nuclear Energy, 2019, 127:433-436.

[15] HEMANM T A. ENDF-6 formats manual:data formats and procedures for the evaluated nuclear data file ENDF/B-VI and ENDF-VII [R]. US:Brookhaven National Laboratory, 2009.

[16] CHADWICK M B, et al. ENDF/B-VII.1 Nuclear Data for Science and Technology:cross sections, covariance, fission product yields and decay data [J]. Nuclear Data Sheets, 2011, 112:2887.

[17] ENGLE W W, ANISN J. A one-dimensional discrete ordinates transports code with anisotropic scattering [R]. US:Oak Ridge National Laboratory,1997.

[18] BRIESMEISTER J F. MCNP:a general Monte Carlo code for N-particle transport code:LA-12625-M[R]. New Mexico:Los Alamos National Laboratory,1997.

# 第 8 章 多群伴随中子输运计算

随着应用领域的进一步拓宽,核反应过程的模拟越来越复杂,如模型尺度大,模拟精度要求高等,既要获得精细的分布,还要计算成本不至太高,无疑对计算方法提出了新的要求。输运计算中,问题往往是源尺度大,探测器尺度小,从源发出大量的粒子,经过空间输运,到达探测器的粒子数甚少,要模拟给出有一定置信度的探测器响应计数,往往计算代价非常高。反过来,如果采用伴随计算,把探测器作为源,把源当成探测器,通过伴随计算获得问题的解,就能获得事半功倍的效果。伴随输运计算的可用之处很多,已知的用伴随方程解作为输运正算的偏倚函数,可以获得接近零方差的解。在源和截面参数的微扰、先驱核计算、敏感性和不确定性分析等研究中,均要用到伴随方程的解。因此,伴随与正算具有同等重要的作用。

8.1 基本理论

8.1.1 伴算子定义

伴算子又称共轭算子,其定义如下。

定义 设函数 $\phi(\boldsymbol{P})$ 及 $\phi^*(\boldsymbol{P})$ 的定义域相同,均为相空间 $G=r\times E\times\boldsymbol{\Omega}\times t$ 上的可积函数,$\boldsymbol{P}$ 为相空间 G 上的任意一点,定义 $\phi(\boldsymbol{P})$ 和 $\phi^*(\boldsymbol{P})$ 的内积如下:

$$(\phi,\phi^*) = \int_G \phi(\boldsymbol{P})\phi^*(\boldsymbol{P})\mathrm{d}\boldsymbol{P} \tag{8-1}$$

式(8-1)可推广到向量函数。设有定义在 G 上的向量函数 $\phi=(\phi_1,\phi_2,\cdots,\phi_n)$ 及 $\phi^*=(\phi_1^*,\phi_2^*,\cdots,\phi_n^*)$,则向量函数 ϕ 和 ϕ^* 的内积定义为

$$(\phi,\phi^*) = \int_G (\phi_1\phi_1^* + \phi_2\phi_2^* + \cdots + \phi_n\phi_n^*)\mathrm{d}P \tag{8-2}$$

设有算子 L 作用于函数 ϕ,ϕ 为定义在 G 上满足连续条件和边界条件的函数集合 $\{\phi\}$ 上的任一函数。同时,设另一算子 L^* 作用于连续函数集合 $\{\phi^*\}$ 中的任意函数 ϕ^*,这里 ϕ 和 ϕ^* 所满足的边界条件可以不同。若 $L\phi$ 及 $L^*\phi^*$ 满足条件

$$(\phi^*, L\phi) = (\phi, L^*\phi^*) \tag{8-3}$$

则称算子 L^* 为算子 L 的伴算子或共轭算子，ϕ^* 为 ϕ 的伴随通量或共轭通量。

设有方程

$$L\phi = 0 \tag{8-4}$$

若方程

$$L^*\phi^* = 0 \tag{8-5}$$

的解 ϕ^* 和方程式(8-4)的解 ϕ 满足式(8-5)，则称式(8-5)为式(8-4)的伴随方程。若 $L=L^*$，则称 L 为自伴（共轭）算子，称式(8-4)为自共轭方程[1]。

8.1.2 伴随与正算的关系

正如所知，输运计算中的所有问题均可归结为泛函 I 的求解

$$I = \langle \phi, g \rangle = \int \phi(\boldsymbol{P}) g(\boldsymbol{P}) \mathrm{d}\boldsymbol{P} \tag{8-6}$$

其中，$g(\boldsymbol{P})$ 为响应函数，$\boldsymbol{P}=(\boldsymbol{r}, E, \boldsymbol{\Omega}, t)$ 角通量 $\phi(\boldsymbol{P})$ 满足

$$\phi(\boldsymbol{P}) = S(\boldsymbol{P}) + \int K(\boldsymbol{P}' \to \boldsymbol{P}) \phi(\boldsymbol{P}') \mathrm{d}\boldsymbol{P}' \tag{8-7}$$

如何高效地获取线性泛函 I 的解是研究关心的问题。视响应函数 $g(\boldsymbol{P})$ 为源，构造式(8-7)的伴随方程或共轭方程

$$\phi^*(\boldsymbol{P}) = g(\boldsymbol{P}) + \int K^*(\boldsymbol{P}' \to \boldsymbol{P}) \phi^*(\boldsymbol{P}') \mathrm{d}\boldsymbol{P}' \tag{8-8}$$

其中，输运核 K 与共轭核 K^* 之间满足

$$K^*(\boldsymbol{P}' \to \boldsymbol{P}) = K(\boldsymbol{P} \to \boldsymbol{P}') \tag{8-9}$$

式(8-7)两端同乘以 $\phi^*(\boldsymbol{P})$ 减去式(8-8)两端同乘以 $\phi(\boldsymbol{P})$ 并对 $\boldsymbol{P}$ 积分，得到泛函 I 的两种求解途径

$$I = \langle \phi, g \rangle = \int \phi(\boldsymbol{P}) g(\boldsymbol{P}) \mathrm{d}\boldsymbol{P} = \int \phi^*(\boldsymbol{P}) S(\boldsymbol{P}) \mathrm{d}\boldsymbol{P} = \langle \phi^*, S \rangle \tag{8-10}$$

式(8-10)表明泛函 I 既可通过 ϕ 求得，也可通过 ϕ^* 求得，这为求解输运问题多了一个选择，在某些情况下，通过求 ϕ^* 获得泛函 I，计算效率更高，微扰理论方法就是基于伴随计算确立的。下面讨论伴随角通量 ϕ^* 的 MC 求解。

8.2 方程基本形式

8.2.1 微分-积分形式

一般情况下，非定常中子输运方程可以写为如下算子形式：

$$\boldsymbol{M}\phi = \frac{1}{v}\frac{\partial \phi}{\partial t} + \boldsymbol{L}\phi - \boldsymbol{F}\phi = 0 \tag{8-11}$$

其中，算子 L 和 F 的定义同式(4-158)。

相应的伴随方程为

$$M^* \phi^* = 0 \tag{8-12}$$

这里，M^* 为 M 的共轭算子，它们之间满足

$$(\phi^*, M\phi) = (\phi, M^* \phi^*) \tag{8-13}$$

对方程式(8-11)两端同乘以 $\phi^*(r,E,\mathbf{\Omega},t)$，并关于 $r,E,\mathbf{\Omega},t$ 积分有

$$\iiiint \phi^* \frac{1}{v} \frac{\partial \phi}{\partial t} \mathrm{d}r\mathrm{d}E\mathrm{d}\mathbf{\Omega}\mathrm{d}t + \iiiint \phi^* \times \nabla \cdot \mathbf{\Omega} \phi \mathrm{d}r\mathrm{d}E\mathrm{d}\mathbf{\Omega}\mathrm{d}t + \iiiint \phi^* \Sigma_t(r,E) \phi \mathrm{d}r\mathrm{d}E\mathrm{d}\mathbf{\Omega}\mathrm{d}t$$

$$= \iiiint \phi^* S \mathrm{d}r\mathrm{d}E\mathrm{d}\mathbf{\Omega}\mathrm{d}t + \iiiint \phi^* \iint \Sigma_s(r,E',\mathbf{\Omega}' \to E,\mathbf{\Omega}) \phi(r,E',\mathbf{\Omega}',t) \mathrm{d}E'\mathrm{d}\mathbf{\Omega}' \mathrm{d}r\mathrm{d}E\mathrm{d}\mathbf{\Omega}\mathrm{d}t \tag{8-14}$$

式(8-14)左第一项有

$$\iiiint \phi^* \frac{1}{v} \frac{\partial \phi}{\partial t} \mathrm{d}r\mathrm{d}E\mathrm{d}\mathbf{\Omega}\mathrm{d}t = -\iiiint \phi \frac{1}{v} \frac{\partial \phi^*}{\partial t} \mathrm{d}r\mathrm{d}E\mathrm{d}\mathbf{\Omega}\mathrm{d}t + \left(\iiiint \frac{1}{v} \frac{\partial \phi}{\partial t} \phi^* \mathrm{d}r\mathrm{d}E\mathrm{d}\mathbf{\Omega}\mathrm{d}t\right)_{\partial G} \tag{8-15}$$

式(8-14)左第二项有

$$\iiiint \phi^* \times \nabla \cdot \mathbf{\Omega} \phi \mathrm{d}r\mathrm{d}E\mathrm{d}\mathbf{\Omega}\mathrm{d}t = -\iiiint \phi \times \mathbf{\Omega} \cdot \nabla \phi^* \mathrm{d}r\mathrm{d}E\mathrm{d}\mathbf{\Omega}\mathrm{d}t + \left(\iiiint \frac{1}{v} \frac{\partial \phi}{\partial t} \phi^* \mathrm{d}r\mathrm{d}E\mathrm{d}\mathbf{\Omega}\mathrm{d}t\right)_{\partial G}$$

$$\tag{8-16}$$

式(8-14)左第三项有

$$\iiiint \phi^* \Sigma_t(r,E) \phi \mathrm{d}r\mathrm{d}E\mathrm{d}\mathbf{\Omega}\mathrm{d}t = \iiiint \phi \Sigma_t(r,E) \phi^* \mathrm{d}r\mathrm{d}E\mathrm{d}\mathbf{\Omega}\mathrm{d}t \tag{8-17}$$

式(8-14)右第一项有

$$\iiiint \phi^* S \mathrm{d}r\mathrm{d}E\mathrm{d}\mathbf{\Omega}\mathrm{d}t = \iiiint \phi S^* \mathrm{d}r\mathrm{d}E\mathrm{d}\mathbf{\Omega}\mathrm{d}t \tag{8-18}$$

式(8-14)右第二项有

$$\iiiint \phi^* \iint \Sigma_s(r,E',\mathbf{\Omega}' \to E,\mathbf{\Omega}) \phi(r,E',\mathbf{\Omega}',t) \mathrm{d}E'\mathrm{d}\mathbf{\Omega}' \mathrm{d}r\mathrm{d}E\mathrm{d}\mathbf{\Omega}\mathrm{d}t$$

$$= \iiiint \phi \iint \Sigma_s(r,E,\mathbf{\Omega} \to E',\mathbf{\Omega}') \phi^*(r,E',\mathbf{\Omega}',t) \mathrm{d}E'\mathrm{d}\mathbf{\Omega}' \mathrm{d}r\mathrm{d}E\mathrm{d}\mathbf{\Omega}\mathrm{d}t \tag{8-19}$$

其中，$(\ )_{\partial G}$ 表示边界项，S^* 为伴随源。

对边界几何没有特别限制情况下，MC 模拟边界项都可以不考虑。这样利用伴随关系对式(8-15)～式(8-19)的处理，式(8-14)重新写为

$$-\iiiint \phi \frac{1}{v}\frac{\partial \phi^*}{\partial t}\mathrm{d}\boldsymbol{r}\mathrm{d}E\mathrm{d}\boldsymbol{\Omega}\mathrm{d}t - \iiiint \phi \times \boldsymbol{\Omega} \cdot \nabla \phi^* \mathrm{d}\boldsymbol{r}\mathrm{d}E\mathrm{d}\boldsymbol{\Omega}\mathrm{d}t + \iiiint \phi \Sigma_\mathrm{t}(\boldsymbol{r},E)\phi^* \mathrm{d}\boldsymbol{r}\mathrm{d}E\mathrm{d}\boldsymbol{\Omega}\mathrm{d}t$$

$$= \iiiint \phi S^* \mathrm{d}\boldsymbol{r}\mathrm{d}E\mathrm{d}\boldsymbol{\Omega}\mathrm{d}t + \iiiint \phi \iint \Sigma_\mathrm{s}(\boldsymbol{r},E,\boldsymbol{\Omega} \to E',\boldsymbol{\Omega}')\phi^*(\boldsymbol{r},E',\boldsymbol{\Omega}',t)\mathrm{d}E'\mathrm{d}\boldsymbol{\Omega}'\mathrm{d}\boldsymbol{r}\mathrm{d}E\mathrm{d}\boldsymbol{\Omega}\mathrm{d}t$$

$$(8-20)$$

经过合并得

$$\iiiint \phi \Big[-\frac{1}{v}\frac{\partial \phi^*}{\partial t} - \boldsymbol{\Omega} \cdot \nabla \phi^* + \Sigma_\mathrm{t}(\boldsymbol{r},E)\phi^* - S^*$$

$$-\iint \Sigma_\mathrm{s}(\boldsymbol{r},E,\boldsymbol{\Omega} \to E',\boldsymbol{\Omega}')\phi^*(\boldsymbol{r},E',\boldsymbol{\Omega}',t)\mathrm{d}E'\mathrm{d}\boldsymbol{\Omega}' \Big]\mathrm{d}\boldsymbol{r}\mathrm{d}E\mathrm{d}\boldsymbol{\Omega}\mathrm{d}t = 0 \quad (8-21)$$

根据 $\phi(\boldsymbol{P}) > 0, \boldsymbol{P} \in G$ 的假定,必有

$$-\frac{1}{v}\frac{\partial \phi^*}{\partial t} - \boldsymbol{\Omega} \cdot \nabla \phi^* + \Sigma_\mathrm{t}(\boldsymbol{r},E)\phi^* - S^* - \iint \Sigma_\mathrm{s}(\boldsymbol{r},E,\boldsymbol{\Omega} \to E',\boldsymbol{\Omega}')\phi^*(\boldsymbol{r},E',\boldsymbol{\Omega}',t)\mathrm{d}E'\mathrm{d}\boldsymbol{\Omega}' = 0$$

进一步有

$$-\frac{1}{v}\frac{\partial \phi^*(\boldsymbol{r},E,\boldsymbol{\Omega},t)}{\partial t} - \boldsymbol{\Omega} \cdot \nabla \phi^*(\boldsymbol{r},E,\boldsymbol{\Omega},t) + \Sigma_\mathrm{t}(\boldsymbol{r},E)\phi^*(\boldsymbol{r},E,\boldsymbol{\Omega},t)$$

$$= S^*(\boldsymbol{r},E,\boldsymbol{\Omega},t) + \iint \Sigma_\mathrm{s}(\boldsymbol{r},E,\boldsymbol{\Omega} \to E',\boldsymbol{\Omega}')\phi^*(\boldsymbol{r},E',\boldsymbol{\Omega}',t)\mathrm{d}E'\mathrm{d}\boldsymbol{\Omega}'$$

$$(8-22)$$

式(8-22)即为伴随中子输运方程的微分-积分形式[2,3]。

对伴随中子输运方程的求解,由于连续散射转移截面 Σ_s 受相关性影响,无法给出伴随转移截面 Σ_s^* [4]。相比之下,多群散射转移截面 $\Sigma_{\mathrm{s},g}$ 的伴随转移截面 $\Sigma_{\mathrm{s},g}^*$ 是可以给出的,因此,伴随输运方程通常采用多群求解。在 MCNP6 程序中[5],首次推出连续截面的伴随输运方程求解,采用的是反复裂变链方法。该方法仅适用于裂变系统,对非裂变系统还是不适用,不过采用连续截面进行伴随输运求解的研究工作一直在进行中。

8.2.2 多群形式

类似多群输运方程正算多群推导,对式(8-22)两端关于第 g 群能量间隔 $\Delta E_g = [E_g, E_{g-1}]$ 积分,得到方程

$$-\frac{\partial}{\partial t}\int_{\Delta E_g}\frac{1}{v}\phi^*(\boldsymbol{r},E,\boldsymbol{\Omega},t)\mathrm{d}E - \boldsymbol{\Omega} \cdot \nabla \int_{\Delta E_g}\phi^*(\boldsymbol{r},E,\boldsymbol{\Omega},t)\mathrm{d}E + \int_{\Delta E_g}\Sigma_\mathrm{t}\phi^*(\boldsymbol{r},E,\boldsymbol{\Omega},t)\mathrm{d}E$$

$$= \int_{\Delta E_g}S^*(\boldsymbol{r},E,\boldsymbol{\Omega},t)\mathrm{d}E + \sum_{g'=g}^{1}\int_{\Delta E_g}\int_{\Delta E_{g'}}\Sigma_\mathrm{s}(\boldsymbol{r},E,\boldsymbol{\Omega} \to E',\boldsymbol{\Omega}')\phi^*(\boldsymbol{r},E',\boldsymbol{\Omega}',t)\mathrm{d}\boldsymbol{\Omega}'\mathrm{d}E\mathrm{d}E'$$

$$(8-23)$$

令

$$\phi_g^*(\boldsymbol{r},\boldsymbol{\Omega},t) = \int_{\Delta E_g} \phi^*(\boldsymbol{r},E,\boldsymbol{\Omega},t)\mathrm{d}E \tag{8-24}$$

$$v_g = \frac{\phi_g^*(\boldsymbol{r},\boldsymbol{\Omega},t)}{\int_{\Delta E_g} \frac{1}{v}\phi^*(\boldsymbol{r},E,\boldsymbol{\Omega},t)\mathrm{d}E} \tag{8-25}$$

$$\Sigma_t^g(\boldsymbol{r}) = \frac{\int_{\Delta E_g} \Sigma_t(\boldsymbol{r},E)\phi^*(\boldsymbol{r},E,\boldsymbol{\Omega},t)\mathrm{d}E}{\phi_g^*(\boldsymbol{r},\boldsymbol{\Omega},t)} \tag{8-26}$$

$$\Sigma_s^{g\to g'}(\boldsymbol{r},\boldsymbol{\Omega}\to\boldsymbol{\Omega}') = \frac{\int_{\Delta E_g}\int_{\Delta E_{g'}} \Sigma_s(\boldsymbol{r},E,\boldsymbol{\Omega}\to E',\boldsymbol{\Omega}')\phi^*(\boldsymbol{r},E',\boldsymbol{\Omega}',t)\mathrm{d}E\mathrm{d}E'}{\phi_g^*(\boldsymbol{r},\boldsymbol{\Omega},t)}$$

$$\tag{8-27}$$

$$S_g^*(\boldsymbol{r},\boldsymbol{\Omega},t) = \int_{\Delta E_g} S^*(\boldsymbol{r},E,\boldsymbol{\Omega},t)\mathrm{d}E \tag{8-28}$$

得到多群形式的伴随输运方程

$$-\frac{1}{v_g}\frac{\partial \phi_g^*(\boldsymbol{r},\boldsymbol{\Omega},t)}{\partial t} - \boldsymbol{\Omega}\cdot\nabla\phi_g^*(\boldsymbol{r},\boldsymbol{\Omega},t) + \Sigma_t^g(\boldsymbol{r})\phi_g^*(\boldsymbol{r},\boldsymbol{\Omega},t)$$

$$= S_g^*(\boldsymbol{r},\boldsymbol{\Omega},t) + \sum_{g'=g}^{1}\int \Sigma_s^{g\to g'}(\boldsymbol{r},\boldsymbol{\Omega}\to\boldsymbol{\Omega}')\phi_{g'}^*(\boldsymbol{r},\boldsymbol{\Omega}',t)\mathrm{d}\boldsymbol{\Omega}' \tag{8-29}$$

其中，$S_g^*(\boldsymbol{r},\boldsymbol{\Omega},t)$ 为源，可以是外源或裂变源。如果是裂变源，则源的基本形式为

$$S_g^*(\boldsymbol{r},\boldsymbol{\Omega},t) = \frac{(\nu\Sigma_f)_g(\boldsymbol{r})}{4\pi}\sum_{g'=g}^{1}\int \chi_{g'}(\boldsymbol{r})\phi_{g'}^*(\boldsymbol{r},\boldsymbol{\Omega}',t)\mathrm{d}\boldsymbol{\Omega}'$$

$$\tag{8-30}$$

这与正问题的裂变源形式有所不同。

8.3 伴随方程的积分形式

下面推导式(8-29)等价的积分方程，定义总源项

$$Q_g^*(\boldsymbol{r},\boldsymbol{\Omega},t) = S_g^*(\boldsymbol{r},\boldsymbol{\Omega},t) + \sum_{g'=g}^{1}\int_{4\pi} \Sigma_s^{g\to g'}(\boldsymbol{r},\boldsymbol{\Omega}\to\boldsymbol{\Omega}')\phi_{g'}^*(\boldsymbol{r},\boldsymbol{\Omega}',t)\mathrm{d}\boldsymbol{\Omega}'$$

$$\tag{8-31}$$

于是式(8-29)可写为

$$-\frac{1}{v_g}\frac{\partial \phi_g^*(\boldsymbol{r},\boldsymbol{\Omega},t)}{\partial t} - \boldsymbol{\Omega}\cdot\nabla\phi_g^*(\boldsymbol{r},\boldsymbol{\Omega},t) + \Sigma_t^g(\boldsymbol{r})\phi_g^*(\boldsymbol{r},\boldsymbol{\Omega},t) = Q_g^*(\boldsymbol{r},\boldsymbol{\Omega},t)$$

$$\tag{8-32}$$

同正算方程的推导过程基本相同(过程略)，可以得到伴随方程(8-29)等价的积分方程

$$\phi_g^*(\boldsymbol{r},\boldsymbol{\Omega},t) = \int_0^\infty \exp\left[-\int_0^l \Sigma_t^g(\boldsymbol{r}-l'\boldsymbol{\Omega})\mathrm{d}l'\right]\left[S_g^*(\boldsymbol{r},\boldsymbol{\Omega},t) + \sum_{g'=g}^1 \int_{4\pi} \Sigma_s^{g\to g'}(\boldsymbol{r}',\boldsymbol{\Omega}\to\boldsymbol{\Omega}')\phi_{g'}^*(\boldsymbol{r}',\boldsymbol{\Omega}',t')\mathrm{d}\boldsymbol{\Omega}'\right]\mathrm{d}l \quad (8-33)$$

其中，$\phi_g^*(\boldsymbol{r},\boldsymbol{\Omega},t)$ 为从 $\boldsymbol{r}$ 处发出的能量在 g 群，飞行方向为 $\boldsymbol{\Omega}$ 的中子对系统的贡献，即中子的价值。可以看出，积分方程形式与正向方程形式相同。采用与正算相同的方式计算。

引入光学距离或称自由程数目 τ_g，

$$\tau_g(\boldsymbol{r},l,\boldsymbol{\Omega}) \equiv \int_0^l \Sigma_t^g(\boldsymbol{r}-l'\boldsymbol{\Omega})\mathrm{d}l' \quad (8-34)$$

多群中子输运伴随方程的积分形式可写为

$$\phi_g^*(\boldsymbol{r},\boldsymbol{\Omega},t) = \int_0^\infty \exp[-\tau_g(\boldsymbol{r},l,\boldsymbol{\Omega})]\left[S_g^*(\boldsymbol{r}',\boldsymbol{\Omega},t') + \sum_{g'=g}^1 \int_{4\pi} \Sigma_s^{g\to g'}(\boldsymbol{r}',\boldsymbol{\Omega}\to\boldsymbol{\Omega}')\phi_{g'}^*(\boldsymbol{r}',\boldsymbol{\Omega}',t')\mathrm{d}\boldsymbol{\Omega}'\right]\mathrm{d}l$$

$$(8-35)$$

定义多群伴随输运积分算子

$$T_g(\boldsymbol{r}\to\boldsymbol{r}'|\boldsymbol{\Omega}) = \int_0^\infty \Sigma_t^g(\boldsymbol{r})\exp[-\tau_g^{(\boldsymbol{r},l,\boldsymbol{\Omega})}]\mathrm{d}l \quad (8-36)$$

和碰撞积分算子

$$C_{g\to g'}(\boldsymbol{\Omega}\to\boldsymbol{\Omega}'|\boldsymbol{r}) = \sum_{g'=g}^1 \int_{4\pi} \frac{\Sigma_s^{g\to g'}(\boldsymbol{r},\boldsymbol{\Omega}\to\boldsymbol{\Omega}')}{\Sigma_t^g(\boldsymbol{r})}\mathrm{d}\boldsymbol{\Omega}' \quad (8-37)$$

比较可以看出，伴随积分输运算子与正算输运积分算子相同，主要区别是散射转移积分算子，能量是从 g 到 g'、方向从 $\boldsymbol{\Omega}$ 到 $\boldsymbol{\Omega}'$，这和正算相反。

由此得到伴随角通量密度方程的算子形式

$$\phi_g^*(\boldsymbol{r},\boldsymbol{\Omega},t) = S_{c,g}^*(\boldsymbol{r},\boldsymbol{\Omega},t) + C_{g\to g'}(\boldsymbol{\Omega}\to\boldsymbol{\Omega}'|\boldsymbol{r})T_g(\boldsymbol{r}\to\boldsymbol{r}'|\boldsymbol{\Omega})\frac{\Sigma_t^{g'}(\boldsymbol{r})}{\Sigma_t^g(\boldsymbol{r})}\phi_{g'}^*(\boldsymbol{r}',\boldsymbol{\Omega}',t')$$

$$(8-38)$$

其中，

$$S_{c,g}^*(\boldsymbol{r},\boldsymbol{\Omega},t) = \int_0^\infty \frac{T_g(\boldsymbol{r}\to\boldsymbol{r}'|\boldsymbol{\Omega})}{\Sigma_t^g(\boldsymbol{r})}S_g^*(\boldsymbol{r}',\boldsymbol{\Omega},t')\mathrm{d}l \quad (8-39)$$

称为首次碰撞源，或源对伴随角通量的直穿贡献。

8.4 多群伴随方程求解

8.4.1 散射处理

与多群正向计算类同，多群伴随计算的核心是散射转移的处理。把多群碰撞

积分算子 C 改写为

$$C_{g\to g'}(\boldsymbol{\Omega}\to\boldsymbol{\Omega}'|\boldsymbol{r}) = \sum_{g'=g}^{1}\int_{4\pi}\frac{\Sigma_s^{g\to g'}(\boldsymbol{r},\boldsymbol{\Omega}\to\boldsymbol{\Omega}')}{\Sigma_t^g(\boldsymbol{r})}\mathrm{d}\boldsymbol{\Omega}'$$

$$= \sum_{g'=g}^{1}\int_{4\pi}\frac{\Sigma_s^g(\boldsymbol{r})}{\Sigma_t^g(\boldsymbol{r})}\frac{\Sigma_s^{g\to g'}(\boldsymbol{r},\boldsymbol{\Omega}\to\boldsymbol{\Omega}')}{\Sigma_s^g(\boldsymbol{r})}\mathrm{d}\boldsymbol{\Omega}' \quad (8-40)$$

其中,

$$\Sigma_s^g(\boldsymbol{r}) = \sum_{g'=g}^{1}\int_{4\pi}\Sigma_s^{g\to g'}(\boldsymbol{r},\boldsymbol{\Omega}\to\boldsymbol{\Omega}')\mathrm{d}\boldsymbol{\Omega}' \quad (8-41)$$

式(8-40)右端被积函数第二项为散射角转移角分布 p.d.f,按勒让德级数展开为

$$\frac{\Sigma_s^{g\to g'}(\boldsymbol{r},\boldsymbol{\Omega}\to\boldsymbol{\Omega}')}{\Sigma_s^g(\boldsymbol{r})} = \frac{1}{2\pi}\frac{\sum_{l=0}^{\infty}\frac{2l+1}{2}\Sigma_{s,l}^{g\to g'}(\boldsymbol{r})\mathrm{P}_l(\mu)}{\Sigma_{s,0}^g(\boldsymbol{r})}$$

$$= \frac{1}{2\pi}\sum_{l=0}^{\infty}\frac{2l+1}{2}f_l^{g\to g'}(\boldsymbol{r})\mathrm{P}_l(\mu) \quad (8-42)$$

其中,$\Sigma_{s,l}^{g\to g'}(l\geqslant 1)$ 为 g 群到 g' 群的 l 阶转移截面,$\mu=\boldsymbol{\Omega}\cdot\boldsymbol{\Omega}'$,

$$f_l^{g\to g'}(\boldsymbol{r}) = \frac{\Sigma_{s,l}^{g\to g'}(\boldsymbol{r})}{\Sigma_{s,0}^g(\boldsymbol{r})} = \frac{\sigma_{s,l}^{g\to g'}(\boldsymbol{r})}{\sigma_{s,0}^g(\boldsymbol{r})} \quad (8-43)$$

$$\sigma_{s,0}^g(\boldsymbol{r}) = \sum_{g'=g}^{1}\sigma_{s,0}^{g\to g'}(\boldsymbol{r}) \quad (8-44)$$

定义伴随转移概率

$$p_{g\to g'} = \frac{\sigma_{s,0}^{g\to g'}(\boldsymbol{r})}{\sigma_{s,0}^g(\boldsymbol{r})}, \quad g=1,2,\cdots,G; \quad g'=g,g-1,\cdots,1 \quad (8-45)$$

相应的转移矩阵形式为(不考虑下散射)

$$\begin{bmatrix} p_{1\to 1} & 0 & 0 & \cdots & 0 \\ p_{2\to 1} & p_{2\to 2} & 0 & \cdots & 0 \\ p_{3\to 1} & p_{3\to 2} & p_{3\to 3} & \cdots & 0 \\ \vdots & \vdots & \vdots & & \vdots \\ p_{G\to 1} & p_{G\to 2} & p_{G\to 3} & \cdots & p_{G\to G} \end{bmatrix} \quad (8-46)$$

这是一个下三角转移矩阵,而正算是一个上三角矩阵。

对于散射后中子能群的确定,在发生散射能群 g' 已知后,从转移概率

$$p_{g'\to g'}, p_{g'\to g'-1}, \cdots, p_{g'\to 1}$$

中求出满足不等式

$$\sum_{i=1}^{j-1}p_{g\to g-i+1} \leqslant \xi < \sum_{i=1}^{j}p_{g\to g-i+1}, \quad 1\leqslant j\leqslant g, g=1,2,\cdots,G \quad (8-47)$$

的 $j(1\leqslant j\leqslant g)$,$g'=g-j+1$ 即为散射后的出射中子能群。

8.4.2 正算与伴随的区别

正算中出射中子能群是按 $g=g',g'+1,\cdots,G$ 的顺序从高能向低能转移的；而伴随计算中子出射能群是按 $g'=g,g-1,\cdots,1$ 从低能向高能转移的。两者能量转移正好相反。

对于裂变产生中子能量的确定，正算与伴随有以下不同，正算从式(8-48)确定裂变中子能群

$$Q_{f,g}(\boldsymbol{r},\boldsymbol{\Omega},t) = \frac{\chi_g(\boldsymbol{r})}{4\pi}\sum_{g'=G}^{1}\int_{4\pi}(\upsilon\Sigma_f)_{g'}(\boldsymbol{r})\phi_{g'}(\boldsymbol{r},\boldsymbol{\Omega}',t)\mathrm{d}\boldsymbol{\Omega}' \quad (8-48)$$

伴随从式(8-49)确定裂变中子能群

$$Q^*_{f,g}(\boldsymbol{r},\boldsymbol{\Omega},t) = \frac{(\upsilon\Sigma_f)_g(\boldsymbol{r})}{4\pi}\sum_{g'=G}^{1}\int_{4\pi}\chi_{g'}(\boldsymbol{r})\phi^*_{g'}(\boldsymbol{r},\boldsymbol{\Omega}',t)\mathrm{d}\boldsymbol{\Omega}' \quad (8-49)$$

即正算直接通过裂变谱 χ_g 确定出射中子能群 g，而伴随计算出射中子能群是从 $T_g(\boldsymbol{r})=\chi_g(\boldsymbol{r})(\upsilon\Sigma_f)_g(\boldsymbol{r})$ 中抽取中子能群 g'[6]（抽样前要先做归一处理）。

8.5 小结

虽然理论上正算解和伴随解之间存在转换关系，但实际中用伴随解得到的泛函 I 与正算得到的泛函 I 之间会存在某个倍数系数。因此，伴随解还不能作为泛函 I 的最后解。但经过归一处理后，用于 MC 正算的偏倚价值函数还是可行的。数值实验表明，用伴随方程解作为 MC 正算的价值函数，可以大幅提高 MC 计算效率和精度，对屏蔽深穿透问题尤其明显。

目前伴随方程求解一般采用多群计算，MC 多群伴随计算与 S_N 伴随计算相比，MC 解的光滑性不如 S_N。由于统计原因，MC 伴随解存在一定的统计涨落，直接用于 MC 正算的价值函数，会出现相邻几何块（或网格）重要性比值出现较大波动。如果使用 MC 伴随解作为正算的价值函数，则需要对伴随解做光滑化处理。采用确定论 S_N 方法获得的伴随方程解，指导 MC 正算的源偏倚和重要性抽样，这是 CADIS(Consistent Adjoint Driven Importance Sampling)方法的核心思想，但 S_N 解伴随方程需要重新建模。此外，还有网格量重映问题，有一定的工作量。

目前作者团队研制的 MC 软件 JMCT[6] 和 S_N 软件 JSNT[7] 已实现统一建模，S_N 基于 MC 的 CAD 建模加网格剖分，完成建模，其伴随通量解可方便用于 MC 输运计算的权窗参数。由于没有两种方法程序之间物理量之间的重分重映和二次建模带来的工作量增加，很适合 CADIS 方法应用[8,9]。

参考文献

[1] 谢仲生,邓力. 中子输运理论数值计算方法[M]. 西安:西北工业大学出版社,2005.

[2] WAGNER J C, REDMOND E L, PALMTAG S P, et al. MCNP: Multigroup/Adjoint capabilities : LA-12704 [R]. New Mexico: Los Alamos National Laboratory, 1994.

[3] EMMETT M B. MORSE-CGA: a Monte Carlo radiation transport code with array geometry capability: ORNL-6174[R]. US: Oak Ridge National Laboratory, 1985.

[4] BRIESMEISTER J F. MCNP: a general Monte Carlo code for N-particle transport code: LA-12625-M[R]. New Mexico: Los Alamos National Laboratory, 1997.

[5] GOORLEY J T, JAMES M R, BOOTH T E, et al. Initial MCNP6 Release Overview: MCNP6 Beta 3: LA-UR-13-26631[R]. New Mexico: Los Alamos National Laboratory, 2012.

[6] DANHUA S G, GANG L, LI D, et al. Tallying Scheme of JMCT : A General Purpose Monte Carlo Particle Transport Code[J]. Transactions of the American nuclear society, 2013, 109: 1028-1032.

[7] CHENG T P, ZEYAO M, CHAO Y, et al. JSNT-S: a parallel 3D discrete ordinate radiation transport code on structure mesh: ICONE26-82252, V004T15A017[C]. London: 2018 26th International Conference on Nuclear Engineering, 2018, 4.

[8] ZHENG Z, MEI Q L, DENG L. Study on variance reduction technique based on adjoint discrete ordinate method [J]. Annals nuclear energy, 2018, 112: 374-382.

[9] ZHENG Z, MEI Q L, DENG L. Application of a global variance reduction method to HBR-2 benchmark [J]. Nuclear engineering and design, 2018: 326: 301-310.

>>> 第 9 章 降低方差技巧

选择合理的、具有理论指导作用的随机概型,通过偏倚抽样来降低方差,进而提高模拟计算精度和计算效率。为此,设计构造一个接近于常数估计量的算法,使其统计量方差达到极小,而计算时间没有显著增加,使 FOM 值达到极大。这就是MC 算法潜心研究的问题。MC 降低方差技巧内容十分丰富,但大多数技巧是针对特定目标量设计的。早年针对全局量的降方差技巧只有俄罗斯轮盘赌和分裂技巧,主要针对几何空间进行偏倚,之后又发展了方向偏倚、指数变换、权窗等技巧,近年针对反应堆全堆芯 pin 功率计算,又先后发展了 UFS 算法和 UTD 算法,本章一并介绍。

9.1 重要抽样

正如所知,常数的方差为零。这启发人们去寻找或构造使问题的解接近常数的抽样技巧或算法。虽然式(9-1)~式(9-5)已在第 8 章讨论伴随方程求解时列出过,为了便于本章的讨论,把这 5 个方程重新列出来。

考虑到输运计算中的所有问题均可归结为泛函 I 的求解

$$I = \langle \phi, g \rangle = \int \phi(\boldsymbol{P}) g(\boldsymbol{P}) \mathrm{d}\boldsymbol{P} \tag{9-1}$$

其中,$g(\boldsymbol{P})$ 为响应函数,$\boldsymbol{P}=(\boldsymbol{r}, E, \boldsymbol{\Omega}, t)$。角通量 $\phi(\boldsymbol{P})$ 满足

$$\phi(\boldsymbol{P}) = S(\boldsymbol{P}) + \int K(\boldsymbol{P}' \to \boldsymbol{P}) \phi(\boldsymbol{P}') \mathrm{d}\boldsymbol{P}' \tag{9-2}$$

把响应函数 $g(\boldsymbol{P})$ 为源,构造式(9-2)的伴随方程(又称共轭方程)

$$\phi^*(\boldsymbol{P}) = g(\boldsymbol{P}) + \int K^*(\boldsymbol{P}' \to \boldsymbol{P}) \phi^*(\boldsymbol{P}') \mathrm{d}\boldsymbol{P}' \tag{9-3}$$

其中,输运核 K 与共轭核 K^* 之间满足

$$K^*(\boldsymbol{P}' \to \boldsymbol{P}) = K(\boldsymbol{P} \to \boldsymbol{P}') \tag{9-4}$$

式(9-2)两端同乘以 $\phi^*(\boldsymbol{P})$ 减去式(9-3)两端同乘以 $\phi(\boldsymbol{P})$ 并对 $\boldsymbol{P}$ 积分,得

到泛函 I 的两种求解途径

$$I = \langle \phi, g \rangle = \int \phi(\boldsymbol{P}) g(\boldsymbol{P}) \mathrm{d}\boldsymbol{P} = \int \phi^*(\boldsymbol{P}) S(\boldsymbol{P}) \mathrm{d}\boldsymbol{P} = \langle \phi^*, S \rangle \qquad (9-5)$$

即泛函 I 可通过 ϕ 求得,也可通过 ϕ^* 求得。伴随方程的求解过程是原过程直接求解的逆过程,输运方程的这层关系,使很多复杂的正算问题可以转化为求解伴随输运方程。

9.1.1 伴随方程及作用

为了说明伴随方程的意义,假定需要计算如下积分:

$$I_i = \int \phi_i(\boldsymbol{P}) g(\boldsymbol{P}) \mathrm{d}\boldsymbol{P}, \quad i = 1, 2, \cdots, L \qquad (9-6)$$

其中,$\phi_i(\boldsymbol{P})$ 满足输运方程

$$\phi_i(\boldsymbol{P}) = S^{(i)}(\boldsymbol{P}) + \int K(\boldsymbol{P}' \to \boldsymbol{P}) \phi_i(\boldsymbol{P}') \mathrm{d}\boldsymbol{P}' \qquad (9-7)$$

相当于解源的微扰问题。常规的做法是先通过解方程(9-7)求出所有解 $\phi_1(\boldsymbol{P}), \phi_2(\boldsymbol{P}), \cdots, \phi_L(\boldsymbol{P})$,然后代入式((9-6)通过求卷积积分便得到 I_i。因为求每个 $\phi_i(\boldsymbol{P})$ 的计算量很大,完成全部泛函 I_i 的求解,总计算量将是非常巨大的。另一方面,从式(9-5)可以看出,如果解伴随方程求出 ϕ^*,通过计算卷积积分获得泛函 I_i

$$I_i = \int \phi^*(\boldsymbol{P}) S^{(i)}(\boldsymbol{P}) \mathrm{d}\boldsymbol{P}, \quad i = 1, 2, \cdots, L \qquad (9-8)$$

显然,后者相对前者的计算量要少得多,因为后者的主要计算量在求 ϕ^* 上,但只计算一次。相比之下,计算泛函 I_i 的卷积积分的计算量几乎可以忽略不计。因此,用共轭解求源微扰问题是非常经济的。除了微扰问题外,其他物理量的微扰均可用伴随(又称共轭)方程解得到。

目前,截面参数的微小变化,对系统 k_{eff} 的影响分析,多采用求伴随方程解实现。此外,在反应堆通过控制棒实现临界搜索中,也使用了伴随解。当然,在 MC 粒子输运中,伴随解用得最多的还是作为 MC 正算的价值函数,指导轮盘赌、分裂,提供重要区的粒子统计信息。

下面讨论价值函数产生及应用。

9.1.2 价值函数的构造

任意选取一个正值函数 $J(\boldsymbol{P}) > 0$,在式(9-2)两端同乘以 $J(\boldsymbol{P})$,得到 $\tilde{\phi}$ 的方程

$$\tilde{\phi}(\boldsymbol{P}) = \tilde{S}(\boldsymbol{P}) + \int \tilde{K}(\boldsymbol{P}' \to \boldsymbol{P}) \tilde{\phi}(\boldsymbol{P}') \mathrm{d}\boldsymbol{P}' \qquad (9-9)$$

相当于对角通量 ϕ 进行偏倚。其中,

$$\begin{cases} \tilde{\phi}(\boldsymbol{P}) = \phi(\boldsymbol{P})J(\boldsymbol{P}) \\ \tilde{S}(\boldsymbol{P}) = S(\boldsymbol{P})J(\boldsymbol{P}) \\ \tilde{K}(\boldsymbol{P}' \to \boldsymbol{P}) = K(\boldsymbol{P}' \to \boldsymbol{P})J(\boldsymbol{P})/J(\boldsymbol{P}') \end{cases} \quad (9-10)$$

定义粒子终止游动的概率,也称为吸收概率 $\tilde{\alpha}(\boldsymbol{P}')$

$$\tilde{\alpha}(\boldsymbol{P}') = 1 - \tilde{\beta}(\boldsymbol{P}') = 1 - \int \tilde{K}(\boldsymbol{P}' \to \boldsymbol{P}) \mathrm{d}\boldsymbol{P}$$

$$= \frac{J(\boldsymbol{P}') - \int K(\boldsymbol{P}' \to \boldsymbol{P})J(\boldsymbol{P}) \mathrm{d}\boldsymbol{P}}{J(\boldsymbol{P}')} \quad (9-11)$$

其中,$\tilde{\beta}(\boldsymbol{P}')$ 为散射概率。

交换变量 $\boldsymbol{P}$ 与 $\boldsymbol{P}'$ 的次序,并作适当变换得到价值函数 J 满足的方程

$$J(\boldsymbol{P}) = R(\boldsymbol{P}) + \int K(\boldsymbol{P} \to \boldsymbol{P}')J(\boldsymbol{P}') \mathrm{d}\boldsymbol{P}' \quad (9-12)$$

其中,$R(\boldsymbol{P})$ 为新的源项,定义为

$$R(\boldsymbol{P}) = \tilde{\alpha}(\boldsymbol{P})/J(\boldsymbol{P}) \geqslant 0 \quad (9-13)$$

上面引进的三个函数 $J(\boldsymbol{P})$、$\tilde{S}(\boldsymbol{P})$、$\tilde{\beta}(\boldsymbol{P})$ 满足条件

$$\begin{cases} J(\boldsymbol{P}) > 0 \\ \int \tilde{S}(\boldsymbol{P}) \mathrm{d}\boldsymbol{P} = \int S(\boldsymbol{P})J(\boldsymbol{P}) \mathrm{d}\boldsymbol{P} = 1 \\ \tilde{\beta}(\boldsymbol{P}) = \int \tilde{K}(\boldsymbol{P}' \to \boldsymbol{P}) \mathrm{d}\boldsymbol{P} = \int K(\boldsymbol{P}' \to \boldsymbol{P})J(\boldsymbol{P})/J(\boldsymbol{P}') \mathrm{d}\boldsymbol{P}' \leqslant 1 \end{cases} \quad (9-14)$$

依据式(9-9),构造终止游动概率为 $\tilde{\alpha}(\boldsymbol{P})$ 的随机游动。设粒子游动链长为 k,即有 $\tilde{\alpha}(\boldsymbol{P}_1) = \tilde{\alpha}(\boldsymbol{P}_2) = \cdots = \tilde{\alpha}(\boldsymbol{P}_{k-1}) = 0$,$\tilde{\alpha}(\boldsymbol{P}_k) = 1$。参照第 4 章的讨论,得到 I 的两种无偏估计。

(1)吸收估计

$$\hat{I}^{(a)} = \tilde{w}_k g(\boldsymbol{P}_k)/\tilde{\alpha}(\boldsymbol{P}_k) \quad (9-15)$$

(2)碰撞估计

$$\hat{I}^{(c)} = \sum_{m=0}^{k} \tilde{w}_m g(\boldsymbol{P}_m) \quad ((9-16)$$

其中,粒子权为

$$\tilde{w}_m = \frac{S(\boldsymbol{P}_0)}{\tilde{S}(\boldsymbol{P}_0)} \prod_{l=1}^{m} \frac{K(\boldsymbol{P}_{l-1} \to \boldsymbol{P}_l)}{\tilde{K}(\boldsymbol{P}_{l-1} \to \boldsymbol{P}_l)} \quad (9-17)$$

式(9-15)和式(9-16)给出的两种估计与第 4 章给出的发射密度的两种估计相同,只是源为首次碰撞源。根据式(9-10),式(9-17)经过简单运算得到

$$\widetilde{w}_m = \frac{1}{J(\boldsymbol{P}_0)} \prod_{l=1}^{m} \frac{J(\boldsymbol{P}_{l-1})}{J(\boldsymbol{P}_l)} = \frac{1}{J(\boldsymbol{P}_m)} \tag{9-18}$$

再将式(9-18)代入式(9-15)和式(9-16),得到泛函 I 的吸收估计表达式

$$\hat{I}^{(a)} = \frac{g(\boldsymbol{P}_k)}{J(\boldsymbol{P}_k) \times \widetilde{\alpha}(\boldsymbol{P}_k)} \tag{9-19}$$

和碰撞估计表达式

$$\hat{I}^{(c)} = \sum_{m=0}^{k} g(\boldsymbol{P}_m)/J(\boldsymbol{P}_m) \tag{9-20}$$

两个表达式均不含权,这说明粒子在游动过程中权保持不变,不同的只是把记录函数变为了

$$\widetilde{g}(\boldsymbol{P}) = g(\boldsymbol{P})/J(\boldsymbol{P}) \tag{9-21}$$

显然有

$$I = \int \phi(\boldsymbol{P}) g(\boldsymbol{P}) \mathrm{d}\boldsymbol{P} = \int \widetilde{\phi}(\boldsymbol{P}) \widetilde{g}(\boldsymbol{P}) \mathrm{d}\boldsymbol{P} \tag{9-22}$$

由此说明用 J 偏倚 ϕ 后,计算结果是无偏的。下面讨论如何选取最佳的偏倚函数 J,使估计量 I 的方差达到极小。不妨取 $J(\boldsymbol{P}) = c\phi^*(\boldsymbol{P})$,代入式((9-14)的第二式,有

$$c\int S(\boldsymbol{P}) \phi^*(\boldsymbol{P}) \mathrm{d}\boldsymbol{P} = c\int g(\boldsymbol{P}) \phi(\boldsymbol{P}) \mathrm{d}\boldsymbol{P} = cI = 1$$

求得 $c = 1/I$,即有

$$J(\boldsymbol{P}) = \phi^*(\boldsymbol{P})/I \tag{9-23}$$

把式(9-23)代入式(9-21),得到

$$\widetilde{g}(\boldsymbol{P}) = g(\boldsymbol{P}) \times I/\phi^*(\boldsymbol{P}) \tag{9-24}$$

把式(9-23)代入式(9-11),并交换变量 $\boldsymbol{P}$、$\boldsymbol{P}'$ 的次序,得到偏倚吸收概率

$$\widetilde{\alpha}(\boldsymbol{P}) = \frac{\phi^*(\boldsymbol{P}) - \int K(\boldsymbol{P} \to \boldsymbol{P}') \phi^*(\boldsymbol{P}') \mathrm{d}\boldsymbol{P}'}{\phi^*(\boldsymbol{P})} = \frac{g(\boldsymbol{P})}{\phi^*(\boldsymbol{P})} \tag{9-25}$$

把式(9-25)、式(9-23)代入式(9-19),得到泛函 I 的吸收估计表达式

$$\hat{I}^{(a)} = \frac{g(\boldsymbol{P}_k) \times I/\phi^*(\boldsymbol{P}_k)}{g(\boldsymbol{P}_k)/\phi^*(\boldsymbol{P}_k)} = I$$

把式(9-23)代入式(9-20),并利用式(9-11),得到泛函 I 的碰撞估计表达式

$$\hat{I}^{(c)} = I \sum_{m=0}^{k} \frac{\phi^*(\boldsymbol{P}_m) - \int K^*(\boldsymbol{P}' \to \boldsymbol{P}_m) \phi^*(\boldsymbol{P}') \mathrm{d}\boldsymbol{P}'}{\phi^*(\boldsymbol{P}_m)} = I \sum_{m=0}^{k} \widetilde{\alpha}(\boldsymbol{P}_m) = I\widetilde{\alpha}(\boldsymbol{P}_k) = I$$

也就是说,对每一个粒子游动链,估计量均不变,为一常数,因而,方差为零。但仔细看发现,偏倚函数 $J(\boldsymbol{P})$ 中涉及 I,而 I 是待求量。因此,用当前 $J(\boldsymbol{P})$ 作为价值函

数来偏倚 ϕ 是没有实际意义的。不过这至少启发人们去思考,寻找接近"零"方差的价值函数。实践证明,取 ϕ^* 作为 ϕ 的偏倚函数,可使 ϕ 的估计量的方差达到最小。

针对空间偏倚的价值函数或按几何块(cell)给出,或按网格(mesh)给出。

9.2 降低方差技巧

MC 降低方差技巧本质上就是偏倚抽样,其中赌、分裂技巧成熟度最高,适合全局计数。在 9.1 节讨论了用伴随方程的解作为价值函数,用于指导输运计算的源偏倚和碰撞中的赌和分裂,有效提高估计量的计数率,降低估计量的统计误差。具体来说,就是当粒子从价值低的区域进入价值高的区域时,进行分裂,增加重要区域的粒子轨迹数目;反之,进行赌,减少低重要区域的粒子轨迹数目。本节讨论价值函数的产生和使用,包括几种粒子输运计算中常用的技巧[1,2]。

9.2.1 轮盘赌与分裂

1. 分裂

分裂就是通过权的减小来增加分支数,目的是提高到达探测器的粒子轨迹数目,降低方差。下面给出实现途径。

设 $n>1$ 为一整数,把响应函数 $g(\boldsymbol{P})$ 分为 n 份,每份为 $g_i(\boldsymbol{P})=g(\boldsymbol{P})/n$,则泛函 I 可以写成

$$I = \int \phi(\boldsymbol{P}) g(\boldsymbol{P}) \mathrm{d}\boldsymbol{P} = \sum_{i=1}^{n} I_i \qquad (9-26)$$

其中,

$$I_i = \int \phi(\boldsymbol{P}) g_i(\boldsymbol{P}) \mathrm{d}\boldsymbol{P}, \quad i=1,2,\cdots,n \qquad (9-27)$$

为估计量 I 的一个分支,相当于把对泛函 I 的计算,转化为 n 个分支 I_i 的计算,每个 $g_i(\boldsymbol{P})$ 为原来的记录函数 $g(\boldsymbol{P})$ 的 $1/n$,这就是分裂。在输运计算中,更多的是把粒子权 w 拆分为 n 份。

2. 轮盘赌

分裂是增加分支的过程,赌则是减少分支的过程。引入赌就必然有个输赢。设赌赢的概率为 $p(0<p<1)$,则赌输的概率为 $1-p$。同理,定义赌赢泛函 I_p 如下:

$$I_p = \int_G g(\boldsymbol{P}) \phi(\boldsymbol{P}) \mathrm{d}\boldsymbol{P}/p = I/p \qquad (9-28)$$

则原泛函 I 可以按输、赢表示为

$$I = p \times I_p + (1-p) \times 0 \qquad (9-29)$$

即泛函 I 服从二项分布。显然 $I_p > I$,即赌赢时,收获值超过它的原值;反之,赌输

收获为零。在粒子输运计算中，赌赢就是通过权变大的过程，相当于把赌输的权交给了赌赢的一方。通过赌达到减少不重要区域的粒子轨迹。

归纳起来，分裂是权减少的过程，赌是权增大的过程。分裂和赌服从二项分布，需同时使用。使用赌、分裂技巧时，输赢概率应控制在一个合理的范围内，避免计数涨落过大，导致统计误差不降反增发生。

3. 赌分裂技巧的应用

赌、分裂技巧主要用于空间，也少许用于能量。以空间为例，按几何块设定价值函数，第 i 个几何块的重要性（又称为价值函数）为 I_i，当粒子从第 n 个几何块进入第 $n+1$ 个几何块时，根据 I_{n+1}/I_n，确定施行赌或分裂。

(1) $I_{n+1}/I_n > 1$。

此意味着粒子从低重要区进入高重要区，进行分裂。分裂的分支数目取为 $m = \text{int}[I_{n+1}/I_n + \zeta]$，每个分支的权为原来权的 $1/m$，即有 $w_i = w/m, i = 1, 2, \cdots, m$，这里 w 为粒子的当前权。MCNP 程序把分裂的分支上限控制在 10 以内，即取 $m = \max\{10, \text{int}[I_{n+1}/I_n + \zeta]\}$。

(2) $I_{n+1}/I_n < 1$。

此意味着粒子从高价值区进入低价值区，则进行赌。赌赢概率取为 $p = I_{n+1}/I_n$。任意抽取一个随机数 ζ，判断 $\zeta > p$ 是否成立。成立则为赌赢，粒子权增大为 w/p；反之为赌输，$w = 0$，当前粒子历史结束。

赌、分裂技巧还适用于权截断。给定一个粒子截断下限权 $w_{\text{cut}} \neq 0$，当粒子权 $w \leq w_{\text{cut}}$ 时，进行赌，输赢采用等概率，即 $p = 0.5$，任意抽取一个随机数 ζ，若 $\zeta > p$ 成立，则为赌赢，粒子权增加为 $w/p = 2w$；反之为赌输，$w = 0$，当前粒子历史结束。

(3) $I_{n+1}/I_n = 1$。

粒子权重维持不变。

使用重要性价值函数需要注意的，就是相邻两个区域的价值 I_n、I_{n+1} 要保持连续性，即不能出现太大的偏差，导致权波动过大，方差不减反增。使用确定论提供的伴随计算结果作重要性价值函数时，不会出现这种情况，但在使用 MC 伴随计算结果作重要性价值函数时，存在解不连续情况，必要的光滑性修复是需要的。计算表明，价值函数选择恰当，可以显著提高正算模拟的计算效率和计算精度[3]。还有一种权窗游戏，本质上也是赌、分裂技巧的应用，详见 9.2.3 小节介绍。

9.2.2 指数变换

指数变换是针对宏观总截面的偏倚，本质上是对输运距离分布 $f(l)$ 的偏倚。通过改变宏观总截面，进而改变粒子飞行自由程是指数变换的指导思想。对物质的宏观总截面 Σ_t 进行偏倚，偏倚公式为

$$\tilde{\Sigma}_t = \Sigma_t(1-p\mu) \tag{9-30}$$

其中,$0<p<1$ 为拉伸系数;$\mu = \Omega' \cdot \Omega_T$ 为粒子飞行方向与靶点(探测器中心点)方向的夹角余弦;Ω_T 为碰撞点与靶点连线方向,称为重要方向,可表示为

$$\Omega_T = \frac{(x_T-x, y_T-y, z_T-z)}{\sqrt{(x_T-x)^2+(y_T-y)^2+(z_T-z)^2}} \tag{9-31}$$

其中,(x_T, y_T, z_T) 为靶点坐标;(x, y, z) 为碰撞点的位置坐标。

显然,当 $\mu<0$ 时,有 $\tilde{\Sigma}_t > \Sigma_t$,此意味着粒子飞行方向与重要方向相向一致,通过增加飞行自由程来延长粒子径迹。将式(9-30)中的偏倚宏观总截面代入输运距离 l 服从的 p.d.f. $f(l)=\Sigma_t e^{-\Sigma_t l}$ 中,得到距离 l 的偏倚分布

$$\tilde{f}(l) = \tilde{\Sigma}_t e^{-\tilde{\Sigma}_t l} = \Sigma_t(1-p\mu)\exp[-\Sigma_t(1-p\mu)l] \tag{9-32}$$

相应的纠偏因子为

$$w_{adj}(l) = \frac{f(l)}{\tilde{f}(l)} = \frac{\exp[-\Sigma_t p\mu l]}{1-p\mu} \tag{9-33}$$

关于伸缩系数 $p(0<p<1)$ 的选取,恰当的选择是取 p 为吸收率,即

$$p = \Sigma_a(\boldsymbol{r}, E)/\Sigma_t(\boldsymbol{r}, E) \tag{9-34}$$

这样更能反映系统物质特征,考虑到 p 随能量 E 变化,确定起来有一定难度,通常可取 $E=\bar{E}$ 对应的 p 值(这里 $\bar{E}$ 为平均能量)。p 值选取也可以基于经验,通常对地层和混凝土介质,取 $p=0.7$;其他介质,取 $p=0.5$。作为一个输入量,不同介质区的 p 值可以不同,靶点 (x_T, y_T, z_T) 也可以对应多点。

使用指数变换后,为了避免无偏修正后的粒子权出现较大波动,通常要配以权窗游戏。

9.2.3 权窗游戏

所谓权窗游戏,就是把粒子权控制在一个合理区间范围内,如图 9-1 所示。

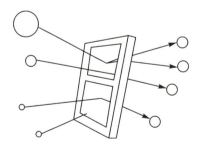

图 9-1 权窗示意图

当粒子游动权低于权窗下限值时,进行赌;超过权窗上限时,进行分裂。通过

权窗控制,来降低估计量的方差。权窗游戏需要输入三个参数:①权窗上限 w_H;②权窗下限 w_L;③平均值 w_A。它们之间满足关系:$w_L < w_A < w_H$。

(1)当 $w < w_L$ 时:进行赌,赌赢概率取为 $0 < p = w/w_A < 1$。抽随机数 ξ,若 $\xi > p$,则赌赢,粒子存活,且权重增加,$w = w_A$;反之,若 $\zeta \leqslant p$,则赌输,按粒子"死亡"处理。

(2)当 $w > w_H$ 时:进行分裂,分裂数为 $m = \text{int}[w/w_A + \zeta]$,每个分支的权重为 $w = w/m$。为了避免过度分裂,一般程序会设定一个上限值,MCNP 程序设定的上限值为 10,相应公式为

$$m = \max\{10, \text{int}[w/w_A + \zeta]\}$$

权窗本质上就是赌、分裂,因此,二者不可同时选择。使用权窗游戏,就不要选择赌、分裂;反之,选择赌、分裂,就不要选权窗游戏。

权窗游戏可针对几何块(cell),或自定义的计数网格(mesh),对每个几何块(或网格)网格 i,输入三个变量:$w_L(i), w_H(i), w_A(i)$。

目前多数 MC 程序都发展了两套计数方法:①几何块计数;②网格计数(即 mesh 计数)。网格计数通常是对模拟问题的几何系统进行网格化处理,选择一个包络问题几何系统的盒子(法向平行 x、y、z 轴之一),在 x、y、z 方向进行网格划分(x、y、z 方向可以不等分),MC 输运计算统计每个网格的径迹长度,这就是 mesh 计数的思想。不同介质区交界面的网格会出现混合材料,解析计算混合材料组分十分困难,且会增加若干新材料出来,增加计算复杂度和内存消耗。因此,对混合材料网格,只要网格质量保持守恒,则可采取中心点方法,确定网格的材料及密度。即以网格中心点的材料及密度作为整个网格的材料及密度,这样处理的好处是材料数维持不变。要保障网格质量守恒,因此,交界面附近的网格划分不能太大,在后续 MC 剂量计算中有介绍(参见第 18 章)。

9.2.4 源方向偏倚

方向偏倚是针对粒子运动方向施行的一种偏倚技巧,通过改变粒子的飞行方向,增加朝着目标物方向飞行的粒子轨迹,减少背离目标物方向的粒子轨迹。由于方向偏倚涉及散射角分布的改变,不同散射、各向同性、各向异性的处理,涉及较多的坐标变换和角度系统转换,过程实现比较复杂。美国北卡州立大学 Gardner、Verghese 教授及团队在这方面开展了大量研究,发展了一系列方向偏倚算法,应用于石油测井这样的深穿透问题模拟,取得比较好的效果[4-9]。源方向偏倚属于方向偏倚中的一种,也是最简单,易于实现的一种,仅用于源粒子发射,之后粒子与核发生碰撞后的方向确定及偏倚,要靠新的方向偏倚技巧。

举例说明,用中子源照射一样品球,模拟计算探测器响应。如图 9-2 所示,建立 $Oxyz$ 坐标系,中子源位于原点 O,单能($E = E_0$),各向同性发射,样品球及探测

器位于源点 Oz 轴方向。

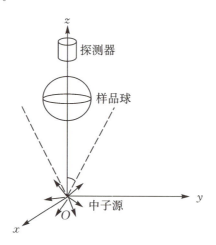

图 9-2 中子发射示意图

若按各向同性发射源粒子,则发射到 Oxy 平面以下的中子,对探测器的贡献几乎为零,显然只有在 Oxy 上半平面方向的粒子,经过样品球,到达探测器的概率大一些。若源中子不做方向偏倚,则模拟必然是事倍功半。而源中子采用方向偏倚发射,则模拟效果就是事倍功半。

为了进一步增加源粒子到达样品球的概率,方向偏倚可以进一步缩小源中子的发射立体角。由于粒子飞行方向 $\Omega(\mu,\varphi)$ 主要是由 μ 决定的,因此,根据坐标原点 O 与样品球的立体张角,确定一个 μ 的变化范围:(μ_1,μ_2),把源粒子发射方向限定在该范围内。对各项同性散射极角余弦分布 $f(\mu)=1/2,-1\leqslant\mu\leqslant 1$ 进行偏倚,有

$$\tilde{f}(\mu)=\begin{cases}\dfrac{1}{\mu_2-\mu_1},-1<\mu_1\leqslant\mu\leqslant\mu_2<1\\0,其他\end{cases} \qquad(9-35)$$

相应纠偏因子为

$$w_{\mathrm{adj}}(\mu)=\begin{cases}\dfrac{f(\mu)}{\tilde{f}(\mu)}=\dfrac{\mu_2-\mu_1}{2},\mu_1\leqslant\mu\leqslant\mu_2\\0,其他\end{cases} \qquad(9-36)$$

9.2.5 隐俘获

隐俘获又称加权法,在第 3 章已经做过较多的介绍。方法本身没有实际物理意义,纯粹是一种数学处理。当中子(光子)与核发生作用时,粒子权按吸收和散射一分为二,即

$$w = w_a + w_s$$

其中，$w_a = (\sigma_a/\sigma_t)w$ 为吸收权；$w_s = (\sigma_s/\sigma_t)w$ $(\sigma_t = \sigma_a + \sigma_s)$ 为散射权。

中子与核发生碰撞后，扣除吸收权 w_a，中子以散射权 w_s 继续游动。

在第 4 章例 4-1 证明了隐俘获的方差小于直接俘获。

9.2.6 强迫碰撞

为了提高碰撞点抽样效率，对粒子飞行距离分布：$f(l) = \Sigma_t \mathrm{e}^{-\Sigma_t l}$，$0 < l < \infty$ 进行偏倚，假定求解问题的空间是有限的，即有 $0 < l \leqslant L$，L 为一有限值。

构造一个无逸出游动方案，粒子权按移出系统和留在系统分为两部分：$w = w_1 + w_2$。其中，$w_1 = w\mathrm{e}^{-\Sigma_t L}$ 为粒子移出系统的权，$w_2 = w(1 - \mathrm{e}^{-\Sigma_t L})$ 为留在系统内的粒子权。扣除移出权，仅考虑留在系统内的权，相应的距离的偏倚 p.d.f 为

$$\tilde{f}(l) = \frac{\Sigma_t \mathrm{e}^{-\Sigma_t l}}{1 - \mathrm{e}^{-\Sigma_t L}}, \quad 0 < l \leqslant L \tag{9-37}$$

其抽样值为

$$l_f = -\frac{1}{\Sigma_t} \ln[1 - \xi(1 - \mathrm{e}^{-\Sigma_t L})] \tag{9-38}$$

显然 $0 < l_f \leqslant L$，即碰撞发生在系统内。相应的纠偏因子为

$$w_{\mathrm{adj}}(l) = \frac{f(l)}{\tilde{f}(l)} = 1 - \mathrm{e}^{-\Sigma_t L} \tag{9-39}$$

因为 $w_{\mathrm{adj}}(l) < 1$，根据第 2 章的讨论，偏倚抽样的方差小于直接抽样。强迫碰撞可以增加在关心区域的粒子碰撞次数，有利于关心区域的计数，对光学薄系统计数，强迫碰撞效果是明显的。

9.2.7 截断处理

当粒子的状态到达某一时域时，它对目标计数量可能不会再有任何贡献，继续跟踪除了增加计算时间，没有实际意义。对这种粒子可以通过某种终止方式来结束粒子历史。通常的做法有几何块重要性置零。当粒子进入零重要性几何块时，按泄漏处理，粒子历史结束。同时，还可以施以能量、时间和权截断来终止对探测器计数无贡献的粒子历史。

1. 能量截断

一般的 MC 程序都会根据问题特点，通过输入卡预设一个截断能量值 E_{cut}，当粒子能量 $E < E_{\mathrm{cut}}$ 时，粒子历史结束。能量截断卡设置恰当，可以节省大量计算时间。在屏蔽计算中，能量截断卡的设置，对模拟计算时间影响甚大，特别对低能热中子弹性散射，碰撞次数多，能量损失少，如果不做能量截断处理，计算时间将是惊人的。

2. 时间截断

时间截断也是 MC 模拟的输入卡之一，设定一个时间下限值 t_{cut}，当粒子运动

时间 $t<t_{cut}$ 时,粒子历史终止。时间截断主要针对中子,光子按光速运动,输运时间很有限。

3. 权截断

权截断是最常用的 MC 降低方差的技巧之一,通过权截断处理,来提前结束对探测器无贡献粒子历史。与能量、时间截断不同,权截断是有条件的。为了保持权重守恒,相当于粒子数守恒,给定截断权 w_{cut} 的同时,要给定存活权 w_{suv}($w_{cut}<w_{suv}<1$),当粒子权 $w<w_{cut}$ 时,要进行赌,赌输粒子历史结束;赌赢,粒子权加大。具体做法是:抽随机数 ξ,若 $\xi>w/w_{suv}$,则为赌赢,粒子以存活权 w_{suv} 继续游动;反之,粒子历史结束。

4. UFS 和 UTD 算法

在反应堆全堆芯 pin-by-pin 功率计算中,采用直接模拟,堆芯组件 pin 功率很快收敛,而边缘组件 pin 功率误差始终偏大,如果不能确保边缘组件 pin 功率误差在 1% 以内,随着燃耗的加深,堆芯 pin 功率分布将变得不对称。为了确保粒子数相同情况下,堆芯 pin 功率同步收敛。2012 年美国 MC21 程序发展了均匀裂变位置法 UFS 算法[10,11],2016 年上官丹骅等在 UFS(Uniform Fission Site)算法基础上,发展了均匀计数密度 UTD(Uniform Tally Density)算法[12]。下面结合某反应堆模型堆芯 pin 功率计算为例,对 UFS 和 UTD 两种算法进行介绍。

(1)直接模拟。

图 9-3 给出大亚湾 157 组件堆芯 pin 模型采用直接模拟的 pin 功率分布及误差分布,可以看出在堆芯边缘区域组件 pin 功率误差较中心区组件 pin 功率误差大。

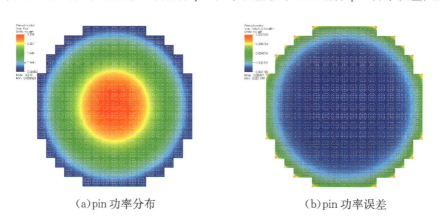

(a)pin 功率分布   (b)pin 功率误差

图 9-3 157 组件堆芯模型直接模拟 pin 功率及误差分布图

根据 MIT 的研究结论,只有所有 pin 功率统计误差<1%后,考虑燃耗-热工反馈后,解不会失真[13]。如果采用直接模拟来达到这个收敛标准,计算付出的代价往往很大。因此,针对此问题,发展全局收敛的偏倚算法十分必要。

(2) UFS 算法[10,11]。

对堆芯裂变中子数,按几何栅元的体积和裂变源所占份额,分配到每个栅元的裂变中子数为

$$m = w' \frac{\nu\Sigma_{\rm f}}{\Sigma_{\rm t}} \frac{v_k}{s_k} \quad (9-40)$$

其中,m 为裂变中子数;k 为碰撞点所在几何块,v_k 为 k 几何块在整个裂变区 V 内的体积份额;s_k 为 k 几何块在裂变源区内所占份额;w' 为裂变发生时的中子权重。

式(9-40)中,$\nu\Sigma_{\rm f}/\Sigma_{\rm t}$ 为每次裂变放出的中子数,为直接模拟采用的公式,而 v_k/s_k 的引入,就是对裂变中子数的一种偏倚。显然在堆芯中心部位,s_k 所占份额大,v_k 保持不变,偏倚后,中心区的裂变中子数减少,但由于中心区的裂变中子数足够多,即便减少一点,收敛性也没有受到影响。反观在堆芯外边缘区,s_k 会下降,而 v_k 保持不变,v_k/s_k 变大,这意味着边缘区域的裂变中子数增加。

(3) UTD 算法[12]。

上官丹骅等在 UFS 算法基础上,把 $k_{\rm eff}$ 的变化考虑进去,用几何栅元在目标计数区的份额代替裂变源区所占份额,得到如下公式

$$m = w' \frac{\nu\Sigma_{\rm f}}{k_{\rm eff}\Sigma_{\rm t}} \frac{v_k}{t_k} \quad (9-41)$$

其中,t_k 为 k 几何块在目标计数区内所占份额。

与式(9-40)比较,相当于用 $k_{\rm eff}t_k$ 代替了 s_k,t_k 和 s_k 的作用差不多,把 $k_{\rm eff}$ 的因素考虑进去,显然更全面一些。两种算法均保证总裂变数守恒。

数值实验在 JMCT 软件[23]开展,对相同模型进行了测试,图 9-4 给出 UFS 算法与 UTD 算法 pin 通量误差及 pin 能量沉积误差比较,可以看出大部分区域 UTD 算法的误差较 UFS 小,不进行偏倚的 pin 误差最大。表 9-1 给出了两种算法 FOM 值的比较,可以看出 UTD 算法的 FOM 值也大于 UFS 算法。

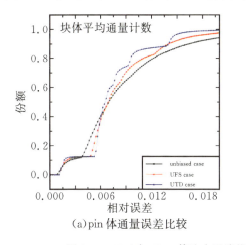
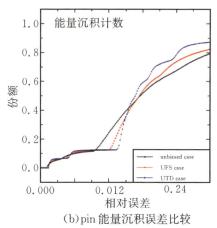

(a) pin 体通量误差比较　　(b) pin 能量沉积误差比较

图 9-4　UFS 与 UTD 算法大亚湾堆芯模型 pin 功率误差累积分布比较

表 9-1 UFS 与 UTD 算法 FOM 值比较

算法类别	全局 F4 计数(体通量)		全局 F6 计数(沉积能)	
	FOM_MAX	FOM_95	FOM_MAX	FOM_95
直接模拟	0.03605	0.47501	0.00355	0.07633
UFS 算法	0.05263	0.72876	0.00593	0.11518
UTD 算法	0.11275	0.90794	0.01562	0.14738

9.3 体探测器指向概率法

从之前的讨论可知，MCNP 程序的 F5 点探测器估计采用的是指向概率法，但当碰撞点接近计数测点时，估计量会出现很大的起伏，极端情况下，甚至出现计数及方差无界，且估计值方差不能保证随样本数增加而下降，进而很难判断何时解收敛。20 世纪 80 年代，在核测井 MC 数值模拟牵引下，美、英、法、苏都在各自国家主流 MC 输运程序上，发展提高探测器计数效率的算法。其中，美国北卡州立大学核工程系辐射应用中心 Gardner，Verghese 教授的团队，发展了圆柱体探测器的指向概率法或统计估计法，又称无碰撞探测概率估计(Unscattered Detection Probability Estimator，UDPE)[9,14]。该算法是对点探测器 F5 指向概率法的完善。相比 F5 计数法，UDPE 方法得到的通量及方差均是有界的。数值实验表明，UDPE 算法对从源到探测点超过 10 个平均自由程、衰减 10 个量级以上的深穿透问题是有效的。考虑到目前应用中的探测器形状多为正圆柱体。因此，UDPE 算法主要建立在正圆柱体探测器的估计上。早年作者的博士论文也是消化吸收 UDPE 算法，并有针对性地发展一些具有个性处理特点的算法，在 MCCO 蒙卡程序进行验证。下面介绍 UDPE 算法。

如图 9-5 所示，选取右手直角坐标系 $Oxyz$，设粒子碰撞点坐标为 $r'(x',y',z')$，入射粒子方向为 $\boldsymbol{\Omega}'(u',v',w')$。设探测器为正圆柱体，半径为 R、高为 H(其他形状类似考虑)、探测器中心点坐标为 $D(x_d,y_d,z_d)$，以对称轴方向 $\boldsymbol{\Omega}_t(u_t,v_t,w_t)$ 为参考方向，建立以碰撞点 $r'(x',y',z')$ 为中心，柱探测器对称轴 $\boldsymbol{\Omega}_t$ 方向为 Z 轴的直角坐标系 $OXYZ$，则粒子从 r' 点、沿立体张角内任一方向 $\boldsymbol{\Omega}(\nu,\rho)$ 无碰撞进入探测器的概率为

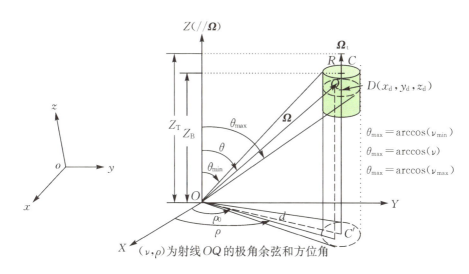

图 9-5 碰撞点相对探测器张角示意图

$$P_r = \int_{\nu_{min}}^{\nu_{max}} \int_{\rho_{min}(\nu)}^{\rho_{max}(\nu)} p_1(\nu,\rho) p_2(\nu,\rho) p_3(\nu,\rho) \mathrm{d}\nu \mathrm{d}\rho, \quad r \notin D \quad (9-42)$$

其中，ν、ρ 为以 $\boldsymbol{\Omega}_t$ 为参照方向测定的散射极角余弦和方位角；D 为探测器空间区域 P_r 积分中，被积函数包括三个概率，其中，$p_1(\nu,\rho)$ 为粒子沿方向 $\boldsymbol{\Omega}(\nu,\rho)$ 朝着探测器立体张角发射的概率，它与粒子发生散射的角分布有关，后面会根据具体情况讨论。

$$p_2(\nu,\rho) = \exp\left\{-\sum_{i=1}^{n} \Sigma_{t,i}(E(\nu,\rho)) l_i(\nu,\rho)\right\} \quad (9-43)$$

为粒子从 r' 沿 $\boldsymbol{\Omega}$ 方向无碰撞到达探测器表面的概率。其中，$\sum_{i=1}^{n} \Sigma_{t,i}(E) l_i(\nu,\rho)$ 为粒子从 r' 沿 $\boldsymbol{\Omega}$ 到达探测器表面的光学距离(或自由程数目)；l_i 为粒子在几何块 i 走过的距离；n 为从 r' 出发沿 $\boldsymbol{\Omega}$ 方向到达探测器表面所穿过的几何块数目。

$$p_3(\nu,\rho) = 1 - \exp\{-\Sigma_{t,D}[E(\nu,\rho)] l_D(\nu,\rho)\} \quad (9-44)$$

为粒子在探测器内发生作用的概率。其中，$l_D(\nu,\rho)$ 是粒子沿 $\boldsymbol{\Omega}$ 方向在探测器 D 内走过的距离。

下面讨论概率 P_r 的计算，从式(9-42)可以看出，需要完成四步的计算。
① 碰撞点相对探测器的立体张角 $\Omega_D = [\nu_{min},\nu_{max}] \times [\rho_{min}(\nu),\rho_{max}(\nu)]$ 的计算；
② 确定新角度系统 (ν,ρ) 与原角度系统 (μ,φ) 之间的转换关系；
③ 计算 $p_1(\nu,\rho)$、$p_2(\nu,\rho)$ 和 $p_3(\nu,\rho)$；
④ 完成 P_r 积分的计算。

从式(9-43)、式(9-44)可以看出，p_2、p_3 不难计算，困难集中在 p_1 的计算，需要给出不同类型散射在 (ν,ρ) 角度系统下的表达式。

如图 9-5 所示，建立新坐标系 $OXYZ$，它与原坐标系 $Oxyz$ 之间满足转换关系，分两种情况：

(1) 当 $|w_t|=1$ 时，即探测器对称轴为 z 轴或平行 z 轴的情况，于是有

$$\begin{bmatrix} X \\ Y \\ Z \end{bmatrix} = \begin{bmatrix} 1 & 0 & 0 \\ 0 & 1 & 0 \\ 0 & 0 & w_t \end{bmatrix} \begin{bmatrix} x-x' \\ y-y' \\ z-z' \end{bmatrix} \qquad (9-45)$$

(2) 当 $|w_t| \neq 1$ 时，有

$$\begin{bmatrix} X \\ Y \\ Z \end{bmatrix} = \begin{bmatrix} u_t w_t/\sqrt{1-w_t^2} & v_t w_t/\sqrt{1-w_t^2} & -\sqrt{1-w_t^2} \\ -v_t/\sqrt{1-w_t^2} & u_t/\sqrt{1-w_t^2} & 0 \\ u_t & v_t & w_t \end{bmatrix} \begin{bmatrix} x-x' \\ y-y' \\ z-z' \end{bmatrix}$$

$$(9-46)$$

参照图 9-5，定义如下 5 个特征变量：

$$\begin{cases} d^2 = X_d^2 + Y_d^2 \\ r_c^2 = d^2 - R^2 \\ Z_B = Z_d - H/2 \\ Z_T = Z_d + H/2 \\ \rho_0 = \arctan(Y_d/X_d) \end{cases} \qquad (9-47)$$

9.3.1 立体张角范围的确定

要求碰撞点对探测器贡献的指向概率积分，需要确定碰撞点相对正圆柱探测器所张立体角范围，为此，分以下两种情况考虑。

1. $d^2 > R^2$

设粒子从 $\boldsymbol{r}'(O)$ 点出发，沿 $\boldsymbol{\Omega}$ 方向穿过探测器，与探测器表面交于 Q 点，探测器位于 XOY 平面之上、之中、之下三种情况，现确定 OQ 方向 $\boldsymbol{\Omega}$ 的极角余弦 ν 和方位角 ρ 的变化范围。

如图 9-6 所示，这时圆柱体对碰撞点 $\boldsymbol{r}'$ 所张立体角的范围相当于图中用粗线勾画出的圆柱体边缘分布对原点所张的立体角。ν 的变域 $[\nu_{\min},\nu_{\max}]$ 分为三段：$[\nu_1,\nu_2]$、$[\nu_2,\nu_3]$、$[\nu_3,\nu_4]$，其中

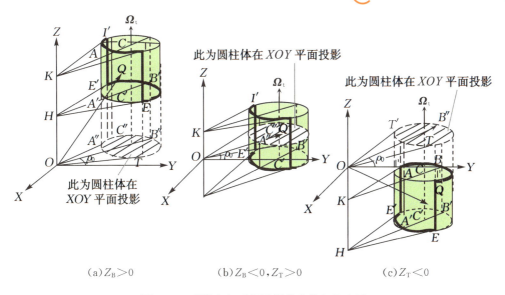

(a) $Z_B > 0$ (b) $Z_B < 0, Z_T > 0$ (c) $Z_T < 0$

图 9 - 6 碰撞点相对探测器的立体角示意图

$$\begin{cases} \nu_1 = \nu_{\min} \\ \nu_4 = \nu_{\max} \end{cases} \tag{9-48}$$

显然 $\nu_{\min}$ 由 Z_B 决定,$\nu_{\max}$ 由 Z_T 决定,由图 9 - 6(a),即 $Z_B > 0$ 的情况,有

$$\begin{cases} \nu_{\min} = Z_B / \sqrt{(d+R)^2 + Z_B^2}, & Z_B > 0 \\ \nu_{\max} = Z_T / \sqrt{(d-R)^2 + Z_T^2}, & Z_T > 0 \end{cases} \tag{9-49}$$

对图 9 - 6(b),即 $Z_B < 0, Z_T > 0$ 的情况,有

$$\begin{cases} \nu_{\min} = Z_B / \sqrt{(d-R)^2 + Z_B^2}, & Z_B < 0 \\ \nu_{\max} = Z_T / \sqrt{(d-R)^2 + Z_T^2}, & Z_T > 0 \end{cases} \tag{9-50}$$

对图 9 - 6(c),即 $Z_T < 0$ 的情况,有

$$\begin{cases} \nu_{\min} = Z_B / \sqrt{(d-R)^2 + Z_B^2}, & Z_B < 0 \\ \nu_{\max} = Z_T / \sqrt{(d+R)^2 + Z_T^2}, & Z_T > 0 \end{cases} \tag{9-51}$$

记

$$\nu_1 = Z_B / \sqrt{r_c^2 + Z_B^2} \tag{9-52}$$

$$\nu_2 = Z_T / \sqrt{r_c^2 + Z_T^2} \tag{9-53}$$

以上三种情况均满足关系:$\nu_{\min} < \nu_1 < \nu_2 < \nu_{\max}$。下面讨论 $\nu \in [\nu_{\min}, \nu_{\max}]$ 时,ρ 的变化范围 $[\rho_{\min}(\nu), \rho_{\max}(\nu)]$。由图 9 - 6 可以看出:

$$\begin{cases} \rho_{\min}(\nu) = p_0 - \Delta\rho(\nu) \\ \rho_{\max}(\nu) = p_0 + \Delta\rho(\nu) \end{cases} \qquad (9-54)$$

关于 $\Delta\rho$、ν_i 的求解，过程比较冗长，这里仅给出 $\Delta\rho$、ν 的值（见表 9-2、9-3），详细推导过程，可参考文献[8]。

表 9-2 $d^2 \geqslant R^2$ 情况下的 ν 取值

条件	$\nu_{\min}$	ν_1	ν_2	$\nu_{\max}$
$Z_T<0, Z_B<0$	$Z_B/\sqrt{(d-R)^2+Z_B^2}$	$Z_B/\sqrt{r_c^2+Z_B^2}$	$Z_T/\sqrt{r_c^2+Z_T^2}$	$Z_T/\sqrt{(d+R)^2+Z_T^2}$
$Z_T>0, Z_B<0$	$Z_B/\sqrt{(d-R)^2+Z_B^2}$	$Z_B/\sqrt{r_c^2+Z_B^2}$	$Z_T/\sqrt{r_c^2+Z_T^2}$	$Z_T/\sqrt{(d-R)^2+Z_T^2}$
$Z_T>0, Z_B>0$	$Z_B/\sqrt{(d+R)^2+Z_B^2}$	$Z_B/\sqrt{r_c^2+Z_B^2}$	$Z_T/\sqrt{r_c^2+Z_T^2}$	$Z_T/\sqrt{(d-R)^2+Z_T^2}$

表 9-3 $d^2 \geqslant R^2$ 情况下 $\Delta\rho$ 取值

条件	$\Delta\rho$
$\nu \in [\nu_{\min}, \nu_1]$	$\arccos\left[\dfrac{Z_B^2(1-\nu^2)+r_c^2\nu^2}{2dZ_B\nu\sqrt{1-\nu^2}}\right]$
$\nu \in [\nu_1, \nu_2]$	$\arcsin(R/d)$
$\nu \in [\nu_2, \nu_{\max}]$	$\arccos\left[\dfrac{Z_T^2(1-\nu^2)+r_c^2\nu^2}{2dZ_T\nu\sqrt{1-\nu^2}}\right]$

2. $d^2 \leqslant R^2$

类似情况 $d^2 > R^2$，此时 ν 的范围分为两段：$[\nu_{\min}, \nu_1]$、$[\nu_1, \nu_{\max}]$。经过推导，可以求得 ν 及 $\Delta\rho$ 的取值范围[8]（见表 9-4、9-5）。

表 9-4 ν 值 $d^2 < R^2$

条件	$\nu_{\min}$	ν_1	$\nu_{\max}$
$Z_T<0, Z_B<0$	-1	$Z_T/\sqrt{(d-R)^2+Z_T^2}$	$Z_T/\sqrt{(d-R)^2+Z_T^2}$
$Z_T>0, Z_B>0$	$Z_B/\sqrt{(d-R)^2+Z_B^2}$	$Z_B/\sqrt{(d-R)^2+Z_B^2}$	1

表 9-5 $\Delta\rho$ 值 $d^2 < R^2$

条件	$Z_T<0, Z_B<0$	$Z_T>0, Z_B>0$
$\nu \in [\nu_{\min}, \nu_1]$	π	A
$\nu \in [\nu_1, \nu_{\max}]$	B	π

注:$A = \arccos\left[\dfrac{Z_B^2(1-\nu^2) + r_c^2\nu^2}{2dZ_B\nu\sqrt{1-\nu^2}}\right]$, $B = \arccos\left[\dfrac{Z_T^2(1-\nu^2) + r_c^2\nu^2}{2dZ_T\nu\sqrt{1-\nu^2}}\right]$。

9.3.2 (μ,φ) 与 (ν,ρ) 之间的关系

如图 9-7 所示,设 χ,$\beta = \arccos\gamma$ 分别为以 $\boldsymbol{\Omega}_t = (u_t, v_t, w_t)$ 为参照方向,测定粒子入射方向 $\boldsymbol{\Omega}' = (u', v', w')$ 的方位角和极角,则有

$$\gamma = \boldsymbol{\Omega}' \cdot \boldsymbol{\Omega}_t = u'u_t + v'v_t + w'w_t \tag{9-55}$$

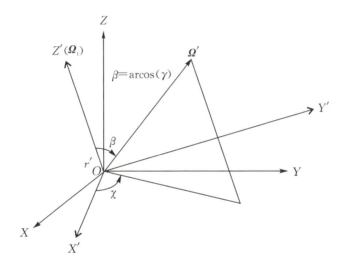

图 9-7 两角度系统之间关系示意图

设 ρ,$\nu = \arccos\alpha$ 为以 $\boldsymbol{\Omega}_t = (u_t, v_t, w_t)$ 为参照方向,测定粒子出射方向 $\boldsymbol{\Omega}$ 的方位角和极角,有

$$\nu = \boldsymbol{\Omega} \cdot \boldsymbol{\Omega}_t = uu_t + vv_t + ww_t \tag{9-56}$$

设 φ,$\theta = \arccos\mu$ 分别为以粒子入射方向 $\boldsymbol{\Omega}' = (u', v', w')$ 为参照方向,测定粒子出射方向 $\boldsymbol{\Omega} = (u, v, w)$ 的方位角和极角,有

$$\mu = \boldsymbol{\Omega}' \cdot \boldsymbol{\Omega}_t = u'u + v'v + w'w \tag{9-57}$$

若选 $\boldsymbol{\Omega}_t$ 为参照方向,则 $\boldsymbol{\Omega}'$、$\boldsymbol{\Omega}$ 可分别表示如下:

(1) $|w_t| \neq 1$。

有

$$\begin{cases} u' = u_t\gamma + \sqrt{(1-\gamma^2)/(1-w_t^2)}\,(u_t w_t \cos\chi - v_t \sin\chi) \\ v' = v_t\gamma + \sqrt{(1-\gamma^2)/(1-w_t^2)}\,(v_t w_t \cos\chi - u_t \sin\chi) \\ w' = w_t\gamma - \sqrt{(1-\gamma^2)(1-w_t^2)}\cos\chi \end{cases} \quad (9-58)$$

解出 χ 有

$$\begin{cases} \sin\chi = (-u'v_t + v'u_t)/\sqrt{(1-\gamma^2)(1-w_t^2)} \\ \cos\chi = (w_t\gamma - w')/\sqrt{(1-\gamma^2)(1-w_t^2)} \end{cases} \quad (9-59)$$

相应的 (u,v,w) 可表为

$$\begin{cases} u = u_t\nu + \sqrt{(1-\nu^2)/(1-w_t^2)}\,(u_t w_t \cos\rho - v_t \sin\rho) \\ v = v_t\nu + \sqrt{(1-\nu^2)/(1-w_t^2)}\,(v_t w_t \cos\rho + u_t \sin\rho) \\ w = w_t\nu - \sqrt{(1-\nu^2)(1-w_t^2)}\cos\rho \end{cases} \quad (9-60)$$

将式(9-58)、式(9-60)代入式(9-57)得到两角度系统之间的转换关系

$$\mu(\nu,\rho) = \gamma\nu + \sqrt{(1-\gamma^2)(1-\nu^2)}\cos(\chi-\rho) \quad (9-61)$$

(2) $|w_t| = 1$。

有

$$\begin{cases} u' = \sqrt{(1-\gamma^2)}\cos\chi \\ v' = \sqrt{(1-\gamma^2)}\sin\chi \\ w' = \gamma \end{cases} \quad (9-62)$$

解得

$$\begin{cases} \cos\chi = u'/\sqrt{(1-\gamma^2)} \\ \sin\chi = v'/\sqrt{(1-\gamma^2)} \end{cases} \quad (9-63)$$

相应的 (u,v,w) 可表为

$$\begin{cases} u = \sqrt{(1-\nu^2)}\cos\rho \\ v = \sqrt{(1-\nu^2)}\sin\rho \\ w = \nu \end{cases} \quad (9-64)$$

将式(9-62)、式(9-64)代入式(9-57)，易得与式(9-61)一样的两角度系统之间的转换关系。式(9-61)给出两角度系统转换关系，共涉及 ν,ρ,γ,χ 四个变量。

9.3.3 (ν,ρ) 系统下的角分布

依据雅可比(Jacobi)变换的不变性,两角度系统下的角分布 $f(\mu,\varphi)$ 与 $p_1(\nu,\rho)$ 满足关系

$$f(\mu,\varphi)\mathrm{d}\mu\mathrm{d}\varphi = p_1(\nu,\rho)\mathrm{d}\nu\mathrm{d}\rho \tag{9-65}$$

即有

$$p_1(\nu,\rho) = f(\mu,\varphi)\frac{\mathrm{d}\mu\mathrm{d}\varphi}{\mathrm{d}\nu\mathrm{d}\rho} \tag{9-66}$$

$$\frac{\mathrm{d}\mu\mathrm{d}\varphi}{\mathrm{d}\nu\mathrm{d}\rho} = \begin{vmatrix} \frac{\partial\mu}{\partial\nu} & \frac{\partial\mu}{\partial\rho} \\ \frac{\partial\varphi}{\partial\nu} & \frac{\partial\varphi}{\partial\rho} \end{vmatrix} \tag{9-67}$$

由于

$$\begin{cases} u = \sqrt{1-\mu^2}\cos\varphi \\ v = \sqrt{1-\mu^2}\sin\varphi \\ w = \mu \end{cases} \tag{9-68}$$

比较式(9-68),式(9-60)给出的 w 关系式,有

$$\begin{aligned} w &= w_t\nu - \sqrt{(1-\nu^2)(1-w_t^2)}\cos\rho \\ &= \gamma\nu + \sqrt{(1-\gamma^2)(1-\nu^2)}\cos(\chi-\rho) \end{aligned} \tag{9-69}$$

比较系数得

$$\begin{cases} \chi = 0, 2\pi \\ \gamma = w_t \end{cases} \tag{9-70}$$

即 $\boldsymbol{\Omega}' = \boldsymbol{\Omega}_t$ 的情况。代式(9-68)、式(9-70)入式(9-60),得

$$\sqrt{1-\mu^2}\cos\varphi = u_t\nu + \sqrt{(1-\nu^2)/(1-\gamma^2)}\,(u_t\gamma\cos\rho - v_t\sin\rho) \tag{9-71}$$

$$\sqrt{1-\mu^2}\sin\varphi = v_t\nu + \sqrt{(1-\nu^2)/(1-\gamma^2)}\,(v_t\gamma\cos\rho + u_t\sin\rho) \tag{9-72}$$

$$\mu = \gamma\nu - \sqrt{(1-\gamma^2)(1-\nu^2)}\cos\rho \tag{9-73}$$

于是有

$$\begin{cases} \dfrac{\partial \mu}{\partial \nu} = \gamma + \nu \sqrt{1-\gamma^2}\cos\rho \big/ \sqrt{1-\nu^2} \\ \dfrac{\partial \mu}{\partial \rho} = \sqrt{(1-\nu^2)(1-\gamma^2)}\sin\rho \\ \dfrac{\partial \varphi}{\partial \nu} = -\dfrac{\sqrt{1-\gamma^2}\sin\rho}{\sqrt{(1-\mu^2)(1-\nu^2)}} \\ \dfrac{\partial \varphi}{\partial \rho} = -\dfrac{\nu\sqrt{(1-\gamma^2)(1-\nu^2)}\cos\rho + w_1(1-\nu^2)}{1-\mu^2} \end{cases} \quad (9-74)$$

代式(9-74)入式(9-67)经运算得

$$\frac{\mathrm{d}\mu\mathrm{d}\varphi}{\mathrm{d}\nu\mathrm{d}\rho} = 1 \quad (9-75)$$

从而有

$$p_1(\nu,\rho) = f(\mu,\varphi) \quad (9-76)$$

说明不同角度系统下的角分布是一致不变的。

9.3.4 无碰撞到达探测器概率计算

利用积分中值定理,存在 $(\bar{\nu},\bar{\rho})\in \boldsymbol{\Omega}_D = [\nu_{\min},\nu_{\max}]\times[\rho_{\min}(\nu),\rho_{\max}(\nu)]$,使式(9-42)的积分可以表示为

$$\begin{aligned} P_r &= p_2(\bar{\nu},\bar{\rho})p_3(\bar{\nu},\bar{\rho})\int_{\nu_{\min}}^{\nu_{\max}}\int_{\rho_{\min}(\nu)}^{\rho_{\max}(\nu)} p_1(\nu,\rho)\mathrm{d}\nu\mathrm{d}\rho \\ &= p_2(\bar{\nu},\bar{\rho})p_3(\bar{\nu},\bar{\rho})F_{\boldsymbol{\Omega}_D}, \quad r\notin \Delta G \end{aligned}$$

$$(9-77)$$

其中,

$$F_{\boldsymbol{\Omega}_D} = \int_{\nu_{\min}}^{\nu_{\max}}\int_{\rho_{\min}(\nu)}^{\rho_{\max}(\nu)} p_1(\nu,\rho)\mathrm{d}\nu\mathrm{d}\rho \quad (9-78)$$

于是,只要算出 $F_{\boldsymbol{\Omega}_D}$,就可以得到 P_r 值。下面针对不同散射,给出 $p_1(\nu,\rho)$ 表达式,分两种情况:

(1)各向同性散射。

即有

$$p_1(\nu,\rho) = \frac{1}{4\pi} \quad (9-79)$$

相应地有

$$F_{\boldsymbol{\Omega}_D} = \frac{\boldsymbol{\Omega}_D}{4\pi} \quad (9-80)$$

其中，
$$\Omega_D = \int_{\nu_{\min}}^{\nu_{\max}} \int_{\rho_{\min}(\nu)}^{\rho_{\max}(\nu)} \mathrm{d}\nu \mathrm{d}\rho \tag{9-81}$$
为碰撞点相对探测器的立体张角面积。

(2) 各向异性散射。

依据两角度系统转换关系，把 (μ,φ) 下的角分布转换为 (ν,ρ) 下的角分布。在所有中子、光子散射中，光子康普顿（Compton）散射角分布形式最复杂，以下就康普顿散射角分布为例，给出在角度系统 (ν,ρ) 下的表达式 $p_1(\nu,\rho)$。

康普顿散射满足 Klein-Nishina 公式

$$p_1(\nu,\rho) = \frac{1}{2\pi} K[\alpha, \mu(\nu,\rho)]$$

$$= C(\alpha')\left(\frac{r_0^2}{2}\right)\left(\frac{\alpha}{\alpha'}\right)^2 \left[\frac{\alpha}{\alpha'} + \frac{\alpha'}{\alpha} + \mu(\nu,\rho)^2 - 1\right] \tag{9-82}$$

其中，$r_0 = 2.81794 \times 10^{-13}$ cm 为古典电子半径；$\alpha' = E'/0.511008 = \alpha/[1+\alpha(1-\mu)]$；$E, E'$ 分别为光子的入射和出射能量（与中子入射和出射能量表示相反）；$C(\alpha')$ 为归一化因子。

由 $\int_0^{2\pi} \int_{-1}^{1} K(\alpha,\mu) \mathrm{d}\mu \mathrm{d}\varphi = 1$，求得

$$C^{-1}(\alpha) = \int_{-1}^{1} K(\alpha,\mu) \mathrm{d}\mu$$

$$= \int_{-1}^{1} \left(\frac{r_0^2}{2}\right) \frac{1}{[1+\alpha(1-\mu)]^2} \left[\frac{1}{1+\alpha(1-\mu)} + \alpha(1-\mu) + \mu^2\right] \mathrm{d}\mu$$

$$= \left(\frac{r_0^2}{2}\right) \left[\frac{4}{\alpha^2} + \frac{2(1+\alpha)}{(1+2\alpha)^2} + \frac{(\alpha^2-2\alpha-2)\ln(1+2\alpha)}{\alpha^3}\right] \tag{9-83}$$

代式 (9-73) 入式 (9-82)，得

$$p_1(\nu,\rho) = \frac{1}{2\pi} \cdot \frac{C(\alpha) r_0^2}{2\{1+\alpha[1-\gamma\nu - \sqrt{(1-\gamma^2)(1-\nu^2)}\cos(\chi-\rho)]\}^2} \cdot$$

$$\left\{\frac{1}{1+\alpha[1-\gamma\nu - \sqrt{(1-\gamma^2)(1-\nu^2)}\cos(\chi-\rho)]} + \left[\gamma\nu + \sqrt{(1-\gamma^2)(1-\nu^2)}\cos(\chi-\rho)\right]^2\right\}$$

$$\tag{9-84}$$

把式 (9-84) 代入式 (9-42) 得到概率 P_r 表达式。显然 P_r 不能解析求出。因此，考虑数值方法计算，不妨用 MC 方法求 P_r。考虑到直接从 $p_1(\nu,\rho)$ 产生 (ν,ρ) 的抽样值较困难。因此，考虑用均匀分布对 $p_1(\nu,\rho)$ 进行偏倚抽样。尽管这可能

增大方差,考虑到碰撞点相对探测器的立体角通常很小,增大的方差被认为是可以接受的。

在 $\boldsymbol{\Omega}_D$ 上构造关于 ν、ρ 的均匀分布如下:

$$\widetilde{p}_1(\nu,\rho) = \frac{1}{\boldsymbol{\Omega}_D} \tag{9-85}$$

把式(9-42)的积分改写为

$$\begin{aligned}P_r &= \int_{\nu_{\min}}^{\nu_{\max}} \int_{\rho_{\min}(\nu)}^{\rho_{\max}(\nu)} \widetilde{p}_1(\nu,\rho) \frac{p_1(\nu,\rho)}{\widetilde{p}_1(\nu,\rho)} p_2(\nu,\rho) p_3(\nu,\rho) \mathrm{d}\nu \mathrm{d}\rho \\ &= E[w_{\mathrm{adj}}(\nu,\rho) p_2(\nu,\rho) p_3(\nu,\rho)] \\ &\approx \frac{1}{N} \sum_{k=1}^{N} [w_{\mathrm{adj}}(\nu_k,\rho_k) p_2(\nu_k,\rho_k) p_3(\nu_k,\rho_k)] \end{aligned} \tag{9-86}$$

其中,$w_{\mathrm{adj}}(\nu,\rho) = p_1(\nu,\rho)/\widetilde{p}_1(\nu,\rho)$ 为纠偏因子;N 为样本数。

ν_k、ρ_k 从 $\widetilde{p}_1(\nu,\rho)$ 抽样产生为

$$\begin{cases} \nu_k = \nu_{\min}^{(k)} + \xi_1^{(k)} (\nu_{\max}^{(k)} - \nu_{\min}^{(k)}) \\ \rho_k(v_k) = \rho_{\min}^{(k)}(v_k) + \xi_2^{(k)} [\rho_{\max}^{(k)}(v_k) - \rho_{\min}^{(k)}(v_k)] \end{cases} \tag{9-87}$$

把式(9-87)代入式(9-86),计算得到积分 P_r 及误差表达式

$$\varepsilon = \sqrt{\frac{\sum_{i=1}^{N} [w_{\mathrm{adj}}(\nu_k,\rho_k) p_2(\nu_k,\rho_k) p_3(\nu_k,\rho_k)]^2}{\left[\sum_{k=1}^{N} w_{\mathrm{adj}}(\nu_k,\rho_k) p_2(\nu_k,\rho_k) p_3(\nu_k,\rho_k)\right]^2} - \frac{1}{N}} \tag{9-88}$$

9.3.5 圆柱体探测器估计

当碰撞发生在探测器 D 外时:

(1) 计算探测器体通量 $\phi(V,E,\boldsymbol{\Omega},t)$。

采用指向概率法计算体通量,第 n 个粒子、第 m 次碰撞对正圆柱探测器的体通量贡献为

$$\phi_{\Delta G,n,m} = \frac{P_{r\,m,n} w_{n,m}}{\Sigma_D V} \tag{9-89}$$

其中,Σ_D 为探测器宏观总截面,V 为探测器体积。

采用指向概率法计算体通量贡献为

$$\phi_{\Delta G} \approx \frac{1}{N} \sum_{n=1}^{N} \sum_{m=1}^{M} \phi_{\Delta G,n,m} \tag{9-90}$$

(2) 计算进入探测器表明的流 $J(\boldsymbol{r},E,\boldsymbol{\Omega},t)$。

取 $p_3(\nu,\rho)=1$,第 n 个粒子、第 m 次碰撞对正圆柱探测器的流的贡献为

$$J_{\partial G,n,m} = P_{m,m} w_{n,m} \tag{9-91}$$

对正圆柱探测器表面流的贡献为

$$J_{\partial G} \approx \frac{1}{N} \sum_{n=1}^{N} \sum_{m=1}^{M} J_{\partial G,n,m} \tag{9-92}$$

使用指向概率计数后,当碰撞恰好发生在探测器 D 内时,不再进行计数。

关于样本数 N 的选取,主要依据从碰撞点 r' 到探测器中心 $D(x_d,y_d,z_d)$ 的距离 d。早年基于我们已开展的数值实验表明,当 $0<d<10$ cm 时,取 $N=500$;当 $10<d<20$ cm 时,取 $N=100$;当 $d>20$ cm 时,取 $N=50$。计算得到的指向概率 P_r 的精确值就基本满足精度要求。随着计算机速度和存储的显著提升,增大统计数,可以进一步提升模拟精度。对于其他形状的探测器,可以采用类似方法处理。

与点探测器估计的指向概率方法相比,体探测器指向概率法不会出现估计量和方差无界。该方法已用于自主开发的核探测 MC 程序 MCCO 中,并得到了较好的应用[15]。

9.4 MC-S_N 耦合计算

对复杂深穿透辐射屏蔽问题,无论采用 MC 方法或 S_N 方法,求解均存在局限性。MC 复杂几何处理能力强,但深穿透问题是 MC 模拟的固有难题。S_N 方法深穿透问题模拟不存在困难,但复杂几何处理能力有限,高能存在较强的射线效应。针对两种方法的各自的优缺点,开展 MC/S_N 耦合计算,是目前屏蔽计算重点研究方向。

现有的 MC/S_N 耦合方案主要有三种:①空间耦合[16],将问题求解区域划分为 MC 适合区和 S_N 适合区,通过交界面的源信息交换,实现 MC/S_N 耦合计算;②通过 S_N 解伴随方程,获得问题全系统伴随通量,经归一化处理,形成 MC 正算的源偏倚概率和重要性价值函数,指导 MC 输运的赌、分裂[17];③能量耦合[18],将中子能量范围分热中子能区、共振能区和快中子能区,共振能区采用 MC 计算,其他能区用 S_N 计算。方案①的成功算例为大亚湾 1 号机组反应堆堆外探测室响应(RPN)计算,堆芯采用确定论程序 SCIENCE 计算,堆外采用 MC 程序 MCNP 计算。该模型的特点是堆芯由 157 个组件组成,探测器位于辐照监督管内,辐照监督管位于吊篮外、压力容器内。堆芯为二维轴对称几何,且以重介质为主,SCIENCE 程序算出堆芯各组件、轴向功率分布(轴向分 16 层)。该功率分布作为 MCNP 模拟的源项,模拟时关裂变(即裂变当吸收处理),最后用较小的代价,算出 RPN 响应矩阵[19]。方案②的成功算例有 HBR-2 基准模拟[20,24],早年 MC 程序 MORSE-CG 利用

S_N 程序 DOT 解伴随方程提供的价值函数,计算深穿透石油测井问题,耦合计算的 FOM 值较直接模拟提高了一个量级[21,22];方案③是西安交通大学 NECP-X 团队提出的一种新方法。

9.4.1 CADIS/FW-CADIS 方法

一致共轭驱动重要性抽样 CADIS(consistent adjoint driven importance sampling)方法被认为是目前求解辐射屏蔽问题最有效的方法。该方法利用离散纵标 S_N 方法计算的共轭中子通量,生成 MC 方法的源偏倚和权窗参数,能够有效地降低深穿透问题的计数误差[23]。为了增加局部/全局减方差方法(CADIS/FW-CADIS 方法)的适用范围,发展了自动降低方差技巧。基于离散纵标的局部和全局减方差方法计算流程主要包括 S_N 正向计算、S_N 共轭计算、读取正向注量率、计算共轭源强、读取共轭注量率、计算并输出探测器响应、源偏倚和权窗参数、MC 正向计算等[24,25]。其主要步骤包括:

(1)建立正向 S_N 计算模型,计算得到探测器位置的三维多群正向通量分布,通过归一化处理,得到共轭源分布;

(2)建立共轭 S_N 计算模型,利用(1)构建的共轭源分布,计算得到三维多群共轭通量分布;

(3)读取三维多群共轭通量分布,利用共轭通量分布和正向 MC 源分布,计算源偏倚和权窗参数;

(4)利用源偏倚和权窗参数,进行 MC 正向输运计算。

伴随计算采用 S_N 方法固然好,但 S_N 建模会增加一定的工作量,同时,还需要建立 MC 与 S_N 之间物理量的重映。因此,也可以用 MC 自身进行伴随计算,但存在 MC 伴随解的光滑性不好情况,使用前需要对解做光滑化处理,确保相邻网格的重要性(即伴随通量值)比值不会出现太大波动。

9.4.2 面源接续方法

对于复杂几何深穿透问题,可以把问题划分为 MC 计算区和 S_N 计算区,需要确定两种方法的交界面,通过面源交换方式进行耦合计算,交界面最好不要选在轻介质区。如果交界面在轻介质区,则面源分布对方向比较敏感,先算 MC 后算 S_N,计算精度会有保证一些,毕竟 MC 计算产生的源分布方向算得更准确一些;但若先算 S_N,后算 MC,因 S_N 计算存在射线效应和方向近似,这对后续 MC 计算的精度会产生不利影响。如果交界面设在重介质区,则方向不敏感,S_N、MC 谁先算、谁后算都影响不大。

在交界面处，考虑到面上发出的粒子或经过碰撞后，可能进入到交界面的另一侧，这时 MC、S_N 均各自采用反射边界处理可能跑到对方区域的粒子。

MC-S_N 耦合计算被证明是深穿透屏蔽问题最有效的手段之一，MC 利用 S_N 伴随计算得到权窗参数和源偏倚参数，之后进行 MC 计算，或者通过面源接续计算，都会提高收敛精度。前面提到了 MC、S_N 各自求解同样问题建模，对计算结果会带来一定的不确定性，此外，MC、S_N 各自建模不同也会带来一定的偏差。因此，面源接续计算，需要解决好上面提到的问题。

9.4.3 组合抽样方法

用于抽样存在随机性的影响，对某些小概率事件，当样本数不充分，会导致计算结果有偏。而对某些特定问题，例如，隐藏爆炸物或毒品检测，小概率事件一旦发生，会带来可怕的结果。其他核探测问题，需要把随机性降到最低。因此，MC 并非所有过程都通过抽样来求解问题。对某类问题采用解析与随机抽样耦合处理，效果会更好。下面分别介绍两种处理方法。

直接法 设有 m 类源，每类源被选中的概率为 $p_i(i=1,2,\cdots,m)$，满足 $\sum_{i=1}^{m} p_i = 1$，共跟踪 N 个粒子。采用直接法，即抽随机数 ξ，求出满足不等式

$$\sum_{i=1}^{j-1} p_i \leqslant \xi < \sum_{i=1}^{j} p_i \qquad (9-93)$$

的 j，则从第 j 类源中产生源粒子。直接法存在随机性影响。

解析法 根据源类型及每类源粒子的概率 p_i，求出每类源粒子的个数

$$N_i = \text{int}[p_i \cdot N + \xi] \quad (i=1,2,\cdots,m) \qquad (9-94)$$

这样每类源都有粒子发出，从而消除了随机性的影响。

对某些需要重点关心的问题或计数量，还可以通过增大这些事件的发射概率，通过计数的无偏修正，确保计算结果的无偏，同时获得关心问题的解，这就是 MC 常用的偏倚法。

偏倚法 对已有的一组概率 $p_i(i=1,2,\cdots,m)$ 进行偏倚，对应的偏倚概率为 $\hat{p}_i(i=1,2,\cdots,m)$，满足 $\sum_{i=1}^{m} \hat{p}_i = 1$，按偏倚概率 $\hat{p}_i(i=1,2,\cdots,m)$ 来进行抽样，通过权的无偏修正 $w = p_i/\hat{p}_i w'$，确保计算结果无偏。

9.5 小结

MC 降低方差技巧，本质上就是偏倚抽样。偏倚抽样算法经过多年发展，成熟

的算法很多,但选择什么样的偏倚算法有效,需要一定的经验。技巧使用得当,可以起到事半功倍的作用。使用偏倚后,需要对结果做无偏修正。无偏修正的权重应尽量控制在一个合理的范围内,权重超过合理范围应施行赌或分裂。在所有MC降低方差技巧中,除了俄罗斯轮盘赌和分裂是针对全局的,其他技巧都是针对特定的目标计数量。使用技巧后,能否达到性价比提高的目标,要看FOM值的增减。通常FOM值越大,说明技巧和算法有效,反之则不然。FOM值接近常数,表明解已收敛,这时计算可以终止。

一直以来MC方法都是科学、工程领域大量应用的朴实有用的数值方法,尽管MC方法已被公认为是一种成熟的计算方法,然而人们对不同问题是否适合MC方法求解的认知还是有差异的,不过MC方法特别适合高维积分的求解是基本的共识。考虑到微分和积分可以互相转换,因此,客观上讲MC方法对求解微分问题同样有效,对于N-S方程、Maxwell方程、薛定谔(Schrödinger)方程、Laplace方程等,也有使用MC方法求解的,只不过MC方法求解相比其他数值方法的没有优势,性价比不如其他数值方法。相比之下,MC求解Boltzmann方程的优势比较突出。

参考文献

[1] 杜书华,张树发,冯庭桂,等. 输运问题的计算机模拟[M]. 长沙:湖南科学技术出版社,1989.

[2] 裴鹿成,张孝泽. 蒙特卡罗方法及其在粒子输运问题中的应用[M]. 北京:科学出版社,1980.

[3] BRIESMEISTER J F. MCNP:a general Monte Carlo code for N-particle transport code:LA-12625-M[R]. New Mexico:Los Alamos National Laboratory,1996.

[4] LIU L,GARDNER R P. A geometry-independent fine Mesh-based Monte Carlo importance generator [J]. Nuclear science and engineering,1996,125:188.

[5] GARDNER R P,MICKAEL M,VERGHESE K. A new direction biasing approach for Monte Carlo simulation [J]. Nuclear science and engineering,1988,98:51-63.

[6] GARDNER R P,MICKAEL M,ORABY M. A Monte Carlo direction biasing approach in the laboratory system for isotropic neutron center-of-mass scattering including hydrogen [J]. Nuclear science and engineering,1991,108:240-246.

[7] CHUCAS S J,CURL I J,MILLER P C. The advanced features of the Monte Carlo code MCBEND:CONF-9304131 [R]. Saclay:Seminar on Advanced Monte Carlo Computer Programs for Radiation Transport,1993.

[8] MICKAEL M, GARDNER R P, VERGHESE K. An improved method for estimating particle scattering probabilities to finite detector for Monte Carlo simulation [J]. Nuclear science and engineering, 1988, 99: 251-266.

[9] SHYU C M. Development of the Monte Carlo library least-squares method of analysis for neutron capture prompt gamma-ray analyzes [D]. North Carolina State University, 1991.

[10] KELLY D J, SUTTON T M, WILSON S C. MC21 Analysis of the Nuclear Energy Agency Monte Carlo Performance Benchmark Problem [G]// Proc. Advances in Reactor Physics—linking research, industry and education, PHYSOR 2012. Knoxville: American Nuclear Society, 2012.

[11] HUNTER J L, SUTTON T M. A Method for Reducing the Largest Relative Errors in Monte Carlo Iterated-Fission-Source Calculations [G]// M&C 2013. Proc. Int. Conf. Mathematics and Computational Methods Applied to Nuclear science and engineering. Sun Valley: American nuclear society, 2013.

[12] DANHUA S G, GANG L, BAOYIN Z, et al. Uniform tally density-based strategy for efficient global tallying in Monte Carlo criticality calculation[J]. Nuclear science and engineering, 2016, 182: 555-562.

[13] SMITH K, FORGET B. Challenges in the Development of High-Fidelity LWR Core Neutronics Tools [G]// Workshop, M&C 2013. International conference on mathematics and computational methods applied to nuclear science and engineering. Sun Valley: American nuclear society, 2013: 1809.

[14] DENG L, et al. A Monte Carlo model for gamma-ray Klein-Nishina scattering probabilities to finite detectors [J]. Journal of nuclear science and technology, 1996, 33 (9): 736-740.

[15] 邓力,谢仲生. 碳氧比能谱测井的蒙特卡罗模拟[J]. 地球物理学报,2001,44(增刊):253-264.

[16] 袁龙军,陈义学,韩静茹. 基于蒙特卡罗-离散纵标双向耦合方法的快中子注量基准分析[J]. 原子能科学技术,2014, 48(3): 407-411.

[17] ZHENG Z, MEI Q L, DENG L. Application of a global variance reduction method to HBR-2 benchmark[J]. Nuclear engineering and design, 2018, 326: 301-310.

[18] ZHENG Q, SHEN W, LI Y Z, et al. A deterministic-stochastic energy-hybrid method for neutron-transport calculation [J]. Annals of nuclear energy, 2019: 128: 293-299.

[19] 竹生东,邓力,李树,等. 堆外核仪表系统(RPN)的预设效验系统理论计算[J]. 核动力工程,2004, 25(2): 153-155.

[20] ZHENG Z, MEI Q L, DENG L. Study on variance reduction technique based on adjoint

Discrete Ordinate method[J]. Annals of nuclear energy, 2017, 112: 374-382

[21] EMMETT M B. MORSE-CGA: a Monte Carlo radiation transport code with array geometry capability: ORNL-6174[R]. US: Oak Ridge National Laboratory, 1985.

[22] ROADES W A, MYNATT F R. The DOT Ⅲ two-dimensional discrete ordinates transport code: ORNL-TM-4280[R]. US: Oak Ridge National Laboratory, 1973.

[23] WAGNER J C, PEPLOW D E, MOSHER S W. FW-CADIS method for global and regional variance reduction of Monte Carlo radiation transport calculations[J]. Nuclear science and engineering, 2014, 176: 37-57.

[24] 郑征,梅其良,邓力. 全局减方差方法的 HBR-2 基准题应用[J]. 原子能科学技术, 2018, 52(06): 987-993.

[25] 郑征,丁谦学,周岩. 三维离散纵标和蒙特卡洛混合方法研究[J]. 核动力工程, 2018, 39(01): 1-5.

>>> 第10章 几何粒子径迹计算

随着CAD技术的成熟,用简单几何体通过布尔运算逼近复杂几何系统已成为共识。MC处理复杂几何的过程与工业CAD建模过程相似。运用图形学和计算几何,在图像空间,构造一完备基函数系,任意复杂几何体均可通过简单几何体基函数系线性表出。

人们经过不断总结发现,自然界中的大多数曲面,均可通过简单的一次平面、二次曲面和某些特殊的四次曲面,通过布尔运算获得。由于MC方法解粒子输运方程,涉及粒子穿过计数几何块的径迹长度计算,这相当于求粒子射线与被穿过几何块交点的过程。因此,当基本体确定后,需要建立一套射线与一次平面、二次曲面和特殊四次曲面交点的计算公式。

目前,以MCNP[1]为代表的MC程序采用的是面描述,而以GEANT4[2]为代表的MC程序采用的是体描述。采用面描述,计算界面流比较容易。体描述布尔运算比较直观,但计算界面流需要通过体布尔运算得到,这一点不如面描述。不论采用体还是面描述,本质上的结果都是一样的。统计显示,MC方法求解中子输运方程中,70%~80%的时间被花在与几何相关的计算上。因此,优化几何布尔运算和实现粒子径迹快速计算,成为提升MC计算效率的核心关键。

10.1 基本几何体

10.1.1 基本体组成

以MORSE-CG[3]、KENO[4]为代表的MC粒子输运程序,几何描述采用实体组合几何,基本几何体包括:球、椭球、正圆柱、正椭圆柱、盒子、直角楔、圆锥台、任意凸多面体(面数≤6)共8种,均为二次曲面。后来发现MORSE-CG程序无法用于TOKAMAK聚变-裂变混合堆中子学计算,由于TOKAMAK装置芯部为一D字形环状等离子体回路(类似游泳圈),虽然可以用多段圆柱拼接而成,但过程过于复杂,且精度有一定损失。而用四次椭圆环几何体描述更准确。后来在 MORSE-CG 程序中增加了四次椭圆环曲面,这样基本几何体由 8 种变为 9 种[5](见图 10-1)。MCNP 程序采用面几何描述,基本几何面包括:平面、正圆柱面、球面、锥面、自定义二次曲面和旋转椭圆环曲面。从 20 世纪 80 年代以来,尽管 MC 程序的版本不断更新,但几何描述基本固化了。

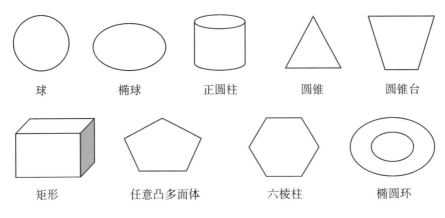

图 10-1 基本几何体

2000 年后,医学剂量计算对 MC 粒子输运程序提出新的需求。由于人体器官组织不规则,且心、肺、肝等组织还处于动态变化中,采用传统实体组合几何进行人体器官描述基本不可能。因此,便考虑用体素(voxel)网格去描述器官组织,通过体素网格材料填充,实现体素网格剂量计算。体素网格既适用于 MC 方法,也适用于确定论方法。近年基于体素网格,开展 MC 方法与确定论方法耦合计算,取得了不错的效果。

10.1.2 布尔运算

MCNP 程序最小几何单元为块(cell),每个块只能允许一种材料(可以为混合均匀材料),每个块的材料密度(重量密度或原子密度)为一常数,通常模拟问题的几何由多个块组成,同种材料可以对应多个几何块,几何块必须满足"凸"条件,"凹"几何块是不允许的。如图 10-2(a)所示的几何块是不允许的,而图 10-2(b)的几何块是允许的。凹几何可以通过剖分转化为凸几何(见图 10-2(b))。

与实变函数中集合和古典概率中的事件运算相同,图 10-3 给出组合几何布尔运算图例,其中阴影部分为组合结果。要描述粒子在求解问题所在几何系统中的迁移,求出粒子飞行线与被穿过几何块表面交点,进而求出在当前几何块内走过的几何距离。因此,需要确定粒子穿过当前块的几何编号和进入下个几何块的几何编号。建立几何块之间的邻域关系,计算交点的算法可谓是每个 MC 粒子输运程序的共性算法。

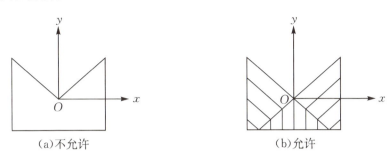

(a)不允许   (b)允许

图 10-2 几何块划分示意图

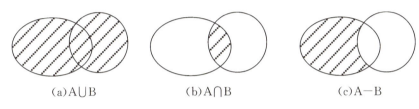

(a)A∪B   (b)A∩B   (c)A-B

图 10-3 几何布尔运算实例

10.2 碰撞点几何属性确定

当求解问题的几何块确定后，每个块都有相应的编号。下面讨论碰撞点所在几何块及粒子进入下个几何块的确定。

如图 10-4 所示，假定求解问题几何由三个具有不同材料的几何块 Z_1、Z_2、Z_3 组成，其中每个块的宏观截面为 $\Sigma_i (i=1,2,3)$，几何块分别由 A_1（球）和 A_2（正圆柱体）组成，组成每个几何块的布尔运算分别为

$$Z_1: A_1 - A_2 ; \quad Z_2: A_1 \cap A_2 ; \quad Z_3: A_2 - A_1 \tag{10-1}$$

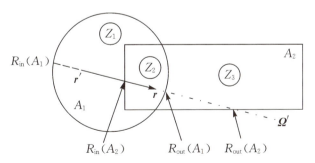

图 10-4 碰撞点几何块的确定

设粒子出发点位置坐标为 $\boldsymbol{r}' = (x', y', z')$，运动方向为 $\boldsymbol{\Omega}' = (u', v', w')$，确

定粒子碰撞点 r 位置坐标及所在几何块块号。

(1) 粒子进入 Z_1 块后,判断粒子在 Z_1 块内是否发生碰撞。

由于组成 Z_1 块的几何基本单元为 A_1 和 A_2,所以需要计算射线穿入、穿出 A_1 和 A_2 的距离 $R_{in}(A_1)$、$R_{out}(A_1)$、$R_{in}(A_2)$、$R_{out}(A_2)$,其中因为 $R_{in}(A_1) < 0$,为 $\mathbf{\Omega}'$ 反方向交点值,故舍去。在三个有效距离值中求出最小值

$$\min\{R_{in}(A_2), R_{out}(A_1), R_{out}(A_2)\} = R_{in}(A_2) \tag{10-2}$$

为粒子穿出几何块 Z_1 的距离。从距离分布函数 $\Sigma_1 \exp(-\Sigma_1 l)$ 中,抽样得到到达碰撞点的距离

$$l = -\frac{\ln \xi}{\Sigma_1} \tag{10-3}$$

若 $l > R_{in}(A_2)$,则粒子在当前几何块 Z_1 内不发生碰撞,之前抽样得到的距离不被采用。粒子当前点位置 r 移到 Z_1 几何块的边界处:$r' + R_{in}(A_2)\mathbf{\Omega}' \Rightarrow r$,粒子穿出 Z_1 几何块进入 Z_2 几何块。

(2) 判断粒子在 Z_2 几何块内是否发生碰撞。

与(1)的处理完全相同。因组成 Z_2 几何块的几何单元仍为 A_1、A_2,故之前求出的粒子沿方向 $\mathbf{\Omega}'$ 穿出两个几何面的距离 $R_{out}(A_1)$、$R_{in}(A_2)$ 继续使用,从距离分布函数 $\Sigma_2 \exp(-\Sigma_2 l)$ 中,抽出粒子到达碰撞点的距离

$$l = -\frac{\ln \xi}{\Sigma_2} \tag{10-4}$$

若 $l < |R_{out}(A_1) - R_{in}(A_2)|$,则粒子在 Z_2 几何块内发生碰撞,新的碰撞点位置即为 $r = r' + \mathbf{\Omega}'$。反之,则重复上面的过程。若粒子沿飞行方向 $\mathbf{\Omega}'$ 穿过所有几何块,进入外边界均不发生碰撞,则该粒子按泄漏处理。

10.3 穿过界面交点计算

粒子在系统中的游动,涉及粒子飞行线与各几何界面交点的计算,相对一、二次曲面交点计算,比较复杂的交点计算是四次椭圆环曲面。下面分别给出交点计算的过程。设粒子飞行线满足方程

$$\begin{cases} x = x' + lu' \\ y = y' + lv' \quad (l > 0) \\ z = z' + lw' \end{cases} \tag{10-5}$$

其中,$r' = (x', y', z')$ 为粒子飞行线的出发点;$\mathbf{\Omega}' = (u', v', w')$ 为粒子飞行方向。因此,问题归结为求距离 l。下面讨论三种情况,粒子飞行线与被穿过几何曲面交点的计算。

(1) 飞行线与平面交点计算。

平面是所有几何中最简单的,设平面方程为
$$Ax + By + Cz + D = 0 \tag{10-6}$$
其为线性方程。将式(10-5)代入式(10-6)得
$$l = -\frac{Ax' + By' + Cz' + D}{Au' + Bv' + Cw'} \tag{10-7}$$
几何平面最好与某个坐标平面平行,这样计算量和复杂度会降低。例如,与 yOz 平面平行的平面 $x = a$,则 $l = (a - x')/u'$。

(2) 飞行线与圆柱面交点计算。

讨论简单起见,选取对称轴线为 z 轴的圆柱面,其方程为
$$x^2 + y^2 = R^2 \tag{10-8}$$
其为二次方程。将式(10-5)代入式(10-8),解得
$$l = \frac{-\delta \pm \sqrt{\Delta}}{u'^2 + v'^2} \tag{10-9}$$
其中,
$$\begin{cases} \Delta = \delta^2 - (x'^2 + y'^2 - R^2)(u'^2 + v'^2) \\ \delta = x'u' + y'v' \end{cases} \tag{10-10}$$
通过判别式 Δ,确定粒子飞行线与柱面的关系:一个解为相切,两个解为相交。

(3) 飞行线与旋转椭圆环面交点计算。

在基本几何体中,四次椭圆环曲面的交点计算是最复杂的,作者早年在 MORSE-CG 程序基础上增加了任意四次椭圆环曲面。下面介绍有关算法。

如图 10-5 所示,yOz 平面中心为 $(0, r, 0)$,半轴长分别为 $a>0$ (z 方向),$b>0$ (y 方向)的椭圆 $z^2/a^2 + (y-r)^2/b^2 = 1$ 绕 z 轴旋转产生的椭圆环曲面,其方程为
$$\begin{cases} z^2/a^2 + (\sqrt{x^2 + y^2} - r)^2/b^2 = 1, & r > b \tag{10-11a} \\ z^2/a^2 + (\sqrt{x^2 + y^2} - r)^2/b^2 = 1, & r \leqslant b \tag{10-11b} \end{cases}$$
式(10-11b)为椭圆环的退化情形,"-"对应环外表面,"+"对应环内表面。当 $r=0$ 时,式(10-11b)为一旋转椭球,$r=0, a=b>0$ 时为一个球。令 $\rho = b^2/a^2$,式(10-11)可写为
$$x^2 + y^2 + \rho z^2 + r^2 - b^2 = \begin{cases} 2r\sqrt{x^2 + y^2}, & r > b \\ \mp 2r\sqrt{x^2 + y^2}, & r \leqslant b \end{cases} \tag{10-12}$$
等式两端取平方,得对称轴为 x 轴的椭圆环曲面方程
$$(\rho x^2 + y^2 + z^2 + r^2 - b^2)^2 = 4r^2(y^2 + z^2) \tag{10-13}$$
对称轴为 y 轴的椭圆环方程为

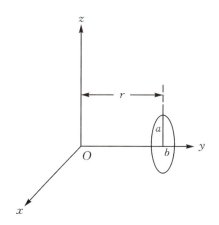

图 10-5　旋转椭圆环示意图

$$(x^2 + \rho y^2 + z^2 + r^2 - b^2)^2 = 4r^2(x^2 + z^2) \quad (10-14)$$

同理可得，对称轴为 z 轴的椭圆环方程为

$$(x^2 + y^2 + \rho z^2 + r^2 - b^2)^2 = 4r^2(x^2 + y^2) \quad (10-15)$$

过点 (x', y', z')，沿飞行方向 $(u, v, w)(u^2 + v^2 + w^2) = 1$ 的粒子射线方程为

$$\{x = x' + ud, y = y' + vd, z = z' + wd, 0 < d < \infty\} \quad (10-16)$$

代式(10-16)分别入式(10-13)、式(10-14)、式(10-15)，得到关于距离 d 的四次方程

$$d^4 + 4Bd^3 + 2Cd^2 + 4Dd + E = 0 \quad (10-17)$$

其中，

$$\begin{cases} B = G_1 \\ C = 2G_1^2 + G_2 - 2A_0 G_3 \\ D = G_1 G_2 - 2A_0 G_4 \\ E = G_2^2 - 4A_0 G_5 \end{cases} \quad (10-18)$$

相关系数为

$$\begin{cases} G_1 = [ux' + vy' + wz' + (\rho-1)(n_1 x' + n_2 y' + n_3 z')(n_1 u + n_2 v + n_3 w)]/G \\ G_2 = [x'^2 + y'^2 + z'^2 + (\rho-1)(n_1 x' + n_2 y' + n_3 z')^2 + r^2 - b^2]/G \\ G_3 = 1 - (n_1 u + n_2 v + n_3 w)^2 \\ G_4 = ux' + vy' + wz' - (n_1 x' + n_2 y' + n_3 z')(n_1 u + n_2 v + n_3 w) \\ G_5 = x'^2 + y'^2 + z'^2 - (n_1 x' + n_2 y' + n_3 z')^2 \\ A_0 = (r/G)^2 \\ G = 1 + (\rho-1)(n_1 u + n_2 v + n_3 w)^2 \end{cases}$$

$$(10-19)$$

若环对称轴为 x,则 $(n_1,n_2,n_3)=(1,0,0)$;若环对称轴为 y,则 $(n_1,n_2,n_3)=(0,1,0)$;若环对称轴为 z,则 $(n_1,n_2,n_3)=(0,0,1)$。

下列以定理形式给出任意点 (x,y,z) 与椭圆环的位置关系。

定理 1 点 (x,y,z) 位于椭圆环内的充分必要条件为 $Q(x,y,z)<0$;点 (x,y,z) 位于退化椭圆环内的充分必要条件为:$E(x,y,z)<0$;点 (x,y,z) 位于椭圆环表面上的充分必要条件为 $F(x,y,z)=0$。这里,

$$E(x,y,z) = x^2+y^2+z^2+(\rho-1)(n_1 x+n_2 y+n_3 z)^2+r^2-b^2 \tag{10-20}$$

$$Q(x,y,z) = E(x,y,z) - 2r[x^2+y^2+z^2+(n_1 x+n_2 y+n_3 z)^2]^{1/2} \tag{10-21}$$

$$F(x,y,z) = [E(x,y,z)]^2 - [E(x,y,z)-Q(x,y,z)]^2 \tag{10-22}$$

关于四次方程式根的求解,由于计算机舍入误差的原因,将从式(10-17)求出的根 d 代入式(10-17),并不一定等于零,为此,还需要进行牛顿迭代处理[6]。

10.4 体素网格几何描述

10.4.1 体素模型构造

目前,治疗计划(TPS)普遍采用的是体素网格,体素网格越小,其分辨率就越高。在硼中子俘获治疗(BNCT)中,基准题分别给出了三层椭球几何体模型,称其为解析几何模型(见图 10-6(a)),相应的体素模型如图 10-6(b)所示,三层分别代表脑头皮、颅骨和脑组织。该模型用于检验两种模型下获得的剂量精度(详见第 18 章介绍)。

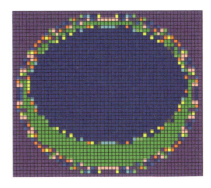

(a)解析模型　　　　　　　　　　(b)体素模型

图 10-6　椭球人脑模型及对应的体素模型示意图

以实体几何模型在 x、y、z 方向最小、最大值为边界,组成一个矩形盒子,然后分

别在 x、y、z 方向等分为 L、M、N 个分点：$x_1 = x_{\min}, x_2, \cdots, x_L = x_{\max}; y_1 = y_{\min}, y_2, \cdots, y_M = y_{\max}; z_1 = z_{\min}, z_2, \cdots, z_N = z_{\max}$，整个体素模型由 $L \times M \times N$ 个矩形网格组成，此时，每个网格节点坐标为实数。为了提高体素模型径迹计算的速度，并减少存储节点的内存，首先通过映射，把矩形网格转化为立方体网格。这样在立方体网格下，所有网格结点坐标均为整数，而整数运算效率是所有实数中最高的，而且占用的存储也是最少的。因此，下面讨论的径迹算法均定格在整数上。最后立方体网格上的计算结果需要乘以立方体网格与矩形网格之间的转换系数。

首先讨论二维平面正方形网格粒子径迹计算，之后推广到三维立方体网格。

10.4.2 二维情况

如图 10-7 所示，考虑二维平面网格上的粒子及射线穿越网格径迹的计算。已知一条方向为 (u, v) 的射线，沿该射线方向依次经过的网格，需要计算各网格的径迹。直线的方程可以表示成函数 $f(x, y) = 0$ 的形式

$$\left. \begin{array}{l} y = kx + c \\ k = \dfrac{v}{u} \text{ 为斜率} \end{array} \right\} \quad x \cdot v - y \cdot u + c = 0 \qquad (10-23)$$

记

$$f(x, y) = x \cdot v - y \cdot u + c \qquad (10-24)$$

这样，平面上任意点 (x, y) 与该射线满足下列三种关系之一：

① 如果 $f(x, y) < 0$，表示点 (x, y) 位于直线上方；
② 如果 $f(x, y) = 0$，表示点 (x, y) 位于直线上；
③ 如果 $f(x, y) > 0$，表示点 (x, y) 位于直线下方。

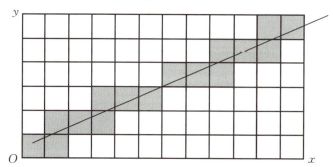

图 10-7 平面粒子射线穿越网格径迹计算

如图 10-8 所示，把每个平面网格边长定义为一个单位，网格左下角点坐标作为网格的编号。对于平面上任何一条射线，如果已知其起点为 (x_0, y_0)，方向余弦为 (u, v)，简单起见，不妨设 $u > 0, v > 0$（其他情况如 $u > 0, v < 0; u < 0, v > 0$ 或 $u < 0, v < 0$ 等，处理方法类同），则每次只需考虑当前网格的右上角点与射线的关

系即可。

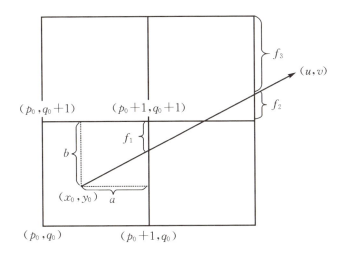

图 10-8 快速粒子跟踪技巧

实际应用中,不必把每个点都代入射线方程计算 f 值,只需根据射线的起点得到初始值,然后每次利用斜率更新即可,具体如下。

算法一:

(1) 初始化。

对 (x_0,y_0) 取整,得到 (x_0,y_0) 所在的网格编号,不妨设为 (p_0,q_0),即当前网格的左下角点坐标;由于 $u>0$,$v>0$,射线必从网格的上侧边或右侧边穿出,(x_0,y_0) 到两个边界的距离 a、b 很容易计算得到,右上角点坐标可表示为 (x_0+a,y_0+b),则

$$f(x_0+a,y_0+b) = a \cdot v - b \cdot u \tag{10-25}$$

设依次经过的网格分别为 (p_1,q_1),(p_2,q_2),(p_3,q_3),…

(2) 当前网格为 (p_n,q_n) 时,通过 f 与 0 比较大小确定 p_n、q_n 之值。

① 若 $f<0$,则说明网格 (p_n,q_n) 的右上角点在射线上方,射线穿过右侧边(x 方向)进入下一个网格,网格编号在 X 方向上加 1,即 $(p_{n+1},q_{n+1})=(p_n+1,q_n)$,同时 f 进行更新:$f+v/u \Rightarrow f$(当 X 方向增加 1 个单位长时,Y 方向增加 v/u 个单位长);

② 若 $f>0$,则说明网格 (p_n,q_n) 的右上角点在射线下方,射线穿过上侧边(y 方向)进入下一个网格,网格编号在 Y 方向上加 1,即下一个网格 $(p_{n+1},q_{n+1})=(p_n,q_n+1)$,同时对 f 进行更新:$f-1 \Rightarrow f$;

③ 若 $f=0$,射线经过网格 (p_n,q_n) 的右上角点,进入下一个网格,网格编号在 X 和 Y 方向上都加 1,变成 $(p_{n+1},q_{n+1})=(p_n+1,q_n+1)$,同时对 f 进行更新:$f-1+v/u \Rightarrow f$。

如此循环,就可以找到射线依次经过的网格。由于整数运算比浮点数运算快很多,所以,把 f、v/u 和 1 三个数同乘以一个足够大的整数,这样就把每一项都变成了整数,它不影响比较结果,有利于提高运算速度。

10.4.3 三维情况

对于三维情况,利用三维射线在 xOy、xOz 和 yOz 三个平面上的投影,三维变成三个二维平面的组合(见图 10-9)。采用上面讨论的二维处理,相应的三条直线方程可分别表示为

$$\begin{cases} x \cdot v - y \cdot u + c = 0 \rightarrow e(x,y) \\ x \cdot w - z \cdot u + d = 0 \rightarrow e(x,z) \\ y \cdot w - z \cdot v + e = 0 \rightarrow e(y,z) \end{cases} \quad (10-26)$$

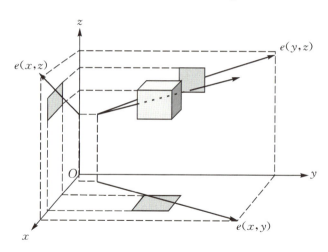

图 10-9 三维粒子径迹投影图和结果图

其中,(u,v,w) 为射线飞行方向。

初始化每条射线的起点,得到 $\text{err}(x,y)$、$\text{err}(x,z)$、$\text{err}(y,z)$ 三个函数的初始值和它们的更新值。根据 $\text{err}(x,y)$、$\text{err}(x,z)$、$\text{err}(y,z)$ 的正负,可以找到射线依次经过的网格。同样,为了加速和减少内存,$\text{err}(x,y)$、$\text{err}(x,z)$、$\text{err}(y,z)$ 和它们相应的更新值,同样都采用整型数表示。

10.4.4 快速粒子径迹算法

体素网格结构决定了它与通用粒子输运 MC 程序计算径迹的不同。采用粒子射线快速跟踪方法后,可以直接找到粒子依次经过的网格,直到发生碰撞或网格材料发生变化。网格内的径迹长度采用等差数列计算。由于不必求射线与被穿过几

何面的交点,也不必频繁在射线穿过的每个网格内抽样碰撞点距离和位置,这两点就可以节省大量计算时间。

进入(或离开)网格的确定:约定若粒子沿 X 正(或反)方向离开当前网格进入下一个网格,则粒子从当前网格(px,py,pz)进入下一个网格表示为($px\pm1,py,pz$),即粒子与新网格的交点在 X 分量上增加 ±1,其他方向穿入、穿出类似处理。接着讨论如图 10-10 所示的粒子到达黑色网格及在黑色网格内径迹长度的计算方法。

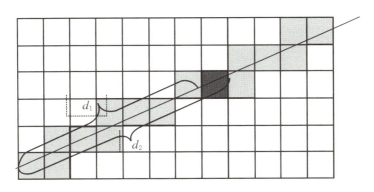

图 10-10　计算探测器网格内的径迹长度 d

算法二：

(1)在使用快速射线跟踪技巧确定下一个网格后,先保存离开当前网格(px,py,pz)的方向,然后对离开的当前网格进行判断,若是计数网格,则转到(2);若不是,则转到(3)。

(2)根据保存的进入当前网格的方向,不妨设为 X,可以找到进入当前网格交点的坐标的 X 分量 px,则计算交点到粒子射线起点(x_0,y_0,z_0)的距离 $d_1=(px-x_0)/u$(此时必有 $u\neq0$,否则射线垂直于 X 轴,不会从 X 方向进入新网格);同理可以得到粒子离开当前网格的交点到起点(x_0,y_0,z_0)的距离 d_2,则 $d=d_2-d_1$,此即粒子在网格内的径迹长度,乘上粒子权得到通量径迹长度计数,然后转到(3)。

(3)保存进入新网格的方向,再回到(1),如此循环,直到粒子到达发生碰撞的网格。如果在计数网格内发生碰撞,计算径迹长度的算法大致相同,只不过 d_2 变成到达碰撞点的距离。

算法二采用的粒子径迹长度计算方法有一点不足之处,就是只计算计数网格内的径迹长度,会因对穿过网格是否为计数网格的判断而增加时间。为了减少射线穿过网格是否为计数网格的判断,不妨对所有网格进行全局计数。参看二维情况,如图 10-11 所示。

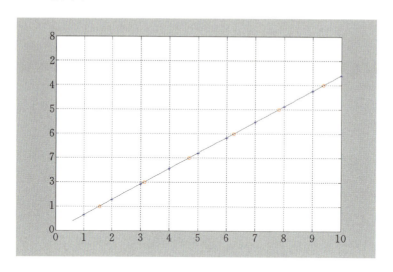

图 10-11 二维平面射线交点图

一条方向为 (u,v) 的射线与多个网格相交,其中交点可分成两类:

(1)星型点:射线与垂直于 X 轴的网格线的交点;

(2)圆圈点:射线与垂直于 Y 轴的网格线的交点。

很明显,同一类点中每两个点之间的距离长度都是相同的,例如,两个星型点之间的距离为 $|1/u|$,两个圆圈点之间的距离为 $|1/v|$。利用这个特点,可以采用下面的算法配合快速射线跟踪技巧,迅速地计算出粒子在每个网格内的径迹长度。

算法三:

主要变量说明:

Δd_x:粒子在 x 方向增加 1 个距离,粒子径迹长度增加的距离;

Δd_y:粒子在 y 方向增加 1 个距离,粒子径迹长度增加的距离;

d_x:粒子从出发点到最后一个蓝色星型点的距离;

d_y:粒子从出发点到最后一个红色圆圈点的距离;

d_0:粒子从出发点到最后一个交点的距离;

d_l:粒子在刚刚穿出网格的径迹长度。

算法描述:设射线起点 (x_0,y_0),方向为 (u,v),则

(1) 初始化

$$\begin{cases} \Delta d_x = |1/u| \\ \Delta d_y = |1/v| \\ d_x = (\text{int}|x_0| - x_0)/|u| \\ d_y = (\text{int}|y_0| - y_0)/|v| \\ d_0 = 0 \end{cases} \quad (10-27)$$

其中，d_x，d_y 为负值。

(2) 粒子穿出当前网格，进入一个新网格。

根据前面介绍的快速射线跟踪技巧，可以知道粒子从 x 方向还是 y 方向穿出当前网格。

① 若是 x 方向，则依此计算：

$$\begin{cases} d_x = d_x + \Delta d_x \\ d_l = d_x - d_0 \\ d_0 = d_x \end{cases} \quad (10-28)$$

② 若是 y 方向，则依此计算：

$$\begin{cases} d_y = d_y + \Delta d_y \\ d_l = d_y - d_0 \\ d_0 = d_y \end{cases} \quad (10-29)$$

得到的 d_l 即粒子在刚刚穿过的网格中的径迹长度。

③ 进入下一个网格，继续使用快速射线跟踪技巧确定下一个网格和粒子穿出的方向。

如此循环，直到粒子到达发生碰撞的网格或材料发生变化的网格。当粒子到达发生碰撞的网格后，直接使用抽样得到的粒子碰撞长度与 d_0 做差，即可得到粒子在碰撞网格内碰撞前的径迹长度。三维的情况也是如此。配合算法一，可推出计算粒子穿过所有网格的径迹长度算法，即算法四。

算法四：

(1) 初始化：对 (x_0, y_0) 取整，得到 (x_0, y_0) 所在的网格编号，不妨设为 (p_0, q_0)，是当前网格的左下角点坐标，同时记录网格 (p_0, q_0) 的材料，设为 m_0；由于 $u > 0$，$v > 0$，射线必从网格的上侧边或右侧边穿出，(x_0, y_0) 到两个边界的距离 a、b 很容易计算得到，右上角点坐标可表示为 $(x_0 + a, y_0 + b)$，则

$$\begin{cases} f(x_0+a, y_0+b) = a \cdot v - b \cdot u \\ \Delta d_x = |1/u| \\ \Delta d_y = |1/v| \\ d_x = (p_0 - x_0)/u \\ d_y = (q_0 - y_0)/v \\ d_0 = 0 \end{cases} \tag{10-30}$$

设依次经过的网格分别为 $(p_1, q_1), (p_2, q_2), (p_3, q_3), \cdots$

(2)判断其材料 m_n 与 m_0 是否相同？若不同,则回到(1);若相同,则继续,比较 f 与 0 的关系。

①若 $f > 0$,说明网格 (p_n, q_n) 的右上角点在射线上方,射线穿过右侧边进入下一个网格,网格编号在 X 方向上加 1,即 $(p_{n+1}, q_{n+1}) = (p_n + 1, q_n)$,同时进行更新变量：

$$\begin{cases} f = f + v/u \\ d_x = d_x + \Delta d_x \\ d_l = d_x - d_0 \\ d_0 = d_x \end{cases} \tag{10-31}$$

②若 $f < 0$,说明网格 (p_n, q_n) 的右上角点在射线下方,射线穿过上侧边进入下一个网格,网格编号在 Y 方向上加 1,即 $(p_{n+1}, q_{n+1}) = (p_n, q_n + 1)$,同时进行更新变量：

$$\begin{cases} f = f - 1 \\ d_y = d_y + \Delta d_y \\ d_l = d_y - d_0 \\ d_0 = d_y \end{cases} \tag{10-32}$$

③若 $f = 0$,射线经过网格 (p_n, q_n) 的右上角点,进入下一个网格,网格编号在 X 和 Y 方向上都加 1,变成 $(p_{n+1}, q_{n+1}) = (p_n + 1, q_n + 1)$,同时进行更新变量：

$$\begin{cases} f = f - 1 + v/u \\ d_y = d_y + \Delta d_y \\ d_x = d_x + \Delta d_x \\ d_l = 0 \\ d_0 = d_y \end{cases} \tag{10-33}$$

如此循环,就可以找到射线依次经过的所有网格及其在网格内的径迹长度,直到粒子到达发生碰撞的网格。当粒子到达发生碰撞的网格后,直接使用抽样得到的粒子碰撞长度与 d_0 做差,即可得到粒子在碰撞网格内碰撞前的径迹长度。

算法四并没有改变算法二的本质,计算的过程中,算法二保存的是粒子进出网格的方向,算法四保存的是粒子经过网格的径迹长度,它们的区别仅此而已。对于同一个体素模型,算法二和算法四的模拟时间和计算结果相同,特别是剂量率计算结果。至于在实际应用中,两种算法均可。算法二内存占用少一些,计算时间多一些;算法四内存占用多一些,计算时间少一些[7,8]。

算法正确有效性验证见下篇第 18 章介绍。

10.5 小结

通过简单基本体的布尔运算,实现对复杂问题系统的几何材料描述是 MC 方法几何处理的本质。用 MC 方法求解 Boltzmann 方程,涉及粒子在不同几何块的径迹长度计算,需要求粒子飞行线与被穿过几何体的交点。为此,建立射线与基本体交点及径迹长度计算是 MC 粒子输运计算中耗时最多的环节。另一方面,对象人体器官这类动态变化的几何描述,依据基本体的布尔运算是不可能的。因此,用体素网格去刻画动态变化几何,成为 MC 几何描述的新拓展。只要体素网格足够细,满足材料质量守恒,则使用体素网格进行输运计算也是行之有效的。虽然体素网格数量大,需要占用一定的存储空间,但由于体素网格规范,适合快速粒子算法的使用。数值实验表明,体素网格径迹长度计算所花时间要比传统粒子径迹算法快数倍[9,10]。

参考文献

[1] BRIESMEISTER J F. MCNP: a general Monte Carlo code for N-particle transport code: LA-12625-M[M]. New Mexico: Los Alamos National Laboratory, 1997.

[2] AGOSTINELLI S, ALLISON J, AMAKO K, et al. GEANT4: a simulation toolkit[J]. Nuclear instruments and methods in physics research section A: accelerators, spectrometers, detectors and associated equipment, 2003, 506(3): 250-303.

[3] EMMETT M B. MORSE-CGA: a Monte Carlo radiation transport code with array geometry capability: ORNL-6174[R]. US: Oak Ridge National Laboratory, 1985.

[4] PETRIE L M, LANDERS N F. KENO V. a: A improved Monte Carlo Criticality Program with Supergrouping: NUREG/CR-0200[R]. US: Oak Ridge National Laboratory, 1983, 2.

[5] 邓力. 具有椭圆环几何处理能力的 MORSE-CGT 蒙特卡罗辐射输运程序[J]. 计算物理,

1990, 73(3): 375-383.

[6] CASHWELL E D, EVERETT C J. Intersection of a ray with a surface of third or fourth degree: LA-4299[R]. New Mexico: Los Alamos National Laboratory, 1969.

[7] LI G, DENG L. Optimized voxel model construction and simulation research in BNCT [J]. High Energy Physics and Nuclear Physics, 2006, 30: 171-177.

[8] DENG L, YE T, CHEN C B, et al. The dosimetry calculation for boron neutron capture therapy[M] // ABUJAMRA A L. Diagnostic techniques and surgical management of brain tumors: chapter 9. Rijeka: INTECH, 2011.

[9] RORER A, WAMBERSIE G, WHITMOR E, et al. Current status of neutron capture therapy: IAEA-TECDOC-1223 [M]. Vienna: IAEA, 2001.

[10] GOORLEY J T, KIGER W S Ⅲ, ZAMENHOF R G. Reference dosimetry calculations for neutron therapy with comparison of analytical and voxel models[J]. Medical physics, 2002, 29(2):145-156.

>>> 第 11 章 粒子输运并行计算

在核科学工程领域,常通过解 Boltzmann 方程来求解粒子输运问题。其中 MC 方法通过模拟大量粒子历史,通过求统计平均获得问题之解。由于达到问题收敛需要模拟的粒子数巨大,串行计算不仅计算时间长,而且问题规模受到限制。近年在反应堆计算中,全堆芯精细功率分布计算、辐射屏蔽计算、核探测计算,巨大的计算量,都需要通过大规模并行计算来实现问题的求解。

20 世纪 90 年代中期,美国能源部提出"加速战略计算创新计划"(即 ASCI 计划),就是依靠高性能计算机进行三维、全物理、全系统核爆模拟,目的是不依靠外场试验,来保证核武器储备的安全性。ASCI 计划中,大量模拟计算时间也是花费在输运方程求解上,LANL 的年度计算机时统计报告显示,每年有差不多一半的计算时间花在 MC 粒子输运模拟上。因此,粒子输运程序,特别是 MC 程序,并行计算是不可或缺的基本功能。

11.1 并行中间件

11.1.1 并行编程环境

自从世界上第一台电子计算机问世以来,计算机快速发展已持续了半个多世纪,它对科学技术乃至整个人类社会都产生了巨大影响。随着并行计算机的出现,一方面给并行计算提供了必要的工具,另一方面又给用户带来一些新的难题。早前并行机种类多,编程语言种类多不规范,要发挥不同类型并行计算机的效率,关键是建立能够适应不同并行计算机的编程环境,设计相适应的并行程序。

回顾一下并行编程环境系统发展历程。20 世纪 90 年代诞生的可移植异构编程环境(Parallel Virtual Machine,PVM)和消息传递标准并行平台(Message Passing Interface,MPI)被认为是相对成熟的并行编程环境,是国际上公认的两种通用性较好的并行编程系统。目前,高端并行机主要分为对称多处理共享存储并行机(Symmetric Multi-Processing,SMP)、分布共享存储并行机(Distributed Shared Memory,DSM)、大规模并行机(Massively Parallel Processing,MPP)、微机机群(Cluster)和带有加速部件的异构计算机等。在这些并行机上,并行程序设计平台主要分为消息传递、共享存储和数据并行三类。其中消息传递具有最好的可移植性,它能被所有这些类型的并行机支持,而共享存储只能在 SMP 和 DSM 并行机上使用,数据并行只能在 SMP、DSM 和 MPP 并行机上使用。消息传递并行编程环境 MPI 是目前国际上公认的并行程序设计最成熟的平台,国际上主流编程多选择 MPI,一些非主流的、包括 PVM 并行软件都在向 MPI 靠拢。随着并行处理器核越来越多,MPI 超过万核,其并行效率就没有提升的空间了,要支撑数十万核乃至上百万核的并行计算,需要发展多级并行。今天的 OpenMP、GPU 和异构并行,就是对 MPI 并行的补充。

在核能领域,MC 方法是最重要的数值方法之一,随着计算机速度和存储的大幅提升,用 MC 方法模拟各种核反应过程成为现实。禁核试后,核武器设计、性能优化、库存老化及化学效应评估等研究,均依靠超级计算机完成。由于核爆过程极其复杂,涉及多物理、多尺度、多过程模拟,对计算机性能、计算方法和软件编制提出了很高的要求。美国 CRAY 公司曾经是一家政府投资,专门为三大武器实验室研制超级计算机的计算机公司。美国洛斯阿拉莫斯国家实验室(LANL)的年度报告统计显示,自从高性能计算机问世以来,LANL 每年有一半以上的计算机时间用在 MC 模拟上[1]。可见 MC 方法对计算资源的需求之大,说明这种方法有很好的应用需求。

11.1.2 计算机体系结构

今天诞生的超级计算机,单核主频速度有限,是由数千万核组成的一个机群。图 11-1 给出当前超级计算机的体系结构,机群由数十上百个机柜组成,每个机柜由多个板状节点组成,每个节点由多排芯片组成,每排芯片由多个处理器核组成。在这样复杂的计算机体系下,要完成并行代码的编写,解决好并行可扩展问题。如果没有并行支撑框架的支撑,几乎是不可能的。面对应用软件与复杂计算机体系之间的屏障,需要架设一座桥梁。

第 11 章 粒子输运并行计算

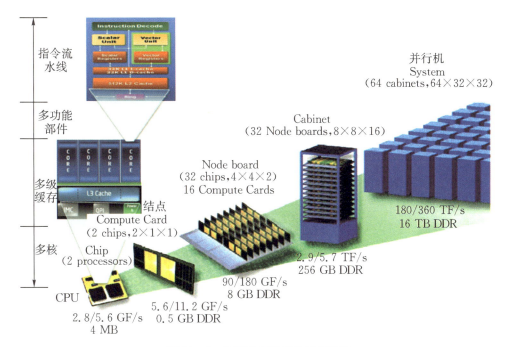

图 11-1 主流并行计算机体系结构

11.1.3 中间件及其作用

进入 21 世纪后,从事计算机硬件和从事计算机软件研制的人们都意识到,需要在应用软件和并行计算机之间搭建一座"中间件"桥梁。中间件概念首先由美国提出,之后,欧洲、日本和中国开始跟进。国产中间件由中物院高性能数值模拟软件中心研制,目前推出了支撑结构网格并行的 JASMIN 框架[2]、支撑非结构网格并行的 JAUMIN 框架[3]和支撑无网格实体组合几何并行的 JCOGIN 框架[4]、支撑有限元并行计算的 PHG 框架[5]。借助这些框架,可以快速实现串行软件的并行升级,大幅提升模拟问题的规模,突破不可扩展的瓶颈。

11.2 并行随机数发生器

MC 方法具有天然的并行优势,只有支撑 MC 并行计算的随机数发生器设计满足独立性、不相关性,其模拟结果就是可靠的。在串行计算中,随机数发生器是 MC 粒子输运调用频度最多的外部函数,并行随机数发生器的设计是 MC 粒子输运并行计算的核心关键。时至今日,串行随机数产生方法已经发展得非常成熟,受计算机字长的限制,计算机产生的随机数,被称为伪随机数,它有周期性。人们希望通过大规模并行计算,来提高模拟的样本数,使其向中心极限定理收敛标准靠近。这势必对模拟使用的随机数周期有更高的要求。好在长周期随机数发生器不断推出,从最初的 32 位单精度随机数发生器,发展到 64 位长整型随机数发生器;从一维随机数发生器,发展到多维组合随机数发生器(详见第 2 章介绍),这些措施为 MC 模拟更多样本数提供了技术保障。

下面讨论在并行计算条件下,如何设计确保串、并行一致的结果的随机数发生器。

11.2.1 跳跃法

跳跃法是随机数发生器中,计算效率最高的一种。串行随机数序列的计算机产生,一般采用乘同余法,其满足递推公式

$$\begin{cases} x_{n+1} \equiv \lambda x_n \bmod M, n = 0,1,2,\cdots \\ \xi_{n+1} = x_{n+1}/M, \quad 0 < \xi_{n+1} \leqslant 1 \end{cases} \quad (11-1)$$

其中,x_0 为随机数序列的初值(正整数);ξ_{n+1} 为 $(0,1)$ 上均匀分布的随机数;λ 为乘子;M 为模。

数论证明了当 λ 和 M 取素数时,随机数序列的品质最好。通常模 M 与计算机字长有关,直接决定了所产生随机数的周期长短。单精度计算机字长为 32 位,一般模取 $M = 2^{32} - 1$。与串行随机数序列对应的并行随机数序列 $\{y_n\}$ 满足递推公式

$$y_{n+1}^{(p)} \equiv \lambda^p y_n^{(p)} \bmod M, \quad p = 0,1,\cdots,P-1; n = 1,2,\cdots \quad (11-2)$$

其中,P 为处理器数。

直接计算 $\lambda^p y_n^{(p)}$ 将导致整数上溢。为了避免这种情况发生,利用乘同余法的递推关系

$$\alpha^p \bmod M \equiv [\alpha^{p-1} (\bmod M) \alpha] \bmod M \quad (11-3)$$

可以避免整数上溢。利用式(11-3)可以快速计算出每个处理器的随机数序列的初值。并行随机数序列 $\{y_n^{(p)}\}$ 与串行随机数序列 $\{x_n\}$ 之间满足关系:

$$y_n^{(p)} = x_{p(n-1)+p}, \quad n = 1,2,\cdots; p = 0,1,\cdots,P-1 \quad (11-4)$$

由式(11-4)产生随机数的方法称为跳跃法。各处理器使用的随机数序列为原序列的子序列,即

处理器 0: $x_1, x_{1+P}, x_{1+2P}, x_{1+3P}, \cdots$

处理器 1: $x_2, x_{2+P}, x_{2+2P}, x_{2+3P}, \cdots$

处理器 2: $x_3, x_{3+P}, x_{3+2P}, x_{3+3P}, \cdots$

……

处理器 $P-1$: $x_P, x_{2P}, x_{3P}, x_{4P}, \cdots$

跳跃法的优点是随机数计算效率高,每个随机数子序列保持了原来串行随机数序列的品质,随机数利用率高,没有浪费的情况,且每个处理器的初值容易产生。不足是由于并行随机数序列与串行随机数序列不能保持同序列,串、并行计算结果

无法保持一致。对成熟的算法,串、并行结果之间存在微小差异也是可以接受的。

11.2.2 分段法

要做到串行与并行一致的计算结果,保持与串行相同的随机数序列是必要的。为此,需要设计一个确定的算法。假定分配给每个粒子的随机数总数为 m(m 要确保一个源粒子从出生到死亡足够用)(MCNP 程序考虑电子输运后,$m=152917$,之前仅考虑中子、光子及中子-光子耦合输运时,$m=4297$),这样每个源粒子的随机数序列便唯一确定。第一个源粒子的随机数序列为 $1\sim m$;第二个源粒子的序列在第一个源粒子随机数基础上追加 m 个,即取 $m+1\sim 2m$;…;以此类推,第 N 个源粒子序列为 $Nm+1\sim(N+1)m$。

设要模拟的粒子数为 N,用 P 个处理器来模拟(处理器编号为:$0,1,\cdots,P-1$),平均分配到每个处理器的源粒子数为 $n=\text{int}[N/P]$。若 N 不被 P 整除,则可安排前 $N-nP$ 个处理器(即 $0\sim N-nP-1$ 号处理器)每个处理器多跟踪 1 个粒子,即跟踪 $n+1$ 个粒子。简单起见,也可以安排 0 号处理器多跟踪 $N-nP$ 个粒子。当然,最好 N 整除 P,这样可以保持负载平衡。

分段法产生的随机数序列依次为:

处理器 0: $x_1,x_2,\cdots,x_{nm}$

处理器 1: $x_{nm+1},x_{nm+2},\cdots,x_{2nm}$

处理器 2: $x_{2nm+1},x_{2nm+2},\cdots,x_{3nm}$

……

处理器 $P-1$: $x_{(P-1)nm+1},x_{(P-1)nm+2},\cdots,x_{Pnm},\cdots,x_{[Pn+(N-nP)]m}$

每个处理器的第一个随机数即为该处理器模拟粒子输运的初始随机数。采用乘同余法可以快速算出每个处理器的初始随机数。由于分段法并行与串行计算保持相同的随机数顺序,因此,理论上可以保证串、并行计算结果一致。

在并行计算中,分段法各处理器每次产生间隔为 m 的随机数,需要设计快速跳跃算法,并行花在随机数产生的计算时间比跳跃法长,且由于要保证每个粒子所使用的随机数足够用,包括耦合计算(中子、光子、电子),通常 m 取值较大,这样消耗和浪费的随机数就多,对大样本模拟,需要有足够长周期的随机数发生器,这给随机数发生器的设计带来新的挑战。

一般 MC 计算都会统计计算中使用的随机数数目,超过随机数周期时,会及时警告或停机,避免获得的统计平均解出现相关性。

11.3 粒子输运并行计算

加速比虽然是衡量并行算法优劣的主要指标,但并不是绝对指标,并行可扩展性才是并行算法有效性的衡量标准,降低 I/O 比重是提高并行加速比的关键。

11.3.1 外源问题

1. 历史分配

对外源问题,粒子输运 MC 计算通常包括对大量源粒子历史的跟踪,每个粒子从源发出,经过多次空间输运和碰撞,直到粒子历史结束,然后用统计平均值作为问题的解。由于 MC 对每个粒子历史的跟踪是完全独立的,N 个源粒子等分到 P 个处理器,每个处理器跟踪 N/P 个粒子,最后把每个处理器的计数结果汇总到 0 号进程,进行汇总处理,给出问题解。整个模拟过程只在开始和结束涉及 I/O,开始阶段算出每个处理器的初始随机数,把模型计算需要使用的截面参数、几何及材料参数广播到各个处理器,然后开始计算;计算结束时,把各处理器的结果汇总到 0 号进程。由于中间各进程之间没有通信,因此,MC 模拟中所有进程均参与计算。相对其他算法,不需要预留一个进程来处理不同处理器之间的数据交换和通信,可以获得理想的加速比。

2. 数据组织

输运计算中,用到的主要数据有截面数据和输入模型数据,这些数据是只读的,且需要占用一定的内存,所有进程都需要复制一份。所以,涉及数据的广播和接收,需要一定的缓存。对网络通信有一定的要求,由于访问主存会加重处理器与存储器之间网络的负荷,所以,可以分段把这些数据读入局部存储器中。

粒子的特征量还包括几何位置 r、能量 E、方向 Ω、时间 t、权 w、自由程 τ 等局部变量,以及所有估计量的记录及其统计误差的估计值,都设为公共存储量。在实际计算中,为了估计误差,通常采用把粒子历史进行分批处理,一批可包含较多的粒子历史,跟完一批后再进行误差估计,这样可以减少频繁数据汇总带来的 I/O 开销增加,适合临界问题模拟。

3. 避免等待

为了防止在一批历史跟踪完成以前,下一批历史又对变量记录作累加,需要封锁这一类写操作。这就出现了为了需求同步而造成的等待。避免这种情况出现的办法是设置两套记录。例如,一套记录第一套变量,另一套记录第二套变量,依次交替进行。当一批历史完成后,可以求该批和的平方,供误差估计用,然后释放这一套记录变量。仍然存在两批历史均未完成而某些处理器已开始第三批历史的可能性,但理论分析和实际模拟表明,这种等待发生的概率很小,所以,平均来说造成的延迟也很小。

4. 结果可复现

在多处理器情况下,如果让各个处理器有不固定的伪随机数序列,那么,由于计算环境的改变，粒子历史在不同场合会使用不同的伪随机数子序列，计算就不能保持可重复性。因此，应使伪随机数子序列固定于粒子历史，而不管这个粒子历史以及它所产生的进程会在哪一台处理器上跟踪。前面介绍的分段法就可以做到这一点。另外，并行程序最好使用程序自带的随机数发生器，避免使用计算机提供的随机数带来的诸多限制。可以采用11.2节介绍的分段法。

11.3.2 临界问题

临界计算需要迭代计算若干代（设为 M 代），每代跟踪 N 个中子，并行计算通常是把 N 个中子等分到 P 个处理器上（假定 N 整除 P）。每代循环结束后，不同处理器产生的裂变源分支数不同，如果进行全局规约后再均分配到各处理器，则全局通信会增大 I/O 的比重，导致并行的不可扩展。为了解决这一问题，每代中子历史结束后，各处理器产生的裂变源分支，可以不规约，仅规约各处理器的裂变中子权重，下一个循环，各处理器继续在各自处理器产生的裂变源分支中发射源中子，每个裂变中子的权重相同，这样全局通信变为局部通信，并行不可扩展的问题就解决了。

但随着代数的增加，各处理器之间产生的裂变源分支数会出现一定的偏差，不纠偏会影响负载平衡。为此，设定一个偏差值，当处理器中的最大分支数与最小分支数之间的偏差超过设定值时，进行局部迁移，即把超过 N/P 平均值的那些处理器的多余分支，迁移到低于 N/P 平均值的处理器上，使各处理器的裂变源分支数接近 N/P 平均值，这样可以保持较好的并行负载平衡。迁移不必每代都进行，只有偏差大于标准值时才做。

11.3.3 容错和负载平衡

并行容错和负载平衡是并行程序设计需要考虑的两个因素。虽然负载平衡的措施可提高异构机群和多用户情况下的效率，但却会降低独占同构机群情况下的效率。负载平衡有三种办法：①定时询问计算机负载；②测量计算机负载；③微任务，即将任务分为小片，负载小的机群执行更多的工作片，该方法不太依赖于系统负载。而办法①、②均依赖于系统负载。

在同结构并行计算机上，虽然对单个粒子跟踪的计算时间有所差异，但当样本数足够多时，跟踪相同数目粒子数所花的计算时间差异很小。因此，对 MC 粒子输运问题，负载平衡不是问题，这也是 MC 计算可以获得高加速比的原因。其他涉及彼此依赖的等待类计算方法，负载平衡往往是并行计算中最复杂、最难的技术环节。

容错是并行计算另一核心问题，随着处理器核数的增加，处理器核的故障率也相应增加，导致异常中断。并行重新启动是并行软件需要考虑的环节之一，有三种解决办法：①重新运行所有错误宿主的微任务，该方法效率下降小，但编程难度大；②从前一个会合点开始重新启动运行，该法效率下降较大，但编程简单；③按样本数或按时间写盘，采用覆盖方式，仅保留最近两次的结果。如果出现异常中断，或计算精度不满足精度标准，可以从最近一次写盘文件读入数据，进行续算。上述三种办法均需要通过定期访问硬盘保存中间结果，以备重新启动之用，相应会增加一定的 I/O。

11.3.4 并行重启

并行计算的故障率与使用的处理器核数成正比，随着处理器核的增加，处理器和 I/O 发生故障的概率相应增加。并行计算中任何一个故障都可能导致计算的中断。如果没有并行重新启动功能，完成一个大模型的计算周期会加长。因此，对一个完善的并行程序，并行重启也是必备的功能之一。根据串行程序记、读盘的处理，并行写盘需要保留各个处理器的随机数信息和计数信息，以硬盘文件方式定时或定样本保留。对瞬态问题，可以按时间步记盘，需要保存散射源每个粒子的状态变量；对外源问题，可以按样本数或计算时间写盘；对临界问题，可以按循环（Cycle）写盘。

写盘时需要把内存数据写到硬盘文件上，续算时再把硬盘文件里的数据读入内存，这些数据需要对所有进程进行广播。读、写盘会增加一定的 I/O，因此，写盘不必太频繁。为了减轻网络负担，程序中的文件打开、读和写，应尽量使用 MPI 专用命令，如 MPI_OPEN、MPI_READ、MPI_WRITE 等。

11.4 小结

并行随机数发生器设计是 MC 粒子输运并行的关键技术之一，可采用分段法和跳跃法。跳跃法具有计算速度快、程序设计简单、随机数利用率高的优点，但串、并行计算结果无法做到一致。分段法可以确保串、并行计算结果一致，但计算效率不如跳跃法，且使用的随机数较多，需要长周期随机数发生器来匹配。

20 世纪 90 年代以后，国际上在高性能并行计算机、并行算法及并行软件研制上均取得了长足的进步，每秒上百万亿次的高性能计算机对一般的科研部门已经不再是一种奢望，它们使得一大批过去无法求解的问题如今易于实现。由于受单机计算机速度限制，并行计算是解决 MC 大样本问题数值模拟的最佳途经。对 MCNP 程序的并行化[6-8]和自主 MC 粒子输运程序 JMCT 的并行化[9]，大大缩短了模拟问题的时间周期。

并行计算机的出现，一方面给并行计算提供了必要的物质基础和机遇，另一方面也给用户带来一些新的困难。目前并行机种类多，能否发挥不同种类并行计算机的效率，关键是建立能够适应不同并行计算机的编程环境。

参考文献

[1] THOMPSON W L, CASHWELL E D, GODFREY T. N. K., et al. The status of Monte Carlo at Los Alamos: LA-8353-MS[R]. New Mexico: Los Alamos National Laboratory, 1993.

[2] MO Z, ZHANG A Q, CAO X L, et al. JASMIN: a parallel software infrastructure for scientific computing [J]. Frontiers of computer science, 2010, 4(4): 480-488.

[3] LIU Q K, ZHAO W B, CHENG J, et al. A programming framework for large scale numerical simulation based on unstructured mesh [J]. Proceedings of IEEE-HPSC16, 298-303 (2016).

[4] ZHANG B Y, LI G, DENG L, et al. JCOGIN: a parallel programming infrastructure for monte carlo particle transport[R]. Kyoto: PHYSOR2014, 2014.

[5] 张林波. 三维并行自适应有限元软件平台 PHG 0.8.6 版参考手册、使用指南[Z]. 中国科学院科学与工程计算重点实验室, 2012, 9. 10.

[6] 邓力, 张文勇, 徐涵, 等. 蒙特卡罗程序 MCNP-Ⅱ 与 MCNP-5 并行效率比较[J]. 计算机工程与科学, 2009, 31(A1): 185-187.

[7] DENG L, ZHANG W Y, LIU J. Parallelization of MCNP Monte Carlo neutron and photon transport code [J]. Chinese journal of numerical mathematics and applications, 2002, 24(2): 9-14.

[8] DENG L, XIE Z S. Parallelization of MCNP Monte Carlo neutron and photon transport code in parallel virtual machine and message passing interface[J]. Journal of nuclear science and technology, 1999, 36: 26.

[9] DENG L, LI G, ZHANG BY, et al. The 3-D Monte Carlo neutron-photon transport code JMCT and its algorithms [CD]. Kyoto: PHYSOR2014, 2014.

下篇

应用部分

>>> 第 12 章 探测器响应计算

探测器种类较多,常用的中子探测器有 ^{3}He,γ 探测器有碘化钠(NaI)、高纯锗(HPGe)和锗铋氧化物(BGO)等。相比 HPGe 和 BGO 探测器,NaI 探测器的分辨率要低一些,但经济性和耐高温性优于 HPGe 和 BGO。不同探测器响应函数计算原理基本相同,本章讨论碘化钠探测器响应函数计算。

12.1 探测器工作原理

1. γ 射线探测器工作原理

①γ 射线与物质相互作用中,主要通过光电效应、康普顿效应和电子对效应产生次级电子;

②闪烁体吸收电子的能量,使原子、分子电离和激发;

③被电离和激发的原子、分子退激时产生光子,即发生闪烁;

④利用反射物质和光耦合剂使光子尽可能被收集到光电倍增管的光阴极上,并经过光电效应产生光电子;

⑤光电子在光电倍增管中倍增,电子数量增加几个量级,并被收集到阳极上,经过倍增的电子流在阳极负载上产生电信号;

⑥电信号经电子仪器处理记录。

2. 响应函数物理原理

能量为 E_0 的 γ 射线打在探测器上,在探测器内发生光电反应,沉积能量,激发荧光,引起脉冲高度的响应变化。响应函数的数学描述就是要给出入射能量为 E_0 的 γ 射线在探测器内引起的脉冲高度 h 的变化,用 $R(E_0,h)$ 表示。计算探测器响应时,Berger 等作过大量研究,发现从不同方向入射的 γ 射线,进入探测器的能量沉积结果差异很小[1]。因此,进入探测器的入射光子方向可以按各向同性近似处理。

12.2 碘化钠探测器响应计算

根据 Berger 等[1]介绍的方法,碘化钠闪烁探测器响应函数 $R(E_0,h)$ 可表示为

$$R(E_0,h) = \eta(E_0)\int_0^{E_0} D(E_0,E)G(E,h)\mathrm{d}E, 0 \leqslant h < E_0 \quad (12-1)$$

其中,$\eta(E_0)$ 为探测器效率;$D(E_0,E)$ 为能量沉积谱;脉冲高度 h 的单位为道,取能量单位 MeV;$G(E,h)$ 为高斯分布函数,其宽度体现了探测器的分辨率,其表达式为

$$G(E,h) = \frac{1}{\sqrt{2\pi}\sigma(E)}\exp\left\{-\frac{[f(E)-h]^2}{2\sigma^2(E)}\right\} \quad (12-2)$$

式中,$\sigma(E)$ 的表达式为

$$\sigma(E) = \frac{Er(E')}{2\sqrt{2\lg 2}}\left(\frac{E'}{E}\right)^\alpha \quad (12-3)$$

E' 为参考能量;E 为沉积能量;$r(E')$ 为探测器分辨率函数;$f(E)$ 为能量函数,满足线性关系

$$f(E) = \alpha E + \beta \quad (12-4)$$

在 Berger 的文章里,入射能量 E' 采用 ^{137}Cs 的能量 0.661 MeV,相应探测器分辨率取值范围为 $r(0.661)=7\%\sim 12\%$,采用 Heath[2] 的推荐值,取 $r(0.661)=8.3\%$;α 为实验值,大约为 1/3,而 Berger 文章中的取值为 0.34,取 $\alpha=1,\beta=0$,对应的能量函数简化为

$$f(E) = E \quad (12-5)$$

于是式(12-2)的高斯分辨率函数变为

$$G(E,h) = \frac{1}{\sqrt{2\pi}\sigma(E)}\exp\left[-\frac{(E-h)^2}{2\sigma^2(E)}\right] \quad (12-6)$$

其中,式(12-3)变为

$$\sigma(E) \approx 0.05348 E^{0.66} \quad (12-7)$$

理论上,探测器效率公式定义为

$$\eta(E_0) = \int_0^{+\infty} R(E_0,h)\mathrm{d}h \quad (12-8)$$

目前有多种计算探测器效率 $\eta(E_0)$ 的方式,这里给出解析计算公式。以正圆柱探测器为例,设圆柱直径为 d,高为 h,则 $\eta(E_0)$ 定义为

$$\eta(E_0) = 1 - e^{-l\Sigma_t(E_0)} \quad (12-9)$$

式中,$\Sigma_t(E_0)$ 为探测器物质的宏观总截面;l 为探测器体积 V 和探测器表面积 S 之比,可表示为

第 12 章 探测器响应计算

$$l = \frac{V}{S} = \frac{h \cdot d}{2(2h+d)} \quad (12-10)$$

探测器内的能量沉积谱 $D(E_0, E)$ 可表示为连续谱和线性谱之和,即

$$D(E_0, E) = C(E_0, E) + P_0(E_0)\delta(E-E_0) + P_1(E_0)\delta[E-(E_0-mc^2)] +$$
$$P_2(E_0)\delta[E-(E-2mc^2)] + P_3(E_0)\delta(E-E_f) \quad (12-11)$$

式中,$C(E_0, E)$ 为连续谱;P_0 为光电峰,又称为全能峰;P_1 为单逃逸峰;P_2 为双逃逸峰;P_3 为 X 射线峰;取 $E_f = 29$ keV。

12.2.1 连续谱计算

连续谱 $C(E_0, E)$ 按入射能量 E_0 大小,分两种情况给出。

1. $E_0 \leqslant 1.2$ MeV

有

$$C(E_0, E) = C_1(E_0, x)(1 + mc^2/2E_0)/E_0 \quad (12-12)$$

其中,

$$x = E(1 + mc^2/2E_0)/E_0 \quad (12-13)$$

2. $E_0 > 1.2$ MeV

有

$$C(E_0, E) \begin{cases} C_2(E_0, y)/(E_0 - 2mc^2), & 0 \leqslant E < E_0 - 2mc^2 \\ C_3(E_0, z)/2mc^2, & E_0 - 2mc^2 \leqslant E < E_0 - mc^2 \\ C_4(E_0, z)/2mc^2, & E_0 - mc^2 \leqslant E \leqslant E_0 \end{cases} \quad (12-14)$$

其中,

$$\begin{cases} y = E/(E_0 - 2mc^2) \\ z = (E - E_0 + 2mc^2)/2mc^2 \end{cases} \quad (12-15)$$

将式(12-11)代入式(12-1),得

$$R(E_0, h) = \eta(E_0) \Big[\int_0^{E_0} C(E_0, E) G(E, h) dE + P_0(E_0) G(E_0, h) + P_1(E_0) G(E_0 - mc^2, h) +$$
$$P_2(E_0) G(E_0 - 2mc^2, h) + P_3(E_0) G(E_f, h) \Big] \quad (12-16)$$

根据式(12-12)至式(12-15),有

$$\int_0^{E_0} C(E_0, E) G(E, h) dE$$

$$= \begin{cases} \int_0^{1+mc^2/2E_0} C_1(E_0, x) G\Big(\dfrac{E_0 x}{1+mc^2/2E_0}, h\Big) dx, E_0 \leqslant 1.2 \text{ MeV} \\ \int_0^1 C_2(E_0, y) G[(E_0 - 2mc^2)y, h] dy + \int_0^{0.5} C_3(E_0, z)[E_0 - 2(1-z)mc^2, h] dz + \\ \int_{0.5}^1 C_4(E_0, z) G[E_0 - 2(1-z)mc^2, h] dz, E_0 > 1.2 \text{ MeV} \end{cases}$$

$$(12-17)$$

12.2.2 能量沉积谱计算

探测器响应函数 $R(E_0,h)$ 涉及能量沉积谱 $D(E_0,E)$ 的计算,通过解光子-电子耦合输运得到 $D(E_0,E)$。光子、电子相互作用过程详见第 6 章介绍。光电耦合输运仍然采用 MC 模拟,一般采用先电子、后光子的处理顺序。当光子(包括源光子与次级光子)产生次级电子时,首先把未跟踪完的光子存库,马上跟踪次级电子;当电子(包括源电子与次级电子)产生次级光子时,将次级光子存库,并继续跟踪当前电子,对任一分支都按此原则处理。由于存储产生的次级光子(或电子)采用的是单向驿站式存储,跟踪库存电子(或光子)时,采用后进先出的原则,直到全部电子跟踪完毕,然后再检查光子库。当光子库里的全部次级光子跟踪完毕后,一个源光子的历史才算结束。

针对 $3''\times 3''$ 碘化钠闪烁探测器,能量沉积谱 $D(E_0,E)$ 为早年使用 SANDYL 光子-电子耦合输运 MC 程序计算[3]的结果。表 12-1 分别给出 $E_0=0.662$ MeV、4.0 MeV 和 12.0 MeV 三个入射能量下的四峰 $P_i(E_0)(i=0,1,2,3)$ 值。图 12-1 给出对应三个入射能量下的能量沉积连续谱 $C(E_0,E)$。图中两条曲线分别为 SANDYL 程序计算结果与 Berger 给出的离散点曲线的比较,$E_0=12.0$ MeV 的能量沉积谱在低能部分有些振荡,主要是样本数较少,MC 统计误差造成的,并不是物理峰,画图时对 SANDYL 程序计算结果做了光滑化处理。可以看出,连续部分的能谱与 Berger 结果相符,形状吻合,其中四峰的结果与 Berger 文章中给出的结果也相符。

表 12-1 四峰 $P_i(E_0)$ 值 ($i=0,1,2,3$)

E_0/MeV	P_0		P_1		P_2		P_3	
	本书	Berger	本书	Berger	本书	Berger	本书	Berger
0.662	0.590	0.598					0.00000	0.00225
4.0	0.170	0.178	0.0895	0.0979	0.0372	0.0366		
12.0	0.0376	0.0425	0.0785	0.0720	0.0352	0.0248		

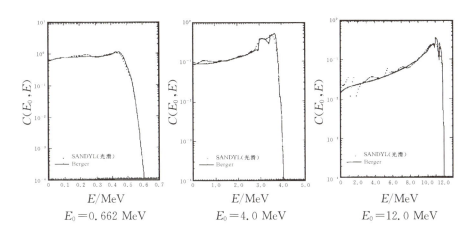

图 12-1 $3''\times 3''$ 碘化钠闪烁探测器能量沉积谱

12.2.3 卷积积分计算

在碘化钠闪烁探测器响应函数计算中涉及分辨率高斯函数 $G(E,h)$ 的积分，$G(E,h)$ 服从正态分布 $N(h,\sigma)$。由正态分布函数的特性，可以把全范围积分转换为以峰值点 h 为中心点，左、右各 3σ（可覆盖 99% 以上的面积）范围内的积分，即取

$$\int_{-\infty}^{+\infty} G(E,h) dE \approx \int_{h-3\sigma(h)}^{h+3\sigma(h)} G(E,h) dE \tag{12-18}$$

上述积分只能通过数值方法计算。根据连续谱分段能量的定义，式(12-17)分别表示以下各式。

1. $E_0 \leqslant 1.2$ MeV

有

$$\int_0^{E_0} C(E_0,E)G(E,h) dE \approx \int_{\max\left[0, \frac{h(1+m c^2/2E_0)}{E_0}-3\sigma(h)\right]}^{\min\left[1+mc^2/2E_0, \frac{h(1+mc^2/2E_0)}{E_0}+3\sigma(h)\right]} C_1(E_0,x) G\left(\frac{E_0 x}{1+mc^2/2E_0}, h\right) dx \tag{12-19}$$

2. $E_0 > 1.2$ MeV

有

$$\int_0^{E_0} C(E_0,E)G(E,h) dE \approx \int_{\max\left[0, \frac{h}{E_0-2mc^2}-3\sigma(h)\right]}^{\min\left[1, \frac{h}{E_0-2mc^2}+3\sigma(h)\right]} C_2(E_0,y) G[(E_0-2mc^2)y, h] dy + $$

$$\int_{\max\left[0, 1-\frac{E_0-h}{2mc^2}-3\sigma(h)\right]}^{\min\left[0.5, 1-\frac{E_0-h}{2mc^2}+3\sigma(h)\right]} C_3(E_0,z) G[E_0-2(1-z)mc^2, h] dz + $$

$$\int_{\max\left[0.5, 1-\frac{E_0-h}{2mc^2}-3\sigma(h)\right]}^{\min\left[1, 1-\frac{E_0-h}{2mc^2}+3\sigma(h)\right]} C_4(E_0, z) G[E_0 - 2(1-z)mc^2, h] dz$$

(12 - 20)

于是,在区间$[0, E_0]$上的积分被划分为以各峰值点为中心,$\pm 3\sigma(h)$为宽度的区间积分。对此积分的计算,计算量较全区域$[0, E_0]$上积分要少一些,且求积点可以选择峰值点及两边的有限点。数值实验表明,这种处理可以回避用一般求积方法选择求积点时,因可能漏峰而导致计算结果偏低的现象。

利用 Berger 给出的离散能量沉积谱数表 $C_1(E_0, x)$、$C_2(E_0, y)$、$C_3(E_0, z)$、$C_4(E_0, z)$ 及 $P_i(E_0)(i=0,1,2,3)$,对能量 E_0 采用三次样条插值,对能量 E 采用线性插值,由此构造了 C_i 和 $P_i(E_0)$ 的插值多项式。

作者根据 Berger 的文章编写了相应的计算程序,图 12-2 给出 $R(E_0, h)$ 计算结果,复现了 Berger 文章中的结果[1]。

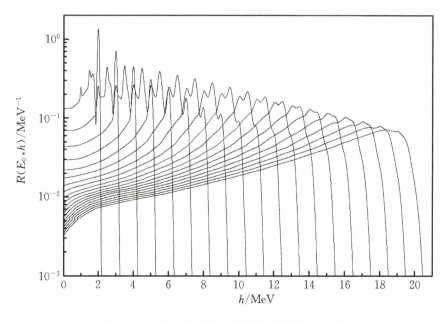

图 12 - 2 $3''\times 3''$碘化钠正圆柱探测器响应函数

12.3 小结

本章讨论碘化钠闪烁晶体探测器响应函数计算,涉及能量沉积谱和卷积积分的计算,首先通过解光子-电子输运得到能量沉积谱,之后通过高斯函数与能量沉积谱的卷积积分得到探测器响应函数。对卷积积分的数值求解涉及高斯函数求积点的选取，如果采用一般的求积公式，存在漏掉高斯函数峰值点的可能，从而会导致计算结果较实际结果偏低。为了避免这种现象出现，数值积分以高斯峰的顶点为求积目标点，其他点向两端等间隔外推。同时，为了提高高斯积分的计算效率，用$(a-3\sigma, a+3\sigma)$区间的积分代替$(-\infty, +\infty)$上的积分，在精度不变的情况下，显著提高了计算效率。最终形成了不同入射能量$(E_0, E_1, \cdots, E_n)$的探测器响应函数矩阵，依据该矩阵，通过拟合插值可以快速计算得到实际入射能量E的探测器响应函数$R(E, h)$。

对于碘化钠以外的其他探测器，基本原理相同。本章介绍的探测器响应函数计算方法为作者早年的工作[3]，基于当时的计算条件和程序，能量沉积谱采用的是SANDYL程序[4]，使用的样本数也不充分。目前很多MC粒子输运程序均已具备能量沉积谱计算功能，探测器响应函数的计算精度和分辨率已显著提升。

参考文献

[1] BERGER M J, SCLTZER S M. Response functions for sodium iodide scintillation detectors [J]. Nuclear instruments and methods, 1972, 104(2):317-332.

[2] HEATH R L. Scintillation spectrometry: gamma-ray spectrum catalogue[R].[S. l.]: U. S. Atomic Energy Commission, 1964.

[3] 邓力, 谢仲生, 蔡少辉. 碳氧比能谱测井的蒙特卡罗模拟[J]. 地球物理学报, 2001, 44(增刊):252-264.

[4] COLBERT H M. SANDYL: a computer program for calculating combined photon-electron transport in complex systems[Z]. Livermore: Sandia National Laboratory, 1974.

>>> 第13章 燃耗计算

燃耗计算是反应堆堆芯计算分析的重要组成部分,是中子输运计算方法研究中的突出问题之一[1-2]。中子输运只有耦合了燃耗计算后才能在反应堆分析中发挥作用。通过中子输运-燃耗耦合计算给出反应堆在运行过程中核素成分随时间的变化、反应性随时间的变化、燃料循环随温度密度的变化、堆芯全寿期及活化等。此外,退役核设施的放射源随时间的演变也需要通过输运-燃耗计算来进行安全分析。

反应堆运行过程中,经过中子的辐照和衰变过程,易裂变核素不断地裂变形成新的核素,一些重核也会通过中子俘获等反应形成新的易裂变核素,还有一些核素经过衰变成为其他的核素。核燃料中成分的变化会引起反应性的变化。一般对反应堆运行工况进行中子学模拟时,需要进行输运-燃耗耦合计算。国际上著名的 MC 粒子输运程序都把燃耗计算考虑进去,如美国的 MCNP6[3]、英国的 MONK[4]、芬兰的 Serpent[5]、日本的 MVP[6],以及中国的 JMCT[7]、RMC[8] 和 SuperMC[9] 等。

13.1 燃耗方程求解

解中子输运方程,为燃耗计算提供中子通量 ϕ 或反应率 R。对压水堆,提供 (n,f)、(n,γ) 两种反应率就够了;然后解燃耗方程,得到组成不同物质的新的核子数 $n_i(t)$;再提供输运计算,形成输运-燃耗循环。图 13-1 给出中子输运与燃耗耦合计算变量的交换过程。

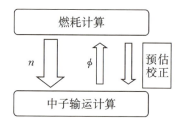

图 13-1　中子输运-燃耗耦合计算

第 13 章 燃耗计算

燃耗方程为一组常微分方程组,求解方法有解析法和数值法。空间 r 分燃耗区,时间 t 分时间步长 Δt,采用简化燃耗链。存在的主要问题:①空间燃耗区数目受到一定限制;②计算精度与计算效率需要兼顾。解析法虽然计算精度高,但由于真实燃耗链设计复杂,计算时间较长;数值法计算效率高,但精度不如解析法。目前燃耗计算主要研究方向包括微燃耗、精细燃耗链、燃耗历史及提高计算精度和效率的计算方法等。

对燃耗链中的每个核素 i,可写出相应燃耗方程

$$\frac{\mathrm{d}n_i(\boldsymbol{r},t)}{\mathrm{d}t} = \beta_{i-1} n_{i-1}(\boldsymbol{r},t) - [\lambda_i + R_{a,i}(\boldsymbol{r},t)] n_i(\boldsymbol{r},t) + F_i \tag{13-1}$$

其中,n_i 为核子数密度;β_{i-1} 为核素 $i-1$ 对核素 i 产生的贡献率;λ_i 为核素衰变常数;$R_{a,i}$ 为吸收反应率;F_i 为核素的裂变产生项。

对多群处理(确定论),中子反应率是由通量和多群反应截面响应得到的,即

$$R_{x,i}(\boldsymbol{r},t) = \sum_{g=G}^{1} \sigma_{x,i}^g \phi_g(\boldsymbol{r},t), x = a, f \tag{13-2}$$

对连续能量处理(MC),中子反应率在输运计算过程中通过计数便可直接得到

$$R_{x,i}(\boldsymbol{r},t) = \int_0^{E_{\max}} \sigma_{x,i} \phi(\boldsymbol{r},E,t) \mathrm{d}E, x = a, f \tag{13-3}$$

式(13-1)中的 β_{i-1} 定义为

$$\beta_{i-1} = \begin{cases} \lambda_{i-1} \\ R_{x,i}(\boldsymbol{r},t), x = a, f \end{cases} \tag{13-4}$$

对多群处理,核素的裂变产生项 F_i 定义为

$$F_i = \sum_{g'=G}^{1} \sum_{i'} \gamma_{i,i'} \sigma_{f,i'}^{g'} \phi_{g'}(\boldsymbol{r},t) n_{i'}(\boldsymbol{r},t) \tag{13-5}$$

对连续能量处理,核素的裂变产生项 F_i 定义为

$$F_i = \sum_{i'} \gamma_{i,i'} R_{f,i'}(\boldsymbol{r},t) n_{i'}(\boldsymbol{r},t) \tag{13-6}$$

式中,$\gamma_{i,i'}$ 为核素 i' 对核素 i 的裂变产额。

由于连续能量反应率是实时的,它比多群计算采用后处理得到的反应率更精确。在反应堆运行中,中子通量密度和核子数密度都是空间 r 和时间 t 的函数。在有功率的核系统中,不同核素的含量不断随时间变化,一般通过燃耗方程描述空间某处核素含量随时间的变化规律。对于大多数反应堆核系统而言,核素含量随空间变化不太剧烈,在一定区域内核素含量近似处处相等,因此,可用一个平均值描述,这样的区域称为燃耗区。在一个燃耗区中,核素含量不再有空间因素,可通过点燃耗方程描述核素含量的变化规律。因此,下面只针对时间 t 讨论核子密度随时间的变化,即求解 $n_i(t)$。基于上面的假定,式(13-1)为一个变系数的常微分方

程,求解比较困难。同时由于中子通量密度和燃料的同位素成分相互影响、相辅相成,使式(13-1)从严格意义上说是一个非线性问题,这给求解燃耗方程带来了一定的困难。

在实际计算中,通常把堆芯按燃料棒分为若干区,称为燃耗区。在每个燃耗区内,认为中子通量密度和核子密度近似不变,为常数,这样可以用该区的平均值来近似代替。另外把时间 t 也分为许多时间间隔 $[t_0, t_1, \cdots, t_N]$,每一时间间隔 Δt_n 称为一个时间步。关于时间步长的选取,一般在反应堆循环初期,时间步长可以小一些(以天为单位),之后便可以采用大步长(以十天为单位)。由于运行中的反应堆堆芯成分的变化并不是很快,中子通量密度随时间的变化也不太明显,所以在每个时间步长 Δt_n 内可以近似认为中子通量密度保持不变。因而燃耗方程可以简化为常系数的常微分方程组求解。根据初始条件,可在每个时间步长内解燃耗方程。作了这些假设之后,对于给定的燃耗区,在给定的燃耗步长内,燃耗方程便可简化为常系数的常微分方程组

$$\frac{\mathrm{d} n_i(t)}{\mathrm{d} t} = \beta_{i-1} n_{i-1} - \sigma_i n_i(t) + F_i \tag{13-7}$$

式中,

$$\sigma_i = \lambda_i + R_{a,i} \tag{13-8}$$

$R_{a,i}$ 和 β_{i-1} 的定义同式(13-3)及式(13-4)。

这样对式(13-7)的求解就容易多了。为了解析求解方便,可以进一步将方程线性化。因此,把式(13-7)中的 $n_i(t)$ 用该步长内的平均核子数 $\bar{n}_i$ 代替,即

$$\bar{n}_i = \frac{1}{\Delta t_n} \int_{t_{n-1}}^{t_n} n_i(t) \mathrm{d} t \tag{13-9}$$

式中,$\Delta t_n = t_n - t_{n-1}$ 为燃耗步长。

经过上述处理后,式(13-1)和式(13-7)中的产生项 F_i 可看作常数,且对于非裂变产物来说 $F_i = 0$。在给定燃耗步长和假设条件下,燃耗方程被简化为线性常系数微分方程,可以用解析法和数值法对其进行求解。对于燃耗区内多种核素来说,每个核素都有相应的燃耗方程,最终形成一组大规模的线性代数方程组,即所谓的燃耗方程组

$$\frac{\mathrm{d} n_i(t)}{\mathrm{d} t} = \sum_{k=1}^{i} A_{k,i} n_k(t), A_{k,i} = \begin{cases} A_{k,i}, k \neq i \\ \lambda_i^{\mathrm{eff}}, k = i \end{cases} \tag{13-10}$$

式中,λ_i^{eff} 是核素 i 的衰变或其他转换常数;$A_{k,i}$ 是第 k 种核素向第 i 种核素的转换常数。

对于 M 种核素,组成一个方程组,写成如下形式:

$$\frac{\mathrm{d}\boldsymbol{n}(t)}{\mathrm{d}t} = \boldsymbol{A}\boldsymbol{n}(t) \tag{13-11}$$

式中，$\boldsymbol{A}$ 为 M 阶燃耗方程系数矩阵；$\boldsymbol{n} = (n_1, n_2, \cdots, n_M)^{\mathrm{T}}$。

若给定初始条件 $\boldsymbol{n}(0) = \boldsymbol{n}_0$，则解可以写成含矩阵指数的形式

$$\boldsymbol{n}(t) = \boldsymbol{n}_0 \mathrm{e}^{\boldsymbol{A}t} \tag{13-12}$$

此时，求解燃耗方程的核心是求解矩阵指数 $\mathrm{e}^{\boldsymbol{A}t}$。关于 $\mathrm{e}^{\boldsymbol{A}t}$ 的计算诞生了多种计算方法。

13.2 燃耗计算方法

燃耗方程的计算方法包括数值法和解析法。解析法即 TTA(Transmutation Trajectory Analysis)线性子链法[10]。近年发展了很多种数值法，代表有切比雪夫有理逼近方法(Chebyshev Rational Approximation Method，CRAM)[11]、Tayor 法[12]、龙格-库塔法、Padé 法、拉盖尔有理近似法[13]、Krylov 子空间法等。比较之下，CRAM 计算效率和计算精度优势显著，被众多燃耗程序采用。

下面重点介绍 TTA 和 CRAM 两种方法。

13.2.1 TTA 解析法

TTA 线性子链法，即将线性化的燃耗链，在燃耗时间步长 $\Delta t_n = t_n - t_{n-1}$ 内，令 $\tau = t - t_{n-1}$，t_{n-1} 为燃耗步长的起始时刻，t_n 为燃耗步长的结束时刻。对常微分方程组，从核素 $i=1$ 开始依次求解。

当 $i=1$ 时，方程可以直接求解，其解的形式为

$$n_1(\tau) = C_{11} \mathrm{e}^{-\sigma_1 \tau} + D_1 \tag{13-13}$$

式中，$D_1 = F_1/\sigma_1$；C_{11} 为由初始条件确定的常数。

当 $i=2$ 时，$n_2(\tau)$ 的解将由方程的齐次部分的通解 $C_{21}\mathrm{e}^{-\sigma_1 \tau}$ 和特解部分的解 $C_{22}\mathrm{e}^{-\sigma_2 \tau} + D_2$ 两部分组成，即有

$$n_2(\tau) = C_{21}\mathrm{e}^{-\sigma_1 \tau} + C_{22}\mathrm{e}^{-\sigma_2 \tau} + D_2 \tag{13-14}$$

式中，C_{21}、C_{22} 和 D_2 为待定常数。

以此类推，可以给出式(13-1)的通解形式如下：

$$n_i(\tau) = \sum_{j=1}^{i} C_{ij} \mathrm{e}^{-\sigma_j \tau} + D_i \tag{13-15}$$

为了确定系数 C_{ij}，把式(13-15)代入式(13-7)，得到

$$-\sum_{j=1}^{i} C_{ij}\sigma_j \mathrm{e}^{-\sigma_j \tau} = \beta_{i-1}\Big(\sum_{j=1}^{i-1} C_{i-1,j}\mathrm{e}^{-\sigma_j \tau} + D_{i-1}\Big) - \sigma_i\Big(\sum_{j=1}^{i} C_{ij}\mathrm{e}^{-\sigma_j \tau} + D_i\Big) + F_i \tag{13-16}$$

根据方程两端对应阶次项的系数相等原则，有

$$-C_{ij}\sigma_j = \beta_{i-1}C_{i-1,j} - \sigma_i C_{ij}, j < i \quad (13-17)$$

$$-\sigma_i D_i + \beta_{i-1} D_{i-1} + F_i = 0 \quad (13-18)$$

解得

$$C_{ij} = \frac{\beta_{i-1} C_{i-1,j}}{\sigma_i - \sigma_j}, j < i \quad (13-19)$$

$$D_i = \frac{1}{\sigma_i}(F_i + \beta_{i-1} D_{i-1}) \quad (13-20)$$

对于 $i=j$，C_{ii} 必须用初始条件来确定。令 $t=t_{n-1}$（即 $\tau=0$）时同位素 i 的核密度为 $n_i(0)$，从式(13-15)得

$$n_i(0) = \sum_{j=1}^{i} C_{ij} + D_i \quad (13-21)$$

由式(13-13)，有

$$C_{11} = n_1(0) - F_1/\sigma_1 \quad (13-22)$$

由式(13-15)，有

$$C_{ii} = n_i(0) - \sum_{j=1}^{i-1} C_{ij} - D_i \quad (13-23)$$

这样便求出线性化后燃耗方程组(13-10)在 $0 < \tau < \Delta t_n$ 区间内的解析解式(13-15)，其中系数 C_{ij} 及 D_i 由式(13-19)至式(13-23)确定。式(13-15)为通解，它对重核素及裂变产物都适用；不过对非裂变重核素，裂变产物项 $F_i=0$。

13.2.2 CRAM 数值法

CRAM 的思路是，在区间 $(0,\infty)$ 上，e^z 项的 K 阶近似可以写为复变函数形式[14]

$$e^z \approx r(z) = \alpha_0 + \sum_{k=1}^{K} \frac{\alpha_k}{z - \theta_k} \quad (13-24)$$

式中，K 为逼近阶数；α_k 为极点 θ_k 对应的留数，可通过 Carathéodory-Fejér 方法计算得到[15]。

根据复变函数理论中的柯西积分定理，有

$$e^{At} = \frac{1}{2\pi i} \int_C \frac{e^z}{z - At} dz \quad (13-25)$$

式中，C 是复平面上包围矩阵 At 所有特征值的任意一条闭合曲线。

将式(13-24)代入式(13-25)得

$$e^{At} \approx \frac{1}{2\pi i} \int_C \frac{1}{z - At} \left(\alpha_0 + \sum_{k=1}^{K} \frac{\alpha_k}{z - \theta_k} \right) dz = \alpha_0 + \sum_{k=1}^{K} \frac{\alpha_k}{At - \theta_k I} \quad (13-26)$$

式中，I 是单位矩阵。该方法对于一个 K 阶近似，可以得到 9.3^{-K} 的收敛精度[14]。

将式(13-26)代入式(13-25),对于燃耗方程,经过一个燃耗步长 Δt_n 后,新的核子密度可以写为

$$\boldsymbol{n}(t) = \boldsymbol{n}_0 \left(\alpha_0 + \sum_{k=1}^{K} \frac{\alpha_k}{\boldsymbol{At} - \theta_k \boldsymbol{I}} \right) \tag{13-27}$$

于是问题的求解变为求解 K 个线性方程组

$$\alpha_k (\boldsymbol{At} - \theta_k \boldsymbol{I}) x = \boldsymbol{n}_0, k = 1, 2, \cdots, K \tag{13-28}$$

一般而言可以通过高斯消去法求解。对于 $K=14$ 阶近似,由 A. J. Carpenter 给出的 CRAM 得到的展开系数和留数如表 13-1 所示。计算表明 $K=14$ 近似获得的精度和解析解已经足够接近。

表 13-1 CRAM 展开系数和留数

系数	实部	虚部
θ_1	-5.62314417475317895	1.19406921611247440
θ_2	-5.08934679728216110	3.58882439228376881
θ_3	-3.99337136365302569	6.00483209099604664
θ_4	-2.26978543095856366	8.46173881758693369
θ_5	0.208756929753827868	10.9912615662209418
θ_6	3.70327340957595652	13.6563731924991884
θ_7	8.89777151877331107	16.6309842834712071
α_0	$0.183216998528140087 \times 10^{-11}$	0
α_1	55.7503973136501826	204.295038779771857
α_2	-93.8666388877006739	91.2874896775456363
α_3	46.9965415550370835	-11.6167609985818103
α_4	-9.61424200626061065	-2.64195613880262669
α_5	0.752722063978321642	0.670367365566377770
α_6	-0.0188781253158648576	-0.0343696176445802414
α_7	$0.000143086431441180 1849$	0.000287221133228814096

13.3 预估-校正耦合计算

为了保证核电站的运行与周边民众的安全,需要实时测控核反应中的各项指标。其中中子通量密度的分布与核素核子密度变化是核设计过程的重要参数。在反应堆堆芯部分的核设计以及堆芯燃料管理中对换料方案的选择都需要大量地求

解多群中子输运方程,确定在不同燃耗时刻反应堆的反应性和中子通量密度或功率的空间分布。

但是在实际运行的反应堆中,由于易裂变核素的裂变、裂变产物的积累、新的易裂变核素的产生、控制棒的移动和冷却剂温度的变化等因素,反应堆内的许多物理量,如反应性、中子通量密度和燃料的同位素成分等,将不断地随时间变化。将输运程序和燃耗部分耦合起来,把方程转化成一些与燃耗步长相关的方程组,在每个燃耗时间步长内按稳态问题近似处理,可以将一个瞬态问题转化为多个时间步内的稳态问题的组合。

由于输运程序输出的通量(或反应率)只是一个规约值,只表示当前谱的形状,而燃耗所使用的通量(或反应率)是基于当前功率下的实际水平,所以需要计算功率归一因子。计算给定功率水平系统的燃耗时,其功率归一因子为

$$f_p(t) = \frac{P(t) - P_{\text{decay}}(t)}{\sum_j V_j \sum_i \sum_g \sum_a E_{a,i,g} \sigma_{a,i}^g n_{i,j}(t) \phi_{g,j}(t)} \quad (13-29)$$

式中,$P(t)$ 为总功率;V_j 为燃耗区 j 的体积;$E_{a,i,g}$ 为核素发生 a 反应释放的能量;$\sigma_{a,i}^g$ 为核素发生吸收反应的微观截面;$n_{i,j}(t)$ 为核素当前燃耗步初期核子密度;$P_{\text{decay}}(t)$ 为核素衰变释放的能量,由下式得到:

$$P_{\text{decay}}(t) = \sum_j V_j \sum_i E_{\text{decay},i} \lambda_i n_{i,j}(t) \quad (13-30)$$

式中,$E_{\text{decay},i}$ 为核素 i 发生衰变释放的能量。

在反应堆内,除裂变外,其他反应释放的热均较小,可忽略不计。故在计算燃耗时,通常只考虑裂变反应和衰变释放的能量。计算得到功率归一因子后,便可得到实际的绝对通量,用于燃耗计算。

13.3.1 预估-校正

1. 中点近似耦合策略

输入为当前燃耗步初期核素核子密度,首先进行第一次输运计算,得到此燃耗步初期中子通量和响应量计数。以此作为第一次燃耗计算输入条件,计算此燃耗步中期核素核子密度,以中期核素核子密度作为第二次输运计算的初始条件,得到燃耗步中期的通量和响应量计数。以中期的响应量计数和初期的核素核子密度作为第二次燃耗计算的初始条件,计算整个燃耗步长末期的核素核子密度。输出与原模块一样,为当前燃耗步末期核素核子密度,但数值会发生改变。

2. 预估-校正耦合策略

采用一样的输入和燃耗步初期核素核子密度,首先进行第一次输运计算,得到燃耗初期的通量和响应量计数,作为第一次燃耗计算的输入条件,计算此燃耗步长

末期预估的核素核子密度值。以末期预估核子密度作为第二次输运计算的输入条件,计算此燃耗步末期的通量和响应量的值。以燃耗步初期核素核子密度和燃耗步末期响应量作为第二次燃耗计算的输入条件,计算出此燃耗步末期核素核子密度的校正值;以此燃耗步长末期的核素核子密度的预估值和校正值的平均值作为整个燃耗步长末期的核素核子密度。输出与原模块一样,为当前燃耗步末期核素核子密度,但数值会发生改变。

13.3.2 燃耗区功率计算

带功率的核系统在燃耗过程中,不同燃耗区的功率不断发生变化。在每个燃耗步初期,需要计算各个燃耗区的功率。假设核系统的总功率为 P,则第 i 个燃耗区的功率 P_i 可表示为

$$P_i = P \frac{E_i}{\sum_k E_k} \quad (13-31)$$

式中,E_i 为第 i 个燃耗区核素发生核反应产生的可利用能,通过下式求得:

$$E_i = \sum_k \sum_g \sum_n n_k \sigma_{k,n}^g R_{k,n} \phi_{i,g} \quad (13-32)$$

式中,n_k 为第 k 种核素的核子数;$\sigma_{k,n}^g$ 为第 k 种核素发生第 n 种放能反应的第 g 群微观截面;$R_{k,n}$ 为第 k 种核素发生第 n 种反应释放的能量;$\phi_{i,g}$ 为第 i 个燃耗区的第 g 群通量。一般而言,$\phi_{i,g}$ 由输运计算得到,为归一到一个源中子上的结果。E_i 给出的是"微观"功率。

13.3.3 通量倍率因子计算

输运计算所得的通量是归一到一个源粒子上的结果,需要将它乘以一个倍率因子 c(即源强),得到真实通量水平,用真实通量方可进一步正确计算反应率。在式(13-32)中,如果 $\phi_{i,g}$ 是归一通量,则 E_i 给出"微观"功率;如果 $\phi_{i,g}$ 是真实通量,则直接得到 $E_i = P_i$。于是,通量倍率因子就是总真实功率与总"微观"功率之比:

$$c = \frac{P}{\sum_k E_k} \quad (13-33)$$

计算得到倍率因子 c 后,可得第 i 燃耗区的实际通量 $\Phi_{i,g}$ 为

$$\Phi_{i,g} = c\phi_{i,g} \quad (13-34)$$

13.3.4 耦合策略

在一个燃耗时间步内,确定中子通量能谱涉及以下三种耦合策略。

1. 起点近似

起点近似即认为每个燃耗步长内的通量能谱等于燃耗步初始时刻的值。

2. 中点近似

首先认为通量能谱为燃耗步长初始时刻的值,以此值进行一次燃耗计算,至该燃耗步长中点时刻,在该时刻下执行输运计算得到新的通量能谱,再利用这些通量能谱进行燃耗步全步长计算。

3. 预估校正

先预估步,使用燃耗步初始时刻的通量能谱进行全步长计算,得到预估核素密度,以该密度进行一次输运计算得到新的通量能谱。再校正步,以新的通量能谱及燃耗步初始时刻核素密度再进行一次全步长计算,得到校正核素密度,最后取预估核素密度与校正核素密度的算数平均值作为解。

13.4 燃耗数据库

燃耗计算主要模拟核素核子密度随时间的变化,需要知道核素的产生率与消失率。在反应堆运行中,核素除了通过中子核反应产生和消失,放射性核素还通过衰变(除 γ 衰变)消失,并产生其他核素。燃耗核参数包含中子反应截面参数、裂变产额参数和衰变参数三个部分。

燃耗计算需要完备、可靠的衰变数据库,当前国际上普遍采用美国的 ENDF/B 格式给出的系列库(最新为 B-Ⅷ库)。ENDF[16]数据一般为零温数据,且内容繁复、格式复杂,不能直接应用于输运-燃耗计算。它为基础数据库,需要经过一系列的物理、数学处理(包括线性化、共振重造、多普勒展宽、复合截面计算等),生成可用于中子学计算的等效核数据。通常把这一过程称为核数据加工。

选取可靠的基础评价核数据库,制定满足精度、温度点、核素等要求的制作方案,利用集成核数据处理程序 NJOY[17]的应用型核数据库,制作研制燃耗核参数原型库,包括中子反应截面参数、裂变产额参数和衰变参数三部分,供输运、燃耗计算用。核数据经过多年不断的评价和更新,加之输运计算方法的成熟,其精度已基本满足实验和数值模拟要求。除了 ENDF/B 系列库外,日本的 JENDL[18]库、欧洲的 JEF[19]库和中国的 CENDL[20]库可作为 ENDF/B 库的补充。

13.5 小结

对于核装置内部核素成分随时间的变化,通常通过解燃耗方程得到核子密度随时间的变化。反应堆运行中,各核素核子密度随时间的变化,是堆芯计算的重要组成部分,也为反应堆的燃料管理等提供依据。燃耗核参数是燃耗计算的起点初始条件,涉及核反应衰变数据库。燃耗计算涉及常微分方程组的求解。可以采用解析法求解,也可采用数值法求解。解析法涉及复杂的燃耗链构造,通常计算精度高,但计算量大。数值法是一种近似方法,虽然存在一些误差,但计算效率高,基本精度也有保障。虽然核系统燃耗计算过程中,中子通量、能谱等实际上是连续变化的,然而真实计算不可能做到连续的模拟,一般会将总燃耗时间划分成若干燃耗时间步,在一个燃耗时间步内,认为中子通量、能谱等量不随时间变化。只要燃耗步取得恰当,这种近似处理不会带来太大的偏差。目前已有的数值法较多,如泰勒法、龙格-库塔法、Padé法、Krylov子空间法、拉盖尔有理近似法和CRAM等多种数值方法。相比之下,CRAM优势更突出一些。我们自主开发研制的燃耗计算程序JBURN[21],既保留了解析法,也拥有CRAM。对比目前已有的求解燃耗方程的方法,计算结果表明CRAM展开阶数 $K=14$ 时,计算精度已接近解析法的精度。验证表明,在相同精度下,CRAM具有最快的求解速度[22-23],且普适性很好,成为数值法的首选方法。

参考文献

[1] CHO N Z, CHANG J. Some outstanding problems in neutron transport computation[J]. Nuclear engineering and technology,2009,41(4):381.

[2] MARTIN B, BROWN F. Some challenges for large-scale reactor calculations[Z]. [S. l.]: PHYSOR,2010.

[3] GOORLEY T, JAMES M R, BOOTH T E, et al. Initial MCNP6 release overview: MCNP6 Beta 3,LA-UR-13-26631[CP].[S. l.; s. n.],2012.

[4] DEAN C, PERRY R, NEAL R, et al. Validation of run-time doppler broadening in MONK with JEF 2.1[J]. Journal of the Korean physical society,2011,59(2):1163-1165.

[5] DAEUBLER M, IVANOV A, SANCHEZ V. Multi-physics calculations with serpent: application example full PWR core coupled calculations [Z]. Kyoto, Japan: PHYSOR,2014.

[6] MORI T, NAKAGAWA M. MVP/GMVP:general purpose Monte Carlo code for neutron and photon transport calculations based on continuous energy and multigroup Methods[Z]. [S. l.]:JAERI 1348,2005.

[7] DENG L,YE T,LI G,et al. 3-D Monte Carlo neutron-photon transport code JMCT and its algorithms[Z]. Kyoto,Japan:PHYSOR,2014.

[8] WANG K, LI Z G, SHE D, et al. RMC:a Monte Carlo code for reactor core analysis[J]. Annals of nuclear energy,2015,82:121-129.

[9] 吴宜灿,宋婧,胡丽琴,等. 超级蒙特卡罗核计算仿真软件系统 SuperMC[J]. 核科学与工程,2016,36(1):63-67.

[10] CETNAR J. General solution of Bateman equations for nuclera transmutations[J]. Annals of nuclear energy,2006,33(7):640-645.

[11] ISOTALO A, PUSA M. Improving the accuracy of the Chebyshev rational approximation method using substeps[J]. Nuclear science and engineering, 2016, 183(1):65-77.

[12] GAULD I C, HERMANN O W, WESTFALL R M. ORIGEN-S:SCALE system module to calculate fuel depletion, actinide transmutation, fission product buildup and decay, and association source terms[R]. Knoxvill, Tennessee:Oak Ridge National Laboratory, 2006.

[13] PUSA M, LEPPANEN J. Computing the matrix exponential in burnup calculations[J]. Nuclear science and engineering, 2010, 164:140-150.

[14] TREFETHEN L N, WEIDEMAN J A C, SCHMELZER T. Talbot quadratures and rational approximations[J]. BIT numerical mathematics, 2006, 46(3):653-670.

[15] ISOTALO E, AARNIO P A. Comparison of depletion algorithms for large systems of nuclides[J]. Annals of nuclear energy, 2011, 38:261-268.

[16] CHADWICK M B, HERMAN M, OBLOZINSKY P, et al. ENDF/B-Ⅶ.1:nuclear data for science and technology:cross sections, covariances, fission product yields and decay data [J]. Nuclear data sheets, 2011, 112(12):2887-2996.

[17] MACFARLANE R E, MUIR D W. The NJOY nuclear data processing system Version 91:LA-12740[R]. Technical Report, 1994.

[18] NAKAGAWA, et al. Japanese evaluated nuclear data library Version 3 Revision-2: JENDL-3.2[J]. Nuclear science and technology, 1995, 32:1259.

[19] JACQMIN R. Present status of JEF project:IAEA-NDS-7 Rev. 97/12[R]. Vienna: IAEA, 1997.

[20] LIU T J. Present status of CENDL project:IAEA-NDS-7 Rev. 97/12[R]. Vienna: IAEA, 1997.

[21] 付元光,等. 三维乏燃料成分分析软件 JBURN 燃耗用户手册:V1.0 版[Z]. 北京:中物院高性能数值模拟软件中心,2016.

[22] PUSA M, LEPP J. Ions based on continuous energy and multigroup methods:JAERI-Data/Code 94-007, CNP6 Beta 3, LA-UR-13-2[Z]. [S. l. :s. n.], 1994.

[23] 付元光,邓力,李刚. 非齐次燃耗方程数值解法[J]. 物理学报,2018(1):45-55.

第14章 核-热耦合计算

反应堆是一种能以可控方式产生自持链式裂变反应的装置,它由核燃料、冷却剂、慢化剂、结构材料和吸收剂等组成,是一个由中子场、温度场、流场、应力场、化学场等多个物理过程相互耦合的装置。这些物理场具有从微观核反应到宏观能量释放的多尺度作用机理。为了进行核反应堆堆芯设计和分析,需要重点考虑三个物理场之间的耦合,即中子物理场、热工水力场和同位素分布场。需要建立求解中子输运方程、热工水力方程和同位素燃耗方程,并把这些方程耦合起来。

核反应堆内的主要物理过程是中子与核反应堆内各种元素的相互作用。热中子反应堆内,裂变中子具有 2 MeV 以上的平均能量,首先经过与慢化剂原子核的碰撞而被慢化到热能区域,最后被各种材料的原子核所吸收。本章介绍反应堆自持过程涉及的方程组及其求解。

14.1 反应堆系统

14.1.1 基本结构

反应堆由燃料元件、燃料组件及堆芯组成,如图 14-1(a)所示;堆外与蒸汽发生器、主泵、一回路、二回路相连,如图 14-1(b)所示;反应堆堆芯及一回路外罩安全壳如图 14-1(c)所示。反应堆需要解决安全性、经济性和可靠性方面的问题,在三者之间找到一个合理的平衡点。

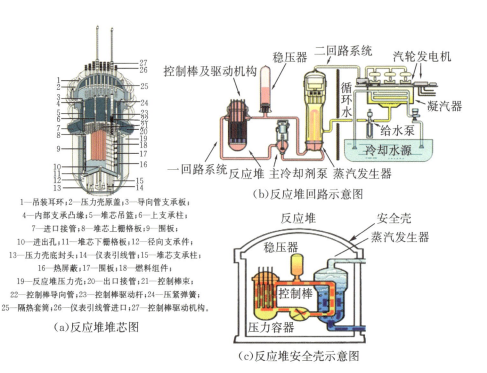

图 14-1 核电厂反应堆发电系统运行示意图

1. 燃料元件

燃料元件一般是由经过冷压烧结形成的 UO_2 燃料芯块、包壳、压紧弹簧以及上下端塞等构成的单元，一个典型压水堆的燃料元件（棒）直径为 1 cm 左右，其中芯块直径为 0.9 cm 左右，高 4~5 m。

2. 燃料组件

燃料组件由燃料元件、控制棒、可燃毒物和导向管组合而成，一般排列为方形（欧美堆）或六角形（俄罗斯堆）。典型方形组件由 17×17＝289 根棒组成，其中 264 根为燃料棒，25 根为控制棒导向管（图 14-2）。目前核电站反应堆主要有 133 组件、157 组件、177 组件、193 组件等几种堆型，通常组件数越多，电功率就越大。

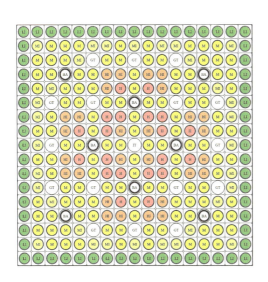
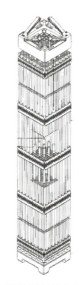

(a) 燃料组件径向图　　　　　　(b) 燃料组件轴向图

图 14-2　燃料组件示意图

3. 堆芯

堆芯由若干燃料组件排布构成,由内向外依次为围板、水反射层、吊篮、水隙、辐照监督管、压力容器、堆腔、混凝土(图 14-3)。

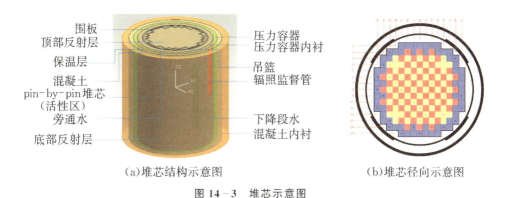

(a) 堆芯结构示意图　　　　　　(b) 堆芯径向示意图

图 14-3　堆芯示意图

14.1.2　物理分析

反应堆物理分析涉及多个专业,包括反应堆运行、燃料管理、堆芯热工水力、反应堆安全分析(图 14-4)。就反应堆堆芯而言,在正常工况下,其涉及中子学(中子输运+燃耗)-热工水力-燃料耦合计算,安全壳及厂房内部中子(光子)剂量分布计算,即辐射屏蔽计算。

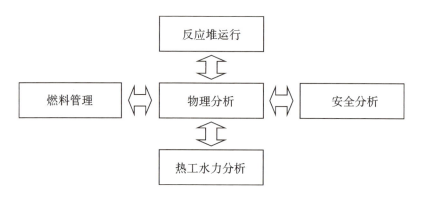

图 14-4 反应堆多专业系统

反应堆物理分析通过模拟堆芯内各种核反应过程,分析给出核反应堆内与核反应相关的参数,包括系统临界本征值 k_{eff}、堆芯功率分布、各种反应性、控制棒价值、停堆裕量,以及核燃料内各种同位素随燃耗的变化等。

反应堆数值模拟过程十分复杂,面临诸多挑战。早前以工程实验为主,数值模拟做了多种简化近似,设计裕量很大。今天,用超级计算机开展数值反应堆精细建模和高保真模拟已经成为现实,并正推导核能开发向更宽、更深的领域拓展。例如,车载移动式反应堆、空间堆、核动力无人潜航器等。随着新材料的使用,未来反应堆的体积会更小,重量会更轻,效率会更高。

14.2 方程组基本形式

反应堆堆芯计算涉及多个方程的联立求解,包括中子学计算(输运、燃耗)、能量方程、流体力学方程组(动量守恒方程、质量守恒方程、能量守恒方程及状态方程)。它们之间的耦合关系如图 14-5 所示。

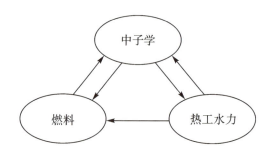

图 14-5 反应堆多物理耦合示意图

第 14 章 核-热耦合计算

14.2.1 中子输运方程

$$\frac{1}{v}\frac{\partial \phi(\boldsymbol{r},E,\boldsymbol{\Omega},t)}{\partial t}+\boldsymbol{\Omega}\cdot\nabla\phi(\boldsymbol{r},E,\boldsymbol{\Omega},t)+\Sigma_t\phi=\iint\Sigma_s(\boldsymbol{r},E',\boldsymbol{\Omega}'\to E,\boldsymbol{\Omega},t)\phi(\boldsymbol{r},E',\boldsymbol{\Omega}',t)\mathrm{d}E'\mathrm{d}\boldsymbol{\Omega}'+\frac{\chi(\boldsymbol{r},E)}{4\pi k_{\mathrm{eff}}}\iint\nu\Sigma_f(\boldsymbol{r},E,t)\phi(\boldsymbol{r},E',\boldsymbol{\Omega}',t)\mathrm{d}E'\mathrm{d}\boldsymbol{\Omega}'+S(\boldsymbol{r},E,\boldsymbol{\Omega},t) \quad (14-1)$$

其中,

$$\Sigma_t(\boldsymbol{r},E,t,T)=N(\boldsymbol{r},\rho,t)\sigma(\boldsymbol{r},E,T) \quad (14-2)$$

式中,Σ_t 为物质宏观总截面,它是空间 $\boldsymbol{r}$、能量 $E(\mathrm{MeV})$、时间 $t(\mu\mathrm{s})$、温度 $T(\mathrm{K})$ 的函数;N 为原子密度(10^{24} 个原子/cm^3);σ 为微观截面[巴(barn)]。

$$N(\boldsymbol{r},\rho,t)=\rho(\boldsymbol{r})\sum_i n_i(\boldsymbol{r},t) \quad (14-3)$$

式中,n_i 为 $\boldsymbol{r}$ 处物资中诸核素的核子数,通过解燃耗方程得到。

中子输运方程为双曲型微分-积分方程,其中截面 Σ 中的核子数 n_i 通过解燃耗方程得到,燃料温度通过解能量方程得到,流体温度通过解流体力学方程组得到。已知温度、截面后,中子输运方程式(14-1)便存在唯一解了。有关中子输运方程的 MC 求解详见第 4 章介绍。

14.2.2 燃耗方程

解方程(14-1),求出多群形式的通量 ϕ_g 或反应率 $\sigma_g\phi_g$,代入式(14-4),解燃耗方程得到新的核子密度 n_i,即有

$$\frac{\mathrm{d}n_i}{\mathrm{d}t}=\beta_{i-1}n_{i-1}(\boldsymbol{r},t)-\left(\lambda_i+\sum_{g=1}^{G}\sigma_{a,g,i}\phi_g(\boldsymbol{r},t)\right)n_i(\boldsymbol{r},t)+F_i \quad (14-4)$$

有关式(14-4)中的变量说明及求解,详见第 13 章介绍。

利用式(14-4)解出 n_i,代入式(14-2)得到新的宏观截面 Σ_t,再通过式(14-1)解中子输运方程,求出新的角通量 ϕ。如此循环,形成输运-燃耗耦合的迭代求解。

14.2.3 能量方程

由式(14-1)解中子输运方程得到通量 ϕ 的同时,可算出燃料棒的能量沉积,即功率

$$q'''(\boldsymbol{r})=\sum_j \int_0^\infty \chi_f^j \sigma_f^j(E) n_j(\boldsymbol{r})\phi(\boldsymbol{r},E)\mathrm{d}E \quad (14-5)$$

式中,j 表示第 j 种核素;$n_j(\boldsymbol{r})$ 为核子密度;χ_f^j 为核素 j 的可利用裂变能。

对压水堆来说,堆内约 97.4% 的能量沉积在 $^{235}\mathrm{U}$ 燃料元件内。表 14-1 给出反应堆内燃料沉积能量分配情况。

表 14 - 1　反应堆堆内裂变释放能量特征

类型	来源	能量/MeV	射程	沉积位置
瞬发	裂变碎片动能	168	短	燃料元件
	裂变中子动能	5	中	大部分在慢化剂内
	瞬发 γ 能量	7	长	堆内各处
缓发	裂变产物衰变的 α、β	7	短	燃料元件
	裂变产物衰变的 γ	6	长	堆内各处
	(n,γ)产物的衰变	7	有长有短	堆内各处

能量释放主要来自燃料棒，式(14-6)给出基于能量守恒建立的能量方程，其形式为热传导方程

$$\rho_s C_p \frac{\partial T_s(\boldsymbol{r},t)}{\partial t} = \nabla(k(\boldsymbol{r},t) \cdot \nabla T_s(\boldsymbol{r},t)) + \alpha q'''(\boldsymbol{r},t) \tag{14-6}$$

式中，ρ_s 为固体燃料棒密度；C_p 为固体燃料棒热容量；T_s 为固体燃料棒温度；α 为沉积在燃料棒内的能量份额，热源一般为核裂变和衰变；k 为热传导系数。解方程(14-6)得到燃料棒温度 T_s。

需要说明一点，目前反应堆堆芯计算中并没有耦合燃料，因此没有考虑燃料棒密度 ρ_s 的变化（严格讲燃料棒密度 ρ_s 也是随温度变化的）。为了降低求解问题的复杂度，堆芯计算仅考虑燃料棒的核子密度 n_i 及燃料棒温度 T_s 的反馈。

14.2.4　热工水力方程组

反应堆堆内的水温变化是剧烈的，对于百万兆瓦反应堆，入口温度约为 380 ℃，出口温度约为 420 ℃。水在堆芯的流动满足流体力学方程组，由动量守恒方程、质量守恒方程、能量守恒方程组成，共涉及 T（温度）、ρ（密度）、$\boldsymbol{U}$（速度）、p（压力）四个变量。方程基本形式如下。

1. 动量守恒方程

$$\frac{\partial \rho_f}{\partial t} + \nabla \cdot (\rho_f \boldsymbol{U}) = S_m \tag{14-7}$$

式中，ρ_f 为流体密度；$\boldsymbol{U}$ 为流体速度；S_m 为动量外源项。

2. 质量守恒方程

$$\frac{\partial \rho_f \boldsymbol{U}}{\partial t} + \nabla \cdot (\rho_f \boldsymbol{U} \otimes \boldsymbol{U}) = -\nabla p + \nabla \cdot \boldsymbol{\tau} + \rho_f \boldsymbol{g} + S_M \tag{14-8}$$

式中，p 为压强；$\boldsymbol{\tau}$ 为黏性应力张量；$\boldsymbol{g}$ 为重力加速度；S_M 为质量外源项。

3. 能量守恒方程

$$\frac{\partial \rho_f h}{\partial t} + \nabla \cdot (\rho_f \boldsymbol{U} h) = \nabla(k_f \nabla T_f) + \nabla \cdot (\boldsymbol{U} \cdot \boldsymbol{\tau}) + \frac{\partial p}{\partial t} + S_E \tag{14-9}$$

式中，h 为单位体积的焓；k_f 为热导率；S_E 为能量的外源项。

若与固体对流传热，则有

$$S_E = \alpha A(T_s - T_f)/V \tag{14-10}$$

式中，α 为对流换热系数；A 为固体-流体接触面积；T_s 为固体燃料棒温度；T_f 为液体温度；V 为固体燃料棒的体积。

热工水力方程组涉及流体温度 T、密度 ρ_f、速度 U 和压强 p 四个变量，只有三个方程，要求出四个变量是不可能的。因此，为了确保方程组有唯一定解，需要增加一个方程，该方程即通常所说的状态方程（亦称本构方程）。

4. 状态方程

$$T_f = T_f(p,h), h = h(p,T_f) \tag{14-11}$$

状态方程本构关系中有多个待定参数，需要通过实验来标定这些参数。由于参数与构型有关，不通用，因此不同堆型需要搭建各自的实验台架，用于确定状态方程中的参数。

14.2.5　子通道与计算流体力学

由于流体空间有限，反应堆堆芯传热主要通过上腔室和下腔室进行轴向交换，只考虑流体的轴向效应即可。因此，采用成熟的子通道方法是有效的，这时流体力学方程组的解是唯一的。

但在反应堆的一、二回路，流体的运动是多相的，子通道方法不再适用，目前普遍采用计算流体力学（CFD）方法。但 CFD 方法面临的主要困难是当流体力学方程组离散后，空间网格尺度和时间步长发生变化时求得的解不一致。是解未收敛，还是 N-S 方法存在局限性？随着计算机速度和内存的增大，细网格和小时间步长组合，解的不确定范围变小，但问题仍然没有根本解决。

核反应堆是一个复杂系统工程，涉及中子物理学、热学、力学、化学、材料、燃料等学科，材料涉及微观、介观和宏观（图 14-6）。随着核反应堆工程和技术的不断进步，人们对其安全性、经济性和可靠性提出更高要求，对反应堆设计、建造、运行、延寿、退役全生命周期均提出了新的要求。近年随着计算机、大数据、人工智能技术的发展，依托超级计算机，采用先进物理数学计算方法，对反应堆中子物理学、热工水力、结构力学、燃料性能、材料辐照效应等过程进行三维精细数值模拟，建立微观机理、演化和宏观性能之间的关联关系，成为国际上一个前沿的研究热点。数值反应堆就是在这种背景下提出的研究课题。

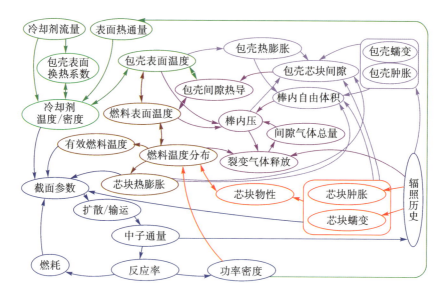

图 14-6 反应堆核、热、力、材料的多尺度、多物理、多过程耦合示意图

14.2.6 堆芯核-热-力耦合

图 14-7 给出数值反应堆核-热-力耦合系统的软件组成及架构设计,需要解决不同求解器之间的数据交换和大规模并行计算的负载平衡问题,采用内耦合,内存消耗特别大。在超级计算机上模拟,需要解决内存消耗大的难题,解决手段是实现计算机跨节点数据分解和区域分解;需要基于并行中间件来开发软件,以解决可扩展问题。目前核-热耦合计算中的中子学部分,既可以采用 MC 方法,也可采用确定论方法。确定论方法多采用 2+1 维的处理模式,即堆芯径向采用二维 MOC 方法,堆芯轴向采用一维 S_N 方法。随着计算机的快速发展,三维 MOC 方法也在发展中,主要挑战来自巨大的存储要求和可观的计算量。

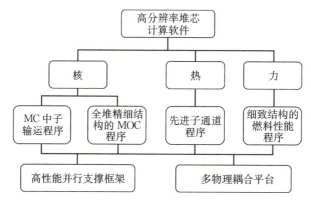

图 14-7 反应堆多物理耦合架构

14.2.7 主要物理量

图 14-8 给出反应堆堆芯计算涉及的主要物理量,这些物理量通常采用确定论方法和随机模拟法得到。下面给出反应堆几个主要物理量的计算。

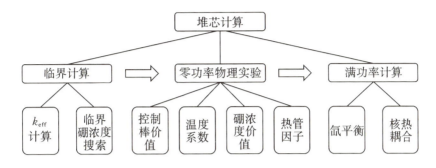

图 14-8 堆芯物理过程

1. 功率

反应堆主要关心的物理量为功率。根据 ^{235}U 每次裂变释放出 200 MeV 的能量,而 1 MeV=1.6×10^{-13} J,则 ^{235}U 每次裂变释放的能量约为 $E_f=3.2\times10^{-11}$ J,再根据 1 J=$1/E_f$,是 3.125×10^{10} 次 ^{235}U 裂变释放出的能量,由堆内裂变反应率 $R_f=\Sigma_f\phi$,可以算出堆芯内任一点 r 处的功率密度或释热率:

$$q(\boldsymbol{r})=E_f R_f(\boldsymbol{r})=\frac{\Sigma_f \phi(\boldsymbol{r})}{3.125\times10^{10}} \ (\text{W/m}^3) \tag{14-12}$$

1 W=1 J/s,则反应堆功率为

$$P=\int_V q(\boldsymbol{r})\mathrm{d}\boldsymbol{r}=\frac{\Sigma_f \bar{\phi} V}{3.125\times10^{10}}(\text{W})=\frac{\Sigma_f \int_V \phi(\boldsymbol{r})\mathrm{d}\boldsymbol{r}}{3.125\times10^{10}}(\text{W}) \tag{14-13}$$

式中,V 为堆芯某个组件或燃料棒几何块的体积(m^3);$\bar{\phi}$ 为体积 V 上的平均通量($\text{n}\cdot\text{m}^{-2}\cdot\text{s}^{-1}$)。

$$\bar{\phi}=\frac{1}{V}\int_V \phi(\boldsymbol{r})\mathrm{d}\boldsymbol{r} \tag{14-14}$$

已知功率 P,由式(14-13)可求出中子的体平均通量密度

$$\bar{\phi}=\frac{3.125\times10^{10}}{\Sigma_f V}P \ (\text{n}\cdot\text{m}^{-2}\cdot\text{s}^{-1}) \tag{14-15}$$

从式(14-13)可以看出,堆芯功率与裂变反应率成正比。

2. 控制棒价值

对于控制棒/停堆棒价值的计算,每组棒都需要进行两次独立的临界本征值计算。第一次是该组棒完全拔出的状态,第二次是该组棒完全插入的状态,并且

这两次计算应采用相同的硼浓度。由于两个状态的临界硼浓度不同,采用两者的均值来代替,两次独立计算得到临界本征值后,按下式计算得到控制棒价值 $\lambda(10^{-5})$:

$$\lambda = \frac{k_{\text{eff,out}} - k_{\text{eff,in}}}{k_{\text{eff,out}} \cdot k_{\text{eff,in}}} \tag{14-16}$$

3. 反应性温度系数

反应性温度系数是反应堆所有材料的温度改变 1 °F 时的反应性增量,计算公式为

$$\alpha_T = \frac{\partial \rho}{\partial T} \approx \frac{\partial k_{\text{eff}}}{k_{\text{eff}} \partial T} \tag{14-17}$$

式中,ρ 为反应性。式(14-17)做离散近似处理有

$$\alpha_T = \frac{2(k_{\text{eff,2}} - k_{\text{eff,1}})}{(k_{\text{eff,2}} + k_{\text{eff,1}})(T_2 - T_1)} \tag{14-18}$$

式中,$k_{\text{eff,2}}$、$k_{\text{eff,1}}$ 为对应两个温度点 T_2、T_1 的临界本征值。

14.3 数值反应堆内涵

14.3.1 数值堆特点

数值反应堆与传统反应堆数值模拟的主要区别是,数值反应堆立足超算硬件环境,通过精细建模,构建不同求解过程之间数据交换的动态负载平衡,把过去孤立考虑的各个物理过程用内耦合方式集成起来,形成完整的多物理、多尺度耦合系统。同时,去掉之前各个子过程引入的各种简化近似,高保真仿真模拟各种正常工况稳态和瞬态问题,并具备极端事故的预测和应急能力。

在理论方法上,需要减少或去掉经验性的参数,减少不同求解器之间多次建模和数据传递带来的精度损失,定量给出反应堆设计的边界和裕量,在安全性和经济性两方面取得平衡。这就是数值反应堆模拟的核心所在。

14.3.2 史密斯挑战

2003 年,美国麻省理工学院的 Kord Smith 教授构想了一个轻水反应堆精细模型,基于 MC 模拟,给出了主要参数指标(表 14-2 和表 14-3),后被誉为史密斯挑战。虽然这是一个构想,但对计算机、计算方法和软件构成了巨大的挑战。根据摩尔定律,预计 2008 年的计算机硬件可以支撑史密斯挑战问题的模拟。

第14章 核-热耦合计算

表14-2 史密斯挑战模型主要参数

主要参数	指标
组件数	200
轴向分层数	100
每个组件棒束数	300
每个棒束径向分圈数	10
跟踪同位素数	100
总计数	60亿

表14-3 史密斯挑战模型MC模拟指标

收敛标准	计算资源
棒束功率误差	1%
粒子数	1M
内存/B	20
占优比	0.75~0.995
3σ准则	
计算时间/h	5000~250000（主频2.0 GHz）

14.3.3 模拟现状

近年来,以欧美为代表的国际核能先进国家高度重视基于先进建模、先进算法和超级计算机等的数值模拟研究。2010年,美国能源部(DOE)建立了轻水反应堆先进仿真联盟(The Consortium for Advanced Simulation of Light Water Reactors, CASL)[1],由橡树岭国家实验室(ORNL)牵头,联合其他三个国家实验室[爱达荷州国家实验室(INL)、洛斯阿拉莫斯国家实验室(LANL)、桑迪亚国家实验室(SNL)]、三所大学(麻省理工学院、北卡罗来纳州立大学、密歇根大学)和三个核电供应商[西屋电气公司、田纳西流域管理局(TVA)、电力科学研究院(EPRI)]组成(图14-9),旨在进一步提高现有反应堆的安全性和经济性,同时对建于20世纪70年代的一大批反应堆能否延寿进行科学评估。

图 14-9 美国 CASL 计划组成单位

CASL 计划一期结束时，开发完成了一个用于反应堆多物理模拟的虚拟集成环境系统(Virtual Environment Reactor Application, VERA)[2]。VERA 集成了大量现有的计算机软件用于轻水堆的建模和仿真，其中中子学计算采用橡树岭国家实验室研制的 MC 程序 KENO-Ⅵ[3]。VERA 基于美国爱达荷州国家实验室研制的 MOOSE 框架[4]开发(图 14-10)，它使得 VERA 能够充分利用许多多物理面向对象的模拟环境 MOOSE 框架开发应用软件，并有效发挥了高性能计算机的作用。

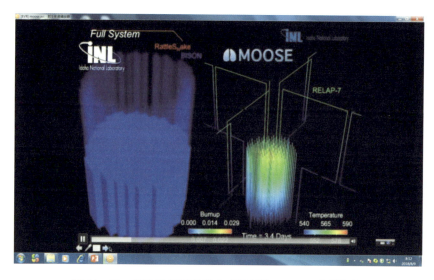

图 14-10 爱达荷州国家实验室研制的 MOOSE 支撑框架

2013 年 3 月 29 日美国橡树岭国家实验室公布了 VERA 堆芯基准问题及模拟结果，内容包括六种工况的稳态模拟和两个工况的瞬态模拟(控制棒的插入和拔出)[5]。2015 年一期结束,成功完成首个在役运行核反应堆(美国田纳西流域管理局 Watts Bar Nuclear Unit 1 压水堆)的全堆芯燃料棒运行工况的数值模拟,对 AP1000 反应堆首循环物理启动参数作了精确预测。近年 VERA 系统已用于模拟美国西屋电气公司研制的三代加反应堆 AP1000[6]和 Watts Bar Nuclear Unit 2 (WBN2)的启动[7],证明了其强大的堆芯计算和多物理场耦合模拟能力。

此外,美国能源部在 2007 年还启动了核能先进建模与仿真(NEAMS)计划 (2007—2025)[8],该计划涵盖从采矿、勘探、转化、提纯、浓缩、元件/燃料制造、反应堆运行、乏燃料中期存储、再加工、高放废物处置等全生命周期。目标是为各种反应堆系统提供从单个芯块到整个工厂的模拟能力和极端事故的预测能力。目前 NEAMS 计划主要以钠冷快堆(SFR)为应用对象。同期,欧洲启动了 NURESAFE (Nuclear Reactor Safety Simulation Platform)计划[9]。NUR 系列计划从 2004 年开始,欧洲针对先进反应堆数值模拟进行了持续不断的投入。截至目前按时间分为三个阶段,即 NURESIM(2005—2008)、NURISP(2009—2011)、NURESAFE (2014—2015),旨在为欧盟提供一个从二代到四代堆的反应堆模拟集成参考解软件平台。NURESIM 是为实现平台目标提供可行性基础,模拟轻水堆(LWR)的正常运行和事故。这个平台包括 14 个软件,涵盖中子学、热工水力、燃料机理,涉及子通道或 pin、燃料组件、堆芯及反应堆系统,经过一系列基准检验。NURISP 对模拟平台进行巩固和延伸。NURESAFE 则是确认、合理化和进一步延伸平台,并扩展满足 Gen-Ⅳ 需求。根据调研,数值反应堆软件与工业软件的主要区别如表 14-4 所示。

表 14-4 数值反应堆软件指标

物理模型	工业应用软件	数值反应堆对应软件
建模	组件均匀化,轴向少分层	pin-by-pin 建模,轴向细分层
中子输运	单组件二维细网格多群输运计算,全堆芯三维粗网格扩散计算	三维全堆芯 pin-by-pin 建模,连续能量的 MC 输运计算,三维 MOC 输运计算
功率分布	粗网功率分布,棒功率重构	精细 pin 功率分布
燃耗	点燃耗重构,能谱、燃耗历史修正	pin 燃耗,精确考虑堆的燃耗历史
热工水力	单通道、子通道(组件级)、节块平均温度分布	全堆 pin-by-pin 子通道,计算流体力学(CFD),pin-by-pin 的温度分布
燃料棒性能	基于经验公式的物理模型,理想结构的一维或二维几何结构	基于微介观机理的物理模型,考虑细致结构的三维几何模型
计算模式	弱耦合	多物理过程紧耦合

14.4 数值反应堆基准模型

14.4.1 H-M基准模型

根据史密斯挑战的设想,2009年,麻省理工学院的Hoogenboom和Martin依据西屋电气公司早年定型的一个实体反应堆及测量数据,推出了一个具体的反应堆模型,简称H-M模型[9](图14-11)。其中,燃料组件数为241;轴向分层数为100;每个组件棒束为289(17×17,其中264根燃料棒,25根控制棒或导向管);总栅元数约1393万(241×100×289×2,这里100为轴向分层数,2为燃料棒分层数);燃料栅元数约636万(241×100×264)。热态满功率HFP模拟时,考虑到有热工反馈,轴向分100层,模拟内存数消耗太大,且计算量难以承受,故轴向仅分10层,总燃耗区数约63.6万(241×10×264)。该模型后被IAEA确定为国际基准模型,在官网上发布。

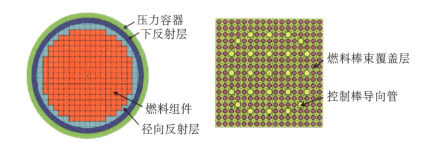

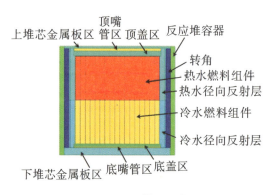

图14-11 H-M模型示意图

14.4.2 BEAVRS基准模型

继H-M模型之后,2013年麻省理工学院又推出BEAVRS(Benchmark for Evaluation and Validation of Reactor Simulations)模型[10](图14-12),作为验证高置信度反应堆计算程序及方法而制作的真实压水反应堆基准题,模型也来自西屋电气公司的压水堆,包含两个换料周期、四个循环。热功率为 3411 MW;热零功率为 25 MW;温度为 560 °F;水压为 15.5 MPa;燃料组件数为 193;每个组件 17×17 棒束;轴向活性区分 398 层;高度为 365.76 cm;每个组件格架数为 8;三种富集度为 1.6、2.4、3.1 w/o ^{235}U。

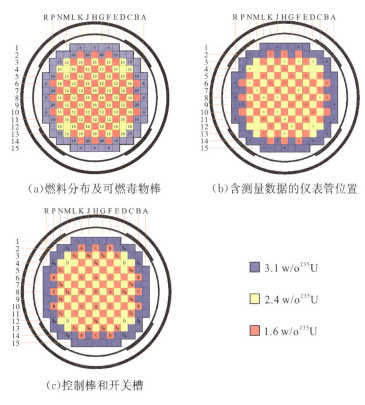

(a)燃料分布及可燃毒物棒　　(b)含测量数据的仪表管位置

(c)控制棒和开关槽

图 14-12　BEAVRS 模型径向图

BEAVRS 基准题发布在麻省理工学院网站上,美国海军实验室的 MC21 蒙特卡罗程序第一个完成 BEAVRS 模型热态零功率(Hot Zero Power,HZP)状态模拟,并发表了模拟结果[11]。国内 RMC[12] 和 JMCT[13] 也开展了 BEAVRS 模型 HZP 状态的计算,取得与实验相符的结果[14]。但热态满功率(Hot Full Power,HFP)状态的模拟结果与实验存在一定偏差,从测量数据来看,HFP 状态的堆芯功率随燃耗存在明显功率不对称情况。

14.4.3　VERA 基准模型

2013 年 3 月 29 日,美国橡树岭国家实验室公布了 CASL 计划成果——VERA 基准题,给出十种工况及模拟结果[5],涉及调棒、HZP、HFP 等稳态和瞬态模拟。这是目前国际上数值反应堆基准模型中最完整的结果,为各国多物理耦合软件模拟能力检验提供了参考对象。VERA 基准题中子学模拟选择的是美国橡树岭国家实验室研制的 KENO-Ⅵ蒙特卡罗程序[3]。

下篇应用部分将给出 MC 软件 JMCT 模拟 H-M、BEAVRS 和 VERA 模型的部分结果。

14.5 小结

2003 年,麻省理工学院的 Kord Smith 教授首次提出数值反应堆模拟的思想,基于当时的计算机速度和存储能力,要完成反应堆 pin-by-pin 模拟还是幻想。根据摩尔定律,预测 2018 年才能完成史密斯挑战模型的计算。数值反应堆模拟涉及核-热-力耦合计算,需要把过去孤立考虑的多个物理过程耦合起来,解决不同求解器之间的数据交换、网格构造及大规模并行计算负载平衡是核心关键。史密斯挑战设想提出后,各国在计算方法、软件方面都竞相开展研究。首先依据成熟压水反应堆实测数据,分别构建了 H-M、BEAVRS 和 VERA 国际基准反应堆模型,求解过程涉及复杂建模及热态零功率(HZP)和热态满功率(HFP)的核-热-力多物理耦合计算,其中 VERA 模型还涉及调棒和瞬态计算。这些模型的提出,大大促进了计算方法、软件和计算机的发展。2012 年 MC21 程序成为首个完成 H-M 和 BEAVRS 的程序,不过燃料棒径向并没有细分层,如果按照 K-S 构想,燃料棒径向分 10 层,轴向分 100 层,则计算量和存储量仍对当今的计算机速度和内存构成挑战。国内近年发展起来的自主 MC 粒子输运程序,如 RMC、JMCT、SuperMC 程序,在数值反应堆模拟方面均取得了突破,在第 17 章将给出 JMCT 软件模拟 H-M、BEAVRS 和 VERA 模型的结果。

参考文献

[1] KOTHE D B. CASL:the consortium for advanced simulation of light water reactor[R]. La Grange Park,Illinois:ANS,2010.

[2] TURNER J A, CLARNO K, SIEGER M, et al. The virtual environment for reactor applications (VERA): design and architecture[J]. Journal of computational physics, 2016, 326: 544-568.

[3] STEPHEN M. KENO-Ⅵ primer:a primer for criticality calculations with SCALE/KENO-Ⅵ using GeeWiz[R]. Knoxvill,Tennessee:Oak Ridge National Laboratory,2008.

[4] GASTON D, NEWMAN C, HANSEN G, et al. MOOSE:a parallel computational framework for coupled systems of nonlinear equations[J]. Nuclear engineering and design,2009, 239(10):1768-1778.

[5] GODFREY A T. VERA core physics benchmark progression problem specifications:

CASL-U-2012-0131-002[R]. Knoxvill,Tennessee:Oak Ridge National Laboratory,2013.

[6] FRANCESCHINI F,GODFREY A,STIMPSON S,et al. AP1000 PWR startup core modeling and simulation with VERA-CS[C]//Anon. Proceedings of the advances in nuclear fuel management. La Grange Park,Illinois:ANS,2015.

[7] GODFREY A T,COLLINS B S,GENTRY C A,et al. Watts bar unit 2 startup results with VERA[R]. Knoxvill,Tennessee:Oak Ridge National Laboratory,2017.

[8] SOFU T,THOMAS J. U. S. DOE NEAMS program and SHARP multi-physics toolkit for high-fidelity SFR core design and analysis[C]//Anon. Proceedings of the international conference on fast reactors and related fuel cycles:next generation nuclear systems for sustainable development. Vienna:IAEA,2017.

[9] HOOGENBOOM J E,MARTIN W R. A proposal for a benchmark to monitor the performance of detailed Monte Carlo calculation of power densities in a full size reactor core[R]. La Grange Park,Illinois:ANS,2009.

[10] MIT Computational Reactor Physics Group. Benchmark for evaluation and validation of reactor imulations:Release Rev 1. 0. 1[R]. [S. l. :s. n.],2013.

[11] KELLY D J Ⅲ,AVILES B N,HERMAN B R. MC21 analysis of the MIT PWR benchmark:hot zero power results[R]. Sun Valley,Idaho:M & C,2013.

[12] WANG K,LI Z G,SHE D,et al. RMC:a Monte Carlo code for reactor core analysis[J]. Annals of nuclear energy,2015,82:121-129.

[13] DENG L,YE T,LI G,et al. 3-D Monte Carlo neutron-photon transport code JMCT and its algorithms[Z]. Kyoto,Japan:PHYSOR,2014.

[14] 李刚,邓力,张宝印,等. BEAVRS基准模型热零功率状态的JMCT分析[J]. 物理学报,2016,65(5):44-53.

>>> 第 15 章 MCNP 程序算法及功能

MCNP(Monte Carlo N-particle Transport Code)程序作为世界上一款知名度极高的 MC 软件,是一款大型、通用、多功能、多粒子输运 MC 程序。程序由美国洛斯阿拉莫斯国家实验室(LANL)X-5 小组于 1963 年开始研制,但从 20 世纪 40 年代美国曼哈顿工程开始,MC 方法的痕迹就留在了 MCNP 程序中,从 MCNP 程序手册的序言中,可以看出其发展历史悠久。伴随 MCNP 程序的用户手册堪比一本 MC 粒子输运的百科全书,汇集了丰富的核物理、核反应、核数据及计算机专业知识,成为从事 MC 方法研究及工程应用工作者的一部珍贵的参考书。MCNP 经过数十年发展和版本的不断更新,程序功能越来越完善,应用领域不断拓展。程序对外开源(但需要授权),利用全世界用户对程序使用意见的反馈和算法改进不断完善,形成了很好的良性互动。今天的 MCNP 程序已成为核科学工程理论设计的重要工具,其应用领域十分广泛,除了传统的核领域,还用于医学、辐射防护、天体物理、机器学习、人工智能等领域。基于多年使用 MCNP 的心得,我们觉得有必要把 MCNP 程序作为一章来介绍,以丰富 MC 应用方面的知识。

15.1 发展历史

MCNP 程序研制始于 1963 年。1973 年模拟中子反应的 MCN 程序[1]和模拟高能光子的 MCG 程序[2]合并,诞生了中子-光子耦合输运 MC 程序 MCNG,1977 年 MCNG 与模拟低能光子的 MCP 程序[2]合并,取名为 MCNP 程序。之后增加了临界 k_{eff} 本征值计算(KCODE)、体积自动计算、计数等功能,于 1983 年 9 月推出 MCNP3 程序[3],编号 CCC-200,该版本完全按照 ANSI、FORTRAN 77 标准写成。至此 MCNP 程序开始面向全世界发布。程序广泛使用可调数组后,节约了内存,也消除了原有程序的诸多限制,可移植性大大增强。程序通过关键字选择和预处理程序 PRPR,把后缀名为.id 的文件展开为适合 CRAY、IBM、CDC、VAX 等计算机的可编译 FORTRAN 程序，编译连接生成可执行程序。从 MCNP4A 开始推出可并行计算程序，MCNP4B 之后推出 PC-Windows 版本程序。

MCNP 凝聚了 X-5 小组创建以来的工作成果，据 2000 年 MCNP4C 发布时的程序手册介绍，程序研发投入的人年数超过 500。X-5 小组的编制为 16 人，是个老中青相结合的队伍。早期程序版本平均每 2 至 3 年更新一次。随着程序规模的不断扩大，更新速度有所放慢。从 2012 年推出 MCNP6 版本后至 2020 年，虽有 Beta 2、Beta 3、6.1、6.2、6.3 系列子版本推出，但 MCNP7 何时推出还不得而知。下面对 MCNP3 之后程序各版本发展情况作一个回顾。

MCNP3 —1983 年推出，编号 CCC-200，程序代码采用 FORTRAN 77 标准编写，运行在 UNIX 系统下。截面采用 ENDF/B-III 库，可计算中子-光子及其耦合输运问题。

MCNP3A —1986 年推出，加进了多种标准源，截面库更新到 ENDF/B-IV，运行在 UNIX 系统下。

MCNP3B —1988 年推出，增加了阵列几何和重复结构处理能力，增加了几何输入(PLOT)及计算结果图形输出(MCPLOT)功能，多群/伴随输运，截面主要采用 ENDF/B-IV 库。同时增加了 LANL 研制的 ENDL851 中子截面子库，可在 DOS 和 UNIX 系统下算题和画图。

MCNP4 —1990 年推出，UNIX 版本，并入桑迪亚国家实验室(SNL)研制的电子输运程序 ITS(Integrated Tiger Series)[4]，使 MCNP 程序首次具有带电粒子输运模拟能力，并增加了 F8 脉冲高度谱计算功能。更新了随机数，使其周期更长。增加了 DXTRAN 球和 $S(\alpha, \beta)$ 热化处理，截面更新到 ENDF/B-V 库。

MCNP4A —1993 年推出了 DOS/UNIX 版本，其中 DOS 版本需要 LANL 研制的 Lahey77 编译器支持。程序增加了 PVM 并行计算功能，适合共享存储计算机。采用 ENDF/B-VI 截面库。增加了周期边界和动态存储处理，支持在 Cluster 工作站上开展并行计算，增加了 X-Windows 彩显图形输出，更新了光子库，改进了计数和重复结构。

MCNP4B —1997 年推出[5]，增加了微扰计算功能，光子物理更新到 ITS 3.0。改进了 PVM 并行，增加了截面画图。程序可在 DOS 系统下运行，但需 Lahey77 编译器支持。若在 UNIX 系统运行画图，则需安装 GKS 图形软件包。

MCNP4B 2—1998 年推出，对 MCNP4B 进行了部分升级，支持 FORTRAN 90 编译系统。在个人计算机 Windows 系统下，用 Compaq Virtual FORTRAN 替换之前使用的 Lahey 编译器，编译生成的执行程序可在 DOS 系统下运行，Compaq Virtual FORTRAN 也支持输入（plot）和计算结果（mcplot）画图。UNIX 系统编译运行 MCNP 程序，则需另外的编译器，画图需要安装 GKS 图形工具软件包。

MCNPX —1999 年推出[6]，支持 DOS（采用 Lahey 95 编译器）/UNIX 系统，增加了超高能模拟功能，配备 LANL 研制的 L150 中子截面库，中子能量上限达 150 MeV。X 版本与 4C 版本差异较大，X 版本没有保留之前 4C 版本的 α 本征值计算功能。

MCNP4C —2000 年推出[7]，增加了 Mesh 网格计数、共振处理、α 本征值计算，扩充了微扰、电子物理和并行处理功能。可运行在 DOS/UNIX 系统下，仍在 Windows 下运行 Compaq Visual FORTRAN 进行编译，产生在 DOS 下运行的执行程序。程序增加了共振计算、微扰、瞬发 α 本征值、Mesh 权窗等功能，截面的共振自屏处理更加精细，支持 PVM 和 SMPP 并行系统（该版本是用户反馈最好用的程序版本）。

MCNP5 —2003 年推出[8]，采用 FORTRAN 90 编写，集成 X11 彩色图形绘制功能，增强了 PVM 和 MPI 并行计算能力，负载平衡性得到改进，程序可以运行在个人计算机环境 Windows 系统下，开发了 X-Windows 彩色绘图功能，增加了新的 Mesh 计数和 Doppler 温度展宽功能，但没有 α 本征值计算功能。

MCNP6 —2012 年推出，合并 MCNPX 2.7.0 和 MCNP5 1.60 后推出了 MCNP6 Beta 2 版本，之后又推出 Beta 3、6.1、6.2 等系列版本。相对之前的版本，增加了 16 种新功能，吸收了 ABAQUS 程序的有限元计算功能，支持非结构网格[9]和体素网格[10]。可模拟的粒子种类数达到 37 种。数据库更新到 EDDF/B-Ⅶ.1 库[11]。$S(\alpha,\beta)$ 库的核素总数增加到 20 种。完善了伴随计算功能，可进行敏感性和不确定性分析、微扰及动力学参数计算。光子能量下限至 1 eV，电子能量下限至 10 eV，可模拟可见光问题。电子输运考虑了电子退激效应、虚粒子和磁场效应。在并行计算方面，对原有 MPI 进行了升级，OpenMP 得到扩充。增加了燃耗计算、k_{eff} 微扰和光子散射修正因子，改进统计计数。更新了衰变模型及

缓发 β。由于采用了新的随机数发生器，MCNP6 与 MCNPX 和 MCNP5 的结果存在一些差异[12-14]。

MCNP 程序复杂，几何处理能力强，采用实体组合几何（Constructive Solid Geometry，CSG）面描述，几何单位用块（cell）表示，几何块通过标准几何面和布尔运算得到。几何块内的材料由包括同位素在内的多种核素或分子式组成。截面包括 ACE(a Compact ENDF)格式的连续点截面和 ANISN(美国国家标准协会)格式的多群截面。截面基础数据主要来自 ENDF/B 系列评价数据库。核反应考虑了该库给出的所有中子反应类型，在截面数据目录文件 xsdir 中，列出了不同用途的多种评价截面库。由于数据库采用国际统一标准，因此，可兼容国际上其他国家及组织发布的核数据库。这些数据库经过核数据加工程序 NJOY[15]均可加工成统一格式的微观截面库，供 MCNP 程序使用。

MCNP 程序中子热散射处理非常精细，4 eV 以下采用 $S(\alpha,\beta)$ 模型，4 eV 以上采用自由气体模型。考虑了中子速度相对论效应；光子相干和非相干散射，并处理了光电吸收后可能的荧光发射和电子对产生问题；以及电子电离、激发和轫致辐射等过程。程序汇集了丰富的降低方差技巧，配备了多种标准源，并为用户提供了源项子程序 source 的接口，可以选择自定义源。为便于检查几何输入是否正确，程序配备了几何绘图 plot 功能和计算结果图形输出 mcplot 功能。共有 7 种标准计数，此外还为用户提供了标准计数以外的计数接口。用户通过改编子程序 tallyx，输出感兴趣的统计计数量。

MCNP 程序主要用于临界安全分析和辐射屏蔽计算，近年应用领域已拓展到医学肿瘤剂量计算，国际上多数治疗计划均采用 MCNP 程序或基于 MCNP 程序改编的程序。表 15-1 给出 MCNP 不同时期发布的程序版本及新增功能简介。

表 15-1 MCNP 发展历史及新增功能简介

版本号	发布时间	新增功能说明
MCNP3	1983 年	第一次通过橡树岭国家实验室辐射屏蔽信息中心（ORNL-RSICC）对外发布，FORTRAN 77 版本
MCNP3A	1986 年	相比 MCNP3，程序功能维持不变，对程序代码进行了改编
MCNP3B	1988 年	引入几何输入绘图，增加了多种体、面源、几何/栅格重复结构描述
MCNP4	1990 年	增加了多处理器并行计算及电子输运模拟功能
MCNP4A	1993 年 10 月	增强了统计分析，更新了光子数据，截面库更新到 ENDF/B-Ⅵ，增加了彩色 X-Windows 绘图和动态分配存储功能
MCNP4B	1997 年 4 月	增加了算子微扰和截面绘图功能，扩充了光子物理，改进了 PVM 负载平衡

续表

版本号	发布时间	新增功能说明
MCNPX 2.1.5	1999年11月	MCNPX 基于 MCNP4B、CEM INC 和 HTAPE3X 程序合并而成,增加了计数种类,改进了碰撞能量损失模型
MCNP4C	2000年4月	改进了共振处理、计数、微扰、电子输运和图形输出功能
MCNP4C 2	2001年1月	考虑了光核物理,增加了权窗图形输出
MCNPX 2.3.0	2002年4月	为 LAHET 2.8、3.0 增强版 MCNPX
MCNPX 2.4.0	2002年8月	对 MCNP4C 进行补充修改,使其适用于 Windows 系统和 FORTRAN 90 编译器
MCNP5 1.14	2002年11月	采用 FORTRAN 90 编译器,增加光核碰撞、时间分裂和计数,支持 Mac 共享存储系统下 OpenMP 并行
MCNP5 1.20	2003年10月	探测器计数从 100 扩充到 1000
MCNP5 1.30	2004年8月	样本数 NPS 采用 8 字节长整型表示,使最大模拟样本数远超之前的 21 亿,扩充了计数,支持 Mac 系统下 MPI 并行
MCNPX 2.5.0	2005年4月	可模拟 34 种粒子,考虑了 4 种轻离子,增加了裂变多重性、自发裂变源、CEM2k 和 INCL4/ABLA 物理模型、脉冲高度计数及多重俘获计数,降低方差技巧得到增强
MCNP5 1.40	2005年11月	增加了对数数据插值、中子多重性分布、随机几何和计数绘图功能
MCNPX 2.6.0	2008年4月	增加了燃耗计算、重离子输运、LAQGSM 物理、CEM 03 物理、延迟伽马发射、能量-时间权窗、中子俘获负荷离子、球型网格权窗和自发光子模拟等功能
MCNP5 1.51	2009年1月	增加了光子多普勒展宽处理、针对脉冲高度计数的降低方差技巧和湮灭光子追踪功能
MCNP5 1.60	2010年8月	增加了点动力学参数伴随权窗和各向同性反应率的计数功能,计数几何块和面由之前的 10 万扩大到 1 亿
MCNPX 2.7.0	2011年4月	增加了几种特殊源、周期时间箱和中子多重性功能,以及 ACE 格式的 NRF 数据、LAQGSM 3.03 和 CEM 3.03 物理
MCNP6 0.1	2012年1月	支持 37 种粒子模拟,支持非结构网格输运计算,基于 SN 程序伴随自动权窗产生,光子输运下限能量至 1 eV,增加了空气中的磁场追踪模拟功能

15.2 主要功能

15.2.1 几何描述

在输入分布中,几何描述由两部分组成:第一部分为几何块(cell)材料及布尔运算,布尔运算包括并、交、余三种;第二部分输入参与几何块运算的所有几何曲面。基本几何面有一次平面、二次球面、二次柱面、二次锥面、任意二次曲面和特殊的四次旋转椭圆环曲面。MCNP 程序能够计算大多数几何块的体积和面积,但无法计算某些非对称旋转几何体的体积和面积(程序运行后会提醒),需要用户通过卡片输入相应计数几何块的体积或计数面的面积。若用户未输入无法计算的计数块的体积或计数面的面积,则程序按单位体积或单位面积给出计数。

最新版的 MCNP6 程序还增加了结构/非结构网格,以及与其他确定论程序耦合计算的接口,既方便 MC 程序与确定论程序的对比计算,也便于两种方法的耦合计算。

15.2.2 截面库

MCNP 程序配备的截面数据库为 ENDF/B 库,同时有部分来自 LANL 研制的 ENDL 库(如 ENDL851、L150)和 ORNL 研制的 AWRE 库。截面数据库覆盖了包括共振区在内的能量区,以点截面形式给出。考虑了截面在特定评价库中所有的反应处理,中子能量范围为 10^{-5} eV~20 MeV;光子能量范围为 1 eV~1 GeV;电子能量范围为 10 eV~1 GeV。当能量超过上限能量或低于下限能量时,以上、下限能量为界处理。目前 MCNP6 配备的评价数据库为 ENDF/B-Ⅶ.1 库,包含了 423 种核素,300 K 温度的中子截面。对裂变核,除 300 K 温度截面外,在 300~1200 K 范围内还提供了 7 个不同温度点的截面。对非裂变核,考虑到温度对高能部分的影响有限,因此只对自由气体热化中子弹性散射截面作了近似温度修正,修正因子为

$$F = (1 + 0.5/a^2)\mathrm{erf}(a) + \mathrm{e}^{-a^2}/(a\sqrt{\pi}) \tag{15-1}$$

式中,$a = \sqrt{AE/kT}$,A 为核素的原子量,E 为中子能量(MeV),T 为温度(K)。

为了计算加速,对修正因子作了进一步简化。当 $a \geqslant 2$ 时,取 $F \approx 1 + 0.5/a^2$;当 $a < 2$ 时,用 51 个列表数据通过插值得到 F 的近似值。目前最新的 MCNP6 程序增加了裂变核的多普勒温度在线展宽功能,在 300~1200 K 按 25 K 为一间隔,构建一个多温离散截面库,通过插值可以获得 300~1200 K 任意温度的截面。多群截面库采用标准 ANISN 格式编写。

目前国际评价核数据库制定了统一标准格式,可选择的核数据库还有日本的

JENDL 库[16]、中国的 CENDL 库[17]和欧洲的 JEF 库[18]。这些库都是公开的,从 LANL 官方网站可以下载,通过 NJOY 程序[15]加工成 ACE 格式的连续点截面或 ANISN 格式的多群截面。这里给出 MCNP 4C 程序配备的主要截面库:

①rmccs:中子点截面库;

②mcplib:光子点截面库;

③tmccs:热中子点截面库;

④el:电子点截面库;

⑤d9:多群中子截面库;

⑥llldos:中子/光子剂量库;

⑦endl85:来自 LANL 的中子点截面子库。

15.2.3 源处理

1. 标准源

MCNP 程序为用户提供了五种标准源,分别是:

①各向同性点源;

②向外余弦分布球面源;

③向内余弦分布球面源;

④任意几何形状的各向同性均匀体源;

⑤任意形状的均匀面源。

如果用户计算问题的源不在上述五种标准源范围内,MCNP 为用户提供了一个源项子程序的接口,省缺 SDEF 卡片,则程序会自动调用用户提供的源子程序 SOURCE。关于 SOURCE 子程序的编写,MCNP 程序手册有详细介绍,确保输入的形参变量与定义的变量名一致即可[19]。六种裂变谱基本涵盖了今天核工程领域裂变、聚变的全部问题。

2. 能谱

MCNP 配备了六种标准能谱,分别是:

①Cranberg 裂变谱与 Gaussian 聚变谱;

②Maxwell 裂变谱;

③Watt 裂变谱;

④Gaussian 裂变谱或正态时间谱;

⑤蒸发谱;

⑥Muir 速度的 Gaussian 聚变谱。

3. 边界处理

MCNP 提供三种边界处理,分别是:

① 真空边界：规定粒子穿出真空边界后不再返回；

② 反射边界：适用于对称面，粒子到达发射边界，按镜面反射处理粒子飞行方向，这种处理可以节约内存，但不会节省计算时间，它不适合点探测器估计和 DXTRAN 球问题；

③ 周期边界：MCNP6 新增功能，适合周期脉冲源发射这类问题。

15.2.4 热散射

热散射会在自由气体模型和 $S(\alpha,\beta)$ 模型之间选择，通常中子能量 $E \leqslant 4$ eV 时，采用 $S(\alpha,\beta)$ 模型处理；当中子能量 $E > 4$ eV 时，采用自由气体模型处理。另外，MCNP 程序对热化部分的弹性散射截面作了式(15-1)的温度修正。目前最新 $S(\alpha,\beta)$ 库(ENDF/B-Ⅶ)共有 20 个核素的热化截面。

1. 自由气体模型

这是一个热相互作用模型，假定中子在一种单原子气体中进行输运，核的运动速度服从各向同性的 Maxwell 分布。对于动能为 E 的中子，其实验室中的有效散射截面为

$$\sigma_s^{\text{eff}}(E) = \frac{1}{v_n}\iint \sigma_s(v_{\text{rel}})v_{\text{rel}} p(V) \mathrm{d}v \frac{\mathrm{d}\mu_t}{2} \tag{15-2}$$

式中，v_{rel} 为中子标量速度 v_n 与靶核运动标量速度 V 之间的相对标量速度；μ_t 为中子与靶核飞行方向之间夹角的余弦。

$$v_{\text{rel}} = (v_n^2 + V^2 - 2v_nV\mu_t)^{1/2} \tag{15-3}$$

$p(V)$ 是以下形式的靶核 Maxwell 分布：

$$p(V) = \frac{4}{\sqrt{\pi}}\beta^3 V^2 \mathrm{e}^{-\beta^2 V^2} \tag{15-4}$$

式中，$\beta = \sqrt{AM_n/2kT}$，A 为以中子质量为单位的靶核质量，M_n 为靶核质量，kT 为靶核平衡温度(MeV)。

靶核 n 的最概然速率是 $1/\beta$，其对应靶核的动能为 kT。它并不是核的平均动能，核的平均动能是 $3kT/2$。由式(15-2)至式(15-4)得到靶核速度 v_n 和余弦 μ_t 的概率分布函数

$$P(V,\mu_t) = \frac{\sigma_s(v_{\text{rel}})v_{\text{rel}} p(V)}{2\sigma_s^{\text{eff}}(E) v_n} \tag{15-5}$$

假定 $\sigma_s(v)$ 随速度 v 的变化可以忽略，对轻核 $\sigma_s(v_{\text{rel}})$ 变化缓慢，对重核 $\sigma_s(v_{\text{rel}})$ 可能变化迅速，散射减速效应不明显，这时上述概率分布可以近似为

$$P(V,\mu_t) \approx \sqrt{v_n^2V^2 - 2Vv_n\mu_t}\, V^2 \mathrm{e}^{-\beta^2V^2} \tag{15-6}$$

2. $S(\alpha,\beta)$ 处理

$S(\alpha,\beta)$ 热散射处理是对热中子分子和晶状固体的完整描述，考虑两个过程：

①截面为 σ_{in} 的非弹性散射,从 ENDF/B 库的 $S(\alpha,\beta)$ 散射律中的能量-角度表达式导出。

②弹性散射不随入射中子能量变化,即弹性散射,中子不损失能量。散射角从晶格参数导出,如果 $\sigma_{el} \neq 0$,则弹性散射的概率为 $\sigma_{el}/(\sigma_{in}+\sigma_{el})$。

热散射处理也适用于多原子的分子式,如 BeO。

对于非弹性散射,给出两组数表,一组为 16 或 32 个等概率能量分布,能量范围为 $10^{-5} \sim 4$ eV,出射中子能量从等概率分布表抽样得到;另一组是描述次级中子角分布的,出射中子能量从如下分布抽样得到:

$$P(E'|E_i<E<E_{i+1}) = \frac{1}{N}\sum_{i=1}^{N}\delta[E'-\rho E_{i,j}-(1-\rho)E_{i+1,j}] \quad (15-7)$$

式中,E_i、E_{i+1} 为初态能量隔点组中的两个相邻点;N 是等概率终态能量分点数;$E_{i,j}$ 为对应初态能量 E_i 的第 j 个离散终态能量;ρ 满足

$$\rho = \frac{E_{i+1}-E}{E_{i+1}-E_i} \quad (15-8)$$

在终态能量 E' 及终态能量索引号 j 选定后,在每种情况下,$(i,j)^{th}$ 表示 $E=E_i \to E'=E_{i,j}$ 的能量转移方式。散射角余弦有两种选择方式:

①数据由一组等概率离散余弦 $\mu_{i,j,k}$ 组成($k=1,\cdots,\upsilon$),k 被挑选的概率为 $1/\upsilon$ ($\upsilon=4,8$),μ 从下面关系式得到:

$$\mu = \rho\mu_{i,j,k}+(1-\rho)\mu_{i+1,j,k} \quad (15-9)$$

②数据由一组等概率余弦箱边界值组成,以概率 ρ 确定余弦箱编号 i,进而在第 i 个余弦箱 $[\mu_i,\mu_{i+1}]$ 内,通过随机线性抽样得到:

$$\mu = \mu_i + \xi(\mu_{i+1}-\mu_i) \quad (15-10)$$

MCNP 程序处理中子热散射是非常精细的,其他中子与核作用的核反应,可参考第 5 章的介绍。

15.2.5　方向抽样

ACE 格式连续点截面的角分布处理非常精细,主要数据均由实验点拟合得到。对于大多数弹性与非弹性散射,出射中子方向的抽样方法都是相同的,散射角余弦 μ 从碰撞核的角分布表抽取。角分布表按矩阵形式给出,中子能量分成若干点,在每个点上给出 32 个等概率的余弦间隔。这些余弦值是质心系的还是实验室系的,由反应类型决定。假如入射中子能量为 E,落在 $[E_n, E_{n+1}]$ 中,E_n 和 E_{n+1} 是 E 的相邻点,此时,选用 E_n 角分布概率为

$$\frac{E_{n+1}-E}{E_{n+1}-E_n} \quad (15-11)$$

选用 E_{n+1} 角分布概率为

$$\frac{E - E_n}{E_{n+1} - E_n} \tag{15-12}$$

不妨假定抽样选定为 n，那么抽样得到出射粒子散射角余弦值 μ 为

$$\mu = \mu_{n,i} + (32\xi - i)(\mu_{n,i+1} - \mu_{n,i}) \tag{15-13}$$

式中，ξ 为随机数，且有 $i - 1 < 32\xi \leqslant i (i = 1, 2, \cdots, 32)$。

如果选取的 μ 为质心系，则应将 μ 转换为实验室系。

15.2.6　能量抽样

在第 5 章介绍了中子、光子及电子的各种核反应，这些核反应在 MCNP 程序中可确定各种散射后出射粒子的方向。回顾一下中子、光子及电子涉及的核反应：

①中子主要核反应：弹性散射(el)、非弹性散射(inel)、裂变反应(f)和吸收反应(c)。

②光子主要核反应：光电效应(e)、对产生(pp)、非相干散射[康普顿(Compton)散射]和相干散射[汤普森(Thomson)散射]。

③电子主要核反应：轫致辐射、飞行淹没和静止淹没。

④中子产生中子核反应：(n,f)、(n,xn) (x = 2,3)。

⑤中子产生光子的反应：(n,n′)、(n,γ)和(n,f)反应。

光子可以产生电子，电子通过轫致辐射产生轫致光子（表 15-2）。

表 15-2　光子、电子作用过程

光子参与的反应类型	光子反应产生的次级粒子种类	正电子参与的反应类型	正电子反应产生的次级粒子种类
光电效应	电子	轫致辐射	轫致光子
康普顿散射	光子、电子	飞行淹没	两个光子
对产生	电子、正电子	静止淹没	两个光子

当一个中子与核发生碰撞时，依次作下列处理。

①判别与哪个核发生碰撞：若模拟为中子-光子耦合输运问题，则中子要产生次级光子，次级光子先存库，继续中子跟踪。

②处理中子俘获：直接俘获或隐俘获。

③确定散射类型：热散射、弹性散射或非弹性散射。

④确定出射粒子的能量和方向：如此循环，当前中子历史结束后，再跟踪库存粒子，按中子→光子→光子的顺序处理，对每种粒子库均采用后进先出的顺序，从驿站取出次级粒子分别跟踪。

15.2.7 主要计数

所有计数均可归结为通量与响应函数的卷积积分，泛函 I 的计算为

$$I = \langle \phi, g \rangle = \int \phi(S) g(S) \mathrm{d}S \tag{15-14}$$

由此引出 MCNP 程序的七种主要计数。

1. 穿过界面的流 (F_1、$^*F_1$ 计数)

$$F_1 = \int_A \int_E \int_\Omega \int_t J(\boldsymbol{r}, E, \boldsymbol{\Omega}, t) \mathrm{d}\boldsymbol{r} \mathrm{d}E \mathrm{d}\boldsymbol{\Omega} \mathrm{d}t$$

$$= \int_A \int_E \int_\mu \int_t |\mu| \phi(\boldsymbol{r}, E, \mu, t) A \mathrm{d}\boldsymbol{r} \mathrm{d}E \mathrm{d}\mu \mathrm{d}t \tag{15-15}$$

$$^*F_1 = \int_A \int_E \int_\Omega \int_t E \cdot J(\boldsymbol{r}, E, \boldsymbol{\Omega}, t) \mathrm{d}\boldsymbol{r} \mathrm{d}E \mathrm{d}\boldsymbol{\Omega} \mathrm{d}t \tag{15-16}$$

其中，

$$J(\boldsymbol{r}, E, \boldsymbol{\Omega}, t) = |\mu| \phi(\boldsymbol{r}, E, t) A \tag{15-17}$$

为中子穿过界面 A 的流，$\mu = \boldsymbol{\Omega} \cdot \boldsymbol{n}$，$\boldsymbol{n}$ 为界面 A 位于 $\boldsymbol{r}$ 点处的外法向单位向量。

2. 面平均通量密度 (F_2、$^*F_2$)

$$F_2 = \frac{\phi(A)}{A} = \frac{1}{A} \int_A \int_E \int_\Omega \int_t \phi(\boldsymbol{r}, E, \boldsymbol{\Omega}, t) \mathrm{d}\boldsymbol{r} \mathrm{d}E \mathrm{d}\boldsymbol{\Omega} \mathrm{d}t \tag{15-18}$$

$$^*F_2 = \frac{1}{A} \int_A \int_E \int_\Omega \int_t E \cdot \phi(\boldsymbol{r}, E, \boldsymbol{\Omega}, t) \mathrm{d}\boldsymbol{r} \mathrm{d}E \mathrm{d}\boldsymbol{\Omega} \mathrm{d}t \tag{15-19}$$

3. 体平均通量密度 (F_4、$^*F_4$)

$$F_4 = \frac{\phi(V)}{V} = \frac{1}{V} \int_V \int_E \int_\Omega \int_t \phi(\boldsymbol{r}, E, \boldsymbol{\Omega}, t) \mathrm{d}\boldsymbol{r} \mathrm{d}E \mathrm{d}\boldsymbol{\Omega} \mathrm{d}t \tag{15-20}$$

$$^*F_4 = \frac{1}{V} \int_V \int_E \int_\Omega \int_t E \cdot \phi(\boldsymbol{r}, E, \boldsymbol{\Omega}, t) \mathrm{d}\boldsymbol{r} \mathrm{d}E \mathrm{d}\boldsymbol{\Omega} \mathrm{d}t \tag{15-21}$$

4. 点通量密度 (F_5、$^*F_5$)

$$F_5 = \phi(\boldsymbol{r}^*) = \int_E \int_\Omega \int_t \phi(\boldsymbol{r}^*, E, \boldsymbol{\Omega}, t) \mathrm{d}E \mathrm{d}\boldsymbol{\Omega} \mathrm{d}t \tag{15-22}$$

$$^*F_5 = \int_E \int_\Omega \int_t E \cdot \phi(\boldsymbol{r}^*, E, \boldsymbol{\Omega}, t) \mathrm{d}E \mathrm{d}\boldsymbol{\Omega} \mathrm{d}t \tag{15-23}$$

5. 沉积能 ($F_{6,7}$、$^*F_{6,7}$)

$$F_{6,7} = \frac{1}{V} \frac{\rho_a}{\rho_g} \int_V \int_t \int_E H(E) \phi(\boldsymbol{r}, E, t) \mathrm{d}\boldsymbol{r} \mathrm{d}E \mathrm{d}t \tag{15-24}$$

$$^*F_{6,7} = \frac{1}{V} \frac{\rho_a}{\rho_g} \int_V \int_t \int_E E \cdot H(E) \phi(\boldsymbol{r}, E, t) \mathrm{d}\boldsymbol{r} \mathrm{d}E \mathrm{d}t \tag{15-25}$$

式中，ρ_a 为原子密度(10^{24} 个原子$/\mathrm{cm}^3$)；ρ_g 为重量密度($\mathrm{g/cm}^3$)；$H(E)$ 为每次碰撞的平均放热量[对中子 $H(E) = 1.242 \times 10^{-3}$ MeV/g，对光子 $H(E) = 1.338 \times 10^{-3}$ MeV/g]。

(1) 对 F_6 中子

$$H(E) = \sigma_t H_{\text{avg}}(E) \tag{15-26}$$

其中，

$$H_{\text{avg}}(E) = E - \sum_i p_i(E)[\bar{E}_{\text{out}_i}(E) - Q_i + \bar{E}_{\gamma_i}(E)] \tag{15-27}$$

式中，$p_i(E)$ 为第 i 个反应道的抽样概率；Q_i 为反应道 i 的 Q 值；$\bar{E}_{\text{out}_i}(E)$ 为第 i 个反应道平均出射中子能量；$\bar{E}_{\gamma_i}(E)$ 为第 i 个反应道出射光子的平均能量。

(2) 对 F_6 光子

$$H_{\text{avg}}(E) = \sum_{i=1}^{3} p_i(E)(E - \bar{E}_{\text{out}}) \tag{15-28}$$

式中，$i=1$ 为带形状因子的非相干散射，即康普顿散射；$i=2$ 为对产生，$E_{\text{out}} = 2m_0c^2 = 1.022016\,\text{J}$；$i=3$ 为光电吸收（所有转换给电子的能量就地沉积）。

(3) 对 F_7 中子

$$H(E) = \sigma_f(E)Q \tag{15-29}$$

式中，$\sigma_f(E)$ 为总裂变截面；Q 为每次裂变释放的总瞬发能量（MeV），以列表形式给出。

(4) 对 F_7 光子

$H(E)$ 表示光裂变，目前暂无数据。

6. 探测器响应-脉冲高度谱（F_8）

$$F_8 = N(h) = \int_D \int_0^{E_{\max}} \int_\Omega \int_t R(E,h)\phi(\boldsymbol{r},E,\boldsymbol{\Omega},t)\,\text{d}\boldsymbol{r}\text{d}E\text{d}\boldsymbol{\Omega}\text{d}t \tag{15-30}$$

式中，h 为脉冲计数道（MeV）；R 为探测器响应函数。

F_8 主要用于探测器响应计算，涉及光子-电子耦合输运，详细过程参见第 6、12 章中的介绍。表 15-3 给出 F 卡统计量的计数公式。

表 15-3 F 卡计数对应公式

计数类型	计算公式	单位 1	乘子	单位 2
F_1	w	中子数	E	MeV
F_2	$w/(|\mu|A)$	1/cm²	E	MeV/cm²
F_4	$w \cdot d/V$	1/cm²	E	MeV/cm²
F_5	$wp(\mu)\exp(-\tau)/(2\pi R^2)$	1/cm²	E	MeV/cm²
F_6	$w \cdot d \cdot \rho_a \sigma_t(E) H_{\text{avg}}(E)/m$	MeV/g	1.60219×10^{-22}	J/g
F_7	$w \cdot d \cdot \rho_a \sigma_f(E) Q/m$	MeV/g	1.60219×10^{-22}	J/g

注：w 为粒子权；d 为穿过探测器的径迹长度；τ 为平均自由程数；m 为探测器的质量。

7. 反应率

反应率就是通量与各种反应截面的卷积计数,可表示为

$$R_i = \int \Sigma_i(\pmb{r}, E) \phi(\pmb{r}, E, \pmb{\Omega}, t) \mathrm{d}\pmb{r}\mathrm{d}E\mathrm{d}\pmb{\Omega}\mathrm{d}t \tag{15-31}$$

式中,i 包括各种反应截面,如 t、el、in、(n,2n)、(n,3n)、(n,fx)、(n,f)、(n,n'f)、(n,2nf)、(n,n'p)、(n,n'd)、(n,n't)、(n,3nf)、(n,α)、(n,n')、(n,γ)、(n,p)、(n,d)、(n,t)、(n,³He)等。

15.2.8 降方差技巧

计算区域 D 上的积分

$$I = \int_D I(X)\mathrm{d}X, \quad I(X) = \sum_{j=1}^{J} I_j \Delta_j(X) \tag{15-32}$$

式中,$\Delta_j(X)$ 为 D_j 上的特征函数,$D_i \cap D_j = \phi(i \neq j)$,$\{I_i\}$ 用来表示 D_i 的重要性,D_j 可以为几何块,也可以为规则结构网格;Mesh 权窗采用的是规则正交结构网格。

以下技巧的内涵及作用详见第 9 章介绍:

① 几何分裂和俄罗斯轮盘赌;

② 指数变换;

③ 权窗;

④ 源偏移;

⑤ 隐俘获;

⑥ 强迫碰撞;

⑦ DXTRAN 球;

⑧ 相关抽样;

⑨ 能量、时间、权截断。

1. 中子速度考虑相对论效应

中子速度考虑了爱因斯坦相对论效应,中子速度 v 和能量 E 之间满足关系

$$v = \frac{c\sqrt{E(E+2m)}}{E+m} \tag{15-33}$$

式中,$c = 29979.25 \text{ cm}/\mu\text{s}$,为光速。

注:若不考虑相对论效应,按牛顿动能守恒定律 $E = \frac{1}{2}mv^2$,则有 $v = \sqrt{\frac{2E}{m}} \approx 1383\sqrt{E}$ (cm/μs)(能量 E 单位为 MeV)。

2. 次级光子的产生

如果正在运行的是中子-光子耦合输运问题,确定碰撞核后,若中子产光截面

$\sigma_\gamma \neq 0$,则产生次级光子。次级光子权为

$$w_p = w_n \sigma_\gamma / \sigma_t \tag{15-34}$$

式中,w_n 为碰撞发生时的中子权;σ_t 为碰撞发生时的中子微观总截面。

为了避免跟踪大量小权光子,对次级光子权 w_p 进行轮盘赌。

①当 $w_p < w_a I_S / I_a$ 时,进行轮盘赌。光子存活概率为 $w_p I_a / (w_a I_S)$,存活权为 $w_a I_S / I_a$。其中,I_S 为源中子出生地几何块的重要性;I_a 为当前几何块的重要性;w_a 为输入的中子生光子最小权限。

②当 $w_p \geq w_a I_S / I_a$ 时,进行分裂。次级光子分裂为 N_p 个分支,每个分支的权为 w_p / N_p,其中,

$$N_p = \min\{10, [1 + w_p / (5 w_a I_S I_a)]\} \tag{15-35}$$

3. 裂变当作吸收处理

MCNP 程序提供了将裂变当作吸收的功能(对应输入卡片为 nonu=0),主要针对已经考虑过裂变反应的问题,如临界计算产生的裂变源、外源计算使用的裂变源。这些源发出的中子与系统中的裂变核发生碰撞,不再考虑裂变中子的产生,而是当作中子的吸收考虑。

4. 中子俘获处理

中子俘获分直接俘获和隐俘获两种。

(1)直接俘获,即由概率 σ_a / σ_t 决定中子历史是否结束,抽随机数 ξ,若 $\xi < \sigma_a / \sigma_t$,则中子被杀死。

(2)隐俘获

$$w = w' \left(1 - \frac{\sigma_a}{\sigma_t}\right) \tag{15-36}$$

式中,w' 为中子碰撞时的权;w 为碰撞后的权。

通常隐俘获适合除热中子弹性散射以外的所有反应。由于热中子弹性散射不损失能量,因此,采用直接俘获处理更有利于节省计算时间。MCNP 程序提供了一个中子俘获处理能量输入卡 E_{cap},当 $E > E_{cap}$ 时采用隐式俘获;当 $E \leq E_{cap}$ 时采用显式俘获。缺省时,全部采用隐式俘获。

15.2.9 计算流程

MCNP 4C 程序由五个模块组成,分别是输入模块(IMCN)、几何绘图模块(PLOT)、截面模块(XACT)、输运模块(MCRUN)、计算结果绘图模块(MCPLOT)。输运模块 MCRUN 调用 TRNSPT 模块进行输运计算,调用 OUTPUT 模块输出计算结果,调用 RUNTPE 模块进行记盘,如图 15-1(a)所示。TRNSPT 为 N 个中子历史循环计算模块,如图 15-1(b)所示。HSTORY 为一个

中子从出生到死亡全过程的模拟模块,如图 15-1(c)所示。

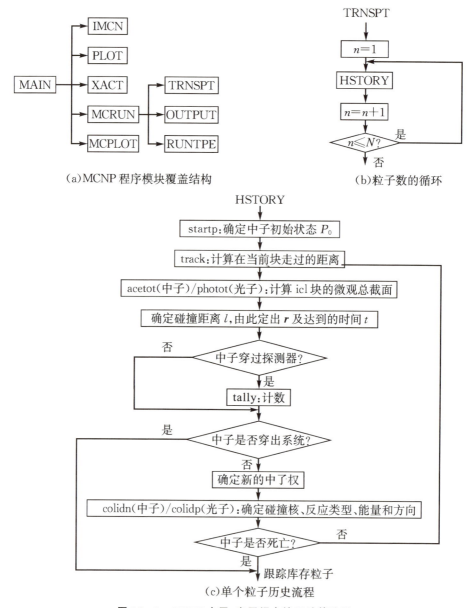

图 15-1 MCNP 中子-光子耦合输运计算流程

15.2.10 典型实例

MCNP 4C 提供了 29 道典型例题,涉及外源、临界两类问题。粒子种类涉及中子、光子、电子及其耦合。几何涉及简单几何、复杂几何、重复结构、格子(lattice)几何等。MCNP 程序提供了 29 道算例的输入、输出结果。程序安装后，按批处理方式运行 29 道例题，确认计算结果与例题输出结果一致后，表明程序安装使用正确。

掌握 29 道典型例题的输入，便初步具备使用 MCNP 程序进行科学计算的能力。MCNP 4C 程序资料中的 C700 文档详细介绍了程序使用、主要计算方法及物理过程，D200 文档详细介绍了截面参数的内容及使用。

15.2.11 绘图功能

MCNP 程序从 4 版后，便具备一定的图形处理能力，在 DOS 或 UNIX 系统下，根据输入可以画出输入几何的二维剖面图（平行 XOY、XOZ、YOZ 的面）。计算结果可以画出二维直方图、折线图、曲线图和误差棒图等，包括各种计数、能谱、时间谱、角度谱、与模型相关的截面等。画图命令如下。

1. 输入几何材料图(PLOT)

几何绘图，在 INP 文件中加一行 message：ip 或用命令

$$\text{mcnp inp=test.d ip}$$

其中，mcnp 为可执行程序；test.d 为输入模型分布。

PLOT 可以画出任意二维彩色剖面图，图形文件格式为 ps，可转化为 pdf 格式。

2. 输出计算结果图(MCPLOT)

计算结果绘图，画图命令如下：

$$\text{mcnp inp=input.dat ip z}$$

可以画出输入模型 inp 给出的所有计算结果的计数图，如 k_{eff}、通量能谱、时间谱、角度谱等，还可输出计算中使用的各种截面图。

在工作站服务器上运行 MCNP 绘图程序，需要 GKS 或 CGS 图形系统支持，个人计算机安装 COMPAQ VIRTUAL FORTRAN 90 编译器后，便支持 MCNP 画图，早前安装 POWER FORTRAN 4.0 也可以画图。图形程序包括两个覆盖节：

①PLOT：输入几何、材料、重要性等绘图，对应命令 message：ip；

②MCPLOT：计算结果绘图，对应命令 message：ip z。

15.3 小结

MCNP 作为世界上知名度最高、最权威的通用型多粒子输运 MC 程序之一，具有悠久的发展历史，成为核科学工程领域工程设计和同类程序验证的参考工具。目前 MCNP 程序能够模拟中子、光子、电子、质子、反中子、反光子、正负介子、轻离子、重离子等 37 种粒子的输运问题。程序具有复杂几何处理能力强、数据库完备、

降低方差技巧丰富且配备多种标准源、多种能谱和计数的特点。它为用户配备了几何输入绘图（PLOT）、计算结果图形输出（MCPLOT）和各种截面图形化显示功能。除标准源、能谱和计数外，还为用户预留了某些特殊计数和源项子程序的嵌入接口。程序兼顾了 Windows 和 Unix（Linux）双系统，程序既可运行在 Windows 系统个人计算机上，也可运行在服务器和大型并行计算机的 Unix（Linux）系统上。

制约 MCNP 程序可扩展限制的主要因素是程序中较多地使用了动态可调数组、公用（common）语句、等价（equivalence）语句及指针变量（point）。这些当时有效的做法，已不适应今天的计算机体系结构。尽管后续版本经过升级，较多地采用了模块化设计，可扩展性有所改进，但程序的计算效率还是不尽人意。当然与通用程序的大而全有直接原因。从我们的认知来看，今天的 MCNP 程序，其完备的物理数学方案、完备的数据库、模拟的精度和置信度是毋庸置疑的，是其他同类 MC 程序和确定论程序比对的工具。

参考文献

[1] CASHWELL E D, NEERGAARD J R, TAYLOR W M, et al. MCN：a neutron Monte Carlo code：LA-4751[CP]. Los Alamos：Los Alamos National Laboratory，1972.

[2] CASHWELL E D, NEERGAARD J R, EVERETT C J, et al. Monte Carlo photon codes：MCG and MCP：LA-5157-MS [CP]. Los Alamos：Los Alamos National Laboratory，1973.

[3] BRIESMEISTER J F. MCNP：a general Monte Carlo code for n-particle transport code：LA-7396-M[CP]. Los Alamos：Los Alamos National Laboratory，1981.

[4] HALBLEIB J A, KENSEK R P, VALDEZ G D, et al. ITS Version 3.0：the integrated TIGER series of coupled electron/photon Monte Carlo transport codes：SAND91-1634[CP]. Livermore：Sandia National Laboratory，1992.

[5] BRIESMEISTER J F. MCNP：a general Monte Carlo code for n-particle transport code：LA-12625-M[CP]. Los Alamos：Los Alamos National Laboratory，1997.

[6] HUGHES H G, PRAEL R E, LITTLE R C. MCNPX：the LAHET/MCNP code merger：Memo XTM-RN 97-012[CP]. Los Alamos：Los Alamos National Laboratory，1999.

[7] Anon. Monte Carlo n-particle transport code system：documentation for CCC-700/MCNP4C data package[CP]. Los Alamos：Los Alamos National Laboratory，2000.

[8] X-5 Monte Carlo Team. MCNP：a general Monte Carlo n-particle transport code，Version 5：Volume Ⅰ overview and theory：LA-UR-03-1987[CP]. Los Alamos：Los Alamos National Laboratory，2003.

[9] MARTZ R L. MCNP6 unstructured mesh initial validation and performance results：LA-UR-11-04657[J]. Nuclear technology，2012，180(3)：316－335.

第 15 章 MCNP 程序算法及功能

[10] ANDERSON C A,KELLEY K C,GOORLEY T. Mesh human phantoms with MCNP:LA-UR-13-00139[J]. Transactions of the American nuclear society,2012,106:50-51.

[11] CHADWICK M B,HERMAN M,OBLOZINSKY P,et al. ENDF/B-Ⅶ.1 nuclear data for science and technology:cross sections, covariances, fission product yields and decay data [J]. Nuclear data sheets,2011,112(12):2887-2996.

[12] Dessault Systems Simula Corp. ABAQUS/Standard users' manuals:Version 6.9[M]. Providence,RI:Simulia,2009.

[13] GOORLEY T,JAMES M,BOOTH T E,et al. Initial MCNP6 release overview:MCNP6 Beta 3:LA-UR-12-26631[R]. Los Alamos:Los Alamos National Laboratory,2012.

[14] BULL J. Magnetic field tracking features in MCNP6:LA-UR-11-00872[R]. Los Alamos:Los Alamos National Laboratory,2011.

[15] MACFARLANE R E,MUIR D W. The NJOY nuclear data processing system Version 91:LA-12740[R]. Technical Report,1994.

[16] NAKAGAWA T,SHIBATA K,CHIBA S,et al. Japanese evaluated nuclear data library Version 3 revision-2:JENDL-3.2[J]. Journal of nuclear science and technology,1995,32(12):1259-1271.

[17] LIU T J. Present status of CENDL project:IAEA-NDS-7[R]. Vienna:IAEA,1997.

[18] JACQMIN R. Present status of JEF project:IAEA-NDS-7 Rev. 97/12[R]. Vienna:IAEA,1997.

[19] 黄正丰,王春明. MCNP 程序使用说明[R]. 北京:北京应用物理与计算数学研究所,1988.

第16章 JMCT 软件算法及功能

三维多粒子耦合输运 MC 软件 JMCT(Joint Monte Carlo Transport)由北京应用物理与计算数学研究所和中物院高性能数值模拟软件中心共同研发。软件研发始于 2008 年,是作者及团队多年 MC 方法研究及软件研制的成果。经过不断完善,JMCT 成为一款通用、多功能、多粒子输运 MC 软件。2013 年推出中子-光子输运 JMCT 1.0 版本[1],2017 年推出中子-光子-电子输运 JMCT 2.0 版本[2],2022 年推出了 JMCT 3.0 版本[3]。近年 JMCT 增加了燃耗计算,实现了核-热-力耦合计算,能够对反应堆多种工况稳态、瞬态进行模拟。随着需求的增加,软件进一步向核探测和核医学等领域拓展,下篇介绍了 JMCT 的典型应用。

16.1 软件基本功能

JMCT 软件基于并行中间件 JCOGIN(J Combinational Geometry Monte Carlo Transport Infrastructure)[4]研发,采用可视建模和可视结果输出,可运行在个人计算机系统下,以及 UNIX/Linux 工作站和各种大型并行计算机上。几何栅元数、内存数、燃耗区数、并行处理器核数等足够大、可扩展。除了具备传统 MC 程序已有的功能和技巧外,还发展了多种算法,分别是:

①基于伴随通量的源偏倚方法[5-6];

②Mesh 计数及 Mesh 权窗[7];

③UTD 均匀计数密度算法[8];

④考虑温度效应的在线多普勒展宽[9];

⑤硼浓度快速临界搜索算法[10];

⑥香农熵算法[8];

⑦CADIS、FW-CADIS 算法[11];

⑧区域分解与区域复制[12];
⑨加速裂变源收敛算法[13];
⑩MPI+OpenMPI 两级并行[4]。

16.1.1 架构设计

如图 16-1 所示，JMCT 软件由三层组成：上层为数据库；中间层为算法层；下层为并行支撑框架层，也称为中间件。JCOGIN 集成了 MC 粒子输运的共性算法和并行算法。JMCT 配备了可视建模前处理工具软件 JLAMT（J Large-Scale Auto Modeling Tool）[14-15]和可视结果输出后处理软件 TeraVAP（Terascale Visualization and Analysis Platform）[16]。JLAMT、JCOGIN 和 TeraVAP 均可复用，JMCT 仅是它们支撑开发研制的软件之一。JMCT 建模具有直观、快速和不易出错的优点。后处理软件 TeraVAP 支持 TB 量级的计算结果的可视输出。

图 16-1　JMCT 软件三层架构图

16.1.2 计算逻辑图

图 16-2 为软件架构图，采用模块化设计，数学物理分离，内核部分消化吸收了 MCNP、GEANT4、OpenMC 等知名 MC 程序的优点，同时避免了一些不足。基于框架发展了一些个性特色突出的算法，在可扩展性、版本升级和大规模并行计算方面优势突出。

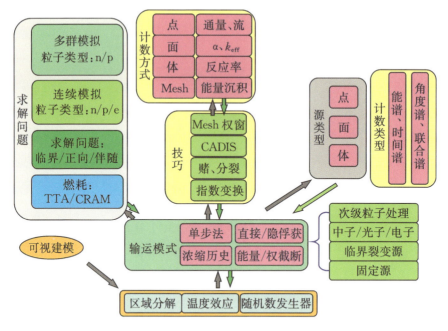

图 16-2 JMCT 2.0 中子-光子-电子耦合计算逻辑图

16.1.3 模型输入

1. 几何描述

JMCT 与前处理 JLAMT、支持框架 JCOGIN 和后处理 TeraVAP 实现了几何体的无缝对接。几何采用统一的实体组合几何体描述。基本几何体包括长方体、正圆柱、球、椭球、锥、任意(4、5、6面)凸多面体。此外,可定制一些特殊的几何体,便于重复描述。例如反应堆燃料棒、$1/n$ 柱体、$1/n$ 球体、特殊的燃料组件等。为便于中子输运与燃耗耦合计算,特别开发了支持几何相同、材料不同的重复结构描述,几何块中的材料可由包括同位素在内的多种核素组成,支持中子输运与燃耗内耦合计算。

2. 截面

JMCT 软件截面库采用国际统一标准,即 ACE 格式的连续能量点截面和 ANISN 格式的多群截面,燃耗采用标准的衰变数据格式。基础数据库主要来自美国的 ENDF/B 系列库和中国的 CENDL 库,个别核来自日本的 JENDL 库(详见第 5 章 5.7 节介绍)。中子能量范围为 10^{-5} eV～20 MeV;光子能量范围为 1 eV～100 GeV;电子能量范围为 10 eV～1 GeV。所有核素的截面温度定格在 300 K,裂变核除 300 K 温度截面外,还补充了其他 6 个温度点的截面。

为 JMCT 软件配备了两套多群截面库:①172 群中子(+20 群上散射)、32 群

光子 P_5 截面库,用于堆芯计算;②47 群中子(+5 群上散射)、20 群光子 P_5 截面库,采用 BUGLE/96 群结构,用于屏蔽计算和伴随计算。截面库均通过 NJOY 程序[17-19]制作加工而成。

JMCT 多群处理较传统 MC 多群程序处理更精细,群截面除提供 i 核的 $\sigma_{\mathrm{t,g}}^{(i)}$、$\sigma_{\mathrm{a,g}}^{(i)}$、$\nu\sigma_{\mathrm{f,g}}^{(i)}$、$\sigma_{\mathrm{s,i}}^{g'\to g}$ 外,还提供了关于核素 i 的多群裂变截面 $\sigma_{\mathrm{f,g}}^{(i)}$ 和裂变谱 $\chi_g^{(i)}$,每次裂变反应后,能够计算出 i 核释放出的中子数 $\nu_g^{(i)}$,能量从 i 核的裂变谱 $\chi_g^{(i)}$ 中抽样确定。它比传统多群 MC 程序统一采用 ^{235}U 裂变谱抽能量 E,按快群和热群取平均中子数 $\bar{\nu}$ 更准确。

3. 散射处理

(1) 热散射。对热中子散射,当能量 $E<4$ eV 时,采用 $S(\alpha,\beta)$ 模型处理,当前 $S(\alpha,\beta)$ 热化中子截面库仅有 20 种核素;当能量 $E\geqslant 4$ eV 时,采用自由气体模型处理。

(2) 其他散射。中子的弹性散射和非弹性散射处理同 MCNP。

(3) 多群处理。JMCT 多群散射角分布先按勒让德多项式展开取 L 阶截断,之后进行广义高斯求积处理,不会出现散射角分布为负(详见第 7 章介绍)。多群散射最高阶数为 5,可分别选取 P_1、P_3 或 P_5 之一进行多群计算,还可进行多群-连续截面耦合计算。

连续能量光子处理同 MCNP,分详细处理和简单处理:详细处理需要考虑相干散射(汤姆森散射)和非相干散射(康普顿散射);简单处理仅考虑非相干散射。

4. 温度效应

在热中子能量范围,采用拟合插值在线多普勒展宽处理,严格考虑了截面的温度效应[9]。其他能区,对裂变核,温度从 300~1300 K,每 25 K 为一节点,采用拟合法构造多温截面数据库,计算时通过插值得到实时温度截面(详见第 5 章 5.4 节介绍)。对非裂变核,仅对热化部分的弹性散射截面作了温度修正。

5. 求解问题

可计算定常(不含时)和非定常(含时)问题,源类型包括固定源、临界、伴随。此外,可计算探测器响应函数及衰变热活化问题。

6. 输入建模

JMCT 输入由两部分组成:

①在 Windows 系统下运行 JLAMT,进入输入界面窗口,按指示键输入几何、材料密度、核子数、温度及栅元重要性等参数,产生一个 GDML(Geometry Description Markup Language)文本文件;

②在文本文件卡片中输入粒子类型、计数几何块号、计数类型、源信息、俘获能量

限、能量/时间/权截断、总样本数、输出打印/记读盘信息,缺省文件名为 mc.input。

完成两部分输入后,在 UNIX 或 Linux 系统下运行 JMCT,开始计算。

7. 计数

①标准计数:中子计数包括流(T1)、面通量(T2)、体通量(T4)、点通量(T5)、沉积能(T6、T7)、脉冲高度谱(T8);光子计数包括流(T1)、面通量(T2)、体通量(T4)、点通量(T5)。

②非标准计数:各种通量响应量,如反应率及剂量,表示为 $\int \Sigma(P)\phi(P)\mathrm{d}P$。此外,支持全局计数和 Mesh 网格计数。

8. 源项

源分标准源与非标准源两类,JMCT 为用户配备了 5 种标准源和 6 种裂变/聚变能谱。此外,还为用户提供了源项子程序接口,用户只需按照接口形参变量命名要求编写相应的源项子程序。

9. 运行环境

①Windows 虚拟机系统。

②Linux/UNIX 系统。

由于由 JLAMT 产生的 GDML 文件格式与 GEANT4[20] 程序产生的 GDML 文件格式相同,故 JLAMT 软件还可为 GEANT4 程序提供可视建模输入。

16.2 可视前后处理

16.2.1 前处理

1979 年美国通用公司、波音公司和美国国家标准与技术研究院(NIST)共同创立了 IGES 图形交换标准,定义了 NURBS 曲面(图 16-3),从而更加准确地表达三维曲面。

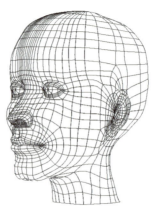

图 16-3 NURBS 曲面

第16章 JMCT 软件算法及功能

JMCT 前处理建模软件 JLAMT，内核采用 UG 软件（www.ugsnx.com）。UG 早年由美国通用公司和麦道公司联合开发，后被德国西门子公司收购。相对多数 MC 程序采用文本文件输入而言，JLAMT 可视输入具有直观、快速和不易出错的优点，还可以通过快速检测发现 CAD 图纸中存在的重叠错误。JLAMT 可用于不同软件的前处理，具有编辑、显示、分析、定制等多种功能，使用方便快捷，易于掌握。其采用引导式界面，按照物理建模的流程，分步骤进行相关操作。图 16-4 是软件用户界面的截图及说明。

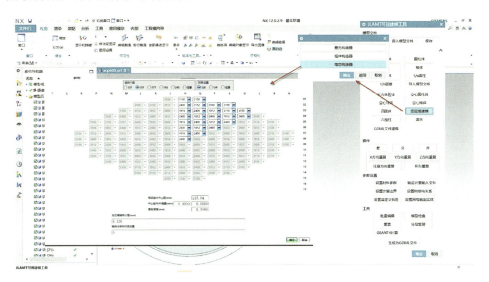

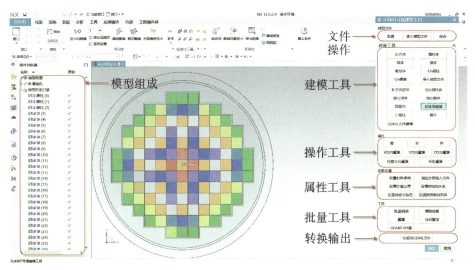

图 16-4　JMCT 前处理 JLAMT 输入用户界面

目前 JLAMT 可以支持特殊几何体布尔运算,还针对一些特殊需求定制几何体(图 16-5)。以反应堆建模为例,JLAMT 实现了燃料棒→组件→堆芯的三级建模,对堆芯这样的复杂几何体,只需建一个精细的 pin 组件,通过复制就可以完成全堆芯的建模(图 16-6)。JLAMT 支持重复结构,并考虑燃耗后每个 pin 燃料棒的进一步细分的需要。此外,还支持几何加密、反应堆轴向不等分分层、反射边界、反应堆 $1/n$ 建模、生成全堆的功能。

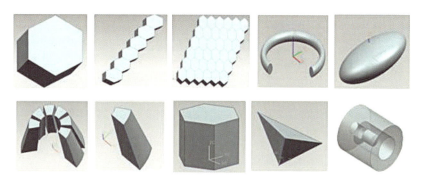

图 16-5 JLAMT 特殊几何体定制实例

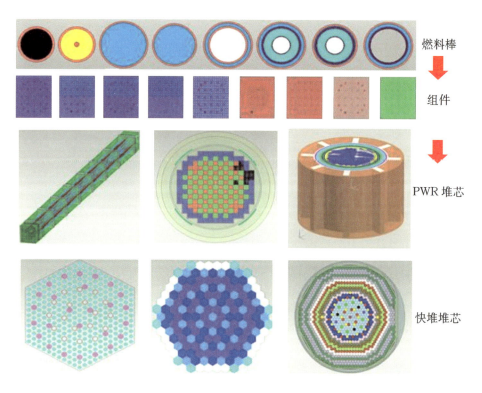

图 16-6 JLAMT 反应堆三级建模过程

16.2.2 后处理

JMCT 与可视后处理软件 TeraVAP 无缝对接,能够输出反应堆堆芯径向、轴向、二维、三维、局部、整体 pin 功率分布图,误差分布图,pin 组件功率分布图等。可以旋转、有选择地显示不同区域的物理量及图形,具备完成 TB 量级时变数据集可视分析的能力,与领域编程框架对接,支持结构网格、非结构网格和实体组合几何三类几何数据。形成可视分析引擎,支持后处理界面的按需快速定制。集成多空间、多尺度的数据操作及定量分析和可视化方法,支持方法动态组装,适应复杂分析,实现单帧数十吉字节量级数据的交互分析。基于 TeraVAP 软件开发了可视计算结果输出功能,可绘制各种通量/剂量、全堆芯 pin 功率分布、k_{eff}、硼降曲线、温度曲线等。图 16-7 为部分计算结果图。

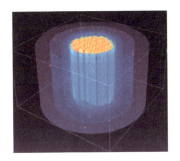

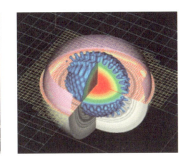

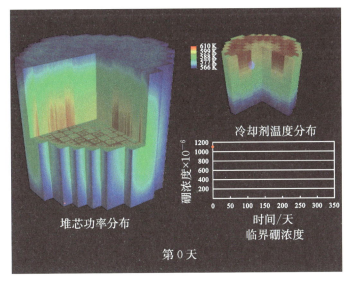

图 16-7 JMCT 后处理 TeraVAP 可视计算结果图

16.3 主要算法

目前 JMCT 模拟的粒子类型包括中子、光子、电子、质子及其耦合。中子的主要核反应有吸收(a)、裂变(f)、弹性散射(el)及非弹性散射(inel);光子的主要反应有光电效应(pe)、对产生(pp)、非相干散射及相干散射;电子的主要反应有弹性碰撞、电离与激发、轫致辐射、正电子与物质相互作用。中子产生中子的反应有裂变反应(f)、(n,2n)反应、(n,3n)反应;中子产生光子的反应有(n,γ)反应、(n,f)反应。

当一个中子与核发生碰撞时,应按顺序作如下判断:

①判别与哪个核碰撞;

②若为中子-光子耦合输运,则产生次级光子并存库,跟踪完中子后再对其跟踪;

③处理中子俘获;

④确定碰撞类型,包括弹性、非弹性和热碰撞;

⑤确定粒子新的能量和方向。

光子与中子相似,JMCT 光子采用就地沉积,因而不产生电子。

16.3.1 多普勒温度效应修正

利用室温截面来产生多温效应截面被认为是最有效的方法之一,通过多普勒公式实时计算多温截面,采用 Kernel Broadening 精确展宽公式。单原子气体模型近似下的反应截面的多普勒展宽公式为

$$\sigma_x(v,T) = \frac{1}{v^2}\sqrt{\frac{\beta}{\pi}} \int_0^\infty v_r \sigma_x(v_r,0) \{e^{[-\beta(v-v_r)^2]} - e^{[-\beta(v+v_r)^2]}\} v_r \mathrm{d}v_r \quad (16-1)$$

或者写成以中子能量为自变量的形式:

$$\sigma_x(E,T) = \frac{1}{2\sqrt{E}}\sqrt{\frac{\alpha}{\pi E}} \int_0^\infty \sqrt{E_r}\sigma_x(\sqrt{E_r},0) \{e^{[-\alpha(\sqrt{E}-\sqrt{E_r})^2]} - e^{[-\alpha(\sqrt{E}+\sqrt{E_r})^2]}\} \mathrm{d}E_r$$

$$(16-2)$$

式中,T 是介质的温度;v 是入射中子速率;v_r 是中子和核相对运动速率;E_r 是中子和核运动的相对能量。α 与 β 之间满足转换关系

$$\alpha = \frac{2\beta}{m} = \frac{A}{kT} \quad (16-3)$$

E_r 满足动量守恒

$$E_r = \frac{1}{2}mv_r^2 \quad (16-4)$$

作变量变换，令 $y^2 = \alpha E = \beta v^2$，$x^2 = \alpha E_r = \beta v_r^2$，可以得到简化的多普勒公式

$$\sigma_x(y,T) = \frac{1}{\sqrt{\pi} y^2} \int_0^\infty \sigma_x(x,0) \{e^{-(x-y)^2} - e^{-(x+y)^2}\} dx \qquad (16-5)$$

公式(16-5)是实现从单温截面向多温截面过渡的常用计算转换式，之后采用拟合在线展宽法计算 $\sigma_x(y,T)$（详见第 5 章 5.4 节的介绍）。

16.3.2 $S(\alpha,\beta)$ 热化截面

当入射中子的速度远大于靶核速度时，从简化运动学分析的角度来说，假定靶核静止不动是一个很好的近似。而对于处于热中子能区的中子的截面，必须考虑热运动及靶原子核化学键结合能的影响，需要考虑 $S(\alpha,\beta)$ 热化处理。

中子连续能量点截面物理模块也考虑了这一点，用户可通过输入文件的相应卡片指定某物质采用何种热化截面，默认不考虑热化处理。热化截面同样是 ACE 格式，由中子参数类读入，存储在核素结构体中。同一个核素可含有多个热化截面，因为该核素处于不同物质中时可能需要考虑不同的热化截面，如 H_2O 的 H 和 ZeH 的 H 元素。甚至不同温度的 H_2O、H 元素的热化截面也是不同的。

16.3.3 $S(\alpha,\beta)$ 热化截面温度效应修正

利用 $kT=0$ 情况下制作的 $S(\alpha,\beta)$ 热化截面，制作 $kT \neq 0$ 热化截面。修正公式为

$$\bar{\sigma}_x(v) = \frac{1}{v} \int v_r \sigma_x(v_r, kT=0) M(w) dw = \sigma_x(v, kT) \qquad (16-6)$$

式中，$M(w) = (\beta/\pi)^{2/3} \exp\{-\beta^2 w^2\}$ 为 Maxwell 分布；$v_r = v - w$，v 为中子速度，w 为核运动速度，v_r 为相对速度。

16.3.4 截面库

目前 JMCT 使用的截面库基础数据主要来自 ENDF/B-Ⅶ.2 库，个别核也采用日本原子能所研制的 JENDL 3.2 库和中国的 CENDL 3.2 库，通过 NJOY 制作加工而成。目前 JMCT 使用的主要截面库包括：

①ENDF70(B-Ⅶ库)中子点截面库(也提供包含 B-Ⅵ、B-Ⅴ库的截面)；

②MCPLIB 光子点截面库；

③TMCCS 热中子点截面库；

④172 群中子、30 群光子 P_5 截面库及中子生光子截面库；

⑤47 群中子、20 群光子 P_5 截面库及中子生光子截面库。

还有用于燃耗、剂量及各种响应计算的配套截面库。

JMCT 程序的角分布处理同 MCNP。其主要数据均由实验点经拟合得到，每个能量点对应 32 个等概率的余弦间隔，通过抽样可以定出散射角余弦值

$$\mu = \mu_{n,i} + (32\xi - i)(\mu_{n,i+1} - \mu_{n,i}) \tag{16-7}$$

式中，ξ 为随机数；n 为入射能量 E 所在的能量区间，即 $E \in [E_n, E_{n+1}]$；i 满足不等式 $i-1 \leqslant 32\xi < i$。

16.3.5 中子产光子

由于核素（包括同位素）众多，物理性质千差万别，入射中子的能量也各不相同，所以中子与核素发生碰撞时产生的核反应复杂多样，据统计有数百种之多，称为反应道。其中一些核反应不仅产生中子，还产生光子、α 粒子、^{3}He 粒子等，这些粒子统称为次级粒子。例如（n,γ）反应就是中子被核素吸收后产生瞬发光子。

对于纯中子输运，次级光子无需模拟，在程序中也无需考虑中子产光反应，仅需模拟次级中子。但是对于中子-光子耦合输运，次级光子和次级中子一样都需要模拟，在程序中就需要考虑中子产光反应和相应的产光截面。

总产光路线是指，当确定中子与物质的某个核素发生核反应时，先不处理中子碰撞，而是根据中子的能量计算出核素的总产光截面。总产光截面是指核素的所有产光反应道截面之和。根据总产光截面确定光子个数，根据产光截面抽取每个光子的能量和方向。然后才处理中子碰撞，确定中子核反应。

目前 JMCT 保留了两种中子产光模式：①20×30 等概率产光；②按反应道产光。

16.3.6 缓发裂变

针对缓发裂变的处理，有固定源和临界两种计算问题。同时有些裂变核素截面没有缓发裂变数据，用户可通过输入卡片进行人为控制或者默认处理。中子连续能量点截面物理模块的处理分多种情况：

①核素有缓发裂变数据，用户考虑缓发，则模块从总裂变中子个数中抽取总裂变中子个数，从缓发裂变中子个数中抽取缓发裂变中子个数。根据两者比例抽样确定每个出射中子是瞬发还是缓发裂变，然后以相应的中子能谱和角度谱中抽取裂变中子的能量和出射角度（无论是临界还是固定源问题）。

②核素有缓发裂变数据，用户不考虑缓发，则模块从瞬发裂变中子个数中抽取裂变中子个数，从瞬发裂变中子能谱和角度谱中抽取裂变中子的能量和出射角度，即不考虑缓发裂变（无论是临界还是固定源问题）。

③核素有缓发裂变数据，用户选择默认。若是临界问题，则模块从总裂变中子个数中抽取裂变中子个数，从瞬发裂变中子能谱和角度谱中抽取所有裂变中子的

能量和出射角度，相当于把缓发裂变当成瞬发裂变处理；对固定源问题，则不考虑缓发裂变。

④核素没有缓发裂变数据，用户不考虑缓发，则模块自然不考虑缓发（无论是临界还是固定源问题）。

⑤核素没有缓发裂变数据，用户考虑缓发，则模块把缓发裂变当成瞬发裂变处理（无论是临界还是固定源问题）。

⑥核素没有缓发裂变数据，用户选择默认。若是临界问题，模块则把缓发裂变当成瞬发裂变处理；若是固定源问题，模块则不考虑缓发。

16.3.7 标准源及裂变谱

JMCT 包括五种标准源和六种标准能谱。

1. 五种标准源

①各向同性点源。

②向外余弦分布球面源。

③向内余弦分布球面源。

④任意几何形状的各向同性均匀体源。

⑤任意形状的均匀面源。

2. 六种标准能谱

①Cranberg 裂变谱与 Gaussian 聚变谱。

②Maxwell 裂变谱（介于向量与矩阵谱之间）。

③Watt 裂变谱。

④Gaussian 裂变谱或正态时间谱。

⑤蒸发谱。

⑥Muir 速度的 Gaussian 聚变谱。

JMCT 还为用户提供了标准源以外的源项子程序 SOURCE 的接口，用户可自编源子程序 SOURCE。

16.3.8 主要计数

JMCT 程序的所有计数量，均由通量与响应函数卷积得到，用公式可表示为

$$I = \langle \phi, g \rangle = \int \phi(\boldsymbol{P}) g(\boldsymbol{P}) \mathrm{d}\boldsymbol{P} \tag{16-8}$$

1. 主要计数

①穿过一个界面的积分流量（T1）。

②穿过一个界面的面平均通量(T2)。

③穿过一个几何块上的体平均通量(T4)。

④穿过一个点的点通量(T5)。

⑤穿过一个几何块上的平均沉积能(T6)。

⑥穿过一个几何块上的裂变平均沉积能(T7)。

2. 降低方差技巧

$$I = \int_D I(X)\mathrm{d}X, I(X) = \sum_{j=1}^{J} I_j \Delta_j(X) \tag{16-9}$$

式中，$\Delta_j(X)$ 为 D_j 上的特征函数，$D_i \cap D_j = \phi(i \neq j)$，$\{I_i\}$ 为 D_i 区的重要性，i 表示几何栅元或网络号。

关于重要性$\{I_i\}$的产生，通过解伴随方程获得的$\{I_i\}$最准确，也可以凭经验，按通量随自由程呈指数衰减的特点设定。其他传统 MC 降低方差的技巧还包括：

①轮盘赌、分裂；

②指数变换；

③Mesh 权窗；

④源偏移；

⑤隐俘获；

⑥强迫碰撞。

16.3.9 光子-电子耦合输运

JMCT 软件发展了中子、光子、电子及其耦合输运计算功能。其中，中子能量范围为 10^{-5} eV~20 MeV；光子能量范围为 1 eV~1 GeV；电子能量范围为 10 eV~1 GeV。JMCT 软件能够模拟各种中子行为、分子效应（光子/电子-分子），红外线、可见光、紫外线-大气分子、气溶胶（光辐射-大气）等。图 16-8 为 JMCT 光子输运流程，图 16-9 为 JMCT 电子输运流程，图中标红的部分是 JMCT 相对其他 MC 程序处理的不同之处。光子-电子耦合输运参数库是否准确、合理，直接影响着光子-电子耦合输运结果的精度。因此，输运模块开发的关键是确定光子-电子耦合输运参数库及其检验方法，包括电子输运相关参数、电子产光子相关参数及光子产电子相关参数。基础数据库来自最新评价核数据库 ENDF/B-Ⅶ库[21]。

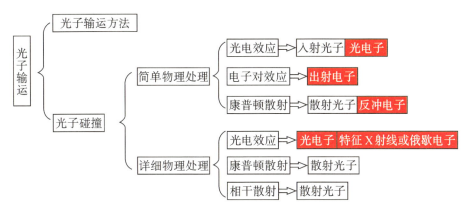

图 16-8　JMCT 光子输运流程

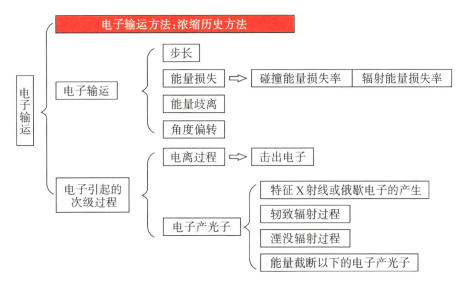

图 16-9　JMCT 电子输运流程

JMCT 光子-电子耦合输运内容包括以下几方面。

1. 耦合模型及数据结构

依据程序结构设计光电耦合模型，保持和已有光子输运模块的兼容性，依据 JCOGIN 框架的高性能特征设计光电耦合输运模块的数据结构。

2. 电子输运算法

电子在物质中的输运和中子、光子有明显的不同。中子、光子是中性粒子，在输运的过程中由相对较少的独立碰撞组成。然而，电子在输运的过程中，受到物质中核外电子、原子核的库仑作用，发生电离、激发或轫致辐射而损失能量。由于电子在每一次碰撞中所损失的能量是很小的,因而电子运动轨迹会由大量的小能量转移碰撞组成。一个电子的 MC 历史比中子或光子的计算量要大上千倍。因此,电子输运将不能延续中子、光子的输运算法,分别发展了单碰撞和浓缩历史等算法。

3. 光子产电子、电子产光子计算方法

根据光子与物质的相互作用、电子与物质的相互作用,进行光子和电子之间的相互耦合。在模拟中,光子碰撞次数少,模拟时间短;而电子碰撞次数多,次级产生物也多,计算量大,模拟时间长。不同的用户对模拟精度的需求不同,因此研发了不同的光子产电子算法和电子产光子算法。

4. 统计模块设计

在粒子输运中,通过统计模块得到所需的物理量。对于光子-电子耦合输运,需要另外增加统计模块,统计电子面流量计数、电子面通量计数、电子体通量计数、光子-电子耦合输运时的光子点通量计数及光子、电子脉冲高度计数。

光电耦合输运模块涉及的研发模块、物理过程、模型处理方法较多。测试过程中要针对各个模块、物理过程、处理方法做单元测试、集成测试。

5. 测试验证

光子-电子输运测试主要选择与 MCNP5 相同的例题,增加了 NaI、BGO、HPGe 探测器响应函数计算及闪光照相实验验证等。

16.4　JCOGIN 支撑框架

JCOGIN 集成了常用 MC 粒子输运程序的共性算法,如几何描述、粒子径迹计算、计数、随机数发生器、体积/面积计算、区域分解和区域复制、多级并行计算等。JCOGIN 框架可复用,支持各类 MC 粒子输运软件的开发,JMCT 是其中之一。最近 JCOGIN 还首次实现对 MOC 程序的并行支撑。借助 JCOGIN 并行支撑框架开发软件,可以大大减少重复性工作。这也是目前国外软件开发的主流路线。使用支撑框架开发应用软件的另一大好处是在软件升级和移植过程中不会遇到太多的困难,因为框架随主流计算机发展在不断更新,普适性好,能够与不同类型的计算机深度融合。

JCOGIN 框架的层次式、模块化和面向对象的体系结构如图 16-10 所示,内容包括支撑层、数值共性层、抽象接口层。

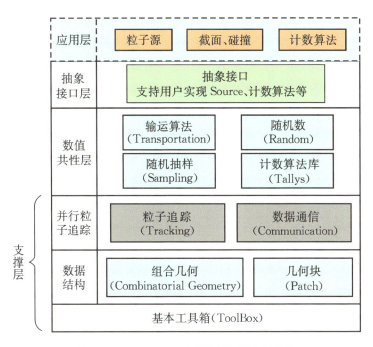

图 16-10 JCOGIN 支撑软件框架体系结构

支撑层包括基本工具箱层、数据结构层和并行粒子追踪层。基本工具箱层包含工具箱软件包 ToolBox，为 JCOGIN 框架封装底层的基本工具。具体包含内存管理工具、输入输出和重启动工具、消息传递通信工具、并行调试工具、性能分析工具等。数据结构层为 JCOGIN 应用程序提供核心的数据结构，管理组合几何、变量和数据。该层包含两个软件包：组合几何软件包采用树型结构存储各种实体几何；几何块软件包提供适应大规模并行计算的数据结构，管理组合几何。并行粒子追踪层提供并行粒子追踪的实现技术，包含两个软件包：粒子追踪软件包提供粒子追踪功能；数据通信软件包目前可以实现全局的数据分发和收集，在几何块之间传递粒子，完成处理器之间的数据通信。

数值共性层集成了成熟的随机数发生器、随机抽样函数和计数算法库等，实现应用软件的快速高效研发。

抽象接口层封装在支撑层和数值共性层的策略类中，由用户结合具体应用问题来实现。目前计算机一般采用单核或多核共享内存的存储模式。随着模拟问题计算规模的扩大，超过单核或多核共享内存上限的情况时有发生。例如，反应堆全堆芯 pin-by-pin 核-热-力耦合问题，其存储量就超过了单节点共享内存计算机内存的上限，需要把存储量分解到不同处理器核或不同计算机节点上。区域分解或数据分解是解决海量存储问题的主要途径。为此，JMCT 软件发展了保持拓扑关系不变的空间区域分解算法,能够确保串、并行计算结果一致。

16.4.1 区域剖分的含义

区域分解的基本思想就是"分而治之",从几何上将问题划分为若干个区域,对不同区域进行计算,通过建立区域间的数据通信关系,确保整个研究问题的求解结果正确。将大模型化为小模型组合,是解决计算条件不足问题和并行计算的一种有效手段,现已大量应用于各种基于结构网格或非结构网格问题的计算中。图16-11给出结构网格和非结构网格被划分成多个区域进行并行计算的示例。

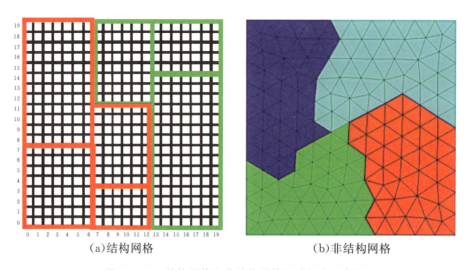

(a)结构网格　　　　　　　　　(b)非结构网格

图 16-11 结构网格和非结构网格区域剖分示意图

区域分解在确定论算法中早已使用,把它应用于粒子输运 MC 模拟的实例并不多。粒子在一个区域上进行模拟,当遇到区域的边界发生越界时,程序通过区域间的数据通信,把粒子信息传递到相应区域内,由对方区域继续粒子的模拟,这是区域分解下实现随机模拟的关键。

一般情况下,不同的区域由不同的处理器核计算,利用 MC 粒子的相互独立性可以实现不同区域的并行计算。因而,区域分解方法又称空间并行算法。配合区域复制,实现空间与粒子的二级并行,解决计算时间长和内存占用大的问题。

在 JCOGIN 框架中,采用树型存储来对模型几何结构进行管理,每个几何体都对应树上的一个节点,其中节点间的父子关系表示几何体之间的包含关系。针对树结构的几何存储,设计具有针对性的区域剖分策略,通过把一棵树分成多棵树来实现对几何结构的区域剖分。

16.4.2 父子关系的设定

对于同一个模型,JCOGIN 框架的几何结构存储树并不是唯一的,如何设定节点间的父子关系是问题的关键。父节点的几何区域必须完全覆盖子节点的几何区域，在这一原则下可以产生各种各样的存储树。

图16-12是一个反应堆模型的几何结构，模型外部是建模空间，对应存储树的根节点。模型最外层是反应堆混凝土屏蔽层(蓝色圆环)，它是根节点的子节点。若是反应堆外面还有探测器或其他构型，同样都是根节点的子节点。混凝土屏蔽层包含着整个反应堆的所有结构，所以它们的相应节点都是混凝土屏蔽层节点的子节点或后代。首先是空气层(红色圆环)，它完全包含在混凝土屏蔽层中，所以其对应节点是混凝土屏蔽层节点的子节点。接下来是压力容器、热屏蔽层、吊篮等，直到反应堆堆芯，即最中间的圆形，包含径向反射层、围板和157个组件，这些都是反应堆堆芯的子节点，它们彼此间是兄弟关系。最后从每个组件还要进一步分析出燃料棒、控制棒等。如此一层一层剖析，就可以把整个反应堆几何结构转化成一棵树。

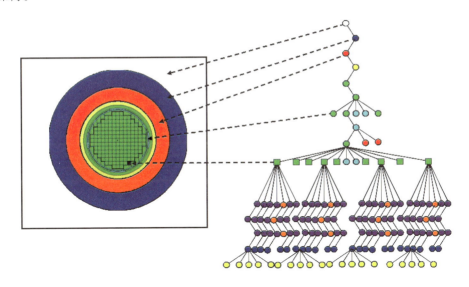

图16-12 反应堆模型的几何结构存储树

由于模型最外层的反应堆混凝土屏蔽层包含了其他所有几何体，也可以把其他几何体都设成屏蔽层的子节点，而得到如图16-13所示的存储树。同理对于图16-12中的存储树，把其中某个节点的任一子节点变为该节点的兄弟，得到的新的存储树都是正确的。因此，父子关系的不同设定会产生不同形状的存储树。对于各种形状的存储树，JCOGIN框架都能够正确处理，只是不同的存储树会影响JCOGIN框架的搜索速度。然而对于区域剖分而言，存储树的形状是至关重要的，不同的存储树对剖分效果影响很大，甚至可能无法进行剖分。例如，一个有很多同心球的模型,如果对应存储树上的每层节点都只有一个节点时,JCOGIN 框架就无法对树进行剖分。因此,在设定存储树节点父子关系时,应尽量选择适合进行剖分的形状,最好是某个节点的后代总数占据绝大部分,而子节点又比较均衡。

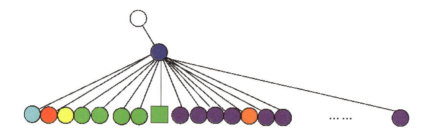

图 16-13　反应堆模型的另一个存储树

父子关系的设定主要在前处理建模时完成。在建立每个几何体时应声明其父节点,若是没有声明,默认该几何体的父节点就是根节点。设定父子关系还有一个好处,就是建模过程简化。如图 16-14 所示,要建立一个同心圆柱模型,若是不采用父子关系,则建模次序为:①建立外圆柱;②建立内圆柱,使用布尔运算与外圆柱求差,得到一个圆筒;③建立内圆柱。若是采用父子关系建模,则只需两步:①建立外圆柱;②建立内圆柱,设定内圆柱的父节点是外圆柱。

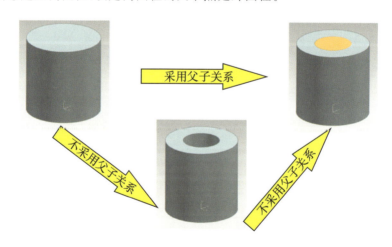

图 16-14　使用父子关系建模示例

16.4.3　剖分节点的确定

JCOGIN 框架对存储树进行剖分前,首先需要选择一个剖分节点。剖分节点是指进行剖分的几何体对应存储树上的节点。对存储树的剖分是在剖分节点的子节点中进行的。剖分节点一般都是由子节点及后代很多的节点担任,若剖分节点的子节点及后代太少,则无法实现剖分意图或者影响剖分效果。在充分了解模型几何结构的基础上,或者是基于某种研究目的,特意选择某几何体作为剖分节点,可在建模时设定好合适的父子关系,在输入文件中直接指定剖分节点,对存储树进行剖分。剖分节点的确定方式有两种:一是用户指定;二是 JCOGIN 框架自己搜索。若用户对模型不清楚,没有在输入文件中指定,则 JCOGIN 框架自行搜索整个存储树,选择剖分节点。判断依据有两条:①以剖分节点为根节点的子树的节点总数要高于整棵树节点总数的一定比例,如 80% 以上;②以剖分节点的子节点为根节点的子树的节点总数要低于整棵树节点总数的一定比例,如 10% 以下。

搜索过程是从整棵树的根节点开始进行广度搜索,检查每个节点是否满足两个判断依据,遇到第一个满足依据的节点即选为剖分节点,然后返回。若无法找到满足条件的节点则输出警告,不进行区域剖分。

以某反应堆全堆芯模型为例,由于该模型外面的几何体是多层圆柱体包壳,对应到存储树上都只有一个子节点,每个节点都满足判断依据中的①,但是不满足②。直到堆芯内的圆柱体,其包含了 157 个燃料组件和多个隔板,节点总数超过总节点数的 80%;而且 157 个燃料组件结构是相同的,每个组件的节点总数都小于 10%,同时满足两个判断依据,从而被 JCOGIN 框架选为剖分节点(图 16 - 15)。

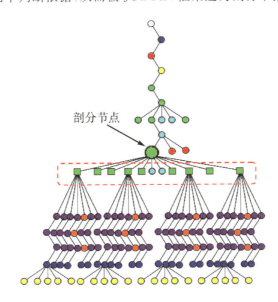

图 16 - 15　某反应堆模型存储树的剖分节点

剖分节点的选择直接影响区域剖分并行计算的效果,是非常重要的一步。两条判断依据主要是为了确保剖分效果:①剖分后的子树尽量小,达到减少内存需求的目的;②剖分后的子树尽量一样大,避免负载不平衡。因此,建模中设定父子关系时应尽量满足这两条依据。

16.4.4 几何体包围盒

找到剖分节点后,要在剖分节点的子节点中进行剖分。剖分原则是根据子节点对应几何体的大小和位置来确定其所属区域。这就涉及几何体的形状和体积。由于组合几何可由多个基本几何体通过交、并、余等布尔运算得到,所以其形状可能很不规则,体积难以计算。因此,JCOGIN 框架实际采用了该几何体的包围盒(extent)来代替计算。包围盒是指由剖分节点的最小最大 X 坐标、Y 坐标、Z 坐标所确定的长方体范围,是能够包含剖分节点的平行于直角坐标系的最小长方体。图 16-16(a)所示是一个垂直于 XOY 平面的圆柱及其包围盒,图 16-16(b)所示是对图 16-16(a)包围盒的 $2 \times 2 \times 1$ 剖分。

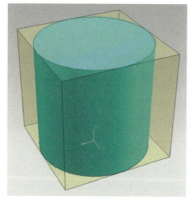 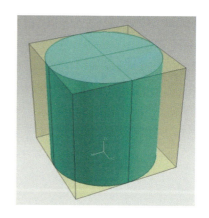

(a)圆柱体的包围盒　　　　　　(b)圆柱体的 $2 \times 2 \times 1$ 剖分

图 16-16　圆柱体的包围盒及其剖分

根据用户输入的剖分个数数组(N_x, N_y, N_z),对包围盒的三个方向边长进行划分,把包围盒平均分成 $N_x \times N_y \times N_z$ 个小长方体。这样就划分出剖分后的区域,如图 16-16(b)所示。划分包围盒后产生的小长方体是虚拟的网格体,被称为 VirtualBox,是初步剖分后的各子区域的范围。每个进程对应一个 VirtualBox,但是也存储其他的 VirtualBox。接下来把剖分节点的各个子节点分配到 VirtualBox 中,分配的原则是子节点的包围盒和子区域的关系。

对于每个子节点对应的几何体,首先计算出它的包围盒,依次与 VirtualBox 进行相交判断,计算是相离还是相交的,若相交还需要计算出相交部分的体积。根据计算结果,该几何体被分配给相交体积最大的 VirtualBox。当存在多个相交体积最大的 VirtualBox 时,采用均匀随机数来选择其中一个,以保证各进程的负载平衡。

16.4.5 长方体相交比例算法

VirtualBox 和几何体的包围盒是三边都平行于直角坐标系的长方体,所以只需要研究两个三边都平行于直角坐标系的长方体的相交算法。JCOGIN 框架调用该算法时,长方体 A 是 VirtualBox,长方体 B 是剖分节点的某个子节点的包围盒。剖分节点的所有子节点经过这样的处理后,全部分配给各进程。而剖分节点及其兄弟节点、父节点和祖先节点则每个进程都要复制一份,对应的存储结构就是把原来的一棵树分成了多棵子树(图 16-17)。

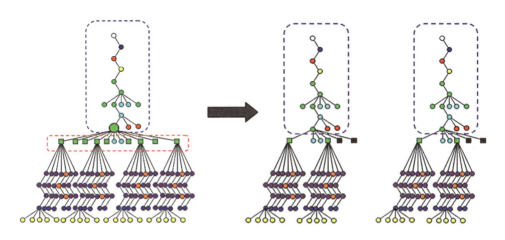

图 16-17 一棵树剖分成两棵子树

16.4.6 影像几何单元

模型的几何结构经过 JCOGIN 框架的剖分后,每个进程只对应部分几何区域。在模拟粒子输运时,粒子在运动中可能遇到区域边界,这时就需要把粒子发送给含有区域边界另一侧的几何结构的进程,由其继续模拟粒子。因此,需要知道每个进程区域边界外对应的进程号,这就需要建立影像区。

影像区由影像几何单元(Ghost Cell)构成。影像几何单元是一种特殊的几何单元,它是从相应的真实几何单元中产生的,并保存真实几何单元所属的区域(进程)编号,其他信息如几何体、材料编号、核素组分、密度等都没有,就像真实几何单元的影子一样。因此,影像几何单元无法模拟粒子输运,它的作用是找到真实几何单元所属的区域(进程)。

影像几何单元是在存储树剖分完成后产生的,每个进程要根据所有非本地区域的剖分节点子节点对应的几何单元产生影像几何单元,并保存真实几何单元分配到的区域(进程)编号,构成影像区。影像几何单元只需要在剖分节点子节点对应的几何单元上产生,对其包含的几何单元(子节点的后代)无需产生影像几何单元。

16.5 区域剖分及负载平衡

16.5.1 区域剖分

按 JCOGIN 框架对反应堆模型进行二区域剖分后,得到每个进程本地的真实几何单元和影像几何单元(图 16-18)。影像区之所以要包括所有非本地区域剖分节点子节点的影像几何单元,是因为每个进程都包含剖分节点的所有信息,可以模拟粒子在剖分节点中的输运,模拟过程可能遇到任意一个子节点的几何边界。有两种情况:要么是本地节点,本地进程继续模拟;要么就是非本地节点,本地进程需要根据影像几何单元把粒子发送给其他进程。同时,影像区几何单元的数目不会超过剖分节点的子节点个数,存储的信息很少,也不进行计数,因此内存开销很小。

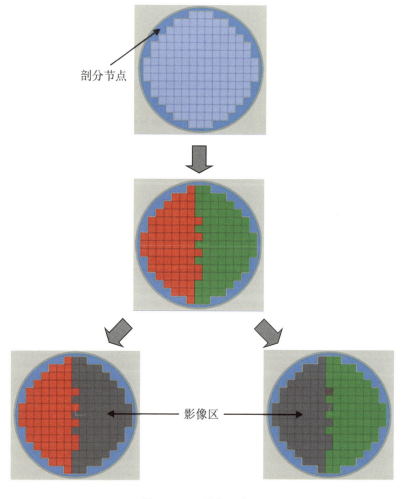

图 16-18 影像区建立

综上所述,区域剖分具体过程如下:①选择剖分节点,用户指定或JCOGIN框架自动搜索;②计算剖分节点的包围盒,根据用户输入的剖分条件对包围盒进行剖分,产生VirtualBox;③复制剖分节点及其祖先节点和兄弟节点,对剖分节点的子节点进行剖分,根据子节点包围盒和每个VirtualBox相交部分的体积,把一棵树分成多棵子树;④产生影像几何单元,建立影像区。

1. 区域分解算法的特点

(1)处于区域分界面的几何单元不被分成两部分。这是指保持几何拓扑关系不变。区域剖分时,经常遇到某个几何单元刚好处于区域分界面上,JCOGIN框架选择与其包围盒相交体积最大的区域,保持几何体的完整性。这一点和美国劳伦斯·利弗莫尔国家实验室(Lawrence Livermore National Laboratory,LLNL)的MERCURY程序的处理方法有很大区别[22]。MERCURY程序通过增加区域分界面把一个几何单元分成两部分,各分给两个区域。好处是处理简单,剖分后几何单元和区域边界一致,区域间界限整齐(图16-19);不足是粒子在穿过增加的区域分界面时,历史径迹可能发生改变。在不采用区域分解时,使用一个随机数抽取碰撞距离,发生碰撞时使用随机数确定出射方向。采用区域分解后,使用一个随机数抽取碰撞距离,但是没等粒子到达碰撞位置就遇到了增加的区域分界面。粒子从区域0迁移到区域1后,需要重新抽取碰撞距离,就需要多用一个随机数。这就无法保证计算结果的一致性。

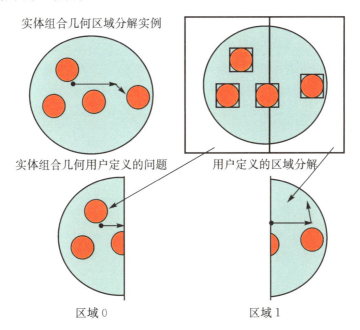

图16-19 MERCURY程序针对组合几何的区域分解

(2)采用不改变拓扑关系的处理。无论如何剖分区域,几何单元总数与几何单元相关的存储空间没有增加,如计数、材料等,增加的影像几何单元占据的内存很小。而 MERCURY 程序剖分区域后,每个位于区域边界面的几何单元都被一分为二,两个几何单元都要分配计数空间、设置材料组分和密度等,相当于增加了几何单元的总数和内存。

(3)通过影像几何单元确定邻域关系。区域含有影像几何单元,由于几何单元没有被剖分成两部分,区域边界上会出现凹凸不平的情况,但这丝毫不影响粒子在各进程之间的传递。因为区域边界外布满了影像几何单元,而每个影像几何单元都记录了真实几何单元所在的区域编号或进程号,只要粒子跨越区域边界,进入影像几何单元,就能马上根据对应的区域编号或进程号将粒子发送过去继续模拟。

部分几何体会被复制。实际应用中,会遇到在模拟核心几何外面有多层包壳之类的中子输运模型,如反应堆的混凝土层等。对于这种体积巨大且包含几乎所有几何体的包壳,在区域分解时又不能分成两半,若是单独分到某个进程中,则必然加重相应进程的负担,影响负载平衡。JCOGIN 框架选择在所有进程中都复制这些几何体,类似于区域复制,所有进程都可以在这些几何体中模拟粒子。这部分特殊的几何体一般数目都不多,在存储几何模型的树上都是剖分节点的祖先或兄弟。

对树进行剖分后,每个进程只存储一个子树的几何信息及其物质材料,只在子树上的几何上对粒子进行模拟。当粒子被输运到区域边界时,就要把粒子迁移到对应的区域内,由对应进程继续模拟,这就是区域间的粒子通信。

2. 不同剖分测试

针对区域剖分进行单元测试,测试的模型选自国内某核电厂的某个压水堆机组,堆芯共有 157 个燃料组件,如图 16-20(a)所示。每个组件分为 $17 \times 17 = 289$ 个 pin,其中 264 根为燃料棒,25 根为导向管或控制棒,如图 16-20(b)所示。每根棒由两层组成,外层为锆合金,控制棒内层为含硼水,燃料棒内层为铀燃料。铀燃料棒轴向分为 100 层。整个堆芯燃料几何单元总数为 $157 \times 264 \times 100 = 4144800$,控制棒几何单元总数为 $157 \times 25 \times 1 = 3925$,即堆芯总几何单元数为 4148725。

第 16 章 JMCT 软件算法及功能

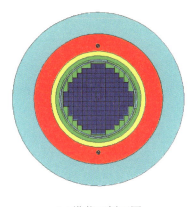
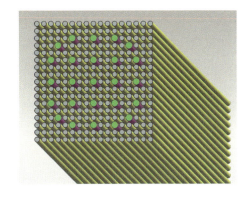

(a)横截面剖面图　　　　　　　(b)pin-by-pin 单组件结构

图 16-20　某核电站反应堆模型

对于百万几何单元数规模的反应堆堆芯 pin 模型，其占用的内存已经超过单核，甚至单节点共享内存上限，区域分解是必须的。为了检验 JCOGIN 框架区域剖分结果的正确性，对该模型进行了 2、4、9、16、32 和 64 剖分。剖分节点没有在输入文件中指定，JCOGIN 框架通过自动搜索整个存储树，正确地选择了堆芯外的圆柱体作为剖分节点。下面只给出堆芯的剖分结果图像。

(1)不剖分。如图 16-21(a)所示，157 个组件都属于同一个进程。

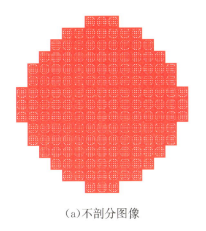

(a)不剖分图像　　　　　　　(b)2×1×1 二剖分图像

图 16-21　不剖分与二剖分图像

(2)二剖分。只在 X 方向将堆芯平均分成两半，Y 和 Z 方向不进行剖分，JCOGIN 框架产生 2 个 VirtualBox。从图 16-21(b)中可以看到，整个堆芯被分为两半(红色和绿色)，分给 2 个 VirtualBox，其中一个 VirtualBox 含有 76 个组件，另一个 VirtualBox 含有 81 个组件。组件个数差别源自位于分界面上的 15 个组件，因每个组件都被剖分面平均分成两半,JCOGIN 框架随机分配,结果 2 个 VirtualBox 各分得 5 个和 10 个。

(3)四剖分。在 X 和 Y 方向将堆芯平均分成两半,Z 方向不进行剖分,JCOGIN 框架产生 4 个 VirtualBox。从图 16-22(a)中可以看到,4 个 VirtualBox 所含组件数分别是 41、38、38 和 40,组件个数差别不大,同样源自随机数。

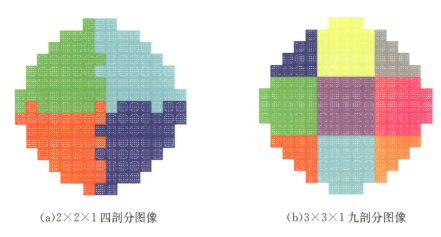

(a)2×2×1 四剖分图像　　　　　　(b)3×3×1 九剖分图像

图 16-22　四剖分与九剖分图像

(4)九剖分。在 X 和 Y 方向将堆芯平均分成 3 份,Z 方向不进行剖分,JCOGIN 框架产生 9 个 VirtualBox。从图 16-22(b)中可以看到,最中心的 VirtualBox 含有的组件数最多,为 25 个;它四边的 VirtualBox 都含有 23 个组件;而四角的 VirtualBox 每个只有 10 个组件。在 X 和 Y 方向进行三等分时,区域分界面正好在两个组件的交界面上,不需要 JCOGIN 框架,采用随机分配方法。造成分配不均是由于堆芯的几何结构。为了充分利用燃料,反应堆堆芯一般都设计得尽量接近圆柱形。堆芯组件的父节点一般都是圆柱形,区域剖分是用包围盒来平均划分的,而包围盒是长方体,这导致区域九剖分在四角位置上的组件个数很少。

(5)十六剖分。在 X 和 Y 方向将堆芯平均分成 4 份,Z 方向不进行剖分,即输入卡片为"domains = 4,4,1"。JCOGIN 框架产生 16 个 VirtualBox,如图 16-23(a)所示,组件个数各不相同,最多的有 15 个组件,最少的有 3 个组件。组件个数差异是由于前面提到的随机分配和堆芯的几何形状导致的。

(6)三十二剖分。在 X 和 Y 方向将堆芯平均分成 4 份,Z 方向分成 2 份,即输入卡片为"domains =4,4,2"。JCOGIN 框架产生 32 个 VirtualBox,如图 16-23(b)所示。由于该模型反应堆堆芯在 Z 方向上每个组件都是一个整体,所以在 Z 方向进行二等分,相当于每个组件都要进行随机分配。如图 16-23(b)所示,属于

第 16 章 JMCT 软件算法及功能

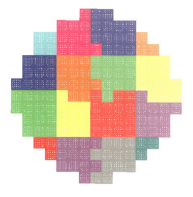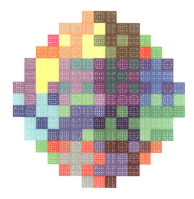

(a)4×4×1 十六剖分图像　　　　(b)4×4×2 三十二剖分图像

图 16-23　十六剖分与三十二剖分图像

同一 VirtualBox 的组件也互不相邻，在粒子输运时会增加各进程间的粒子通信量。因此，针对当前模型应尽量避免在 Z 方向进行剖分。确实需要进行 Z 方向剖分时，应将模型进行改造，把每个组件在 Z 方向上进行等分，区域分解的效果应更好。

(7)六十四剖分。在 X、Y 和 Z 方向将堆芯平均分成 4 份，即输入卡片为 "domains=4,4,4"。JCOGIN 框架产生 64 个 VirtualBox(图 16-24)。从各种剖分方式得到的剖分图像上看，区域剖分算法达到了剖分几何结构的预期目的，同时输出了每个进程的本地组件编号和影像区的组件编号，结果与图像显示相符。

图 16-24　4×4×4 六十四剖分图像

16.5.2　负载平衡

不同剖分测试表明，剖分节点内子节点的几何形状和位置等会影响剖分效果。区域剖分在 X、Y 和 Z 三个方向进行，JCOGIN 框架采用平均方式进行剖分，生成的 VirtualBox 一样大小，其中在 X 方向分成两部分，在 Y 方向分成四部分，在 Z 方向分成两部分。在对模型有一定了解的情况下,可以很好地分配各进程的负载,做到负载平衡。

在此基础上,可以实现区域分解的动态负载平衡。在模拟开始时,JCOGIN 框架按用户指定的方式进行区域剖分。粒子输运模拟一段时间后,统计每个进程的工作时间和等待时间,进行比较分析。如果发现负载严重不平衡,就根据各进程的负载情况,调整三个方向的比例系数,重新进行区域剖分。此时需要重新读入 GDML 文件来获得整个模型几何结果的存储树。

对于已经完成模拟的部分粒子,程序进行了相关计数,要在重新剖分前保存下来,如果计数量很大就先写入硬盘。重新读入 GDML 文件,根据计算出来的比例系数重新进行剖分,然后读入之前计算的计数。由于区域重新剖分后,各进程分配的网格不一致,需要进行有针对性的检查。

16.6 误差估计

16.6.1 误差低估效应

如第 1 章所述,假设粒子是独立同分布的,源粒子在模拟过程中产生的后代所产生的计数也按源粒子作相同的处理。采用 MC 方法计算得到的数学期望值

$$X = \frac{1}{N} \sum_{i=1}^{N} x_i \tag{16-10}$$

式中,x_i 为第 i 个源粒子产生的总计数;N 为总样本数。数学期望值 X 的相对误差

$$\varepsilon = \left[\sum_{i=1}^{N} x_i^2 / \left(\sum_{i=1}^{N} x_i \right)^2 - 1/N \right]^{1/2} \tag{16-11}$$

由式(16-11)可以看出,MC 模拟过程中,不仅需要保存所有源粒子的总计数之和 $\sum_{i=1}^{N} x_i$,还需要保存总计数的平方和 $\sum_{i=1}^{N} x_i^2$。

在串行或粒子并行中,本地进程都是依次模拟分配的粒子。由于本地进程有所有的模型数据,可以对粒子的历史进行完整模拟,然后把粒子的总计数及其平方和累加起来。在区域分解并行中,本地进程只有部分模型数据,一旦粒子运动出本地区域范围就无法进行模拟,只能把粒子发送给其他进程进行模拟,同时把本进程模拟的总计数及其平方和累加起来。然而发送出去的粒子可能会返回,在本地进程进行二次输运,再次产生计数,这样就会影响相对误差的计算。

如图 16-25 所示,粒子 A 在几何体 Cell 1 上有两段径迹,设所产生的计数分别是 x_1 和 x_2。该粒子在 Cell 1 上的总计数是 x_1+x_2。在串行或粒子并行中,本地进程独立完成粒子 A 的完整历史的模拟后,把 x_1+x_2 和 $(x_1+x_2)^2$ 累加到 Cell 1 的计数上。

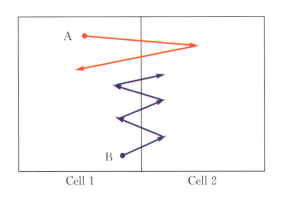

图 16 - 25 发送给其他进程的粒子返回

在区域分解并行计算时,将 Cell 1 和 Cell 2 分配给两个进程,粒子 A 被 1 号进程模拟一段时间后,穿过区域边界,进入 2 号进程,此时 1 号进程就把粒子 A 产生的总计数 x_1 及平方和 x_1^2 累加到 Cell 1 的计数上。然而粒子 A(或者其后代粒子)在 Cell 2 上输运一段时间后又返回到 Cell 1 上,这样 1 号进程就需要对粒子 A 进行二次输运直到粒子历史结束,产生总计数 x_2 及平方和 x_2^2 累加到 Cell 1 的计数上。经过两次输运后,粒子 A 在 Cell 1 上的总计数依然是 x_1+x_2,但是平方和却变成了 $x_1^2+x_2^2$。

这个数据变化不会影响式(16-10),计数结果是不变的,但是会影响相对误差的计算。根据式(16-11),相对误差变小了,或者说低估了。这是由区域分解并行计算带来的影响。由于粒子在区域间进行传递,同一个粒子及其后代的历史被分成多段,由不同进程进行模拟。当出现同一个进程对一个粒子及其后代的多个不同段历史进行输运模拟,即多次输运时,就会导致粒子的计数平方和变小:

$$x^2 + y^2 < (x+y)^2 \tag{16-12}$$

在 MC 粒子输运中,粒子的行为都是随机的,难以估计出现上述情况的粒子比例及多次输运的次数。例如,图 16-25 中的粒子 B 在区域边界面两侧碰来碰去。对于两次输运的情况尚可采用不等式(16-12)对相对误差 ε 进行限制,但是对于多次输运就无能为力了。若是每个进程都把发送出去的粒子计数暂时保留下来,以待粒子回来进行二次输运时再累加,则需要大量内存,且随着模拟粒子的增多而增大,程序难以承受,也违背了区域剖分并行计算降低内存的初衷。

16.6.2 补救措施

针对这种情况,美国橡树岭国家实验室提出了一种带有重复格式的区域剖分算法[23],如图 16-26 所示。中心的组件是一个剖分后的区域,带有半个宽度的重叠边,与其他区域组件是重叠的。当粒子在该组件上输运时,在重叠边上也进行模拟。当粒子离开重叠区域时，才把粒子发送给其他进程；而粒子出现在其他进程时，都是位于区域内部，这样就减少了粒子返回原区域的概率，以此来减小对相对误差的低估。

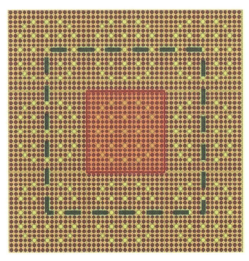

图 16－26　美国橡树岭国家实验室重叠剖分格式示意图

JCOGIN 框架的区域剖分策略尚未对误差的计算进行更改，仍然延续原有做法。因此，同样带来误差低估效应。采用下式衡量误差低估的大小：

$$\tau = \frac{\varepsilon - \hat{\varepsilon}}{\varepsilon} \tag{16-13}$$

式中，ε 为不采用区域剖分计算的相对误差；$\hat{\varepsilon}$ 为采用区域剖分计算的相对误差；τ 为误差低估比，τ 越大说明低估程度越大。

定性来说，误差低估是由区域分解中某些粒子历史被分成多段模拟，其中至少两段出现在同一个计数几何单元上造成的。那么首先这些粒子肯定都在区域间进行了交换，因此，区域间交换粒子越多，造成误差低估的程度就越大。几何单元尺寸越大，出现粒子历史不同段的情况就越多，误差低估的程度就越大。同时，由于采用 MC 方法的粒子都是独立同分布的，因此误差低估的程度应与模拟粒子数无关，即改变模拟粒子数，只能改变 ε 和 $\hat{\varepsilon}$ 的大小，但是 τ 应保持不变。

综合来看，模型的几何单元尺寸越小，区域剖分方式产生的粒子交换越少，τ 就越小，区域分解并行计算带来的误差低估效应就越小。

16.7　异步输运

16.7.1　基本概念

首先介绍针对带有粒子通信的输运算法增加的几个基本概念。

粒子迁移记录,即本地进程保存它发送给其他进程的粒子总数和它接收自其他进程的粒子总数。不失一般性,假设任意两个进程之间都存在粒子通信,则粒子迁移记录的长度就是 $2(P-1)$,其中 P 是区域分解进程个数。粒子迁移记录是异步输运算法结束判断的重要依据。

接收粒子库,即用于存储本地进程接收自其他进程发送来的粒子的粒子库。为了避免接收粒子库的粒子累积过多,接收粒子库的模拟优先级高于粒子源,即本地进程首先从接收粒子库中提取粒子跟踪模拟,当接收粒子库中没有粒子时,才从粒子源中提取粒子。

Master 进程,即接收其他进程发送的粒子迁移记录并进行核对,负责判断是否结束整个输运模拟的进程,一般选为 0 进程。

16.7.2 异步粒子输运

针对超出单处理器核内存储量的超大规模几何单元的模型,JCOGIN 框架提供了区域剖分并行计算方法。把整个模型剖分成多个区域,分布存储在多个处理器核上,由多个进程同时模拟(图 16-27)。在这种计算方法中,由于每个处理器核上只含有部分几何单元,无法完成对粒子的完整模拟。当模拟粒子在本地区域输运时,可能遇到区域边界,离开本地区域,这时就需要本地进程把粒子发送给含有相关区域的其他进程,由其他进程继续模拟粒子,同时接收来自其他进程的粒子,并进行模拟。这就需要相邻区域间进行粒子交换或粒子通信。

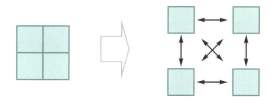

图 16-27 区域剖分和粒子通信示意图

在热辐射输运的隐式蒙特卡罗(implicit Monte Carlo,IMC)方法中,针对区域分解并行计算的输运算法及成熟程序有美国的 KULL 程序和 Milagro 程序。

KULL 程序是美国劳伦斯·利弗莫尔国家实验室开发的辐射输运模拟程序,其 IMC 软件包可实现区域分解并行计算。粒子输运算法是在所有进程完成本地区域的粒子模拟后,进行粒子通信或进程间的粒子交换。为了避免死锁,每个进程都按照自己相邻进程的顺序依次进行阻塞式点对点通信。对于比自身进程号小的相邻进程,先发送粒子,再接收粒子。对于比自身进程号大的相邻进程,先接收粒子,再发送粒子。所有进程交换完粒子后,开始新一轮的本地粒子输运模拟。如此直到所有粒子模拟结束。之后,KULL 程序又对算法进行了改进,使用非阻塞发送

(MPI_Isend)代替了阻塞发送(MPI_Send)，而且利用各进程间的邻域关系改变发送顺序，实现了并行发送，提高了通信效率。从本质上来说，无论改进前后，KULL程序的粒子通信算法都是同步通信。

Milagro 程序是美国洛斯阿拉莫斯国家实验室开发的采用异步通信算法的辐射输运模拟程序，含有非阻塞接收(MPI_Irecv)和阻塞发送(MPI_Send)。本地进程每完成一个粒子的模拟后就进行检查，查看是否有粒子发送过来，若有就接收粒子，存储在一个后进先出的粒子列表中。当粒子遇到区域边界时，先把粒子存储在缓冲区，缓冲区一旦存满就马上发送粒子。当进程模拟完本地粒子后，就把还没有存满的缓存区的粒子都发送出去，等待结束。在 Milagro 程序中存有 Master 进程，收集各进程模拟完成的粒子数，并与源粒子总数进行比较，一旦相等就发送结束标识，通知其他进程结束模拟。

改进的 Milagro 程序把每模拟一个粒子就进行的是否有粒子发送过来的检查改成了每模拟 M 个粒子后才进行一次，降低了检查频率。同时把 Master 进程收集各进程完成模拟的粒子总数的规约操作通过二叉树结构实现，以减少 Master 进程的工作量。

同步通信方法不适合反应堆中的粒子输运 MC 方法模拟计算，因为反应堆中含有各种物质，而 MC 粒子模拟时间与当前几何体的物质有很大关系。对于强吸收物质，粒子历史很快结束。对于强散射物质，粒子会发生多次散射。而对于裂变物质，粒子还会产生后代，延长模拟时间。尽管根据大量粒子历史的统计，其行为是确定的，但是由于区域分解时仅仅考虑了几何的位置，而没有考虑几何体内材料的性质，所以区域剖分后，不同进程由于物质不同，对每个粒子的模拟时间也不同。源点的分布不均匀，例如，某个进程分得的区域不含有源点，则在开始模拟时，它只能等待其他进程发送粒子过来，才能开始模拟。因此，常用的同步通信方法不适合粒子输运的 MC 模拟计算，需要采用异步输运算法。

另外，热辐射输运中的粒子是不会发生裂变和其他产中子反应的，所以模拟过程中不会有新的粒子产生，结束时完成模拟的粒子与源粒子数相同，这一点可以作为异步输运的结束判断。但是在反应堆的粒子输运模拟中，粒子发生裂变增殖反应会产生后代，所以结束模拟时的粒子总数一般与源粒子数是不一致的，因此需要寻找新的异步输运结束判断。

16.7.3 框架异步粒子通信类

为了支撑应用程序开发异步输运算法，在 JCOGIN 框架上设计并实现了异步粒子通信类(图 16 – 28)，通过重叠计算和通信优化了通信性能。异步粒子通信类 Asyn Communication 作为 Patch 上几何类的成员，通过 Patch 提供了三个接口函数供应用程序调用,即发送粒子、接收粒子和等待结束。下面分别详细介绍。

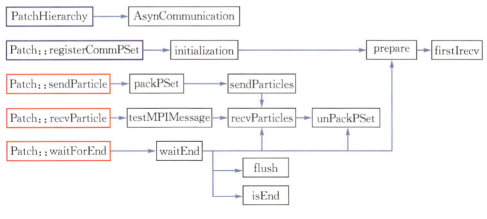

图 16-28 异步粒子通信类

1. 发送粒子函数

调用发送粒子函数时,并不是马上就把粒子发送出去,而是先把它存在发送缓存区,等到缓存区满(如 N 个粒子)以后,一起发送给对应进程,以此降低通信频率,提高并行计算性能。实际发送粒子时,本地进程首先发送粒子个数过去(以便目标进程建立接收缓存区),然后等待对方的回复信号,直到目标进程发送了准备好接收的信号,才把缓存区的粒子发送过去;由于本地进程在等待目标进程的回复信号期间可能有其他进程,包括目标进程、发送粒子进程,所以本地进程要检查是否有粒子发送过来,若有则接收粒子(recvParticles),此处使用 MPI_Waitany 实现。

发送完毕后,本地进程累计发送的粒子个数,同时清空缓存区。检查是否在发送期间接收了粒子,若收到,则通过 MPI_Unpack 把接收到的粒子解封,存储到接收粒子库。

在本地进程等待对方回复信号期间,进行接收粒子的处理是非常必要的,否则可能会出现死锁的情况。例如,进程 A 给进程 B 发送粒子个数,等待进程 B 的回复信号;而进程 B 给进程 C 发送粒子个数,等待进程 C 的回复信号;同时进程 C 又给进程 A 发送粒子个数,等待进程 A 的回复信号。这三个程序都在等待,都不发送粒子,陷入死锁状态。

发送缓存区由本地内存分配空间,其容量 N 以粒子为单位,要根据情况适当调整。N 过小会提高发送频率,过大则对内存造成压力,同时会积压粒子,导致对方进程无粒子,模拟处于空闲状态。

2. 接收粒子函数

为了减少发送粒子进程的等待时间,本地进程应该尽快接收粒子。但由于本地进程需要对粒子进行跟踪模拟,一般都是完成对 M 个粒子的模拟(粒子及其后代死亡或离开本地区域)后,检查是否有其他进程发送粒子过来。当接收到某个进程发送的一个整数时(粒子个数),本地进程就知道对方进程有粒子要发送过来,马上申请接收缓存区,然后回复信号,与对方进程建立点对点通信,接收真正的粒子信息。成功接收完毕后,MPI_Unpack 把接收到的信息卸载到接收粒子库中,同时粒子迁移记录累计接收的粒子个数。

当有多个进程发送粒子过来时,按接收信息顺序依次处理。完成接收粒子后,进程从接收粒子库中抽取粒子进行模拟。

M 称为检查粒子接收周期,大小可根据发送缓存区容量 N 来调整,同样以粒子为单位。N 过大则发送粒子进程的等待时间太长,过小则增加本进程的检查频率,会影响并行计算性能。

3. 等待结束函数

当返回值为整型,等于 -1 时,表示全部粒子都模拟完成,程序可以退出;返回值大于 0 时,表示接收到粒子,程序需要继续模拟,返回值即接收到粒子的个数。

当本地进程没有粒子模拟时,即接收的粒子和源粒子都模拟完时,就要调用等待结束函数。首先把所有发送缓存区内尚有的粒子都发送出去,即使个数不足 N 个。

若本地进程不是 Master 进程,则把粒子迁移记录发送给 Master 进程,然后进入等待状态。在等待期间若接收到粒子则进行模拟,模拟结束后还要把更新后的粒子迁移记录重新发送给 Master 进程;若接收到结束标识,则返回,结束输运模拟。

若本地进程是 Master 进程,则接收粒子迁移记录,核对粒子迁移记录判断是否结束。若结束则发送结束标识给其他进程;若不结束,则进入等待状态;若接收到粒子则模拟,接收到新的粒子迁移记录则重新核对。

所有进程的粒子迁移记录是判断输运是否结束的重要依据。进程 B 发送给进程 A 的粒子总数,进程 A 和进程 B 都记录下来并提供给 Master 进程,Master 进程核对两个数据是否一致,若不一致说明模拟没有结束。例如,进程 A 在等待结束期间又接到进程 B 发来的粒子,继续进行模拟,但在粒子模拟完成之前不会把最新的粒子迁移记录发送给 Master 进程,Master 进程就会发现两个进程提供的"粒子迁移记录"不一致,从而知道进程 A 还没有完成模拟。只有当所有的粒子迁移记录都核对一致时,才说明所有进程都没有粒子模拟了,异步粒子输运算法才能退出。

Master 进程把粒子迁移记录合并成 S 矩阵和 R 矩阵两个矩阵,并判断这两个矩阵是否相等。其中 S 矩阵的矩阵元 $S_{i,j}$ 表示进程 i 发送给进程 j 的粒子总数，来自进程 i 发送的粒子迁移记录；R 矩阵的矩阵元 $r_{i,j}$ 表示进程 j 接收自进程 i 的粒子总数，来自进程 j 发送的粒子迁移记录。显然 S 矩阵和 R 矩阵主对角线上的元素都是 0。矩阵核对过程的时间复杂度是 $O(P^2)$，P 是区域分解并行进程个数。

$$\begin{bmatrix} 0 & S_{12} & S_{13} & \cdots & S_{1p} \\ S_{21} & 0 & S_{23} & \cdots & S_{2p} \\ S_{31} & S_{32} & 0 & \cdots & S_{3p} \\ \vdots & \vdots & \vdots & & \vdots \\ S_{p1} & S_{p2} & S_{p3} & \cdots & 0 \end{bmatrix} = \begin{bmatrix} 0 & r_{12} & r_{13} & \cdots & r_{1p} \\ r_{21} & 0 & r_{23} & \cdots & r_{2p} \\ r_{31} & r_{32} & 0 & \cdots & r_{3p} \\ \vdots & \vdots & \vdots & & \vdots \\ r_{p1} & r_{p2} & r_{p3} & \cdots & 0 \end{bmatrix} \quad (16-14)$$

在 JCOGIN 框架异步通信类的支撑下，在应用程序 JMCT 上设计并实现了针对区域分解并行计算的异步输运算法，与串行或粒子并行输运算法的主要区别在于要考虑到各进程之间的粒子交换。

16.8 随机数衍生法

16.8.1 分段法

MC 粒子输运模拟是一种对随机过程的模拟，关键在于产生具有各种分布的随机变量的抽样值。例如，粒子的能量要根据能谱抽样得到，碰撞距离要根据飞行长度的抽样公式得到，发生核反应的靶核要通过各核素的离散概率值抽样得到等。因此，随机数在 MC 计算中具有非常重要的地位。

计算机上所用的随机数称为伪随机数，计算方法有很多种，在第 1 章和第 12 章已有讨论。乘加同余法的一般形式是，对于任意初始值 x_1，伪随机数序列由下面的递推公式确定：

$$x_{i+1} = (ax_i + b) \bmod M \quad (16-15)$$

式中，a 和 b 为常数，都是 64 位无符号整数；x_i 为 64 位无符号整数，称为随机数种子；通常取 $M=2^{64}$；ξ_{i+1} 即 $[0,1]$ 间的浮点数，与 x_{i+1} 是一一对应的，本节讨论中提到的随机数指长整型的 x_{i+1}。

对于传统的粒子并行计算，现在的 MC 粒子输运程序大多采用分段法使用随机数序列，如 MCNP 程序。分段法就是对随机数序列进行分段，每段长度为固定值 N，依次把每段随机数序列分配给粒子及其后代使用。如图 16-29 所示，第 1 个源粒子 p_1 的初始随机数是 x_1，第 2 个源粒子 p_2 的初始随机数是 x_{N+1}，依次类推，第 i 个粒子的初始随机数是 $(i-1)N+1$。这样每个源粒子的初始随机数都是固定的，不因其他源粒子的模拟而改变，在开始模拟前就可以计算出来。

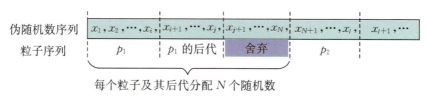

图 16-29 分段法随机数发生器

分段法的作用就是除掉粒子之间随机数的相关性,使粒子可以并行模拟。因为无论是串行计算还是并行计算,同一编号粒子的初始随机数都是同一个。MC方法的随机性都来自随机数,而每个粒子的行为都是由初始随机数确定的,因此分段法可以确保粒子并行的串并行计算的结果是一致的。

由于粒子的行为具有随机性,所以一个粒子所需要的随机数个数也是不同的。因此,N 要足够大,超过一个粒子所需要的随机数个数的最大值。对于每个粒子模拟结束后剩余的随机数,则舍弃不用。

16.8.2　区域分解并行衍生法

当进行区域分解并行计算时,整个模型几何被剖分成多个部分,每个处理器只拥有一部分几何。几何信息不全无法对粒子进行完整的模拟,当粒子输运到区域边界时,必须进行区域间的粒子通信,把粒子发送给具有相应几何信息的处理器继续模拟,从而带来两个问题。

第一个问题是经过区域通信后的粒子继续模拟时的初始随机数的计算。如图16-30 所示的粒子 A,在 1 号处理器模拟部分径迹后,迁移到 2 号处理器中。按照分段法,2 号处理器应该根据粒子 A 的编号计算其初始随机数,然后开始模拟,这样显然是不合理的。因为粒子 A 在 1 号处理器上已经模拟了部分径迹,使用了部分随机数,应该继续使用随后的随机数才能确保粒子 A 的径迹不会因区域分解而发生改变。

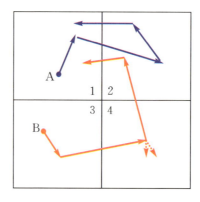

图 16-30　区域分解并行计算的粒子跟踪示意图

第二个问题是次级粒子的初始随机数的计算。如图 16-30 所示的粒子 B 发生了裂变反应,产生了次级粒子。在分段法中,次级粒子被存储在粒子库中,当粒子 B 终止后,次级粒子马上被继续跟踪,使用的随机数是粒子 B 剩下的随机数序列。当采用区域分解时,粒子 B 在 4 号处理器中产生次级粒子,存储在 4 号处理器上的粒子库中,然后进入 2 号处理器输运。4 号处理器完成了对粒子 B 的模拟,应该马上从粒子库中提取其次级粒子进行跟踪。但是它不知道粒子 B 终止时剩下的随机数序列从何处开始,甚至都不知道粒子 B 是否终止,也就无法计算出其次级粒子的初始随机数,从而无法开始模拟。

对于第一个问题,采用在粒子上增加随机数属性的技巧来解决。每个粒子都是具有基本属性的,如位置、能量、方向、权及栅元编号等。当粒子发生迁移时,这些基本属性也要随粒子一起发送过去,才能确保粒子的正确模拟。而这些属性本身是不包含随机数的,现在增加了随机数属性。在粒子发生迁移时,处理器把粒子要使用的下一个随机数计算出来,一起发送过去。接收到粒子的处理器就从该粒子的随机数属性开始使用随机数,如此就可以确保粒子的径迹不因区域分解而发生变化。

针对第二个问题,采用衍生法,即选择另一个随机数发生器根据父粒子当前的随机数计算次级粒子的初始随机数:

$$x_S = (c \cdot x_F + d) \bmod 2^{64} \quad (16-16)$$

式中,c、d 为固定系数;x_F 为当前粒子即初级粒子要用的随机数;x_S 为次级粒子的初始随机数,作为基本属性与次级粒子一起存储。次级粒子开始模拟时,直接从存储的初始随机数开始模拟,与父粒子后面的行为完全无关,不管父粒子何时何地终止,它都可以进行独立的模拟。

如图 16-31 所示,源粒子 p_1 分配有 N 个随机数,在模拟过程中产生次级粒子,使用动态衍生法根据当前的随机数 x_F 计算出次级粒子的初始随机数 x_S,与次级粒子一起存储。继续模拟 p_1 直到结束。提取 p_1 的后代及其初始随机数,进行模拟直到结束,然后才开始模拟源粒子 p_2,其初始随机数仍是 x_{N+1}。

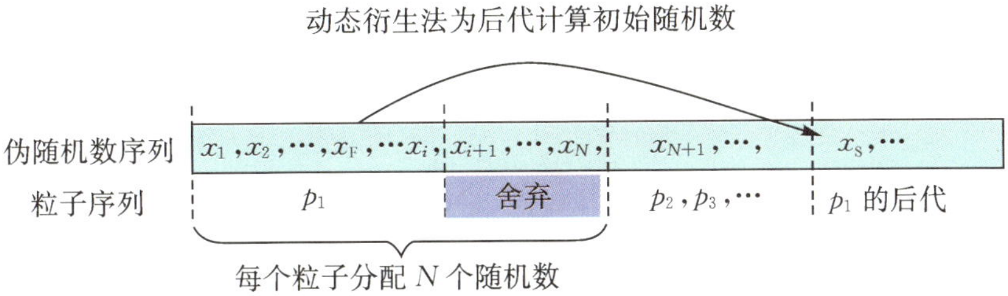

图 16-31 衍生法随机数发生器

式(16-16)为衍生公式,它并没有单独产生一个随机数序列,而是从原来的随机数序列的一个位置随机跳到另一个位置。与分段法相比,它可能会重复利用随机数。在复杂的粒子输运模拟中,粒子的所有行为几乎都需要随机数,包括碰撞距离抽样、碰撞核素抽样、反应道抽样、能量和方向抽样等。美国劳伦斯·利弗莫尔国家实验室的 Richard Procassini 教授经过研究发现,伪随机数发生器的周期只要达到 $2^{16}=65536$ 就可以得到无偏的结果[24],说明即使重复使用随机数,也很难发生粒子轨迹相同的情况,对计算结果几乎没有影响。

因此,在区域分解并行计算与粒子并行耦合的两级并行中,仅仅依靠分段法是无法确保串并行计算结果一致的,对源粒子必须采用分段法产生随机数种子,同时对次级粒子采用派生法产生随机数种子,并把随机数作为粒子本身的属性进行存储,这样的多级并行随机数衍生方法才能确保两级并行的结果与串行完全一致。

16.8.3　算法验证

对 pin-by-pin 模型,径向一定后,模型精细化程度由轴向分层数决定。轴向功率分布精细,建模占用的内存量和计算量也同步增加。基于某核电站反应堆模型,采用全局计数,算出每个 pin 的体通量及误差,共模拟 200 代,每代模拟 5000 万中子历史,丢掉前 20 代,统计后 180 代结果,共模拟 90 亿中子历史,使用 500 个处理器。图 16-32(a)至(c)分别给出无区域分解(1×1×1)、二区域分解(2×1×1)和四区域分解(2×2×1)下,轴向中间第 8 层径向 pin 通量计算结果。可以看出三者结果一致,图像对称性非常好。图 16-32(d)给出误差图,即满足 95% 的 pin 通量统计误差在 1% 以内的收敛标准。区域分解取得与不分解串并行一致的结果,验证了区域分解及随机数衍生算法的正确性。

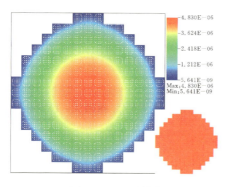

(a)1×1×1 不剖分

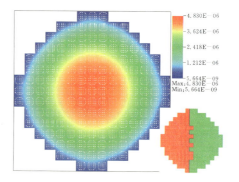

(b)2×1×1 二剖分

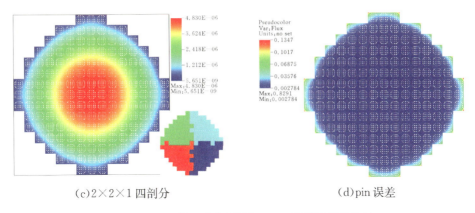

(c) 2×2×1 四剖分　　　　　　　　(d) pin 误差

图 16-32　三种区域分解下径向 pin 通量及误差比较

16.9　多级并行计算

JMCT 并行计算由 JCOGIN 完成。早前关于粒子并行采用的是 MPI 并行，由于 MPI 消息传递并行仅支持万核及以下处理器核的并行，为了实现数十万核规模的并行计算，且仍然可以获得并行加速，JCOGIN 在 MPI 一级并行基础上增加了 OpenMP 二级并行。

16.9.1　数据结构

为了更好地支撑大规模并行计算及适应现代多核处理器体系结构，JCOGIN 框架设计了以 Patch 为核心的数据结构（图 16-33），PatchLevel、Patch、Cell、Solid、ParticleSets 和 Tallys 形成了 JCOGIN 框架的主要数据结构。其数据结构遵守 STEP(standard for the exchange of PRODUCT model data)国际标准，分几何体、几何单元、几何块、几何层，主要含义如下。

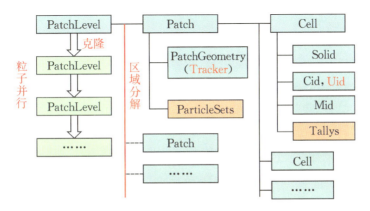

图 16-33　JCOGIN 框架数据结构

1. Solid(几何体)

①基本几何体:球、圆柱、圆锥、长方体、椭球等。

②组合几何体:通过布尔运算(交、并、余)产生问题几何体。

2. Cell(几何单元)

①Solid 及其空间位置。

②系统 Cell 编号(Cid),用户 Cell 编号(Uid)。

③物质编号(Mid)。

④计数器集合(Tallys)。

3. Patch(几何块)

①Cell 集。

②PatchGeometry 粒子追踪器(Tracker)。

③粒子集合(ParticleSets)。

4. PatchLevel(几何层)

①Patch 集。

②ParticleSets(粒子集)。

③Tallys(计数)。

PatchLevel 描述模型的整个几何计算区域,是 Patch 的集合,负责管理 Patch 之间的各种关系。通过对 PatchLevel 的克隆,即整个几何计算区域的复制,可以实现粒子并行计算功能。区域分解并行可以通过将整个计算区域分解成多个 Patch 来实现。Patch 是 Cell 的集合,描述了几何模型的一些几何单元的集合,通过 Tracker 对象封装了粒子输运计算需要的几何计算功能。同时包含 ParticleSets 对象,用于存储和管理 Patch 上的粒子。一个 Patch 上可以拥有多个 ParticleSets,用于存储不同用途的粒子。

为了支撑多级混合并行计算,即在原有的粒子并行与区域分解并行的基础上添加 MPI/OpenMP 混合并行实现,对数据结构进行了改进(图 16-33)。原来在每个进程内只有一个 PatchLevel 对象,改进后每个进程内含有的 PatchLevel 对象个数与进程内 OpenMP 线程个数相同,每个线程拥有一个 PatchLevel 对象。

为了实现用户数据的线程安全,JCOGIN 在 Patch 上添加了 PatchObject 对象。通过注册函数可将继承于 PatchObject 的对象绑定到 Patch 对象上,使用时再通过获取函数得到用户对象。例如,对于粒子源对象,多个线程需要多个粒子源对象,每个粒子源对象继承 PatchObject,通过注册函数注册到所属的 Patch 上,粒子追踪时,再通过获取函数得到对应的粒子源对象,这样就保证了粒子源数据的线程安全。

16.9.2 数据通信

JCOGIN 实现两级并行计算时,首先是 PatchLevel 克隆,其次通过区域剖分将每个 PatchLevel 分成 Patch。在做区域剖分时,每个 PatchLevel 的剖分方式是相同的。相应的模拟粒子总数按照负载平衡的原则,均分到各个克隆的 PatchLevel 上。粒子在模拟过程中,只能在自己所属的 PatchLevel 上进行输运,就是说当粒子发生区域越界时,只能进入同属于一个 PatchLevel 的 Patch 中。图 16-34 很好地诠释了 JCOGIN 的两级并行拓扑结构,其中区域复制 M 份,每份区域分解成 N 块,粒子迁移只发生在同属于一个实线(红线)区域的 Patch 中,而计数信息规约则发生在虚线(蓝线)区域内。若每个进程模拟一个区域(Patch),则共需要 $M\times N$ 个进程。

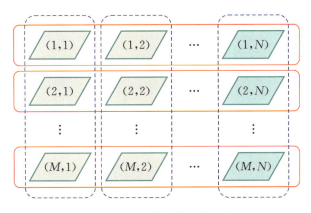

图 16-34 二维通信拓扑结构

为了支撑多级混合并行计算,即在原有的粒子并行与区域分解并行的基础上添加 MPI/OpenMP 混合并行实现,同样对数据通信进行了修改(图 16-34)。原来每个进程上只有一个 PatchLevel,在红框内的粒子迁移通过进程间的 MPI 通信来完成。现在每个进程上有多个 PatchLevel,进程间 MPI 通信覆盖整个线框包含的区域,但粒子迁移还只发生在红框内。为此设计了与 PatchLevel 编号相对应的 MPI 通信 tag,相当于每个红框对应一个 MPI 通信 tag,以此来区分发送和接收的 MPI 消息,保证粒子迁移发生在红框内,即在同一个 PatchLevel 内不会出现混乱的情况。在蓝框内的规约求和通信也有些小的变化,原来直接通过 MPI 规约通信函数实现,现在首先要在进程内对多个 PatchLevel 上的数据进行规约求和,再调用 MPI 规约通信函数实现数据通信,最后在收到的进程内对数据进行拷贝,分发到每个 PatchLevel 上。

JCOGIN 用于支撑各种专用 MC 软件在上面的二次开发,采用串行编程,通过无缝对接实现软件的自动并行。在输运计算中涉及粒子射线与曲面交点的计算、体积与面积的计算，这些 MC 粒子输运共性的内容均被集成到支撑框架 JCOGIN 中。

JMCT 的几何与 GEANT4 类似，JCOGIN 作为通用模块，扮演工具箱的角色。当计算机升级后，首先通过升级 JCOGIN 完成 JMCT 的升级。在 JCOGIN 上开发通用或专用 MC 输运软件，可以节省大量的人力和时间。目前，JCOGIN 框架的成熟度较高，国内软件开发人员可以基于 JCOGIN 框架做应用开发，除了支撑 MC 粒子输运软件开发外，还支撑 MOC 软件的开发。

16.9.3 二级并行

区域分解并行主要是为了解决反应堆大规模模型内存占用大，单核或单节点内存无法存储的问题，通过区域分解来分布存储模型信息和计数。异步输运算法因区域分解而不得不引入大量的粒子通信，额外增加了整个模型的模拟时间。尽管采用了重叠通信和计算的方式，其并行效率一般没有粒子并行效率高，通常区域剖分份数越多，相应的并行效率会越低。

关于粒子数并行，相对于区域分解并行，也称为区域复制并行，是 MC 方法模拟粒子输运的传统的并行方式，几乎所有的 MC 粒子输运并行程序都具有该能力。MC 方法本质上是一种统计方法，统计样本就是统计粒子本身。假设样本是独立同分布的，即 MC 模拟的源粒子之间是相互独立、没有关联的，这就构成了 MC 方法天然的可并行性。模拟开始时，所有进程都复制几何材料、截面数据信息，对模拟的总粒子数（样本数）按处理器总数进行均分，每个进程模拟相同部分的粒子，模拟结束后进行求和规约。在整个模拟过程中，除了初始化、数据广播和最后结果归约外，中间的粒子模拟过程丝毫不涉及并行计算操作，而且粒子均分使各进程负载基本平衡。因此，并行性和可扩展性都很好，在两万核处理器上可达到 70% 以上的并行效率。

另外，反应堆堆芯采用 pin-by-pin 结构的精细建模，堆芯的几何单元数量急速上升，从几十万增加到上千万，同时这些几何单元都要进行计数。要想得到收敛的计数结果，就必须保证模拟的粒子数足够多。反应堆精细建模并考虑燃耗反馈情况下，要求 95% 的 pin 误差要在 1% 内，通常模拟的样本数要达到上千万，才能保证结果收敛。因此，对于大规模的反应堆精细模型的模拟，必须使区域分解并行和粒子并行两者联合起来，形成二级并行才能更好地解决问题。

为了能够保持较高的并行效率，在 JCOGIN 框架实现了区域分解并行和粒子并行结合的二级联合并行，可支持数十万处理器核规模的并行计算。

联合并行存在先后层次。例如，MERCURY 程序是先区域分解、再区域复制，整个模型区域分解后逐个复制，复制的份数可以不同。粒子迁移是全局性的，即粒子从一个区域进入相邻区域时，可选择所有的相邻区域副本。JCOGIN 框架的联合并行设计是先复制整个几何模型，分配粒子数，再进行区域分解（图 16-35）。整个几何模型被复制后，每个副本的区域分解都是相同的，最后得到的区域副本个数是相同的。同时为了保持负载平衡，粒子迁移是局部的，粒子从一个区域进入相邻区域时，只能进入与其原区域同属于一个区域分解的相邻区域。

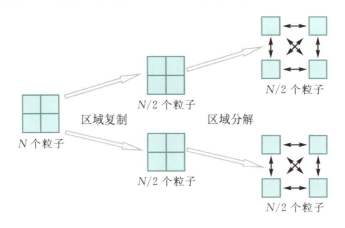

图 16-35 2×4 的二级并行示意图

二维通信拓扑结构管理二级并行中的并行通信。一个模型的整体几何结构首先复制 M 份，然后剖分成 N 份，JCOGIN 剖分后的区域排列如图 16-34 所示。同一个红色实线圈内的区域来自区域剖分的同一个整体几何备份，它们之间可以进行粒子通信，互相交换粒子，同时用一个 Master 进程来控制是否模拟结束；而属于不同红色实线圈的区域是不能进行粒子通信的。同一个蓝色虚线圈内的区域属于不同整体几何备份剖分后的同一位置，也就是说他们的几何单元信息是相同的，包括物质材料和计数，同样需要一个 Master 进程进行管理。在模拟开始前，Master 进程负责读取相关物质材料的截面数据并广播给通信域中的其他进程。在模拟结束后，Master 进程还需要收集和累计通信域中的其他进程的计数结果，计算出本地局部区域的最终计数结果并输出。

图 16-35 给出二级并行示意图。图 16-36 给出国内某反应堆全堆芯 pin-by-pin 模型的二级并行通信图。其中粒子并行 2 份，区域剖分 4 份。区域分解并行计算由于粒子通信而额外增加了通信时间和等待时间，严重影响了并行效率，所以应该在确保对内存模型进行模拟的前提下，尽量选择粒子并行。基于该指导思想，在二级并行中，区域剖分的份数不会太多，一般几十份。区域并行中的 Master 进程额外负担的粒子迁移记录核对时间 $O(P^2)$ 很少，对整个负载平衡影响很小，可以认

为二级并行的负载平衡性较好[4]。

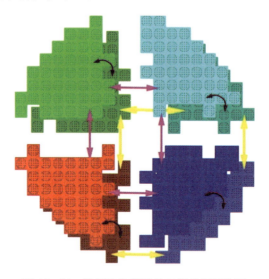

图 16-36　某反应堆模型的二级并行通信图

16.10　小结

本章介绍三维多粒子输运 MC 软件 JMCT。JMCT 软件的主要特点是：可视建模；基于并行支撑框架 JCOGIN 开发；可视结果输出。相对传统 MC 程序的文本文件输入，JMCT 软件的可视输入为软件的实用化带来诸多方便。采用可复用的 JCOGIN 框架，屏蔽了应用与高性能计算之间的编程墙，有利于 MC 软件大规模并行计算。此外，传统 MC 粒子输运计算的一些共性算法也集成到 JCOGIN 框架，为 MC 软件快速定制开发提供了捷径，减少了重复性工作。读者通过本章的学习，可以增加对计算机体系结构、并行编程、区域分解的了解。

参考文献

[1] DENG L, YE T, LI G, et al. 3-D Monte Carlo neutron-photon transport code JMCT and its algorithms[Z]. Kyoto, Japan: PHYSOR, 2014.

[2] DENG L, LI G, ZHANG B Y, et al. JMCT V2.0 Monte Carlo code with integrated nuclear system feedback for simulation of BEAVRS model[Z]. Cancun, Mexico: PHYSOR, 2018.

[3] DENG L, LI G, ZHANG B Y, et al. A high fidelity general purpose Monte Carlo particle transport code JMCT 3.0[J]. Nuclear science and techniques, 2022, 33: 108.

[4] ZHANG B Y, LI G, DENG L, et al. JCOGIN: a parallel programming infrastructure for Monte Carlo particle transport[J]. High power laser & particle beams, 2013, 25(1): 173-176.

[5] 邱有恒，邓力，李百文，等. 几种重要性函数在粒子输运蒙特卡罗模拟中的应用[J]. 原子

能科学技术,2013,47(增刊):673-677.

[6] 邓力,李瑞,丁谦学,等. JMCT某核电站反应堆屏蔽计算与敏感性分析[J]. 核动力工程,2021,2:258-926.

[7] ZHENG Z,MEI Q L,DENG L. Study on variance reduction technique based on adjoint discrete ordinate method[J]. Annals of nuclear energy,2018,112:374-382.

[8] SHANGGUAN D H,LI G,ZHANG B Y,et al. Uniform tally density-based strategy for efficient global tallying in Monte Carlo criticality calculation[J]. Nuclear science and engineering,2016,182:555-562.

[9] 刘雄国,邓力,胡泽华,等. JMCT程序在线多普勒展宽研究[J]. 物理学报,2016,65(9):092501-092505.

[10] LI R,ZHANG L,SHI D,et al. Criticality search of soluble boron iteration in MC code JMCT[J]. Energy procedia,2017,127:329-334.

[11] ZHENG Z,MEI Q L,DENG L,et al. Application of a 3D discrete Ordinates-Monte Carlo coupling method to deep-penetration shielding calculation[J]. Nuclear engineering and design,2018,326:301-310.

[12] LI G,ZHANG B Y,DENG L. Domain decomposition of combinatorial geometry Monte Carlo code JMCT[J]. Transactions of the American nuclear society,2013,109:1425-1427.

[13] SHANGGUAN D H,LI G,DENG L,et al. Tallying scheme of JMCT:a general purpose Monte Carlo particle transport code[J]. Transactions of the American nuclear society,2013,109:1028-1032.

[14] MA Y,XU P J,XIAO G. Development of auto-modeling tool for neutron transport simulation[EB/OL]. (2010-11-01)[2021-07-29]. https://www.researchgate.net/publication/251980036_Development_of_auto-modeling_tool_for_neutron_transport_simulation. DOI:10.1109/ICALIP.2010.5685041.

[15] 马彦,等. 三维蒙特卡罗粒子输运前处理软件JLAMT用户使用手册:V1.0版[Z]. 北京:中物院高性能数值模拟软件中心,2015.

[16] CAO Y,MO Z Y,XIAO L,et al. Efficient visualization of high-resolution virtual nuclear reactor[J]. Journal of visualization,2018,21(5):857-871.

[17] MACFARLANE R E,MUIR D W. The NJOY nuclear data processing system Version 91:LA-12740[R]. Technical Report,1994.

[18] MACFARLANE R E. NJOY 99.0 code system for producing pointwise and multigroup neutron and photon cross section from ENDF/B data[Z]. Los Alamos:Los Alamos National Laboratory,2000.

[19] MACFARLANE R E,KAHLER A C. Methods for processing ENDF/B-VII with NJOY[J]. Nuclear data sheets,2010,111(12):2739-2890.

[20] AGOSTINELLI S,ALLISON J,AMAKO K,et al. GEANT4:a simulation toolkit[J].

Nuclear instruments and methods in physics research Section A: accelerators, spectrometers, detectors and associated equipment, 2003, 506(3): 250 – 303.

[21] HERMAN M, TRKOV A. ENDF-6 formats manual, data formats and procedures for the evaluated nuclear data file ENDF/B - VI and ENDF - VII [R]. New York: Brookhaven National Laboratory, 2009.

[22] PROCASSINI R J, CULLEN D E, GREENMAN G M, et al. Verification and validation of MERCURY: a modern Monte Carlo particle transport code: UCRL-CONF-208667 [R]. San Francisco: Lawrence Livermore National Laboratory, 2004.

[23] MERVIN B T, MOSHER S W, EVANS T M, et al. Variance estimation in domain decomposed Monte Carlo eigenvalue calculations [Z]. Knoxville, TN: PHYSOR, 2012.

[24] PROCASSINI R J, BECK B R. Parallel Monte Carlo particle transport and the quality of random number generators: how good is good enough? [Z]. [S. l. : s. n.], 2004.

第17章 JMCT 基准检验

JMCT 软件[1]推出后,对其开展了大量的基准验证和实验确认。临界安全分析基准题选自 ICSBEP(International Criticality Safety Benchmark Evalation Project),屏蔽基准题选自 SINBAD(Shielding Integral Benchmark Archive Database)[2]。此外,部分 MCNP 程序[3]算例也作为 JMCT 验证的算例。通过这些基准检验,验证了 JMCT 中子学计算的正确有效性。反应堆全堆计算检验,模型选自 IAEA 提供的 H-M、BEAVRS 和 VERA 基准题,这些模型涉及中子学与热工水力耦合,检验 JMCT 多物理耦合计算能力。最后,利用某核电站反应堆堆外核仪表系统(RPN,译自法文)实验数据和国产核电站反应堆压力容器(Reactor Pressure Vessel,RPV)母材段、焊缝段及主管道实测数据,对 JMCT 软件进行了实验验证,内容基本涵盖了核工程领域的方方面面。

17.1 反应堆全堆建模

17.1.1 组件建模

通常反应堆堆芯由多个燃料组件组成,组件有方形和六角形。目前 JMCT 模拟过的压水堆涉及的方形组件数分别有 121、157、177、193 和 241,共五种大小不同的堆型;模拟的堆型有 EPR、AP/CAP、VVER、FR、CFETR、ACP、HTR 及各种研究堆等;组件形状有方形和六角形两种。

目前国际上主流压水堆(PWR)燃料组件已经标准化,均为 17×17 棒束结构方形组件,其中 264 根为燃料棒,25 根为控制棒导向管,如图 17-1(a)所示。燃料棒直径 1 cm 左右,其中芯块直径为 0.9 cm 左右,高度 4~5 m。芯块材料为 UO_2 或 MOX,外包壳为锆合金套管,控制棒导向管内为含硼水,用于调节堆芯系统反应性。图 17-1(a)为方形组件的几何材料结构,图 17-1(c)为六角形组件的几何材料结构,图 17-1(b)为方形组件轴向局部图。一般组件中会含不同富集度的燃料棒。

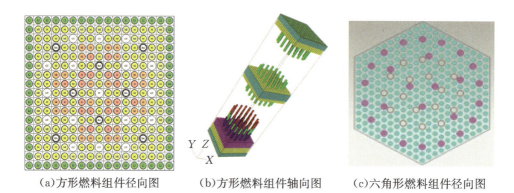

(a)方形燃料组件径向图　　(b)方形燃料组件轴向图　　(c)六角形燃料组件径向图

图 17-1　方形和六角形组件结构图

17.1.2　堆芯建模

堆芯采用精细化的 pin 组件,轴向细分层建模已成为主流。图 17-2 为 JMCT 软件前处理建模软件 JLAMT 生成的国内某核电站 1 号机组反应堆的精细几何材料建模图,包括底部反射层,顶部反射层,围板,径向反射层,辐照监督管,下降水区,压力容器,RPV、RPN 探测器,空气层,孔道,热屏蔽板,混凝土凸台等,由各种结构材料组成。

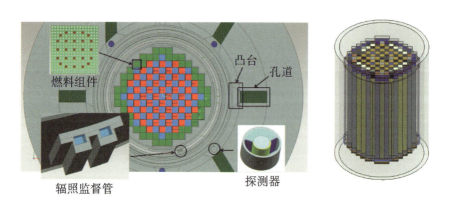

图 17-2　反应堆堆芯及包层结构图

图 17-3 为反应堆堆本体、组件、凸台、控制棒、堆芯径向和轴向图。在初装料时,含铀燃料棒材料属性相同。随着燃耗加深,燃料棒径向和轴向不同位置的燃耗程度均会发生较大变化。为了反映轴向功率的变化,铀燃料棒轴向需要细分层。

燃料包层的锆物质不参与燃耗计算,因此包壳轴向可以不分层。图 17 - 3(f)为轴向燃料棒,最初分 16 层,其中黄色竖管为控制棒导向管,轴向可不分层。

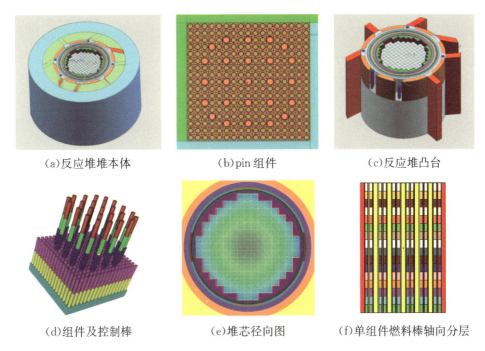

(a)反应堆堆本体 (b)pin 组件 (c)反应堆凸台

(d)组件及控制棒 (e)堆芯径向图 (f)单组件燃料棒轴向分层

图 17 - 3 某反应堆组件堆芯结构图

17.2 典型算例检验

从 ICSBEP 临界基准问题中选出 193 道,从 SINBAD 屏蔽基准题中选出 11 道,从 MCNP4C 算例中选出 9 道,从某核电站反应堆实验选出 2 个对 JMCT 软件进行验证和确认。下面给出部分有代表性的算例及模拟结果。

17.2.1 临界基准计算

图 17 - 4 为 JMCT 模拟 ICSBEP 中的 193 道临界基准题的结果与 MCNP 及实验结果的比较。JMCT 与实验和 MCNP 结果的偏差均在 5×10^{-3} 以内,满足 k_{eff} 对结果精度的要求。

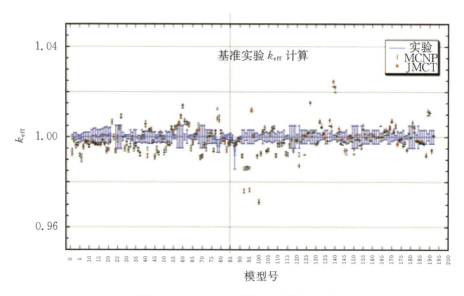

图 17-4 ICSBEP 基准题测试结果比较

17.2.2 C5G7 模型计算

C5G7 模型是由 NEA/NSC 发布的基准题[4]，采用 17×17 棒束标准组件，尺寸为 21.42 cm×21.42 cm×128.52 cm。组件燃料为 UO_2 和 MOX 两种，组件交叉布置，每个组件里含有 264 根燃料棒，燃料棒半径尺寸自内向外分别为 0.4 cm、0.44 cm、0.54 cm，对应材料分别为燃料芯块（UO_2 或 MOX）、层气隙、锆合金。棒束结构栅距为 1.26 cm，每个组件有 25 根控制棒导向管，自内而外尺寸分别为 0.44 cm、0.54 cm，材料分别为含硼水、铝合金。组件外有厚度为 21.42 cm 的水反射层。图 17-5 为 JMCT 可视前处理建模软件 JLAMT 生成的 1/4 堆芯径向、轴向图，采用全反射边界条件。

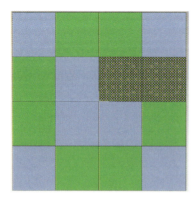
(a)1/4 堆芯径向图

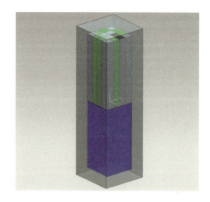
(b)1/4 堆芯轴向图

图 17-5 C5G7 模型建模图（JLAMT 绘制）

第 17 章 JMCT 基准检验

表 17-1 为模型涉及每种物质的 7 群中子截面,结合工程中的常用数据,换算出各种物质核素的原子密度。表 17-2 为 JMCT、MCNP 和文献参考 k_{eff} 值的比较,偏差在 2.5×10^{-3} 范围内。

表 17-1 C5G7 模型材料核子密度

物质	核素	核子密度 /(10^{24} cm^{-3})	物质	核素	核子密度 /(10^{24} cm^{-3})
UO$_2$	^{235}U	8.6557939×10^{-4}	气隙	^{4}He	2.5300000×10^{-4}
	^{238}U	2.2243897×10^{-2}	锆	Zr	3.6967821×10^{-2}
	^{234}U	1.0000000×10^{-9}	铝	^{27}Al	6.0198146×10^{-2}
	^{236}U	1.0000000×10^{-9}	水	^{1}H	6.7118404×10^{-2}
	^{16}O	4.6218958×10^{-2}		^{16}O	3.3559202×10^{-2}
MOX 4.7%	^{235}U	5.0017595×10^{-5}	MOX 8.7%	^{235}U	4.9986268×10^{-5}
	^{238}U	2.2096719×10^{-2}		^{238}U	2.2082880×10^{-2}
	^{238}Pu	1.5042693×10^{-5}		^{238}Pu	3.0016944×10^{-5}
	^{239}Pu	5.8165081×10^{-4}		^{239}Pu	1.1606552×10^{-3}
	^{240}Pu	2.4068309×10^{-4}		^{240}Pu	4.9027675×10^{-4}
	^{241}Pu	9.8278930×10^{-5}		^{241}Pu	1.9010731×10^{-4}
	^{242}Pu	5.4153696×10^{-5}		^{242}Pu	1.0505930×10^{-4}
	^{241}Am	1.3037001×10^{-7}		^{241}Am	2.5014120×10^{-5}
	^{16}O	4.6299170×10^{-2}		^{16}O	4.8267995×10^{-2}

表 17-2 JMCT 与 MCNP 及文献 k_{eff} 计算结果比较

比较对象	k_{eff} 结果	相对误差/%
JMCT	1.17703	0.024
MCNP	1.17611	0.021
文献参考解	1.18000	—

17.2.3 铀柱阵列模型计算

铀柱阵列是美国洛斯阿拉莫斯国家实验室的临界实验装置[5],几何是由若干铁棒串起的 27 个高富集度圆柱形铀块,在空间呈 $3 \times 3 \times 3$ 阵列式排布。铀块高 8.641 cm,半径为 4.558 cm,相邻块水平方向间距 11.552 cm,竖直方向间距 11.077 cm,铁棒半径 0.254 cm。图 17-6 为 JMCT 前处理 JLAMT 生成的建模图,表 17-3 为模型材料组。

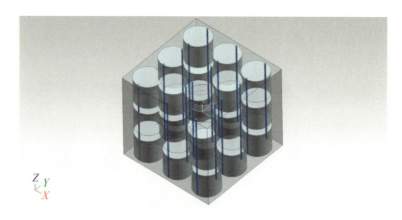

图 17-6 铀柱阵列模型几何结构图（JLAMT 绘制）

表 17-3 铀柱阵列模型材料核子密度

物质	核素	核子密度/(10^{24} cm^{-3})	物质	核素	核子密度/(10^{24} cm^{-3})
铀块	^{235}U	4.4797×10^{-2}	铁棒	^{12}C	3.1691×10^{-4}
	^{238}U	2.6577×10^{-3}		Cr	1.6472×10^{-2}
	^{234}U	4.8271×10^{-4}		Mg	1.7321×10^{-3}
	^{236}U	9.5723×10^{-5}		Fe	6.0360×10^{-2}
				Ni	6.4834×10^{-3}
				Si	1.6940×10^{-3}

分别采用 MCNP、JMCT 和相同的截面库进行模拟。表 17-4 为 k_{eff} 计算结果，可以看出两个程序模拟结果符合良好，k_{eff} 偏差在误差范围内。

表 17-4 JMCT 与 MCNP k_{eff} 结果比较

程序	k_{eff} 结果	相对误差/%	相对偏差/%
JMCT	0.99716	0.0006	−0.284
MCNP	0.99712	0.0006	−0.288

17.2.4 HMF12 模型计算

HMF12 模型来自 ICSBEP 国际临界基准题库[6]，中心是一个半径为 7.55 cm 的高浓铀球，外层有若干半球壳层铀反射层，材料如表 17-5 所示。图 17-7 为 JMCT 前处理 JLAMT 生成的建模图。表 17-6 给出计算结果。图 17-8 为中心区中子通量能谱，图 17-9 为中心区中子沉积能能谱。除了低能部分有细微差异外，其他能区两个程序模拟结果符合良好。

第 17 章 JMCT 基准检验

表 17-5 模型材料核子密度

物质	核素	核子密度/(10^{24} cm^{-3})
铀块	^{235}U	4.4173×10^{-2}
	^{238}U	2.8828×10^{-3}
铀层	^{235}U	4.4173×10^{-2}

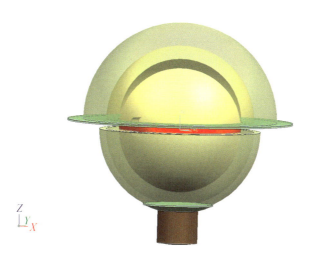

图 17-7 HMF12 模型可视建模图

表 17-6 JMCT 与 MCNP k_{eff} 结果比较

程序	k_{eff} 结果	相对误差/%
JMCT	0.99282	0.006
MCNP	0.99374	0.006

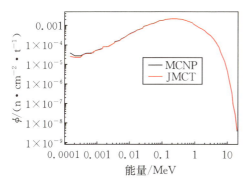

图 17-8 中心区域通量能谱

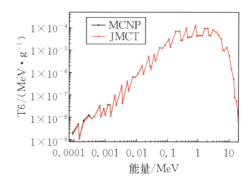

图 17-9 中心区域沉积能能谱

17.2.5 外源模型计算

prob 系列模型来自 MCNP4C 算例[3]，fe1b5、fe1b5a 模型来自 ICSBEP[2]。表 17-7 给出 JMCT 和 MCNP 特定计数区的中子通量结果比较，最大偏差为 1.0376%。

表 17-7 JMCT 与 MCNP 外源问题通量比较

序号	算例	类型	ϕ_{JMCT}	ϕ_{MCNP}	$(\phi_{JMCT}-\phi_{MCNP})/\phi_{JMCT}$
1	prob3	中子	1.68910	1.69593	−0.4044
2	prob4	光子	0.00423848	0.00424196	−0.0821
3	prob7	光子	0.00901959	0.00901234	0.0804
4	prob8	中子	10.5641	10.5408	0.2206
5	prob13	中子	16.7356	16.7435	−0.0472
6	fe1b5	中子	0.00505630	0.00506243	−0.1212
7	prob4a	光子	0.00109554	0.00109569	−0.0137
8	prob7a	光子	0.00173186	0.00174983	−1.0376
9	fe1b5a	中子	0.0148917	0.0148879	0.0255

17.2.6 Takahama-3 模型计算

Takahama-3 基准题由日本原子能研究院发布[7]，主要用于燃耗程序的验证，提供了部分辐射化学数据用于衰变产热与辐射源分析。Takahama-3 为压水堆模型，堆芯采用 17×17 组件布局。基准题测量数据基于经历了 3 个循环的乏燃料组件进行分析，最高燃耗深度可达 47 (GW·d)/MTU。针对两个丰度为 4.11% 的燃料棒以及一个含有 Gd_2O_3 的可燃毒物棒进行了详细的辐射化学分析，对于丰度为 4.0%、燃耗深度为 40 (GW·d)/MTU 以上燃耗的验证具有重要意义，该例题主要用于燃耗计算的正确性验证。

1. 模型建模

两个组件中各含有 14 个 Gd_2O_3 可燃毒物棒，采用可视化建模工具 JLAMT 建模，组件中燃料棒与可燃毒物棒的排布如图 17-10 所示。材料组成取自参考文献[7]。在计算 SF95 和 SF97 这两根燃料棒时，将所有棒，包括可燃毒物棒 ^{235}U 浓度均设置为 4.11%，在设置每步燃耗步的功率时需要换算成整个组件的功率。计算 SF96 这根可燃毒物棒时，将燃料棒的 ^{235}U 浓度均设置成与可燃毒物棒相同，即 2.63%。同样设置功率时需转换成整个组件的功率。

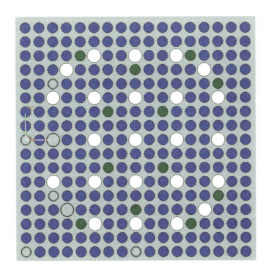

图 17-10　Takahama-3 组件 JMCT 建模图

模拟计算了 NTG23 组件第五、第六循环和 NTG24 组件第五、第六、第七循环。JMCT 计算的是整个组件的燃耗,做了均匀化的近似处理。由于可燃毒物的存在,可燃毒物棒周围的中子能谱变化剧烈,要使整个组件的燃耗深度近似等价于可燃毒物棒的燃耗深度,需要增加可燃毒物的浓度。测试表明,可燃毒物的浓度增加到 5 倍时,计算结果与实验符合得最好。

2. JMCT 输运-燃耗计算

使用 JMCT 计算主要包含两部分:一部分是输运计算;另一部分是燃耗计算。输运计算部分计算临界状态时的通量分布,初始源设置为整个组件均匀分布的 Watt 裂变源,组件周围使用反射边界条件。k_{eff} 计算参数具体设置如下:

```
scale=10000
keff_initial_value=1.0
keff_skip_generation=20
keff_total_generation=100
```

燃耗计算部分的计算参数具体设置如下:

```
method="CRAM"
couple_mode="reaction_rate"
Q_value_type="burn"
select_ratio=0.9999
```

具体的燃耗步设置及功率设置见参考文献[7]。

3. 计算结果

表 17-8 和表 17-9 给出了 JMCT、HELIOS、SAS2H 及实验测量部分结果比较。其中，HELIOS、SAS2H 为国外商业程序。

表 17-8　SF95-1 寿期末核子密度　　　　　　　单位：g/MgU

核素	核子密度(EXP)	核子密度(SAS2H)	核子密度(HELIOS)	核子密度(JMCT)	核子密度(JMCT)/核子密度(EXP)
^{234}U	299	330	274	327	1.1
^{235}U	26700	26700	26700	27100	1.01
^{236}U	2670	2670	2650	2640	0.989
^{238}U	950000	950000	950000	949000	0.999
^{238}Pu	17.2	16.3	16.6	18.4	1.07
^{239}Pu	4230	4390	4610	4280	1.01
^{240}Pu	780	808	788	777	0.996
^{241}Pu	369	378	378	371	1.01
^{242}Pu	37.9	40.7	34.7	38.3	1.01
^{241}Am	13.81	11.6	12.3	11.6	0.844
^{242m}Am	0.184	0.195	0.178	0.0641	0.348
^{243}Am	2.68	3.13	2.56	3.13	1.17
^{242}Cm	1.51	1.14	1.21	1.32	0.872
^{244}Cm	0.271	0.281	0.244	0.31	1.14
^{134}Cs	23.4	20.4	16.9	23.1	0.985
^{154}Eu	4.09	4.06	4.16	4.55	1.11
^{144}Ce	194	190	180	188	0.961
^{143}Nd	463	456	447	446	0.962
^{144}Nd	328	330	327	322	0.9831
^{145}Nd	333	335	329	328	0.985
^{146}Nd	281	287	282	285	1.01

表 17-9 SF95-2 寿期末核子密度　　　　　　　　单位：g/MgU

核素	核子密度（EXP）	核子密度（SAS2H）	核子密度（HELIOS）	核子密度（JMCT）	核子密度(JMCT)/核子密度(EXP)
^{234}U	285	285	256	282	0.988
^{235}U	19300	19300	19200	19800	1.03
^{236}U	4020	3950	3960	3920	0.975
^{238}U	942000	942000	942000	942000	1
^{238}Pu	71	61.4	69.2	65.8	0.927
^{239}Pu	5660	5560	5660	5380	0.951
^{240}Pu	1540	1540	1500	1490	0.966
^{241}Pu	958	904	956	866	0.904
^{242}Pu	184	182	172	166	0.899
^{241}Am	23.4	26.5	26.6	25.5	1.09
^{242m}Am	0.52	0.539	0.517	0.153	0.294
^{243}Am	22.9	25.5	21.6	24.2	1.06
^{242}Cm	7.67	4.99	6.98	5.55	0.724
^{244}Cm	5.04	4.28	4.32	4.50	0.894
^{134}Cs	70.1	58.3	56.9	65.8	0.939
^{154}Eu	13.1	12.2	13.5	13.3	1.02
^{144}Ce	316	311	299	308	0.975
^{143}Nd	712	700	697	687	0.96
^{144}Nd	605	603	596	588	0.972
^{145}Nd	538	539	535	528	0.98
^{146}Nd	493	497	491	496	1.01

计算结果表明，对于绝大多数核素，JMCT 计算结果与实验测量值符合良好，对于部分与实验值偏差较大的核素，JMCT 计算结果与另外两个国外程序 SAS2H 和 HELIOS 结果符合良好。分析偏差原因，可能是实验上给出的计算参数存在一定误差，或是核素测量结果不够准确。对于极少数与实验值或其他程序计算结果偏差均较大的核素，可能是因为使用的核素数据库存在差异导致的。

17.3 屏蔽基准计算

17.3.1 屏蔽基准题范围

反应堆系统屏蔽优化设计是一个典型的多目标优化问题，关系到核装置的性能、安全性和经济性。屏蔽设计涵盖的空间尺度大、几何结构复杂、材料多样且深穿透，数值模拟难度极大。

表 17-10 给出屏蔽基准题及测试覆盖范围，模型来自 OECD 基准题库，涵盖与反应堆相关的屏蔽材料及构型。JMCT 与 MCNP、实验结果比较，偏差均在 5% 以内，测试结果详见参考文献[8]，这里仅列出 VENUS-3 基准计算结果。

表 17-10 OECD 屏蔽基准题及测试覆盖范围

序号	名称	几何复杂度			包含几何类型			问题类型		源项				计数类型		
		简单	中等	复杂	球	圆柱	立方体	n	n,p	临界源	点源	面源	体源	面计数	体积计数	点探测器
1	WIB		•				▲	○					△		◇	
2	WWB		•			▲	▲	○			△				◇	
3	NESDIP-2		•				▲	○					△		◇	
4	IIB		•				▲	○					△		◇	
5	RFNC PS	•			▲	▲			○		△					◇
6	WuIB		•				▲	○		△						◇
7	NLWS		•		▲	▲		○				△		◇		
8	TSF IB	•			▲	▲		○					△			
9	HBR-2 RPV			•	▲	▲		○					△			
10	铀装置		•			▲	▲	○			△					◇

17.3.2 VENUS-3 基准计算

1. 模型简介

VENUS-3 实验堆是一座低(中子)通量反应堆。该实验装置建于 1964 年，主要用来研究反应堆堆芯设计和核材料的辐照损伤，为数值模拟程序提供校验[9]。

VENUS-3 实验堆的 1/4 堆芯模型如图 17-11 所示,由 639 根燃料棒和 11 根有毒燃料棒组成。其长、宽、高分别为 73.65 cm、37.80 cm、37.80 cm。图中红色区域表示堆芯控制棒,其他部分为堆芯燃料区。堆芯共有三个燃料区:灰色部分为燃料一区,由 4% 富集度的 ^{235}U 燃料棒组成;黄色部分为燃料二区,由 3% 富集度的 ^{235}U 燃料棒组成;绿色部分为燃料三区,由含可燃毒物的燃料棒组成。

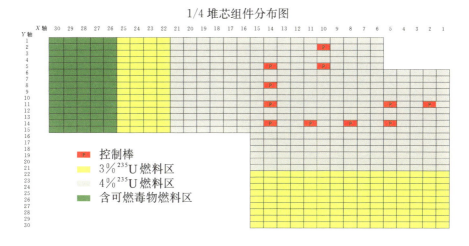

图 17-11 VENUS-3 模型堆芯结构图

2. 可视建模

VENUS-3 反应堆平面图如图 17-12 所示。从中心由右至左,分为 9 个水平区域:

①堆芯外中心水通道;

②堆芯外内层围板(不锈钢厚度为 2.858 cm);

③堆芯燃料区(4% 燃料棒、3.3% 燃料棒);

④堆芯外层隔板(不锈钢厚度为 2.858 cm);

⑤堆芯外水反射层(水最小厚度为 2.169 cm);

⑥堆芯外吊篮(不锈钢厚度为 4.99 cm);

⑦吊篮外冷却水层(水厚度为 5.80 cm);

⑧热屏蔽层(不锈钢厚度为 6.72 cm);

⑨反应堆压力容器(不锈钢)。

从中心开始由下往上,分为以下 8 个区域,如图 17-12(b)所示:

①压力容器内下层水区;

②堆芯下支撑构件;

③堆芯外底层格架;

④堆芯内下反射层;

⑤堆芯燃料区;

⑥堆芯内上反射层;

⑦堆芯外上层格架;

⑧压力容器内上层水区。

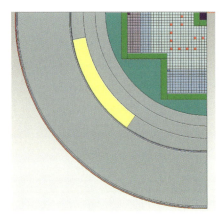

(a)径向剖面图　　　　　　　　(b)横向剖面图

图 17-12　VENUS-3 装置采用 JLAMT 生成的模型剖面图

分临界和外源两种情况分别计算。

1) 临界计算

首先计算初装料时的有效增殖系数 k_{eff}。总共模拟 1500 代中子,每代模拟 10000 个中子,舍去前 500 代。表 17-11 给出 MCNP 与 JMCT 的结果比较。可以看出,JMCT 与 MCNP 的 k_{eff} 计算结果偏差为 0.28%。

表 17-11　VENUS-3 临界模型计算结果比较

程序	k_{eff}	相对偏差/%
MCNP	0.98638(0.00022)	0.28
JMCT	0.98918(0.00022)	

注:相对偏差=$(k_{eff,JMCT}-k_{eff,MCNP})/k_{eff,JMCT}$。

2) 外源计算

(1) 源定义。首先需要确定正常运行工况下(Ⅰ类工况)的中子源项分布。按

1/4 堆芯 639 根燃料棒的径向功率和轴向功率确定源位置分布。利用文献[9]中提供的 VENUS-3 模型,每根燃料棒轴向分为 15 层。根据模型结构,采用自编源项分布,JMCT 按非标准源调用用户提供的源项子程序进行计算。

① 位置确定。位置服从如下离散分布

$$S_{i,j,k} = \frac{P_{i,j}}{P_{\text{tot}}} \cdot \frac{P_{i,j,k}}{P_{i,j}} \qquad (17-1)$$

式中,P_{tot} 为 1/4 堆芯总功率;$P_{i,j}$ 为 x 轴编号为 i、y 轴编号为 j 的燃料棒棒功率;$P_{i,j,k}$ 为 x 轴编号为 i、y 轴编号为 j,燃料棒第 k 层的功率,满足

$$\sum_k P_{i,j,k} = P_{\text{tot}} \sum_{i,j,k} S_{i,j,k} = 1 \qquad (17-2)$$

根据燃料棒的功率分布,从 639 根燃料棒中通过抽样确定位置坐标编号(i,j,k),接着从(i,j,k)对应编号的燃料棒均匀抽样确定源粒子发射位置(x,y,z)。

② 能量确定:从 Watt 裂变谱中产生。

③ 方向确定:采用各向同性确定。

(2) 计数。计数区包括堆芯外中心水通道、堆芯外内层围板、堆芯外热屏蔽层和压力容器下层水区探测器中子和光子通量能谱。

(3) 使用技巧。由于点探测器数目较多,常用的 MC 偏倚抽样技巧不太适合,计算中仅使用隐俘获技巧。

(4) 计算结果。从源发出的中子,经过多个自由程的输运碰撞,最终到达探测器的很少,故求解问题属于深穿透问题,MC 模拟难度较大。为了确保计算结果收敛且满足精度要求,共模拟了 2.5 亿个中子历史。图 17-13、图 17-14 分别给出 JMCT 和 MCNP 核心区的中子和光子通量能谱比较。可以看出,JMCT 与 MCNP 结果符合得很好。表 17-12、表 17-13 分别给出相应位置中子、光子通量结果,JMCT 和 MCNP 中子、光子积分通量最大偏差为 0.94%。

VENUS-3 基准模型给出了非常详细的实验测量值,在国际上主要用于计算方法及程序的实验验证。根据文献中给出的探测器位置,在相应位置上进行中子通量计数。为使所有点探测器计数达到收敛(统计误差小于 0.05),保守的做法是增加模拟的粒子数目。当模拟的粒子数目达到 5000 万时,所有点的探测器计数统计误差均满足收敛标准。

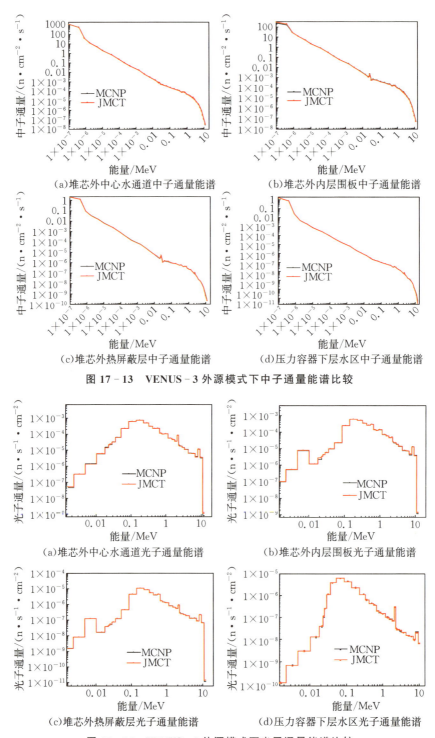

图 17-13 VENUS-3 外源模式下中子通量能谱比较

图 17-14 VENUS-3 外源模式下光子通量能谱比较

表 17 – 12 VENUS – 3 中子通量计算结果

计数几何块	中子通量/(n·cm^{-2}·s^{-1})		相对偏差/%
	MCNP	JMCT	
堆芯外中心水通道	6.08083×10^{-4}(0.0005)	6.11761×10^{-4}(0.0006)	0.60
堆芯外内层围板	5.81696×10^{-4}(0.0004)	5.76301×10^{-4}(0.0004)	0.94
堆芯外热屏蔽层	1.84858×10^{-6}(0.0027)	1.84418×10^{-6}(0.0028)	0.24
压力容器下层水区	5.02655×10^{-7}(0.0020)	5.03376×10^{-7}(0.0022)	0.14

注：括号内为统计误差。

表 17 – 13 VENUS – 3 光子通量计算结果

计数几何块	光子通量/(n·cm^{-2}·s^{-1})		相对偏差/%
	MCNP	JMCT	
堆芯外中心水通道	3.85463×10^{-4}(0.0013)	3.83573×10^{-4}(0.0014)	0.49
堆芯外内层围板	3.97089×10^{-4}(0.0008)	3.94740×10^{-4}(0.0008)	0.59
堆芯外热屏蔽层	5.84187×10^{-6}(0.0027)	5.84101×10^{-6}(0.0029)	0.01
压力容器下层水区	1.15948×10^{-6}(0.0047)	1.15460×10^{-6}(0.0045)	0.42

注：括号内为统计误差。

由于 MC 结果是按归一源分布得到的,转化为实际问题需要乘以实际源强的解。文献[9]提供的中子源强为 2.432×5.652×10^{12}(其中,5.652×10^{12} 为1/4堆芯裂变中子数目,2.432 为 ENDF/B – Ⅵ 提供的 ^{235}U 每次裂变释放出的平均中子数)。

图 17 – 15 和图 17 – 16 给出了计算值与实验测量值的比较。可以看出 In(n,n′) 探测器大部分偏差在 10% 以内,Ni(n,p) 探测器大部分偏差在 15% 以内,满足屏蔽计算对误差(小于 20%)的要求。

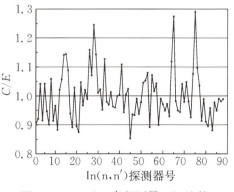

图 17 – 15 In(n,n′) 探测器 C/E 比较

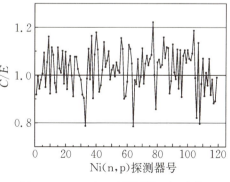

图 17 – 16 Ni(n,p) 探测器 C/E 比较

17.4　H-M 基准计算

17.4.1　模型简介

2003 年，美国麻省理工学院的 Kord Smith 教授在 M & C 2003 国际会议上提出了用 MC 中子学程序模拟轻水反应堆(LWR)全堆芯精细 pin-by-pin 棒束模型的构想。

后来密歇根大学的 Bill Martin 教授根据史密斯挑战构想，在 M & C 2007 国际会议上推出了一个修改版的史密斯挑战模型，计数规模为 6 亿，仅为之前 60 亿计数的 1/10，鼓励使用多核并行计算。在 M & C 2009 国际会议上，Hoogenboom 和 Martin 两人联合推出了一个 PWR 精细 pin 模型(简称为 H-M 模型)[10]，该模型依据西屋电气公司之前运行的一个反应堆模型，但数据仅为初始装料模型数据，没有测试结果。后被国际核能协会(The Nuclear Energy Agency, NEA)确定为国际基准模型，发布在 NEA 官网上(http://www.nea.fr/html/dbprog/MonteCarloPerformanceBenchmark.htm)。该模型不涉及热工反馈，也没有标准解，仅用于中子学程序比对验证。

模型主要数据如下：
① 组件数：241；
② 每个组件的 pin 数：289(17×17)，其中 264 根燃料棒，25 根导向管；
③ 轴向分层数：100；
④ 总计数：13929800(241×289×2×100)；
⑤ 收敛准则：95% 的 pin 功率统计误差在 1% 以内。

在 2010 年召开的 PHYSOR 先进反应堆物理国际会议上，美国贝蒂斯原子能实验室(Bettis Atomic Power Laboratory, BAPL)的 Kelly 公布了用 MC21 蒙特卡罗输运程序[11]计算 H-M 模型的模拟结果[12]，共模拟了 100 亿中子历史，使用 400 个处理器核，连续计算 18 h，95% 的 pin 功率统计误差小于 3%。之后又把模拟样本数增加到 400 亿，95% 的 pin 功率统计误差小于 1%。图 17-17 给出了 400 亿中子历史和 100 亿中子历史得到的 pin 计数统计误差分布比较，可以看出模拟 400 亿中子历史可使 80% 的计数统计误差迅速下降，其中轴向几何块为计数分区编号(从堆芯中心向外扩)。

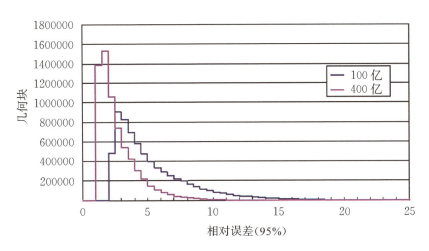

图 17-17　H-M 模型 95％收敛标准下不同粒子数的几何块统计误差分布比较

MC21 计算结果公布后,同年,在 SNA+MC 国际会议上,Jakko Leppanen 发布了由芬兰 INR 研制的 MC 程序 Serpent[13]及模拟结果[14],共模拟了 1000 亿中子历史,用 7 个处理器核连续模拟了 21 天,90％的 pin 功率统计误差小于 2％。

用 JMCT 对 H-M 模型进行模拟计算,下面给出模拟结果。

17.4.2　可视建模

采用 JMCT 可视前处理 JLAMT 对 H-M 模型进行建模。图 17-18 为 H-M 模型建模图。

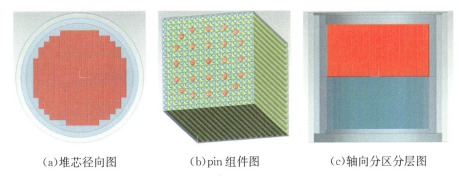

(a)堆芯径向图　　　(b)pin 组件图　　　(c)轴向分区分层图

图 17-18　H-M 模型 JLAMT 建模图

17.4.3　计算结果

由于该模型内存需求巨大,采用 2×2×2 区域分解(图 17-19),使用 2048 个处理器,模拟计算了 1800 代,统计后 1200 代,每代 8192 万中子历史,共模拟了 1474 亿中子历史,连续计算了 25 h,95％的 pin 通量统计误差在 1％以内。图 17-20

给出模拟结果。表 17-14 给出 JMCT 与 MC21 关于 k_{eff} 值的比较。表 17-15 给出 pin 通量和沉积能最大、最小统计误差及置信区间。由于 JMCT 模拟的中子数是三个软件中最多的，所以统计误差也是三者中最小的。图 17-20 为 pin 通量及误差分布。由于没有标准答案，主要用于程序规模及可扩展性测试。

图 17-19 2×2×2 区域分解图

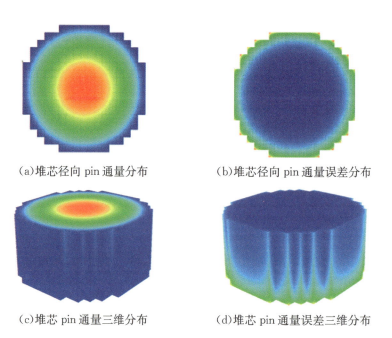

(a) 堆芯径向 pin 通量分布   (b) 堆芯径向 pin 通量误差分布

(c) 堆芯 pin 通量三维分布   (d) 堆芯 pin 通量误差三维分布

图 17-20 H-M 基准模型 JMCT 模拟结果及误差比较

表 17-14　JMCT 与 MC21 k_{eff} 结果比较

程序	k_{eff}	误差
MC21	1.005675	±0.000724
JMCT	1.000822	±0.000230

表 17-15　JMCT pin 通量和沉积能最大、最小统计误差及置信区间

统计项	最大偏差	最小偏差	pin 通量偏差（95％置信区间）	pin 通量偏差（99％置信区间）
通量	0.02457	0.00120	< 0.00632	< 0.00961
沉积能	0.05523	0.00316	< 0.01626	< 0.02437

17.5　BEAVRS 基准计算

17.5.1　模型简介

BEAVRS 模型来源于美国西屋电气公司的一个在役 PWR，功率为 3411 MW。几何结构径向从内到外包括堆芯组件、围板、堆芯桶状隔板、屏蔽板和反应堆压力容器等，轴向包括支撑板、插孔板、铬镍合金隔板和锆合金隔板等。活性区上下都采用了比较精细的描述。堆芯由 193 个组件组成；每个组件均匀分成 17×17＝289 个小方格子，其中 264 个小格子插入燃料棒。燃料棒包括三种不同富集度，分别是 3.1％、2.4％、1.6％的质量份额 ^{235}U(w/o)。

为了展平堆芯功率分布，高富集度燃料排放在边缘，中低富集度燃料呈棋盘状分布在中间，如图 14-12(a)所示。剩下的 25 个小格子分别插入可燃毒物棒(含有 12.5％的 B_2O_3 的有机玻璃)、空导向管、仪表管或控制棒。根据组件在堆芯中的具体位置，每个组件的可燃毒物棒个数不同，排列方式也不同。燃料棒径向分 3 层，中心是燃料芯块，外面是锆合金，中间是间隙，填充氦气；轴向根据格架结构分 25 层，其中活性区含 15 层。空导向管径向分 2 层，中心是含硼水，外面是锆合金；轴向分 20 层。仪表管是在空导向管的含硼水中增加了 2 层结构，中心是空气(仪表移动通道)，外面是锆合金；轴向同样分 20 层，含仪表管的组件分散排列，如图 14-12(b)所示。可燃毒物棒径向分为 8 层，轴向分为 23 层，每个组件中可燃毒物棒的数量分别为 6、12、15、16、20 或 0 个，中心对称分布在堆芯中。控制棒径向分 8 层，轴向分 20 层，整个堆芯共有 7 组控制棒，分为停堆用和调节用，排列分布及编号如图 14-12(c)所示。在热态零功率(Hot Full Power，HFP)状态下，温度为 560 ℉(约 299 ℃)，压强为 2250 psia(绝压单位：1 psia＝0.07037 kg /cm²)。模型全堆芯结构详细介绍可参考文献[15]。

17.5.2 可视建模

BEAVRS 模型结构非常复杂,建模是一个复杂的过程,利用 JMCT 强大的前处理可视建模工具 JLAMT 进行建模。pin 组件包含燃料棒、空导向管、仪表管、燃料吸收棒和控制棒等圆柱体。其中燃料棒几何相同,均为圆柱体,材料分为三种,堆芯轴向分为 398 层,彼此之间分段位置不完全一致。径向划分多圈,半径也存在较大差异,且随着轴向位置的不同,材料、几何都有变化,包括 pin 之间的金属格架等。

首先,把所有圆柱体的轴向划分数据进行统一梳理,形成了一个适合所有 pin 结构的最小轴向划分方案,使得轴向分层位置一致。然后从下向上逐层建模,按照文献的描述,建立每种 pin 的单一结构,包括 pin 之间的水隙、金属格架等。图 17-21(a)显示的是八种 pin 燃料棒。图 17-21(b)显示的是根据组件的燃料富集度、燃料吸收棒的个数和位置、组件中心位置的仪表管或导向管区分等由 pin 排列组合而成的九种燃料组件。图 17-21(c)显示的是单组件及格架。最后由各种燃料组件组成堆芯结构,如图 17-21(d)、图 17-21(e)所示。

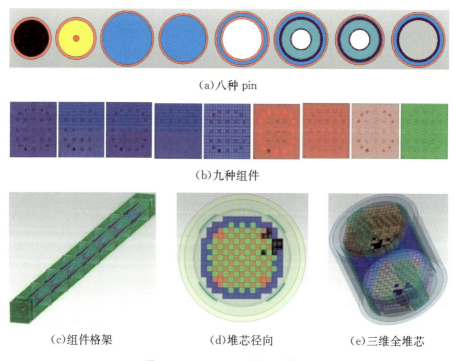

(a)八种 pin

(b)九种组件

(c)组件格架　　　　(d)堆芯径向　　　　(e)三维全堆芯

图 17-21　BEAVRS 模型建模图

17.5.3　HZP 计算

HZP 状态模型含有 7 组不同插入状态的控制棒。JMCT 分别计算了控制棒不同棒位时的临界本征值和控制棒价值。表 17-16 列出了五种控制棒完全插入

状态下的临界 k_{eff} 本征值测量值及 JMCT[1]、OpenMC[16]、MC21[11] 计算值,其中临界硼浓度数据来自测量值。通过调整控制棒位置和硼浓度,进行了五次独立计算,计算结果与实验值($k_{\text{eff}}=1.0$)的最大偏差不超过 2×10^{-3}(95%置信区间)。

表 17-16 临界本征值 k_{eff} 结果对比表

HZP 控制棒	临界硼浓度 /(mg·L^{-1})	k_{eff}		
		JMCT	OpenMC	MC21
ARO(所有棒拔出)	975	1.000479±0.000030	0.99920±0.00004	0.9992614±0.000004
D 棒插入	902	1.002174±0.000030	1.00080±0.00004	—
C、D 棒插入	810	1.001419±0.000032	1.00023±0.00005	—
A、B、C、D 棒插入	686	0.999917±0.000032	0.99884±0.00004	—
A、B、C、D、S_E、S_D、S_C 棒插入	508	0.998381±0.000032	0.99725±0.00004	—

对于控制棒价值的计算,每组控制棒都需要进行两次独立的临界本征值计算:第一次是该组控制棒完全拔出的状态;第二次是该组控制棒完全插入的状态。由于两个状态的临界硼浓度不同,JMCT 采用与 MC21 相同的计算方式,取两者的均值。两次独立计算得到临界 k_{eff} 本征值后,按下式计算得到控制棒价值 η:

$$\eta = \frac{k_{\text{eff,out}} - k_{\text{eff,in}}}{k_{\text{eff,out}} \cdot k_{\text{eff,in}}} \tag{17-3}$$

表 17-17 列出了在不同组控制棒价值下,JMCT、MC21 计算结果与测量值的比较。可以看出 JMCT 计算结果与测量值大部分结果都符合得很好,编号 C 和 S_E 的两组控制棒价值差距相对较大,分别是 5.5×10^{-4} 和 8.2×10^{-4},但 JMCT 结果与 MC21 结果接近。

表 17-17 控制棒价值 η 结果对比表

HZP 控制棒	临界硼浓度 /(mg·L^{-1})	测量值/10^{-5}	η(MC21)/10^{-5}	η(JMCT)/10^{-5}
D 棒插入	938.5	788	773	770
C、D 棒插入	856	1203	1260	1258
B、D、C 棒插入	748	1171	1172	1162
A、D、C、B 棒插入	748	548	574	578
S_E、D、C、B、A 棒插入	597	461	544	543
S_D、D、C、B、A、S_E 棒插入	597	772	786	781
S_C、D、C、B、A、S_E、S_D 棒插入	597	1099	1122	1107

此外,还计算了反应性温度系数 α_T,其定义为反应堆的温度改变 1 ℃时的反应性增量,计算方法为

$$\alpha_T = \frac{\partial \rho}{\partial T} \approx \frac{1}{k_{\text{eff}}} \frac{\partial k_{\text{eff}}}{\partial T} \tag{17-4}$$

需要计算临界本征值对温度的一阶偏微分。550 ℉和 570 ℉两种状态的计算,采用了 JMCT 的在线多普勒展宽功能(OTF),分别计算了两种温度的截面,包括调整含硼水密度。计算得到两个温度下的临界本征值,然后采用差分代替偏微分。假定 560 ℉的 $k_{\text{eff}} = 1.0$,按照下式计算温度系数:

$$\alpha_T \approx \frac{k_{\text{eff},2} - k_{\text{eff},1}}{1.0(T_2 - T_1)} \tag{17-5}$$

表 17-18 中列出了三种不同控制棒插入情况的反应性温度系数比较。理论上反应性系数应为负值,这样反应堆才是安全的。JMCT 计算结果定性是符合的,定量看,JMCT 计算的反应性温度系数与测量值总体趋势相同,反应性温度系数都是随着硼浓度的降低而变小,结果比测量值偏小一点,但偏差较 MC21 小,都在工程不确定范围内。

表 17-18 反应性温度系数结果对比表

HZP 控制棒	临界硼浓度 /(mg·L^{-1})	测量值 /(10^{-5}/℉)	温度系数(MC21) /(10^{-5}/℉)	温度系数(JMCT) /(10^{-5}/℉)
ARO(所有棒拔出)	975	−1.75	−2.7	−2.50
D 棒插入	902	−2.75	−4.3	−2.74
C、D 棒插入	810	−8.01	−9.1	−6.40

对于上述临界本征值的计算,每次计算 1000 代,每代 400 万粒子。舍弃前 600 代,统计后 400 代模拟粒子。除了系统物理量,还计算了堆芯仪表管探测值、径向和轴向相对功率分布等物理量。模型中 58 个组件中心的仪表管含有测量值,测量值通过含有 ^{235}U 的探测器在仪表管中移动进行测量及数据归一化处理后得到。JMCT 程序的计算值则通过下式的 ^{235}U 裂变反应率计数得到:

$$P = \frac{1}{V} \int_V \int_E \sigma_f(r,E) \Phi(r,E) \mathrm{d}E \mathrm{d}r \tag{17-6}$$

式中,$\sigma_f(r,E)$ 是 r 处微观裂变截面;$\Phi(r,E)$ 是中子通量密度。

JMCT 程序还采用两组大小不同的 Mesh 计数来计算整个堆芯所有组件和 pin 的径向相对功率密度分布:第一组 Mesh 网格包括整个活性区,Mesh 规模是 15×15×1(边长与组件大小相同);第二组 Mesh 网格在第一组 Mesh 的基础上进一步细分,X、Y 方向分成 17 份,Z 方向分成 99 份,即 Mesh 规模是

$255 \times 255 \times 99$。裂变率计数采用 Mesh 计数方式,经过归一化处理后,可得到相对功率密度分布。

图 17-22 给出 JMCT、MC21 径向探测器相对功率分布与测量值的比较,其中画圈的四个组件 B13、D10、C5、L15 功率偏差较大。

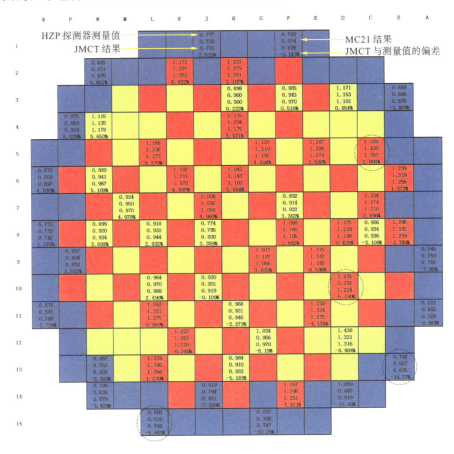

图 17-22　JMCT、MC21 径向探测器相对功率分布与测量值对比

进一步比较这四个偏差较大组件的仪表管的轴向功率密度分布,图 17-23 中每幅图上有三条曲线,分别是测量值、MC21 结果和 JMCT 结果,横坐标是活性区相对高度,纵坐标是归一化的探测器数据。JMCT 计算值介于测量值和 MC21 结果之间,但两个程序的计算值都低于测量值。MC21 和 JMCT 最大偏差均出现在 B13 组件,其他组件情况类似,但偏差要小一些。JMCT 与 MC21 结果趋势相同,两者结果非常接近[17-18]。由于文献中并没有给出整个堆芯的径向相对功率密度分布,因此仅对 JMCT 与 MC21 结果进行了比较。

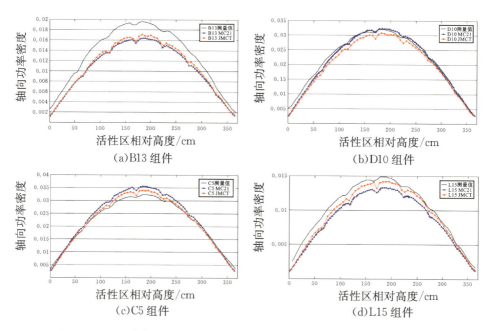

图 17-23 四个偏差较大仪表管组件轴向相对功率密度分布与测量值对比

图 17-24 是径向 pin 功率密度分布,选取的是轴向功率最大层二维平面的 Mesh 计数结果。MC21 计算的最大、最小 pin 功率分别是 2.452 和 0.283,而 JMCT 计算的最大、最小 pin 功率分别是 2.422 和 0.278。两幅图像的颜色设置是相同的,直观比较两个程序的计算结果相符。

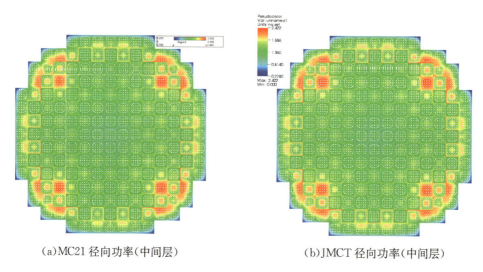

(a)MC21 径向功率(中间层)　　　　(b)JMCT 径向功率(中间层)

图 17-24　JMCT、MC21 同一层径向相对功率分布比较

图 17－25 给出 JMCT、MC21 径向功率密度分布比较(轴向积分)，JMCT 与 MC21 径向功率最大偏差为 3.173%，最小偏差为 0。193 个组件中 JMCT 与 MC21 最大偏差为 3.173%，最小偏差为 0，两者计算结果符合得很好。

MC21 结果 →
JMCT 结果 →
JMCT 与测量值的偏差 →

最大偏差:3.173%
最小偏差:0.000%

	R	P	N	M	L	K	J	H	G	F	E	D	C	B	A
1					0.734 0.754 0.027	0.891 0.917 0.029	1.010 1.040 2.970%	0.961 0.988 0.028	1.023 1.046 0.022	0.909 0.920 1.210%	0.745 0.760 0.020				
2			0.889 0.896 0.787%	1.209 1.231 1.820%	1.137 1.168 2.726%	0.910 0.936 2.857%	1.105 1.132 2.443%	0.914 0.943 3.173%	1.112 1.136 2.158%	0.923 0.943 2.167%	1.153 1.179 2.255%	1.227 1.247 1.630%	0.900 0.912 1.333%		
3		0.885 0.897 1.356%	1.196 1.214 1.505%	1.150 1.175 2.174%	0.996 1.021 2.510%	0.991 1.016 2.523%	0.890 0.913 2.584%	0.957 0.980 2.403%	0.898 0.916 2.004%	1.004 1.021 1.693%	1.016 1.032 1.575%	1.172 1.189 1.451%	1.219 1.233 1.148%	0.902 0.909 0.776%	
4		1.209 1.222 1.075%	1.151 1.170 1.651%	1.392 1.419 1.940%	1.079 1.099 1.854%	0.909 0.928 2.090%	1.011 1.029 1.780%	0.876 0.895 2.169%	1.021 1.034 1.273%	0.924 0.935 1.190%	1.099 1.111 1.092%	1.429 1.439 0.700%	1.183 1.191 0.676%	1.243 1.246 0.241%	
5	0.742 0.748 0.809%	1.148 1.159 0.958%	1.000 1.016 1.600%	1.086 1.095 0.829%	0.953 0.963 1.049%	1.034 1.046 1.161%	0.889 0.895 0.675%	0.998 1.005 0.701%	0.895 0.898 0.335%	1.051 1.054 0.285%	0.972 0.974 0.206%	1.114 1.112 −0.180%	1.032 1.031 −0.097%	1.194 1.179 −1.256%	0.768 0.761 −0.911%
6	0.905 0.904 −0.110%	0.926 0.928 0.216%	1.004 1.006 0.199%	0.917 0.923 0.654%	1.039 1.043 0.385%	0.886 0.891 0.564%	0.974 0.972 −0.205%	0.836 0.836 0.000%	0.982 0.975 −0.713%	0.905 0.897 −0.884%	1.061 1.054 −0.660%	0.942 0.935 −0.743%	1.031 1.025 −0.582%	0.952 0.943 −0.945%	0.927 0.923 −0.431%
7	1.040 1.029 −1.058%	1.128 1.118 −0.887%	0.911 0.903 −0.878%	1.020 1.019 −0.098%	0.891 0.891 0.000%	0.971 0.969 −0.206%	0.800 0.797 −0.375%	0.841 0.834 −0.832%	0.807 0.801 −0.743%	0.983 0.973 −1.017%	0.905 0.899 −0.663%	1.049 1.034 −1.430%	0.921 0.916 −0.543%	1.152 1.137 −1.302%	1.058 1.046 −1.134%
8	0.985 0.970 −1.523%	0.944 0.931 −1.377%	0.981 0.968 −1.325%	0.896 0.887 −1.004%	1.000 0.994 −0.600%	0.835 0.833 −0.240%	0.834 0.830 −0.480%	0.738 0.734 −0.542%	0.843 0.834 −1.068%	0.843 0.836 −0.830%	1.022 1.006 −1.566%	0.909 0.896 −1.430%	0.998 0.982 −1.603%	0.952 0.943 −0.945%	1.001 0.987 −1.399%
9	1.049 1.030 −1.811%	1.145 1.116 −2.533%	0.920 0.903 −1.848%	1.032 1.021 −1.066%	0.900 0.890 −1.111%	0.974 0.967 −0.719%	0.800 0.796 −0.500%	0.837 0.831 −0.717%	0.801 0.797 −0.499%	0.988 0.973 −1.518%	0.911 0.896 −1.647%	1.050 1.031 −1.810%	0.933 0.914 −2.036%	1.157 1.132 −2.161%	1.062 1.040 −2.07%
10	0.916 0.908 −0.873%	0.939 0.929 −1.065%	1.021 1.009 −1.175%	0.931 0.923 −0.859%	1.049 1.039 −0.953%	0.894 0.889 −0.559%	0.975 0.965 −1.026%	0.838 0.833 −0.597%	0.979 0.969 −1.021%	0.906 0.893 −1.435%	1.068 1.047 −1.966%	0.948 0.928 −2.110%	1.044 1.017 −2.586%	0.960 0.938 −2.292%	0.938 0.916 −2.345%
11	0.750 0.747 −0.400%	1.165 1.161 −0.343%	1.022 1.017 −0.489%	1.103 1.096 −0.635%	0.961 0.962 0.104%	1.044 1.042 −0.192%	0.895 0.891 −0.447%	1.001 0.996 −0.500%	0.900 0.892 −0.889%	1.060 1.044 −1.509%	0.986 0.965 −2.130%	1.124 1.101 −2.046%	1.044 1.023 −2.011%	1.194 1.169 −2.094%	0.767 0.754 −1.695%
12		1.223 1.227 0.327%	1.171 1.174 0.256%	1.415 1.420 0.353%	1.096 1.097 0.091%	0.919 0.923 0.435%	1.022 1.023 0.098%	0.892 0.888 −0.448%	1.026 1.021 −0.49%	0.936 0.925 −1.175%	1.110 1.099 −0.991%	1.442 1.422 −1.387%	1.198 1.179 −1.586%	1.260 1.234 −2.063%	
13		0.892 0.898 0.673%	1.203 1.212 0.748%	1.168 1.174 0.514%	1.005 1.016 1.095%	0.999 1.010 1.101%	0.891 0.906 1.684%	0.967 0.971 0.414%	0.909 0.906 −0.330%	1.015 1.012 −0.296%	1.026 1.020 −0.585%	1.195 1.177 −1.506%	1.239 1.220 −1.533%	0.917 0.900 −1.85%	
14			0.888 0.896 0.901%	1.218 1.228 0.821%	1.148 1.161 1.132%	0.912 0.930 1.974%	1.108 1.119 0.993%	0.928 0.934 0.647%	1.126 1.124 −0.178%	0.934 0.932 −0.214%	1.172 1.165 −0.597%	1.241 1.228 −1.05%	0.918 0.901 −1.852%		
15					0.737 0.747 1.357%	0.895 0.909 1.564%	1.017 1.032 1.475%	0.970 0.974 0.412%	1.031 1.035 0.39%	0.914 0.912 −0.219%	0.754 0.752 −0.265%				

图 17－25　JMCT、MC21 轴向积分的组件径向相对功率分布及偏差

对于上述仪表管测量值和相对功率密度分布的计算，JMCT 共计算 8000 代，每代 400 万粒子。舍弃前 3000 代，只统计后 5000 代模拟粒子。

17.5.4　HFP 计算

HFP 模拟涉及中子输运-燃耗-热工耦合计算。燃耗计算考虑四种反应道计数，分别为(n,f)、(n,γ)、(n,2n)、(n,3n)，采用 CRAM 数值法求解燃耗方程。由于模型太大，如果轴向按 398 层进行核-热耦合计算，则内存量和计算量都是目前最好的计算机难以承受的。因此，模型轴向分 30 层，燃耗区为 1528560(193×264×1×30)。在天河-Ⅱ超级并行计算机上进行模拟，使用 12 万处理器核，模拟计算了

2 h,完成了一个循环的计算。

图 17-26 为 0 天、4 天、96 天和 190 天的 pin 功率计算结果。图 17-27 为考虑热工反馈和不考虑热工反馈结果的比较,可以看出两种情况差异是显著的。考虑热工反馈的堆芯功率下部较上部大,不考虑热工反馈,堆芯中央的功率最大。由于 HFP 状态模拟涉及中子学及热工反馈,因此,存在一定的不确定性。JMCT 模拟 BEAVRS 模型 HFP 状态,与公布的结果出现一定的偏差,原因主要在热工反馈及氙平衡处理上。

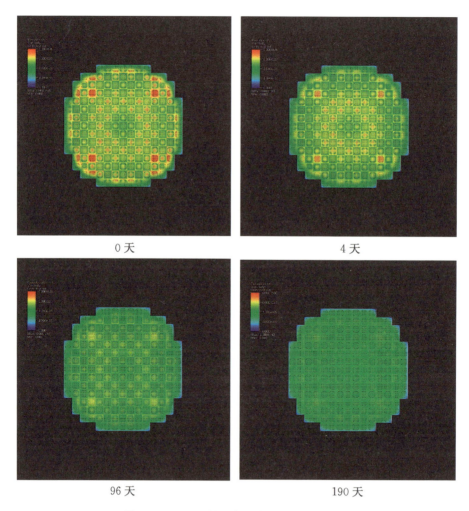

图 17-26 不同燃耗步下的功率分布示意图

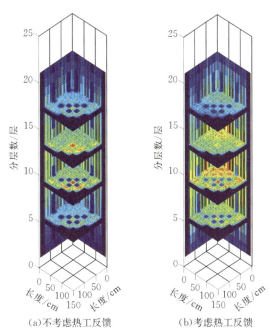

(a) 不考虑热工反馈   (b) 考虑热工反馈

图 17-27 考虑与不考虑热工反馈轴向功率比较

17.6 VERA 基准计算

17.6.1 模型简介

VERA 基准题[19]来自西屋电气公司某运行反应堆,是为 CASL 计划最终软件验证与确认设计的,包括 HZP、HFP、换料及动棒稳态、瞬态等 10 个过程的数据。图17-28给出 VERA 基准题涉及的十种堆芯物理问题,基本涵盖了反应堆设计的方方面面。VERA 是目前国际推出的最完备的精细反应堆基准模型。它对数值反应堆模拟软件综合能力测试有很好的参考意义,内容涉及全堆芯建模及多物理耦合。美国公布的模拟结果,中子学计算采用的是 ORNL 研制的连续能量蒙特卡罗程序 KENO-Ⅵ[20]。

图 17-28 VERA 基准题涉及的十种堆芯物理问题

- #1 二维热态零功率初期堆芯棒级物理基准
- #2 二维热态零功率初期堆芯燃料组件级基准
- #3 三维热态零功率初期堆芯组件级物理基准
- #4 三维热态零功率初期堆芯 3×3 组件控制棒价值基准
- #5 全堆零功率物理实验
- #6 三维满功率初始堆芯组件基准
- #7 三维热态满功率初始堆芯氙平衡物理基准
- #8 物理启动实验通量分布
- #9 物理燃耗
- #10 物理换料

17.6.2 堆芯建模

依据文献[19]提供的模型数据,采用 JMCT 可视建模前处理软件 JLAMT,对 VERA 基准模型进行了精细建模(图 17-29)。

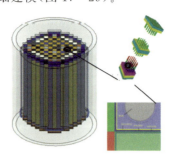

图 17-29 JLAMT 绘制的 VERA 基准堆芯图

17.6.3 HZP 计算

HZP 仅涉及中子输运及燃耗,用于中子学验证。表 17-19 给出不同控制棒位及硼浓度下计算结果与测试结果和 KENO 结果的比较。图 17-30 为控制棒微分价值的比较。图 17-31 为控制棒积分价值的比较。图 17-32 为径向积分功率的比较及偏差。图 17-33 为轴向积分功率的比较及偏差。

表 17-19 JMCT 与 KENO 不同棒位及硼浓度计算结果与测试值的比较

测试结果	JMCT 2.0	KENO-Ⅵ	差值
5#-2 的 k_{eff}	1.000305	1.000321	-1.6×10^{-5}
SA 控制棒价值/10^{-5}	439±2	447±2	-8
A 控制棒价值/10^{-5}	903±2	898±2	5
硼价值/($10^{-5}/10^{-6}$)	-10.21±0.02	-10.21±0.02	0
温度系数/(10^{-5}/°F)	-3.26±0.04	-3.19±0.04	-0.07
满功率临界硼浓度/10^{-6}	840.5	850.5	-10

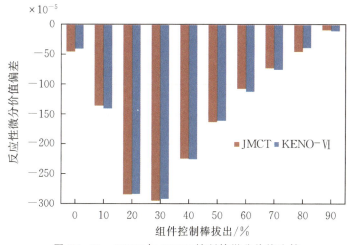

图 17-30 JMCT 与 KENO 控制棒微分价值比较

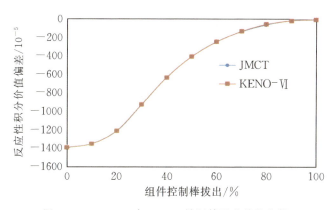

图 17-31 JMCT 与 KENO 控制棒积分价值比较

0.9568					
0.9487					
0.85%					
0.9255	1.0028				
0.9191	0.9973				
0.69%	0.55%				
1.0221	0.9125	1.0691			
1.0181	0.9083	1.0648			
0.40%	0.47%	0.41%			
0.9879	1.0853	1.0443	1.161		
0.985	1.0819	1.0412	1.1615		
0.29%	0.31%	0.30%	-0.04%		
1.0658	1.0489	1.1761	1.0866	1.2372	
1.0647	1.0471	1.1746	1.085	1.2368	
0.10%	0.18%	0.13%	0.15%	0.03%	
1.0469	1.1626	1.1522	1.1505	0.8961	0.9106
1.048	1.1619	1.152	1.1508	0.8969	0.9126
-0.11%	0.06%	0.01%	-0.02%	-0.09%	-0.22%
1.0821	1.0639	1.1018	1.0479	0.9416	0.6254
1.0841	1.0652	1.1039	1.0496	0.9452	0.6296
-0.19%	-0.13%	-0.19%	-0.16%	-0.38%	-0.67%
0.7896	0.9036	0.8011	0.6547		
0.7931	0.9071	0.8046	0.659		
-0.44%	-0.38%	-0.43%	-0.65%		

MAX=0.85%
RMS=0.36%

图 17-32 JMCT 与 KENO 径向积分功率比较及偏差

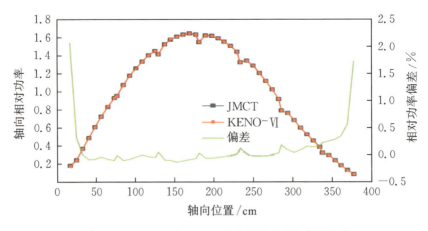

图 17-33 JMCT 与 KENO 轴向积分功率比较及偏差

从计算结果可以看出，JMCT 与 KENO 符合得很好，k_{eff} 偏差小于 3×10^{-4}，硼浓度偏差小于 10^{-5}。

第17章 JMCT 基准检验

17.7 RPN 响应计算

在核电厂换料物理启动试验中,需要预先设置 RPN 适用于某功率台阶的效验系数,以避免在对 RPN 刻度前,其显示的堆芯核功率水平(P_r)及堆芯轴向功率偏差(ΔI)与实测值误差过大。以往测试这些数据主要依靠实验,由于实验有一定条件限制,加之测试数据的不连续性,客观上要求用数值模拟方法给出不同循环、不同氙振荡的计算数据,通过实验数据与理论计算数据的对比校正,形成一套适用的数值模拟软件,以便通过数值模拟来监控堆内功率变化。严格讲 RPN 响应矩阵是随燃耗变化的,但通过实验和理论论证,这种变化是非常微小的。因此,尽管 RPN 响应矩阵的计算量巨大,但对一种堆型只做一次就够了。

反应堆堆内、堆外由多介质、二维轴对称几何组成,采用两步计算:①堆芯计算;②堆外响应计算。堆芯采用节块法计算给出每个节块的功率分布和核子数成分。堆外响应采用 MC 方法计算,算出堆外探测室响应。由于堆外系统相对堆芯系统要大得多,且探测器相对整个空间系统很小,MC 的计数率很低,模拟有一定难度,需要使用 MC 技巧和大规模并行计算。

17.7.1 模型简介

图 17-34 为某电厂堆芯及 RPN 响应探测器位置径向、轴向图。由于 RPN 探测器位于第三象限,只有相邻组件对探测器有计数贡献,因此考虑 1/4 堆芯建模和模拟就够了。在第三象限区域内,共有 47 个组件,RPN 探测器位于 $\theta=315°$ 位置。其中,图 17-34(a)为探测器径向位置图;探测室内放置 6 节探头,即探测器,如图 17-34(c)所示;图 17-34(b)为探测器结构图。

图 17-35 为堆芯组件编号图,采用全反射边界,每个组件分成 16 个节块,每个节块内材料打混处理。重核包含 ^{234}U、^{235}U、^{236}U、^{238}U、^{237}Np、^{238}Pu、^{239}Pu、^{240}Pu、^{241}Pu、^{242}Pu,但没有裂变产物;轻核包含 Zr-4 包壳核素、H、O;所有核素密度按节块体积平均,探头材料为 ^{3}He。模拟采用全反射边界。

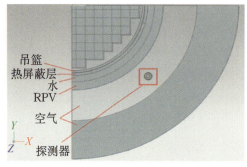

(a)探测器径向位置图

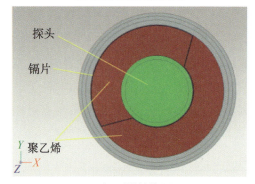

(b)探测器结构图

(c)探测器轴向位置图

图 17-34　RPN 响应探测器位置图

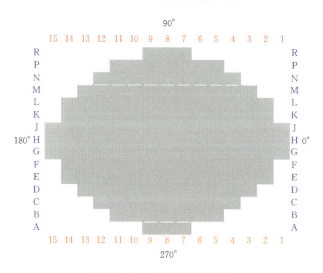

图 17-35　堆芯组件编号图

17.7.2 源发射概率计算

由 1/4 堆芯组件的功率分布可以算出源中子的发射概率(直接概率)。为了提高探测器计数效率,选探测室为伴随源,解伴随方程(S_N、MC 求解均可),得到 1/4 堆芯内每个组件对探测室的贡献概率(偏倚概率),源中子空间按偏倚概率发射,能量从 ^{235}U 裂变谱产生,方向按各向同性近似。图 17-36 给出通过伴随计算得到的对 RPN 有贡献组件的价值,其中红色组件是最后确定的源中子发出组件(对应图 17-37 中的红色组件),共 13 个组件对 RPN 探测器响应计数有贡献。由此,可以确定 RPN 响应矩阵阶数为 $6\times13\times16=1276$。其中 6 为探测器数目;13 为对 RPN 有贡献的组件数;16 为轴向分层数。要算准 1276 个节块中的计数值,MC 模拟的难度极大。

0	0	0	0	0	0.001	0.001	0.002	H
0	0	0	0	0.001	0.001	0.005	0.013	G
0	0	0	0.001	0.007	0.009	0.027	0	F
0	0	0.001	0.003	0.020	0.047	0.132	0	E
0	0	0.002	0.014	0.054	0.198	0	0	D
0	0.001	0.008	0.053	0.207	0	0	0	C
0.001	0.005	0.026	0.143	0	0	0	0	B
0.003	0.013							A
8	7	6	5	4	3	2	1	

图 17-36 对 RPN 有贡献的组件概率

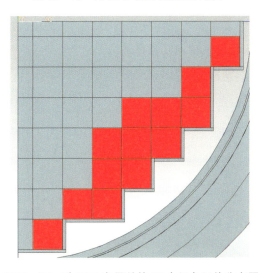

图 17-37 对 RPN 有贡献的 13 个红色组件分布图

17.7.3 节块通量及响应计算

MC 模拟分 13 次进行,每个组件作为一个源,计算出 6 个探测器的通量及响应量,最后依据各自的概率及源强,对计数进行修正,将这些红色组件的价值进行归一处理,得到源偏倚发射概率,以此开始 RPN 的 MC 计算,计算结果通过无偏修正得到,具体步骤如下。

1. 节块通量计算

通过 MC 输运计算,得到第 i 个节块、第 j 节探测器的中子通量 ϕ_{ij}($i=1,2,\cdots,I;j=1,2,\cdots,6$),转化为实际通量:

$$\Phi_{ij} = S_i \cdot \phi_{ij} \tag{17-7}$$

式中,转化系数 S_i 为第 i 个节块堆芯实际源强,定义为

$$S_i = \frac{P_0 P_{\text{th}} P_r P_i}{16 \times 157} \cdot \frac{\nu}{E_0} \tag{17-8}$$

式中,P_0 为反应堆堆芯额定功率(MW);157 为堆芯组件总数;$\nu=2.43$ 为每次裂变平均释放的中子数;$E_0=200$ MeV 为每次裂变平均释放的能量;P_i 为按归一源强计算得到的第 i 个节块的功率($i=1,2,\cdots,I$),$I=16\times13=208$ 为需要考虑的组件总数(13 为组件数,16 为轴向分层数);P_{th} 为堆芯裂变发热份额;P_r 为堆芯实际运行功率水平,视工况而定。

2. 计算第 j 节探测器电离室的总响应电流 I_j

$$I_j = \sum_{i=1}^{I} c_i \Phi_{ij}, j=1,2,\cdots,6 \tag{17-9}$$

式中,c_i(A·cm^{-2}·s^{-1})为探头灵敏度系数,即通量-电流转换系数。

3. 计算上部、下部电流及轴向功率偏差

上部对应 4、5、6 号探头,下部对应 1、2、3 号探头。

$$I_U = I_4 + I_5 + I_6 \tag{17-10}$$

$$I_L = I_1 + I_2 + I_3 \tag{17-11}$$

$$AO_{\text{ex}} = \frac{I_U - I_L}{I_U + I_L} \tag{17-12}$$

4. 计算拟合系数 k(volt/%FP)、a(%FP)、b

$$AO_{\text{ex}} = a + b \cdot AO_{\text{in}} \tag{17-13}$$

$$I_U + I_L = k \cdot P \tag{17-14}$$

式中,$AO_{\text{in}} = (P_T - P_B)/(P_T + P_B)$ 为堆内功率偏差,P_T、P_B 分别为堆芯上、下部功率;P 为热平衡实验得到的热功率(%FP),

$$k = \frac{I_U + I_L}{P} = \sum_{n=1}^{N}(I_U + I_L)_n / \sum_{n=1}^{N}(P)_n \qquad (17-15)$$

$$b = \frac{N\sum_{n=1}^{N}(AO_{in}AO_{ex})_n - \sum_{n=1}^{N}(AO_{in})_n \sum_{n=1}^{N}(AO_{ex})_n}{N\sum_{n=1}^{N}(AO_{in}^2)_n - \left[\sum_{n=1}^{N}(AO_{in})_n\right]^2} \qquad (17-16)$$

$$a = \frac{1}{N}\left[\sum_{n=1}^{N}(AO_{ex})_n - b\sum_{n=1}^{N}(AO_{in})_n\right] \qquad (17-17)$$

式中，N 为氙振荡次数。

5. **计算 RPN 刻度系数 α、K_U、K_L**

$$\alpha = \frac{1-(a/100)^2}{b} \qquad (17-18)$$

$$K_U = \frac{1}{k(1+a/100)} \qquad (17-19)$$

$$K_L = \frac{1}{k(1-a/100)} \qquad (17-20)$$

6. **RPN 刻度系数 α、K_U、K_L 的用途**

利用 RPN 刻度系数 α、K_U、K_L，计算得到堆芯热功率水平 P_r 及轴向功率偏差 ΔI：

$$\begin{cases} P_r = K_U I_U + K_L I_L \\ \Delta I = \alpha(K_U I_U - K_L I_L) \end{cases} \qquad (17-21)$$

7. **收敛标准**

给定误差判据 ε_1、ε_2，如果计算偏差满足不等式(17-22)，则计算结果满足精度要求。

$$\begin{cases} |P_r^E - P_r^C| \leqslant \varepsilon_1 \\ |\Delta I_E - \Delta I_C| \leqslant \varepsilon_2 \end{cases} \qquad (17-22)$$

式中，P_r^E、ΔI_E 为测量值；P_r^C、ΔI_C 为计算值。

17.7.4 拟合系数确定

根据实验值计算得到拟合系数 a、b 和 k。图 17-38 给出电流 I 计算值与实测值的比较，可以看出 3~6 节探测器计算结果和实测值存在一定偏差，计算结果的对称性不如实验结果合理。为此，需要进行拟合修正。客观上讲，计算结果和实验结果存在一定偏差是正常的，如果通过拟合修正，可确保计算结果与实验值相符，并验证修正因子是普适的，则这种修正是工程可以接受的。为此，对 3~6 节探测器计数引入修正因子,图 17-39 给出修正后计算结果与实测值的比较,可以看出两者相符。之后进一步开展多轮不同循环、不同氙振荡的实验,计算结果与实验结果符合良好,误差在要求范围内[21],说明引进的拟合修正系数是普适的。

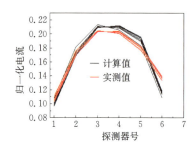

图 17-38　修正前归一化的电流计算值
与实测值比较

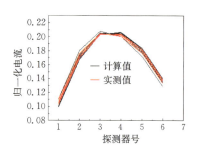

图 17-39　修正后归一化的电流
计算值与实测值比较

算例给出某核电厂 1、2 号机组多循环 50% 功率和 100% 满功率台阶的全堆芯功率分布,以及这两个功率台阶下的轴向氙振荡过程中 7～8 个时间步的功率分布。计算相对于该功率分布时的 RPN 一个堆外电离室 6 节探测器的快中子通量及经过电离室聚乙烯慢化层后的热中子通量,给出系统的响应矩阵。通过响应矩阵计算得到探测器上等价电流,最后得到 RPN 刻度系数 α、K_U 及 K_L,并把由此得到的堆芯核功率水平 P,及堆芯轴向功率偏差 ΔI 与实测值进行比较,可以看出,理论值与实测值符合得很好。表明通过理论计算得到的 RPN 刻度系数经过修正后,可以用于监测反应堆的运行工况,这对压水堆核电厂在物理启动实验中减少经验因素、提高经济性有重要参考价值。

17.8　RPV 屏蔽计算

采用我国自主建造,已运行 30 多年的某核电站反应堆 RPV 母材段、焊缝段及主管道实测数据,对 JMCT 软件进行屏蔽计算验证[22]。

17.8.1　模型简介

RPV 屏蔽计算关注堆芯活性区平面以及压力容器焊缝段的辐照监督管的快中子注量率(图 17-40)。开展母材段、焊缝段模拟计算,以确定计算结果与实验测量值的偏差。图 17-40(a)为 JMCT 前处理 JLAMT 软件绘制的反应堆三维结构图,图 17-40(b)为用 MCNP 绘制的母材段、焊缝段二维剖面图。

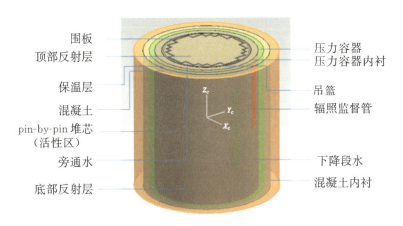

(a) 国产某核电站反应堆模型三维结构图（JLAMT 绘制）

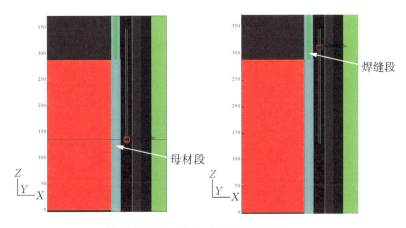

(b) 反应堆母材段、焊缝段测点轴向图

图 17-40 反应堆模型结构图

1. MCNP 结果

采用 MCNP 程序 F5 计数对反应堆母材段、焊缝段测点通量进行计算，模拟使用了 20 亿样本。表 17-20 给出 MCNP 程序计算结果及与实验值的偏差。可以看出母材段结果 MCNP 与测量结果符合良好，但焊缝段模拟结果与实验偏差较大，超出屏蔽最大偏差 20% 的上限，原因是焊缝段离堆芯较远。

表 17-20 反应堆母材段、焊缝段 MCNP 模拟结果

中子能量 /MeV	母材段注量/(n·cm^{-2}·s^{-1})			焊缝段注量/(n·cm^{-2}·s^{-1})	
	测量值	计算 1	计算 2	测量值	计算 1
≥0.1	1.404×10^{11}	1.429×10^{11} （+1.8%）	1.386×10^{11} （-1.3%）	1.594×10^{10}	9.648×10^{9} （-39.5%）

续表

中子能量 /MeV	母材段注量/(n·cm^{-2}·s^{-1})			焊缝段注量/(n·cm^{-2}·s^{-1})	
	测量值	计算1	计算2	测量值	计算1
≥0.5	9.725×10^{10}	9.844×10^{10} (+1.2%)	9.601×10^{10} (−1.3%)	1.103×10^{10}	7.024×10^{9} (−36.3%)
≥1.0	6.552×10^{10}	6.440×10^{10} (−1.7%)	6.413×10^{10} (−2.1%)	7.415×10^{9}	4.768×10^{9} (−35.7%)

注：测量值是通过探测器电流转换过来的。计算1样本数20亿，处理器核30，计算时间3120 min；计算2样本数20亿，处理器核45，计算时间520 min。

2. JMCT 模拟结果

针对某反应堆屏蔽模型特点，JMCT 模拟前，对模型源项、偏倚技巧的使用、样本数等内容进行了深入研究和敏感性分析。图 17-41 给出 JMCT 软件可视前处理 JLAMT 绘制的反应堆径向、轴向母材段、焊缝段及主管道位置图。

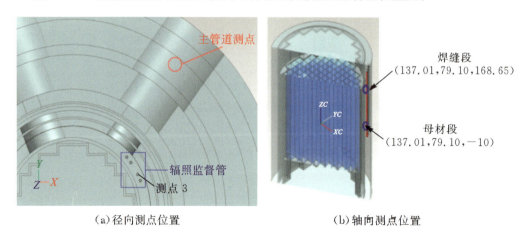

图 17-41　母材段、焊缝段、主管道测点位置图（JLAMT 绘制）

17.8.2　源项敏感性分析

在辐照监督管内选择 6 个不同轴向位置，分别考察三种不同源发射情况下，辐照监督管内不同位置处的中子通量随源类型的变化，以选择合适的源分布进行后续计算。三种源处理方案如下：

方案①：全堆芯精细 pin-by-pin 几何材料描述；

方案②：组件均匀化的全堆芯描述；

方案③：全堆芯均匀化描述。

表 17-21 给出三种不同源发射下，辐照监督管 6 个测点处的通量结果，视方

案①结果为标准解,给出其他两种源发射对应计算结果与标准解的偏差,可以看出方案②、③的近似处理与标准解的偏差很小,说明 RPV 测量到的信息主要来自边缘组件,堆芯变化对测量值不敏感。反观采用方案①pin-by-pin 源描述,其计算时间接近方案③全堆芯均匀化源计算时间的 2 倍(方案②组件均匀化源计算时间介于方案①和方案③之间)。图 17-42 为三种源发射方式下记录的源中子空间位置分布,从图中可以看出三种源分布下的源点位置分布基本是均匀的。从性价比考虑,模拟选择方案③是相对最优的。

表 17-21　不同源发射方式下的模拟结果及计算时间比较

计数栅元	方案①的通量	方案②的通量	偏差 1	方案③的通量	偏差 2
包围辐照监督管的水层	2.11049×10^{-9}	2.11043×10^{-9}	-0.00003	2.11030×10^{-9}	-0.00009
30°方向监督管第一层	1.33452×10^{-9}	1.33421×10^{-9}	-0.00023	1.32877×10^{-9}	-0.00433
30°方向监督管第二层	1.36675×10^{-9}	1.36569×10^{-9}	-0.00057	1.36069×10^{-9}	-0.00445
30°方向监督管第三层	1.38312×10^{-9}	1.38260×10^{-9}	-0.00038	1.37760×10^{-9}	-0.00401
水反射层	6.74109×10^{-8}	6.74121×10^{-8}	0.00002	6.74077×10^{-8}	-0.00005
围板	2.24324×10^{-7}	2.24311×10^{-7}	-0.00006	2.24320×10^{-7}	-0.00002
计算时间/min	754	400	—	381	—

注:偏差 A=(方案 A 通量-方案①通量)/方案 A 通量。

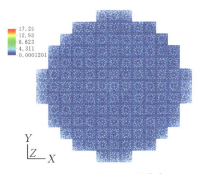

(a)pin-by-pin 源分布

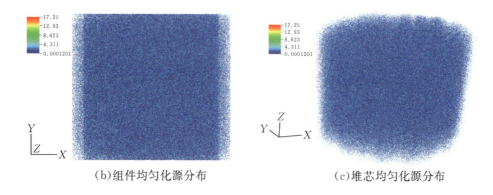

(b)组件均匀化源分布　　　　(c)堆芯均匀化源分布

图 17-42　三种源发射方案下得到的源点空间位置分布

17.8.3　技巧使用

根据屏蔽计算的经验,源偏倚和 Mesh 权窗是提高深穿透模拟精度和效率的最佳途径。由于母材段靠近堆芯,不用技巧,结果也很容易收敛。对焊缝段和主管道的模拟均属于深穿透问题,需使用 MC 降低方差技巧。

1. 源偏倚

(1)基于伴随通量的源空间偏倚:

$$\widetilde{S}(r) = \frac{\sum\limits_{g=G}^{1}\phi_g^*(r)S_g(r)}{\sum\limits_{g=G}^{1}\int_V \phi_g^*(r)S_g(r)\mathrm{d}r} \tag{17-23}$$

式中,$\phi_g^*(r) = \int_{E_g}^{E_{g-1}}\phi^*(r,E)\mathrm{d}E$,$S_g(r) = \int_{E_g}^{E_{g-1}}S(r,E)\mathrm{d}E$,$g=1,\cdots,G$,伴随通量采用多群计算,$G=47$,采用与 BUGLE-96 库相同群结构,基础库来自 ENDF/B-Ⅷ库,用 NJOY 程序制作加工而成。

(2)基于伴随通量的源空间、能量偏倚:

$$\widetilde{S}_g(r) = \frac{\phi_g^*(r)S_g(r)\chi_g(r)}{\sum\limits_{g=G}^{1}\int_V \phi_g^*(r)S_g(r)\chi_g(r)\mathrm{d}r} \tag{17-24}$$

2. Mesh 权窗

利用 JMCT 多群伴随计算功能,解伴随中子输运方程,选择焊缝段测点 3[图 17-41(a)]作为伴随源的位置分布,方向各向同性(实际发射时做了方向偏倚);能量采用正算得到的近似能谱分布。计算得到不同能量范围的伴随通量分布(图 17-43),做归一化处理,以此得到源偏倚参数和 Mesh 权窗参数。JMCT 和 MCNP

正算仍采用 pin-by-pin 源分布,表 17-36 给出 JMCT 使用源偏倚和 Mesh 权窗技巧后的计算结果。

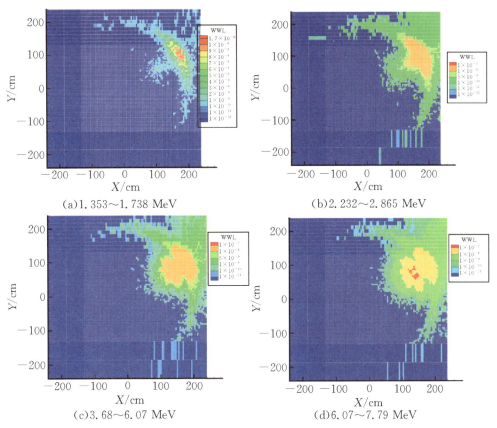

图 17-43 JMCT 计算给出的某反应堆堆芯伴随通量分布

从表 17-22 计算结果可以看出,JMCT 焊缝段计算结果与实验测量值偏差较 MCNP 模拟偏差显著缩小,已在 20% 以内。这个结果看似十分理想,然而对屏蔽深穿透问题,MC 模拟 500 万粒子的结果可靠吗? 带着问题,进一步研究粒子数对计算结果的影响。

表 17-22 母材段、焊缝段 MCNP 和 JMCT 模拟结果及偏差比较

中子能量 /MeV	母材段注量/(n·cm^{-2}·s^{-1})			焊缝段注量/(n·cm^{-2}·s^{-1})		
	测量值	MCNP	JMCT	测量值	MCNP	JMCT
≥0.1	1.404×10^{11}	1.49×10^{11} (+6.13%)	1.445×10^{11} (+2.9%)	1.594×10^{10}	1.00×10^{10} (−37.3%)	1.31×10^{10} (−18%)

续表

中子能量/MeV	母材段注量/(n·cm^{-2}·s^{-1})			焊缝段注量/(n·cm^{-2}·s^{-1})		
	测量值	MCNP	JMCT	测量值	MCNP	JMCT
≥0.5	9.725×10^{10}	1.02×10^{11} (+4.88%)	9.984×10^{10} (+2.7%)	1.103×10^{10}	7.30×10^{9} (−33.8%)	9.99×10^{9} (−9.2%)
≥1.0	6.552×10^{10}	6.70×10^{10} (+2.26%)	6.767×10^{10} (+3.3%)	7.415×10^{9}	4.96×10^{9} (−33.1%)	7.27×10^{9} (−1.9%)

注：JMCT 使用源偏倚+Mesh 权窗，500 万样本，32 核，18 min；MCNP 使用 F5 计数，20 亿样本，45 核，520 min。JMCT 和 MCNP 使用的服务器型号及性能不同，计算时间没有可比性。

17.8.4 样本数对计算结果的敏感性分析

进一步增大样本数，每 500 万样本输出一次结果，算到 8000 万。比较不同样本数的计算结果发现 5000 万样本后，计算结果基本保持不变。因此，对某反应堆焊缝段模拟，结果收敛的样本数确定为 5000 万。表 17-23 为母材段计算结果，表 17-24 为焊缝段的计算结果。仔细比较发现个别测点 5000 万样本的计算结果比 500 万样本结果与实验偏差还略大一些，这说明之前 500 万样本的计算结果是巧合，5000 万样本的结果更可信，虽然个别测点与实验偏差还略大一些。

表 17-23 母材段计算结果随样本数的变化

中子能量/MeV	母材段注量/(n·cm^{-2}·s^{-1})		
	测试值	JMCT(500 万)	JMCT(5000 万)
≥0.1	1.404×10^{11}	1.445×10^{11} (+2.9%)	1.466×10^{11} (+4.4%)
≥0.5	9.725×10^{10}	9.984×10^{10} (+2.7%)	1.019×10^{11} (+4.8%)
≥1.0	6.552×10^{10}	6.767×10^{10} (+3.3%)	6.738×10^{10} (+2.8%)

表 17-24 焊缝段计算结果随样本数的变化

中子能量/MeV	焊缝段注量/(n·cm^{-2}·s^{-1})		
	测试值	JMCT(500 万)	JMCT(5000 万)
≥0.1	1.594×10^{10}	1.31×10^{10} (−18%)	1.26×10^{10} (−20.9%)

续表

中子能量/MeV	焊缝段注量/(n·cm^{-2}·s^{-1})		
	测试值	JMCT(500 万)	JMCT(5000 万)
≥0.5	1.103×10^{10}	9.99×10^{9} (−9.2%)	9.58×10^{9} (−13.1%)
≥1.0	7.415×10^{9}	7.27×10^{9} (−1.9%)	6.70×10^{9} (−9.6%)

注：JMCT 5000 万样本，32 核，计算时间 192 min。

17.8.5 第六根辐照监督管中子注量率计算

有了前面的研究积累，对反应堆第六根辐照监督管中子注量率进行 JMCT 模拟，采用 pin-by-pin 源、源偏倚＋Mesh 权窗技巧，模拟 5000 万粒子历史。表 17-25 给出 JMCT 计算结果与测量值的偏差，最大偏差在 20% 以内，满足屏蔽对计算精度的要求，这个结果也是之前采用 MCNP 无法得到的。

表 17-25　JMCT 焊缝段第六根辐照监督管中子注量率结果及偏差

位置	能量范围/MeV	结果来源	中子注量率 /(n·cm^{-2}·s^{-1})	相对误差 /%
堆芯中平面 （母材段位置）	≥0.1	测量值	1.40×10^{11}	—
		JMCT	1.43×10^{11}	1.79
	≥0.5	测量值	9.72×10^{10}	—
		JMCT	9.93×10^{10}	2.14
	≥1.0	测量值	6.55×10^{10}	—
		JMCT	6.63×10^{10}	1.25
上焊缝	≥0.1	测量值	1.59×10^{10}	—
		JMCT	1.29×10^{10}	−18.98
	≥0.5	测量值	1.10×10^{10}	—
		JMCT	9.35×10^{9}	−17.24
	≥1.0	测量值	7.41×10^{9}	—
		JMCT	6.78×10^{9}	−8.59

17.8.6 主管道模型中子注量率计算

图 17-44 分别给出采用 MCNP 和 JMCT 可视建模前处理 JLAMT 产生的输入几何剖面图。相对焊缝段，主管道模型中子衰减得更多，深穿透程度更显著，进一步增大了 MC 数值模拟的难度。首先通过 JMCT 自身的伴随计算功能进行伴随

计算，产生 Mesh 权窗系数。

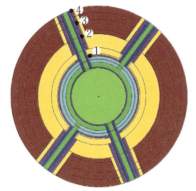

(a) 主管道径向（MCNP 绘制）

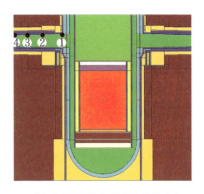

(b) 主管道轴向（MCNP 绘制）

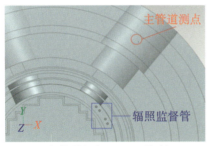

(c) 主管道径向（JMCT 绘制）

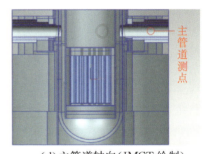

(d) 主管道轴向（JMCT 绘制）

图 17 - 44 反应堆主管道模型测点位置图

具体做法为：选取测点 2（-81.1，299.2，z）为源点，这里分别取 z 为 145 和 327，采用 Mesh 计数得到各 Mesh 的伴随中子通量，图 17 - 45 分别给出 $z=145$ cm、$z=327$ cm 处堆芯径向伴随中子通量分布。该分布需要做必要的光滑化处理，以保证 MC 正算时不会出现相邻网格重要性价值函数比值的过大涨落。当然也可通过 S_N 方法求伴随解，用以指导 MC 正算。之所以用 MC 自身伴随计算产生 MC 正算的价值函数，目的是减少 S_N 建模的工作量。

图 17 - 46 按各组件伴随中子通量对探测器贡献的大小，给出偏倚通量分布（对应红字）和无偏通量分布（对应黑字，通过正算得到）。从数据可以看出，对主管道探测器形成贡献的粒子主要来自边缘组件，堆芯正中央粒子对测点探测器的贡献几乎可以忽略不计。对伴随通量分布进行归一处理，得到源偏倚发射概率和赌、分裂概率，利用偏倚让更多的粒子朝测点方向迁移，同时通过赌来杀死一些向测点相反方向迁移的粒子以提高探测器计数率，再通过无偏修正确保计算结果无偏。

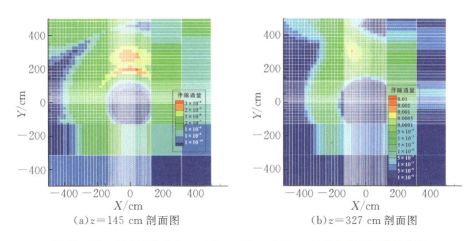

(a) $z=145$ cm 剖面图 (b) $z=327$ cm 剖面图

图 17-45 主管道模型在 $z=145$ cm 和 $z=327$ cm 处的径向伴随通量分布

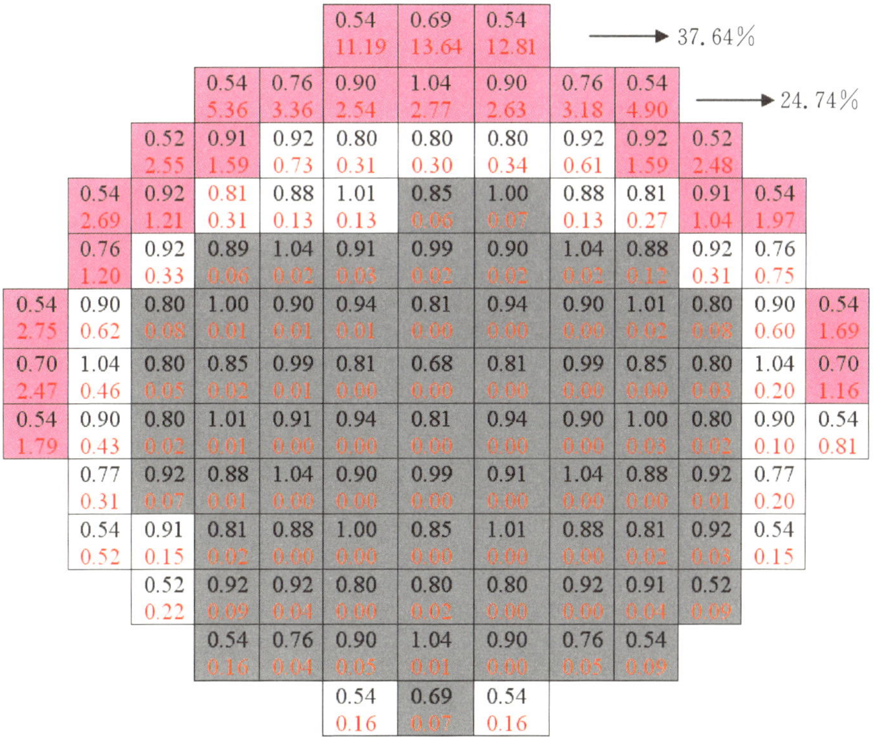

图 17-46 主管道模型在 $z=145$ cm 处的径向伴随通量分布

表 17-26 给出主管道对应 4 个测点的无偏通量计数。从计算结果可以看出，JMCT 相对 MCNP+TORT 结果，与实验测量数据偏差显著缩小，除了测点 2 热

能区计数与测量值偏差较大外,其他测点计算值与测量值偏差均在 20% 以内。

表 17-26 反应堆主管道模型 JMCT 计算结果和测试值的比较

测点	能量	测量注量 /(n·cm^{-2}·s^{-1})	计算结果 (MCNP+TORT) /(n·cm^{-2}·s^{-1})	计算结果(JMCT) /(n·cm^{-2}·s^{-1})
1	<0.6 eV	3.65×10^7	—	2.98×10^7 (−18.36)
1	>1 MeV	3.80×10^6	—	3.63×10^6 (−4.47)
2	<0.6 eV	1.11×10^7	3.21×10^7 (189.19)	2.06×10^7 (85.58)
2	>1 MeV	1.16×10^6	1.91×10^6 (64.66)	1.28×10^6 (10.34)
3	<0.6 eV	4.10×10^6	8.03×10^6 (95.85)	4.15×10^6 (1.20)
3	>1 MeV	7.00×10^5	4.34×10^5 (−38.01)	6.32×10^5 (−9.70)
4	<0.6 eV	9.30×10^5	1.44×10^6 (54.84)	8.88×10^5 (−4.50)
4	>1 MeV	1.52×10^5	1.24×10^5 (−18.42)	1.77×10^5 (16.44)

注:MCNP 采用 TORT 伴随计算通量做正算的重要性价值函数(样本数不详,模拟由上海核工程研究设计院完成);JMCT 模拟样本数为 2 亿,用 JSNT 伴随通量做 JMCT 正算的重要性价值函数,100 个处理器核,模拟时间 52 min。

17.8.7 源偏倚抽样结果无偏验证

图 17-47 给出 4 个探测器的偏倚发射概率与实际发射概率的比较,可以看出偏倚发射源粒子对提升相应探测器计数率的作用还是显著的。图 17-48 给出探测器 1 和探测器 3 按组件关于轴向求和归一后的偏倚/无偏概率分布。表 17-27 至表 17-30 分别给出探测器 1~4 使用偏倚技巧后得到的无偏修正计算结果。由此验证了模拟技巧使用的计算结果是正确无偏的。

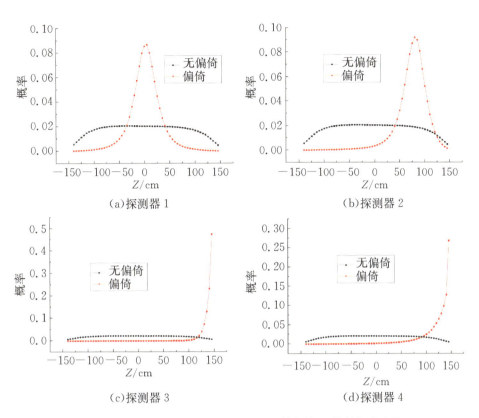

图 17-47 主管道模型不同探测器沿 Z 轴偏倚/无偏倚概率比较

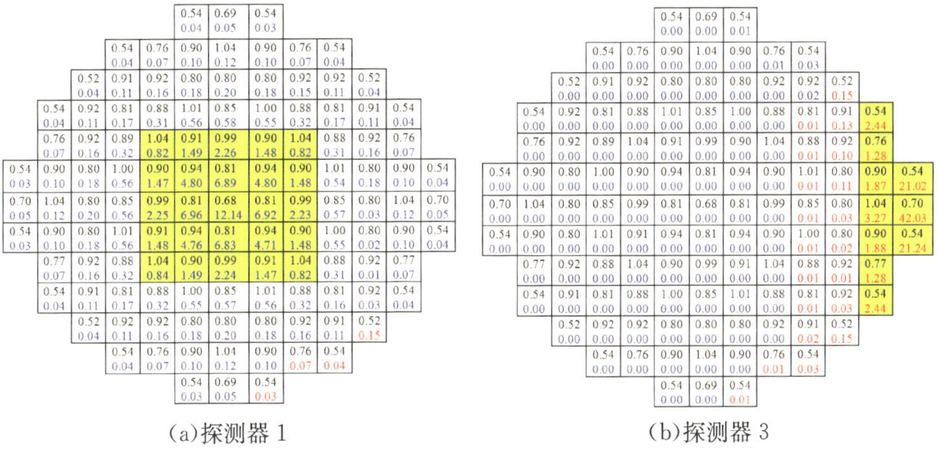

图 17-48 各组件偏倚/无偏倚概率比较

(黑色为无偏概率,蓝色或红色为偏倚概率)

表 17-27　主管道模型探测器 1 源偏倚结果正确性验证

计算结果	pin-by-pin（标准解）	无 Mesh 偏倚	Mesh 权窗偏倚
通量	1.6717×10^{13}	1.6960×10^{13}	1.6928×10^{13}
统计误差	0.0035	0.0034	0.0026
FOM	366	381	7352
相对误差	0.0	1.45%	1.26%

表 17-28　主管道模型探测器 2 源偏倚结果正确性验证

计算结果	pin-by-pin（标准解）	无 Mesh 偏倚	Mesh 权窗偏倚
通量	1.4561×10^{13}	1.4635×10^{13}	1.4629×10^{13}
统计误差	0.0037	0.0034	0.0019
FOM	333	330	13580
相对误差	0.0	0.51%	0.47%

表 17-29　主管道模型探测器 3 源偏倚结果正确性验证

计算结果	pin-by-pin（标准解）	无 Mesh 偏倚	Mesh 权窗偏倚
通量	1.2402×10^{13}	1.2569×10^{13}	1.2515×10^{13}
统计误差	0.0043	0.0043	0.0026
FOM	265	268	15827
相对误差	0.0	1.35%	0.91%

表 17-30　主管道模型探测器 4 源偏倚结果正确性验证

计算结果	pin-by-pin（标准解）	无 Mesh 偏倚	Mesh 权窗偏倚
通量	3.4132×10^{12}	3.4708×10^{12}	3.4039×10^{12}
统计误差	0.0046	0.0045	0.0074
FOM	225	316	1050
相对误差	0.0	1.69%	−0.27%

17.9　小结

本章介绍国际临界、屏蔽、反应堆全堆基准模型。国际基准模型包括：① ICSBEP 国际基准临界安全分析系列模型；② SINBAD 国际基准辐射屏蔽系列模型；③ IAEA发布的反应堆全堆芯系列模型。通过对这三个系列模型的验证和确认，表明 JMCT 软件具备工程应用的基本条件。进一步开展实验验证，模型来自国内某商用核电厂反应堆,计算 RPN 探测室响应,并与实测值对比。经过拟合校正,得到普适性较好的 RPN 响应矩阵,用于监测反应堆的运行工况和物理启动实验。同时,选择国产某核电厂 RPV 母材段、焊缝段及主管道实测数据,对 JMCT 软件深穿透屏蔽计算能力进行验证。

选择近年国际上推出的反应堆全堆 H-M、BEAVRS 和 VERA 模型,确认了 JMCT 软件具有核-热耦合多物理耦合模拟能力。

参考文献

[1] DENG L,YE T,LI G,et al. 3-D Monte Carlo neutron-photon transport code JMCT and its algorithms[Z]. Kyoto,Japan:PHYSOR,2014.

[2] ICSBEP. SINBAD and IRPhEP technical review group meetings[R]. [S. l. :s. n.],2020.

[3] BRIESMEISTER J F. MCNP:a general Monte Carlo code for n-particle transport code: LA-12625-M[CP]. Los Alamos:Los Alamos National Laboratory,1997.

[4] NEA Nuclear Science Committee. International handbook of evaluated criticality safety benchmark experiments[Z]. [S. l. :s. n.],2006.

[5] JOHN J,DOUG S,FITZ T,et al. Tinkertoy:unmoderated uranium metal(93.2) arrays with cylinder of 10.5 kg mass:HEU-MET-FAST-023[R]. Los Alamos:Los Alamos National Laboratory,1996.

[6] LEWIS E E,SMITH M A,TSOULFANIDIS N. Benchmark specification for deterministic 3-D/3-D MOX fuel assembly transport calculation without spatial homogenization: NEA/NSC/DOC(2001)4[R]. Los Alamos:Los Alamos National Laboratory,2001.

[7] SANDERS C E,GAULD I C,ORNL. Isotopic analysis of high burnup PWR spent fuel samples from the Takahama-3 Reactor[EB/OL]. (2002-05-01)[2021-07-29]. https://www.researchgate.net/publication/246560628_Isotopic_Analysis_of_High-Burnup_PWR_Spent_Fuel_Samples_From_the_Takahama-3_Reactor.

[8] 邓力,李刚,张宝印,等. 三维蒙特卡罗粒子输运软件 JMCT 测试与验证用例:CAEP-SC-NS-2016-002[R]. [S. l. :s. n.],2016.

[9] MAERKER R E. Analysis of the VENUS-3 experiments:NUREG/CR-5338,ORNL/TM-11106[Z]. Washington:U. S. Government Printing Office,1989.

[10] HOOGENBOOM J E,MARTIN W R,PETROVIC B. Monte Carlo performance benchmark for detailed power density calculation in a full size reactor core[J]. Nuclear science and engineering,2010,182(4).

[11] GRIESHEIMER D P,GILL D F,NEASE B R,et al. MC21 v. 6.0:a continuous-energy Monte Carlo particle transport code with integrated reactor feedback capabilities[J]. Annals of nuclear energy,2015,82:29-40.

[12] KELLY D J Ⅲ,AVILES B N,HERMAN B R. MC21 analysis of the MIT PWR bench-

mark:hot zero power results[R]. Sun Valley,Idaho:M & C,2013.

[13] VALTAVIRTA V. Multi-physics capabilities in serpent 2[Z]. Kyoto,Japan:PHYSOR,2014.

[14] DAEUBLER M,IVANOV A,SANCHEZ V. Multi-physics calculations with Serpent:application example Full PWR core coupled calculations[Z]. Kyoto,Japan:PHYSOR,2014.

[15] HORELIK N, HERMAN B. Benchmark for evaluation and validation of reactor simulations(BEAVRS):RELEASE rev. 1.0.1[Z]. Cambridge, Massachusetts:MIT Computational Reactor Physics Group,2013.

[16] MAHJOUBL M, KOCLASL J. OpenMC-TD:a new module for Monte Carlo time dependent simulations used to simulate a CANDU6 cell LOCA accident[Z]. Ottawa:7th International Conference on Modeling and Simulation in Nuclear Science and Engineering, 2015.

[17] KELLY D T, HERMAN B R, et al. Analysis of select BEAVRS PWR benchmark cycle 1 results using MC21 and Open MC[C]//PHYSOR. The role of reactor physics toward a sustainable future. Kyoto,Japan:PHYSOR,2014.

[18] DENG L, LI G, ZHANG B Y, et al. JMCT V2.0 Monte Carlo Code with integrated nuclear system feedback for simulation of BEAVRS model[C]//PHYSOR. Reactors physics paving the way towards more efficient systems. Cancun,Mexico:PHYSOR,2018.

[19] GODFREY A T. VERA core physics benchmark progression problem specifications revision 2:CASL-U-2013-0131-002[R]. [S. l. :s. n.],2013.

[20] STEPHEN M. KENO-Ⅵ Primer:a primer for criticality calculations with SCALE/KENO-Ⅵ using GeeWiz[R]. Knoxvill,Tennessee:Oak Ridge National Laboratory,2008.

[21] 竹生东,邓力,李树. 堆外核仪表系统(RPN)的预设效验系数理论计算[J]. 核动力工程, 2004,25(2):153-155.

[22] 邓力,李瑞,丁谦学,等. 基于JMCT秦山一期核电厂反应堆屏蔽计算与敏感性分析[J]. 核动力工程,2021,2:173-179.

>>> 第 18 章 MC 方法在肿瘤剂量计算中的应用

硼中子俘获治疗（born neutron capture therapy，BNCT）是 MC 方法在核医学肿瘤治疗中的典型应用，快速准确的医学剂量计算是肿瘤治疗的重要组成部分之一。目前医学剂量计算主要采用连续能量 MC 程序计算，算准人体各部分器官的剂量分布，进而实施临床治疗。国际上通常选择 MCNP 程序作为计算精度的标准，但 MCNP 直接用于治疗计划存在计算效率过低的问题，因此，研制具有 MCNP 程序计算精度，计算效率高、配有图像处理能力的 MC 治疗计划软件是各国努力的方向。

BNCT 全过程涉及影像学、肿瘤定位、体素建模、剂量计算、照射部位和照射时间的确定等过程。这些环节组合起来形成一个完整的治疗体系，就可满足临床应用要求。整个过程需要各部分专业知识有机结合。本章介绍作者团队开发研制的剂量计算专用 MC 软件 MCDB 及算法[1]。

18.1 BNCT 发展历史

继 1932 年 Chadwick 发现中子后，Goldhaber 于 1934 年发现 ^{10}B 具有异常高的吸收热中子的能力。1936 年 Locher 提出了 BNCT 设想。1951 年 Sweet 首先将 BNCT 应用于脑胶质细胞瘤的人体实验。1968—1978 年，日本帝国大学 Hatanaka 博士用热中子改进 BNCT 取得突破，治疗浅部位脑胶质瘤的 5 年存活率达到 33.3%。从 1986 年至今在日本京都大学 MITR 反应堆上治疗的恶性脑肿瘤患者的 5 年存活率高达 40%。这比用其他方法治疗的患者存活率提高了很多。

中子俘获治疗（Neutron Capture Therapy，NCT）国际协会成立于 1984 年，确定每两年举行一次国际会议，交流中子俘获治疗取得的成果，涉及多个不同领域的技术进步。2001 年意大利巴维亚大学用热中子对一名结肠癌转移肝癌的 48 岁男性患者做 BNCT 离体照射，使原肝叶上的 16 处转移病灶全部消失，7 个月后肝癌检查指标均为阴性,成为人类首次 BNCT 治疗肝癌成功的范例。其后芬兰、德国、美国、阿根廷、中国台湾等通过用超热中子治疗的精确辐射剂量计算与生物功能实验开展临床治疗,以适应更大、更厚的肝叶。美国与意大利合作利用(D－D)或(D－T)核反应产生的聚变中子源,研制一种紧凑中子发生器,进行无移植手术,对人体肝癌、骨肉瘤与前列腺瘤进行治疗。日本京都大学用[18]F 标记的 BPA(Borated Phenylalanine)输注,经全身 PET 扫描进行肺癌的可视化模拟研究。肺中平均空气比分为 0.58,肺的组织比分为 0.42。对一名转移性肺癌患者的分析发现,肿瘤与正常组织的 BPA 比值为 7.6,正常比值为 3.2,证实 BNCT 治疗肺癌的可行性。此外,阿根廷还对口腔瘤、皮肤癌进行 BNCT 治疗,也取得了良好的效果。BNCT 治疗过程简单,给病人带来的痛苦少,通常病人只需要照射 1～2 次,每次 2～4 h 即可。

近年来,BNCT 研究在国际上受到高度重视,主要原因是:① 日本用外科手术(打开头盖骨)结合 BNCT 使用热中子及含硼药物 BSH 的方法获得了令人振奋的临床结果[2];② 美国的 Coderre 等用 BPA 药物治疗 9L 神经胶质瘤患鼠取得了非常可靠的结果[3];③ 影响 BNCT 进一步发展的一些关键技术取得了突破,如在人脑中穿透能力更强的超热中子束的开发[4-8],临床中快速、可靠的硼浓度分析方法的建立[9-10],计算机治疗计划系统的发展[11-13],物理剂量测量技术的发展[14-15]等。在含硼化合物药物研究方面也有很大的进步。BPA、BSH 药物的研制成功,为 BNCT 的临床应用奠定了基础。由于新研制的含硼药物通过静脉注入人体血液后,肿瘤区与正常组织区硼浓度差达到 3 倍以上,从而在中子与硼发生核反应后,能够在杀死癌细胞的同时对正常组织的伤害达到最小。

目前用于肿瘤治疗的中子束,一般来自反应堆或加速器。MC 模拟基于中子束源信息,要求在极短时间内准确算出患者肿瘤中子(光子)剂量、确定照射部位及照射时间。MCNP 被认为是 BNCT 剂量计算的最佳程序,但 MCNP 程序是通用型 MC 软件,主要面向反应堆临界安全分析和屏蔽计算,直接用于 BNCT 剂量计算,计算效率低。表 18－1 给出用 MCNP[16] 程序模拟 BNCT 国际基准模型[17]的计算时间,显然过长的计算时间无法满足临床要求。提高剂量计算精度、缩短计算时间仍然是今天 BNCT 研究的重要组成部分。早年基于 MCNP 程序,发展了一些特殊算法和技巧,并去掉 MCNP 程序中与剂量计算不相关的模块,成为专用 MC 软件后,计算精度和计算效率显著提升,基本满足临床实时在线剂量计算对计算时间和剂量精度的要求。

第18章　MC方法在肿瘤剂量计算中的应用

表 18-1　不同模型的计算存储和计算时间比较

模型	网格块数	存储量/MB	CPU 时间/min
解析几何模型	3	6	326.01
16 mm 体素模型	2352	43	371.32
8 mm 体素模型	16016	175	494.96
4 mm 体素模型	94392	323	1208.60

注：使用 Pentium Ⅳ 2.4 GHz 计算机，模拟 5000 万粒子历史。

18.2　BNCT 国际现状

作为 BNCT 的重要组成部分，剂量计算作用举足轻重，要在含硼药物被注射进入人体后 2 h 内实施治疗，对剂量计算的时间和精度提出很高要求。当前开展 BNCT 临床研究的国家主要有美国、日本、芬兰、荷兰、澳大利亚、阿根廷、伊朗、中国等。在 BNCT 治疗计划及临床应用研究中，美国、日本的研究处于世界领先水平，两国相继做过数百次的临床试验，取得了不错的效果，表 18-2 列出部分国家的统计数据。

表 18-2　20 世纪世界各国 BNCT 临床试验简表

国家	患者数	研究阶段	药物	病症	是否开颅	年份
日本	207	Ⅱ	BSH/BPA	星细胞瘤	是	1968
日本	23	Ⅱ	BPA	黑色素瘤	是	1968
美国（布鲁克海文国家实验室）	54	Ⅰ/Ⅱ	BPA-F	多形性胶质瘤	否	1994
美国（麻省理工学院和哈佛大学）	26	Ⅰ	BPA-F	多形性胶质瘤、黑色素瘤	否	1994
荷兰	10	Ⅰ	BSH	多形性胶质瘤	否	1997
芬兰	1	Ⅰ	BPA	多形性胶质瘤	否	1999

美国已经发展出了比较完善的临床治疗软件，例如，由哈佛大学和麻省理工学院联合研制的 MacNCTPlan、BNCT_rtpe 软件，由蒙大拿大学协助爱达荷州国家工程与环境实验室（Idaho National Engineering and Environmental Laboratory，INEEL）在 BNCT_rtpe 基础上增加功能改进计算方法后开发的 SERA 治疗计划系统，被认为是目前国际上最先进的 BNCT 软件之一[2]。我国与世界其他国家也在积极开发研制相应的治疗软件。

从理论上讲，BNCT 治疗肿瘤是完全行之有效的，但是在实际治疗过程中还是面临某些难题,包括以下几方面。

① 寻求合适的含硼药物,使其注入人体后在肿瘤区的富集度远远高于正常组织,这是化学界和药学界的努力方向。

② 对入射中子束有较高的要求。20世纪的临床试验主要使用热中子源。目前,世界各国都倾向于使用超热中子。中子束来源主要有反应堆、加速器、放射性元素,如 ^{252}Cf 源等。早前 BNCT 治疗的中子基本都来自于反应堆,但反应堆的造价昂贵(专家预计建造一座专门用于 BNCT 的反应堆需要500万~700万欧元),运行维护成本也高,势必会增加治疗成本。因此,对中子源的设计要能满足 BNCT 治疗的要求(出射中子强度稳定,不含或少含不受欢迎的光子、快中子等),还需要考虑尽量降低其经济成本,使多数患者能够承受。

③ 公众往往难以接受在市区医院建一座反应堆。主要的反应堆大多基于科研用的研究堆改造而成,中子束强度和准直效果还不够理想。

④ 对剂量的计算精度要求很高。如果剂量过高,可能对患者有危险;反之则可能导致长时间的照射,患者难以接受,甚至达不到治疗的效果。

剂量计算又面临一系列的问题:如何精确地描述模型;如何确定体内各种核反应参数等。更重要的是要研制一套合理有效的剂量规划软件,针对不同的患者迅速、自动得出适合于该患者的照射剂量。硼的浓度在注入人体后是变化的,只有在照射前测得的浓度才是剂量计算的有效依据。因此,剂量计算必须在很短的时间内完成,算出结果后立即实施照射。目前的计算时间还显得有些偏长。

⑤ 需要制定统一的剂量标准。所谓剂量标准化是指 BNCT 剂量计算和剂量测量的方法应该有统一的标定。有了 BNCT 剂量的标准,各研究机构就可以获得 BNCT 相关剂量数据(如正常脑组织的最大容许剂量等),有利于相互引用和推广,增进 BNCT 在国际间的合作及其本身的技术发展。

18.3 BNCT 基本原理

利用反应堆或加速器产生的中子束,通过与 ^{10}B 作用产生短射程、高能量的 α 粒子,用以杀死人体内的癌细胞,这就是 BNCT 的基本原理。利用连续能量 MC 方法及软件精确计算肿瘤区的剂量,确定中子束照射的部位和照射时间。BNCT 涉及核医学、影像学、物理剂量学等多个方面的专业知识,国外开展此项研究已有30多年的历史,相关研究的当前状态可参考文献[2]。

18.3.1 BNCT 简介

硼中子俘获治疗主要是将具有选择性的含硼药物注入人体血液,待含硼药物富集在肿瘤组织后,利用热中子照射肿瘤部位,经由 $^{10}B(n,α)^7Li$ 反应,放出短射程、高能量的α粒子和^{7}Li离子杀死肿瘤细胞(图18-1)。

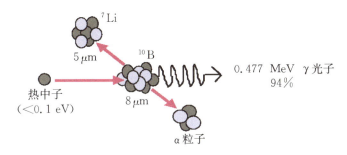

图18-1 BNCT核反应过程

BNCT主要用于外科手术不易施行以及对常规射线(γ射线和电子射线)具有耐受性的恶性脑肿瘤的治疗,如多形性神经胶质母细胞瘤等。BNCT需要解决的一项关键技术是要确保α粒子和^{7}Li离子在杀死肿瘤细胞的同时,对人体正常组织的伤害最小。一是肿瘤定位要准;二是需要研制肿瘤区和非肿瘤区具有不同富集度的硼化合物,使其能够吸附在肿瘤上,比正常组织的富集度高几倍。

18.3.2 相关核反应

1. 氮俘获反应

$$^{14}_{7}N + ^{1}_{0}n \longrightarrow ^{14}_{6}C + ^{1}_{1}H + 0.66 \text{ MeV} \tag{18-1}$$

参与反应的中子主要是热中子,释放的能量就地沉积,沉积的剂量也称为热中子剂量或质子剂量。

2. 硼中子俘获反应

$$^{10}_{5}B + ^{1}_{0}n \longrightarrow ^{11}_{5}B \begin{cases} ^{4}_{2}He + ^{7}_{3}Li + 2.79 \text{ MeV}(6\%) \\ ^{4}_{2}He + ^{7}_{3}Li^* + 2.31 \text{ MeV}(94\%) \\ \qquad\qquad\quad \downarrow \\ \qquad\quad ^{7}_{3}Li + \gamma + 0.48 \text{ MeV} \end{cases} \tag{18-2}$$

除产生0.48 MeV的光子能量,释放的其他能量就地沉积。参与反应的中子基本上都来自于热中子,相应的剂量即为硼剂量。

3. 氢俘获伽马反应

$$^{1}_{1}H + ^{1}_{0}n \longrightarrow ^{2}_{1}D + \gamma + 2.224 \text{ MeV} \tag{18-3}$$

所产生的光子与硼俘获反应产生的次级光子,以及入射中子束的伴随光子共同组成光子剂量。光子剂量通过多次非相干散射(即康普顿散射)和光电效应逐步沉积能量。

4. 快中子弹性散射

超热中子和快中子与氢核发生弹性散射释放反冲质子,质子能量就地沉积。快中子还会和其他核发生弹性散射沉积能量,90%来自于与氢核发生的反应。由于硼剂量作用范围小,硼浓度分布不均匀,和γ射线作用机制不一样,对于硼剂量要用复合生物效应(Compound Biology Effect,CBE)来描述其剂量性能。

复合生物效应值定义为:在一个给定的系统里,产生同样的生物效应所需的辐射剂量与常规^{60}Coγ射线剂量的比值。

最后的剂量由下式得到:

$$D_{bw} = W_c D_B + W_\gamma D_\gamma + W_n D_n + W_p D_p \tag{18-4}$$

式中,W_c 是硼剂量的复合生物效应值;W_γ、W_n、W_p 分别为光子、快中子、质子(氮俘获)剂量的相对生物效应值;D_B、D_γ、D_n、D_p 分别为硼剂量、光子剂量、快中子剂量和质子剂量。

18.3.3 剂量计算

在治疗中,绝大多数剂量来自四个部分:①硼剂量;②热中子剂量;③快中子剂量;④光子剂量。除光子外,其余反应产生的能量都是就地沉积。光子则通过多次非相干散射与光电效应逐步沉积能量,其中部分光子经碰撞后可能会逃逸出系统,带走部分能量,有的甚至未经任何碰撞而直接逃出系统。

1. 硼剂量

反应方程见式(18-2),该反应以94%的概率释放次级光子。尽管硼在大脑中的浓度很小,但由于硼对热中子的吸收截面非常大(3840 barns),释放的能量多,所以硼剂量对总剂量的贡献最大。

2. 热中子剂量

热中子剂量96%来自于^{14}N(n, p)^{12}C反应,释放0.66 MeV能量。硼剂量和热中子剂量均可由下式给出:

$$K(j) = \int_0^{E_{\max}} 5.76 \times 10^{-7} \phi(j,E) \sigma(j,E) n(j) E_T dE \tag{18-5}$$

式中,$K(j)$ 是 j 点处的介质近似吸收剂量率(Gy/h);$\phi(j,E)$ 是 j 点处能量为 E 的中子通量(主要是热中子参与反应);$\sigma(j,E)$ 是 j 点相应的热中子截面;$n(j)$ 是 j 点处材料的核子密度;E_T 是反应释放的能量;5.76×10^{-7} 为能量[MeV/(g·s)]到剂量(Gy/h)的单位转换系数。

3. 快中子剂量

快中子剂量统计的是除热中子外所有由弹性散射沉积的中子能量。能量为600 eV～3 MeV 的快中子剂量的90%是同氢核发生^{1}H(n,n)^{1}H反应产生的,其他的反应,如与^{12}C、^{31}P 和^{16}O 的反应,占总快中子剂量的 4%~8%。快中子剂量率计算公式如下:

$$D(j) = 5.76 \times 10^{-7} \sum_i n_i(j) \iint \phi(j, E') \sigma_i(j, E' \to E)(E' - E) \mathrm{d}E \mathrm{d}E'$$

(18-6)

式中,$\sigma_i(j, E' \to E)$ 为 i 核在 j 点的弹性散射截面;$n_i(j)$ 为 j 点 i 核的核子数。

4. 光子剂量

光子剂量由两部分组成:①入射中子束中自带的光子;②中子与大脑中各核素发生碰撞产生的次级光子,主要是由氢俘获中子反应^{1}H(n,γ)^1 产生的,还有部分是由硼中子俘获反应产生的。

18.3.4 Kerma 因子

Kerma 因子是光子、中子通量与剂量之间的转换因子。输运计算得到中子和光子通量后,乘以相应的 Kerma 因子,得到所需的吸收剂量率,再乘以照射时间得到吸收剂量。目前普遍采用 ICRU63[18] 和 ICRU44[19] 提供的成年人脑 Kerma 作为剂量转换因子。

ICRU63 中的中子 Kerma 因子基于 ENDF/B-Ⅵ 核数据库。在使用 Kerma 因子时的一个关键问题是如何处理低于 0.0253 eV 的中子。ICRU63 给出的Kerma 因子对应的最低能量为 0.0253 eV,该能量仅相当于 20.5 ℃时麦克斯韦-玻尔兹曼分布的峰值。由于^{14}N(n,p)^{12}C 反应满足 $1/v$ 吸收律,随着能量降低,其 Kerma 率将增加。因此,低于 0.0253 eV 能量的中子对热中子剂量的贡献非常重要。对于能量低于 0.0253 eV 的点,采用对数-对数插值获得 Kerma 因子,比 MCNP 程序中缺省处理(低于 0.0253 eV 能量的点按照 0.0253 eV 能量点的Kerma因子计算)的结果要高大约 12%。

ICRU 中人脑光子的 Kerma 因子基于 Seltzer 计算的质能吸收系数(μ_{en}/ρ),Solares 的计算结果是对 ICRU44 给出的光子 Kerma 因子的修正和补充,两者的比较见文献[20]。^{10}B 的 Kerma 因子基于 ENDF/B-Ⅵ 核数据库,其中考虑的反应是^{10}B(n,α)^{7}Li 和^{10}B(n,α)^{7}Li*。在热能区,这两种反应占绝对优势。当中子能量高于数十万电子伏特时,^{10}B(n,T)^{2}α、弹性和非弹性散射、^{10}B(n,γ)^{11}B、^{10}B(n,p)^{10}Be 和^{10}B(n,d)^{9}Be 等反应才对^{10}B 剂量产生有意义的影响。

18.3.5 中子束特性

中子束是 BNCT 治疗效果的决定因素之一,中子束的强度、准直性好坏及束中伴生 γ 含量对治疗至关重要。入射中子束通常使用宽谱超热中子束,其中,1% 为快中子(10 keV~2 MeV),10% 为热中子(0.5 eV 以下),其余为超热中子

(0.5 eV~10 keV)。在三个能量区间中的中子能谱均近似服从 $1/E$ 分布。入射中子均匀分布在半径为 5 cm 的圆面上，源强为 10^{10} n·cm^{-2}·s^{-1}。

由于硼主要吸收的是热中子，所以人们总是期望在肿瘤区参与反应的热中子越多越好。BNCT 前期研究工作及临床试验主要使用热中子束，先施行开颅手术，之后进行中子直接照射。热中子的穿透力有限，对于位置比较深的肿瘤以及不宜实施开颅术的患者，热中子束就达不到治疗的效果。从入射热中子和超热中子在体内形成的热中子能谱可以看出这一点（图 18-2）。

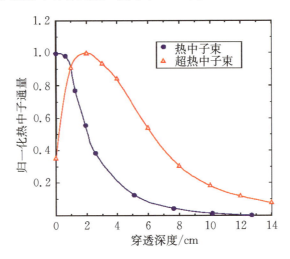

图 18-2 入射超热中子与热中子在体内的热中子通量分布比较

从图 18-2 可以看到，中子束进入大脑组织后，超热中子在离皮肤 2~3 cm 处形成热中子通量的峰值，随后呈指数下降。提高入射超热中子的平均能量，将提高其穿透力。而热中子束从表皮开始就呈指数下降。因此，热中子常用在皮肤黑色素肿瘤的治疗中，或者配合开颅手术，用在神经胶质瘤的治疗中。不过，当前对于脑肿瘤的治疗还是趋向于使用超热中子。从理论上讲，它可以避免开颅手术，同时能保护头皮，提高术后病人的生活品质。

大多数超热中子都会伴随或产生一些对标定的细胞不具选择性的辐射，会对肿瘤细胞和正常组织造成同样的损伤。因而，应当尽可能地将此类辐射除掉。从患者的角度而言，入射超热中子束的设计目标是使治疗时间合理，并减少对正常组织的伤害。因此，入射中子束的设计也成为研究的一大任务。理想的入射中子束应具有如下特点：

①在体内形成的热中子通量峰值应在硼标定的肿瘤区，硼俘获中子的反应主要发生在肿瘤区；

②尽可能地去除快中子和光子，快中子对头皮损伤大，快中子和光子对细胞都

没有选择性,不能保护正常细胞;

③热中子与超热中子通量比小于0.05,尽量减少入射中子束中的热中子,保护头皮;

④中子流与通量比大于0.7,中子流统计的是向前飞行的中子,这个比值越大说明中子束的准直性越好,减少了因发散而伤及正常组织的可能性,并且尽量做到被照射部位和中子束的出口距离可调。

在BNCT研究中,人们通常将超热中子的能量范围确定为0.5 eV~10 keV。从当前的经验来看,理想的最小束强度是$10^9 \mathrm{~n \cdot cm^{-2} \cdot s^{-1}}$。如果强度过小将延长治疗时间;反之(如$10^{10} \mathrm{~n \cdot cm^{-2} \cdot s^{-1}}$)将对束的质量提出很高的要求。多数医师在合理的治疗时间内,宁愿选择好的质量特性,而不是束的强度。当然,让患者长时间保持不动将导致患者不愿接受这样的治疗。

肿瘤区硼的浓度会影响对束强度的要求,如果硼的浓度能比当前值有所提高,那么束的强度(或治疗时间)将会相应地减少。另外,如果束的强度太低,将很难保证在治疗时间内硼浓度保持在必要的值。为了避免过长的照射时间,分步治疗法成为人们关注的一种替代疗法。

目前BNCT主要用于治疗脑胶质细胞瘤、黑色素瘤和风湿性关节炎。由于脑胶质细胞瘤的生物学特性和浸润性生长的特点,长期以来,手术、化疗、放疗、免疫治疗、立体定向放疗等的疗效均不理想。据美国神经外科学会统计,运用上述疗法,患者5年存活率仅为1%~3%,而用BNCT治疗,5年存活率可达48%。由于各种原因,世界各国每年癌症患者高速增加,癌症已成为人类死亡的第一杀手。这个20世纪不能解决的难题,如今已成为世界各国共同研究的课题。随着技术的日趋完善,BNCT将很可能成为今后战胜癌症最有效的武器。因此,对BNCT的研究不管是在理论上还是在应用上都具有极其重要的前景。

18.4 BNCT治疗过程

BNCT剂量计算过程一般由医学前处理、剂量计算和后处理三部分组成。其中:①医学前处理是根据计算机断层扫描(Computed Tomography,CT)与磁共振成像(Magnetic Resonance Imaging,MRI)影像数据(DICOM格式),建立表征患者组织分布并且适合MC剂量计算用的三维模型(简称体模),产生剂量计算所需的输入文件;②剂量计算是计算给出硼浓度空间分布和照射靶区硼浓度分布,建立通量剂量转换系数(Kerma因子)数据库;③后处理是借助二维和三维图形图像辅助完成肿瘤位置和大小的识别和标记,确定照射方位、射野大小和源皮距(Source Skin Distance)等(图18-3)。

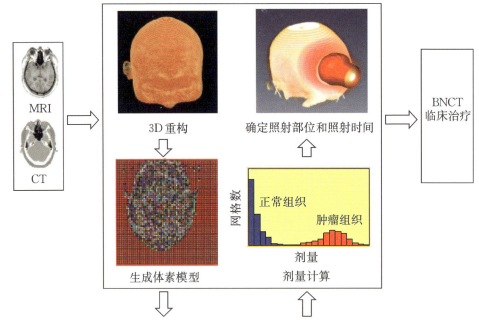

图 18-3 BNCT 治疗流程

早期，由于 CT 提供的边界不清楚，需要 MRI 补充边界信息，即通过 CT 获取密度，通过 MRI 获取边界，二者叠加后得到模型的几何材料信息。如今 CT 图像的分辨率显著提高，通过 CT 可以获取边界和密度信息，排除了 CT、MRI 叠加带来的困难。

吸收剂量率的计算是剂量计算的核心，内容包括以下几方面：

① 热中子通量和热中子吸收剂量率；

② 超热中子通量和超热中子吸收剂量率；

③ 快中子通量和快中子吸收剂量率；

④ 入射光子和诱发光子的通量及剂量率；

⑤ $^{10}B(n,\alpha)^7Li$ 反应吸收剂量率；

⑥ 对低能中子热处理，分别考虑自由气体模型与 $S(\alpha,\beta)$ 热处理对剂量率的影响。

由于每个患者的生理特性不一样，如头部模型、肿瘤位置、肿瘤大小等，同时硼浓度是随时间变化的，因此用于计算的硼浓度必须是在治疗前几个小时测得的患者体内的真实硼浓度，这就要求剂量的计算必须在几个小时内完成（通常要求在 2 h 内）。计算中通常将大脑模型进行几何划分，计算每个几何网格内的剂量，近似作为网格内各点的剂量。因此，网格划分得越密（国际上网格尺寸通常取 16 mm、

8 mm、4 mm),精度就越高。但是网格尺寸每减少 1/2,网格数就增加 7 倍,而 MC 方法本身计算时间长(表 18-1),收敛速度慢。如何对网格进行合理的划分,并使用相应的降低方差的技巧,在较短的计算时间内得出符合实际需求的结果,这是剂量计算软件需解决的问题。

由于人体器官复杂,采用传统 MC 组合几何布尔运算进行几何描述几乎不可能。因此,医学剂量计算几何采用体素(voxel)模型,即用一个大小相当、能够包裹体膜的盒子作为模型的外边界,在盒子内细分网格,构造体素模型,以此代替实体模型。图 18-4(a)给出椭球解析模型,图 18-4(b)给出相应的体素网格近似模型(18.6 节详细介绍)。采用体素模型后,MC 模拟不仅容易,还可以发展一些特殊算法来缩短剂量计算的时间。关注重点在 MC 剂量计算部分,针对体素模型讨论粒子径迹计算方法。

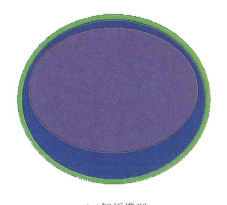 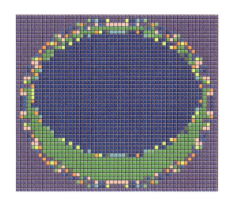

(a)解析模型　　　　　　　　　　(b)体素模型

图 18-4　椭球人脑模型示意图

通常 BNCT 剂量计算软件包括前处理、MC 剂量计算、后处理三部分(图 18-5)。前处理负责图像数据提取,生成剂量计算的体素模型;MC 剂量计算负责算出肿瘤区每个体素网格的剂量;后处理根据剂量分布确定中子束的照射部位和照射时间。

引入体素模型和快速粒子径迹算法在第 10 章 10.4 节中已详细介绍,作者及团队在 MCNP 程序基础上开发研制了 BNCT 剂量计算专用 MC 软件 MCDB (Monte Carlo Dosimetry in Brain)[21-23],配以可视前、后处理,形成了图 18-5 所示的 BNCT 治疗计划。由于剂量计算采用快速粒子径迹算法和并行计算,MCDB 无论在计算精度还是计算时间上,均满足临床要求。

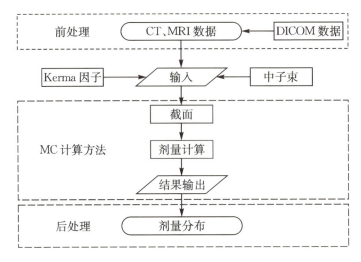

图 18-5 BNCT 治疗计划计算流程

18.5 算法验证

采用 BNCT 国际基准提供的 4 mm、8 mm、16 mm 3 种人脑体素模型,验证算法计算精度和计算效率。以 MCNP 解析几何模型结果和计算时间为标准,对专用剂量计算软件 MCDB 计算结果的正确性和计算效率进行验证。

18.5.1 解析椭球模型

理论计算采用如图 18-6 所示的 Snyder 椭球模型[16],由于界定不同组织的分界面是用椭球方程定义的,故称其为解析模型。最初的 Snyder 模型是由两个椭球组成的,分别表示大脑和颅骨,之后又增加了一层 5 mm 厚的皮肤层,称其为修正的 Snyder 模型。大脑在 z 方向有 1 cm 偏心,整个模型被分为四部分,即大脑、颅骨、皮肤和空气。表 18-3 给出脑组织材料成分,基本数据来自 ICRU44 报告[18],共涉及 11 个基本元素。

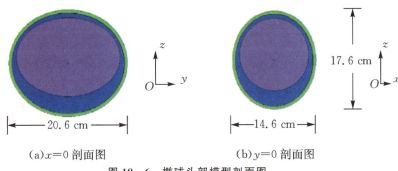

(a) $x=0$ 剖面图 (b) $y=0$ 剖面图

图 18-6 椭球头部模型剖面图

表 18-3　脑组织的成分　　　　　　　　　　　　　　　　　单位:%

原子序数	元素	空气	颅骨	大脑	皮肤
1	H	0	5.56	10.7	10
6	C	0.01	21.07	15.5	20.4
7	N	75.53	3.98	2.2	4.2
8	O	23.18	43.24	71.2	64.5
11	Na	0	0.1	0.2	0.2
12	Mg	0	0.2	0	0
15	P	0	8.05	0.4	0.1
16	S	0	0.3	0.2	0.2
17	Cl	0	0	0.3	0.3
19	K	0	0	0.3	0.1
20	Ca	1.28	17.5	0	0

各分界面由下面三个椭球面方程给出,分别对应皮肤、大脑、颅骨:

$$\left(\frac{x}{6}\right)^2 + \left(\frac{y}{9}\right)^2 + \left(\frac{z-1}{6.5}\right)^2 = 1 \qquad (18-7)$$

$$\left(\frac{x}{6.8}\right)^2 + \left(\frac{y}{9.8}\right)^2 + \left(\frac{z}{8.3}\right)^2 = 1 \qquad (18-8)$$

$$\left(\frac{x}{7.3}\right)^2 + \left(\frac{y}{10.3}\right)^2 + \left(\frac{z}{8.8}\right)^2 = 1 \qquad (18-9)$$

18.5.2　体素模型

在剂量计算中,国际上普遍的做法是用材料模块堆砌大脑结构,即在一个包容大脑的盒子中,根据医学CT影像中各点的灰度确定该点的组织特性,即材料密度。然后用一个小立方体网格填充长方体内相应点附近的区域,模块内的材料和CT中对应点材料取值相同或近似相同。不同组织的交界区域,如头骨和皮肤、头骨和大脑的交界区域,可能由两部分材料混合组成,对这部分网格块的介质要进行特别处理。对于大脑,每个网格中的材料为大脑、颅骨、头皮、空气4种基本材料之一或组合而成。为了进行剂量计算,对4种基本材料进行量子化处理,每种基本材料在混合物质中所占体积份额按10%的倍数处理。这样做是为了使可能的混合材料总数不至于太多。例如,某一模块的材料可由20%的空气、80%的头皮组成。体素模型需要用到的混合材料多达282种,加上原来的4种基本材料,共计286种材料。

根据经验,目前BNCT网格尺寸通常取4 mm、8 mm、16 mm 3种(图18-7)。在理论研究中,解析模型被认为是精确描述大脑的标准模型,网格化模型是对解析模型的逼近,网格尺寸越小,越逼近解析模型。但要说明的是,所谓的解析模型在现实中是不存在的,完全是虚构的,仅用来测试剂量计算软件的精度,为各种算法标定提供理论依据。虽然网格化模型相对有些粗糙,但由于人体器官本身的不规则性,在临床计算中网格化模型能较好地逼近实际器官几何构型。从图像学角度来说,这与人们在电视上看到的图形处理方法是相似的,而分辨率高低(即网格大小)决定了图像的逼近度。目前医学临床中计算剂量普遍采用的都是这种体素网格的逼近处理,基本上也是有效的。

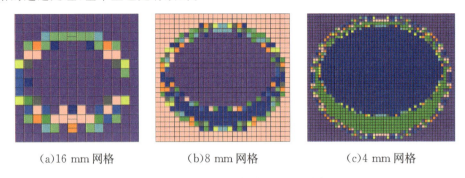

(a) 16 mm 网格　　　　(b) 8 mm 网格　　　　(c) 4 mm 网格

图 18-7　不同网格尺寸的体素模型($x=0$ 对应 yOz 剖面)

在图 18-7 中,3 种体素模型涉及的总网格数分别为:①16 mm 模型共有 2360 个网格;②8 mm 模型共有 16020 个网格;③4 mm 模型共有 94392 个网格。如此多的网格数对 MC 模拟内存构成了一定压力。采用传统几何描述,仅输入部分卡片就是一项巨大的工作,需要编写专门的计算接口程序来完成这一任务。MCNP 程序选择椭球体素模型,对不同大小网格,在考虑和不考虑计数情况下,计算时间随网格大小变化进行比较(图 18-8)。可以看出,不考虑计数,计算时间随体素网格大小呈线性增长;而考虑计数后,计算时间随体素网格大小变化呈指数增长[24]。

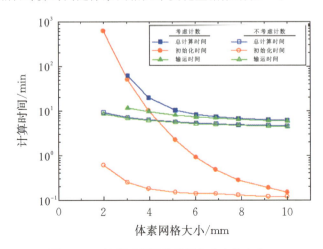

图 18-8　计算时间随体素网格大小的变化

18.5.3 中心点方法

对于由 286 种混合材料组成的体素模型,需要确定每一个立方体网格内真实材料的精确体积比,才能选出相应的材料。当材料的种类较多时,内存占有量急剧增加,并行计算时这些数据的全局通信会降低并行计算效率。另外,输运计算抽取粒子碰撞点会因为材料改变而增加抽样次数。如果能够沿用 4 种基本材料,不考虑新增材料,则存储量和计算量就会显著减少。为此,我们设计了一种自然而然的网格材料提取方法,即将网格中心点的材料作为整个网格的材料,这种处理被称为中心点方法。

具体做法是:对头部进行网格划分后,按立方体网格排列顺序依次找到每个立方体网格的中心点坐标,代入修正的 Snyder 椭球模型的三个方程进行计算;根据结果判断中心点属于哪个椭球(或椭球壳),从而得到中心点的材料和密度,以此作为该网格的材料和密度。这样产生的输入文件材料数还是 4 种(图 18-9),生成相应的输入分布便容易很多。

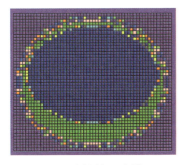
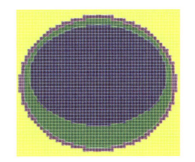

(a)286 种材料混合模型　　　　　(b)4 种材料模型

图 18-9　4 mm 模型 286 种材料和 4 种基本材料模型比较

(图上的椭圆曲线为修正的 Synder 椭球模型的相应曲线)

中心点方法是否有效,主要基于质量守恒检查。以解析模型为标准,通过解析椭球模型的体积和材料密度,算出解析模型各部分的质量。在 286 种混合材料模型中,根据各部分密度,按体积比例计算得到混合材料的密度和质量。表 18-4 分别给出解析模型、286 种材料模型和 4 种基本材料模型不同网格大小的对应质量。

表 18-4 各种模型的质量验证和 MCNP 程序计算时间比较

模型	大脑质量/g (偏差/%)	颅骨质量/g (偏差/%)	头皮质量/g (偏差/%)	总质量/g (偏差/%)	网格数/个	内存/MB	模拟时间/min
解析模型	1529.1	1363.0	495.7	3387.8			
16 mm 混合模型	—	—	—	3394.7(0.20)	2352	43	371.32
8 mm 混合模型	—	—	—	3387.2(−0.02)	16016	175	494.96
4 mm 混合模型	—	—	—	3383.6(−0.12)	94392	323	1206.81
4 种材料模型 (16 mm)	1559.1(1.96)	1266.2(−7.10)	593.8(19.79)	3419.1(0.92)	2352	10	359.23
4 种材料模型 (8 mm)	1522.9(−0.41)	1355.2(−0.57)	517.9(4.48)	3396.0(0.24)	16016	37	489.36
4 种材料模型 (4 mm)	1528.0(−0.07)	1370.4(0.54)	491.1(−0.93)	3389.5(0.05)	94392	196	1208.60
4 种材料模型 (5 mm)	1535.0(0.39)	1350.8(−0.90)	497.0(0.26)	3382.8(−0.15)	53504	112	783.55

注：以解析模型质量为标准，使用 Pentium Ⅳ 2.4 GHz、512 MB 内存的计算机。

可以看出在 4 种基本材料模型中，质量偏差随着网格的尺寸减小而减小。其中 16 mm 和 8 mm 的 4 种材料模型的总质量相对误差比 286 种混合材料相应尺寸大小模型的质量偏差大，尤其是头皮部分。而 4 mm 模型无论是 4 种材料模型还是 286 种材料模型，各部分质量及总质量与 4 mm 混合材料模型各部分质量及总质量的偏差都非常小，最大偏差仅为 0.93%，而总质量的偏差仅有 0.05%，这与 286 种混合材料模型和解析模型的质量偏差 0.12% 已非常接近。说明网格尺度到 4 mm 时，无论采用中心点方式还是混合材料模式，得到的体素网格模型质量的守恒性都是理想的。若用 1% 作为质量守恒衡量标准判据，则 4 种基本材料模型均满足守恒要求。若用 0.5% 作为质量守恒标准，则采用中心点方法的 4 mm、8 mm 体素网格基本材料模型满足质量守恒标准，而用中心点方法得到的 16 mm 体素网格模型不满足质量守恒标准。另一方面，由于中心点方法影响质量守恒的地方主要在头皮处，而头皮很薄，虽然有影响，但考虑到肿瘤通常体积较大，主要出现在脑组织部位，皮肤质量偏差对剂量计算的影响是非常有限的，因此中心点方法提取密度的处理对 16 mm 模型也是有效的。

另外，从内存和计算时间上看，无论 286 种混合材料模型，还是 4 种基本材料模型，内存使用量和计算时间都与模型立方体网格数目有很强的正相关性。同样

第 18 章　MC 方法在肿瘤剂量计算中的应用

网格尺寸的模型,4 种基本材料模型使用的内存均比 286 种混合材料模型少。在计算时间上,16 mm 和 8 mm 网格 4 种基本材料模型比 286 种混合材料模型略少一些,而 4 mm 体素模型、4 种基本材料模型和混合材料模型的计算时间相差无几,这是因为材料数目多少只影响输入卡片读入时间。由于 MCNP 程序是按网格进行碰撞点抽样的,材料数目的增加对计算时间的影响很少。但对体素模型,若采用 286 种材料混合模型就不一样了,材料数的增加意味着计算碰撞点的时间显著增加。

18.5.4　方法有效性检验

1. 收敛样本数确定

以 MCNP 程序结果和热中子剂量为标准,开展收敛样本数的确定。图 18-10 给出了 4 mm 体素模型分别采用不同的样本数得到的热中子剂量误差变化范围。可以看出,当样本数为 5000 万时,整个肿瘤区的热中子剂量误差在 ±4% 以内,满足临床对剂量精度的要求,由此可以确定 4 mm 体素模型的收敛样本数为 5000 万。

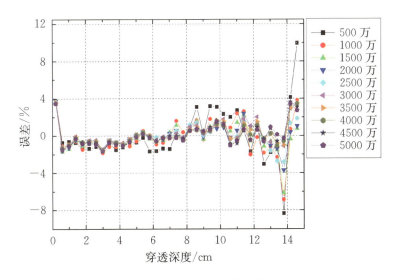

图 18-10　4 mm 体素模型不同样本数结果误差比较

2. 模型计算

图 18-11 给出两种算法 4 mm 体素模型 5000 万样本计算结果及误差比较。其中,图 18-11(a)至(c)为剂量结果,分别给出了热中子、快中子和光子剂量分布,每幅图上有三条曲线,分别为 MCNP 解析模型、MCNP 混合材料体素模型、采用中心点方法产生的 4 种材料体素模型及快速粒子径迹算法的 MCDB 结果。可以看出,3 种结果几乎完全一致。图 18-11(d)至(f)给出剂量相对解析模型结果的误

差图。两种算法计算出的偏差很小,特别是热中子和快中子,两条曲线几乎重合,看不出差距。8 mm、16 mm 体素模型情况大致相同,不过和解析模型的偏差稍大一点(约2%)。表18-5给出不同算法采用4种基本材料的4 mm 和8 mm 体素模型模拟5000万样本的计算时间比较。可以看出新方法的 FOM 值比传统方法的 FOM 值大。在4 mm 体素模型中,新算法较传统算法节省约27.2%的时间,在8 mm 体素模型中则节省约19.2%的时间。网格尺寸越小,快速粒子径迹算法的速度优势越明显。

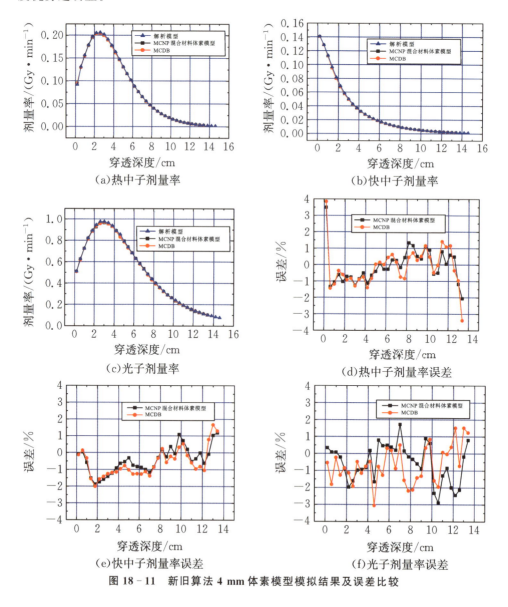

图 18-11　新旧算法 4 mm 体素模型模拟结果及误差比较

以上比较验证了中心点方法及快速粒子径迹算法计算结果的正确性和计算的高效性。

表 18-5 两个程序的模拟时间和 FOM 比较

网格	MCNP		MCDB		节省时间/%
	模拟时间/min	热中子 FOM	模拟时间/min	热中子 FOM	
8 mm 网格	476.40	280	385.02	347	19.2
4 mm 网格	1152.46	156	839.49	218	27.2

18.5.5 混合体素模型

另外尝试了混合体素模型,对 4 mm、8 mm、16 mm 三种网格进行组合,依据剂量随深度的变化设计了如图 18-12 所示的混合体素模型。其中前 4.8 cm 由 4 mm 网格组成,中间的 4.8～9.6 cm 由 8 mm 网格组成,剩下的部分由 16 mm 网格组成,总网格数约为 31300。

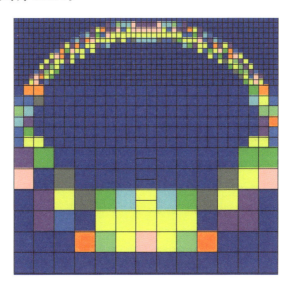

图 18-12 混合体素模型(xOz 剖面)

图 18-13 给出采用组合网格计算得到的剂量率及与解析模型结果的偏差。可以看出,组合体素模型结果和 4 mm 体素模型结果基本相同,计算精度基本不会降低,而网格数仅为 4 mm 模型的 1/3。同样计算 2000 万中子历史,所需时间约 9 h,为 4 mm 模型的 37%,显示了组合体素模型有极高的性价比。

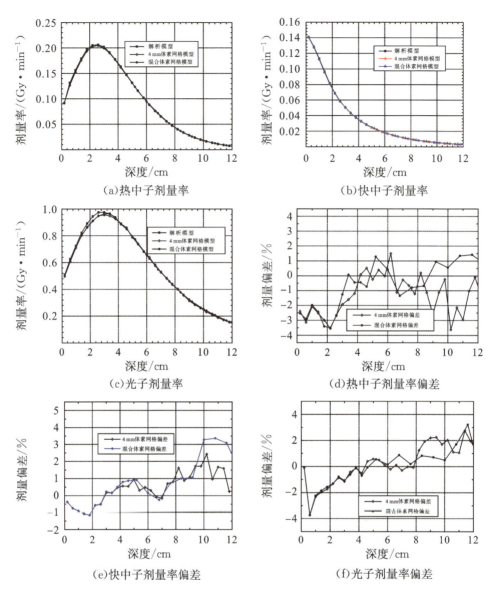

图 18-13 新旧算法混合体素模型模拟结果及偏差比较

18.6 算法测试

18.6.1 实体模型检验

实体模型选自天坛医院某患者的 CT 图片,共 43 张。图 18-14 为 MCDB 前处理软件读入后在计算机上显示的组合图。按前面介绍的步骤进行三维重构和体素模型生成。

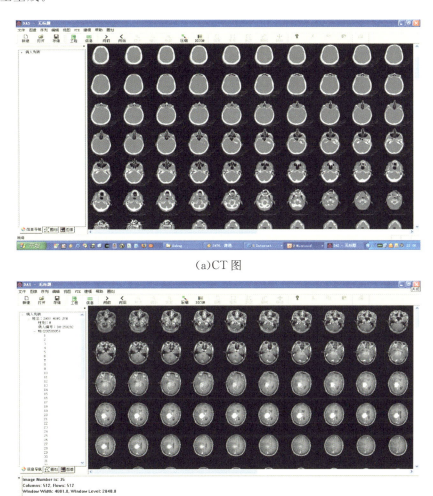

(a)CT 图

(b)MRI 图

图 18-14 某患者脑部 CT、MRI 切片图

第一步读入 CT 图片,生成如图 18-15(a)所示的三维重构图;第二步生成如图 18-15(b)所示的体素模型,按不同体素网格大小构建如下两个体素模型。

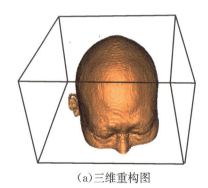 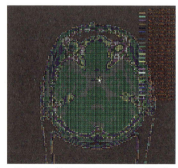

(a)三维重构图　　　　　　(b)CT4 体素模型图(xOz 剖面)

图 18-15　三维重构图和体素模型图

(1)CT8 体素模型。每个体素网格的 x、y 方向边长为 8 像素(0.3703 mm)，长、宽、高分别为 0.3703 mm、0.3703 mm、0.3000 mm，网格总数为 64(x 方向)×64(y 方向)×43(z 方向)=176128。

(2)CT4 体素模型。每个体素网格的 x、y 方向边长为 4 像素(0.1852 mm)，长、宽、高分别为 0.1852 mm、0.3000 mm、0.3000 mm，网格总数为 128(x 方向)×128(y 方向)×43(z 方向)=704512。

使用与基准模型相同的宽谱超热中子束照射，能量分布为 10% 的热中子($E \leqslant 0.5$ eV)、89% 的超热中子(0.5 eV$<E<$10 keV)和 1% 的快中子($E \geqslant$10 keV)。三个能量区间中子能谱均服从 $1/E$ 分布。入射中子均匀分布在半径为 5 cm 的圆面上，源强为 10^{10} n·cm^{-2}·s^{-1}。

18.6.2　剂量计算

为了确保热中子、快中子和 γ 剂量的同步收敛，采用源能量偏倚和 Mesh 计数，共模拟 1000 万样本历史。图 18-16 给出 CT4 模型 MCDB 采用新算法和 MCNP 采用传统算法计算得到的热中子剂量、快中子剂量和 γ 剂量计算结果比较。直观比较几乎看不出两个程序结果的差异。但偏差肯定是存在的。为了比较三个剂量结果之间的偏差，设计了如图 18-17 所示的比较方法，在二维平面 45°线上，用 i 表示网格号，x_i 表示 MCNP5 结果，y_i 表示 MCDB 结果。若两者结果相同即 $x_i = y_i$，则 (x_i, y_i) 正好位于 45°线上。

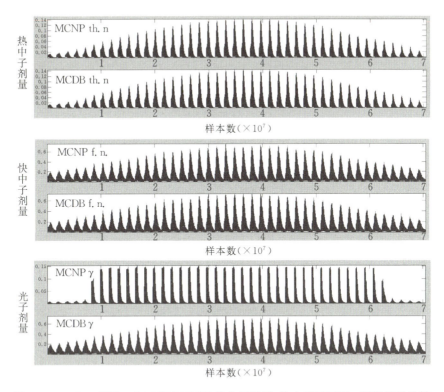

图 18-16 CT4 模型 MCDB 和 MCNP5 热中子剂量、快中子剂量和 γ 剂量结果比较

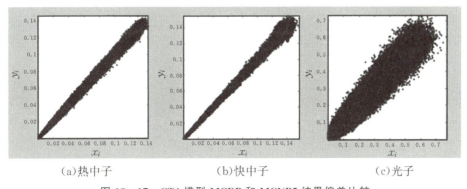

(a) 热中子　　　　　　(b) 快中子　　　　　　(c) 光子

图 18-17 CT4 模型 MCDB 和 MCNP5 结果偏差比较

图 18-17 分别给出两种算法、三种剂量分布的计算结果比较。由于数据量巨大，通过细致比较不难看出，两种算法之间的偏差还是存在的。其中，热中子和快中子的剂量结果偏差较小，γ 光子剂量偏差要大一些。通过分析不难解释偏差大的原因。γ 光子主要来自中子发生作用产生的次级光子，一方面次级光子数较少，另一方面模拟的总样本数只有 1000 万，相比之前基准模型模拟的 5000 万样本略

显不足。但从趋势可以看出,MCDB 采用的新算法的计算结果是正确可靠的。

1. 两种算法计算时间比较

表 18-6 给出体素模型 MCDB 和 MCNP 两种算法计算时间的比较。可以看出新算法在两种体素模型下均有三倍以上的加速,它比 4 mm 体素模型的加速效果更好。

表 18-6 MCDB 与 MCNP 计算时间比较

模型	网格数	几何描述	计数类型	程序	计算时间/min	加速比
CT8	176128	重复结构	Mesh 计数	MCNP	185.26	3.07
		材料矩阵	计数矩阵	MCDB	60.34	
CT4	704512	重复结构	Mesh 计数	MCNP	276.34	3.40
		材料矩阵	计数矩阵	MCDB	81.26	

注:使用 Pentium Ⅳ 3.0 GHz 计算机。

2. 照射部位的确定

根据 CT 重构出的三维体模可以确定肿瘤的照射部位,再根据算出的头部大脑中子剂量分布和中子束强度,进一步确定照射时间。图 18-18 为患者中子、光子的照射部位和剂量分布。

 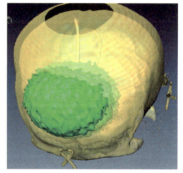

(a)中子剂量照射面　　　　　　(b)光子剂量照射面

图 18-18　根据剂量结果确定的照射部位

18.7　小结

作为 MC 方法在医学剂量方面的应用,本章以硼中子俘获治疗(BNCT)为背景,介绍了体素网格模型生成、边界混合网格材料处理及体素网格相关的快速粒子径迹算法。中心点方法被证明是处理边界混合材料的最好处理方法,只要中心点方法得到的网格质量保持守恒,就可大大减少混合材料增加给内存带来的压力。根据剂量随深度指数衰减的特征,组合网格模型的设计,可以保持精度相当时剂量计算时间显著缩短。虽然体素网格量巨大,采用传统 MC 射线追踪的径迹计算方法会使计算时间呈指数增加,临床上很难承受。但针对矩形网格特点发展起来的快速粒子径迹算法可以大幅降低计算时间,加之 MC 算法的可并行度高,满足临床对计算精度和时间的要求已不是问题。

早年开发研制的治疗计划 MC 剂量计算软件 MCDB,通过基准体素网格模型和真实患者模型的剂量计算,验证了 MCDB 软件方法的快速、正确及高效性[1]。目前 MCDB 已用于我国首个中子照射器系统,并用于临床剂量计算。

MC 方法的应用领域十分宽广,今天医学人体器官剂量计算多采用连续能量的 MC 程序计算。对某些复杂几何,特别是几何材料随时间变化的问题,用体素网格去逼近真实几何被证明是行之有效的。

参考文献

[1] DENG L,YE T,CHEN C B,et al. The dosimetry calculation for boron neutron capture therapy[M]// ABUJAMRA A L. Diagnostic techniques and surgical management of brain tumors. [S. l.]:INTECH,2012.

[2] WAMBERSIE A R,WHITMORE G,ZAMENHOF R. Current status of neutron capture therapy[R]. Vienna:IAEA, 2001.

[3] HATANAKA H,NAKAGAWA Y. Chinical results of long-surviving brain tumor patients who underwent boron neutron capture therapy[J]. International journal of radiation oncology biology physics,1994,25(8):1061-1066.

[4] CODERRE J A, BUTTON T M, MICCA P L, et al. Neutron capture therapy of the 9L rat gliosarcoma using the P-boronophenylalanine-fructose complex[J]. International journal of radiation oncology biology physics,1994,30(3):643-652.

[5] HARLING O K, CLEMENT S D, CHOI J R, et al. Neutron beams for neutron capture therapy at the MIT Research Reactor[J]. Strahlenther onkol,1989,165(2-3):90-92.

[6] HARLING O K, MOULIN D J, CHABEUF J M, et al. On-line beam monitoring for neutron capture therapy at the MIT Research Reactor[J]. Nuclear instruments and methods in physics research Section B: beam interactions with materials and atoms,1995,101(4):464-472.

[7] MOSS R L, AIZAWA O, BEYNON D, et al. The requirements and development of neutron beams for neutron capture therapy of brain cancer[J]. Journal of neuro-oncology,

1997,33(1-2):27-40.

[8] SAKAMOTO S, KIGER Ⅲ W S, HARLING O K. Sensitivity studies of beam directionality, beam size and neutron spectrum for a fission converter-based epithermal neutron beam for boron neutron capture therapy[J]. Medical physics, 1999, 26(9):1979-1988.

[9] HARLING O K, RILEY K J, NEWTON T H, et al. The fission converter-based epithermal neutron irradiation facility at the MIT reactor[J]. Nuclear science and engineering, 2002, 140(3):223-240.

[10] TAMAT S R, MOORE D E, ALLEN B J. Determination of boron biological tissues by inductively coupled plasma automic emission spectrometry[J]. Analytical chemistry, 1987, 59(17):2161-2164.

[11] RILEY K J, HARLING O K. An improved prompt gamma neutron activation analysis facility using a focused diffracted neutron beam[J]. Nuclear instruments and methods in physics research Section B: beam interactions with materials and atoms, 1998, 143(3): 414-421.

[12] ZAMENHOF R G, CLEMENT S, LIN K, et al. Monte Carlo treatment planning and high-resolution alpha-track autoradiography for neutron capture therapy[J]. Strahlenther onkol, 1989, 165(2-3): 188-192.

[13] NIGG D W. Methods for radiation dose distribution analysis and treatment planning in boron neutron capture therapy[J]. International journal of radiation oncology biology physics, 1994, 28(5):1121-1134.

[14] ZAMENHOF R, REDMOND Ⅱ E, SOLARES G, et al. Monte Carlo based treatment planning for boron neutron capture therapy using custom designed models automatically generated from CT data[J]. International journal of radiation oncology biology physics, 1996, 35(2):383-397.

[15] MARASHI M K. Analysis of absorbed dose distribution in head phantom in boron neutron capture therapy[J]. Nuclear instrument and methods in physics research Section A: accelerators, spectrometers, detectors and associated equipment, 2000, 440(2): 446-452.

[16] BRIESMEISTER J F. MCNP:a general Monte Carlo code for n-particle transport code: LA-12625-M[CP]. Los Alamos:Los Alamos National Laboratory, 1997.

[17] GOORLEY J T, KIGER W S, ZAMENHOF R G. Reference dosimetry calculations for neutron capture therapy with comparison of analytical and voxel models[J]. Medical physics, 2002, 29(2): 145-156.

[18] ICRU63. Photon, electron, proton and neutron interaction data for body tissues:ICRU Report 46D[R]. Bethesda:International Commission on Radiation Units and Measure-

ments,1992.

[19] ICRU44. Tissue substitutes in radiation dosimetry and measurement[R]. Bethesda:International Commission on Radiation Units and Measurement,1989.

[20] ZAMENHOF R,REDMOND E,SOLARES G,et al. Treatment planning for boron neutron capture therapy using custom-designed models automatically generated from CT data[J]. International journal of radiation oncology biology physics,1996,35(2):383-397.

[21] QIU Y H,DENG L,YING Y J,et al. The Monte Carlo simulation of boron neutron capture therapy[J]. High energy physics and nuclear physics,2003,27(10):936-942.

[22] DENG L,LI G,YE T,et al. MCDB Monte Carlo dosimetry code and its applications[J]. Journal of nuclear science and technology,2007,44(12):185-187.

[23] LI G,DENG L. Optimized voxel model construction and simulation research in BNCT[J]. High energy physics and nuclear physics,2006,30(2):171-177.

[24] KIGER W S,ALBRITTON J R,HOCHBERG A G,et al. MCNP4B,MCNP5 and MCNPX for Monte Carlo radiotherapy planning calculations in lattice geometries:LA-UR-04-6972[R]. Los Alamos:Los Alamos National Laboratory,2013.

>>> 第 19 章　MC 方法在核探测中的应用

相比 X 光常规探测,中子诱发 γ 射线探测具有穿透能力强的特点,容易穿透钢、常规/化学武器包壳、诊断武器内部结构等。这是核探测相对常规检测的优势所在[1]。在环境监测过程中,有大量放射性环境样品需要测量,利用各种单能 γ 射线的响应函数来分析复杂 γ 能谱,将实验测得的多能光子脉冲高度谱分解成单色光子脉冲高度谱,进而确定待测样品中各种具有 γ 辐射的放射性核素[2-3],可为辐射环境监测提供有意义的指导。

MC 方法具有其他方法不具有的天然优势,是核探测问题数值模拟的理想方法。中子-γ 射线探测是核探测中采用最多的方法和手段之一,近年来已广泛用于:①X 射线荧光分析;②在线中子俘获瞬发 γ 射线分析;③基于 γ 射线光谱的脉冲中子孔隙度测井;④隐藏爆炸物探测等。

19.1　中子探测

核探测主要包括中子探测和中子-γ 射线探测。在乏燃料后处理过程中,监测各工艺环节中的钚含量十分重要。脉冲萃取柱是后处理厂中最重要、最常见的萃取设备之一,其中钚的走向和分布是关注的重点。实时监测钚的走向和分布对确认工艺运行的稳定性和确保核临界安全具有重要意义。在后处理厂钚监测领域,由于中子具有更好的穿透性,通过中子探测反演物料中钚含量的信息,比 γ 射线探测更具优势。因此,中子探测技术作为一种非破坏性分析技术在国内外先进后处理厂的钚监测中已有一定应用。

MC 方法是核安全分析、辐射屏蔽、核探测等问题模拟的理想方法。基于 MC 方法的核探测方法及软件,可以减少实验的不确定性,降低实验成本,并辅助对实验进行解释,提供实验无法获取的某些微观信息,为探测仪灵敏度优化设计提供理论和技术支持。

中子为中性粒子,不能在物质中引起电离,故中子与物质的相互作用主要靠中子和物质的原子核发生相互作用。中子与原子核相互作用的机制主要包括势散射、复合核、直接作用和中间过程。

对于中子探测,一般分为两步:①利用中子与核的相互作用产生带电粒子或γ光子;②利用探测器对带电粒子或γ光子进行探测。中子探测方法[4]按照中子与原子核的相互作用类型主要分为核反冲法、核反应法、核裂变法和核活化法。

1. 核反冲法

核反冲法即利用中子弹性散射进行中子探测。中子与原子核发生弹性碰撞,原子核获得中子的一部分能量而发生反冲。由于反冲核为带电粒子,如质子、氚核等,所以可以通过探测器直接测量。

2. 核反应法

核反应法即利用中子-核反应进行中子探测。因为中子-核反应所产生的带电粒子数与靶核的中子反应截面以及中子通量成正比,所以通过测量这些带电粒子在探测器中产生的脉冲数就可以求出中子通量。

目前常用的是 ^{3}He 中子探测器和 BF_3 中子探测器。由于硼材料容易获得,如气态的 BF_3 气体、固态的氧化硼或碳化硼,因此目前 ^{10}B(n, α)^{7}Li 反应的应用最广泛。在天然硼中,^{10}B 的丰度为 19.8%,进一步浓缩可达到 96% 以上,^{10}B 对 γ 射线不灵敏[5-6]。^{3}He(n, p)^{3}H 优点是反应截面大,缺点是反应能小,不易去除较高的 γ 本底。另外,天然氦中 ^{3}He 的含量非常低($1.38×10^{-4}$%),制备高浓缩的 ^{3}He 成本很高。由于该反应产物无激发态,反应能又不太高,因此常用于能量在几十万电子伏特以上的快中子能谱测量[7-9]。^{6}Li(n, α)^{3}H 反应能最大,易区分中子信号和 γ 本底,但 Li 只能采用固体材料,且制造高浓缩的氟化锂成本也很高,故不常用[4]。

^{10}B(n, α)^{7}Li 的核反应式如下:

$$n + {}^{10}B \longrightarrow \begin{cases} \alpha + {}^7Li + 2.79 \text{ MeV}(6.1\%) \\ \alpha + {}^{7*}Li + 2.31 \text{ MeV}(93.9\%) \\ {}^{7*}Li \longrightarrow {}^7Li + \gamma + 0.478 \text{ MeV} \end{cases} \quad (19-1)$$

热中子反应截面为 $3837±9$ barn@0.025 eV,式(19-1)也是 BNCT 肿瘤治疗的基本原理。

^{6}Li(n, α)^{3}H 的核反应式如下:

$$n + {}^6Li \longrightarrow \alpha + {}^3H + 4.786 \text{ MeV} \quad (19-2)$$

热中子反应截面为 $940±4$ barn@0.025 eV。

^{3}He(n, p)^{3}H 的核反应式如下:

$$n + {}^3He \longrightarrow p + {}^3H + 0.765 \text{ MeV} \quad (19-3)$$

热中子反应截面为 $5333±7$ barn@0.025 eV。其中,质子能量约 574 keV,氚核能量约191 keV。

几种核素与中子发生核反应的截面变化如图19-1所示。

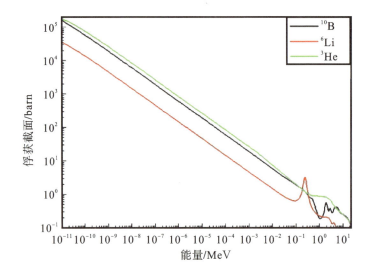

图 19-1 几种核素与中子发生核反应的截面变化

3. 核裂变法

核裂变法即利用中子引发核裂变反应进行中子探测。快慢中子与重核作用都可以引起裂变反应,测量所产生的裂变碎片数可求得中子通量。核裂变法的优点是裂变碎片的动能大,缺点是探测中子的效率低。

4. 核活化法

中子和原子核发生辐射俘获反应,稳定的原子核吸收中子后形成放射性原子核,此过程称为活化。通过测量被活化的原子核的放射性便可确定中子通量,该方法就称为核活化法。

19.2 中子-γ射线探测

利用高能中子照射被探测物(客体),利用中子与核作用产生的次级光子中的特征γ射线的能谱和时间谱确定客体内部核素的组成及份额,这是中子-γ射线探测的主要内容。在中子作用下,绝大部分元素都可以发射可辨认的特征γ谱线,慢中子可以引起除氮以外所有元素的非弹性散射反应,并发射特征γ谱线。利用特征γ射线中的原级线光子不随入射中子能量变化这一特点,通过特征γ射线的能峰特征,可以确定被探测物内部的核素特征,通过特征γ射线直穿贡献确定被探测物中各核素的重量百分比。

第19章 MC方法在核探测中的应用

高能中子与核发生(n,n')非弹和(n,γ)俘获反应时,将产生次级光子。用次级光子的特征γ射线来确定客体的核素组成和份额,这是核探测相对X光探测的优势所在。辐射俘获是吸收反应中最重要的反应之一,其反应产物之一就是γ射线。如果中子源的能量和强度较高,则中子与核发生(n,n')反应的概率增大,并产生非弹γ射线。表19-1给出烈性炸药(TNT)和某些化学武器中所含元素的重量百分比。

表19-1 烈性炸药(TNT)和某些化学武器中所含元素的重量百分比 单元:%

元素	TNT	沙林(GB)	神经性毒气(VX)	芥子气(HD)	糜烂性毒气(L)
H	2.2	7.1	9.7	5.0	1.0
C	37.0	34.3	49.4	30.2	11.4
N	18.5		5.2		
O	42.3	22.9	12.0		
F		13.6			
P		22.1	11.6		
S			12.0	20.1	
Cl				44.7	51.3
As					36.1

表19-2分别给出H、C、N、O等11种核素发射非弹γ谱线和俘获γ谱线的能量[3],它是判断客体是否为危险品的重要依据。

表19-2 H、C、N、O等核素发射非弹γ谱线和俘获γ谱线的能量

元素	反应类型	特征γ谱线能量/MeV
H	辐射俘获	2.2233
C	非弹性散射	4.433
N	辐射俘获	1.8848, 5.2692, 5.5534, 6.3224, 7.2991, 10.8290
N	非弹性散射	2.3128, 4.4444, 5.1059, 7.0280
O	非弹性散射	2.7419, 3.6841, 6.1310, 6.9170, 7.1190
F	非弹性散射	0.1090, 0.1971, 1.2358, 1.3480, 1.3565
P	辐射俘获	2.1542, 3.5228, 3.9003, 4.6713, 6.7853
P	非弹性散射	1.2661, 2.2334
S	辐射俘获	0.8411, 2.3797, 2.9311, 3.2208, 4.4308, 4.8698, 5.4205
Cl	辐射俘获	0.5167, 0.7884, 1.1647, 1.9509, 1.9591, 2.8639, 5.7153, 6.1109, 6.6195, 7.4138

续表

元素	反应类型	特征 γ 谱线能量/MeV
As	辐射俘获	6.2941, 6.8094, 7.0192
As	非弹性散射	0.2646, 0.2795, 0.5725
Al	辐射俘获	0.9840, 2.9598, 4.1329, 4.2522, 7.7239
Al	非弹性散射	0.8438, 1.0144, 2.2118
Fe	辐射俘获	0.3522, 1.7251, 5.9203, 6.0185, 7.6311, 7.6455, 8.8860, 9.2980
Fe	非弹性散射	0.8468, 1.2383, 1.4082, 1.8105, 2.1129, 2.5985

中子发生非弹(n,n′)或俘获(n,γ)、(n,f)反应时,将产生次级光子,这些光子统称为特征 γ 射线。特征 γ 射线分为原级线光子和原级连续光子,其能量定义如下:

$$E_\gamma(i,j) = \begin{cases} E_G^{(i)}, \text{LP} \neq 2, \text{原级线光子} \\ E_G^{(i)} + \dfrac{A_i}{A_i+1}E_n, \text{LP}=2, E_n > E_{\text{line}}, \text{原级连续光子} \end{cases} \quad (19-4)$$

式中,i 为碰撞核;j 为与碰撞核 i 对应的反应道;E_n 为中子发生非弹或俘获反应时的能量;E_{line} 为原级线光子和原级连续光子的分界能量,通常取 $E_{\text{line}} = 0.001$ MeV;LP 为 ENDF 数据库核反应类型索引号。

LP≠2 对应的 γ 原级线光子不随入射中子能量变化,是甄别客体核素组成的关键。MCNP 程序模拟次级光子时,没有对两类光子进行分类,次级光子能谱中的一些特征 γ 峰容易被连续光子和散射光子能谱淹没,从能谱中很难判断客体中的重要核素及核素组成。

当前 ENDF 最新评价核数据库提供了两种中子产光子模式:①30×20 产光模式,中子从 10^{-5} eV~20 MeV 分 30 个能群,每个中子群对应 20 个等高度谱线,次级光子的发射方向按各向同性处理;②按碰撞核对应反应道的实际产光概率产光子。对中子-γ 射线核探测问题,需采用第②种产光模式。

1. 期望值估计方法(简称 EVE 方法)

针对核探测问题,为了避免小概率事件发生,MC 估计中某些采用抽样决定的事件在此情况下不适用,需要用期望值估计方法替代。

设中子与 i 核发生 j 种反应后的中子产光概率为 $p_{i,j}(j=1,2,\cdots,J)$,满足归一条件 $\sum_{j=1}^{J} p_{i,j} = 1$。这里 J 为对应 i 核的总反应道数。下面介绍两种估计方法及应用。

(1) 直接估计法(简称 DE 法):碰撞核 i 确定后,抽随机数 ξ,求出满足不等式

$$\sum_{k=1}^{j-1} p_{i,k} \leqslant \xi < \sum_{k=1}^{j} p_{i,k} \quad (19-5)$$

的 j,则 j 为产光反应道,次级光子的权重为 w_γ,此即 DE 法。

(2) 期望值估计法(简称 EVE 法):碰撞核 i 确定后,确定反应道 j,不抽样,根据每个反应道实际产光子的概率 $p_{i,j}(j=1,2,\cdots,J)$ 产光,产出光子的权重为

$$w_{i,j} = p_{i,j} w_\gamma \quad j=1,\cdots,J \quad (19-6)$$

式(19-5)和式(19-6)的次级光子权重是守恒的,因此 DE 法和 EVE 法产光的数学期望是一致的。从式(19-5)和式(19-6)可以看出,DE 法经过了一次抽样,存在随机因素,而这对爆炸物探测问题是不允许的。故传统 MC 方法用于核探测问题时,必须用 EVE 法代替 DE 法。

EVE 方法会产生大量小权光子,若全部进行模拟跟踪,势必会花费大量计算时间和内存。考虑到特征 γ 射线探测主要关心的是次级光子的直穿贡献,后续散射部分的贡献并非核探测关心的问题,为了确保计算精度,同时不至于增加太大的存储和计算量,特地设计了一种组合产光方法。

2. 组合产光方法

组合产光法(简称 CPG 法)对 EVE 法产生的光子仅作直穿估计,之后回到 DE 法产光。每次仅产生一个权重为 w_γ 的次级光子,对该光子进行跟踪,仅统计该光子对探测器的散射贡献,最后得到次级光子的计数,由两部分组成:①EVE 法光子的直穿贡献;②DE 法光子的散射贡献。

虽然 EVE 产光数目大,但由于直穿估计的计算时间很少,因此总计算量和存储量都不会显著增加[10]。该算法已编入 JMCT 软件中[11],在 19.4 节中将给出测试算例。

19.3 时间门测量方法

19.3.1 时间门测量原理

对于某些问题,需要通过时间箱计数来区别非弹 γ 射线和俘获 γ 射线。图 19-2 给出放射性石油测井中,碳氧比能谱测井的定时测量图[12]。用脉冲方式发射中子,通常 0~10 μs 为脉冲门发射时间间隔,10~20 μs 为本底门时间间隔,20~90 μs 为晚俘获门时间间隔。依据这种逻辑关系,可以得到:①净非弹 γ 计数=脉冲门谱计数—本底谱计数;②俘获 γ 计数=晚俘获门计数。其他采用时间门测量的核探测问题,其原理都是一样的,差别仅在发射时间间隔上。

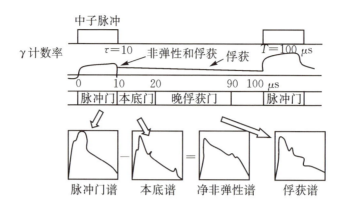

图 19-2 碳氧比测井中子引发非弹性散射 γ 与俘获 γ 定时逻辑图

下面推导图 19-2 所示过程不同时段下，γ 计数的时间-能量联合谱的计算公式。

19.3.2 理论公式推导

设 $N_\delta(E,t)$ 为以 $\delta(t)$ 脉冲方式发射的 $E_0 = 14.1$ MeV 氘氚中子源在探测器中测到的 γ 能谱的时间响应。根据中子-γ 输运方程的线性性质，对应于任意时间分布 $S(t)$ 的中子源，探测仪中测到的 γ 能谱时间响应为

$$N(E,t) = \int_0^t S(t') N_\delta(E, t-t') \mathrm{d}t' \tag{19-7}$$

在任意测量门 $[t_a, t_b]$ 内记录的 γ 能谱为

$$\int_{t_a}^{t_b} N(E,t) \mathrm{d}t = \int_{t_a}^{t_b} \mathrm{d}t \int_0^t S(t') N_\delta(E, t-t') \mathrm{d}t' \tag{19-8}$$

令中子脉冲时间分布函数 $S(t)$ 为周期函数，其周期为 τ，有

$$S(t + nt) = S(t) \qquad n = 1, 2, \cdots \tag{19-9}$$

式中，$t \in [0, \tau]$。又假定 $S(t)$ 为宽度为 τ 的函数：

$$S(t) = \begin{cases} S_0 f_\delta(t) & \text{当 } 0 \leqslant t < \tau \\ 0 & \text{当 } \tau \leqslant t < T \end{cases} \tag{19-10}$$

式中，S_0 为一个脉冲内释放的中子总数；T 为终态时间；$f_\delta(t)$ 为脉冲时间分布函数，满足归一条件 $\int_0^\tau f_\delta(t) \mathrm{d}t = 1$，则有

$$\begin{aligned} N(E,t) &= S_0 \left[\sum_{n=1}^{\infty} \int_{-nT}^{-nT+\tau} f_\delta(t') N_\delta(E, t-t') \mathrm{d}t' + \int_0^{\min(t,\tau)} f_\delta(t') N_\delta(E, t-t') \mathrm{d}t' \right] \\ &= S_0 \left[\sum_{n=1}^{\infty} \int_0^\tau f_\delta(t') N_\delta(E, t-t'+nT) \mathrm{d}t' + \int_0^{\min(t,\tau)} f_\delta(t') N_\delta(E, t-t') \mathrm{d}t' \right] \\ &\qquad\qquad\qquad\qquad\qquad\qquad\qquad\qquad t \in [0, T] \quad (19-11) \end{aligned}$$

第 19 章　MC 方法在核探测中的应用

将式(19-10)代入式(19-7),对 t 积分便得任意时间门内的 γ 能谱强度。其中关键是算出 t 时刻单位强度 δ 脉冲源相应的探测器计数 $N_\delta(E,t)$,然后与给定的中子脉冲谱形函数 $f_\delta(t)$ 卷积,再对指定的时间门积分,得到任意时间门内的测量值。

脉冲门内的测量值为

$$N_I = \int_0^\tau N(E,t)\,\mathrm{d}t \tag{19-12}$$

本底门内测量值为

$$N_{II} = \int_\tau^{2\tau} N(E,t)\,\mathrm{d}t \tag{19-13}$$

根据中子进入被探测物诱发的各种 γ 射线的时间特点,将 $N_\delta(E,t)$ 分解为四个部分,即

$$N_\delta(E,t) = \sum_{i=1}^4 N_i^\delta(E) f_i(t) \quad i=1,2,\cdots,4 \tag{19-14}$$

式中,$N_1^\delta(E)$、$N_2^\delta(E)$、$N_3^\delta(E)$、$N_4^\delta(E)$ 分别为单位强度 $\delta(t)$ 脉冲中子源引起的非弹性 γ 射线、慢化过程中的俘获 γ 射线、热中子俘获 γ 射线和活化反应 γ 射线的 γ 能谱强度;$f_1(t)$、$f_2(t)$、$f_3(t)$、$f_4(t)$ 分别为上述四种 γ 射线的时间谱,满足归一条件 $\int_0^\infty f_i(t)\,\mathrm{d}t = 1$。

如前所述,非弹性散射 γ 射线在 δ 脉冲中子源发射中子后的极短时间内发射完毕,故 $f_1(t)$ 可近似为

$$f_1(t) = \delta(t - t_{\mathrm{in}}) \tag{19-15}$$

式中,$t_{\mathrm{in}} \approx 10^{-2} \sim 10^{-1}\ \mu\mathrm{s}$。由此得

$$\begin{aligned}
N_I(E) &= \int_0^\tau N(E,t)\,\mathrm{d}t \\
&= S_0 N_1^\delta(E)\left[1 - \int_{\tau - t_{\mathrm{in}}}^\tau f_\delta(t)\,\mathrm{d}t\right] + S_0 \sum_{i=2}^4 N_i^\delta(E)\left[\sum_{n=1}^\infty \int_0^\tau \mathrm{d}t \int_0^\tau f_\delta(t') f_i(t - t' + nT)\,\mathrm{d}t' + \int_0^\tau \mathrm{d}t \int_0^t f_\delta(t') f_i(t - t')\,\mathrm{d}t'\right] \\
&= S_0 N_1^\delta(E)\left[1 - \int_{\tau - t_{\mathrm{in}}}^\tau f_\delta(t)\,\mathrm{d}t\right] + S_0 \sum_{i=2}^4 N_i^\delta(E)\left[\sum_{n=1}^\infty \int_0^\tau f_\delta(t) \int_{nT-t}^{nT-t+\tau} f_i(t')\,\mathrm{d}t'\,\mathrm{d}t + \int_0^\tau f_\delta(t) \int_0^{\tau - t} f_i(t')\,\mathrm{d}t'\,\mathrm{d}t\right]
\end{aligned} \tag{19-16}$$

$$N_{II}(E) = S_0 N_1^\delta(E) \int_{\tau-t_{in}}^{\tau} f_\delta(t)dt + S_0 \sum_{i=2}^{4} N_i^\delta(E) \left[\sum_{n=1}^{\infty} \int_0^\tau f_\delta(t) \int_{nT-t+\tau}^{nT-t+2\tau} f_i(t')dt'dt + \int_0^\tau f_\delta(t) \int_{\tau-t}^{2\tau-t} f_i(t')dt'dt \right]$$

(19 - 17)

以及

$$N_I(E) - N_{II}(E) = S_0 N_1^\delta(E) \left[1 - 2\int_{\tau-t_{in}}^{\tau} f_\delta(t)dt \right] + S_0 \sum_{i=2}^{4} N_i^\delta(E) \int_0^\tau f_\delta(t) \left\{ \sum_{n=1}^{\infty} \left[\int_{nT-t}^{nT-t+\tau} f_i(t')dt' - \int_{nT-t+\tau}^{nT-t+2\tau} f_i(t')dt' \right] + \int_0^{\tau-t} f_i(t')dt' - \int_{\tau-t}^{2\tau-t} f_i(t')dt' \right\} dt$$

(19 - 18)

对于 $i=2$，即中子慢化过程中的俘获 γ 射线，由于 $f_2(t)$ 的时间变化尺度 $\tau \ll T$，所以在此之前，各周期的脉冲贡献为零。至于 $i=3,4$，即热中子俘获 γ 射线和活化 γ 射线，由于 $f_3(t)$、$f_4(t)$ 的时间变化尺度 $T \gg \tau$，注意到

$$\begin{cases} f_i(t) \approx f_i(\tau) & t \in [0, 2\tau], i = 3,4 \\ f_i(t) \approx f_i(nT) & t \in [nT-\tau, nT+2\tau], n = 1,2 \end{cases} \quad (19-19)$$

因此，当 $t \in [0, \tau]$，$i = 3, 4$；$n = 1, 2$，式(19 - 18)中的

$$\int_{nT-t}^{nT-t+\tau} f_i(t')dt' - \int_{nT-t+\tau}^{nT-t+2\tau} f_i(t')dt' = f_i(nT)\left(\int_{nT-t}^{nT-t+\tau} dt' - \int_{nT-t+\tau}^{nT-t+2\tau} dt' \right) = 0$$

(19 - 20)

依据式(19 - 20)，式(19 - 18)中的 $\{\cdot\}$ 可近似为

$$\int_0^{\tau-t} f_i(t')dt' - \int_{\tau-t}^{2\tau-t} f_i(t')dt' \approx f_i(\tau)\left(\int_0^{\tau-t} dt' - \int_{\tau-t}^{2\tau-t} dt' \right) = -t f_i(\tau)$$

(19 - 21)

注意到活化 γ 射线（即 $i = 4$）的发射时刻是在 $\delta(t)$ 脉冲中子源发射中子后几天内，因此 $f_4(\tau) \approx 0$。于是有

$$N_I(E) - N_{II}(E) = S_0 N_1^\delta(E) \left[1 - 2\int_0^{t_{in}} \left(1 - \frac{t}{t_{in}}\right) f_\delta(\tau-t) dt \right] + S_0 N_2^\delta(E) \int_0^\tau f_\delta(t) \left[\int_0^{\tau-t} f_2(t')dt' - \int_{\tau-t}^{2\tau-t} f_2(t')dt' \right] dt - S_0 N_3^\delta(E) f_3(\tau) \int_0^\tau t f_\delta(t) dt$$

(19 - 22)

对于矩形脉冲 $f_\delta(t) = 1/\tau$，得

$$N_I(E) - N_{II}(E) = S_0 N_1^\delta(E)\left(1 - \frac{t_{in}}{\tau}\right) + S_0 N_2^\delta(E)\left[\int_0^\tau \left(1 - \frac{2t}{\tau}\right) f_2(t)dt - \int_\tau^{2\tau} \left(2 - \frac{t}{\tau}\right) f_2(t)dt \right] - \frac{S_0 \tau}{2} N_3^\delta(E) f_3(\tau) \quad (19-23)$$

考虑到 $t_{in} < \tau$，得

$$N_I(E) - N_{II}(E) \approx S_0 N_1^\delta(E) + S_0 N_2^\delta(E) \left[\int_0^\tau \left(1 - \frac{2t}{\tau}\right) f_2(t) \mathrm{d}t - \int_\tau^{2\tau} \left(2 - \frac{t}{\tau}\right) f_2(t) \mathrm{d}t \right] -$$
$$\frac{S_0 \tau}{2} N_3^\delta(E) f_3(\tau) \tag{19-24}$$

可见脉冲门与本底门测量值之差除了非弹性 γ 能谱，还受到少量慢化过程俘获 γ 射线和少量未扣除干净的热中子俘获 γ 谱的"污染"。考虑到活化 γ 射线的发射时刻很晚，加之活化 γ 射线的发射寿命远大于 T，因此在脉冲门与本底门谱之差中，活化 γ 射线的污染是很小的。另外，由于慢化过程中的中子俘获数目远远小于热中子俘获数目，所以 $N_3^\delta(E) \gg N_2^\delta(E)$，可以认为"污染"源主要来自热中子俘获 γ 射线，其中污染量大小除与中子源的特征及被探测物的物理性质有关，探测仪器材料的适当选择也起一定的作用。

19.3.3 数值模拟

快中子非弹性散射所要测量的是非弹性 γ 射线。理论上 $N(E,t)$ 可通过解中子-光子-电子联合输运求出，但探测器相对整个模拟问题系统很小，通常从源达到探测器的自由程很长，虽然从源发出了大量的中子，但经过输运、碰撞散射，最终进入探测器的次级 γ 光子数非常有限，仅靠少量进入探测器的次级 γ 光子信息模拟出具有一定精度的探测器响应-脉冲高度谱几乎是困难的。因此，探测器响应-脉冲高度谱计算通常分三步进行。

第一步：解非定常中子-光子输运方程，求出进入探测器表面的次级 γ 光子流 $J_\gamma(E_0, t)$。

$$J_\gamma(E_0, t) = \int_0^t \int_{r \in S} \int_{\boldsymbol{\Omega} \cdot \boldsymbol{n} < 0} \int_0^{E_0} \boldsymbol{n} \cdot \boldsymbol{\Omega} \phi(\boldsymbol{r}, E, \boldsymbol{\Omega}, t) \mathrm{d}t \mathrm{d}\boldsymbol{r} \mathrm{d}\boldsymbol{\Omega} \mathrm{d}E \tag{19-25}$$

式中，S 为探测器表面；$\boldsymbol{n}$ 为探测器表面外法向矢量；E_0 为入射光子能量。

第二步：解定常光子-电子联合输运方程，求出探测器响应函数 $R(E_0, h)$。

常用的探测器有 NaI、BGO 和 HPGe。这里以 NaI(Tl) 闪烁晶体探测器为例，其响应函数形式为

$$R(E_0, h) = \eta(E_0) \int_0^{E_0} D(E_0, E) G(E, h) \mathrm{d}E, 0 \leqslant h < E_0 \tag{19-26}$$

式中，$G(E,h)$ 为高斯函数；$D(E_0, E)$ 为能量沉积谱；$\eta(E_0)$ 为探测器效率；h 为能量道，采用能量单位 MeV。

由于响应函数中含有高斯函数 G，为了提高响应函数的分辨率，能量道 h 通常要分得足够细。在目前的探测器响应刻度中，能量分为 256 道（细分道是为了计算能量窗内的计数，如碳氧比计数中的碳窗和氧窗计数等）。能量沉积谱 $D(E_0, E)$ 同样通过 MC 方法解光子-电子联合输运方程得到。

根据 Berger 等人的研究，不同入射方向的光子对探测器响应计数影响很小[13]。因此，入射方向可按各向同性近似处理，这样探测器计数可以不考虑方向变化。尽管探测器响应函数矩阵 $\boldsymbol{R}(E_0,h)$ 计算量较大，但当探测器形状尺寸、材料成分确定后，只需要计算一次 $\boldsymbol{R}(E_0,h)$ 矩阵，之后作为数据库反复使用（详见第 12 章介绍）。

第三步：通过卷积积分得到探测器响应-脉冲高度谱。

$$N(h,t) = \int_0^{E_{\max}} \boldsymbol{R}(E_0,h) J_\gamma(E_0,t) dE_0 \tag{19-27}$$

当入射能量 E_0 和 $J_\gamma(E_0,t)$ 确定后，通过式（19-27）可以快速算出 $N(h,t)$。数值实验表明，通过上面的三步计算得到 $N(h,t)$，比直接计算 $N(h,t)$ 的代价要小很多。直接计算涉及能量、时间联合谱，对 MC 是个巨大的挑战，需要模拟的样本数和计算时间均是难以承受的。

19.4 爆炸物探测

自动检测隐藏爆炸物是一项复杂的技术，行李箱中炸药大约占箱子重量的 1.5%（300 g），而 300～500 g 烈性炸药的爆炸威力就足以将喷气式客机炸毁。大多数炸药的组成核素均为碳（C）、氢（H）、氧（O）、氮（N），与多数日常物品的成分相同，密度又与大多数常用塑料制品相近，加上塑料炸药可以捏成任意形状，机场 X 光检查难以辨认，有些炸药挥发性很弱，气体成分分析仪或探嗅器也无能为力。近年来，核探测技术的发展突飞猛进，利用中子-γ射线进行检测是最有希望的方法之一。中子的穿透能力强，它与炸药中的原子核相互作用，发出特征 γ 射线。因而通过特征 γ 射线容易确定炸药的存在[14]。

19.4.1 热中子分析法

热中子法主要根据炸药中的含氮量进行分析，一般炸药会高于日常用品，通过测量热中子引起的氮俘获 γ 反应

$$n + {}^{14}N \longrightarrow {}^{15}N + 10.8 \text{ MeV } \gamma \tag{19-28}$$

给出行李箱中的氮元素密度分布图。这种反应的截面虽小，仅 75 mb，但产生的 γ 射线能量却很高，测量并不困难。若以美国联邦航空局（FAA）规定的最小探测炸药量的探测效率为 100%，则误报率达到 18%～20%；若将探测效率降到 90%，误报率约为 2%；平均探测率为 90%～96%，误报率约为 3%～8%。如果这种技术与其他方法，如 X 射线成像技术结合，则误报率可以减少一半[15]。

利用热中子测氮的 10.8 MeV 俘获 γ 谱线辨认爆炸物的方法尽管简单（能量如此高的 γ 射线很容易被 NaI 探测器测到），但含氮量高的不一定为炸药，不少日

第 19 章 MC 方法在核探测中的应用

常用品的含氮量接近甚至超过炸药(表 19-3)。仅用含氮量多少作为判据,很难避免误判。

表 19-3 几种常见有机物品与炸药中的含氮量对比

名称	化学式	ρ /(g·cm^{-3})	氮原子密度 /(10^{22} atom/cm^3)	用途
密胺	$(C_3H_6N_6)_n$	1.57	4.5	餐具
尿素三聚氰	$C_6H_{10}N_8O$	1.5	3.44	餐具、收录机壳
黑索金(RDX)	$C_3H_6N_6O_6$	1.82	2.96	炸药
奥克托金	$C_4H_8N_8O_8$	1.63	2.65	炸药
脲甲醛	$(C_2H_4N_2O)_n$	1.5	2.51	餐具、收录机壳、家具、日用电器壳
硝酸铵	NH_4NO_3	1.6	2.40	炸药
特屈儿	$C_6H_5N_5O_8$	1.6	1.75	炸药
聚氨酯	$CHNO_2$	1.5	1.53	仪表壳、鞋底
聚酰胺树脂	$CHNO$	1.05	1.47	电气零件、容器、仪表壳、把手架、医疗体育用品
苦味酸	$C_6H_3N_3O_7$	1.76	1.39	炸药
腈纶	C_3H_3N	1.17	1.33	纺织物、帐篷、毛毯、滤布
TNT	$C_7H_5N_3O_6$	1.654	1.32	炸药
硝化甘油	$C_3H_5N_3O_9$	1.59	1.27	炸药
季戊炸药(PENT)	$C_5H_8N_4O_{12}$	1.6	1.22	炸药
聚胺基甲酸脂橡胶	$CHNO_2$	1.0	1.02	鞋底、衬垫、人造心脏、模具
黑火药	75%+15%+10% KNO_3+C+S	1.6	0.90	炸药
硝化纤维素	$C_{12}H_{15}N_5O_{20}$	1.6	0.88	炸药
尼龙-6	$(C_6H_{11}NO)_n$	1.13	0.60	外壳、齿轮、机械零件

19.4.2 快中子分析法

碳、氧、氮原子在快中子场照射下,发射具有特征能量的非弹 γ,其反应为

$$\begin{cases} n + {}^{12}C \longrightarrow {}^{12}C + n' \longrightarrow {}^{12}C + n' + 4.43 \text{ MeV } \gamma \\ n + {}^{16}O \longrightarrow {}^{16}O + n' \longrightarrow {}^{12}C + n' + 6.13 \text{ MeV } \gamma \\ n + {}^{14}N \longrightarrow {}^{14}N + n' \longrightarrow {}^{14}N + n' + 5.11 \text{ MeV } \gamma \end{cases} \quad (19-29)$$

这些反应截面分别约为 200 mb、168 mb、50mb,前两种截面明显比氮的热中

子俘获截面大。其中碳只发射一种特征 γ 射线(4.43 MeV);氧发射 18 种,但以 6.13 MeV 为主;而氮的特征 γ 射线却有 41 种之多,相对缺乏突出谱线,易被其他核发射的谱线或环境本底所掩盖。

19.4.3 脉冲快中子与热中子组合法

中子源采用微秒量级脉宽的氘氚脉冲中子管,脉冲间隔为几十个微秒。在脉冲门内测量到的信号,扣除本底门信号后,得到快中子与碳、氧和氮元素的非弹 γ 谱(图 19-2)。在两个脉冲之间测到的便是氢和氮元素的热中子俘获 γ 谱,即除了测氮的热中子俘获 γ 之外,还测量氢的热中子俘获 γ 反应:

$$n + {}^1H \longrightarrow {}^2H + 2.23 \text{ MeV } \gamma \qquad (19-30)$$

相应的反应截面为 332 mb。用这种方法有望给出行李箱内四种元素的密度分布图,此方案较前两种方案优越。

以上三种方案只能给出有关元素的二维密度分布图,主要用来检测行李箱中的块状爆炸物。下面两种方案能够给出碳、氧、氮三种元素的三维密度分布图,因此可以检测出片状爆炸物。

19.4.4 脉冲快中子束分析法

用小型加速器产生准直快中子脉冲,对行李箱自上而下进行扫描(采用阵列 γ 探测器),根据探测器收集到的有关元素发射的特征 γ 射线,以及与快中子脉冲发射时间的关系,给出碳、氧、氮三种元素的三维密度分布图。纳秒时间分辨技术的空间深度分辨可达 5 cm。因此,脉冲快中子束分析法是一种层析照相技术。如果它的空间分辨率达到或小于爆炸物的尺寸,那么它就能给出该炸药所在空间内三种元素发射的 γ 射线信息。

19.4.5 伴随粒子技术

利用氘氚反应产生的 14.1 MeV 中子和伴随 α 粒子的时空关联性质,给出非弹 γ 的三维图像。14.1 MeV 中子和 α 粒子作为氘氚反应的产物,它们是同时、同地产生的。当入射氘的能量比较低时,它们的飞行方向相反。因此,通过给 α 粒子定位就可以确定 14.1 MeV 中子的飞行方向;通过 α 粒子和随后中子非弹散射 γ 到达探测器的时间差,确定中子相互作用点离源的距离;通过测定 γ 能谱,确定相互作用点物质的核成分。

由此可见,后两个方案有望给出碳、氧和氮三种元素的三维密度分布图,因而具有最强的识别爆炸物的能力和更低的误报率。但是它们都需要亚纳秒的时间分辨技术,并建造小型加速器,提供脉冲中子源。这些条件在机场这种地方是否能够提供是一个问题。若采用中子管技术,需要大幅提升中子管的中子产额,还有一些关键技术有待突破。

19.4.6 反演与正演问题的关系

用中子检测爆炸物就是根据仪器的记录，反推箱内某一分割体积元内的物质成分，这就是通常所说的求解粒子输运的反演问题。求解反演问题的方法一般取决于样品的厚度。若令 $E_j(j=1,2,\cdots,n)$ 为仪器的第 j 道址的记数，$C_i(i=1,2,\cdots,m)$ 为箱内某一分割体积元内物质中第 i 种元素的浓度，对于光学薄样品有

$$E_j = \sum_{i=1}^{m} C_i M_{i,j} + \varepsilon_j \quad j=1,2,\cdots,n \quad (n>m) \quad (19-31)$$

式中，$M_{i,j}$ 为正比系数，即单位浓度的第 i 元素对测量仪的第 j 道址的响应贡献；ε_j 为第 j 道址上计数率的统计误差。由于是光学薄样品，$M_{i,j}$ 与样品中出现的其他元素无关，只需通过实验或理论方法确定，也就是先通过正演，然后用最小二乘法即通过求

$$S = \sum_{j=1}^{n} \left(E_j - \sum_{i=1}^{m} C_i M_{i,j} \right)^2 \quad (19-32)$$

达到最小的 C_i。系数 $M_{i,j}$ 又叫第 i 种核的标准谱。

对应光学厚的样品，上述关于 $M_{i,j}$ 与样品中出现的其他元素无关的假定不再成立。这时样品中出现的其他核素会改变样品中的中子场和光子场，从而改变样品中某一元素对响应的贡献，故 $M_{i,j}$ 本身也与 $C_i(i=1,2,\cdots,m)$ 有关，在这种情况下，可采用迭代方法对 C_i 求解。具体做法是：先猜测一组元素浓度 C_i^1，继而用这组浓度进行正演计算，得一组 $M_{i,j}^1$；然后根据仪器记录的 E_j，用最小二乘法求新的元素浓度 C_i^2。如果 C_i^2 接近 C_i^1，说明所猜元素浓度正确；否则用 C_i^2 代替 C_i^1，重新进行正演计算，如此迭代，直到收敛为止。

对于由碳、氢、氧、氮组成的一般日用物品或爆炸物品，14.1 MeV 的氘氚中子的平均自由程约为 $12/\rho$ cm，4 MeV 和 6 MeV γ 光子的平均自由程分别为 $32/\rho$ cm 和 $39/\rho$ cm。这里 ρ 是物品的密度。由此可见，对于旅客携带的行李箱或是行李箱中夹带的一些日常用品，即便需要迭代求解，也只需迭代一二次就够了。

19.4.7 数值实验

给定箱中物质成分，研究仪器记录，这个过程可根据 19.3 节介绍的三个步骤完成。

例 设行李箱长、宽、高分别为 80 cm、30 cm、50 cm，内放一半径为 3.51 cm、密度为 $\rho=1.654$ g/cm³ 的 TNT 炸药小球，分子式为 $C_{2.63}H_{4.69}N_{0.658}O_{0.85}$。探测器位于行李箱上方，为 (3×3) 英寸（1 英寸 = 2.54 cm）碘化钠闪烁晶体正圆柱探测器，密度为 $\rho=3.67$ g/cm³，柱中心坐标为 (0, 0, 38.75)（实际情况可能采用阵列探

测器)。源为 14.1 MeV 氘氚中子点源,各向同性发射,位于 y 轴,坐标为 $(0,45,0)$ (图 19-3)。计算进入探测器的次级 γ 流 $J_\gamma(E,t)$。

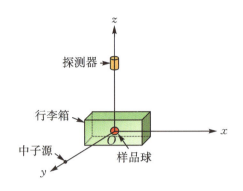

图 19-3　行李箱模型示意图

采用源方向偏倚发射,偏倚立体张角覆盖行李箱。采用程序之间对比计算,以 MCNP[16] 计算结果为标准,验证 JMCT 采用的新方法的正确有效性。两个程序采用相同的数据库、样本数和技巧,MCNP 程序采用 F5 计数。

表 19-4 给出 JMCT 与 MCNP 探测器次级光子流 J_γ 结果比较。可以看出总计数 JMCT 与 MCNP 结果符合得很好。表 19-5 给出 JMCT 统计的箱子内的核素组成及份额。与表 19-1 给出的 TNT 炸药 H、C、N、O 核素百分比基本相符。图 19-4(a)、(b)分别给出原级线光子和散射光子能谱,从原级线光子能谱可以清楚看出 C 峰出现在 4.43 MeV 处,O 峰出现在 6.13 MeV 处,N 峰较多。图 19-4(c)、(d)分别给出 JMCT 与 MCNP 次级 γ 流的能谱比较,可以看出次级 γ 总流 JMCT 与 MCNP 结果也符合良好,能谱差异很小。图 19-5 给出次级 γ 流时间谱,可以看出,计数贡献集中在 0.01~0.011 μs 范围。JMCT 与 MCNP 时间谱总计数相符,时间谱细节上有些差异,分析原因是时间箱分得过细,某些时间箱计数的统计误差偏大。

表 19-4　JMCT 与 MCNP 次级 γ 流计算结果比较

程序	原级线光子	原级连续光子	散射光子	J_γ 总光子流	偏差/%
MCNP	无	无	无	5.38386×10^7	标准解
JMCT	4.92519×10^{-7}	0	4.34947×10^{-8}	5.36014×10^{-7}	-0.4406

注:偏差 $=(J_{\gamma,\text{JMCT}}-J_{\gamma,\text{MCNP}})/J_{\gamma,\text{MCNP}}$。

表 19-5 H、C、N、O 瞬发 γ 计数及份额

元素	计数	份额比/%	统计误差/%
H	3.02643×10^{-11}	0	0.56
C	1.77077×10^{-7}	36	0.49
N	1.11146×10^{-7}	23	0.12
O	2.03254×10^{-7}	41	0.18

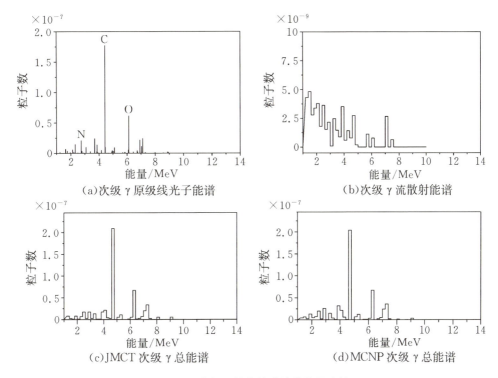

图 19-4 次级 γ 射线能谱计算结果比较

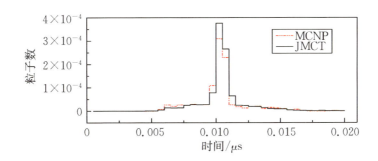

图 19-5 次级 γ 流时间谱比较

19.5 小结

中子-γ 射线探测是核探测中采用最多的方法和手段之一。本章介绍中子-γ 射线探测理论方法,讨论了时间门测量技术、非弹 γ 及俘获 γ 的甄别。从理论上推导了脉冲中子源发射下的探测器响应计算公式。通过分类标识计算得到特征 γ 射线的能量-时间联合谱,通过解谱反演给出被探测物的核素组成。核探测是 MC 方法继辐射屏蔽、反应堆堆芯安全分析之后,应用前景最好的领域之一。相比 X 光常规探测,中子诱发 γ 射线探测穿透能力强,容易穿透包括钢、常规/化学武器包壳、诊断武器内部结构等。在环境监测过程中,将计算得到的多能光子脉冲高度谱分解成单色光子脉冲高度谱,确定待测样品中各种具有 γ 辐射的放射性核素,为辐射环境监测提供有意义的理论技术指导。

MC 方法对物理过程精细刻画,通过模拟能够把粒子的身份特征随空间、时间、能量、核反应属性等多种行为精确记录下来,这对人们分析、解谱,并了解仪器灵敏度、噪声等因素的影响十分重要。很多精密探测仪的优化设计都需要 MC 模拟支持。

参考文献

[1] 蔡少辉. 用中子引发γ射线能谱测量法甄别化学武器与常规武器的建议[J]. 物理,1996,25(12):739-744.

[2] 许淑艳. 蒙特卡罗方法在实验核物理中的应用[M]. 北京:原子能出版社,1996.

[3] 储星铭. 闪烁伽马能谱仪全谱数据的蒙特卡罗模拟[D]. 武汉:中国地质大学,2008.

[4] 陈伯显,张智. 核辐射物理及探测学[M]. 哈尔滨:哈尔滨工程大学出版社,2011.

[5] 梁生柱. 改善 BF_3 慢中子正比计数管抗 γ 性能的测试方法[J]. 原子能科学技术,1981(4):478.

[6] 汲长松. 中子探测实验方法[M]. 北京:原子能出版社,1998.

[7] LI T S, FANG D, LI H. A Monte Carlo design of a neutron dose-equivalent survey meter based on a set of ^{3}He proportional counters[J]. Radiation measurements,2007,42(11):49-54.

[8] 张明,施俊,任忠国. ^{3}He 中子计数管的机理及结构[J]. 核电子学与探测技术,2009,29(5):1170-1172.

[9] REGINATTO M. Resolving power of a multisphere neutron spectrometer[J]. Nuclear instruments and methods in physics research Section A:accelerators, spectrometers, detectors and associated equipment,2002,480(5):690-695.

[10] 邓力,李瑞,王鑫,等. 特征γ射线谱分析的蒙特卡罗模拟技术[J]. 物理学报,2020(11):71-77.

[11] DENG L, YE T, LI G, et al. 3-D Monte Carlo neutron-photon transport code JMCT and its algorithms[Z]. Kyoto, Japan: PHYSOR, 2014.

[12] 朱达智,栾士文,程宗华,等. 碳氧比能谱测井[M]. 北京:石油工业出版社,1984.

[13] BERGER M J, SCLTZER S M. Response functions for sodium iodide scintillation detectors[J]. Nuclear instruments and methods, 1972, 104(2): 317-332.

[14] 蔡少辉,黄正丰,邓力,等. 用中子方法检查隐藏爆炸物的理论研究工作进展[J]. 核物理动态,1995,12(4):64-69.

[15] GOZANI T, RYGE P, et al. Explosive detection system based on thermal neutron activation[J]. IEEE aerospace and electronic systems magazine, 1989, 4(12): 17-20.

[16] BRIESMEISTER J F. MCNP: a general Monte Carlo code for n-particle transport code: LA-12625-M[CP]. Los Alamos: Los Alamos National Laboratory, 1997.

>>> 第 20 章　MC 方法在放射性测井中的应用

石油测井源于 20 世纪 40 年代,自那时以来放射性测井就成为石油测井的重要组成部分,并作为其他测井技术(如电法、声法)的补充。核测井仪通常由放射性源或加速器源和一个或多个探测器组成。辐射粒子从源发出,通过与地层元素的作用,发出反映地层特征的信息,这些信息被探测器接收后转换为测量信号,通过测量信号反演出地层的成分。核探测数值模拟使用最多的是 MC 方法。通过基于连续能量的 MC 输运计算,可以获得来自地层探测器的响应信号,通过解谱获得脉冲高度谱及地层核素成分信息。

20 世纪 90 年代针对核测井的需求,国际上开展了五类测井问题的研究,这些问题分别为:①双源距补偿中子测井;②超热中子寿命测井;③γ 散射岩性密度测井;④脉冲中子寿命测井;⑤碳氧比能谱测井。在五类测井问题中,碳氧比能谱测井求解过程最复杂,涉及时间-能量联合谱计算。1991 年美国北卡罗来纳州立大学推出国际基准题[1],用于各国开展软件比对验证计算。作为参与方之一,我们自主开发研制了核测井专用 MC 程序 MCCO[2],并参与了国际对算。早年的计算机速度和存储空间都制约了模拟的精度和规模,模拟核测井这样的深穿透问题难度很大。国际上针对核测井问题发展了多种降低方差技巧和加速收敛算法[3-6],实现了对多种测井基准题的模拟。随着计算机速度和内存的大幅提升,采用 MC 方法及软件开展核测井问题模拟已变得非常实用。

20.1　核测井现状

在石油核测井中,通过测量脉冲中子在地层中激发的非弹性 γ 能谱,来确定淡水开发油田套管井外地层中含油饱和度[7],典型问题如碳氧比能谱测井。γ 射线能谱计算是对虚拟仪器研究的延伸,尝试将数值模拟引入实际测量中,能从理论上分析仪器的性能,可为 γ 能谱的探测器灵敏度设计提供指导。

核测井数值模拟原理与核探测过程相似。由于测井环境空间尺度大,探测器离源远,加之屏蔽、准直、深穿透等因素,数值模拟难度很大,对方法和软件有极大的挑战性。目前核测井数值模拟方法主要有离散纵标 S_N 方法和 MC 方法。MC 方法的优点是复杂几何处理能力强,能量、方向处理忠实物理原理,是核测井数值模拟的首选方法。早年英国的 McBEND 程序[8],法国的 TRIPOLI 程序[9] 和美国的 MCNP 程序[10] 都用于石油测井,基于 MCNP 程序二次开发形成的专用核测井 MC 软件有 McLNL、McNGR 和 McDNL[11-13]。这些软件各有特点,在 Amoco、ARCO、Atlas 和 Conoco 等跨国石油公司中广泛使用,并发挥了重要作用。

作者早年基于 MCNP 程序开发研制了核探测专用 MC 软件 MCCO,相比 MCNP 程序的主要改进有:①用期望值估计产光代替直接估计产光;②设计了期望产光与直接产光的组合产光模式(详见第 19 章 19.2 节的介绍);③探测器计数按原级线光和原级连续光分别统计;④针对光子输运,发展了针对体探测器的指向概率法及统计估计(详见第 9 章 9.3 节的介绍)[14]。

虽然核测井研究内容不尽相同,但数值模拟均可归结为:①计算进入探测器表面的流;②计算探测器响应函数;③计算探测器脉冲高度谱。

标准井是刻度测井仪、验证软件不可或缺的工具,并用于探测器灵敏度优化设计。目前国内外各主要石油公司都建有多种类型的标准井,用于标定仪器及软件。标准井虽然用途不同,但几何布局相近度很高。不同类型测井问题使用的测井仪不同,仪器内使用的探测器类型也各不相同。图 20-1 为地层、探测器、井眼、套管示意图。探测仪通常紧靠井眼一侧,其内放置一二个探测器。其中近探测器居中放置,接收来自源、井眼和仪器的信号,用于本底信号的确定;远探测器紧贴测井仪一侧靠近套管,接收来自地层的信号。远、近探测器之间为屏蔽材料,确保探测器之间信号互不干扰。标准井中的几何主要为正圆柱体。γ 测井中使用的探测器一般为 NaI(*Tl*)、HPGe 或 BGO 等。NaI 虽然分辨率不如 HPGe 和 BGO,但经济性和耐高温性好,是目前石油测井中使用最多的探测器。有关 NaI 探测器响应函数的 MC 计算详见第 12 章的介绍。

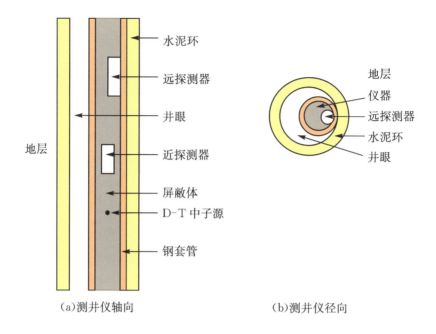

(a) 测井仪轴向　　　　(b) 测井仪径向

图 20-1　标准井示意图

20.2　碳氧比能谱测井

对外场测井,首先用钻孔机在地层中垂直向下钻孔,达到一定深度后,放入水泥环套管,之后将测井仪放入水泥环套管内。源位于测井仪下端,对准准直口处。为了让源中子能够深入地层多次发生散射,让远探测器接收更多的地层信号,采用射孔弹发射,中子与地层中的核素发生非弹散射和俘获反应,放出 γ 光子,通过探测器接收的 γ 信号判断地层中是否含油及含油的饱和度。

20.2.1　基本原理

碳氧比能谱测井是通过测量脉冲中子在地层中激发的非弹性 γ 射线的能谱,来确定淡水油田套管井外地层中含油饱和度的一种测井方法[7]。首先通过测量孔隙度,确定地层下有流体运动存在,在流体存在的前提下进一步判断流体中的含油饱和度。碳氧比值是含油饱和度的一个重要指标,通常比值越高,含油饱和度越高。

碳氧比能谱测井测量中子与地层中碳(C)、氧(O)、硅(Si)及钙(Ca)等原子核非弹性散射发出的 γ 射线能谱,它使用脉冲式氘(D)氚(T)反应产生的 14.1 MeV 中子源。由脉冲中子发生器产生的中子入射到地层后,在最初极短时间内(10^{-2}~

10^{-1} μs)将与地层中各种元素的原子核发生非弹性散射,损失大量能量,同时发出非弹性γ射线。此外,还会发生一些(n,p)、(n,α)、(n,2n)、(n,np)等反应,其中有些反应也会伴生发射瞬发高能γ射线,如 $^{16}O(n,α)^{12}C$ 反应发射 3.85 MeV、3.6 MeV 或 3.09 MeV 的γ射线。由于这些γ射线与非弹性γ射线一样都由快中子诱发,且其中又以非弹性散射占优,故统称非弹性γ射线。以 C、O 为例,最突出的γ射线峰分别出现在 4.43 MeV 和 6.13 MeV 处。

通常 14.1 MeV 能量的 D-T 中子经过一二次非弹性散射后,就不再具有足够能量与原子核发生非弹性散射,这时只能通过与原子核发生弹性散射继续减速。在地层和井眼环境周围,通过非弹性散射和弹性散射,快中子很快被慢化。在慢化过程中,也有少部分中子被地层元素原子核俘获,发射与俘获具有相应特征的γ射线,但绝大部分中子被慢化直到与井眼周围介质处于平衡为止。在脉冲中子源发射中子后几微秒到几十微秒内,大部分中子就在井眼周围的地层中被慢化成热中子。这些在源附近的热中子将继续存在几百微秒到上千微秒,在这段时间内,它们将逐渐被地层中元素的原子核俘获,发射出具有相应特征的俘获γ射线。

此外,快中子和热中子还能使地层中的某些稳定核素变成放射性同位素,从而产生所谓活化核。这些放射核通常又要按照它们各自的半衰期进行衰变,有些核衰变时也能放出γ射线,这就是所谓的活化γ射线。活化γ射线可以在井眼周围地层中持续几毫秒至若干天。可见,当 14 MeV 中子进入地层后,它除了与地层中元素的原子核发生非弹性散射发出γ射线外,还会发出俘获γ射线和活化γ射线。为了排除俘获γ射线和活化γ射线的本底干扰,测井仪采用脉冲中子源技术,利用上述三种γ辐射完全不同的时间特征,采用与中子脉冲同步测量技术,通过扣除本底谱获取非弹性散射净谱(图 19-2)。

20.2.2 数值模拟过程

数值模拟分三步进行:

第一步,给出测井环境下进入 NaI(Tl) 探测器的次级光子流 $J_\gamma(E_0,t)$;

第二步,确定 NaI(Tl) 晶体对不同能量γ射线的响应函数 $R(E_0,h)$;

第三步,卷积得到探测器响应-脉冲高度谱 $N(h,t)$。

依据碳氧比能谱测井原理,模拟给出地层井眼条件下碳氧比能谱测井仪测到的脉冲高度谱 $N(h,t)$(参见第 19 章介绍),进而得到 t 时刻的碳氧比能谱值:

$$\frac{W_C}{W_O} = \frac{\int_0^t dt' \int_{3.17}^{4.65} N(h,t') dh}{\int_0^t dt' \int_{4.86}^{6.13} N(h,t') dh} \tag{20-1}$$

如何通过数值模拟获得式(20-1)的解是下面讨论的要点。依据第19章的讨论,如果要分别统计非弹γ计数和俘获γ计数,依据图16.2给出的碳氧比测井中子引发非弹性散射γ与俘获γ定时逻辑图,将时间箱分为三段:①[0,10](脉冲门);②[10,20](本底门);③[20,90](晚俘获门)。其中,脉冲门计数-本底门计数=非弹γ计数,晚俘获门计数=俘获γ计数。

由于需要分能量箱计数,因此把$[0,E_{max})$能量范围分为J个能量箱$[E_{j-1},E_j)$ ($j=2,\cdots,J$,其中,$E_1=0$,$E_J=E_{max}$),通常$J=10\sim15$。MC模拟算出次级γ光子流的能量、时间联合谱计数$\Psi_k(E_{0,j})$($j=2,\cdots,J;k=2,\cdots,K$)(时间箱也可以细分,取决于模拟问题的特点),这里

$$\Psi_k(E_{0,j}) = J(E_0,t_k) - J(E_0,t_{k-1}) \tag{20-2}$$

进而有

$$N(h,t_k) = \int_0^{E_{max}} R(E_0,h) J(E_0,t_k) dE_0$$

$$= \sum_{j=2}^{J} \sum_{l=2}^{k} \int_{\Delta E_{0j}} R(E_0,h) \Psi_l(E_0) \tag{20-3}$$

式中,$h \in [0,E_{max}]$。将$[0,E_{max}]$分为256等间隔道,$\Delta h = [h_{i-1},h_i]$($i=1,2,\cdots,256$)。对h积分得到t_j时刻在$[h_{i-1},h_i]$内的脉冲高度为

$$N_{i,k} = N_i(t_k) = \int_{\Delta h} N(h,t_k) dh$$

$$= \sum_{j=2}^{J} \sum_{l=2}^{k} \int_{\Delta E_{0j}} \Psi_l(E_0) dE \int_{\Delta h} R(E_0,h) dh$$

$$\approx \sum_{j=2}^{J} \sum_{l=2}^{k} \int_{\Delta E_{0j}} \Psi_l(E_0) dE \frac{1}{\Delta E_{0j}} \int_{\Delta E_{0j}} dE_0 \int_{\Delta h} R(E_0,h) dh$$

$$= \sum_{j=2}^{J} \sum_{l=2}^{k} \int_{\Delta E_{0j}} \Psi_l(E_0) dE \cdot R_{ij} \tag{20-4}$$

其中

$$R_{ij} = \frac{1}{\Delta E_{0j}} \int_{\Delta E_{0j}} dE \int_{\Delta h} R(E_0,h) dh \tag{20-5}$$

采用梯形公式,式(20-4)有

$$N_{i,k} \approx \frac{1}{2} \sum_{j=2}^{J} \sum_{l=2}^{k} [\Psi_l(E_{0,j}) + \Psi_l(E_{0,j-1})] \Delta E_{0,j} \cdot R_{ij} \tag{20-6}$$

其中

$$R_{ij} \approx \frac{\Delta h}{4} [R(E_{0,j},h_i) + R(E_{0,j},h_{i-1}) + R(E_{0,j-1},h_i) + R(E_{0,j-1},h_{i-1})]$$

$$\tag{20-7}$$

由此得到$[0, t_{max}]$的碳氧比值为

$$\frac{W_C}{W_O} = \frac{\sum_{i \in E(C)} \sum_{k=2}^{K} \int_{\Delta t_k} N_i(t) dt}{\sum_{i \in E(O)} \sum_{k=2}^{K} \int_{\Delta t_k} N_i(t) dt}$$

$$\approx \frac{\sum_{i \in E(C)} \sum_{k=2}^{K} (N_{ik} + N_{i,k-1}) \Delta t_k}{\sum_{i \in E(O)} \sum_{k=2}^{K} (N_{ik} + N_{i,k-1}) \Delta t_k} \tag{20-8}$$

图20-2给出了碳氧比能谱计算流程。

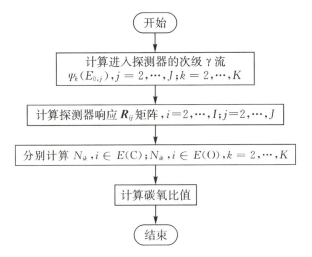

图20-2 碳氧比能谱计算流程图

20.2.3 模型描述

例 模型来自国际基准题[1],没有实验数据,模拟仅用于软件之间比对。地层分两种情况:①饱和水砂($SiO_2 + H_2O$);②饱和油砂($C_{16}H_{34} + SiO_2$)。孔隙度均为35%。图20-3为仪器及地层几何结构图。表20-1给出地层、井眼套管、探测仪等的介质成分。采用14.1 MeV氘氚中子点源,中子源位于z轴离地层底部49 cm处,各向同性发射。计算进入探测器表面的次级γ光子流J_γ。

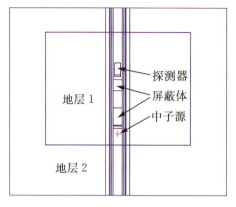
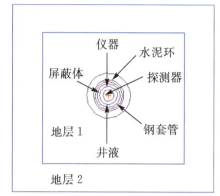

(a) 测井仪 z 方向示意图　　(b) 测井仪 x-y 方向俯视局部放大图

图 20-3　碳氧比能谱测井仪器模型输入几何剖面图(MCNP 程序 PLOT 绘制)

表 20-1　模型 1 各种物质的核成分

物质名称	密度/(g·cm^{-3})	分子式	元素成分
饱和水砂	2.0725	SiO$_2$(65%)+H$_2$O(35%)	0.2693(H),0.532(O),0.1987(Si)
饱和油砂	2.0375	C$_{16}$H$_{34}$(65%)+H$_2$O(35%)	0.3042(H),0.1431(C),0.1842(Si)
水泥环	2.3		0.16877(H),0.56243(O),0.00426(Fe),0.00140(Mg),0.01868(Ca),0.20410(Si),0.01184(Na),0.00566(K),0.02144(Al),0.00142(C)
钢	7.8	Fe	1(Fe)
水	1	H$_2$O	0.66667(H),0.33333(O)
探测器	3.67	NaI	裸 NaI 晶体,略去 Tl,0.5(Na),0.5(I)
铅	19.3	W	1(W)
聚乙烯+氟化锂	1.359	C$_2$H$_4$(50%)+LiF(50%)	0.49001(H),0.00980(Li^6),0.12269(Li^7),0.24501(C),0.13249(F)
空气	0.001293		0.8(N),0.2(O)
铅屏蔽体	11.344	Pb	1(Pb)
聚四氟乙烯	1.94	C$_2$F$_4$	0.2(C),0.8(F)
钨合金	7.8	Fe	1(W)
空气	0.0013		0.79(N),0.21(O)

20.2.4　计算结果

模拟分别采用 MCCO 和 MCNP 程序,计算进入探测器表面的次级 γ 流 J_γ。J_γ 由三部分组成:探测器底面向上方向计数,探测器顶面向下方向计数,探测器侧

第 20 章　MC 方法在放射性测井中的应用

面向内方向计数。J_γ 误差公式为

$$\varepsilon_t = \frac{\sigma_t}{t} = \frac{\sqrt{(x\varepsilon_x)^2 + (y\varepsilon_y)^2 + (z\varepsilon_z)^2}}{x + y + z} \quad (20-9)$$

式中，$t = x + y + z$，x，y，z 独立（见第 2 章 2.2 节的介绍）。

为了提高模拟效率，地层分为两区，靠近探测仪的地层为重要区，之外为次重要区。MCNP 程序使用的主要 MC 降低方差技巧有源方向偏倚、指数变换和权窗；MCCO 程序使用了源方向偏倚，采用期望值技巧产光和体探测器指向概率法计数（见第 9 章 9.3 节的介绍）。表 20-2 分别给出 MCCO 和 MCNP 饱和水砂和饱和油砂计算结果及偏差。以 MCNP 结果为标准解，表 20-3 给出 MCCO 饱和水砂各元素瞬发 γ 计数，表 20-4 给出 MCCO 饱和油砂各元素瞬发 γ 计数。

表 20-2　饱和水砂、饱和油砂计算结果及偏差

模型	程序	原级线 γ	原级连续 γ	康普顿 γ	总和	偏差/%
饱和水砂	MCCO	8.8255×10^{-5} (1.73%)	1.0352×10^{-9} (5.47%)	8.9408×10^{-5} (3.82%)	1.7766×10^{-4} (2.09%)	−1.4
饱和水砂	MCNP	—	—	—	1.8026×10^{-4} (3.57%)	标准解
饱和油砂	MCCO	8.2445×10^{-5} (1.65%)	2.6961×10^{-9} (8.93%)	9.4073×10^{-5} (4.53%)	1.7652×10^{-4} (2.47%)	−1.89
饱和油砂	MCNP	—	—	—	1.7987×10^{-4} (3.49%)	标准解

注：两程序计算时间均为 900 min，使用 Pentuim Ⅱ-450 计算机，偏差 = $(J_{\gamma,\text{MCCO}} - J_{\gamma,\text{MCNP}})/J_{\gamma,\text{MCNP}}$。

表 20-3　MCCO 饱和水砂各元素瞬发 γ 计数

元素	计数	份额比	统计误差	元素	计数	份额比	统计误差
H	1.44949×10^{-9}	0.0000	0.1908	Al	4.90248×10^{-7}	0.0059	0.0245
Li^6	0.00000	0.0000	0.0000	Si	4.21478×10^{-5}	0.5112	0.0052
Li^7	0.00000	0.0000	0.0000	K	1.09782×10^{-7}	0.0013	0.0546
C	3.62064×10^{-6}	0.0439	0.0072	Ca	5.69185×10^{-7}	0.0069	0.0266
N	3.72301×10^{-12}	0.0000	0.0154	Fe	1.78249×10^{-5}	0.2162	0.0356
O	1.57263×10^{-5}	0.1907	0.0040	W	1.84297×10^{-8}	0.0002	0.0298
F	7.05599×10^{-9}	0.0000	0.0607	Pb	1.56058×10^{-6}	0.0189	0.1772
Na	3.69076×10^{-7}	0.0045	0.0319				

注：碳氧比为 0.2302，硅钙比为 74.0494。

表 20-4 MCCO 饱和油砂各元素瞬发 γ 计数

元素	计数	份额比	统计误差	元素	计数	份额比	统计误差
H	1.11896×10^{-9}	0.0000	0.2817	Al	5.12273×10^{-7}	0.0062	0.0238
Li^6	3.61213×10^{-12}	0.0000	0.6056	Si	4.61645×10^{-5}	0.5545	0.0050
Li^7	0.00000	0.0000	0.0000	K	1.20111×10^{-7}	0.0014	0.0598
C	1.40273×10^{-5}	0.1685	0.0069	Ca	5.98805×10^{-7}	0.0072	0.0255
N	3.31218×10^{-12}	0.0000	0.1215	Fe	1.64094×10^{-5}	0.1971	0.0332
O	3.62041×10^{-6}	0.0435	0.1275	W	1.79118×10^{-8}	0.0002	0.0290
F	7.26956×10^{-9}	0.0000	0.0598	Pb	1.37787×10^{-6}	0.0165	0.2027
Na	3.98467×10^{-7}	0.0048	0.0326				

注：碳氧比为 3.8745，硅钙比为 77.0944。

计算结果显示饱和油砂 MCCO 与 MCNP 结果偏差为 -1.4%；饱和水砂 MCCO 与 MCNP 结果偏差为 -1.89%，偏差在可接受的范围内。MCCO 的统计误差小于 MCNP 的统计误差，说明算法改进达到了降低方差的效果。MCCO 通过分类标识计算，分别给出了地层及仪器中不同核素的次级特征 γ 射线的直穿贡献和总计数，通过直穿可以确定地层中的核素成分。

从饱和水砂模型的碳氧比、硅钙比结果可以看出计算结果与实际情况相符，这是由于地层不含 C。因此，C 计数主要来自水泥环、仪器中的聚四氟乙烯和陶瓷光电管，其计数相对地层中的 O 和 Si 显得微乎其微。饱和油砂的情况类似。通过仪器中各核素的贡献比重可以判断仪器信号对探测器形成的本底干扰，这对改进仪器灵敏度设计是非常有帮助的。

以上碳氧比能谱测井问题只计算了进入探测器表面的次级 γ 光子流，没有与探测器响应卷积算出脉冲高度谱，主要是与 MCNP 程序计算结果作比较，验证 MCCO 计数方法的正确有效性。

20.3 脉冲中子寿命测井

20.3.1 基本原理

脉冲中子测井探测仪内放有加速器中子源和时间门测量用闪烁探测器。这种探测器在 20 世纪 60 年代引入，在石油测井中用于区别水和碳氢化合物，并探测生产期间水浸入的变化。基本的脉冲中子探测仪经过多年的改进，发展为双探测器系统，用于确定岩层的俘获截面和孔隙度估计。此外，通过 γ 射线光谱学分析，确定岩层的含盐量岩性。目前，其内放有 HPGe 的探测器样品光谱学探测仪正在发展中,要实用化还需要多方面的刻度和相当复杂的光谱分析软件。

配合探测仪的改进,需要能够精确估计的核探测仪响应计算程序。这样的程序不仅在探测仪设计中极有用,更重要的是能在测井分析中模拟井眼内外各种环境下的探测器响应。考虑到辐射输运三维效应的复杂性,中子、光子输运截面的强相关性,以及依赖时间的脉冲中子探测器响应,MC模拟目标是得出脉冲中子发射后远、近探测器的次级γ光子计数率随时间变化的曲线。因带有脉冲中子探测仪的γ射线光谱学特征,所以软件分别计算中子脉冲发射后,在预设的时间区间内进入探测器的光子响应函数 $N(h,t)$(详见第19章的介绍)。

20.3.2 模型描述

例 脉冲中子寿命测井国际基准题[1]。计算进入探测器的光子流。模型几何、材料参数如下。

1. 模型参数

(1)中子源。

①能量:14.1 MeV,各向同性中子点源。

②脉冲中子持续时间:0 μs。

③源几何:位于仪器对称轴上、岩层底部上方 50 cm 处。

④中子发射强度:10^7 n/μs。

⑤温度:300 K。

(2)探测器:忽略 PM 管、其他附件及探测器晶体中的铊(Tl),计算进入探测器、能量在 0.2 MeV 以上的光子数(流)。

①探测器:NaI 闪烁晶体。

②密度:3.67 g/cm^3。

③近探测器晶体直径:2 cm。

④近探测器晶体长:8 cm。

⑤近探测器中心到源的距离:25 cm。

⑥远探测器晶体直径:2.5 cm。

⑦远探测器晶体长:12 cm。

⑧远探测器中心到源的距离:50 cm。

⑨光子截断能量:0.2 MeV。

(3)其他仪器特征。

①仪器室内直径:3.5 cm。

②仪器室外直径:4.5 cm。

③仪器室长度:150 cm。

④仪器室材料:铁(密度 7.8 g/cm^3)。

⑤中子屏蔽直径:3.5 cm。

⑥近探测器屏蔽长:15 cm。

⑦远探测器屏蔽长:3 cm。

⑧近探测器从中心到源的距离:13.5 cm。

⑨远探测器从中心到源的距离:42.5 cm。

⑩中子屏蔽材料:铁(密度 7.8 g/cm^3)。

仪器内部剩余空间材料:碳(密度1.6 g/cm^3)。

(4)套管:与井眼同心。

①内直径:12.75 cm。

②外直径:14.0 cm。

③管长:150 cm。

④套管材料:铁(密度 7.8 g/cm^3)。

⑤井眼直径:20 cm。

⑥井眼长:150 cm。

⑦井液:水(NaCl 水溶液,密度 1.0 g/cm^3)。

⑧井眼和套管之间的介质为水(密度 1.0 g/cm^3,实际为水泥环,这里用水代替)。

(5)岩层:纯 CaCO$_3$,密度 2.7 g/cm^3。

①孔隙度:20%。

②半径:50 cm。

③高:150 cm。

(6)累计计数率时间门:0~1、1~2、3~4、4~10、10~25、25~65、65~120、120~180、180~250、250~340、340~450、450~800 μs。

(7)计数:时间、能量联合谱,其中能量统计 0.2 MeV 以上的光子计数(不包括活化 γ 和本底 γ)。

2. 介质成分

孔隙度 $\phi=20\%$,由此确定地层物质组成为 H$_2$O(20%)和 CaCO$_3$(80%),求得地层密度 $\rho_{地层} = \rho(H_2O) \times 0.2 + \rho(CaCO_3) \times 0.8 = 2.36$ g/cm^3。对 H$_2$O,$n_H^{水} = 0.66667$,$n_O^{水} = 0.33333$;对 CaCO$_3$,$n_C^{CaCO_3} = 0.2$,$n_O^{CaCO_3} = 0.6$,$n_{Ca}^{CaCO_3} = 0.2$。由此求得孔隙度为 20% 的地层核素核子数为 $n_H^{地层} = n_H^{水} \times 0.2 = 0.133334$,$n_C^{地层} = n_C^{CaCO_3} \times 0.8 = 0.16$,$n_{Ca}^{地层} = n_C^{CaCO_3} \times 0.8 = 0.16$,$n_O^{地层} = n_O^{水} \times 0.2 + n_O^{CaCO_3} \times$

0.8=0.54666。

3. 模型几何

模型几何由地层、水泥环、钢套管、井眼、探测仪等组成,几何均为正圆柱体,仪器偏心距 4.125 cm(偏离井眼,即对称轴),采用双探测器(图 20-4)。

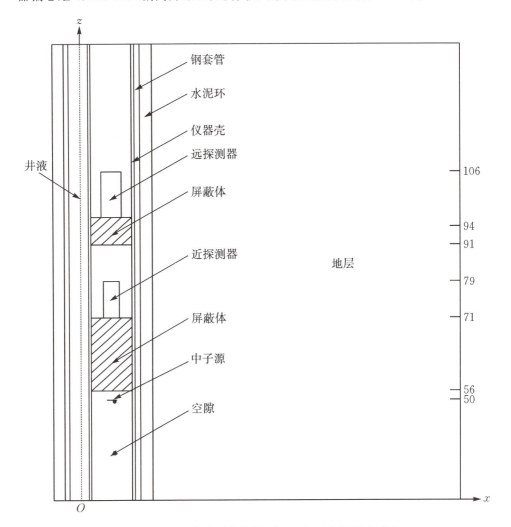

图 20-4　脉冲中子寿命测井仪器、地层几何示意图(几何单位:cm)

20.3.3　计算结果

图 20-5 为 MCNP 程序根据输入绘制的二维几何剖面图,表 20-5 为计算结果比较,图 20-6 为总时间谱比较。

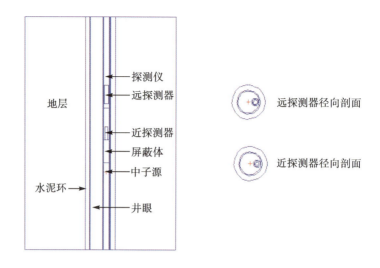

图 20-5 脉冲中子寿命测井仪及地层几何剖面图

表 20-5 脉冲中子寿命基准问题计算结果比较

探测器	程序	原级连续光	康普顿光	总和	偏差/%
近	MCCO	4.81973×10^{-4} (1.07%)	1.40014×10^{-3} (1.20%)	1.88211×10^{-3} (0.99%)	1.25
近	MCNP	—	—	1.85883×10^{-3} (1.07%)	标准解
远	MCCO	6.88876×10^{-5} (2.6%)	3.50865×10^{-4} (2.46%)	4.19753×10^{-4} (2.18%)	1.68%
远	MCNP	—	—	4.12812×10^{-4} (2.29%)	标准解

注:偏差 $= (J_{\gamma,\text{MCCO}} - J_{\gamma,\text{MCNP}})/J_{\gamma,\text{MCNP}}$,使用 Pentuim II-450 计算机,两个程序的计算时间均为 300 min。

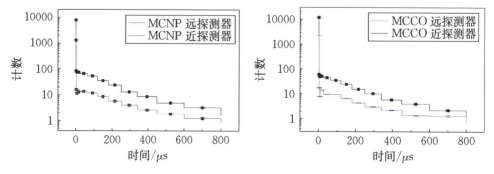

图 20-6 脉冲中子寿命基准模型时间谱比较

注:最后结果 = 归一化结果 × 实际源强(10^7 中子/脉冲)。

第20章 MC方法在放射性测井中的应用

计算结果显示,MCCO 与 MCNP 远、近探测器总计数偏差不大。从时间谱计数看,在 $1\sim 2~\mu s$ MCCO 计数较 MCNP 计数高,其他时间区间 MCNP 计数较 MCCO 计数高。两个程序计算的时间谱趋势基本相同,满足深穿透问题对误差的要求。

20.4 小结

放射性石油测井也称为核测井,内容涉及非定常中子-光子、定常光子-电子输运计算,由于测井问题通常空间尺度大、几何材料复杂、深穿透。采用 MC-SN 耦合计算核测井问题是今天的主流算法,其中 CADIS 和 FW-CADIS 方法被认为是计算核测井问题最有效的方法。某些核测井问题,源采用脉冲发射方式,涉及时间行为,求解的 Boltzmann 方程为非定常中子-光子输运问题,首先计算 t 时刻进入探测器的次级 γ 流 $J_\gamma(E_0,t)$,然后与探测器响应函数 $R(E_0,h)$ 卷积,得到探测器响应信号-脉冲高度谱 $N(h,t)$。整个模拟过程贯穿了核反应的诸多过程。另外,由于探测仪内的探测器与源之间是屏蔽体,探测器只接受地层信号,粒子在地层中输运,最后能够进入探测器的信号少,模拟计算难度大。为了提高计数率,需要模拟的粒子数特别多,需要通过大规模并行计算来缩短模拟时间。目前国际上发展了多种提高计数率、降低统计方差的技巧。要建立完整的核测井数值模拟软件系统,还需要补充若干数据前后处理接口软件。

参考文献

[1] GARDNER R P,VERGHESE K. Monte Carlo nuclear well logging benchmark problems with preliminary inter-comparison results[J]. Nuclear geophysics,1991,5(4):429-438.

[2] 邓力,谢仲生,蔡少辉. 碳氧比能谱测井的蒙特卡罗模拟[J]. 地球物理学报,2001,44(增刊):253-264.

[3] SOOD A,GARDNER R P. A new Monte Carlo assisted approach to detector response functions[J]. Nuclear instruments and methods in physics research Section B:beam interactions with materials and atoms,2004,213:100-104.

[4] VERGHESE K,GARDNER R P,MICKAEL M,et al. The Monte Carlo:library least-squares analysis principle for borehole nuclear well logging elemental analyzers[J]. Nuclear geophysics,1998,2(3):183-190.

[5] SHYU C M,GARDNER R P,VERGHESE K. Development of the Monte Carlo library leaset-squares method of analysis for neutron capture prompt gamma-ray analyzes[J]. Nuclear geophysics,1993,7(2):241-267.

[6] ISHIKAWA M,KOBAYASHI T,KANDA K. A statistical estimation method for counting of the prompt γ-rays from $^{10}B(n,\alpha\gamma)^7Li$ reaction by analyzing the energy spectrum[J].

Nuclear instruments and methods in physics research Section A：accelerators，spectrometers，detectors and associated equipment，2000，453(3)：614-620.

[7] 朱达智,栾士文,程宗华,等. 碳氧比能谱测井[M]. 北京：石油工业出版社,1984.

[8] CHUCAS S J，CURL I J，MILLER P C. The advanced features of the Monte Carlocode McBEND[R]. Saclay,France：Center d'Etudes,1993.

[9] BAUR A，BOURDET L, et al. TRIPOLI 2：three-dimensional polyenergetic Monte Carlo radiation transport program：OLS-80-110[CP]. [S. l. ：s. n.],1980.

[10] BRIESMEISTER J F. MCNP：a general Monte Carlo code for n-particle transport code：LA-12625-M[CP]. Los Alamos：Los Alamos National Laboratory,1997.

[11] LIU L Y. Self-optimizing Monte Carlo method for nuclear well logging simulation[D]. Raleigh，North Carolina：North Carolina State University,1997.

[12] GUO P J. Monte Carlo simulation of natural gamma-ray oil-well logging tool responses and use in log interpretation [D]. Raleigh，North Carolina：North Carolina State University,1995.

[13] AO Q. Optimization of the Monte Carlo simulation for gamma-gamma litho-density logs [D]. Raleigh，North Carolina：North Carolina State University,1995.

[14] DENG L,CAI S H，HUANG Z F. A Monte Carlo model for gamma-ray klein-nishina scattering probabilities to finite detectors[J]. Journal of nuclear science and technology，1996,33(9)：736-740.

附 录

附录 A 主要符号表及转换公式

表 A-1 主要符号表及缩写

符号	说明
ARO	控制棒全部提出堆芯
ARI	控制棒全部插入堆芯
B_u	燃耗深度（GW·d/t）
BOL	寿期初
BAF	活性区底部
BP	可燃毒物
BOC	循环开始
C_B	可溶硼浓度（mg/L）
EFPD	有效满功率天（d）
F_{xy}	径向功率峰因子
HZP	热态零功率
HFP	热态满功率
IR	内半径
LWR	轻水堆
MOX	UO_2+Pu 的一种混合燃料
OR	外半径
PWR	压水堆
SS304	304 不锈钢
TAF	活性区燃料顶部
J	中子流
k	反应堆有效增殖系数
P	堆芯功率（MW）
U	慢化剂相对密度
Xe	裂变产物元素氙
ϕ_g	g 群中子通量 $[1/(cm^2·s)]$

续表

符号	说明
$\Sigma_{f,g}$	g 群裂变截面
$\Sigma_{t,g}$	g 群总截面（cm^{-1}）
$\Sigma_{R,g}$	g 群宏观移出截面（cm^{-1}）
$\Sigma_{g1观移}$	从 g 群散射到 g 群宏观散射移出截面（cm^{-1}）
$\nu\Sigma_{f,g}$	g 群宏观 ν 裂变截面（cm^{-1}）
χ_g	g 群中子裂变份额
k_{inf}	无限增殖因子
k_{eff}	有效增殖因子

表 A-2 常用物理常数表

名称	数值
普朗克常数	$h = \hbar \cdot 2\pi = 6.62607015 \times 10^{-34}$ J·s
光速	$c = 2.99792458 \times 10^{10}$ cm/s $= 1/\alpha$
电子电荷值	$e = 4.803242 \times 10^{-10}$ esu $= 1.602 \times 10^{-19}$ C
精细结构参数	$\alpha = e^2/\hbar c = 1/137.036$
阿伏伽德罗常数	$N_A = 6.022045 \times 10^{23}$ mol^{-1}
玻尔兹曼参数	$k = 1.380649 \times 10^{-23}$ J/K
电子质量	$m_e = 9.109534 \times 10^{-28}$ g
质子质量	$m_p = 1.6725 \times 10^{-24}$ g
中子质量	$m_n = 1.6747 \times 10^{-24}$ g
电子康普顿波长	$\lambda = h/m_e c = 2.4262 \times 10^{-10}$ cm
波尔半径	$a_0 = \hbar^2/m_e e^2 = 5.2917706 \times 10^{-9}$ cm
电子经典半径	$r_e = e^2/m_e c^2 = 2.8178 \times 10^{-13}$ cm
能量温度转换关系	1 eV $= 1.602189507 \times 10^{-12}$ erg $= 11604.5$ K

1. 华氏温度（F）、摄氏温度（t）、开氏温度（T）之间的转换公式

$$F = 32 + 1.8t = 32 + (T - 273.15) \times 1.8 \tag{A-1}$$

2. 勒让德多项式

勒让德多项式 $P_n(x)$ 定义为

$$P_0(x) = 1$$
$$P_n(x) = \frac{1}{2^n n!} \frac{d^n}{dx^n}(x^2 - 1)^n \quad n = 1, 2, \cdots \tag{A-2}$$

例如
$$P_0(x) = 1$$
$$P_1(x) = x$$
$$P_2(x) = \frac{1}{2}(3x^2 - 1)$$
$$P_3(x) = \frac{1}{2}(5x^3 - 3x) \quad (A-3)$$

满足正交关系

$$\int_{-1}^{1} P_m(x) P_n(x) \mathrm{d}x = \begin{cases} \dfrac{2}{2n+1} & m = n \\ 0 & m \neq n \end{cases} \quad (A-4)$$

和递推关系

$$xP_n(x) = \frac{1}{2n+1} \left[(n+1)P_{n+1}(x) + nP_{n-1}(x) \right] \quad (A-5)$$

$$(x^2 - 1) \frac{\mathrm{d}P_n}{\mathrm{d}x} = n(xP_n - P_{n-1})$$

附录 B Bethe-Heitler 理论公式

1. 3BN 未考虑屏蔽效应的光子能量微分截面公式

$$f_E(3BN) = \frac{Z^2 r_0^2}{137} \frac{dk}{k} \frac{p}{p_0} \left\{ \frac{4}{3} - 2E_{tot0}E_{tot}\left(\frac{p^2+p_0^2}{p^2 p_0^2}\right) + \frac{\varepsilon_0 E_{tot}}{p_0^3} - \frac{\varepsilon}{p^3} - \frac{\varepsilon\varepsilon_0}{p_0 p} + L\left[\frac{8E_{tot0}E_{tot}}{3p_0 p} + \frac{k^2(E_{tot0}^2 E_{tot}^2)}{p^3 p_0^3} + \frac{k}{2p_0 p}\left(\frac{E_{tot0}E_{tot}+p_0^2}{p_0^3}\varepsilon_0 - \frac{E_{tot0}E_{tot}+p^2}{p^3}\varepsilon + \frac{2kE_{tot0}E_{tot}}{p^2 p_0^2}\right)\right]\right\}$$

(B-1)

式中,k 为光子能量;E_{tot0}、p_0 为入射电子的总能量和动量(以 $m_e c^2$ 的单位为单位);E_{tot}、p 为出射电子的总能量和动量(以 $m_e c^2$ 的单位为单位);$r_0 = \frac{e^2}{m_e c^2}$;$L = 2\ln\left(\frac{E_{tot0}E_{tot}+p_0 p - 1}{k}\right)$;$\varepsilon_0 = \ln\left(\frac{E_{tot0}+p_0}{E_{tot0}-p_0}\right)$;$\varepsilon = \ln\left(\frac{E_{tot}+p}{E_{tot}-p}\right)$。

2. 3BS 考虑屏蔽效应的光子能量微分截面公式

$$f_E(3BS) = \frac{4Z^2 r_0^2}{137} \frac{dk}{k} \left\{ \left[1 + \left(\frac{E_{tot}}{E_{tot0}}\right)^2\right]\left[\frac{\Phi_1(\gamma)}{4} - \frac{1}{3}\ln Z\right] - \frac{2}{3}\frac{E_{tot}}{E_{tot0}}\left[\frac{\Phi_2(\gamma)}{4} - \frac{1}{3}\ln Z\right]\right\}$$

(B-2)

式中,γ 为一个屏蔽参数因子;Φ_1、Φ_2 为 γ 的函数。在计算中,当 $\gamma=0$ 时,为完全屏蔽,这时 $\Phi_1(0)=4\ln 183, \Phi_2(0)=\Phi_1(0)-2/3$。此时的光子能量微分截面公式可以用下式计算:

$$f_E(3BS) = \frac{4Z^2 r_0^2}{137} \frac{dk}{k} \left\{ \left[1 + \left(\frac{E_{tot}}{E_{tot0}}\right)^2 - \frac{2}{3}\frac{E_{tot}}{E_{tot0}}\right]\ln(183 Z^{-\frac{1}{3}}) - \frac{1}{9}\frac{E_{tot}}{E_{tot0}}\right\}$$

(B-3)

对于任意屏蔽情况,可以用下式计算:

$$f_E(3BS) = \frac{4Z^2 r_0^2}{137} \frac{dk}{k} \left\{ \left[1 + \left(\frac{E_{tot}}{E_{tot0}}\right)^2\right]\left[\int_\delta^1 (q-\delta)^2 (1-F(q))^2 \frac{dq}{q} + 1\right] - \frac{2}{3}\frac{E_{tot}}{E_{tot0}}\left[\int_\delta^1 \left(q^3 - 6\delta^2 q\ln\frac{q}{\delta} + 3\delta^2 q - 4\delta^8\right)(1-F(q))^2 \frac{dq}{q} + \frac{5}{6}\right]\right\}$$

(B-4)

式中,$\delta = k/(2E_{tot0} + E_{tot})$;$F(q)$ 为原子的形成因子。

3. 3CS 高能情况下光子能量的微分截面公式

$$f_E(3CS) = \frac{4Z^2 r_0^2}{137} \frac{dk}{k} \left\{ \left[1 + \left(\frac{E_{tot}}{E_{tot0}}\right)^2\right]\left[\frac{\Phi_1(\gamma)}{4} - \frac{1}{3}\ln Z - f(Z)\right] - \frac{2}{3}\frac{E_{tot}}{E_{tot0}}\left[\frac{\Phi_2(\gamma)}{4} - \frac{1}{3}\ln Z - f(Z)\right] \right\}$$

(B-5)

在低 Z 情况下，$f(Z)=1.2021(Z/137)^2$；在高 Z 情况下，$f(Z)=0.925(Z/137)^2$。

在计算中，当 $\gamma=0$ 时，$\Phi_1(0)=4\ln 183$，$\Phi_2(0)=\Phi_1(0)-2/3$。此时的光子能量微分截面公式可以用下式计算：

$$f_E(3CS) = \frac{4Z^2 r_0^2}{137} \frac{dk}{k} \left\{ \left[1 + \left(\frac{E_{tot}}{E_{tot0}}\right)^2 - \frac{2}{3}\frac{E_{tot}}{E_{tot0}}\right] \left[\ln(183 Z^{-\frac{1}{3}}) - f(Z)\right] - \frac{1}{9}\frac{E_{tot}}{E_{tot0}} \right\}$$
(B-6)

对于任意屏蔽情况，3CS 也可写成：

$$f_E(3CS) = \frac{4Z^2 r_0^2}{137} \frac{dk}{k} \left\{ \left[1 + \left(\frac{E_{tot}}{E_{tot0}}\right)^2\right] \left[\int_\delta^1 (q-\delta)^2 (1-F(q))^2 \frac{dq}{q} + 1 - f(Z)\right] - \right.$$

$$\left. \frac{2}{3}\frac{E_{tot}}{E_{tot0}} \left[\int_\delta^1 \left(q^3 - 6\delta^2 q \ln\frac{q}{\delta} + 3\delta^2 q - 4\delta^3\right)(1-F(q))^2 \frac{dq}{q} + \frac{5}{6} - f(Z)\right] \right\}$$
(B-7)

用 Bohn 近似无屏蔽情况推导出 2BN 光子能量角度双微分截面公式：

$$f_E(2BN) = \frac{Z^2 r_0^2}{8\pi 137} \frac{dk}{k} \frac{p}{p_0} d\Omega_k \left\{ \frac{8\sin^2\theta_0 (2E_{tot0}^2 + 1)}{p_0^2 \Delta_0^4} - \frac{2(5E_{tot0}^2 + 2E_{tot0}E_{tot} + 3)}{p_0^2 \Delta_0^2} - \right.$$

$$\frac{2(p_0^2 - k^2)}{Q^2 \Delta_0^2} + \frac{4E_{tot}}{p_0^2 \Delta_0} + \frac{L}{p_0 p}\left[\frac{4E_{tot0}\sin^2\theta_0(3k - p_0^2 E)}{p_0^2 \Delta_0^4} + \frac{4E_{tot0}^2(E_{tot0}^2 + E_{tot}^2)}{p_0^2 \Delta_0^2} + \right.$$

$$\frac{2 - 2(7E_{tot0}^2 - 3E_{tot0}E_{tot} + E_{tot}^2)}{p\Delta_0^2} + \frac{2k(E_{tot0}^2 + E_{tot0}E_{tot} - 1)}{p_0^2 \Delta_0}\right] - $$

$$\left. \left(\frac{4\varepsilon}{p\Delta_0}\right) + \left(\frac{\varepsilon^Q}{Q}\right)\left[\frac{4}{\Delta_0^2} - \frac{6k}{\Delta_0} - \frac{2k(p_0^2 - k^2)}{Q^2 \Delta_0}\right] \right\}$$
(B-8)

式中，$L = \ln\left[\frac{E_{tot0}E_{tot} + P_0 P - 1}{E_{tot0}E_{tot} - P_0 P - 1}\right]$；$\Delta_0 = E_{tot0} - p_0\cos\theta_0$；$\varepsilon^Q = \ln\left(\frac{Q+p}{Q-p}\right)$；$Q^2 = p_0^2 + k^2 - 2p_0 k \cos\theta_0$。

4. 2BS 考虑屏蔽效应的光子能量角度双微分截面公式

$$f_E(2BS) = \frac{4Z^2 r_0^2}{137} \frac{dk}{k} y dy \left\{ \frac{16 y^2}{(y^2+1)^4} \frac{E_{tot}}{E_{tot0}} - \frac{(E_{tot0} + E_{tot})^2}{(y^2+1)^2 E_{tot0}} + \right.$$

$$\left. \left[\frac{E_{tot0}^2 + E_{tot}^2}{(y^2+1)^2 E_{tot0}} - \frac{4y^2}{(y^2+1)^4}\frac{E_{tot}}{E_{tot0}}\right] \ln M(y) \right\}$$
(B-9)

式中，$y = E_{tot0}\theta_0$；$\dfrac{1}{M(y)} = \left(\dfrac{k}{2E_{tot0}E_{tot}}\right)^2 + \left[\dfrac{Z^{1/2}}{111\times(y^2+1)}\right]^2$。

5. 2CS 高能情况下光子能量角度的双微分截面公式

$$f_E(2CS) = \frac{2Z^2 r_0^2}{137} \frac{dk}{k} \frac{d\xi}{E_{tot0}^2} \left[(E_{tot0}^2 + E_{tot}^2)(3 + 2\Gamma) - 2E_{tot0}E_{tot}(1 + 4\mu^2 \xi \Gamma)\right]$$
(B-10)

式中，$\xi = \dfrac{1}{1+\mu^2}$；$\mu = p_0\theta_0$；$\Gamma = \ln\left(\dfrac{1}{\delta}\right) - 2 - f(Z) + F\left(\dfrac{\delta}{\xi}\right)$。

索 引

A

α 本征值计算　　104

B

半解析法　　048

别名法　　049

伴算子定义　　207

布尔运算　　246

并行中间件　　261

并行随机数发生器　　263

BEAVRS 基准模型　　304

补救措施　　355

C

次级粒子处理　　094

CADIS/FW-CADIS 方法　　240

CRAM 数值法　　284

D

对偶变数法　　046

多普勒温度效应　　133

堆用核数据库　　142

电离与激发　　147

电子引起次级过程　　157

电子-光子耦合输运　　165

多群散射角分布处理　　177

多群中子输运截面　　197

多群光子截面　　198

堆芯　　293

E

俄歇电子的产生　　158

F

复合抽样　　041

分层抽样　　044

发射密度方程　　069

反应率计算　　108

非弹性散射　　121

辐射俘获　　123

反应堆系统　　291

H－M 基准模型　　304

G

罐子法　　049

固定源问题　　087

光子微观截面　　117

光子与物质相互作用　　124

功率　　299

H

环探测器估计　　084

宏观与微观截面　　115

缓发裂变	124	MCNP 程序算法及功能	308
J		脉冲快中子束分析法	464
渐近抽样	040	脉冲中子寿命测井	478
加权抽样	042	**N**	
径迹长度估计	079	拟合在线展宽法	136
简单物理处理	125	浓缩历史方法	148
角度偏转	155	能量步长	149
矩阵裂变谱	196	能量损失率	151
基于物质的碰撞机制	200	能量歧离	153
价值函数的构造	217	能量截断	225
几何粒子径迹计算	245	能量沉积谱	276
基本几何体	245	TTA 解析法	283
JMCT 软件算法及功能	326	**P**	
K		品质因子	016
控制变数法	045	偏倚抽样	033
k_{eff} 本征值计算	099	碰撞估计	078
K 壳层特征 X 射线	158	碰撞距离抽样	091
控制棒价值	299	碰撞核及反应类型抽样	092
快中子分析法	463	碰撞阻止本领	167
L		**Q**	
离散型分布抽样	025	期望估计	078
连续型分布抽样	027	权重谱选取	173
临界问题	098	权窗游戏	222
拉氏与欧氏坐标对应关系	109	强迫碰撞	225
拉氏坐标之中子输运方程	110	权截断	226
连续点截面格式	117	区域剖分	348
裂变反应	122	区域分解算法	349
裂变中子数确定	176	区域分解并行衍生法	362
轮盘赌与分裂	220	**R**	
粒子输运并行计算	265	任意连续分布自动抽样	053
M		热化处理	119
面通量计算	080	热化截面温度效应	138
面源接续方法	240	热化截面温度修正	139

索 引

轫致辐射	148	W	
容错和负载平衡	267	误差估计	012
燃耗计算	283	伪随机数	018
燃耗区功率计算	287	Watt 裂变谱	196
燃料组件	292	误差低估效应	354
热中子分析法	462	伪随机数衍生法	361
S		X	
随机数	016	系统抽样	043
随机向量抽样	032	吸收估计	077
舍选抽样	038	详细物理处理	129
输运方程微分-积分形式	062	限制阻止本领	167
输运方程积分形式	064	向量裂变谱	196
输运方程全空间形式	068	Y	
散射后能量方向抽样	093	湮没辐射	162
散射后能群确定	175	源方向偏倚	223
时间截断	225	隐俘获	224
时间门测量方法	457	异步输运	356
T		Z	
替换抽样	036	最大截面法	095
通量估计方法	076	中子迁移寿命计算	102
弹性散射	119	中子微观截面	116
体探测器指向概率法	228	中子与物质相互作用	118
体素网格几何描述	251	正电子与物质作用	148
探测器工作原理	273	质子与物质相互作用	166
通量倍率因子计算	287	指数变换	221
碳氧比能谱测井	472	组合抽样方法	241
V		中子探测	452
VERA 基准模型	305	中子-γ 射线探测	454